René Bartsch

Allgemeine Topologie

De Gruyter Studium

René Bartsch

Allgemeine Topologie

2., korrigierte und erweiterte Auflage

DE GRUYTER

Mathematics Subject Classification 2010
03E25, 03E30, 54-01, 54A05, 54A20, 54B05, 54B10, 54B15, 54B20, 54B30, 54C05, 54C35, 54D05, 54D10, 54D15, 54D20, 54D30, 54D35, 54D50, 54E15, 54E35

Autor
Dr. René Bartsch
Technische Universität Darmstadt
Fachbereich Mathematik
Schloßgartenstr. 7
64289 Darmstadt
rbartsch@mathematik.tu-darmstadt.de

ISBN 978-3-11-040617-7
e-ISBN (PDF) 978-3-11-040618-4
e-ISBN (EPUB) 978-3-11-040619-1

Library of Congress Cataloging-in-Publication Data
A CIP catalog record for this book has been applied for at the Library of Congress.

Bibliografische Information der Deutschen Nationalbibliothek
Die Deutsche Nationalbibliothek verzeichnet diese Publikation in der Deutschen Nationalbibliografie; detaillierte bibliografische Daten sind im Internet über http://dnb.dnb.de abrufbar.

Umschlagabbildung: Valengilda/iStock/thinkstock
Druck und Bindung: CPI books GmbH, Leck
♾Gedruckt auf säurefreiem Papier
Printed in Germany

www.degruyter.com

Gewidmet meinem verehrten Lehrer,
Herrn Professor Harry Poppe.

Vorwort

> Ich kann einen anderen niemals überzeugen
> als durch seine eigenen Gedanken.
>
> Immanuel Kant

Um eine Kleinigkeit vorwegzunehmen: dieser Grundkurs beansprucht absolut *nicht*, zur sogenannten *angewandten Mathematik* zu gehören. Den Sprachgebrauch eines von mir sehr geschätzten Kollegen übernehmend, will ich gern bekennen, ein eher „abgewandter“ Mathematiker zu sein. Wir werden erfahren, daß gelegentliches Abwenden den Blick nicht unbedingt einengt.[1]

Es ist manchmal regelrecht verblüffend, *wie leicht* sich starke Sätze beweisen lassen, wenn man erstmal *strukturelle Überladungen* einigermaßen geschickt abgeworfen hat, die zuweilen ulkigerweise noch als Zeichen von Modernität angesehen werden. Mein uneingeschränkter Respekt gilt diesbezüglich insbesondere Felix Hausdorff, auf den das Konzept der topologischen Räume ja wesentlich zurückgeht.

Das Buch heißt „*Allgemeine* Topologie I“ keineswegs deshalb, weil wir uns im Ungefähren zu ergehen vorhätten. Sondern im Gegenteil: im Abstrakten. Die Nummer – I – deutet an, daß wir es damit nicht gleich übertreiben wollen. Erwähnt werden muß an dieser Stelle unbedingt auch, daß es sich hierbei *nicht* um algebraische Topologie handelt – so daß wir einstweilen nicht über die Gemeinsamkeiten von sehr löchrigen Planeten mit mehrhenkeligen Teetassen reden werden.

Natürlich habe ich versucht, diesen Grundkurs so einfach und verständlich zu entwerfen, wie es mir eben möglich war – und auf diesem Wege leider halbe Lebenswerke wirklich beeindruckender Wissenschaftler ausgelassen. Dies geschah freilich in der Hoffnung, daß sie von interessierten Lesenden früher oder später doch entdeckt werden. Meiner Meinung nach lauern selbst noch in den hier ausgebreiteten Grundlagen an jeder zweiten Ecke Fragen, denen man getrost sein ganzes weiteres Schaffen widmen könnte, ohne sich Verzettelung vorwerfen (oder gar vorwerfen *lassen*) zu müssen.

---

1 Wahrscheinlich kennen das die meisten: Man hat die lieben Freunde & Kollegen zu Besuch und möchte eine ganz bestimmte Musik-CD vorführen, kann just diese aber im CD-Regal partout nicht entdecken. Da hilft es dann manchmal wenig, immer ausgefeiltere Musterungs-Algorithmen auf die möglicherweise umfängliche Sammlung anzuwenden. Mehr Erfolg hat man zuweilen, indem man sich nach vernünftiger Zeit *abwendet* und den Gedanken für immerhin möglich hält, daß der gewünschte Silberling im Arbeits- oder Schlafzimmer liegt – oder daß man ihn gar neulich in Berlin vergessen hat. In letzterem Fall wird man ihn zwar nicht sofort in die Finger kriegen, kann aber wesentlich aussichtsreichere Fahndungspläne schmieden. Natürlich bekommt man bei deren Ausführung auch allerhand zu Gesicht, das absolut nichts oder nur sehr wenig mit der begehrten Musik zu tun hat – doch wird man dabei normalerweise auch nicht gerade dümmer. Übrigens hat sich gerade kurzfristig vom Haupttext *abgewandt*, wer diese Fußnote liest :-).

Es wird möglicherweise an mir liegen, daß ich die Bücher von Harry Poppe, [19], und Gerhard Preuß, [21], ziemlich *unersetzlich* finde. Leider werden beide nicht mehr verlegt, die alten Auflagen sind vergriffen und kleine Zweifel nagen leise aber beharrlich an meiner Hoffnung, sie wären in jeder gut sortierten Universitätsbibliothek in ausreichender Anzahl vorhanden. Daher bin ich nunmehr der Anregung gefolgt, die ich in den letzten Jahren immer wieder von Studenten meiner Topologie-Vorlesungen erhalten habe, selbst eines zu schreiben. Das hiermit vorliegende Ergebnis ist natürlich kein kompletter Ersatz für die erwähnten Werke, aber den Einstieg in die Topologie kann es hoffentlich doch etwas erleichtern.

Da gerade von Büchern die Rede ist: Auf das Buch „Analysis" von Walter Rudin, [25], möchte ich ebenfalls sehr gern aufmerksam machen. Es glänzt unter anderem durch eine wunderbar instruktive Darstellung wichtiger Begriffe in metrischen Räumen und eignet sich daher nicht nur ausgezeichnet zum Selbststudium der Analysis, sondern auch als Vorbereitung zur Lektüre dieses Buches.

Ich habe mich bemüht, den Kurs so aufzubauen, daß man ihm im wesentlichen ohne große Vorkenntnisse folgen können sollte. Lediglich eine gewisse Vertrautheit im Umgang mit Mengen, Relationen und Abbildungen möchte ich gern voraussetzen dürfen. Daher werden in Abschnitt 1.1 die für uns hier grundlegenden mengentheoretischen Werkzeuge noch einmal vorgestellt. Der mit elementarer Mengenlehre einigermaßen vertraute Leser kann ihn getrost überblättern.

Nicht überblättert werden sollte hingegen Abschnitt 1.4, der die für uns hier außerordentlich wichtigen *Filter* und *Ultrafilter* vorstellt. [2]

In Kapitel 2 werden in Abschnitt 2.1 zunächst ein paar Fakten über metrische Räume etabliert. Ohne zu bestreiten, daß metrische Räume auch für sich genommen ein durchaus faszinierendes Forschungsgebiet abgeben können, wollen wir hier damit aber nur zwei Dinge erreichen: einerseits wollen wir aufzeigen, daß sie in mancher Hinsicht auch etwas unbefriedigend sind – und andrerseits Begriffe wie etwa den der *offenen Mengen* und der *Filterkonvergenz* ein wenig motivieren.

Abschnitt 2.2 liefert dann umgehend diejenigen Strukturen, auf die wir *hier* hinauswollen und mit denen sich zumindest der in Abschnitt 2.1 angeprangerte Makel metrischer Räume beheben läßt: die *topologischen Räume*, um die sich der Rest der Veranstaltung dreht. (Der Gerechtigkeit halber wird in Abschnitt 5.3.2 auch gezeigt,

---

2 Auch kurz erwähnt werden in Abschnitt 2.2.5 die sogenannten *Netze* (oder *Moore-Smith-Folgen*), die in Sachen topologischer Konvergenzbetrachtungen ein zu den Filtern gleichwertiges Konzept bilden. Daß Netze im vorliegenden Text absolut keine Verwendung finden, hat mehrere Gründe: einerseits – und das war ausschlaggebend – verleiten sie ob ihrer scheinbaren Ähnlichkeit mit den klassischen Folgen gerade Anfänger ungeheuer leicht zu eklatanten Fehlschlüssen, weil es diesbezüglich Ungeübten erfahrungsgemäß große Schwierigkeiten bereitet, das mögliche *Fehlen* der gewohnten Linearität mitzudenken; andrerseits deshalb, weil sich für meinen eigenen Geschmack der Notationsaufwand bei Netzen entschieden zu unhandlich & sperrig gibt, ohne dafür mir ersichtliche Vorteile mitzubringen.

daß selbst topologische Räume aus ganz ähnlichen Gründen nicht der Weisheit allerletzter Schluß sein sollten. Möglicherweise motiviert das Nachdenken über die jeweils beschriebenen „Unzulänglichkeiten“ ja den einen oder anderen Leser dazu, selbst über *angemessene Strukturen* nachzudenken, was auf jeden Fall eine erfreuliche meditative Vorbereitung auf das Buch [23] und auch auf die durchaus geplante Fortsetzung dieses Kurses sein dürfte.)

Das 3. Kapitel beschreibt die Gewinnung neuer topologischer Räume aus alten über initiale und finale Konstruktionen – einerseits allgemein (initiale & finale Topologien) und andrerseits an wichtigen Beispielen (Unterräume, Produkträume, Quotienten- und Summenräume).

Im 4. Kapitel kümmern wir uns ein wenig darum, zunächst die oft leicht anarchistischen Tendenzen topologischer Räume in Sachen Konvergenz durch Einführung eines Plakettensystems für mehr oder eben minder vorbildliche innere Sortiertheit zu katalogisieren – es geht um die sogenannten *Trennungseigenschaften* topologischer Räume. Im Zusammenhang damit wird auch eine Symmetrieeigenschaft kurz untersucht.

Das 5. Kapitel ist einer ungeheuer nützlichen topologischen Eigenschaft gewidmet: der *Kompaktheit*. Auch werden abgeschwächte und lokalisierte Varianten dieses mächtigen Begriffes verhandelt: relative, lokale, abzählbare Kompaktheit und Kombinationen daraus. Damit werden dann Sätze gewonnen, wie z.B. eine starke Version des sogenannten 1. Hauptsatzes der direkten Methoden der Variationsrechnung. Mit Blick auf den zuweilen in der Literatur etwas unglücklichen Gebrauch der Bezeichnung *relativ kompakt* für solche Teilmengen eines topologischen Raumes, deren Abschluß kompakt ist, habe ich mir erlaubt, ein Beispiel (5.2.3) für einen Hausdorff-Raum anzugeben, der eine *in unserem Sinne* relativ kompakte Teilmenge enthält, die *keine* kompakte Obermenge im fraglichen Raum hat.

Ein eigener Abschnitt ist den *Kompaktifizierungen* zugedacht. Behandelt werden dabei die klassischen Fälle: Einpunkt-, Stone-Čech- und Wallman-Kompaktifizierung.

Im 6. Kapitel schließlich wird der Begriff des zusammenhängenden Raumes nebst ein paar Variationen definiert und untersucht. Bei der Lokalisation dieser Eigenschaften gestatten wir uns im Interesse einer einheitlichen Behandlung mehrerer Varianten von Zusammenhangseigenschaften (den Arbeiten von Gerhard Preuß folgend) eine etwas abstraktere Herangehensweise, als sie in Lehrtexten sonst wohl üblich ist.

In den Text eingestreut sind hin und wieder Aufgaben von recht unterschiedlicher Schwierigkeit. Ich empfehle nachdrücklich, *jede* von ihnen zu lösen oder es wenigstens engagiert zu versuchen. Sollte das manchmal nicht gelingen, kann man nachschlagen: Die kleine Nummer, die jedesmal das Wort „Aufgabe“ begleitet, ist keine Fuß- sondern eine Endnote und verweist auf einen Absatz am jeweiligen Kapitelende, der Lösungsvorschläge bietet.

Für profunde Aufmerksamkeit, nützliche Kritiken und wertvolle Hinweise in Bezug auf das Manuskript möchte ich an dieser Stelle den Kollegen Thomas Arbeiter, Peter Dencker und Thomas Kalinowski sowie den angehenden Kollegen Karsten Evers,

Martin Haufschild, Matthias Mauch, Thomas Wrycza und Karsten Schölzel ganz herzlich danken. Ein großes Dankeschön auch an Brunhilde Alm und Ulrike Tauscher für penibles Fehlersuchen und -finden[3], sowie speziell an meinen Verlobten Frank H. Rothe für Frohsinn & Frösche.

Den Herren Professoren Harry Poppe, Gerhard Preuß und Alfred Widiger danke ich für ihre beständige freundliche Unterstützung, ohne die es dieses Buch sehr wahrscheinlich gar nicht gäbe.

Dem Oldenbourg-Verlag, namentlich Frau Margit Roth, danke ich für die jederzeit kompetente & freundliche sowie angelegentlich überraschend unterhaltsame Zusammenarbeit.

Zu guter Letzt vielleicht noch dies: Wer Fehler im Text entdeckt, wem schöne Übungsaufgaben eingefallen sind oder wer sonstige Kritiken und Verbesserungsvorschläge zu diesem Buch hat, möge mir diese bitte via E-Mail (math@marvinius.net) zukommen lassen. [4]

René Bartsch, Rostock 2007

Vorwort zur 2. Auflage

> Gegen Kritik kann man sich weder schützen noch wehren; man muß ihr zum Trotz handeln, das läßt sie sich nach und nach gefallen.
>
> Goethe

Daß das Froschbuch scheinbar einige Aufmerksamkeit gefunden hat, freut mich und ich hoffe, daß es seinen Lesern & Leserinnen sowohl in mathematischen Fragen behilflich sein konnte (vielleicht sogar weiterhin kann), als auch etwas Freude gemacht hat. Die zweite Auflage ist kein Froschbuch mehr, sondern ein Käferbuch, weil der neue Verlag keine Frösche mehr wollte[5].

Diese zweite Auflage beinhaltet zwei Kapitel mehr[6] als die erste: eines über uniforme Räume und eines über Hyperräume. In beiden geht es lediglich darum, das Grund-

3 An sämtlichen verbliebenen Fehlern sind die Damen gänzlich unschuldig: die gehen ganz allein auf meine Kappe!

4 Hinweis: Die angeblich „neue“ Rechtschreibung wird von mir absolut vorsätzlich ignoriert – die Orthographie betreffende Mängelmeldungen sollten sich also auf die sogenannte „alte“ Rechtschreibung beziehen.

5 Ein guter Grund dafür mag es sein, daß man auf diese Weise die doch deutlich erweiterte Zweitauflage optisch auf Anhieb von der ersten unterscheiden kann.

6 Ob ich das aufscheinende Prinzip durchhalte, einer eventuellen *dritten* Auflage *drei* neue Kapitel hinzuzufügen, wird man abwarten müssen ...

konzept des jeweiligen Themas vorzustellen und anhand einiger hübscher Resultate kurz bei der Arbeit zu beobachten. Dies geschieht in der Hoffnung, dadurch manche Leserin und manchen Leser zu weiterer Beschäftigung damit anzuregen.

Auch in den alten Kapiteln wurde einiges ergänzt. Zudem habe ich Fehler behoben, die mir seit Erscheinen der ersten Auflage freundlicherweise von aufmerksam Lesenden mitgeteilt worden waren. Ich danke allen Hinweisgebern ganz herzlich, insbesondere Karsten Evers von der Universität Rostock, Philip Saltenberger von der Leibniz Universität Hannover, Alexander Birx, Fabian Kertels, Klaus Kreß, Dominic Michaelis, Anne Nicola Tabbert und Felix Wolf von der Technischen Universität Darmstadt.

Ein dickes Dankeschön an Frank für Rückhalt & Unterstützung und natürlich an Ellen für die gezeichneten Käfer!

Bei Dieter Leseberg und seinen Finninnen bedanke ich mich ganz herzlich für die Gastfreundschaft und den fachlichen Zuspruch!

Frau Hutt und Frau Christ vom De Gruyter Verlag danke ich für ihre Geduld und Freundlichkeit in der Zusammenarbeit mit mir.

Etwas unglücklich bin ich mit dem Titelbild dieser Ausgabe, denn mein - wie ich finde: naheliegender - Wunsch war es, dafür ebenso einen gezeichneten Käfer zu verwenden wie bei den Lösungsvorschlägen[7].

Einige inhaltliche Ergänzungen werde ich im Laufe der Zeit bereitstellen unter

http://topologie.marvinius.net

Dort wird es auch eine regelmäßig aktualisierte Liste der bereits gemeldeten Fehler geben[8].

Ich bitte darum, es mir weiterhin mitzuteilen, sobald ein Fehler auffällt. Auch wer sonstige Hinweise zu Inhalt und Ausgestaltung dieses Buches hat, möge sie mir bitte via E-mail (math@marvinius.net) kundtun.

René Bartsch, Darmstadt im Februar 2015

---

7 Man hat mir geschrieben, im De Gruyter Verlag gäbe es eine Richtlinie, nach der als Titelbilder nur Fotos, aber keine Zeichnungen genommen werden dürften - außer eventuell „mathematische“ wie z.B. Funktionsgraphen oder so ein Zeug. Aber mal ehrlich: wen macht sowas im Mathe-Regal neugierig?

8 Daß trotz aller Bemühungen, sie zu vermeiden, bestimmt wieder Fehler übriggeblieben und auch frische neue hinzugekommen sind, steht nun einmal außer Zweifel.

Inhalt

1 Mengentheoretische Grundlagen

Es gibt keine letzte Wahrheit.
Es gibt nur den Krieg darum.
Heiner Müller

Im Verlauf dieses Kurses werden wir uns unablässig mit Mengen und Mengenoperationen wie *Vereinigung, Durchschnitt, Mengendifferenz* auseinanderzusetzen haben. Es kann also nicht schaden, einige Grundkenntnisse aus der Mengenlehre zu Beginn ein wenig aufzufrischen. Selbstverständlich kommt auch neues hinzu – sonst wär's ja langweilig.

1.1 Mengen, Relationen, Abbildungen

1.1.1 Mengen und Mengenoperationen

Mit „$\{x|\ P(x)\}$" bezeichnen wir die Menge aller derjenigen x, für die $P(x)$ gilt. Dabei ist $P(x)$ natürlich eine Aussageform. Beispiel:
$K := \{x|\ x$ ist natürliche Zahl und $2^x - 1$ ist Primzahl $\}$.

Wie hier bereits zu erkennen, werden wir als Abkürzungen für Mengen meistens große lateinische Buchstaben wählen. Das Symbol „:=" steht für „ist definiert als". Der Ausdruck „$x \in M$" steht für „x ist Element der Menge M". Ist x *nicht* Element der Menge M, so schreiben wir dies als „$x \notin M$".

Ganz wie üblich, steht das Symbol $\wedge$ für die logische Konjunktion („und"-Verknüpfung), das Symbol $\vee$ für die Alternative („oder"-Verknüpfung), $\Rightarrow$ für die Implikation, sowie $\Leftrightarrow$ für die logische Äquivalenz.

Das Zeichen $\forall$ steht für den All-Quantor und das $\exists$ für den Existenz-Quantor. Ein Ausdruck der Form $\forall x \in M : P(x)$ bedeutet also „Für alle Elemente x der Menge M ist die Aussage $P(x)$ wahr.", während etwa $\exists y \in M : Q(y)$ zu verstehen ist als „Es existiert ein Element y der Menge M, für das $Q(y)$ wahr ist."

Mit $\mathbb{N}$ ist stets die Menge der natürlichen Zahlen gemeint, mit $\mathbb{Z}$ die Menge der ganzen Zahlen, mit $\mathbb{Q}$ die der rationalen und mit $\mathbb{R}$ die Menge der reellen Zahlen. Hängt ein Pluszeichen oben am Symbol dran ($\mathbb{N}^+$, $\mathbb{Z}^+$, $\mathbb{Q}^+$, $\mathbb{R}^+$), so sind jeweils nur die positiven natürlichen, ganzen, rationalen bzw. reellen Zahlen gemeint.

Zuweilen ist von Intervallen in $\mathbb{R}$ die Rede, dabei gelten folgende Bezeichnungen:

$$(a,b) := \{x \in \mathbb{R} \mid a < x < b\}, \quad [a,b) := \{x \in \mathbb{R} \mid a \leq x < b\},$$
$$(a,b] := \{x \in \mathbb{R} \mid a < x \leq b\}, \quad [a,b] := \{x \in \mathbb{R} \mid a \leq x \leq b\}.$$

Definition 1.1.1. (1) Seien A und B Mengen. Dann heißt A eine *Teilmenge* von B (in Zeichen: $A \subseteq B$) genau dann, wenn $\forall x \in A : x \in B$ gilt. A heißt *gleich* B genau dann, wenn $A \subseteq B$ und $B \subseteq A$ gelten. A heißt *echte* Teilmenge von B, falls $A \subseteq B$, aber *nicht* $B \subseteq A$ gilt.

(2) Die Menge $\{x \mid x \neq x\}$ heißt *leere Menge* und wird mit dem Symbol $\emptyset$ bezeichnet. (Offensichtlich ist die leere Menge eine Teilmenge *jeder* Menge.)

(3) Ist M eine Menge, so heißt die Menge $\mathfrak{P}(M) := \{A \mid A \subseteq M\}$ die *Potenzmenge* von M.

(4) Ist $\mathfrak{M}$ eine Menge, deren Elemente selbst wieder Mengen sind, dann heißt
  (a) $\bigcup_{M \in \mathfrak{M}} M := \{x \mid \exists M \in \mathfrak{M} : x \in M\}$ die *Vereinigung* über alle $M \in \mathfrak{M}$.
  (b) $\bigcap_{M \in \mathfrak{M}} M := \{x \mid \forall M \in \mathfrak{M} : x \in M\}$ der *Durchschnitt* über alle $M \in \mathfrak{M}$.

  Hat $\mathfrak{M}$ wenig Elemente, insbesondere nur 2, so schreibt man auch $M_1 \cup M_2$ bzw. $M_1 \cap M_2$ für die Vereinigung bzw. den Durchschnitt (wobei natürlich M_1, M_2 just die Elemente von $\mathfrak{M}$ sein sollen).

(5) Sind A und B Mengen, so nennen wir die Menge $A \setminus B := \{x \mid x \in A \wedge x \notin B\}$ die *Mengendifferenz* von A und B.

(6) Ist M eine Menge und A eine Teilmenge von M, so nennen wir $M \setminus A$ das *Komplement* von A *in* M und bezeichnen es mit A^{c_M}. Besteht kein Zweifel darüber, welche Menge M gemeint ist, schreiben wir auch kürzer A^c für das Komplement von A.)

(7) Zwei Mengen A und B heißen *disjunkt* genau dann, wenn $A \cap B = \emptyset$ gilt.

Proposition 1.1.2. (1) *Für Mengen A, B, C gelten*
  (a) *Assoziativgesetze*
    i. $A \cup (B \cup C) = (A \cup B) \cup C$
    ii. $A \cap (B \cap C) = (A \cap B) \cap C$
  (b) *Distributivgesetze*
    i. $A \cup (B \cap C) = (A \cup B) \cap (A \cup C)$
    ii. $A \cap (B \cup C) = (A \cap B) \cup (A \cap C)$

(2) *Assoziativ- und Distributivgesetze gelten auch für beliebige Vereinigungen und Durchschnitte.*

(3) *Seien X eine Menge und $\mathfrak{M}$ eine Menge, deren Elemente wiederum Mengen sind. Dann gelten*
  (a) $X \setminus \bigcup_{M \in \mathfrak{M}} M = \bigcap_{M \in \mathfrak{M}} (X \setminus M)$.
  (b) $X \setminus \bigcap_{M \in \mathfrak{M}} M = \bigcup_{M \in \mathfrak{M}} (X \setminus M)$.

(4) *Stets gilt $A \subseteq B \Rightarrow X \setminus B \subseteq X \setminus A$.*
  Gilt außerdem $A \subseteq X$ und $B \subseteq X$, so folgt aus $X \setminus B \subseteq X \setminus A$ auch $A \subseteq B$.

Definition 1.1.3. (1) Sind x und y irgendwelche Elemente, so nennen wir $(x, y) := \{\{x\}, \{x, y\}\}$ das *geordnete Paar aus x mit y*.
Offensichtlich gilt $(x, y) = (x', y') \Leftrightarrow (x = x') \wedge (y = y')$.
(2) Sind X und Y Mengen, so nennen wir $X \times Y := \{(x, y) | \; x \in X \wedge y \in Y\}$ das *Cartesische Produkt* (oder auch *Kreuzprodukt*) von X mit Y.

1.1.2 Relationen und Abbildungen

Definition 1.1.4. (1) Eine Teilmenge $R \subseteq X \times Y$ heißt *Relation* zwischen X und Y. Für $(x, y) \in R$ sagen wir auch „x steht in Relation R zu y".
(2) Sind R und S Relationen zwischen X und Y, so heißt R *feiner* als S genau dann, wenn $R \subseteq S$ gilt. Das heißt zwei Elemente, die in Relation R zueinander stehen, stehen erst recht in Relation S zueinander.
(3) Sei $R \subseteq X \times Y$ eine Relation und seien $A \subseteq X$ sowie $B \subseteq Y$ gegeben.
  (a) $R(A) := \{y \in Y | \; \exists x \in A : (x, y) \in R\}$ heißt das *Bild der Teilmenge A* unter R.
  (b) $R^{-1}(B) := \{x \in X | \; \exists y \in B : (x, y) \in R\}$ heißt das *vollständige Urbild der Teilmenge B* unter R.
  (c) Die Relation $\{(y, x) \in Y \times X | \; (x, y) \in R\} \subseteq Y \times X$ heißt *inverse Relation* zu R und wird mit R^{-1} bezeichnet.
(4) Sind $R \subseteq X \times Y$ und $S \subseteq Y \times Z$ Relationen, so ist ihr *Kompositum* $S \circ R$ definiert[9] als $S \circ R := \{(x, z) \in X \times Z | \; \exists y \in Y : (x, y) \in R \wedge (y, z) \in S\}$.
(5) Eine Relation $f \subseteq X \times Y$ heißt *Abbildung* aus X in Y genau dann, wenn aus $(x, y_1) \in f$ und $(x, y_2) \in f$ stets $y_1 = y_2$ folgt, d.h. wenn es zu jedem $x \in X$ *höchstens ein* $y \in Y$ mit $(x, y) \in f$ gibt.
(6) $f \subseteq X \times Y$ heißt Abbildung *von* X in Y (oder auch *Funktion* von X nach Y) genau dann, wenn es zu jedem $x \in X$ *genau ein* $y \in Y$ mit $(x, y) \in f$ gibt. Man schreibt dann auch: $f : X \to Y$ und nennt X den *Definitionsbereich* und Y den *Wertebereich* von f. Statt $(x, y) \in f$ schreibt man auch $y = f(x)$ und nennt y das *Bild* von x unter f. Die Menge aller Funktionen von X nach Y wird mit Y^X bezeichnet.
(7) (a) $f : X \to Y$ heißt *surjektiv* genau dann, wenn $f(X) = Y$ gilt.
  (b) $f : X \to Y$ heißt *injektiv* genau dann, wenn
  $\forall x_1, x_2 \in X : f(x_1) = f(x_2) \Rightarrow x_1 = x_2$ gilt.
  (c) $f : X \to Y$ heißt *bijektiv* genau dann, wenn f surjektiv *und* injektiv ist.

---

9 Es ist ein alter, unentschiedener und absolut fruchtloser Streit zwischen Mathematik*lehrern*, in welcher Reihenfolge R und S bei der Komposition geschrieben werden sollten ... wir haben uns in diesem Kurs mit der hier gegebenen Definition erstmal entschieden :-).
Will man die Symbolik „$S \circ R$" aus*sprechen*, scheint mir übrigens die Formulierung „*S nach R*" recht instruktiv, dieweil man in gewissem Sinne ja S nach R „anwendet".

(d) Ist die Abbildung f von X nach Y bijektiv, so ist die inverse Relation f^{-1} ebenfalls eine bijektive Abbildung und wird *Umkehrabbildung* oder auch *inverse Abbildung* zu f genannt.

(8) Ist X eine Menge, so heißt die Abbildung
$\mathbf{1}_X := \{(x, x) | \, x \in X\}$
die identische Abbildung auf X.

(9) (a) Seien $f : X \to Y$ und $A \subseteq X$ gegeben. Dann ist $f_{|A} := f \cap (A \times Y)$ eine Abbildung von A nach Y und heißt die *Einschränkung* von f auf A.
(b) Ist $A \subseteq X$ und $g : A \to Y$ gegeben, so heißt jede Abbildung $f : X \to Y$ mit $f_{|A} = g$ eine *Fortsetzung* von g auf X.

Eine Abbildung $f : X \to Y$ ist surjektiv genau dann, wenn $f \circ f^{-1} = \mathbf{1}_Y$ gilt und sie ist injektiv genau dann, wenn $f^{-1} \circ f = \mathbf{1}_X$ gilt.[10]

Weiterhin gelten folgende „Rechenregeln" für Abbildungen:

Proposition 1.1.5. (1) *Seien $f : X \to Y$, $A, B \subseteq X$ und $C, D \subseteq Y$ gegeben.*
(a) $f(A \cap B) \subseteq f(A) \cap f(B)$
(b) $f(A \cup B) = f(A) \cup f(B)$
(c) $f^{-1}(C \cap D) = f^{-1}(C) \cap f^{-1}(D)$
(d) $f^{-1}(C \cup D) = f^{-1}(C) \cup f^{-1}(D)$

(2) *Die obigen Regeln gelten auch für beliebig viele Komponenten statt zweier.*

(3) *Seien $f : X \to Y$, $A \subseteq X$, $B \subseteq Y$ gegeben.*
(a) $f^{-1}(B^c) = (f^{-1}(B))^c$
(b) i. $f^{-1}(f(A)) \supseteq A$
ii. *Ist f injektiv, so gilt $f^{-1}(f(A)) = A$.*
(c) i. $f(f^{-1}(B)) \subseteq B$
ii. *Ist f surjektiv, so gilt $f(f^{-1}(B)) = B$.*

Lemma 1.1.6. *Seien X, Y nichtleere Mengen und sei $f : X \to Y$ eine Abbildung.*
(1) *f ist genau dann surjektiv, wenn für alle $e_2 : Y \to Y$ aus $f = e_2 \circ f$ stets $e_2 = \mathbf{1}_Y$ folgt.*
(2) *f ist genau dann injektiv, wenn für alle $e_1 : X \to X$ aus $f = f \circ e_1$ stets $e_1 = \mathbf{1}_X$ folgt.*

Beweis. **Aufgabe 1** ■

Lemma 1.1.7. *Seien X, Y nichtleere Mengen und sei $f : X \to Y$ eine Abbildung.*
(1) *f ist genau dann surjektiv, wenn für je 2 Abbildungen $g_1, g_2 : Y \to Z$ aus $g_1 \circ f = g_2 \circ f$ stets $g_1 = g_2$ folgt.*
(2) *f ist genau dann injektiv, wenn für je 2 Abbildungen $h_1, h_2 : W \to X$ aus $f \circ h_1 = f \circ h_2$ stets $h_1 = h_2$ folgt.*

---

10 Wir beachten hier, daß die *Existenz* von f^{-1} als *Relation* stets gesichert ist!

Beweis. (1) Sei f surjektiv und seien $g_1, g_2 : Y \to Z$ gegeben. Angenommen, es gälte $g_1 \neq g_2$. Dann existiert also ein $y_0 \in Y$ mit $g_1(y_0) \neq g_2(y_0)$, wegen der Surjektivität von f also auch ein $x_0 \in X$ mit $y_0 = f(x_0)$, d.h. $g_1(f(x_0)) = g_1(y_0) \neq g_2(y_0) = g_2(f(x_0))$, mithin $g_1 \circ f \neq g_2 \circ f$.

Ist andrerseits f *nicht* surjektiv, so existiert laut Lemma 1.1.6(1) eine Abbildung $e_2 : Y \to Y$ mit $e_2 \circ f = \mathbf{1}_Y \circ f = f$, aber $e_2 \neq \mathbf{1}_Y$.
(2) Sei f injektiv und seien $h_1, h_2 : W \to X$ gegeben. Angenommen, es ist $h_1 \neq h_2$, d.h. es existiert ein $w_0 \in W$ mit $h_1(w_0) \neq h_2(w_0)$. Die Injektivität von f liefert dann $f(h_1(w_0)) \neq f(h_2(w_0))$, also $f \circ h_1 \neq f \circ h_2$.

Ist andrerseits f *nicht* injektiv, so existiert laut Lemma 1.1.6(2) ein $e_1 : X \to X$ mit $f \circ e_1 = f = f \circ \mathbf{1}_X$, aber $e_1 \neq \mathbf{1}_X$. ∎

Sei X eine Menge (bzw. Klasse). Unter einer *indizierten Familie* von Elementen aus X wollen wir eine Funktion $f : I \to X$ verstehen, wobei I eine Menge (bzw. Klasse) ist. I heißt dann *Indexmenge* bzw. *Indexklasse* und $f : I \to X$ heißt *indizierende Abbildung*. Statt $f(i), i \in I$ schreibt man oft x_i und nennt x_i das *Glied* der betreffenden Familie zum Index i. Anstelle von $f : I \to X$ schreibt man oft lieber $(x_i)_{i \in I}$, insbesondere dann, wenn die indizierende Funktion im konkreten Fall uninteressant ist[11] oder unzweifelhaft feststeht.

Für $I = \mathbb{N}$ spricht man auch von einer *Folge*.

Ist $X = \mathfrak{P}(Y)$, so nennt man eine Familie von Elementen aus X auch eine *Familie von Teilmengen von* Y oder ein *indiziertes Mengensystem*. Jede Menge $\mathfrak{M}$ von Teilmengen einer Menge Y läßt sich in einfacher Weise als indiziertes Mengensystem auffassen: wir wählen $I = \mathfrak{M}$ und $f := \mathbf{1}_{\mathfrak{M}}$.

Unter Verwendung indizierter Mengensysteme finden wir nun eine ebenfalls gebräuchliche Schreibweise für Vereinigungen und Durchschnitte wieder: Ist $(M_i)_{i \in I}$ ein indiziertes Mengensystem, so meinen wir mit $\bigcup_{i \in I} M_i$ die Vereinigung $\bigcup_{M \in f(I)} M$ und mit $\bigcap_{i \in I} M_i$ den Durchschnitt $\bigcap_{M \in f(I)} M$, wobei f die indizierende Abbildung ist.

Eine weitere wichtige mengentheoretische Konstruktion ist das allgemeine Cartesische Produkt für beliebige indizierte Mengensysteme:

Definition 1.1.8. Sei $(M_i)_{i \in I}$ ein indiziertes Mengensystem. Dann nennen wir

$$\prod_{i \in I} M_i := \{x : I \to \bigcup_{i \in I} M_i \mid \forall i \in I : x(i) \in M_i\}$$

das *Cartesische Produkt* über alle M_i.

---

11 Wir werden z.B. öfter der Formulierung „Sei $(x_i)_{i \in I}$ eine *beliebige* Familie von Elementen aus X" begegnen.

Statt $x(i)$ schreibt man oft x_i und für ein Element $x \in \prod_{i\in I} M_i$ schreibt man auch $(x_i)_{i\in I}$ oder kurz (x_i), wenn der Bezug klar ist.

Durch $\forall x \in \prod_{i\in I} M_i : \mathrm{p}_j(x) := x_j$ wird für jedes feste $j \in I$ eine Funktion $\mathrm{p}_j : \prod_{i\in I} M_i \to M_j$ definiert. Sie heißt die *j-te kanonische Projektion* und ist offensichtlich surjektiv, sobald $\forall i \in I : M_i \neq \emptyset$ gilt.

Definition 1.1.9. Sei X eine Menge. Eine Relation $R \subseteq X \times X$ heißt

(1) *reflexiv* genau dann, wenn

$$\forall x \in X : (x, x) \in R$$

gilt, wenn also *jedes* Element zu sich selbst in Relation steht.

(2) *irreflexiv* genau dann, wenn

$$\forall x \in X : (x, x) \notin R$$

gilt, d.h. wenn *kein* Element zu sich selbst in Relation steht.

(3) *transitiv* genau dann, wenn aus $(x, y) \in R$ und $(y, z) \in R$ stets $(x, z) \in R$ folgt. In Zeichen[12]:

$$\forall x, y, z \in X : (x, y) \in R \ \wedge \ (y, z) \in R \ \Rightarrow \ (x, z) \in R$$

(4) *symmetrisch* genau dann, wenn für alle $(x, y) \in R$ stets auch $(y, x) \in R$ gilt. In Zeichen:

$$\forall x, y \in X : (x, y) \in R \ \Rightarrow \ (y, x) \in R$$

(5) *asymmetrisch* genau dann, wenn aus $(x, y) \in R$ stets $(y, x) \notin R$ folgt, d.h. wenn niemals (x, y) *und* (y, x) zu R gehören.[13] In Zeichen:

$$\forall x, y \in X : (x, y) \in R \ \Rightarrow \ (y, x) \notin R$$

(6) *antisymmetrisch* genau dann, wenn

$$\forall x, y \in X : (x, y) \in R \wedge (y, x) \in R \Rightarrow x = y$$

gilt, d.h. wenn niemals zwei *verschiedene* Elemente in beiden Richtungen in Relation zueinander stehen.

(7) *linear* genau dann, wenn

$$\forall x, y \in X : (x, y) \in R \vee (y, x) \in R$$

gilt, wenn also je zwei Elemente auf jeden Fall in irgendeiner Reihenfolge in Relation stehen.

12 Ich halte es für sehr wichtig, sich an die Quantorenschreibweise zu gewöhnen!

13 Eine asymmetrische Relation ist also stets auch irreflexiv.

(8) *konnex* genau dann, wenn

$$\forall x, y \in X : (x, y) \in R \vee (y, x) \in R \vee x = y$$

gilt, also je zwei *verschiedene* Elemente stets in irgendeiner Weise in Relation stehen.

Definition 1.1.10. Eine Relation $R \subseteq X \times X$ heißt *Äquivalenzrelation* (auf X) genau dann, wenn sie reflexiv, symmetrisch und transitiv ist.

Ein beliebter Trugschluß ist es, anzunehmen, eine Relation $R \subseteq X \times X$, die symmetrisch und transitiv ist, müsse auch reflexiv sein (was die Forderung nach Reflexivität in der obigen Definition überflüssig machen würde). Zwar folgte sehr wohl für alle $x \in X$ aus $(x, y) \in R$ wegen der Symmetrie sofort $(y, x) \in R$ und dann auch $(x, x) \in R$ wegen der Transitivität, doch funktioniert die Folgerung eben *nur dann*, wenn es tatsächlich wenigstens ein $y \in X$ gibt, zu dem unser fragliches $x \in X$ in Relation steht.

Ist R eine Äquivalenzrelation auf X und x ein Element von X, so nennen wir die Menge

$$[x]_R := \{z \in X \mid (x, z) \in R\}$$

die *Äquivalenzklasse* von x (bezüglich R). Jedes Element $y \in [x]_R$ heißt ein *Repräsentant* dieser Äquivalenzklasse.

Offensichtlich gilt wegen der Reflexivität $\bigcup_{x \in X} [x]_R = X$ für jede Äquivalenzrelation R auf einer Menge X. Weiterhin sieht man leicht, daß für Äquivalenzklassen stets entweder $[x]_R = [y]_R$ oder $[x]_R \cap [y]_R = \emptyset$ gilt: Sind nämlich $[x]_R$ und $[y]_R$ nicht disjunkt, existiert ja ein z, das Element von beiden ist und darum sowohl $(x, z) \in R$ als auch $(y, z) \in R$ erfüllt. Wegen der Symmetrie folgt dann $(z, y) \in R$ und mit der Transitivität sogleich $(x, y) \in R$. Daraus wiederum folgt weiterhin wegen der Transitivität, daß für alle $v \in [y]_R$ auch $(x, v) \in R$ gilt, was umgehend $[y]_R \subseteq [x]_R$ liefert. Zudem gilt ja wegen der Symmetrie mit $(x, y) \in R$ auch $(y, x) \in R$, woraus analog $[x]_R \subseteq [y]_R$ folgt.

Eine Menge $\mathfrak{Z}$ von Teilmengen einer Menge X mit der Eigenschaft, daß je zwei verschiedene ihrer Elemente disjunkt sind und die Vereinigung über alle Elemente von $\mathfrak{Z}$ die ganze Menge X liefert, nennt man auch *Zerlegung* der Menge X. Die Elemente von $\mathfrak{Z}$ nennt man dann auch *Zerlegungskomponenten*. Somit liefert also jede Äquivalenzrelation eine Zerlegung, deren Zerlegungskomponenten gerade die Äquivalenzklassen sind. Umgekehrt gibt es auch zu jeder Zerlegung eine ihr entsprechende Äquivalenzrelation: zwei Elemente der Menge X stehen in Relation genau dann, wenn sie in derselben Zerlegungskomponente liegen.

Die *Menge der Äquivalenzklassen* von X bezüglich R heißt *Quotientenmenge* von X nach R und wird mit X/R bezeichnet.

Durch die Vorschrift $\forall x \in X : \omega(x) := [x]_R$ ist in einfacher Weise eine Abbildung ω von der Menge X auf die Quotientenmenge bezüglich der Äquivalenzrelation R definiert. Sie heißt die *natürliche* oder auch *kanonische* Abbildung bezüglich R (da sie naturgemäß stets surjektiv ist, wird sie auch gern *kanonische Surjektion* genannt).

Ist $f : X \to Y$ irgendeine Abbildung von X nach Y, so können wir durch die Vorschrift $(x_1, x_2) \in R_f :\Leftrightarrow f(x_1) = f(x_2)$ eine Äquivalenzrelation R_f auf X definieren und zudem eine Abbildung $s_f : X/R_f \to Y$ durch die Vorschrift $s_f([x]_{R_f}) := f(x)$. (Man beachte, daß diese Abbildung aufgrund der Konstruktion von R_f wohldefiniert ist!) Dann ist s_f injektiv. Ist f selbst surjektiv, so ist s_f es natürlich auch und damit bijektiv.

Definition 1.1.11. Eine Relation $\preceq$ auf einer Menge M heißt *reflexive Halbordnung* genau dann, wenn sie reflexiv, antisymmetrisch und transitiv ist. Ist sie zusätzlich linear, heißt sie *reflexive Ordnung* auf M.

Eine Relation $\prec$ auf einer Menge M heißt *irreflexive Halbordnung* genau dann, wenn sie irreflexiv, transitiv und asymmetrisch ist. Ist sie zusätzlich konnex, so heißt sie *irreflexive Ordnung* auf M.

Das Paar $(M, \preceq)$ (bzw. $(M, \prec)$) heißt dann entsprechend reflexiv (bzw. irreflexiv) *halbgeordnete Menge* oder reflexiv (bzw. irreflexiv) *geordnete Menge.*

Der Sprachgebrauch ist in der Literatur nicht völlig einheitlich. Oft wird bereits eine Halbordnung als Ordnung bezeichnet – man wird immer nachschlagen müssen, was genau der jeweilige Autor meint. Wird lediglich von einer „Ordnung“ gesprochen, so ist oft eine reflexive Halbordnung gemeint.

Wenn wir hier manchmal einfach nur von einer Halbordnung sprechen, meinen wir eine reflexive. Um zu betonen, daß es sich eben *nicht* nur um eine Halbordnung handelt, nennt man eine reflexiv geordnete Menge gern auch *vollständig geordnet*, *voll geordnet* oder *total geordnet* und die zugehörige Ordnung dementsprechend eine *Vollordnung* oder *totale Ordnung*[14].

Ist $(X, \leq)$ eine reflexiv halbgeordnete Menge, so mag es durchaus Teilmengen M von X geben, die bezüglich $\leq$ (also genaugenommen bezüglich der Relation $\leq \cap (M \times M)$) total geordnet sind. Solche Teilmengen nennt man auch *Ketten* in $(X, \leq)$.

Die übliche „kleinergleich“-Relation $\leq$ ist auf $\mathbb{R}$ beispielsweise eine (reflexive) Vollordnung, die Inklusionsrelation $\subseteq$ ist auf der Potenzmenge $\mathfrak{P}(M)$ einer Menge M mit mehr als einem Element bloß eine (reflexive) Halbordnung.

14 Als Mathematiker kann man also zuweilen ehrlichen Herzens sagen „Wir haben hier eine totale Ordnung.“, ohne sein Arbeitszimmer auch nur ansatzweise aufgeräumt zu haben ...

Definition 1.1.12. (1) Sind $(M, \preceq)$ und $(M', \preceq')$ halbgeordnete Mengen, so nennen wir eine Abbildung $f : M \to M'$ *isoton* genau dann, wenn aus $x \preceq y$ stets $f(x) \preceq' f(y)$ folgt.

(2) Sind $(M, \preceq)$ und $(M', \preceq')$ halbgeordnete Mengen und $f : M \to M'$ eine Bijektion derart, daß f und f^{-1} isoton sind, so heißt f ein *Ordnungsisomorphismus*. Existiert ein Ordnungsisomorphismus zwischen M und M', so heißen $(M, \preceq)$ und $(M', \preceq')$ *ordnungsisomorph*.

(3) Sei $(M, \preceq)$ eine halbgeordnete Menge und $N \subseteq M$.
   (a) Ein Element $a \in M$ heißt *obere (bzw. untere) Schranke* von N genau dann, wenn für alle $x \in N$ gilt $x \preceq a$ (bzw. $a \preceq x$).
   (b) Ein Element $s \in M$ heißt *Supremum* (bzw. *Infimum*) von N genau dann, wenn s eine obere (bzw. untere) Schranke von N ist und für *jede* obere (bzw. untere) Schranke a von N gilt $s \preceq a$ (bzw. $a \preceq s$). [15]

(4) Sei $(M, \preceq)$ eine halbgeordnete Menge. Ein Element $m \in M$ heißt *maximal* (bzw. *minimal*) genau dann, wenn aus $x \in M$ und $m \preceq x$ (bzw. $x \preceq m$) stets $x = m$ folgt. (In einer total geordneten Menge gibt es offensichtlich höchstens ein maximales und ein minimales Element – in halbgeordneten Mengen können sie hingegen recht zahlreich auftreten.)

(5) Eine total geordnete Menge heißt *wohlgeordnet* (und die zugehörige Ordnung dann auch *Wohlordnung*) genau dann, wenn jede ihrer nichtleeren Teilmengen ein minimales Element besitzt.

Es ist nicht schwer einzusehen, daß beispielsweise die natürlichen Zahlen mit der üblichen „$\leq$“-Relation wohlgeordnet sind, die rationalen und reellen jedoch nicht.

Ist $(M, \preceq)$ eine wohlgeordnete Menge, so gilt das *Prinzip der transfiniten Induktion*: Sei $E(x)$ eine Aussageform derart, daß

(1) $E(m_0)$ für das minimale Element m_0 von M wahr ist und
(2) bei beliebigem $m \in M$ aus der Wahrheit von $E(m')$ für alle $m' \preceq m$, $(m' \neq m)$ die Wahrheit von $E(m)$ folgt,

dann ist $E(m)$ für alle Elemente m von M wahr.

Man kann das ganz einfach begründen, nämlich mit dem „Prinzip vom *kleinsten Verbrecher*“: wäre $E(m)$ nicht für alle $m \in M$ wahr, so wäre die Menge aller „Verbrecher“ $\{m \in M \mid E(m) \text{ falsch}\}$ nicht leer und hätte somit ein im Sinne der Wohlordnung kleinstes Element m_1, den „kleinsten Verbrecher“ also, das wegen (1) nicht das minimale

---

15 Damit wird einfach nur formal ausgedrückt, daß ein Supremum eine *kleinste* obere Schranke und ein Infimum eine *größte* untere Schranke ist.

Element von M sein kann. Aus (2) folgt dann freilich, daß auch $E(m_1)$ wahr ist – Widerspruch.[16]

1.2 Axiomatik

> Gott existiert, weil die Mathematik widerspruchsfrei ist
> – und der Teufel existiert, weil wir das nicht beweisen können.
>
> André Weil

1.2.1 Einleitende Dar- und Klarstellung

Kaum etwas eint so sehr wie die gemeinsame Abneigung gegen einen Dritten. In Konkretion dieser alltäglichen Beobachtung führt auch die Mathematik so antipodisch sich gerierende Lager wie das technisch-revolutionär fortschreitende und das geisteswissenschaftlich-ahnungsvoll ambitionierte zusammen: in den Verkennungen, deren Gegenstand sie abgibt.

Während Techniker die Mathematik bestenfalls für eine Hilfswissenschaft und eigentlich für überflüssig halten, sobald sie einen Mathematiker gefunden haben, der langsamer rechnet als sie selbst, sind kulturell beflissene Gemüter immerhin bereit, den so Gekränkten mit schönen Beileidsbekundungen ob seines „trockenen und unkreativen" Berufes zu salben. Ohne allerdings bei dem Bekenntnis, mit der Mathematik gerade einmal orthographisch vertraut zu sein, auch nur ansatzweise jene Scham zu entwickeln, die sie wiederum einem Techniker abverlangen, der zugibt, keinen Kleist zu kennen.

Zugrunde liegt dem allemal die Vorstellung, die Mathematik sei recht besehen eben keine Wissenschaft, gleich gar keine schöpferische, sondern eine Art stupider Mähdrescher, der – aus ein paar antiken Grundlagen zusammengeschraubt – inzwischen alle *halb*wegs (weil natürlich höchstens für die Techniker) interessanten Felder abgegrast hat. Mathematiker, die sich kein ordentliches Kreuzworträtsel leisten können,

16 Persönlich ziehe ich es seit meiner Schulzeit meistens vor, statt mit irgendeiner Induktion lieber gleich mit dem Prinzip vom kleinsten Verbrecher zu argumentieren. Das mag daran liegen, daß meine Mathelehrer bei 'ner Induktion immer Induktionsvoraussetzung, -annahme, -behauptung, -beweis sowie Induktionsschluß ganz penibel aufgeschrieben und als solche kenntlich gemacht haben wollten – was ich freilich nervtötend fand.

knobeln daher vielleicht noch an so Milleniumsproblemen und dergleichen rum, was aber eher dem kurzweiligen Unterfangen gleichkommt, mit besagtem Mähdrescher ein Gänseblümchen zu pflücken. Jedenfalls grassiert die Überzeugung, weil die Mathematik „absolut logisch" sei, wäre alles darinnen restlos und für alle Zeiten festgeklopft, frei von Unstimmigkeiten, vollständig bestimmt und so weiter. Es läßt sich nicht leugnen, daß Mathematiker lange Zeit zu dieser Sichtweise beigetragen haben, die bei ihnen in einem Wunschdenken wurzelt, welches sich an die bereits in der Antike begonnene Wandlung der Mathematik von der beobachtenden zur deduktiven Disziplin knüpft. Insbesondere in der Geometrie hatte man damals ja herausgefunden, daß man all die vielen Gesetzmäßigkeiten, die man aus der Erfahrung kannte, aus relativ wenigen und unmittelbar einleuchtenden Grundannahmen logisch herleiten konnte. Die axiomatische Methode war geboren.

Faßt man, wie es zunächst ganz natürlich geschah, die Axiome einer Theorie (z.B. eben der Geometrie) als wahre Aussagen über real erlebbare Sachverhalte auf, so kommen Fragen wie etwa die nach der Widerspruchsfreiheit des Systems überhaupt nicht in Betracht: In der Welt kann ein Sachverhalt nicht zugleich mit seiner Negation bestehen. (Daß dahinter die sehr idealistische Gestalt eines „gütigen Schöpfers" steht, der uns den logischen Verstand nicht deshalb gibt, um selbigen nachher mit Widersprüchen zu verhöhnen, fällt kaum jemandem auf, bzw. war lange Zeit ohnehin Kanon.)

Es stellt sich jedoch bald heraus, daß durchaus nicht widerspruchsfrei sein muß, was uns anschaulich zunächst einleuchtet. Insofern war vielleicht die Genialität eines Euklid, der die ebene Geometrie axiomatisierte, recht hinderlich für die Emanzipation des mathematischen Denkens: seine Axiome sind überaus evident und gleichzeitig auch nach heutigem besten Wissen und Gewissen widerspruchsfrei, weshalb lange Zeit nicht auffiel, daß das durchaus nicht selbstverständlich ist. Nachhaltig erschüttert wurde diese eigenartige Mischung aus Intuition, um nicht von allzumenschlicher Willkür zu reden (in der Auswahl der Axiome) und logischer Strenge (in der Durchführung der darauf gegründeten Theorien) erst im 19. Jahrhundert, als ein Einfall Georg Cantors – die abstrakte Mengenlehre – das Glück hatte, einige Furore zu machen, *bevor* unverbesserliche Nörgler die Widersprüche in der doch nach bestbekannter intuitiv-axiomatischer Manier eingeführten Theorie aufzeigten. Weil sich bereits andeutete, daß die Mengenlehre einen außerordentlich fruchtbaren Boden für nahezu die gesamte Mathematik abgeben könnte, wurde einige Mühe darauf verwandt, die aufgetretenen Mißstände zu beheben. Und siehe da: das ließ sich machen – wenn man dem „gesunden Menschenverstand" bei der Begriffsbildung das Heft aus der Hand nahm und die Axiome so geschickt ausklügelte, daß sie keiner Antinomie eine Angriffsfläche boten. Nun aber war ein Stein ins Rollen gebracht, man konnte keiner Axiomatik mehr blindlings trauen, nicht einmal der euklidischen; die Mathematik erlebte eine Grundlagenkrise[17]. David Hilbert war es, der auf dem Mathematikerkongreß 1901 mit seinem „Programm zur Rettung der Mathematik“ einen Weg zu ihrer Überwindung weisen wollte. In Erwägung, daß sich weite Teile der damaligen Analysis auf die Geometrie, diese unter Umständen auf die Arithmetik, und die wiederum auf das Modell der natürlichen Zahlen zurückführen ließen, rief er dazu auf, eine axiomatische Theorie zu schaffen, die

(1) wenigstens das Modell der natürlichen Zahlen enthalten, und
(2) ihre eigene Widerspruchsfreiheit mit finiten Methoden beweisen können sollte.

Und Kurt Gödel war es, der 1931 zeigte, daß just das nicht geht.

Was nicht heißt, daß die Widerspruchsfreiheit des arithmetischen Modells der natürlichen Zahlen nicht bewiesen werden könnte. Jedoch müßten dazu als Beweismittel Theorien herangezogen werden, deren eigene Widerspruchsfreiheit (und damit Gültigkeit in unserem doch immer noch sehr anspruchsvoll-idealistischen Sinne) noch unklarer ist als die des fraglichen Modells. So ist also auch die Widerspruchsfreiheit des hier vorgestellten Systems nicht innerhalb dieses Systems beweisbar – immerhin sind aber bislang keine Widersprüche publik geworden, was zu einem gewissen Zutrauen Anlaß gibt.

1.2.2 Was soll am Begriff „Menge“ eigentlich unklar sein?

Wir haben ja jetzt schon allerhand Wissenswertes über Mengen zusammengetragen – und dabei immerzu so getan, als wüßten wir, was Mengen eigentlich sind. Dabei ist, denkt man erstmal drüber nach, noch nicht einmal klar, *ob* Mengen überhaupt *sind*. Immerhin sollten die meisten von uns eine recht griffige intuitive Vorstellung davon haben, daß und was Mengen sind.

Beginnen wir also mit der anschaulich sehr einleuchtenden Definition, die Georg Cantor (1845–1918) für den Begriff der Menge gab:

> *„Unter einer* **Menge** *verstehen wir jede Zusammenfassung M von bestimmten, wohlunterschiedenen Objekten unserer Anschauung oder unseres Denkens (welche die* **Elemente von** *M genannt werden) zu einem Ganzen.“*

So schön diese Erklärung ob ihrer Einfachheit erscheint, so wenig „mathematisch“ ist sie – leider. Einerseits fällt auf, daß hierin der Begriff der Menge durch den ebenso-

17 Sehr lesenswerte historische und philosophische Betrachtungen (bei weitem nicht nur) hierzu finden sich z.B. in dem überhaupt ganz famosen Buch [39].

wenig mathematisch gefaßten Begriff „Zusammenfassung zu einem Ganzen“ erklärt werden soll. Darüber könnte man vielleicht noch hinwegsehen und es damit bewenden lassen, daß schließlich jeder weiß, was damit gemeint ist.[18]

Barbiers-Paradoxon: Der Barbier eines Dorfes rasiert genau alle diejenigen Männer des Dorfes, die sich nicht selbst rasieren. Rasiert sich der Barbier?

Nicht so einfach hinnehmen können es Mathematiker, daß die „naive“ Cantor'sche Definition zu unerfreulichen Antinomien führt, die meistens dem schon von den alten griechischen Philosophen bemerkten Barbiers-Paradoxon ähneln: analog stürzt uns nämlich auch die – nach der naiven Erklärung zunächst scheinbar[19] mögliche – Definition „der Menge aller derjenigen Mengen, die sich nicht selbst als Element enthalten“ in ernste Schwierigkeiten. Und ähnlich wie zu allen Zeiten findige Schüler der Philosophie als Lösung des Dilemmas vorschlugen, der Barbier könnte doch einfach eine Frau sein, so ähnlich läßt sich das Problem auch in der Mathematik beseitigen: ein Konstrukt, wie es oben angeführt wurde, ist dann zwar möglich, aber es ist eben *keine Menge*.

Kann man das auch etwas präziser fassen? Kann man – und wir wollen das hier ganz kurz skizzieren. Der Preis, den wir dafür zu zahlen haben, besteht in einem gewissen Verlust an Anschaulichkeit und „Greifbarkeit“: wir werden, ausgehend von zwei gewissermaßen „atomaren“ Grundbegriffen (nämlich den Begriffen **„Klasse“** und **„ist Element von“**) einen Katalog von Regeln (sogenannten Axiomen) aufstellen, nach denen diese beiden Grundbegriffe sich zueinander verhalten sollen. Dabei sind diese Regeln so gestaltet, daß unsere Grundbegriffe – diesen Regeln folgend – eine logisch (hoffentlich) widerspruchsfreie *Sprache* formen, die das, was uns intuitiv an Mengen und der Element-Beziehung interessiert, wenigstens teilweise *abzubilden* vermag. Das heißt: Wir einigen uns darauf, daß Mengen diesen Regeln jedenfalls entsprechen (das wird nicht schwerfallen, da die Regeln meistenteils intuitiv sehr einleuchtend sind) und akzeptieren, daß wir über Mengen fürderhin nur das wirklich sagen können, was sich aus diesen Regeln logisch ableiten läßt.

18 Man könnte auch, wie es in den Ingenieur- und Geisteswissenschaften oft noch üblich ist, einfach die Studenten dazu erziehen, den fraglichen Begriff *intuitiv richtig* zu gebrauchen.

19 Wir wollen zu Ehren Cantors erwähnen, daß ihm diese Antinomie sehr bald bewußt war, er sich freilich auf den gar nicht so abwegigen Standpunkt stellte, daß just wegen des Auftretens des logischen Widerspruches die *Zusammenfassung zu einem Ganzen* eben nicht möglich sei. Damit freilich ist das Problem nur zu der – immerhin dezent in Richtung Axiomatisierung weisenden – Frage umgeschichtet, *welche* Zusammenfassungen man denn nun als Mengen betrachten solle. Mehr über Cantors Mengenlehre findet sich in [5].

1.2.3 Die hoffentlich harmlosen 10 Gebote

> Es ist nicht wahr, daß Videogames Kinder beeinflussen.
> Hätte PacMan diese Wirkung gehabt, würden wir heute durch
> dunkle Räume irren, Pillen fressen und elektronische Musik hören.
> Christian Wilson, Nintendo Inc., 1989

Wir geben hier ein Axiomensystem an, das im wesentlichen auf der Version von Bernays-Gödel-v.Neumann fußt.

Die undefinierten Terme dieser Axiomatik sind „Klasse" und eine binäre Beziehung „$\in$" zwischen Klassen, von der wir voraussetzen, daß für je zwei Klassen A, B die Aussage $A \in B$ entweder wahr oder falsch ist. Ist sie falsch, schreiben wir dafür auch $A \notin B$.

Definition 1.2.1. Eine Klasse A heißt *Teilklasse* der Klasse B (in Zeichen: $A \subseteq B$) genau dann, wenn $\forall x : x \in A \Rightarrow x \in B$ gilt.
Die Klassen A, B heißen *gleich* (in Zeichen $A = B$) genau dann, wenn $A \subseteq B$ und $B \subseteq A$ gilt.

I. Axiom (Substitution)
$(x \in A) \wedge (y = x) \Rightarrow (y \in A)$

Dieses Axiom mutet ziemlich selbstverständlich an, das können wir getrost zugeben. Nichtsdestotrotz ist es von beachtlicher (wenn auch eher technisch anmutender) Bedeutung: es gestattet uns immerhin, eine Klassen*variable* auf der „linken Seite" einer Element-Beziehung durch eine andere Klassen*variable* zu ersetzen (substituieren), sobald diese die *gleiche Klasse* bezeichnet. Das klingt trivial, aber wenn wir dieses Axiom nicht hätten, dürften wir so etwas simples eben nicht tun: wir hatten uns ja darauf eingelassen, nur solche Schlüsse zuzulassen, die – von den Axiomen ausgehend – ausdrücklich erlaubt sind. Daß wir auf der „rechten Seite" entsprechend substituieren dürfen, haben wir bereits mit der Definition der Klassengleichheit erzwungen: gleich heißen zwei Klassen ja genau dann, wenn sie in jeder Elementbeziehung, in der sie auf der „rechten Seite" stehen, gegeneinander ausgetauscht werden können, ohne den Wahrheitswert der betreffenden Elementbeziehung zu verändern.

Wir kommen nun zum lang erwarteten Begriff der Menge.

Definition 1.2.2. Die Klasse A heißt eine *Menge* genau dann, wenn es eine Klasse $\mathcal{A}$ gibt mit $A \in \mathcal{A}$.

Mengen sind also spezielle Klassen, nämlich solche, die selbst in irgendeiner andren Klasse als Element vorkommen. Klassen, die selbst nirgendwo als Element vorkommen, folglich keine Mengen sind, werden zuweilen auch *Unmengen* genannt.

II. Axiom (Klassenbildung)
Für jede Aussageform $p(x)$, in der nur über Mengen-Variablen quantifiziert wird und in der die Klassen-Variable $\mathcal{A}$ nicht vorkommt, existiert eine Klasse $\mathcal{A}$, deren Elemente genau diejenigen *Mengen* x sind, für die $p(x)$ wahr ist, d.h.

$$(x \in \mathcal{A}) \Leftrightarrow (x \text{ ist Menge }) \wedge p(x).$$

An dieser Stelle ist unser anfängliches logisches Problem behoben: der Barbier ist kein Mann, bzw. die Klasse aller derjenigen Mengen, die sich nicht selbst als Element enthalten, ist keine Menge.

Wegen Axiom I ist die Klasse $\mathcal{A}$ eindeutig bestimmt durch ihre definierende Aussageform $p(x)$. Wir schreiben die durch $p(x)$ bestimmte Klasse auch als

$$\mathcal{A} = \{x | \ (x \text{ ist Menge}) \wedge p(x)\} .$$

Zudem gestattet uns Axiom II, die bekannten Operationen $\mathcal{A} \cup \mathcal{B}$ (Vereinigung), $\mathcal{A} \cap \mathcal{B}$ (Durchschnitt) und $\mathcal{A} \times \mathcal{B}$ (Cartesisches Produkt) und somit auch Begriffe wie „Relation" oder „Abbildung" für Klassen $\mathcal{A}, \mathcal{B}$ zu definieren.

Wir erhalten zudem die universelle Klasse $\{x| \ (x \text{ ist Menge}) \wedge (x = x)\}$ und die *leere Klasse* $\emptyset := \{x| \ (x \text{ ist Menge}) \wedge (x \neq x)\}$. Offensichtlich ist $\emptyset$ Teilklasse jeder Klasse.

Die folgenden Axiome sichern, daß *wenigstens eine* Klasse tatsächlich eine Menge ist und daß bestimmte Konstruktionen mit Mengen wieder Mengen liefern.

III. Axiom (leere Menge)
$\emptyset$ ist eine Menge.

Man mache sich klar, daß dieses Axiom keineswegs überflüssig ist – selbst der spontane Einfall, einfach eine Klasse zu bilden, die $\emptyset$ als Element enthält (womit $\emptyset$ per Definition zur Menge würde), bedarf nämlich der Rechtfertigung durch unsre Axiome. Zwar haben wir Axiom II zur Klassenbildung und könnten durchaus die Klasse

$$\{x| \ (x \text{ ist Menge}) \wedge x = \emptyset\}$$

bilden, doch ist eben wegen der Forderung „x ist Menge" noch gar nicht klar, ob $\emptyset$ Element dieser Klasse ist – und hier beißt sich die Katze in den Schwanz.

IV. Axiom (Mengenpaare)
Wenn A und B verschiedene Mengen sind, so ist $\mathcal{A} := \{x|\ (x = A) \vee (x = B)\}$ eine Menge. (Sie wird auch mit $\{A, B\}$ bezeichnet.)

Auch hier gilt: selbst was so selbstverständlich aussieht, müssen wir uns durch ein Axiom erst einmal erlauben. Man beachte auch den Unterschied zu Axiom II: das würde uns mit der hier verwendeten Aussageform natürlich liefern, daß das Paar eine *Klasse* ist. Wir wollen es aber als *Menge* haben - und dazu verhilft uns eben Axiom IV.

V. Axiom (Mengenvereinigung)
Ist $\mathcal{B}$ eine Menge, so ist

$$\bigcup_{B\in\mathcal{B}} B := \{x|\ \exists B \in \mathcal{B} : x \in B\}$$

eine Menge.

Auch hier geht es darum, eine *Menge* herauszukriegen, wenn wir mit einer *Menge* $\mathcal{B}$ starten. Für die Bildung einer *Klasse*, deren Elemente genau die Elemente der Elemente von $\mathcal{B}$ sind, reicht unser Axiom II.

VI. Axiom (Einsetzung)
Ist A eine Menge und $f : A \to \mathcal{A}$ eine Abbildung, dann ist $f(A)$ eine Menge.

Hier wird der Begriff der Abbildung vorausgesetzt - allerdings haben wir dank Axiom IV bereits Paare von Mengen und können damit ganz analog zu Definition 1.1.3 auch *geordnete* Paare von Klassenelementen und damit dann das Kreuzprodukt zweier Klassen bilden, wodurch sich der Begriff der *Abbildung zwischen Klassen* erschließt.

VII. Axiom (Schnittmenge)
Ist A eine Menge, so ist bei jeder Klasse $\mathcal{A}$ auch $A \cap \mathcal{A}$ eine Menge.

Daraus folgt, daß für eine Menge A und eine Aussageform p, in der höchstens über Mengenvariablen quantifiziert wird, die Klasse $\{x|\ x \in A \wedge p(x)\}$ eine Menge ist. Die Forderung „$x \in A$" macht es hier überflüssig, zusätzlich zu schreiben „x ist Menge". Wir schreiben die oben genannte Menge auch als $\{x \in A|\ p(x)\}$.

Ist weiterhin $\mathcal{A}$ eine Menge, so ist nach Axiom V auch $S := \bigcup_{A\in\mathcal{A}} A$ eine Menge. Nach obiger Betrachtung ist folglich auch

$$\bigcap_{A\in\mathcal{A}} A := \{x \in S|\ \forall A \in \mathcal{A} : x \in A\}$$

eine Menge.

Bei der Definition der Potenz*klasse* müssen wir nun wieder etwas Vorsicht walten lassen: Da Elemente von Klassen automatisch Mengen sind, dürfen wir natürlich keine Klasse zu bilden versuchen, die Unmengen als Elemente hätte. Die Konstruktion

$$\mathfrak{P}(\mathcal{A}) := \{\mathcal{B} \mid \mathcal{B} \text{ ist Menge } \wedge \mathcal{B} \subseteq \mathcal{A}\}$$

ist laut Axiom II aber möglich und die so erhaltene Klasse heißt die *Potenzklasse* von $\mathcal{A}$.

VIII. Axiom (Potenzmenge)
Wenn A eine Menge ist, dann ist auch $\mathfrak{P}(A)$ eine Menge.

Dieses Axiom angewandt, sind wir fürderhin berechtigt, von Potenz*mengen* $\mathfrak{P}(M)$ zu sprechen, sofern die zugrundeliegende Klasse M eine Menge ist.

Ist A eine Menge, so ist auch $\{A\}$ eine Menge. Ist nämlich $A = \emptyset$, so liefern die Axiome III und VIII, daß $\{\emptyset\}$ eine Menge ist. Falls $A \neq \emptyset$, so ist nach Axiom IV $\{A, \emptyset\}$ eine Menge. Nehmen wir für $\mathcal{A}$ die Klasse, die durch die Aussageform $p(x) \ := \ (x = A)$, definiert wird, so finden wir, daß $\{A, \emptyset\} \cap \mathcal{A} = \{A\}$ eine Menge ist.

Das Cartesische Produkt $A \times B$ zweier Mengen A und B ist eine Menge: Für jedes $a \in A$ definieren wir die Abbildung $f_a : B \to A \times B : f_a(b) := (a, b)$ und erhalten mit Axiom VI, daß alle Bilder $f_a(B) = \{a\} \times B, a \in A$ Mengen sind. Dann ist wegen Axiom V aber auch die Vereinigung $A \times B = \bigcup_{a \in A} \{a\} \times B$ eine Menge.

Hieraus folgt wiederum mit Axiom VIII, daß $\mathfrak{P}(A \times B)$ ebenfalls eine Menge ist. Mithin ist auch die Klasse

$$\left\{ x \in \mathfrak{P}(A \times B) \;\middle|\; \begin{array}{l} \forall a \in A : \exists b \in B : (a, b) \in x \text{ und} \\ \forall a \in A : \forall b, c \in B : (a, b) \in x \wedge (a, c) \in x \Rightarrow b = c \end{array} \right\}$$

aller Abbildungen von A nach B eine Menge, die wir übrigens gern und oft mit B^A bezeichnen.

IX. Axiom (Atome)
Jede nichtleere Menge A enthält ein Element $u \in A$ mit $u \cap A = \emptyset$.

Dieses zunächst seltsam anmutende Axiom sichert sozusagen, daß jede nichtleere Menge A Elemente enthält, die nicht selbst wieder aus Elementen der Menge A bestehen – eine Art „Atome“ also, aus denen die Menge „aufgebaut“ ist. Die Bedeutung dieses Axioms erschließt sich möglicherweise leichter anhand zweier wichtiger Folgerungen daraus:

Proposition 1.2.3. (1) *Keine Menge ist Element von sich selbst.*
(2) *Für zwei Mengen A, B kann nicht $A \in B$* **und** *$B \in A$ gelten.*

Beweis. (1) Für die leere Menge ist das klar; nehmen wir also an, es gäbe eine nichtleere Menge A mit $A \in A$. Dann wäre $\{A\}$ nach den vorigen Betrachtungen ebenfalls eine Menge, hätte aber keine Atome, da ihr einziges Element A nun einmal ebenfalls A als Element enthielte.

(2) Ist mindestens eine von beiden Mengen leer, ist die Behauptung evident. Falls beide nichtleer sind, wäre nach Axiom IV $\{A, B\}$ ebenfalls eine Menge, die aber aus den gleichen Gründen wie oben keine Atome hätte. ■

Ab hier ist dann übrigens klar, daß es sich bei der „Klasse aller Mengen, die sich nicht selbst als Element enthalten“ schlicht um die Klasse *aller* Mengen handelt.

X. Axiom (Unendlichkeit)
Es gibt eine *Menge* A mit den Eigenschaften
(1) $\emptyset \in A$ und
(2) Wenn $a \in A$ gilt, dann auch $a \cup \{a\} \in A$.

Dieses Axiom erlaubt uns zu schließen, daß die Klasse der natürlichen Zahlen (nach dem Peano'schen System definiert) eine Menge ist: Sei A irgendeine Menge mit den im Axiom X genannten Eigenschaften, so betrachten wir die durch

$$\mathcal{B} := \{B \in \mathfrak{P}(A) \mid B \text{ hat die in Axiom X genannten Eigenschaften }\}$$

definierte Teil*menge* der *Menge* $\mathfrak{P}(A)$ und bilden den Durchschnitt $N := \bigcap_{B \in \mathcal{B}} B$, der – wie wir ja wissen – ebenfalls eine Menge ist. Es ist unmittelbar klar, daß N ebenfalls die Eigenschaften aus Axiom X hat, da alle Mengen, über die wir den Durchschnitt gebildet haben, diese Eigenschaften besitzen. Schauen wir uns nun die Peano-Axiome für die natürlichen Zahlen an, so müssen wir nur beschließen, $x \cup \{x\}$ den *Nachfolger* von $x \in N$ zu nennen und können leicht einsehen, daß alle Peano-Axiome in N erfüllt sind[20], indem wir $\emptyset \in N$ als „0“ bezeichnen, $\{\emptyset\}$ als „1“, $\{\emptyset, \{\emptyset\}\}$ als „2“ usw.

---

20 Man beachte, daß N nach Konstruktion keine echte Teilmenge hat, die ebenfalls die beiden Bedingungen aus Axiom X erfüllt.

1.2.4 Das Auswahlaxiom

Hoffentlich unterläuft dem Irrtum ein Fehler,
dann kommt alles von selbst in Ordnung.
Stanislaw Jerzy Lec

Auch das nächste Axiom formalisiert etwas, was wir intuitiv - zunächst - wohl für selbstverständlich halten würden. Das liegt vermutlich daran, daß wir uns im Alltag hauptsächlich um *endliche* Mengen zu kümmern haben, wo die Angelegenheit tatsächlich unkritisch ist.

XI. Axiom (Auswahlfunktion)
Zu jeder nichtleeren Menge $\mathcal{A}$ von nichtleeren Mengen existiert eine Funktion

$$f : \mathcal{A} \to \bigcup_{A \in \mathcal{A}} A ,$$

für die $\forall A \in \mathcal{A} : f(A) \in A$ gilt.

Salopper gesagt, es existiert eine Funktion, die aus jeder der Mengen $A \in \mathcal{A}$ ein Element „auswählt".

Das Auswahlaxiom erregt manche Gemüter. Man möchte dies für wunderlich halten, wenn man die obige anschaulich relativ einleuchtende Formulierung betrachtet: Wenn irgendwo eine (beliebig große) Menge von deckellosen und lecker gefüllten Suppentöpfen aufgereiht herumsteht, kann man sich ja wohl ebensogut einen (beliebig langen) Stock mit genau so vielen Schöpfkellen dran denken, mit denen man aus allen Töpfen gleichzeitig eine Naschprobe stiebitzen kann.

Etwas weniger wunderlich erscheinen die Gemütserregungen, wenn man z.B. den sogenannten *Wohlordnungssatz* betrachtet, dessen *Äquivalenz* zum Auswahlaxiom bewiesen wurde und der besagt, daß *jede Menge wohlgeordnet* werden könne. Hier versagt recht flugs jede Anschaulichkeit, selbst bei so vertrauten Mengen wie etwa der Menge der reellen Zahlen. Oder erst der Satz von Banach und Tarski: das Auswahlaxiom vorausgesetzt, gibt es eine Zerlegung der üblichen Einheitskugel des $\mathbb{R}^3$ in endlich viele Teile, die sich zu *zwei vollständigen* Einheitskugeln wieder zusammensetzen lassen. Das ist ganz sicher wunderlich. Und doch werden wir das Auswahlaxiom gelten lassen und dauernd mehr oder minder offen benutzen. Ohne Auswahlaxiom stünden wir nämlich auch ziemlich einsam im Wald – selbst viele einfache Sätze der klassischen Analysis ließen sich nicht beweisen!

Immerhin hat aber derselbe Kurt Gödel, der Hilberts „Programm zur Rettung der Mathematik" ins Reich der frommen Träume schickte, im Jahre 1938 bereits bewiesen, daß *wenn* das System der Axiome I – X widerspruchsfrei ist, auch das System der Axiome I – XI (also *mit Auswahlaxiom*) widerspruchsfrei ist.

Sollte sich also – was dieser oder jener verhüten möge – eines Tages herausstellen, daß unsre Axiomatik widersprüchlich ist, so wird das Auswahlaxiom daran *unschuldig* sein! Die Verbrecher tummeln sich dann unter den merkwürdigerweise so gut wie nie attackierten Axiomen I-X. Sehr schöne Erläuterungen dazu finden sich in [55].

Wir kommen nun zu einigen wichtigen Sätzen, die unmittelbar mit dem Auswahlaxiom zusammenhängen und nicht umsonst ziemlich berühmt sind: es geht um den Hausdorff'schen Maximalitätssatz, das Zorn'sche Lemma und den Wohlordnungssatz.

Satz 1.2.4 (Hausdorff'scher Maximalitätssatz). *Jede nichtleere (reflexiv) halbgeordnete Menge $(X, \leq)$ enthält (mindestens) eine maximale*[21] *total geordnete Teilmenge.*

Beweis. Zunächst einmal stellen wir fest, daß jede einelementige Teilmenge von X trivialerweise total geordnet ist. Folglich ist die Menge $\mathfrak{M}$ aller total geordneten Teilmengen von X nicht leer, weil X nicht leer ist.[22] Nun mag es Teilmengen von $\mathfrak{M}$ geben, die selbst total geordnet bezüglich der Mengeninklusion sind. Wenn etwa $\mathcal{A} \subseteq \mathfrak{M}$ eine solche, bezüglich Inklusion total geordnete, Teilmenge von $\mathfrak{M}$ ist, dann ist auch die Vereinigung $\bigcup_{A \in \mathcal{A}} A$ total geordnet bezüglich $\leq$. Sind nämlich x und y Elemente dieser Vereinigung, so muß jedes der beiden ja selbst Element eines Elementes von $\mathcal{A}$ sein – $\mathcal{A}$ ist aber total geordnet bezüglich Inklusion und somit sind beide, sowohl x als auch y, in einem einzelnen Element von $\mathcal{A}$, nämlich dem umfassenderen, enthalten; dieses ist aber wiederum eine total geordnete Teilmenge von X und daher müssen x und y vergleichbar sein.[23]

Diesen Sachverhalt im Hinterkopf, sind wir nun schon ganz gut gewappnet, den Hauptteil des Beweises in Angriff zu nehmen. Der verläuft *indirekt*: *angenommen*, die Behauptung des Satzes wäre falsch – dann hätten wir also eine Menge X, in der sämtliche total geordneten Teilmengen (also alle Elemente von $\mathfrak{M}$) *nicht* maximal sind, d.h. zu jeder Teilmenge $A \in \mathfrak{M}$ gäbe es eine nichtleere Menge

$$A' := \{x \in X \setminus A \mid A \cup \{x\} \text{ ist bezüglich } \leq \text{ total geordnet}\}$$

von Elementen aus $X \setminus A$ die wir zu A hinzufügen könnten, ohne die Vollordnung zu zerstören. Dadurch ist die Funktion $g : \mathfrak{M} \to \mathfrak{P}_0(X) : g(A) := A'$ wohldefiniert. Laut Auswahlaxiom gibt es dann freilich eine Funktion f', die jeder der Mengen $A' \in g(\mathfrak{M})$ ein Element $f'(A') \in A' \subseteq X \setminus A$ zuordnet. Setzen wir $f := f' \circ g$, so folgt für alle $A \in \mathfrak{M}$, daß $A \cup \{f(A)\}$ wieder total geordnet, also Element von $\mathfrak{M}$ ist.

21 Mit *maximal* ist gemeint, daß der fraglichen Teilmenge kein Element der Grundmenge X mehr hinzugefügt werden kann, ohne die Vollordnung zu zerstören. Anders gesagt: daß es keine total geordnete Teilmenge gibt, die unsre maximale *als echte Teilmenge* enthält.

22 Es wird hier ein bißchen verzwickt, weil wir jetzt bereits über *Mengen von Mengen* reden ... es kommt aber noch dicker.

23 Ganz in Ruhe nochmal lesen – es ist halb so schlimm, wie es erstmal klingt.

Wir greifen uns jetzt ein beliebiges Element A_0 von $\mathfrak{M}$ (also eine total geordnete Teilmenge von X) heraus. Das ist einfach. Jetzt wird es wieder ein bißchen verzwickter: Wir hatten ja angenommen, daß mit jedem A auch stets $A \cup \{f(A)\}$ zu $\mathfrak{M}$ gehört, und wir wissen, daß für jede per Inklusion total geordnete Teilmenge von $\mathfrak{M}$ auch deren Vereinigung zu $\mathfrak{M}$ gehört – nun betrachten wir mal *alle* diejenigen Teilmengen $\mathfrak{B}$ von $\mathfrak{M}$, die

(1) A_0 als Element enthalten,
(2) für jede per Inklusion total geordnete Teilmenge von $\mathfrak{B}$ auch deren Vereinigung als Element enthalten und
(3) mit jedem $A \in \mathfrak{B}$ auch stets $A \cup \{f(A)\}$ als Element enthalten.

Eine solche – wohlgemerkt $A_0 \in \mathfrak{M}$ als Element enthaltende – Teilmenge von $\mathfrak{M}$ wollen wir einen *Turm über* A_0 nennen. Unsrer Annahme zufolge ist z.B. die Menge *aller* derjenigen Elemente von $\mathfrak{M}$, die A_0 umfassen, ein Turm über A_0. Wir können also sicher sein, daß die Menge $\mathcal{B}$ aller Türme über A_0 jedenfalls nicht leer ist.[24] Was hilft uns das im Garten? Nun, wir können zum Beispiel den *Durchschnitt* $\mathfrak{D}$ *aller* Türme über A_0 bilden und wir können leicht sehen, daß $\mathfrak{D}$ selbst wiederum ein Turm über A_0 ist, indem wir die 3 Bedingungen dafür einmal kurz überfliegen.

Schön wär's nun, wenn $\mathfrak{D}$ bezüglich der Inklusion total geordnet wäre. Warum, werden wir gleich sehen – kümmern wir uns erstmal darum zu zeigen, daß $\mathfrak{D}$ tatsächlich per Inklusion total geordnet ist, also daß je zwei Elemente von $\mathfrak{D}$ in einer Inklusionsrelation zueinander stehen.

Dazu betrachten wir ganz unvoreingenommen mal die Menge $\mathfrak{V}$ aller derjenigen Elemente von $\mathfrak{D}$, die *mit allen* Elementen von $\mathfrak{D}$ vergleichbar sind:

(1) A_0 liegt in $\mathfrak{V}$, denn die Menge aller derjenigen Elemente von $\mathfrak{M}$, die A_0 umfassen, ist offensichtlich ein Turm über A_0 – folglich kann der Durchschnitt $\mathfrak{D}$ aller Türme auch nur aus A_0 umfassenden Mengen bestehen.
(2) Ist A ein beliebiges Element aus $\mathfrak{D}$ und eine beliebige total geordnete Teilmenge $\mathfrak{T}$ von $\mathfrak{V}$ gegeben, so sind entweder alle Elemente von $\mathfrak{T}$ als Teilmengen in A enthalten (und folglich auch ihre Vereinigung) oder mindestens ein Element von $\mathfrak{T}$ umfaßt A als Teilmenge, so daß auch die Vereinigung aller Elemente von $\mathfrak{T}$ die Menge A umfaßt. In jedem Fall ist die Vereinigung wieder mit A vergleichbar. Dies gilt für alle $A \in \mathfrak{D}$, folglich ist die Vereinigung wieder Element von $\mathfrak{V}$.
(3) Für jedes $V \in \mathfrak{V}$ können wir zeigen, daß die Menge

$$\Phi(V) := \{A \in \mathfrak{D} | \ A \subseteq V \ \vee \ V \cup \{f(V)\} \subseteq A\}$$

ein Turm über A_0 ist: Die Eigenschaften (1),(2) sind offensichtlich erfüllt, um die (3) kümmern wir uns ein bißchen sorgsamer: Wir gehen von $A \in \Phi(V)$ aus und

24 Ich sagte ja, daß es noch dicker kommen würde: jetzt reden wir bereits über eine Menge von Mengen von Mengen ... ganz so heftig kommt es so schnell nicht wieder, versprochen ;-).

wollen $A \cup \{f(A)\} \in \Phi(V)$ zeigen. Für A gibt es nach Konstruktion von $\Phi(V)$ folgende 3 Möglichkeiten.

(a) $V \cup \{f(V)\} \subseteq A$
In diesem Fall gilt natürlich erst recht $V \cup \{f(V)\} \subseteq A \cup \{f(A)\}$ und somit $A \cup \{f(A)\} \in \Phi(V)$.

(b) $A = V$
In diesem Fall folgt $A \cup \{f(A)\} = V \cup \{f(V)\}$ und damit wiederum $A \cup \{f(A)\} \in \Phi(V)$.

(c) $A \subseteq V, A \neq V$
Da $V \in \mathfrak{V}$ gilt und mit A jedenfalls auch $A \cup \{f(A)\}$ in $\mathfrak{D}$ liegt, muß nach Konstruktion von $\mathfrak{V}$ entweder $A \cup \{f(A)\} \subseteq V$ gelten (womit wir keine Sorgen hätten, da es sofort $A \cup \{f(A)\} \in \Phi(V)$ impliziert) oder $V \subset A \cup \{f(A)\}, V \neq A \cup \{f(A)\}$ – was aber nicht sein kann, denn daraus ergäbe sich ja $A \subset V \subset A \cup \{f(A)\}$ mit $A \neq V \neq A \cup \{f(A)\}$, so daß sich A und $A \cup \{f(A)\}$ um *mindestens zwei* Elemente unterscheiden müßten.

Da nun also $\Phi(V)$ für jedes $V \in \mathfrak{V}$ ein Turm über A_0 ist, folgt $\mathfrak{D} \subseteq \Phi(V)$ und weil nach Konstruktion von $\Phi(V)$ bereits $\Phi(V) \subseteq \mathfrak{D}$ gilt, haben wir $\Phi(V) = \mathfrak{D}$. Das bedeutet aber, daß wir für jedes $A \in \mathfrak{D}$ entweder $A \subseteq V$ und damit erst recht $A \subseteq V \cup \{f(V)\}$ haben, oder aber $V \cup \{f(V)\} \subseteq A$, so daß in jedem Falle $V \cup \{f(V)\}$ in einer Inklusionsrelation zu A steht. Da dies für alle $A \in \mathfrak{D}$ gilt, haben wir $V \cup \{f(V)\} \in \mathfrak{V}$.

Nun ist also gezeigt, daß $\mathfrak{V}$ ein Turm über A_0 ist, woraus sofort $\mathfrak{D} \subseteq \mathfrak{V}$ folgt. Da ja $\mathfrak{V}$ als die Menge aller derjenigen Elemente von $\mathfrak{D}$ konstruiert war, die mit allen Elementen von $\mathfrak{D}$ in einer Inklusionsrelation stehen, wissen wir jetzt, daß alle Elemente von $\mathfrak{D}$ mit allen Elementen von $\mathfrak{D}$ in Relation stehen, mithin $\mathfrak{D}$ total geordnet ist. Da $\mathfrak{D}$ aber auch ein Turm über A_0 ist, muß nach Bedingung (2) auch die Vereinigung A_1 aller Elemente von $\mathfrak{D}$ ein Element von $\mathfrak{D}$ sein, und nach Bedingung (3) haben wir auch noch $A_1 \cup \{f(A_1)\} \in \mathfrak{D}$, was natürlich $A_1 \cup \{f(A_1)\} \subseteq A_1$ und damit $f(A_1) \in A_1$ impliziert. Dies steht nun freilich im Widerspruch zu unsrer Annahme über die Funktion f, die ja $f(A_1) \in X \setminus A_1$ erfordert. Folglich ist unsre Annahme falsch, daß es eine solche Funktion gäbe – und der Satz ist damit bewiesen. ■

Korollar 1.2.5 (Zorn'sches Lemma). *Sei $(X, \leq)$ eine (reflexiv) halbgeordnete Menge. Wenn jede total geordnete Teilmenge M von X eine obere Schranke*[25] *in X hat, dann gibt es zu jedem $x \in X$ ein in X* maximales *Element x' mit $x \leq x'$.*

Beweis. Sei also $x \in X$ gegeben. Wir betrachten die Menge $M(x) := \{y \in X | \ x \leq y\}$. Wegen $x \in M(x)$ ist sie jedenfalls nicht leer, daher gibt es nach dem Hausdorffschen Maximalitätssatz darin eine maximale total geordnete Teilmenge T, die nach unsrer

25 D.h. ein Element s von X mit $\forall m \in M : m \leq s$.

Voraussetzung eine obere Schranke x' in X haben muß. Da aber für alle Elemente t von T nach Konstruktion $x \le t$ und wegen der Schrankeneigenschaft von x' auch $t \le x'$ gilt, haben wir $x \le x'$ und folglich $x' \in M(x)$. Dann muß aber auch $x' \in T$ gelten, da T sonst nicht maximal wäre. Existiert nun irgendein $y \in X$ mit $x' \le y$, so erhalten wir sofort $y \in T$ wegen der Maximalität von T, daher $y \le x'$ wegen der Schrankeneigenschaft von x' und folglich $x' = y$. Somit ist x' maximal in X. ■

Aufgabe 2 Eine Teilmenge $M \subseteq \mathbb{R}^2$ heißt *stumpf* genau dann, wenn je drei beliebige verschiedene Punkte aus M stets ein stumpfwinkliges Dreieck bilden. Gib Beispiele für stumpfe Teilmengen an und zeige, daß es bezüglich Inklusion maximale stumpfe Teilmengen von $\mathbb{R}^2$ gibt!

Wenngleich das Zorn'sche Lemma hier als Folgerung aus dem Hausdorff'schen Maximalitätssatz daherkommt, ist leicht einzusehen, daß es keineswegs schwächer als dieser ist – es gestattet nämlich den Beweis einer sogar noch verschärften Form des Maximalitätssatzes: In jeder halbgeordneten Menge $(X, \le)$ gibt es zu jeder total geordneten Teilmenge T eine maximale total geordnete Teilmenge M von X mit $M \supseteq T$. (Um das einzusehen, muß man sich nur klarmachen, daß die Menge $\mathfrak{M}$ der total geordneten Teilmengen von X selbst wiederum per Inklusion halbgeordnet ist, daß die Vereinigung über eine per Inklusion total geordnete Teilmenge von $\mathfrak{M}$ wiederum total geordnet ist und ein Supremum für die vereinigte total geordnete Teilmenge von $\mathfrak{M}$ darstellt. Den Rest erledigt dann das Zorn'sche Lemma.)

Diese beiden Aussagen über Mengen, das Zorn'sche Lemma und der Hausdorff'sche Maximalitätssatz, sind also äquivalent. Sie sind des weiteren übrigens auch äquivalent zum Auswahlaxiom, ebenso wie die folgende Aussage:

Korollar 1.2.6 (Wohlordnungssatz von Zermelo). *Zu jeder Menge X gibt es eine Wohlordnung $\le$ auf X.*

Beweis. Zunächst ist es nicht schwer, beispielsweise die einpunktigen Teilmengen $\{x\} \subseteq X$ wohlzuordnen – einfach durch die Relation $\le_x := \{(x, x)\}$. Möglicherweise sind auch andere Teilmengen D von X bereits durch irgendeine Relation $\le$ wohlgeordnete Mengen $(D, \le)$. Schon wegen der Einpunktmengen ist jedenfalls die Menge $\mathfrak{W} := \{(D, \le) \mid D \subseteq X, \le \text{ist Wohlordnung auf } D\}$ aller wohlgeordneten Teilmengen von X nicht leer.[26] Auf $\mathfrak{W}$ definieren wir nun eine Relation $\preceq$ wie folgt:

$(D, \le_D) \preceq (E, \le_E) :\Longleftrightarrow$

(1) $D \subseteq E$,

26 Dabei denken wir uns jede Teilmenge, für die es eine Wohlordnung überhaupt gibt, mit jeder möglichen Wohlordnung ausgerüstet – wir betrachten also wirklich die *Paare* $(D, \le)$ aus einer Teilmenge D von X und einer Wohlordnung $\le_D$ darauf als Elemente unsrer Menge $\mathfrak{W}$. Zwei unterschiedliche Wohlordnungen $\le$ und $\le'$ auf derselben Teilmenge D liefern also unterschiedliche Elemente von $\mathfrak{W}$!

(2) $x, y \in D \Rightarrow (x \leq_D y \Leftrightarrow x \leq_E y)$ (anders ausgedrückt: $\leq_D = \leq_E \cap (D \times D)$) und
(3) $y \in E \setminus D, x \in D \Rightarrow x \leq_E y$.

Es ist leicht nachzuprüfen, daß $\preceq$ eine (reflexive) Halbordnung auf $\mathfrak{W}$ ist. Laut Maximalitätssatz gibt es in $\mathfrak{W}$ also eine bezüglich $\preceq$ maximale total geordnete Teilmenge $\mathfrak{C}$. Wir setzen $U := \bigcup_{(D,\leq_D)\in\mathfrak{C}} D$. Anschließend definieren wir eine Relation $\leq$ auf U durch

$$x \leq y \;:\Longleftrightarrow\; \exists (D, \leq_D) \in \mathfrak{C} : x \leq_D y$$

Da $\mathfrak{C}$ total geordnet ist, existiert zu je zwei $x, y \in U$ *stets* ein gemeinsames $(D, \leq_D)$ mit $x, y \in D$ und jedes $(D, \leq_D)$ ist wohl- also auch total geordnet. Damit ist – unter Beachtung der Eigenschaft (2), die absichert, daß $\leq$ wohldefiniert ist! – auch U durch $\leq$ total geordnet. Ja, $\leq$ ist sogar eine Wohlordnung auf U: Sei nämlich $\emptyset \neq T \subseteq U$ gegeben, dann existiert jedenfalls ein $(D, \leq_D) \in \mathfrak{C}$ mit $D \cap T \neq \emptyset$. Als nichtleere Teilmenge der wohlgeordneten Menge D hat $T \cap D$ nun ein bezüglich $\leq_D$ kleinstes Element d. Dieses ist nun wegen der totalen Ordnung auf $\mathfrak{C}$ sowie wegen der Eigenschaften (2) und (3) aber auch kleinstes Element in T bezüglich $\leq$.

Schließlich und endlich finden wir $U = X$. Wäre das nämlich nicht so, dann existierte ein $y \in X \setminus U$ und wir könnten einfach die Wohlordnung $\leq$ von U erweitern auf $U' := U \cup \{y\}$, indem wir $\forall x \in U : x \leq y$ setzen. Damit wäre U' offensichtlich wiederum wohlgeordnet und wir hätten $U \preceq U', U \neq U'$, so daß die total geordnete Teilmenge $\mathfrak{C}$ von $\mathfrak{W}$ nicht maximal wäre, da man ihr einfach $(U', \leq)$ hinzufügen könnte. ■

Wie bereits erwähnt, ist auch der Wohlordnungssatz *äquivalent* zum Auswahlaxiom, auch wenn wir hier bislang lediglich eine Richtung des Beweises dafür angegeben haben. Insofern wir das Auswahlaxiom in seiner intuitiv so schön einleuchtenden Formulierung[27] eben als Axiom setzen, ist die andere Richtung auch nicht von überbordendem Interesse für uns. (Gleichwohl kann man sie sich leicht überlegen: Ist eine Menge $\mathfrak{A}$ von nichtleeren Mengen gegeben und gilt der Wohlordnungssatz, so existiert auf $\bigcup_{A\in\mathfrak{A}} A$ eine Wohlordnung. Nun können wir als Abbildung $f : \mathfrak{A} \to \bigcup_{A\in\mathfrak{A}} A$ einfach diejenige angeben, die jeder Menge $A \in \mathfrak{A}$ ihr kleinstes Element im Sinne der Wohlordnung zuordnet – schon haben wir eine Auswahlfunktion.)

Interessierte Leser können einige weitere zum Auswahlaxiom äquivalente Aussagen – in nicht allzu komplizierter Form, aber trotzdem mit Beweisen dargereicht – beispielsweise in [59] finden. Wer bis hierher gelesen hat, wird wohl auch schon einmal von der (erweiterten) *Kontinuums-Hypothese* gehört haben. Ein schöner Artikel dazu findet sich unter [57].

---

27 Man stelle sich einmal vor, diese einfache Formulierung wäre *nicht* als im wesentlichen erste Fassung aufgetaucht, sondern etwa der – immerhin dazu äquivalente – Wohlordnungssatz! Angesichts des Umstandes, daß man bis heute keine Wohlordnung auch nur auf der Menge der reellen Zahlen explizit *angeben* kann, wäre das Axiom womöglich verworfen worden und manch wunderschönes Teilgebiet der Mathematik wäre nie wirklich erblüht!

Definition 1.2.7. Sei $(X, \leq)$ eine wohlgeordnete Menge. Eine Teilmenge $S \subseteq X$ heißt ein *Schnitt* in X genau dann, wenn mit jedem Element von S auch jedes kleinere Element zu S gehört, d.h.

$$\forall s \in S, x \in X : x \leq s \Rightarrow x \in S\,.$$

Gilt darüber hinaus $S \neq X$, so heißt S auch ein *Dedekindscher* Schnitt.

Für Dedekindsche Schnitte S existiert folglich das kleinste Element s_0 von $X \setminus S$, so daß sich S als $S = \{x \in X |\ x \leq s_0 \wedge x \neq s_0\}$ schreiben läßt.

Lemma 1.2.8. *Seien* $(X, \leq)$ *und* $(X', \leq')$ *wohlgeordnete Mengen,* S_1, S_2 *seien Schnitte in* X, S'_1, S'_2 *Schnitte in* X' *und* $f : S_1 \to S'_1$ *und* $g : S_2 \to S'_2$ *seien Ordnungsisomorphismen. Dann stimmen* f *und* g *auf* $S_1 \cap S_2$ *überein.*

Beweis. Angenommen, f und g stimmten auf $S_1 \cap S_2$ nicht überein. Dann existierte ein kleinstes Element s_0 von $\{s \in S_1 \cap S_2 |\ f(s) \neq g(s)\}$. Sei nun o.B.d.A. $f(s_0) < g(s_0)$. Da S_2 ein Schnitt und g ein Ordnungs*isomorphismus* ist, muß dann ein $x \in S_2$ mit $f(s_0) = g(x)$ existieren. Da also $g(x) < g(s_0)$ gilt, folgt weiterhin $x < s_0$. Da s_0 freilich das kleinste Element von $S_1 \cap S_2$ ist, auf dem sich f, g unterscheiden, folgt $f(x) = g(x) = f(s_0)$ – im Widerspruch zu $x < s_0$, da f ein Ordnungsisomorphismus ist. ∎

Mit $a < b$ ist dabei natürlich wieder $a \leq b \wedge a \neq b$ gemeint.

Lemma 1.2.9. *Seien* $(X_1, \leq_1)$ *und* $(X_2, \leq_2)$ *wohlgeordnete Mengen. Dann existiert ein Ordnungsisomorphismus* f *eines Schnittes in* X_1 auf *einen Schnitt in* X_2 *derart, daß der Definitionsbereich von* f *gleich* X_1 *oder der Wertebereich von* f *gleich* X_2 *ist.*

Beweis. Die Ordnungsisomorphismen zwischen Schnitten sind als Teilmengen von $X_1 \times X_2$ bezüglich Inklusion halbgeordnet. Die Vereinigung über eine total geordnete Familie von Ordnungsisomorphismen zwischen Schnitten ist offensichtlich wiederum ein Ordnungsisomorphismus zwischen Schnitten. Nach Zorn'schem Lemma existieren also maximale Elemente in der per Inklusion halbgeordneten Familie der Ordnungsisomorphismen zwischen Schnitten in X_1 und X_2. Sei $f \subseteq X_1 \times X_2$ so ein maximales Element. Wären nun beide Mengen

$$A := \{a \in X_1 |\ \{a\} \times X_2 \cap f = \emptyset\}$$

und

$$B := \{b \in X_2 |\ X_1 \times \{b\} \cap f = \emptyset\}$$

nicht leer, so existierte in jeder von ihnen ein minimales Element $a_0 := \min(A)$ und $b_0 := \min(B)$. Dann aber wären $f^{-1}(X_2) \cup \{a_0\}$ und $f(X_1) \cup \{b_0\}$ (Dedekindsche) Schnitte und $f' := f \cup \{(a_0, b_0)\}$ ein Ordnungsisomorphismus zwischen diesen – im Widerspruch zur Maximalität von f. ∎

Das vorstehende Lemma ist wichtig und der Beweis unter Verwendung des Auswahlaxioms in Gestalt des Zorn'schen Lemmas sehr schön einfach. Jetzt probieren wir mal, ob wir das auch ohne Auswahlaxiom schaffen ...

Dazu kümmern wir uns erstmal um die Schnitte, die es in einer wohlgeordneten Menge $(X, \leq)$ so gibt. Es geht darum, daß fast alle Schnitte von einem sehr bestimmten Typus sind: initiale Intervalle.

Ist $(X, \leq)$ eine wohlgeordnete Menge und $a \in X$ so nennen wir die durch

$$X(a) := \{x \in X |\ x \leq a, x \neq a\}$$

erklärte Teilmenge von X das durch a begrenzte *initiale Intervall* von X.
Zwar sind sowohl X als auch $\emptyset$ als Teilmengen einer wohlgeordneten Menge X Schnitte in X, aber X selbst ist kein initiales Intervall ($\emptyset$ hingegen schon, weil ja X ein minimales Element x_0 haben muß, mit dem dann $\emptyset = X(x_0)$ gilt).

Mit $\mathcal{S}(X)$ bezeichnen wir die Menge aller Schnitte in X und mit $\mathcal{I}(X)$ die Menge aller initialen Intervalle in X.

Die Mengeninklusion ist natürlich auch auf der Menge der Schnitte eine reflexive Halbordnung, die wir künftig stets meinen, wenn von Ordnung auf der Menge der Schnitte die Rede ist.

Lemma 1.2.10. *Sei $(X, \leq)$ eine wohlgeordnete Menge. Dann gelten:*
(1) *Jede Vereinigung und jeder Durchschnitt von Schnitten in X ist ein Schnitt in X.*
(2) *Ist $\mathcal{S}(X)$ die Menge aller Schnitte in X und $\mathcal{I}(X)$ die Menge aller initialen Intervalle von X, so gilt $\mathcal{I}(X) = \mathcal{S}(X) \setminus \{X\}$.*

Beweis. (1) Sei $\mathcal{M} \subseteq \mathcal{S}(X)$.
Aus $x \in \bigcap_{S \in \mathcal{M}} S$ und $y \leq x$ folgt ja $\forall S \in \mathcal{M} : y \in S$ und daher $y \in \bigcap_{S \in \mathcal{M}} S$. Mithin ist dieser Durchschnitt wieder Element von $\mathcal{S}(X)$.
Analog haben wir für $x \in \bigcup_{S \in \mathcal{M}} S$ und $y \leq x$ ja sofort $\exists S_x \in \mathcal{M} : x \in S_x$, also auch $y \in S_x \subseteq \bigcup_{S \in \mathcal{M}} S$. Mithin ist auch $\bigcup_{S \in \mathcal{M}} S$ wieder ein Schnitt in X.

(2) Offensichtlich ist jedes initiale Intervall ein Schnitt und weil jedes initiale Intervall $X(a)$ mindestens sein begrenzendes Element a nicht enthält, ist X kein initiales Intervall. Das ergibt $\mathcal{I}(X) \subseteq \mathcal{S}(X) \setminus \{X\}$.

Sei umgekehrt $X \neq S \in \mathcal{S}(X)$. Dann existiert ein minimales Element a von $X \setminus S$. Für jedes $x \in X(a)$ gilt ja $x < a$, also $x \in S$, weil ja a minimal in $X \setminus s$ ist. So folgt $X(a) \subseteq S$. Andrerseits gilt $x \notin X(a)$ genau dann, wenn $a \leq x$, woraus $x \notin S$ folgt, weil sonst $a \in S$ gälte. Das ergibt $S \subseteq X(a)$. Wir haben also $S = X(a)$ und damit $\mathcal{S}(X) \setminus \{X\} \subseteq \mathcal{I}(X)$. ■

Lemma 1.2.11. *Sei $(X, \leq)$ eine wohlgeordnete Menge. Dann gelten:*
(1) *Die Abbildung $i : X \to \mathcal{I}(X) : i(a) := X(a)$ ist ein Ordnungsisomorphismus.*
(2) *Die Menge $\mathcal{S}(X)$ der Schnitte in X ist per Inklusion wohlgeordnet.*

Beweis. (1) Aus $a \leq b$ folgt trivial $X(a) \subseteq X(b)$, aus $a \neq b$ ebenso leicht $X(a) \neq X(b)$, so daß i bijektiv und isoton ist.

(2) Aus (1) folgt sofort, daß $\mathcal{I}(X)$ per Inklusion wohlgeordnet ist, für $\mathcal{S}(X)$ folgt das mit Hinzufügung von X als dann automatisch maximalem Element zu $\mathcal{I}(X)$ aus 1.2.10(2). ∎

Lemma 1.2.12. *Sei* $(X, \leq)$ *eine wohlgeordnete Menge und* $\Sigma \subseteq \mathcal{S}(X)$ *eine Familie von Schnitten, für die*
(1) *Jede Vereinigung von Elementen von* Σ *ist wiederum Element von* Σ.
(2) *Aus* $X(a) \in \Sigma$ *folgt stets* $X(a) \cup \{a\} \in \Sigma$.
gelten. Dann ist $\Sigma = \mathcal{S}(X)$, *speziell also* $X \in \Sigma$.

Beweis. Wir machen's mal wieder indirekt und nehmen an, es gälte $\Sigma \neq \mathcal{S}(X)$. Dann existiert wegen 1.2.11(2) ein inklusionsminimaler Schnitt S_0 in $\mathcal{S}(X) \setminus \Sigma$. Wir unterscheiden jetzt die Fälle, daß S_0 ein maximales Element hat oder nicht:
- Hat S_0 ein maximales Element a, so gilt ja $S_0 = X(a) \cup \{a\}$ und wegen der Minimalität von S_0 haben wir $X(a) \in \Sigma$, also wegen (2) auch $S_0 \in \Sigma$ – im Widerspruch zur Wahl von S_0.
- Hat S_0 *kein* maximales Element, so gilt also $\forall x \in S_0 : \exists a \in S_0 : x < a$. Dann aber folgt $S_0 = \bigcup_{a \in S_0} X(a)$, wobei $\forall a \in S_0 : X(a) \in \Sigma$ wegen der Minimalität von S_0 gilt. Hieraus folgt aber nun wegen (1) sogleich $S_0 \in \Sigma$ – im Widerspruch zur Wahl von S_0.

Folglich ist die Annahme $\Sigma \neq \mathcal{S}(X)$ falsch. ∎

Lemma 1.2.13. *Seien* $(X_1, \leq_1)$ *und* $(X_2, \leq_2)$ *wohlgeordnete Mengen und* $\varphi : X_1 \to X_2$ *ein Ordnungsisomorphismus auf einen Schnitt in* X_2. *Dann gilt für jede injektive isotone Abbildung* $f : X_1 \to X_2$ *stets:*

$$\forall w \in X_1 : \varphi(w) \leq_2 f(w) .$$

Insbesondere existiert höchstens ein Ordnungsisomorphismus zwischen einem Schnitt $S \subseteq X_1$ *und einem Schnitt* $T \subseteq X_2$.

Beweis. Angenommen, die Behauptung gälte nicht, dann wäre also die Menge

$$\{w \in X_1 | \ f(w) \leq_2 \varphi(w) \wedge f(w) \neq \varphi(w)\}$$

nicht leer und somit gäbe es darin ein im Sinne der Wohlordnung $\leq_1$ kleinstes Element w_0. Einerseits gilt damit $f(w_0) < \varphi(w_0)$, so daß wegen des Umstandes, daß $\varphi(X_1)$ ein *Schnitt* in X_2 sein sollte, auch $f(w_0) \in \varphi(W)$ gelten müßte. Das aber kann nicht sein, denn wir haben $\varphi(w_0) \neq f(w_0)$, aus $w < w_0$ folgt wegen der Minimalität von w_0 stets $\varphi(w) < f(w) < f(w_0)$ mit der Isotonie von f und analog freilich aus $w_0 < w$ wiederum $f(w_0) < \varphi(w_0) < \varphi(w)$ mit der Isotonie von φ. Folglich nimmt φ den Wert $f(w_0)$ auf keinem $w \in X_1$ an.

Sind nun φ, ψ irgendwelche Ordnungsisomorphismen zwischen einem Schnitt $S \subseteq X_1$ und einem Schnitt $T \subseteq X_2$, so folgt aus der gerade gezeigten Eigenschaft solcher Ordnungsisomorphismen ja sowohl $\forall s \in S : \varphi(s) \leq_2 \psi(s)$ als auch $\forall s \in S : \psi(s) \leq_2 \varphi(s)$, so daß wir $\varphi = \psi$ erhalten. ■

Jetzt können wir unser (leicht umformuliertes) Lemma 1.2.9 auch ohne Rückgriff auf's Auswahlaxiom beweisen:

Satz 1.2.14. *Sind $(X, \leq_1)$ und $(Y, \leq_2)$ wohlgeordnete Mengen, dann gilt genau eine der folgenden Aussagen:*
(1) *$(X, \leq_1)$ und $(Y, \leq_2)$ sind ordnungsisomorph.*
(2) *$(X, \leq_1)$ ist ordnungsisomorph zu einem initialen Intervall von Y.*
(3) *$(Y, \leq_2)$ ist ordnungsisomorph zu einem initialen Intervall von X.*
In jedem Falle existiert genau ein *entsprechender Ordnungsisomorphismus.*

Beweis. Wir bringen Lemma 1.2.12 in Anschlag und bezeichnen mit Σ die Familie aller derjenigen Schnitte A in X, für die ein Ordnungsisomorphismus φ_A auf einen Schnitt in Y existiert. Dieser ist nach Lemma 1.2.13 eindeutig bestimmt und für beliebige $A, B \in \Sigma$ haben wir ebenfalls nach Lemma 1.2.13 ja $\varphi_{A_{|A\cap B}} = \varphi_{B_{|A\cap B}}$. Für eine beliebige Teilmenge $\Sigma' \subseteq \Sigma$ ist daher die Abbildung $\varphi : \bigcup_{S\in\Sigma'} S \to X : \varphi(w) := \varphi_S(w), w \in S \in \Sigma'$ wohldefiniert und wegen der durch Lemma 1.2.11 gesicherten Inklusions-Vergleichbarkeit aller Schnitte untereinander offenbar auch ein Ordnungsisomorphismus. Das bedeutet, daß unser Σ abgeschlossen gegen beliebige Vereinigungen ist.

Gilt nun $X \in \Sigma$, so gilt damit Aussage (1) oder Aussage (2) des Satzes. Gehört X hingegen nicht zu Σ, so muß wegen Lemma 1.2.12 ein initiales Intervall $X(w_0)$ in Σ liegen derart, daß $X(w_0) \cup \{w_0\} \notin \Sigma$ gilt. Dann aber muß $\varphi_{X(w_0)}(X(w_0)) = Y$ gelten, denn da Y selbst der einzige Schnitt in Y ist, der kein initiales Intervall ist, hätten wir sonst ja $\varphi_{X(w_0)}(X(w_0)) = Y(y_0)$ mit irgendeinem $y_0 \in Y$, so daß wir $\varphi_{X(w_0)}$ durch $\varphi'(w_0) := y_0$ leicht zu einem Ordnungsisomorphismus von $X(w_0) \cup \{w_0\}$ auf $Y(y_0) \cup \{y_0\}$ erweitern könnten – im Widerspruch zu $X(w_0) \cup \{w_0\} \notin \Sigma$.

Daß die drei Aussagen einander gegenseitig ausschließen, ist anhand von Lemma 1.2.13 leicht einzusehen. Ebenfalls ist dadurch geklärt, daß die jeweiligen Ordnungsisomorphismen eindeutig bestimmt sind. ■

1.2.5 Ordinalzahlen

Manchmal wüßte man wirklich gern,
wer das Ganze eigentlich programmiert.
Hoimar v. Ditfurth

Im Zusammenhang mit den eben diskutierten Wohlordnungen bietet es sich an, das Konzept der *Ordinalzahlen* hier kurz zu besprechen. Wir beachten, daß unser Auswahlaxiom in diesem Abschnitt *nicht* benötigt wird.

Definition 1.2.15. Eine Menge α heißt *Ordinalzahl* genau dann, wenn
(1) $(x \in \alpha) \wedge (y \in \alpha) \;\Rightarrow\; (x \in y) \vee (y \in x) \vee (x = y)$ und
(2) $(x \in y) \wedge (y \in \alpha) \;\Rightarrow\; (x \in \alpha)$
gelten.

Anhand der schon beim Unendlichkeits-Axiom X besichtigten Mengen $\emptyset$, $\{\emptyset\}$, $\{\emptyset, \{\emptyset\}\}$, $\{\emptyset, \{\emptyset\}, \{\emptyset, \{\emptyset\}\}\}$ ... ist jedenfalls klar, daß die nach Klassenbildungsaxiom II formierbare *Klasse aller Ordinalzahlen* nicht leer ist.

Lemma 1.2.16. *Sei α eine Ordinalzahl. Dann gelten:*
(1) *In jeder nichtleeren Teilmenge $A \subseteq \alpha$ existiert genau ein Element $a \in A$ mit*

$$\forall x \in A : (a \in x) \vee (a = x)\,,$$

das wir Anfangselement von *A nennen.*
(2) *Das Anfangselement von α ist $\emptyset$.*
(3) *Jedes Element z von α ist eine Ordinalzahl.*

Beweis. (1) Laut Axiom IX existiert jedenfalls ein Element $a \in A$ mit $a \cap A = \emptyset$. Dies bedeutet ja $\forall y \in A : y \notin a$ und darum wegen 1.2.15(1) auch $\forall y \in A : (a \in y) \vee (a = y)$. Gäbe es noch ein weiteres Element $b \in A, b \neq a$ mit dieser Eigenschaft, so folgte $(a \in b) \wedge (b \in a)$ im Widerspruch zu Proposition 1.2.3(2).

(2) Ist a das Anfangselement von α, so kann kein $x \in a$ existieren, weil sonst wegen 1.2.15(2) auch $x \in \alpha$ und damit $a \in x$ (im Widerspruch zu $x \in a$ wegen 1.2.3(2)) oder $x = a$ (im Widerspruch zu $x \in a$ wegen 1.2.3(1)) folgte.

(3) Seien $x, y \in z$ gegeben. Wegen $z \in \alpha$ folgt dann sofort $x, y \in \alpha$ wegen 1.2.15(2), also wegen 1.2.15(1) auch $(x \in y) \vee (y \in x) \vee (x = y)$. Somit ist 1.2.15(1) für die Elemente von z erfüllt.

Um nun auch 1.2.15(2) nachzuweisen, sei also $(x \in y) \wedge (y \in z)$ gegeben. Wegen $z \in \alpha$ folgt nach 1.2.15(2) jedenfalls auch $x \in \alpha$ und darum muß $(x \in z) \vee (z \in x) \vee (z = x)$ laut 1.2.15(1) gelten. Nun würde $z \in x$ implizieren, daß die Menge $A := \{x, y, z\} \subseteq \alpha$ kein Anfangselement hätte – im Widerspruch zu (1). Aus $z = x$ wiederum folgte $(x \in y) \wedge (y \in x)$ im Widerspruch zu Proposition 1.2.3(2). Somit muß $x \in z$ gelten. ∎

Lemma 1.2.17. *Sind α, β Ordinalzahlen und $\alpha \neq \beta$, so gilt*

$$\alpha \subset \beta \iff \alpha \in \beta \,.$$

Beweis. Ist $\alpha \in \beta$, so folgt aus $x \in \alpha$ wegen 1.2.15(2) stets $x \in \beta$, insgesamt also $\alpha \subseteq \beta$.

Haben wir andrerseits $\alpha \subseteq \beta$ mit $\alpha \neq \beta$, so ist $\beta \setminus \alpha$ nicht leer, so daß nach 1.2.16(1) ein Anfangselement a von $\beta \setminus \alpha$ existiert. Ist nun $x \in a$, so kann weder $x = a$ noch $a \in x$ gelten, somit kann x nicht Element von $\beta \setminus \alpha$ sein. Weil x aber jedenfalls Element von β ist, folgt $x \in \alpha$. Das ergibt $a \subseteq \alpha$.

Haben wir andrerseits $x \in \alpha$, so kann weder $x = a$ gelten (wegen $a \in \beta \setminus \alpha$), noch $a \in x$ (weil sonst sofort wieder $a \in \alpha$ laut 1.2.15(2) gelten würde). Weil aber sowohl x als auch a Elemente von β sind, haben wir wegen 1.2.15(1) folglich $x \in a$. Das liefert nun $\alpha \subseteq a$, insgesamt also $\alpha = a \in \beta$. ∎

Lemma 1.2.18. *Sind α und β Ordinalzahlen, so gilt*

$$\alpha \subseteq \beta \ \vee \ \beta \subseteq \alpha \,.$$

Beweis. Offensichtlich ist jedenfalls $\alpha \cap \beta$ eine Ordinalzahl. Gälten nun $\alpha \cap \beta \neq \alpha$ und $\alpha \cap \beta \neq \beta$, dann wäre $\alpha \cap \beta$ eine echte Teilmenge sowohl von α als auch von β. Mit Lemma 1.2.17 folgt daraus $\alpha \cap \beta \in \alpha$ und $\alpha \cap \beta \in \beta$, also $\alpha \cap \beta \in \alpha \cap \beta$ – im Widerspruch zu 1.2.3(2). Es muß also $\alpha \cap \beta = \alpha$ oder $\alpha \cap \beta = \beta$ sein, womit die Behauptung des Lemmas bewiesen ist. ∎

Mit $\mathfrak{On}$ bezeichnen wir fürderhin die *Klasse aller Ordinalzahlen.*

Satz 1.2.19. *$\mathfrak{On}$ ist durch Inklusion wohlgeordnet.*

Beweis. Die Inklusion ist ja ohnehin schon eine reflexive Halbordnung, Lemma 1.2.18 lehrt, daß sie auf $\mathfrak{On}$ sogar eine totale Ordnung ist. Wir müssen also nur noch herauskriegen, daß jede nichtleere Teil*menge* von $\mathfrak{On}$ ein minimales Element bezüglich Inklusion hat. Sei also $A \neq \emptyset$ eine Teilmenge von $\mathfrak{On}$. Wegen $A \neq \emptyset$ existiert ein $\alpha \in A$. Wir setzen

$$A' := \alpha \cap A \,.$$

Falls $A' = \emptyset$, haben wir

$$\begin{aligned} \forall x \in A \quad : \quad & x \notin \alpha \\ \Leftrightarrow \quad & (x \notin \alpha) \vee (x = \alpha) \\ \Leftrightarrow \quad & \alpha \subseteq x \,, \end{aligned}$$

so daß also α inklusionsminimal in A ist.

Andernfalls sei a' das Anfangselement von A', d.h. $\forall x \in A' : (a' \in x) \vee (a' = x)$, woraus mit Lemma 1.2.18 ja sofort $\forall x \in A' : a' \subseteq x$ folgt.

Für alle $x \in A \setminus A'$ haben wir freilich ohnehin $x \notin \alpha$, also $(x \nsubseteq \alpha) \vee (x = \alpha)$, mithin wegen Lemma 1.2.18 sogleich $\alpha \subseteq x$. Natürlich gilt wegen $a' \in A' \subseteq \alpha$ auch $a' \subseteq \alpha$. Das ergibt $\forall x \in A \setminus A' : a' \subseteq x$.

Insgesamt ist somit a' inklusionsminimal in A. ■

Satz 1.2.20. *$\mathfrak{On}$ ist keine Menge.*

Beweis. Wäre $\mathfrak{On}$ eine Menge, so folgte aus den Lemmata 1.2.17 und 1.2.18 sogleich, daß $\mathfrak{On}$ eine Ordinalzahl wäre. Das liefert dann freilich $\mathfrak{On} \in \mathfrak{On}$ im Widerspruch zu 1.2.3(1). ■

Proposition 1.2.21. *Für alle $\alpha \in \mathfrak{On}$ gilt*

$$\mathfrak{On}(\alpha) := \{x \in \mathfrak{On} |\ x \subset \alpha, x \neq \alpha\} = \alpha\,,$$

so daß $\mathfrak{On}(\alpha)$ insbesondere eine Menge ist.

Beweis. Wegen 1.2.17 haben wir $\mathfrak{On}(\alpha) = \{x \in \mathfrak{On} |\ x \in \alpha\}$, wobei wegen 1.2.16(3) die Bedingung $x \in \mathfrak{On}$ überflüssig ist. ■

Korollar 1.2.22. *Jede Ordinalzahl α ist eine durch Inklusion wohlgeordnete Menge.*

Beweis. Laut 1.2.19 ist $\mathfrak{On}$ durch Inklusion wohlgeordnet, also auch die Teilmenge $\mathfrak{On}(\alpha)$, die laut 1.2.21 gleich α ist. ■

Wenn von Ordnungen auf Ordinalzahlen die Rede ist, meinen wir daher stets die Inklusion, auch wenn das im Einzelfall nicht noch einmal betont wird.

Korollar 1.2.23. *Je zwei verschiedene Ordinalzahlen $\alpha \neq \beta$ sind nicht ordnungsisomorph.*

Beweis. Ohne Beschränkung der Allgemeinheit können wir $\alpha \subset \beta$ annehmen und finden damit, daß $\alpha = \mathfrak{On}(\alpha)$ ein initiales Intervall von β ist. Nach Satz 1.2.14 kann somit α nicht ordnungsisomorph zu β sein, da unser α natürlich bereits ordnungsisomorph zu sich selbst, also eben zu einem initialen Intervall von β ist. ■

Lemma 1.2.24. *Ist $B \subseteq \mathfrak{On}$ irgendeine* Menge *von Ordinalzahlen, so existiert eine Ordinalzahl, die im Inklusionssinne echt größer als alle Elemente von B ist und daher wegen 1.2.19 auch eine kleinste solche.*

Beweis. Ist B eine Teilmenge von $\mathfrak{On}$, so ist offensichtlich

$$\beta := \bigcup_{x \in B} x$$

ebenfalls eine Ordinalzahl. Ebenso leicht sieht man, daß auch $\beta' := \beta \cup \{\beta\}$ eine Ordinalzahl ist. Des weiteren ist natürlich β eine *echte* Teilmenge von β' und für alle $x \in B$ haben wir $x \subseteq \beta$. ■

Lemma 1.2.25. *Jede nichtaufsteigende Folge* $(\alpha_i)_{i\in\mathbb{N}}$, $\forall i \in \mathbb{N} : \alpha_i \supseteq \alpha_{i+1}$, *von Ordinalzahlen ist endlich, d.h.* $\exists n \in \mathbb{N} : \forall i \geq n : \alpha_i = \alpha_n$.

Beweis. Wegen 1.2.19 hat $\{\alpha_i | \ i \in \mathbb{N}\}$ ein kleinstes Element, also z.B. α_n. Damit folgt aber sofort $\alpha_n \subseteq \alpha_i$ für alle $i \geq n$. ■

Satz 1.2.26. *Jede wohlgeordnete Menge* $(W, \leq)$ *ist ordnungsisomorph zu einer Ordinalzahl* α, *die auch* die Ordinalzahl von $(W, \leq)$ *oder der* Ordnungstyp von $(W, \leq)$ *genannt und mit* $ord(W, \leq)$ *bezeichnet wird.*

Beweis. Angenommen, die Behauptung gälte nicht. Dann kann $(W, \leq)$ auch nicht ordnungsisomorph zu einem initialen Intervall irgendeiner Ordinalzahl sein, denn ein solches ist selbst wieder eine Ordinalzahl.

Daher bliebe nach Satz 1.2.14 für *jede* Ordinalzahl α nur noch die Möglichkeit, daß α ordnungsisomorph zu einem initialen Intervall von $(W, \leq)$ ist. Wegen 1.2.23 ist nun jedes initiale Intervall von W zu höchstens einer Ordinalzahl isomorph. Bezeichnen wir nun mit W' die Teilmenge aller derjenigen Elemente w von W, zu denen eine Ordinalzahl $\alpha_w \in \mathfrak{On}$ existiert, die ordnungsisomorph zum initialen Intervall $W(w)$ ist, so ist folglich die Abbildung $\sigma : W' \to \mathfrak{On} : \sigma(w) := \alpha_w$ wohldefiniert und es gilt $\sigma(W') = \mathfrak{On}$. Laut Axiom VI wäre dann freilich $\mathfrak{On}$ eine Menge – im Widerspruch zu Satz 1.2.20. ■

1.3 Mächtigkeiten, Kardinalzahlen

Mehrere Billionen Trillionen Tonnen superheißer
explodierender Wasserstoff-Atomkerne stiegen langsam
über den Horizont und brachten es dabei fertig,
klein, kalt und etwas feucht auszusehen.

Douglas Adams, „Das Restaurant am Ende des Universums"

Definition 1.3.1. Sind X, Y Mengen, so heißt X *mächtiger* als Y genau dann, wenn es eine injektive Abbildung $f : Y \to X$ von Y in X gibt. In Zeichen $|X| \geq |Y|$.
Zwei Mengen X, Y heißen *gleichmächtig* genau dann, wenn es eine bijektive Abbildung $g : X \to Y$ gibt. (In Zeichen: $X \sim Y$.)

Eine Menge X heißt *echt* mächtiger als die Menge Y genau dann, wenn sie mächtiger als Y, aber nicht gleichmächtig zu Y ist.

Aufgabe 3 Zeige, daß eine Menge X genau dann mächtiger als eine Menge Y ist, wenn es eine surjektive Abbildung $g : X \to Y$ von X auf Y gibt!

Man möchte hoffen, daß Gleichmächtigkeit genau dann gegeben ist, wenn sowohl $|X| \geq |Y|$ als auch $|Y| \geq |X|$ gilt. Das ist freilich gerade die Aussage des Satzes von Bernstein-Schröder, dem wir uns nun nähern wollen.

Proposition 1.3.2. *Sei X eine Menge und $T : \mathfrak{P}(X) \to \mathfrak{P}(X)$ eine bezüglich Inklusion monotone Abbildung, d.h.*

$$\forall A, B \in \mathfrak{P}(X) : A \subseteq B \Rightarrow T(A) \subseteq T(B) .$$

Dann existiert eine Teilmenge $F \in \mathfrak{P}(X)$ mit $T(F) = F$.

Beweis. Sei $\mathfrak{F} := \{A \in \mathfrak{P}(X) |\ T(A) \subseteq A\}$. Diese Menge $\mathfrak{F}$ ist jedenfalls nicht leer, da sie zumindest X enthält. Wir setzen $F := \bigcap_{A \in \mathfrak{F}} A$ und wünschen uns nun noch $T(F) = F$. Das ist aber leicht: wir haben ja $\forall A \in \mathfrak{F} : T(F) \subseteq T(A) \subseteq A$, also auch $T(F) \subseteq \left(\bigcap_{A \in \mathfrak{F}} A\right) = F$. Daraus folgt mit der Monotonie von T sogleich $T(T(F)) \subseteq T(F)$ und folglich $T(F) \in \mathfrak{F}$. Nun ist aber F als Durchschnitt aller Elemente von $\mathfrak{F}$ natürlich Teilmenge eines jeden von diesen, insbesondere gilt also auch $F \subseteq T(F)$. ■

Satz 1.3.3 (Bernstein-Schröder). *Seien X, Y Mengen, sowie $f : X \to Y$ und $g : Y \to X$ injektive Funktionen. Dann existiert eine bijektive Funktion $h : X \to Y$.*

Beweis. Wir definieren uns eine, zugegeben etwas verschroben wirkende, Abbildung $T : \mathfrak{P}(X) \to \mathfrak{P}(X)$ durch $\forall A \subseteq X : T(A) := X \setminus \left(g\left(Y \setminus f(A)\right)\right)$ und überprüfen, daß unser T monoton ist: Sind $A, B \in \mathfrak{P}(X)$ mit $A \subseteq B$ gegeben, so erhalten wir umgehend $f(A) \subseteq f(B)$, daraus $Y \setminus f(A) \supseteq Y \setminus f(B)$, woraus $g(Y \setminus f(A)) \supseteq g(Y \setminus f(B))$ und schließlich $T(A) = X \setminus g(Y \setminus f(A)) \subseteq X \setminus g(Y \setminus f(B)) = T(B)$ folgt. Laut Proposition 1.3.2 existiert also eine Teilmenge $F \subseteq X$ mit $T(F) = F$, also $F = X \setminus (g(Y \setminus f(F)))$, d.h. $X \setminus F = g(Y \setminus f(F))$. Nun ist die Funktion $h : X \to Y$, die durch

$$h(x) := \begin{cases} f(x) & ; \quad x \in F \\ g^{-1}(x) & ; \quad x \in X \setminus F \end{cases}$$

auf ganz X eindeutig definiert ist, offensichtlich bijektiv: h ist injektiv, weil $f_{|F}$ und $g^{-1}_{|(X \setminus F)}$ es sind und weil ihre Bildbereiche wegen $g^{-1}(X \setminus F) = Y \setminus f(F)$ disjunkt sind. Ferner ist h surjektiv wegen $h(F) = f(F)$ und $h(X \setminus F) = g^{-1}(X \setminus F)$, also $h(X) = f(F) \cup (Y \setminus f(F)) = Y$. ■

Offensichtlich ist ja Gleichmächtigkeit eine Äquivalenzrelation auf der Klasse aller Mengen. Es wäre schön, deren Äquivalenzklassen einigermaßen griffig handhaben zu können. So liegt es beispielsweise nahe, die „mächtiger"-Relation als eine Relation auf der „Klasse der Mächtigkeits-Äquivalenzklassen" auffassen zu wollen – doch Vorsicht ist geboten: wir handeln uns mit diesen Äquivalenzklassen womöglich Unmengen ein, die wir ja keiner Klasse als Elemente hinzufügen können! Daher ziehen wir uns auf spezielle Repräsentanten zurück, die alles leisten, was wir uns vom Umgang mit diesen Äquivalenzklassen wünschen, und die definitiv Mengen sind:

Ist X eine beliebige Menge, so sichert der Wohlordnungssatz, daß eine Wohlordnung auf X existiert. Damit ausgerüstet, ist unser X dann laut Satz 1.2.26 ordnungsisomorph zu einer Ordinalzahl – und damit natürlich automatisch auch gleichmächtig zu ihr.

Verschiedene Wohlordnungen auf X können dabei sicherlich auch verschiedene Ordinalzahlen liefern.

Das macht aber nichts, denn unter allen Ordinalzahlen, die zu X gleichmächtig sind, muß es wegen Satz 1.2.19 eine kleinste geben, die eben dadurch eindeutig bestimmt ist. Diese nennen wir die *Kardinalzahl von* X. Die Kardinalzahl einer gegebenen Menge X bezeichnen wir mit $|X|$ oder auch $card(X)$.

Nun wird auch deutlich, daß die „mächtiger"-Relation im Grunde als eine Relation auf der Klasse der Kardinalzahlen aufgefaßt werden kann, was die Bezeichnungsweise $|X| \geq |Y|$ für „X ist mächtiger als Y" und $|X|$ für die *Kardinalzahl von* X ja schon andeutet. Daß diese Bezeichnungsweisen tatsächlich zusammenpassen, überlegt man sich leicht: Ist die Kardinalzahl von X größer oder gleich derjenigen von Y, so haben wir zunächst Bijektionen $b_Y : Y \to card(Y)$ und $b_X : X \to card(X)$. Zudem gilt dann ja $card(X) \supseteq card(Y)$, wodurch wir anhand der natürlichen Injektion i von $card(Y)$ in $card(X)$ die Injektion $b_X^{-1} \circ i \circ b_Y : Y \to X$ erhalten, also $|X| \geq |Y|$.
Existiert andrerseits eine Injektion $f : Y \to X$, so können wir durch

$$y_1 \leq y_2 \;:\Leftrightarrow\; b_X(f(y_1)) \leq b_X(f(y_2))$$

eine Wohlordnung auf Y definieren, zu der dann ein Ordnungsisomorphismus $a : \alpha \to Y$ für eine Ordinalzahl α existierte. Gilt nun $\alpha \supseteq card(X)$, können wir aus der natürlichen Injektion $j : card(X) \to \alpha$ die Injektion $a \circ j \circ b_X : X \to Y$ basteln, so daß nach dem Satz von Bernstein-Schröder eine Bijektion zwischen X und Y existiert und somit auch gleich $card(X) = card(Y)$ folgt. Gilt hingegen $\alpha \subseteq card(X)$, folgt sofort $card(Y) \subseteq card(X)$, weil $card(Y)$ ja die *kleinste* zu Y gleichmächtige Ordinalzahl ist.

Der Satz von Bernstein-Schröder sichert insbesondere, daß die „mächtiger"-Relation $\geq$ *auf den Äquivalenzklassen bezüglich Gleichmächtigkeit* antisymmetrisch ist. Reflexiv und transitiv ist sie in trivialer Weise, weil die identischen Abbildungen jeder Menge auf sich selbst natürlich bijektiv sind und weil eine Komposition von Injektionen wieder eine Injektion ist.

Daß sie sogar eine Wohlordnung ist, kann man übrigens auch ohne direkten Bezug auf Ordinalzahlen zeigen:

Proposition 1.3.4. *Sind A und B nichtleere Mengen, so gilt $|A| \geq |B|$ oder $|B| \geq |A|$.*

Beweis. Wir betrachten

$$\mathfrak{A} := \left\{ F \subseteq A \times B \;\middle|\; \begin{array}{l} \forall a_1, a_2 \in A, b_1, b_2 \in B : \\ (a_1, b_1) \in F \wedge (a_1, b_2) \in F \Rightarrow b_1 = b_2 \text{ und} \\ (a_1, b_1) \in F \wedge (a_2, b_1) \in F \Rightarrow a_1 = a_2 \end{array} \right\}$$

(„partielle Injektionen"). Diese Menge ist sicherlich nicht leer, denn sie enthält mindestens die einelementigen Teilmengen von $A \times B$. Überdies ist die Mengeninklusion natürlich auch auf $\mathfrak{A}$ eine Halbordnung. Ist $\mathfrak{K} \subseteq \mathfrak{A}$ eine bezüglich Inklusion total geordnete Teilmenge von $\mathfrak{A}$, so gehört offenbar auch $H := \bigcup_{K \in \mathfrak{K}} K$ zu $\mathfrak{A}$, denn aus $(x, y), (u, v) \in H$ folgt wegen der totalen Ordnung durch Inklusion in $\mathfrak{K}$ sogleich $\exists K \in \mathfrak{K} : (x, y), (u, v) \in K$. Zudem ist H offenbar eine obere Schranke von $\mathfrak{K}$ in $\mathfrak{A}$ bezüglich Inklusion. Da eine solche also für jede total geordnete Teilmenge von $\mathfrak{A}$ existiert, sichert das Zorn'sche Lemma die Existenz maximaler Elemente in $\mathfrak{A}$. Sei also $F_0 \in \mathfrak{A}$ maximal. Wir setzen $\mathrm{p}_1 : A \times B \to A : \mathrm{p}_1(a, b) := a$ und $\mathrm{p}_2 : A \times B \to B : \mathrm{p}_2(a, b) := b$. Angenommen nun, es gälte $\mathrm{p}_1(F_0) \neq A$ *und* $\mathrm{p}_2(F_0) \neq B$, dann existierten also $a \in A$ und $b \in B$ mit $(\{a\} \times B) \cap F_0 = \emptyset$ und $(A \times \{b\}) \cap F_0 = \emptyset$. Dann aber gehörte $F_0 \cup \{(a, b)\}$ zu $\mathfrak{A}$ – im Widerspruch zur Maximalität von F_0. Daher gilt $\mathrm{p}_1(F_0) = A$, so daß F_0 eine Injektion von A nach B ist, oder $\mathrm{p}_2(F_0) = B$, in welchem Falle F_0^{-1} eine Injektion von B nach A ist. ■

Proposition 1.3.5. *In jeder Menge $\mathfrak{M}$ von Mengen gibt es ein bezüglich Mächtigkeit minimales Element.*

Beweis. Sei $\mathfrak{M}$ eine Menge von Mengen. Gibt es in $\mathfrak{M}$ endliche Mengen als Elemente, ist das langweilig. Seien also alle Elemente von $\mathfrak{M}$ unendlich. Wir bilden die Menge $V' := \bigcup_{M \in \mathfrak{M}} M$. Auf V' gibt es laut Wohlordnungssatz eine Wohlordnung $\trianglelefteq'$. Wir fügen ein bislang nicht in V' enthaltenes Element $\max$ hinzu (beispielsweise können wir $\max := V'$ wählen) und ergänzen die Wohlordnung $\trianglelefteq'$ zu einer Wohlordnung $\trianglelefteq := \trianglelefteq' \cup (V' \times \{\max\})$ auf $V := V' \cup \{\max\}$. Offensichtlich ist V vermöge der natürlichen Injektionen $i_M : M \to V : i_M(m) := m$ mächtiger als jedes $M \in \mathfrak{M}$. Daher ist

$$K := \{k \in V \mid \exists M \in \mathfrak{M} : |M| \leq |\{v \in V| \; v \trianglelefteq k\}| \; \}$$

nicht leer und besitzt folglich ein bezüglich $\trianglelefteq$ minimales Element k_0. Somit existiert ein $M_0 \in \mathfrak{M}$ mit $|M_0| \leq |\{v \in V| \; v \trianglelefteq k_0\}|$. Für jedes $M \in \mathfrak{M}$ mit $|M| \leq |\{v \in V| \; v \trianglelefteq k_0\}|$ gibt es freilich erstens laut Wohlordnungssatz eine Wohlordnung $\leq_M$ und laut Lemma 1.2.9 einen Ordnungsisomorphismus f zwischen Schnitten in M und $R := \{v \in V| \; v \trianglelefteq k_0\}$ derart, daß der Definitionsbereich von f gleich M oder der Wertebereich von f gleich R ist. In letzterem Fall ist sofort klar, daß M gleichmächtig zu R ist, im ersten Fall sehen wir das wie folgt ein: Sollte $R \setminus f(M)$ nicht leer sein, so sei r_0 das kleinste Element von $R \setminus f(M)$. Da $f(M)$ ein Schnitt in R ist, folgt $f(M) \subseteq \{v \in V| \; v \trianglelefteq r_0\}$ und darum wegen der Wahl von k_0 sofort $r_0 = k_0$. Dann aber ist $R = f(M) \cup \{k_0\}$, also wiederum $|f(M)| = |R|$, da beide unendlich sind. Mithin sind *alle* Elemente $M \in \mathfrak{M}$, für die $|M| \leq |R|$ gilt, sogar gleichmächtig zu R. Daher ist die Kardinalität von M_0 minimal in $\mathfrak{M}$. ■

Definition 1.3.6. Eine Menge M heißt *unendlich* genau dann, wenn sie eine echte Teilmenge $M' \subset M$ enthält, zu der sie gleichmächtig ist, d.h. $M' \subset M, M' \neq M$ und $M \sim M'$. Eine Menge, die *nicht* unendlich ist, heißt *endlich*. Eine Menge, die zur Menge der natürlichen Zahlen gleichmächtig ist, heißt *abzählbar unendlich*.

Eine Menge, die endlich oder abzählbar unendlich ist, heißt schlicht *abzählbar*.

Proposition 1.3.7. *Jede unendliche Menge X enthält eine abzählbar unendliche Teilmenge.*

Beweis. Da X unendlich ist, existiert eine echte Teilmenge $M \subset X$ und eine bijektive Abbildung $f : M \to X$. Da M echte Teilmenge ist, existiert $x_0 \in X \setminus M$. Wir setzen nun $X_1 := M = f^{-1}(X)$ und erhalten $x_1 := f^{-1}(x_0) \in M \setminus f^{-1}(M)$, da x_0 wegen der Surjektivität von f einerseits ein Urbild in M haben muß, dieses aber wegen $x_0 \notin M$ nicht in $f^{-1}(M)$ liegen kann. So definieren wir induktiv weiter:

$$X_{n+1} := f^{-1}(X_n)$$

und

$$x_{n+1} := f^{-1}(x_n)$$

wobei sich analog wie oben stets $x_n \in X_n \setminus X_{n+1}$ ergibt: für $n = 0$ haben wir das oben gezeigt und gilt erstmal $x_n \in X_n \setminus X_{n+1}$, so haben wir natürlich $x_{n+1} = f^{-1}(x_n) \in f^{-1}(X_n) = X_{n+1}$ und andrerseits $x_{n+1} \notin X_{n+2} = f^{-1}(X_{n+1})$, da sonst $f(x_{n+1} = x_n \in X_{n+1}$ folgte. Damit ist aber für $n < m \in \mathbb{N}$ stets $x_m \neq x_n$ gesichert, so daß die Abbildung $i : \mathbb{N} \to X : i(n) := x_n$ injektiv ist. Folglich ist die Teilmenge $i(X) \subseteq X$ abzählbar unendlich. ■

Wir wissen also jetzt, daß die abzählbar unendlichen Mengen sozusagen die *kleinsten* unendlichen Mengen überhaupt sind.

Lemma 1.3.8. *Ist $\mathfrak{A}$ eine abzählbare Familie abzählbarer Mengen, so ist auch die Vereinigung $\bigcup_{A\in\mathfrak{A}} A$ abzählbar.*

Beweis. Ist $\mathfrak{A}$ leer oder enthält nur die leere Menge, so ist nichts zu beweisen. Enthalte also $\mathfrak{A}$ mindestens eine nichtleere Menge als Element.

Da $\mathfrak{A}$ abzählbar ist, existiert eine injektive Abbildung $I : \mathfrak{A} \to \mathbb{N}$. Ferner sind ja alle $A \in \mathfrak{A}$ abzählbar, d.h. $\forall A \in \mathfrak{A} : \exists i_A : A \to \mathbb{N}$, i_A injektiv. Wir definieren nun eine weitere Abbildung $k : \bigcup_{A\in\mathfrak{A}} A \to \mathbb{N}$ durch $k(a) := \min\{I(A) |\ A \in \mathfrak{A}, a \in A\}$ für alle $a \in \bigcup_{A\in\mathfrak{A}} A$. Diese Abbildung muß noch keineswegs injektiv sein, aber die nächste:

$$c : \bigcup_{A\in\mathfrak{A}} A \to \mathbb{N} : c(a) := 2^{k(a)} \cdot 3^{i_{I^{-1}(k(a))}(a)}$$

Gilt nämlich $c(a) = c(b)$ für $a, b \in \bigcup_{A\in\mathfrak{A}} A$, so folgt wegen der Eindeutigkeit der Primfaktorzerlegung sofort $i_{I^{-1}(k(a))}(a) = i_{I^{-1}(k(b))}(b)$ und auch $k(a) = k(b) =: A$, somit $i_A(a) = i_A(b)$, was wegen der Injektivität aller i_A sofort zu $a = b$ führt. ■

Bemerkung: Ab (spätestens) hier ist gesichert, daß z.B. die Menge $\mathbb{Z}$ der ganzen Zahlen abzählbar ist – durch eine sehr einleuchtende Injektion von $\mathbb{Z}$ nach $(\mathbb{N} \times \{+\}) \cup (\mathbb{N} \times \{-\})$.

Wir machen das jetzt gleich mal ein bißchen allgemeiner, wenngleich nicht ganz so „konstruktiv“.

Satz 1.3.9. *Ist X eine unendliche Menge, so ist $X \times X$ gleichmächtig zu X.*

Beweis. Nach Proposition 1.3.7 wissen wir zunächst mal, daß X abzählbar unendliche Teilmengen hat und Lemma 1.3.8 lehrt, daß für alle abzählbar unendlichen Teilmengen A stets $A \times A$ gleichmächtig zu A ist, also eine Bijektion $f_A : A \to A \times A$ existiert. Wir betrachten nun die Menge

$$\mathfrak{S} := \{(S,s) \mid S \subseteq X, s : S \to S \times S \text{ bijektiv}\}$$

aller Paare aus Teilmengen S von X, die zu $S \times S$ gleichmächtig sind und Bijektionen s von S nach $S \times S$. Da mindestens die abzählbaren Teilmengen solche Paare liefern, ist $\mathfrak{S}$ nicht leer. Nun definieren wir eine Halbordnung auf $\mathfrak{S}$:

$$(S,s) \leq (T,t) \;:\Leftrightarrow\; S \subseteq T \wedge t_{|S} = s\,.$$

Es ist nicht schwer zu erkennen, daß es sich tatsächlich um eine reflexive Halbordnung auf $\mathfrak{S}$ handelt.

Wir wollen das Zorn'sche Lemma anwenden und müssen daher kurz überprüfen, ob jede total geordnete Teilmenge von $\mathfrak{S}$ ein Supremum in $\mathfrak{S}$ hat. Dazu sei also $\mathfrak{T} \subseteq \mathfrak{S}$ eine total geordnete Teilmenge. Wir legen

$$T := \bigcup_{(S,s)\in\mathfrak{T}} T \text{ und } t := \bigcup_{(S,s)\in\mathfrak{T}} s$$

fest.[28] Ist nun $x \in T$ gegeben, so existiert ein $(S_x, s_x) \in \mathfrak{T}$ mit $x \in S_x$ und für jedes $(S,s) \in \mathfrak{T}$ mit $x \in S$ gilt wegen der Vollordnung von $\mathfrak{T}$ entweder $S \subseteq S_x$ und $s(x) = s_{x|S}(x) = s_x(x)$ oder $S_x \subseteq S$ und $s_x(x) = s_{|S_x}(x) = s(x)$, in jedem Fall also $s(x) = s_x(x)$. Mithin ist t als Vereinigung aller s nicht irgendeine Relation, sondern sogar eine Funktion von T nach $T \times T$. Trivialerweise folgt dann für alle $(S,s) \in \mathfrak{T}$ auch $s = t_{|S}$ und natürlich $S \subseteq T$. Immerhin ist (T,t) somit schon mal eine obere Schranke von $\mathfrak{T}$ – wenn wir zeigen können, daß (T,t) ein Element von $\mathfrak{S}$ ist. Dazu müssen wir nachrechnen, daß t bijektiv ist. Sei dazu $(x,y) \in T \times T$ beliebig. Dann existieren (S_x, s_x) und (S_y, s_y) aus $\mathfrak{T}$ mit $x \in S_x$ und $y \in S_y$. Wegen der Vollordnung von $\mathfrak{T}$ existiert nun $(S_0, s_0) := \max\{(S_x, s_x), (S_y, s_y)\} \in \mathfrak{T}$ und wir haben $x, y \in S_0$, also $(x,y) \in S_0 \times S_0$, so daß wegen der Bijektivität von s_0 sogleich $\exists z \in S_0 : s_0(z) = (x,y)$ folgt. Nun ist aber $s_0(z) = t(z)$ – somit ist t surjektiv. Sind andrerseits $x \neq y \in T$ gegeben, so existiert wegen der Vollordnung von T wiederum ein $(S_0, s_0) \in \mathfrak{T}$ mit $x, y \in S_0$, wobei wir wegen der Injektivität von s_0 dann sogleich $t(x) = s_0(x) \neq s_0(y) = t(y)$ finden. Also ist

28 Wir erinnern uns, daß eine Abbildung $f : A \to B$ eine Teil*menge* des Kreuzproduktes $A \times B$ ist – also ist so ein s, wie es in der Vereinigung hier vorkommt eine Teilmenge von $S \times (S \times S)$, die Vereinigung ist daher sinnvoll definiert.

t injektiv und wir wissen nun, daß $(T, t) \in \mathfrak{S}$ gilt. Daß es sich dabei um die *kleinste* obere Schranke von $\mathfrak{T}$ handelt, ist durch die Konstruktion von (T, t) unmittelbar klar: für jede obere Schranke (T', t') muß T' alle S mit $(S, s) \in \mathfrak{T}$ und folglich T umfassen; t' muß auf allen S mit $(S, s) \in \mathfrak{T}$ muß t' mit s und folglich auf ganz T mit t übereinstimmen – das ergibt aber $(T, t) \leq (T', t')$ für jede obere Schranke (T', t') von $\mathfrak{T}$. Zu jeder der vollgeordneten Teilmenge $\mathfrak{T} \subseteq \mathfrak{S}$ existiert also ein Supremum in $\mathfrak{S}$, wodurch nun das Zorn'sche Lemma die Existens maximaler Elemente in $\mathfrak{S}$ sichert.
Sei (M, m) ein maximales Element in $\mathfrak{S}$.
Angenommen, X sei nicht gleichmächtig zu $X \times X$.

Jedenfalls ist nach Konstruktion von $\mathfrak{S}$ unser M gleichmächtig zu $M \times M$, wobei unser m eine diese Gleichmächtigkeit beweisende Bijektion $m : M \to M \times M$ ist. Aus diesem Sachverhalt folgt sofort, daß die Vereinigung zweier Mengen, die gleichmächtig zu M sind, wiederum zu M gleichmächtig ist.[29] Dann muß folglich $X \setminus M$ *echt mächtiger* als M sein, denn andernfalls wäre ja $X = (X \setminus M) \cup M$ gleichmächtig zu M und es folgte die Gleichmächtigkeit von $X \times X$ zu $M \times M$, also auch zu M. Da $X \setminus M$ also echt mächtiger als M ist, existiert eine injektive Abbildung von M in $X \setminus M$, also eine zu M gleichmächtige Teilmenge $M_1 \subseteq X \setminus M$. Offenbar gilt

$$(M \cup M_1) \times (M \cup M_1) = (M \times M) \cup (M \times M_1) \cup (M_1 \times M) \cup (M_1 \times M_1) \qquad (1.1)$$

und sowohl $(M \times M_1)$ als auch $(M_1 \times M)$ und $(M_1 \times M_1)$ sind gleichmächtig zu M_1; demzufolge ist – analog zu unsrer obigen Betrachtung – auch die Vereinigung $(M \times M_1) \cup (M_1 \times M) \cup (M_1 \times M_1)$ gleichmächtig zu M_1. Somit existiert eine Bijektion

$$b : M_1 \to (M \times M_1) \cup (M_1 \times M) \cup (M_1 \times M_1)\,.$$

Wir setzen $f := m \cup b$, also

$$f : (M \cup M_1) \to (M \cup M_1) \times M \cup M_1) : f(x) := \begin{cases} m(x) & ; \quad x \in M \\ b(x) & ; \quad x \in M_1 \end{cases}$$

was wegen der Bijektivität von sowohl m als auch b, der Disjunktheit von M und M_1 und Beziehung (1.1) wiederum eine Bijektion ist, die zudem auf M mit m übereinstimmt. Das liefert $(M, m) \leq (M \cup M_1, f)$ mit $M \neq M \cup M_1$ – im Widerspruch zur Maximalität von (M, m). Unsre Annahme, X sei nicht gleichmächtig zu $X \times X$ muß also falsch sein. ■

Bemerkung: Ab jetzt wissen wir also auch, daß die Menge $\mathbb{Q}$ der rationalen Zahlen abzählbar ist – vermöge einer naheliegenden Injektion von $\mathbb{Q}$ nach $\mathbb{Z} \times \mathbb{Z}$.

---

29 Da M unendlich ist, existieren zwei verschiedene Elemente $a, b \in M$ und die erwähnte Vereinigung zweier zu M gleichmächtiger Mengen ist dann trivialerweise jedenfalls nicht mächtiger als $M \times \{a, b\} \subseteq M \times M$.

Korollar 1.3.10. *Ist X eine unendliche Menge und $\mathfrak{A}$ eine Familie von Mengen mit*
(1) $|\mathfrak{A}| \leq |X|$ *und*
(2) $\forall A \in \mathfrak{A} : |A| \leq |X|$,
so gilt

$$\left| \bigcup_{A \in \mathfrak{A}} A \right| \leq |X| .$$

Beweis. Wegen (1) existiert eine injektive Abbildung $i : \mathfrak{A} \to X$ und wegen (2) für jedes $A \in \mathfrak{A}$ eine injektive Abbildung $j_A : A \to X$. Damit ist

$$h : \bigcup_{A \in \mathfrak{A}} A \times \{A\} \to X \times X : h(a, A) := (j_A(a), i(A))$$

eine injektive Abbildung von $\bigcup_{A \in \mathfrak{A}} A \times \{A\}$ in $X \times X$ und $\bigcup_{A \in \mathfrak{A}} A$ ist offenbar höchstens gleichmächtig zu $\bigcup_{A \in \mathfrak{A}} A \times \{A\}$. ■

Korollar 1.3.11. *Ist X eine unendliche Menge, so ist die Menge $\mathfrak{E}$ aller endlichen Teilmengen von X gleichmächtig zu X.*

Beweis. **Aufgabe** 4 ■

Proposition 1.3.12. *Für jede Menge X ist die Potenzmenge $\mathfrak{P}(X)$* echt *mächtiger als X, d.h. $\mathfrak{P}(X)$ ist mächtiger als X und nicht gleichmächtig zu X.*

Beweis. **Aufgabe** 5 ■

Bemerkung: Ab hier wissen wir auch, daß die Menge $\mathbb{R}_0^+$ der nichtnegativen rellen Zahlen echt mächtiger als $\mathbb{N}$ weil jedenfalls nicht weniger mächtig als $\mathfrak{P}(\mathbb{N})$ ist. Es ist nämlich mit einigen Grundkenntnissen über Folgen und Reihen (ich empfehle immer wieder gerne das Buch [25] von Walter Rudin) leicht nachzurechnen, daß die Abbildung

$$r : \mathfrak{P}(\mathbb{N}) \to \mathbb{R}_0^+ : r(H) := \sum_{n \in H} 10^{-n}$$

wohldefiniert und injektiv ist. (Sind H_1, H_2 verschiedene Teilmengen von $\mathbb{N}$, gibt es eine *kleinste* natürliche Zahl k, die *nicht in beiden* vorkommt, also o.B.d.A. in H_2 fehlt. Selbst wenn H_2 dann alle größeren natürlichen Zahlen enthielte, wäre $r(H_1)$ immer noch echt größer als – und damit jedenfalls verschieden von – $r(H_2)$.)
Wir haben also $|\mathbb{N}| \lneqq |\mathfrak{P}(\mathbb{N})| \leq |\mathbb{R}_0^+|$.

Proposition 1.3.13. *Auf jeder unendlichen Menge X gibt es eine Wohlordnung $\trianglelefteq$ derart, daß*

$$\forall x \in X : \big| \{y \in X |\ y \trianglelefteq x\} \big| \ < \ |X|$$

gilt.

Beweis. Laut Wohlordnungssatz gibt es jedenfalls erstmal eine Wohlordnung $\trianglelefteq'$ auf X. Für jedes $x \in X$ setzen wir $U_x := \{y \in X |\ y \trianglelefteq' x\}$ und betrachten nun die Teilmenge $B := \{x \in X |\ |U_x| = |X|\ \}$. Trivialerweise sind alle $U_b, b \in B$ unendlich. Nun kann B als

Teilmenge jedenfalls nicht echt mächtiger als X und damit auch nicht echt mächtiger als $X \setminus B$ sein (denn B hat ein bezüglich $\trianglelefteq'$ kleinstes Element b_0 für das nach Konstruktion von B ja $|U_{b_0}| = |U_{b_0} \setminus \{b_0\}| = |X|$ gilt), d.h. es existiert eine Injektion $i_1 : B \to X \setminus B$. Zusammen mit der identischen Abbildung $\mathbf{1}_{X\setminus B} : X \setminus B \to X \setminus B$ erhalten wir eine Surjektion

$$s : X \to X \setminus B : s(x) := \begin{cases} x & ; \quad x \in X \setminus B \\ i_1(x) & ; \quad x \in B \end{cases}$$

Wir basteln uns daraus jetzt eine neue Wohlordnung $\trianglelefteq$ auf X:

$$x \trianglelefteq y \;:\Leftrightarrow\; \begin{cases} x = y & \text{oder} \\ s(x) = s(y) & \text{und} \quad x \in X \setminus B \text{ oder} \\ s(x) \neq s(y) & \text{und} \quad s(x) \trianglelefteq' s(y) \end{cases}$$

Natürlich sollten wir schnell nachprüfen, ob es sich wohl um eine Ordnung handelt. *Reflexivität* ist klar. *Antisymmetrie:* Aus $x \trianglelefteq y$ und $y \trianglelefteq x$ folgt ja entweder sofort $x = y$ oder zumindest $s(x) = s(y)$ nebst $x, y \in X \setminus B$ und damit auch gleich wieder $x = y$, da $s_{|X\setminus B} = \mathbf{1}_{X\setminus B}$ – oder wir hätten $s(x) \neq s(y)$ sowie $s(x) \trianglelefteq' s(y)$ nebst $s(y) \trianglelefteq' s(x)$, woraus widersprüchlicherweise $s(x) = s(y)$ folgen würde, da ja $\trianglelefteq'$ eine Ordnung ist. *Linearität:* Für $x = y$ ist nichts zu zeigen. Bei $x \neq y$ haben wir entweder $s(x) = s(y)$ und dann liegt entweder x oder y in $X \setminus B$, oder es gilt $s(x) \neq s(y)$ und dann entweder $s(x) \trianglelefteq' s(y)$ oder $s(y) \trianglelefteq' s(x)$, da ja $\trianglelefteq'$ linear ist.

Ferner ist $\trianglelefteq$ auch eine Wohlordnung: Ist $\emptyset \neq M \subseteq X$ gegeben, so hat jedenfalls $s(M)$ ein minimales Element m_0 bezüglich $\trianglelefteq'$. Dieses hat als mögliche Urbilder bezüglich s lediglich sich selbst und eventuell ein $m_0' \in B$. Ist $m_0 \in M$, so ist es offensichtlich minimal bezüglich $\trianglelefteq$, andernfalls ist es m_0'.

Sei nun $x \in X$ gegeben. Für $x \in X \setminus B$ haben wir $\left|\{y \in X |\; y \trianglelefteq x\} \cap X \setminus B\right| = |U_x| < |X|$ nach Konstruktion von B. Zudem ist $\{y \in X |\; y \trianglelefteq x\} \cap B$ vermöge der Injektion i_1 gleichmächtig zu einer Teilmenge von U_x, also gilt auch $\left|\{y \in X |\; y \trianglelefteq x\} \cap B\right| \leq |U_x| < |X|$ und somit $\left|\{y \in X |\; y \trianglelefteq x\}\right| < |X|$. ■

1.4 Filter und Ultrafilter

> Wenn wir nicht verstehen, sind Berge Berge.
> Wenn wir anfangen zu verstehen, sind die Berge nicht mehr Berge.
> Wenn wir richtig verstehen, sind die Berge wieder Berge.
>
> Zen

In diesem Abschnitt wollen wir uns mit einer Sorte von mathematischen Objekten befassen, die auf den ersten Blick *sehr* seltsam erscheinen mögen, deren Nützlichkeit für unsre Belange jedoch gar nicht hoch genug einzuschätzen ist. Auch wenn es an dieser Stelle vielleicht noch nicht ohne weiteres einzusehen ist, warum wir diese Art von Objekten brauchen, wollen wir sie schon mal ein bißchen vom rein mengentheoretischen Standpunkt aus studieren.

Trotzdem sollen ein paar kurze Überlegungen zur Motivation unserer Begriffsbildung vorangestellt werden.

In der Allgemeinen Topologie befaßt man sich gern und oft mit *Konvergenz* – ein Begriff, den wir auch schon aus der Analysis des $\mathbb{R}^n$ kennen, vielleicht haben einige auch schon einmal etwas über allgemeinere metrische Räume gehört ... Jedenfalls *konvergieren* dort manche *Folgen* gegen irgendwelche *Punkte*. Man könnte also sagen, Konvergenz ist dort eine Art Relation zwischen Folgen und Punkten. Wann konvergiert nun z.B. eine Folge $(a_n)_{n\in\mathbb{N}}$ in $\mathbb{R}$ gegen einen Punkt x_0? Nun, dies ist per Definition genau dann der Fall, wenn

$$\forall\varepsilon > 0 : \exists n_\varepsilon \in \mathbb{N} : \forall n \geq n_\varepsilon : a_n \in (x_0 - \varepsilon, x_0 + \varepsilon)\,.$$

Jetzt gucken wir uns einmal die *Endstücken* unsrer Folge an, d.h. die Mengen der Form

$$A_k := \{a_n | \, n \geq k\}, \quad k \in \mathbb{N}$$

Offensichtlich könnten wir die Konvergenzbedingung von oben auch schreiben als

$$\forall\varepsilon > 0 : \exists n_\varepsilon \in \mathbb{N} : A_{n_\varepsilon} \subseteq (x_0 - \varepsilon, x_0 + \varepsilon)$$

Jetzt gehen wir einen Schritt weiter und betrachten ein auf unsren A_n begründetes Mengen*system*, also eine Menge von Mengen:

$$\varphi := \{B \subseteq \mathbb{R} | \; \exists n \in \mathbb{N} : A_n \subseteq B\}$$

Die Menge φ soll also aus all denjenigen Teilmengen von $\mathbb{R}$ bestehen, die irgendeines von unsren Folgen-Endstücken A_n umfassen. Nun können wir die Konvergenzbedingung schreiben als

$$\forall\varepsilon > 0 : (x_0 - \varepsilon, x_0 + \varepsilon) \in \varphi$$

Das sieht doch schon sehr viel prägnanter aus!
Die Folge $(a_n)_{n\in\mathbb{N}}$ konvergiert also genau dann gegen x_0, wenn unser aus ihr entwickeltes Mengensystem φ alle ε-Umgebungen von x_0 enthält. Das Mengensystem φ ist durch die Folge eindeutig bestimmt – umgekehrt gilt das freilich nicht, wie man sich leicht überlegen kann: Viele verschiedene Folgen könnten dasselbe Mengensystem φ liefern. Gemeinsam hätten diese Folgen allerdings alle, daß sie samt und sonders gegen x_0 konvergieren müßten! Es ist also gar nicht so abwegig, wenn man nun sagt, das Mengensystem φ *konvergiert* gegen x_0. Nun, das tut man auch. Unser hier aus einer Folge zusammengebasteltes Mengensystem φ ist ein Beispiel für einen *Filter* und wir werden uns später in der Tat mit der *Konvergenz von Filtern* befassen – und das nicht aus purem Übermut, sondern weil wir sehen werden, daß Folgen in gewisser Weise einfach nicht ausreichen, um die uns interessierenden Sachverhalte zu beschreiben.

1.4.1 Einige Definitionen und elementare Eigenschaften

Je mehr Käse, desto mehr Löcher.
Je mehr Löcher, desto weniger Käse.
Ergo: je mehr Käse, desto weniger Käse.
Mathematiker-Folklore

Definition 1.4.1. Sei X eine Menge. Eine nichtleere Familie $\varphi \subseteq \mathfrak{P}(X)$ heißt ein *Filter* auf X genau dann, wenn
(1) $\emptyset \notin \varphi$,
(2) $A \in \varphi \wedge B \in \varphi \Rightarrow A \cap B \in \varphi$ und
(3) $A \in \varphi \wedge B \supseteq A \Rightarrow B \in \varphi$
gelten. Die Menge aller Filter auf X bezeichnen wir mit $\mathfrak{F}(X)$.

Ein Filter φ heißt *frei*, genau dann wenn $\bigcap_{A \in \varphi} A = \emptyset$ gilt. Andernfalls heißt er *fixiert*.

Ein wichtiges Beispiel für Filter haben wir ja gerade schon gesehen – es ist nicht schwer zu überprüfen, daß das aus der Folge konstruierte Mengensystem φ die Eigenschaften (1), (2), (3) aufweist. Solche aus Folgen gebildeten Filter nennen wir auch *Elementarfilter*.

Weitere wichtige Beispiele für Filter:

Ist $\emptyset \neq A \subseteq X$ gegeben, so ist das Mengensystem

$$[A] := \{B \in \mathfrak{P}(X) | \; B \supseteq A\}$$

ein Filter auf X, den wir den von A erzeugten *Hauptfilter* nennen.

Ist die Menge $A := \{x\}, x \in X$ einpunktig, so bezeichnen wir den von $\{x\}$ erzeugten Hauptfilter auch als den von x erzeugten *Einpunktfilter* und schreiben statt $[\{x\}]$ der Kürze halber $\dot{x}$.

Die Menge $\mathfrak{F}(X)$ aller Filter auf einer Menge X ist durch Inklusion selbstverständlich halbgeordnet. Weiterhin gilt

Proposition 1.4.2. *Ist $\mathfrak{C}$ eine (durch Inklusion) total geordnete Teilmenge von $\mathfrak{F}(X)$, so ist die Vereinigung $\psi := \bigcup_{\varphi \in \mathfrak{C}} \varphi$ wiederum ein Filter, und zwar das Supremum von $\mathfrak{C}$ in $\mathfrak{F}(X)$.*

Beweis. Um zu zeigen, daß ψ ein Filter ist, müssen wir ja nur die Bedingungen aus der Definition nachprüfen. Klar ist, daß $\emptyset \notin \psi$ gilt, da $\emptyset$ ja in keinem der vereinigten Filter enthalten war. Sind A, B Elemente von ψ, so muß ja jedes von ihnen in einem der vereinigten Filter enthalten sein, sagen wir $A \in \varphi_A$ und $B \in \varphi_B$. Nun ist $\mathfrak{C}$ nach Voraussetzung total geordnet durch Inklusion, so daß wir $\varphi_A \subseteq \varphi_B$ oder $\varphi_B \subseteq \varphi_A$

haben. In jedem Fall sind A und B *beide* im größeren der beiden Filter enthalten, daher auch ihr Durchschnitt, der folglich auch in ψ liegt. Analog läuft es mit der dritten Bedingung: Ist $A \in \psi$ und $B \supseteq A$ gegeben, so muß ja A in einem der vereinigten Filter liegen, sagen wir wieder in φ_A. Dann liegt aber auch B in φ_A und folglich in ψ.

Jetzt bleibt zu zeigen, daß ψ das Supremum von $\mathfrak{C}$ in $\mathfrak{F}(X)$ ist. Zunächst ist klar, daß ψ eine obere Schranke von $\mathfrak{C}$ ist, da ψ als Vereinigung *aller* $\varphi \in \mathfrak{C}$ natürlich größer als jedes einzelne davon ist. Wenn wir weiterhin eine beliebige obere Schranke ψ' von $\mathfrak{C}$ in $\mathfrak{F}(X)$ haben, so gilt für diese ja $\forall \varphi \in \mathfrak{C} : \varphi \subseteq \psi'$ und folglich $\psi = \bigcup_{\varphi \in \mathfrak{C}} \varphi \subseteq \psi'$. Somit ist ψ *kleinste* obere Schranke, also Supremum. ■

Korollar 1.4.3. *Zu jedem $\varphi \in \mathfrak{F}(X)$ gibt es maximale (bezüglich Inklusion) Elemente $\psi \in \mathfrak{F}(X)$ mit $\psi \supseteq \varphi$.*

Beweis. Die vorige Proposition sichert die Anwendbarkeit des Zorn'schen Lemmas auf $\mathfrak{F}(X)$. ■

Definition 1.4.4. Die maximalen Elemente in $\mathfrak{F}(X)$ nennen wir *Ultrafilter* auf X. Die Menge aller Ultrafilter auf X bezeichnen wir mit $\mathfrak{F}_0(X)$. Die Menge aller derjenigen Filter, die einen gegebenen Filter φ enthalten, bezeichnen wir mit $\mathfrak{F}(\varphi)$ und die Menge aller derjenigen Ultrafilter, die den Filter φ enthalten bezeichnen wir mit $\mathfrak{F}_0(\varphi)$. (Diese Filter heißen auch *Oberfilter* bzw. *Oberultrafilter* von φ.)

Die einzigen Ultrafilter, die man explizit angeben kann, sind die Einpunktfilter, für die auch unmittelbar evident ist, daß sie tatsächlich Ultrafilter sind.

Offensichtlich sind die Einpunktfilter die einzigen fixierten Ultrafilter, alle anderen Ultrafilter sind frei.

Lemma 1.4.5. *Sei X eine Menge und $\varphi \in \mathfrak{F}(X)$. Dann sind äquivalent:*
(1) *φ ist ein Ultrafilter.*
(2) $\forall A \subseteq X : (A \in \varphi) \vee (X \setminus A \in \varphi)$,
(3) $\forall n \in I\!N, A_1, ..., A_n \in \mathfrak{P}(X) : \bigcup_{i=1}^{n} A_i \in \varphi \Rightarrow \exists i \in \{1, ..., n\} : A_i \in \varphi$

Beweis. „(1)⇒(2)": Sei φ ein Ultrafilter und nehmen wir mal an, (2) würde nicht gelten. Dann gäbe es also eine Teilmenge A von X derart, daß $A \notin \varphi$ und $X \setminus A \notin \varphi$. Nun, wenn $X \setminus A$ nicht Element von φ ist, dann kann auch keine Teilmenge von $X \setminus A$ es sein (wegen der Abgeschlossenheit von Filtern gegenüber Obermengenbildung). Folglich hat jedes Element P von φ einen nichtleeren Durchschnitt mit A – andernfalls wäre es ja gerade Teilmenge von $X \setminus A$.

Wir haben also $\forall P \in \varphi : P \cap A \neq \emptyset$. Jetzt betrachten wir die Menge $\varphi' := \{B \subseteq X | \ \exists P \in \varphi : P \cap A \subseteq B\}$, die selbst ein Filter ist, wie wir leicht einsehen: $\emptyset \notin \varphi'$ gilt, weil ja nur Obermengen der nichtleeren Mengen $P \cap A, P \in \varphi$ zu φ' gehören; zu beliebigen $U_1, U_2 \in \varphi'$ muß es nach Konstruktion von φ' Elemente P_1, P_2 von φ geben mit $P_1 \cap A \subseteq U_1$ und $P_2 \cap A \subseteq U_2$, woraus $(P_1 \cap P_2) \cap A \subseteq U_1 \cap U_2$ folgt und somit $U_1 \cap U_2 \in \varphi'$ gilt wegen $P_1 \cap P_2 \in \varphi$; die Abgeschlossenheit von φ' gegenüber Obermengenbildung ist anhand der Konstruktion offensichtlich. Unser φ' ist also ein Filter. Und φ' enthält natürlich A als Element und φ als Teilmenge. Damit freilich wäre φ' ein *echt* größerer Filter (bezgl. Inklusion) als φ, was wegen der Maximalität von φ ja nun ein Widerspruch wäre.

„(2)⇒(3)“: Es gelte nun (2) und wir nehmen einmal an, (3) gälte nicht. Dann gäbe es also endlich viele Teilmengen $A_1, ..., A_n$ von X derart, daß $\bigcup_{i=1}^n A_i \in \varphi$ gälte *und* $\forall i = 1, ..., n : A_i \notin \varphi$. Laut (2) folgt daraus freilich $\forall i = 1, ..., n : (X \setminus A_i) \in \varphi$ und somit wegen der (endlichen) Durchschnittsabgeschlossenheit von Filtern auch $\bigcap_{i=1}^n (X \setminus A_i) = X \setminus \bigcup_{i=1}^n A_i \in \varphi$ – im Widerspruch zu $\bigcup_{i=1}^n A_i \in \varphi$.

„(3)⇒(1)“: Angenommen (3) gälte und φ wäre trotzdem kein Ultrafilter. Dann existierte also ein echt größerer Filter ψ, d.h. wir hätten $\psi \supseteq \varphi$ und $\exists A \in \psi : A \notin \varphi$. Nun ist $X = A \cup (X \setminus A)$ auf jeden Fall Element von φ und folglich wegen (3) auch $X \setminus A \in \varphi$, da ja ausdrücklich $A \notin \varphi$ gewählt war. Wegen $\psi \supseteq \varphi$ folgt daraus aber auch $X \setminus A \in \psi$ – im Widerspruch zur Filtereigenschaft von ψ und der Annahme $A \in \psi$. ■

Aufgabe 6 Zeige: Jeder Filter φ auf einer Menge X ist gleich dem Durchschnitt aller seiner Oberultrafilter.

Korollar 1.4.6. *Sei X eine Menge und $\psi \in \mathfrak{F}(X)$. Dann sind äquivalent:*
(1) *ψ ist ein Ultrafilter.*
(2) $\forall n \in \mathbb{N}, \varphi_1, ..., \varphi_n \in \mathfrak{F}(X) : \bigcap_{i=1}^n \varphi_i \subseteq \psi \Rightarrow \exists k \in \{1, ..., n\} : \varphi_k \subseteq \psi$

Beweis. „(2)⇒(1)“: folgt direkt aus Lemma 1.4.5, da wir für die φ_i ja auch einfach Hauptfilter wählen können.

„(1)⇒(2)“: Angenommen, wir hätten $\varphi_1, ..., \varphi_n$ mit $\bigcap_{i=1}^n \varphi_i \subseteq \psi$, aber $\forall i : \varphi_i \nsubseteq \psi$. Dann heißt das ja, daß jedes unsrer φ_i eine Menge A_i enthält, die nicht in ψ enthalten ist: $\forall i : \exists A_i \in \varphi_i : A_i \notin \psi$. Andrerseits ist $\bigcup_{i=1}^n A_i$ natürlich im Durchschnitt $\bigcap_{i=1}^n \varphi_i$ enthalten (als Obermenge *jedes* der A_i) und folglich nach Voraussetzung in ψ. Dann folgte aber nach Lemma 1.4.5, daß mindestens eines der A_i auch in ψ enthalten wäre – im Widerspruch zur Wahl der A_i. ■

Korollar 1.4.7. *Sei X eine Menge und $\{\varphi_1, ..., \varphi_n\}$ eine endliche Familie von Filtern auf X. Dann gilt*

$$\mathfrak{F}_0(\bigcap_{i=1}^n \varphi_i) = \bigcup_{i=1}^n \mathfrak{F}_0(\varphi_i) \,,$$

d.h. die Oberultrafilter eines endlichen *Durchschnittes von Filtern $\varphi_1, ..., \varphi_n$ auf X sind genau diejenigen, die Oberultrafilter eines der φ_i sind.*

Beweis. Die Inklusion $\mathfrak{F}_0(\bigcap_{i=1}^n \varphi_i) \subseteq \bigcup_{i=1}^n \mathfrak{F}_0(\varphi_i)$ folgt direkt aus Korollar 1.4.6, während die Inklusion $\mathfrak{F}_0(\bigcap_{i=1}^n \varphi_i) \supseteq \bigcup_{i=1}^n \mathfrak{F}_0(\varphi_i)$ unmittelbar dadurch gegeben ist, daß jeder Ultrafilter, der eines der φ_i umfaßt, ja erst recht den darin enthaltenen Durschnitt umfassen muß. ■

Insbesondere folgt daraus, daß ein endlicher Durchschnitt von *Ultra*filtern nur genau die am Durchschnitt beteiligten Ultrafilter als Oberultrafilter hat – was gelegentlich nützlich ist.

Definition 1.4.8. Eine Familie $\mathfrak{A} \subseteq \mathfrak{P}(X)$ von Teilmengen einer nichtleeren Menge X heißt *Filterbasis* genau dann, wenn die Menge

$$[\mathfrak{A}]_{\mathfrak{F}(X)} := \{B \subseteq X \mid \exists A \in \mathfrak{A} : A \subseteq B\}$$

aller Obermengen von Elementen aus $\mathfrak{A}$ ein Filter ist.
Eine Familie $\mathfrak{B} \subseteq \mathfrak{P}(X)$ von Teilmengen einer nichtleeren Menge X heißt *Filtersubbasis* genau dann, wenn die Menge

$$[\mathfrak{B}]_{\mathfrak{F}(X)} := \{C \subseteq X \mid \exists n \in \mathbb{N}, B_1, \ldots, B_n \in \mathfrak{B} : \bigcap_{i=1}^{n} B_i \subseteq C\}$$

aller Obermengen endlicher Durchschnitte von Elementen aus $\mathfrak{B}$ ein Filter ist. $[\mathfrak{A}]_{\mathfrak{F}(X)}$ bzw. $[\mathfrak{B}]_{\mathfrak{F}(X)}$ heißen dann die von $\mathfrak{A}$ bzw. $\mathfrak{B}$ *erzeugten* Filter.

Ist im jeweiligen Zusammenhang kein Mißverständnis zu erwarten, wird der Index $\mathfrak{F}(X)$ an den eckigen Klammern auch zuweilen weggelassen.

Proposition 1.4.9. *Sei X eine nichtleere Menge und $\mathfrak{A} \subseteq \mathfrak{P}(X)$.*

(1) *$\mathfrak{A}$ ist eine Filtersubbasis genau dann, wenn alle endlichen Durchschnitte von Elementen aus $\mathfrak{A}$ nichtleer sind.*

(2) *$\mathfrak{A}$ ist eine Filterbasis genau dann, wenn es zu jedem endlichen Durchschnitt $\bigcap_{i=1}^{n} A_i$ von Elementen aus $\mathfrak{A}$ ein Element $B \neq \emptyset$ aus $\mathfrak{A}$ gibt, so daß $B \subseteq \bigcap_{i=1}^{n} A_i$ gilt.*

(3) *Sind $\mathfrak{A}$ und $\mathfrak{B}$ Filterbasen, so ist $\mathfrak{A} \cup \mathfrak{B}$ eine Filtersubbasis genau dann, wenn $\forall A \in \mathfrak{A}, B \in \mathfrak{B} : A \cap B \neq \emptyset$, d.h. wenn jedes Element von $\mathfrak{A}$ mit jedem Element von $\mathfrak{B}$ einen nichtleeren Durchschnitt hat.*

(4) *Ist $\mathfrak{A}$ eine Filterbasis auf X und $A \subseteq X$, dann ist $\mathfrak{A} \cup \{A\}$ eine Filtersubbasis genau dann, wenn $\forall P \in \mathfrak{A} : P \cap A \neq \emptyset$.*

Beweis. Für (1) und (2) ist unmittelbar klar, daß aus der Filterbasis- bzw. Filtersubbasiseigenschaft von $\mathfrak{A}$ sofort die jeweils postulierte Bedingung folgt – einfach deshalb, weil dann $\mathfrak{A}$ Teilmenge eines Filters ist. Wir müssen uns also nur darum kümmern, daß aus den in (1) und (2) postulierten Bedingungen jeweils die Filterbasis- bzw. Filtersubbasiseigenschaft folgt.

(1) Da $[\mathfrak{A}]$ genau aus den Obermengen der endlichen Durchschnitte von $\mathfrak{A}$-Elementen besteht, ist jedenfalls $\emptyset$ kein Element von $\mathfrak{A}$. Haben wir $[\mathfrak{A}] \ni A \supseteq \bigcap_{i=1}^{n} A_i$ und $[\mathfrak{A}] \ni B \supseteq \bigcap_{j=1}^{m} B_j$ mit $A_i, B_j \in \mathfrak{A}$, so folgt sofort $A \cap B \supseteq \bigcap_{i=1}^{n} A_i \cap \bigcap_{j=1}^{m} B_j$ und somit $A \cap B \in [\mathfrak{A}]$. Daß Obermengen von $[\mathfrak{A}]$-Elementen wieder zu $[\mathfrak{A}]$ gehören steht unmittelbar in der Definition von $[\mathfrak{A}]$. Folglich ist $[\mathfrak{A}]$ ein Filter und daher $\mathfrak{A}$ eine Filtersubbasis.

(2) Zunächst ist wegen der Bedingung, daß *nichtleere* Elemente B von $\mathfrak{A}$ unterhalb jedes endlichen Durchschnittes von $\mathfrak{A}$-Elementen liegen sollen klar, daß alle endlichen Durchschnitte von $\mathfrak{A}$-Elementen selbst nichtleer sind, so daß $\mathfrak{A}$ laut (1) eine Filtersubbasis ist. Andrerseits ist dadurch auch klar, daß die Familie der Obermengen endlicher Durchschnitte (die ja nach (1) ein Filter ist) just dieselbe ist wie die Familie der Obermengen von $\mathfrak{A}$-Elementen, da jeder endliche Durchschnitt $\bigcap_{i=1}^n A_i, A_i \in \mathfrak{A}$ selbst Obermenge eines Elementes $B \in \mathfrak{A}$ ist.

(3) Ein endlicher Durchschnitt von Elementen aus $\mathfrak{A} \cup \mathfrak{B}$ ist entweder ein endlicher Durchschnitt von ausschließlich Elementen aus $\mathfrak{A}$ bzw. ausschließlich Elementen aus $\mathfrak{B}$ und daher wegen der Filterbasis-Eigenschaft von $\mathfrak{A}, \mathfrak{B}$ nichtleer, oder er ist von der Form $\bigcap_{i=1}^n A_i \cap \bigcap_{j=1}^m B_j$ mit $A_i \in \mathfrak{A}, B_j \in \mathfrak{B}$. Dann aber gibt es wegen der Filterbasiseigenschaft von $\mathfrak{A}, \mathfrak{B}$ ein $\emptyset \neq A \in \mathfrak{A}$ mit $A \subseteq \bigcap_{i=1}^n A_i$ und ein $\emptyset \neq B \in \mathfrak{B}$ mit $B \subseteq \bigcap_{j=1}^m B_j$ und nach Voraussetzung $\emptyset \neq A \cap B \subseteq \bigcap_{i=1}^n A_i \cap \bigcap_{j=1}^m B_j$.

(4) Folgt sofort aus (3), da eine einzelne nichtleere Menge A als $\{A\}$ natürlich eine Filterbasis für einen Hauptfilter bildet. Manchmal braucht man das eben in dieser abgerüsteten Form, darum wird's hier erwähnt. ∎

Offensichtlich ist jeder Filter eine Filterbasis und jede Filterbasis ist auch eine Filtersubbasis.

Lemma 1.4.10 (Content Detector). *Sei X eine nichtleere Menge, $\mathfrak{E} \subseteq \mathfrak{P}(X)$ und $\varphi \in \mathfrak{F}(X)$. $\mathfrak{E}$ sei abgeschlossen gegen endliche Vereinigungen, d.h. mit je endlich vielen Elementen $E_1, \ldots, E_n \in \mathfrak{E}$ ist auch stets $\bigcup_{i=1}^n E_i$ Element von $\mathfrak{E}$. Dann gilt:*

$$\varphi \cap \mathfrak{E} \neq \emptyset \iff \forall \psi \in \mathfrak{F}_0(\varphi) : \psi \cap \mathfrak{E} \neq \emptyset\,,$$

d.h. ein Filter enthält genau dann ein Element von $\mathfrak{E}$, wenn jeder seiner Oberultrafilter ein Element von $\mathfrak{E}$ enthält.

Beweis. Es ist klar, daß mit φ natürlich auch jeder φ als Teilmenge umfassende Ultrafilter ein Element von $\mathfrak{E}$ enthält ($E \in \varphi \subseteq \psi \Rightarrow E \in \psi$). Wir müssen uns also nur um die andere Richtung kümmern.

Gelte also $\forall \psi \in \mathfrak{F}_0(\varphi) : \exists E_\psi \in \mathfrak{E} : E_\psi \in \psi$. Angenommen, φ enthielte kein Element aus $\mathfrak{E}$. (Woraus automatisch $X \notin \mathfrak{E}$ folgt.)

Wir betrachten die Menge $\mathfrak{B} := \{X \setminus E |\ E \in \mathfrak{E}\}$. Wegen der Abgeschlossenheit von $\mathfrak{E}$ gegen endliche Vereinigungen ist $\mathfrak{B}$ abgeschlossen gegen endliche Durchschnitte in $\mathfrak{B}$ und wir haben $\emptyset \notin \mathfrak{B}$ wegen $X \notin \mathfrak{E}$. Nach Proposition 1.4.9(2) ist $\mathfrak{B}$ folglich eine Filterbasis. Für jedes $P \in \varphi$ und jedes $B \in \mathfrak{B}$ haben wir ferner $P \cap B \neq \emptyset$, da $P \cap B = \emptyset$ ja bedeuten würde, daß $P \subseteq X \setminus B \in \mathfrak{E}$ und daher $\varphi \cap \mathfrak{E} \neq \emptyset$ folgte. Somit ist laut Proposition 1.4.9(3) die Vereinigung $\varphi \cup \mathfrak{B}$ eine Filtersubbasis und laut Korollar 1.4.3 gibt es dann einen Ultrafilter, der den von $\varphi \cup \mathfrak{B}$ erzeugten Filter – somit insbesondere sowohl φ als auch $\mathfrak{B}$ – als Teilmenge enthält. Es gäbe also einen Oberultrafilter von φ, der die *Komplemente aller* $\mathfrak{E}$-Mengen und folglich kein einziges Element von $\mathfrak{E}$ selbst enthält – im Widerspruch zu unserer Voraussetzung. ∎

Das Lemma ist zuweilen sehr nützlich, wenn man einem bestimmten Filter nachweisen möchte, daß er Mengen mit dieser oder jener Eigenschaft enthält – es reicht dann, es seinen Oberultrafiltern nachzuweisen, was aufgrund von deren „extremen" Eigenschaften hin & wieder einfacher ist.

1.4.2 Filter und Abbildungen

Seien X, Y nichtleere Mengen, $\varphi \in \mathfrak{F}(X), \psi \in \mathfrak{F}(Y)$ und eine Funktion $f : X \to Y$ gegeben. Dann ist, wie man schnell nachprüfen kann, die Familie $f(\varphi) := \{f(P) |\ P \in \varphi\}$ eine Filterbasis in Y. Da wir uns meist eher für den von dieser Basis erzeugten *Filter* $[f(\varphi)]_{\mathfrak{F}(Y)}$ interessieren als für eine Basis desselben, werden wir im weiteren Verlauf die eckigen Klammern um das Symbol $f(\varphi)$ weglassen und meinen dann mit $f(\varphi)$ bereits den erzeugten Filter $\{B \subseteq Y |\ \exists P \in \varphi : f(P) \subseteq B\}$.

Proposition 1.4.11. *Seien X, Y nichtleere Mengen, φ ein Ultrafilter auf X und $f : X \to Y$ eine Funktion. Dann ist $f(\varphi)$ ein Ultrafilter auf Y.*

Beweis. Sei B eine beliebige Teilmenge von Y. Dann ist natürlich $f^{-1}(B)$ eine Teilmenge von X. Laut Lemma 1.4.5 gilt dann entweder $f^{-1}(B) \in \varphi$ oder $X \setminus f^{-1}(B) \in \varphi$. Im ersten Fall folgt sofort $f(f^{-1}(B)) \in f(\varphi)$, also wegen $f(f^{-1}(B)) \subseteq B$ auch $B \in f(\varphi)$. Im zweiten Fall haben wir analog $f(X \setminus f^{-1}(B)) \in f(\varphi)$, also wegen $f(X \setminus f^{-1}(B)) \subseteq Y \setminus B$ auch $Y \setminus B \in f(\varphi)$. Wiederum nach Lemma 1.4.5 ist $f(\varphi)$ also ein Ultrafilter auf Y. ∎

Proposition 1.4.12. *Seien X, Y nichtleere Mengen und $f : X \to Y$ eine Funktion.*

(1) *Ist φ ein Filter auf X und $B \subseteq Y$, dann gilt*
$B \in f(\varphi) \Longleftrightarrow f^{-1}(B) \in \varphi$.

(2) *Sei φ_1 eine Filterbasis und φ_2 eine Filtersubbasis auf X. Dann folgt aus $[\varphi_1] \supseteq \varphi_2$ stets, daß $f([\varphi_1]) \supseteq [f(\varphi_2)]$ gilt.*[30]

(3) *Ist $(\chi_i)_{i\in I}$ eine Familie von Filtern auf X, so gilt*
$f(\bigcap_{i\in I} \chi_i) = \bigcap_{i\in I} f(\chi_i)$.

Beweis. (1) Sei $B \in f(\varphi)$. Dann existiert also $A \in \varphi$ mit $f(A) \subseteq B$ und folglich $A \subseteq f^{-1}(f(A)) \subseteq f^{-1}(B)$, so daß $f^{-1}(B)$ als Obermenge von A auch Element von φ sein muß. Die andere Richtung ist trivial.

(2) Sei $S \in [f(\varphi_2)]$. Dann haben wir also $S_1, ..., S_n \in \varphi_2$ mit $\bigcap_{i=1}^n f(S_i) \subseteq S$. Diese S_i liegen wegen $[\varphi_1] \supseteq \varphi_2$ auch in $[\varphi_1]$, also auch ihr Durchschnitt. Wegen $f(\bigcap_{i=1}^n S_i) \subseteq \bigcap_{i=1}^n f(S_i) \subseteq S$ liegt demnach auch S in $f([\varphi_1])$.

(3) $A \in f(\bigcap_{i\in I} \chi_i) \Leftrightarrow f^{-1}(A) \in \bigcap_{i\in I} \chi_i \Leftrightarrow \forall i \in I : f^{-1}(A) \in \chi_i \Leftrightarrow \forall i \in I : A \in f(\chi_i) \Leftrightarrow A \in \bigcap_{i\in I} f(\chi_i)$. ∎

---

30 Wir brauchen diesen Sachverhalt meistens nur in der „entschärften" Fassung, daß φ_1, φ_2 beide Filter sind.

Nicht ganz so einfach ist es im allgemeinen mit den (vollständigen) Urbildern von Filtern. Haben wir nämlich einen beliebigen Filter ψ auf Y und eine Funktion $f : X \to Y$ gegeben, so ist es keineswegs sicher, daß das (Mengen-)Urbild

$$f^{-1}(\psi) := \{f^{-1}(S) \mid S \in \psi\}$$

auch nur eine Filtersubbasis ist. Das liegt daran, daß f ja nicht surjektiv zu sein braucht und es folglich passieren kann, daß Elemente von ψ vollständig innerhalb von $Y \setminus f(X)$ liegen. Dann wäre deren Urbild unter f die leere Menge und die Hoffnung, eine Filtersubbasis zu erhalten, erstmal im Eimer. Es gilt jedoch:

Proposition 1.4.13. *Seien X, Y nichtleere Mengen, ψ ein Filter auf Y und $f : X \to Y$ eine Funktion. Die Familie $f^{-1}(\psi) := \{f^{-1}(S) \mid S \in \psi\}$ ist genau dann eine Filterbasis auf X, wenn der Durchschnitt von $f(X)$ mit allen Elementen von ψ nichtleer ist.*

Beweis. Es gelte $\forall S \in \psi : f(X) \cap S \neq \emptyset$. Dann folgt $\forall S \in \psi : f^{-1}(S) \neq \emptyset$. Bedenken wir nun noch, daß $\forall S, T \subseteq Y : f^{-1}(S) \cap f^{-1}(T) = f^{-1}(S \cap T)$ gilt, können wir mit Proposition 1.4.9 sofort auf die Filterbasiseigenschaft von $f^{-1}(\psi)$ schließen.

Ist umgekehrt $f^{-1}(\psi)$ eine Filterbasis, dann kommt jedenfalls $\emptyset$ darin nicht vor, was bedeutet, daß $\forall S \in \psi : f(X) \cap S \neq \emptyset$ gilt. ∎

Lemma 1.4.14. *Seien X, Y nichtleere Mengen, φ ein Filter auf X, weiterhin $f : X \to Y$ eine Funktion und ψ ein Ultrafilter auf Y mit $\psi \supseteq f(\varphi)$.*
Dann gibt es einen Ultrafilter φ_0 auf X mit $\varphi_0 \supseteq \varphi$ und $f(\varphi_0) = \psi$.

Beweis. Sei also $\psi \in \mathfrak{F}_0(Y)$ mit $\psi \supseteq f(\varphi)$ gegeben. Da $f(\varphi)$ – und somit auch ψ – natürlich $f(X)$ enthält, ist die Bedingung von Proposition 1.4.13 erfüllt und $f^{-1}(\psi)$ folglich eine Filterbasis.

Seien nun $U \in \varphi$ und $V \in \psi$ beliebig gewählt.
Wir wollen zeigen, daß $U \cap f^{-1}(V) \neq \emptyset$ gilt. Dazu überlegen wir uns, daß ja wegen $f(\varphi) \subseteq \psi$ jedenfalls $f(U) \in \psi$ und daher $f(U) \cap V \neq \emptyset$ gelten muß. Mithin existiert ein Element $y \in f(U) \cap V$ und, da es ja immerhin in $f(U)$ liegt folglich ein $u \in U$ mit $f(u) = y$. Da freilich $y = f(u)$ auch Element von V ist, folgt $u \in f^{-1}(V)$, insgesamt also $u \in f^{-1}(V) \cap U$, so daß dieser Durchschnitt nicht leer ist. Da das für beliebige $U \in \varphi, V \in \psi$ gilt, können wir laut Proposition 1.4.9(3) schließen, daß $\varphi \cup f^{-1}(\psi)$ eine Filtersubbasis ist. Sei φ' der von dieser Subbasis erzeugte Filter auf X. Es gilt dann offensichtlich $\varphi' \supseteq \varphi$ und $\varphi' \supseteq f^{-1}(\psi)$. Nach Lemma 1.4.3 existiert ein Ultrafilter φ_0 auf X mit $\varphi_0 \supseteq \varphi'$. Für diesen gelten nun erst recht $\varphi_0 \supseteq \varphi$ und $\varphi_0 \supseteq f^{-1}(\psi)$. Laut Proposition 1.4.12 folgt daraus $f(\varphi_0) \supseteq f(\varphi)$ und $f(\varphi_0) \supseteq [f(f^{-1}(\psi))]$. Nun folgt freilich aus dem allgemeinen Umstand, daß für Teilmengen B von Y stets $f(f^{-1}(B)) \subseteq B$ gilt, daß $[f(f^{-1}(\psi))] \supseteq \psi$ gilt. Damit haben wir also $f(\varphi_0) \supseteq \psi$, was wegen der Maximalität von ψ sofort $f(\varphi_0) = \psi$ impliziert. ∎

Definition 1.4.15. Sei $(X_i)_{i\in I}$ eine Familie nichtleerer Mengen und sei $\varphi_i, i \in I$ jeweils ein Filter auf X_i. Dann nennen wir den von der Subbasis

$$\left\{\prod_{i\in I} P_i \mid P_i \in \varphi_i\, , P_k \neq X_k \text{ für höchstens ein } k \in I\right\}$$

erzeugten Filter das *Produkt* oder auch den *Produktfilter* der $\varphi_i, i \in I$, und bezeichnen ihn mit $\prod_{i\in I} \varphi_i$.

Es ist offensichtlich, daß das Produkt über *endliche* Familien I schlicht und einfach von den ganz gewöhnlichen Kreuzprodukten beliebiger Elemente der beteiligten Filter erzeugt wird.

Für beispielsweise zwei Filter φ auf X und ψ auf Y wäre das Produkt (in diesem übersichtlichen Fall auch als „$\varphi \times \psi$" bezeichnet) der von der Basis

$$\{P \times S \mid P \in \varphi, S \in \psi\}$$

erzeugte Filter $\varphi \times \psi := [\{P \times S \mid P \in \varphi, S \in \psi\}]_{\mathfrak{F}(X\times Y)}$ auf $X \times Y$.

Korollar 1.4.16. *Seien X, Y nichtleere Mengen, φ ein Filter auf X, $\mathcal{F}$ ein Filter auf der Menge Y^X aller Funktionen von X nach Y, sowie ψ ein Oberultrafilter von*

$$\mathcal{F}(\varphi) := [\{F(P) \mid F \in \mathcal{F}, P \in \varphi\}]_{\mathfrak{F}(Y)}$$

wobei $F(P) := \{f(p) \mid f \in F, p \in P\}$ gemeint ist.
Dann existieren ein Oberultrafilter $\mathcal{F}_0$ von $\mathcal{F}$ und ein Oberultrafilter φ_0 von φ derart, daß $\mathcal{F}_0(\varphi_0) \subseteq \psi$ gilt.

Beweis. **Aufgabe** 7 ∎

(**Hinweis:** Man betrachte die sogenannte *Evaluationsabbildung* $\omega : X \times Y^X \to Y : \omega(x, f) := f(x)$ und wende Lemma 1.4.14 an.)

Hier noch eine kleine Knobelaufgabe, bei der man den Umgang mit Filtern, Ultrafiltern und all dem, was wir schon über sie wissen, ganz hübsch trainieren kann:

Aufgabe 8 Ist X eine Menge, so bezeichnen wir mit $\mathfrak{P}_0(X) := \{M \subseteq X \mid M \neq \emptyset\}$ die Menge aller *nichtleeren* Teilmengen von X. Für $x \in X$ sei $\dot{x} := \{A \subseteq X \mid x \in A\}$ der von x erzeugte *Einpunktfilter*.

Weiterhin sei $\mathcal{A} := \{f \in X^{\mathfrak{P}_0(X)} \mid \forall A \in \mathfrak{P}_0(X) : f(A) \in A\}$ die Menge aller derjenigen Funktionen von $\mathfrak{P}_0(X)$ nach X, die jeder nichtleeren Teilmenge A von X irgendein Element von A zuordnen. Gegeben sei nun ein Filter φ auf $\mathfrak{P}_0(X)$ mit der Eigenschaft $\forall f \in \mathcal{A} : \exists x_f \in X : f(\varphi) = \dot{x}_f$
Zeige: Dann ist φ ein Ultrafilter[31] auf $\mathfrak{P}_0(X)$.

31 Die Frage drängt sich auf, ob so ein Filter φ auch zwangsläufig selbst ein Einpunktfilter auf $\mathfrak{P}_0(X)$ sein *muß* oder nicht ... wir werden uns das in Abschnitt 5.1.2 noch einmal ansehen.

Wir erarbeiten uns in diesem Abschnitt jetzt noch einen schillernden Satz über Ultrafilter, der ein bißchen so aussieht, wie ich mir die Mutter aller Fixpunktsätze vorstellen würde. Um diesen Satz auch bequem beweisen zu können, stellen wir zuvor ein freilich ebenfalls recht reizvolles Lemma bereit:

Lemma 1.4.17 (Zerlegungslemma). *Sei X eine Menge und $f : X \to X$ eine Abbildung von X in sich. Dann gibt es eine Zerlegung $X = F \cup X_1 \cup X_2 \cup X_3$ mit*
(1) $\forall x \in F : f(x) = x$,
(2) $X_i \cap X_j = \emptyset$ *für* $i \neq j$,
(3) $f(X_i) \cap X_i = \emptyset$ *für* $i = 1, 2, 3$.

Beweis. Zunächst setzen wir einfach $F := \{x \in X |\ f(x) = x\}$. Das ist leicht. Jetzt wird es ein bißchen komplizierter: sei

$$\mathfrak{A} := \left\{ (A_1, A_2, A_3) \in \mathfrak{P}(X \setminus F)^{\times 3} \;\middle|\; \begin{array}{ccl} A_i \cap A_j = \emptyset & \text{für} & i \neq j \text{ und} \\ f(A_i) \subseteq F \cup \bigcup_{j \neq i} A_j & \text{für} & i = 1, 2, 3 \end{array} \right\}.$$

Da zumindest $(\emptyset, \emptyset, \emptyset) \in \mathfrak{A}$ gilt, ist unser $\mathfrak{A}$ jedenfalls nicht leer. Wir hätten gern maximale Elemente in $\mathfrak{A}$ bezüglich der komponentenweisen Inklusionsrelation $\subseteq^{\times 3}$ auf $\mathfrak{A}$. (Damit meinen wir $(A_1, A_2, A_3) \subseteq^{\times 3} (B_1, B_2, B_3) :\Leftrightarrow \forall i \in \{1, 2, 3\} : A_i \subseteq B_i$.) Deren Existenz sichert das Zorn'sche Lemma, sobald wir zeigen können, daß jede total geordnete Teilmenge von $\mathfrak{A}$ eine obere Schranke in $\mathfrak{A}$ hat. Sei also $\mathfrak{B} \subseteq \mathfrak{A}$ total geordnet bezüglich $\subseteq^{\times 3}$. Wir setzen

$$C_i := \bigcup_{(B_1, B_2, B_3) \in \mathfrak{B}} B_i$$

für $i = 1, 2, 3$. Hier folgte aus $x \in C_i \cap C_j$ bei $i \neq j$ sogleich die Existenz von $(B_1, B_2, B_3), (B'_1, B'_2, B'_3) \in \mathfrak{B}$ mit $x \in B_i \cap B'_j$ also auch $x \in B_i \cap B_j$ oder $x \in B'_i \cap B'_j$, weil $B_i \subseteq B'_i$ oder $B'_j \subseteq B_j$ wegen der totalen Ordnung auf $\mathfrak{B}$ gilt – im Widerspruch zur Konstruktion von $\mathfrak{A} \supseteq \mathfrak{B}$. Weiterhin ist völlig klar, daß $f(C_i) \subseteq F \cup \bigcup_{j \neq i} C_j$ für $i = 1, 2, 3$ gilt, da entsprechendes für alle vereinigten B_i gilt.

Wir sehen also, daß (C_1, C_2, C_3) tatsächlich in $\mathfrak{A}$ liegt und es ist natürlich eine obere Schranke für $\mathfrak{B}$ bezüglich $\subseteq^{\times 3}$. Wir können nun das Zorn'sche Lemma anwenden: Sei (X_1, X_2, X_3) ein maximales Element von $\mathfrak{A}$ bezüglich $\subseteq^{\times 3}$. Wir wollen jetzt nicht mehr lange herumkonstruieren und behaupten keck: $X = F \cup X_1 \cup X_2 \cup X_3$.

Angenommen, dies wäre nicht so. Dann gäbe es ein $x \in X \setminus (F \cup X_1 \cup X_2 \cup X_3)$. Wir bilden $O := \{f^n(x) |\ n \in \mathbb{N}\}$ (wobei wir mit $f^0(x)$ schlicht x selbst meinen) und unterscheiden folgende Fälle:

1. $O \setminus (F \cup X_1 \cup X_2 \cup X_3)$ ist unendlich (und damit $O \cap (F \cup X_1 \cup X_2 \cup X_3) = \emptyset$).
   Dann setzen wir $X'_1 := X_1 \cup \{f^{2n}(x) |\ n \in \mathbb{N}\}$ und $X'_2 := X_2 \cup \{f^{2n+1}(x) |\ n \in \mathbb{N}\}$, wodurch wir $(X_1, X_2, X_3) \subset^{\times 3} (X'_1, X'_2, X_3) \in \mathfrak{A}$ erhalten – im Widerspruch zur Maximalität von (X_1, X_2, X_3).
2. $O \setminus (F \cup X_1 \cup X_2 \cup X_3)$ ist endlich.
   Dann sei m die kleinste natürliche Zahl, für die $f^m(x) \in \{f^k(x) |\ k < m\} \cup (F \cup X_1 \cup X_2 \cup X_3)$ gilt. Wir unterscheiden jetzt noch ein wenig subtiler:

(a) Gilt $f^m(x) \in F \cup X_1 \cup X_2 \cup X_3$, so kann $f^m(x)$ nach Konstruktion von $\mathfrak{A}$ in *höchstens einem* der X_i enthalten sein, so daß wir X_j mit $f^m(x) \notin X_j$ wählen können. Dann setzen wir $X_j' := X_j \cup \{f^{m-1}(x)\}$, finden natürlich $f(X_j') = f(X_j) \cup \{f^m(x)\} \subseteq F \cup \bigcup_{i \neq j} X_i$ und immer noch $X_i \cap X_j' = \emptyset$ für $i \neq j$, da ja $f^{m-1}(x) \notin F \cup X_1 \cup X_2 \cup X_3$ gilt. Somit haben wir mit $X_i' := X_i$ für $i \neq j$ sogleich $(X_1', X_2', X_3') \in \mathfrak{A}$ – im Widerspruch zur Maximalität von (X_1, X_2, X_3) jedoch $X_j \subset X_j'$.

(b) Gilt $f^m(x) \notin F \cup X_1 \cup X_2 \cup X_3$, so existiert $k < m$ mit $f^k(x) = f^m(x)$.[32] Wir setzen $y := f^k(x)$ und $P := \{f^h(y) |\ 0 \leq h < m - k\}$ und finden natürlich $P \cap (F \cup X_1 \cup X_2 \cup X_3) = \emptyset$. Ferner ist $m - k \geq 2$, da sonst $f^m(x) = f^{m-1}(x)$ und damit $f^{m-1}(x) \in F$ folgte. Wir setzen nun

$$\begin{aligned} P_1 &:= \{y\} \\ P_2 &:= \{f^{2n}(y) |\ n \in \mathbb{N}, 0 < 2n < m - k\} \\ P_3 &:= \{f^{2n+1}(y) |\ n \in \mathbb{N}, 0 < 2n + 1 < m - k\} \end{aligned}$$

Dann gilt offenbar $P_i \cap P_j = \emptyset$ für $i \neq j$ und $P_1 \cup P_2 \cup P_3 = P$, sowie $f(P_1) \subseteq P_3$, $f(P_2) \subseteq P_3 \cup P_1$ und $f(P_3) \subseteq P_2 \cup P_1$. Mit $X_i' := X_i \cup P_i, i = 1, 2, 3$ finden wir also $(X_1', X_2', X_3') \in \mathfrak{A}$ und $(X_1, X_2, X_3) \subset^{\times 3} (X_1', X_2', X_3')$ – im Widerspruch zur Maximalität von (X_1, X_2, X_3).

Da wir aus unsrer Annahme in jedem Falle einen Widerspruch erhalten haben, muß also $X = F \cup X_1 \cup X_2 \cup X_3$ gelten wie gewünscht. Wegen der paarweisen Disjunktheit der X_i und $X_i \subseteq X \setminus F$ sowie $f(X_i) \subseteq F \cup \bigcup_{j \neq i} X_j \subseteq X \setminus X_i$ nach Konstruktion von $\mathfrak{A}$ hat unsre Zerlegung auch tatsächlich die angegebene Eigenschaft (3). ■

Streng genommen, haben wir sogar ein bißchen mehr bewiesen als das Zerlegungslemma aussagt: wir haben gezeigt, daß *jedes* maximale Element unsrer Menge $\mathfrak{A}$ eine Zerlegung mit den im Zerlegungslemma angegebenen Eigenschaften liefert.

Korollar 1.4.18. *Sei X eine Menge, $f : X \to X$ eine Abbildung und φ ein Ultrafilter auf X. Dann gilt entweder*

(1) $\exists F \in \varphi : \forall x \in F : f(x) = x$ *oder*

(2) $\exists U \in \varphi : f(U) \cap U = \emptyset$.

Beweis. Folgt unmittelbar aus Lemma 1.4.5 und dem Zerlegungslemma 1.4.17. ■

32 Eingedenk dessen, daß wir m als *kleinste* natürliche Zahl gewählt hatten, für die $f^m(x) \in \{f^k(x) |\ k < m\} \cup (F \cup X_1 \cup X_2 \cup X_3)$ gilt, dürfen wir sicher sein, daß auch *nur ein* solches k existiert.

Satz 1.4.19. *Sei X eine Menge, $f : X \to X$ eine Abbildung und φ ein Ultrafilter auf X mit $f(\varphi) = \varphi$. Dann existiert $F \in \varphi$ mit $\forall a \in F : f(a) = a$.*

Beweis. Eine Teilmenge $U \subseteq X$ mit $U \cap f(U) = \emptyset$ kann φ wegen $f(\varphi) \subseteq \varphi$ nicht enthalten und muß folglich nach 1.4.18 die somit nichtleere Fixpunktmenge F von f enthalten. ∎

Ein bißchen eigentümlich mag es anmuten, daß wir im Zerlegungslemma die Menge X ausgerechnet in 3 Teilmengen X_1, X_2, X_3 neben der Fixpunktmenge zerlegt haben, statt etwa in 2, was ja übersichtlicher zu handhaben wäre. Für den Beweis von Satz 1.4.19 wäre es schließlich gleichgültig. Es ist auch nicht schwer zu sehen, daß die meisten Beweisschritte ebensogut für 2 Mengen X_1, X_2 funktionieren würden.

Aufgabe 9 Gib ein Beispiel dafür an, daß man im Zerlegungslemma 1.4.17 nicht mit nur 2 Teilmengen X_1, X_2 neben der Fixpunktmenge F auskommt und begründe, an welcher Stelle der Beweis des Zerlegungslemmas *nicht* mit nur 2 Mengen X_1, X_2 funktionieren würde.

1.4.3 Wie viele Ultrafilter gibt es auf einer Menge?

Gott würfelt nicht! (Albert Einstein)
Gott würfelt nicht nur, sie schummelt sogar! (Quantenmechanik)

Wir basteln uns jetzt noch schnell eine Erkenntnis über die Mächtigkeit der Familie aller Ultrafilter auf unendlichen Mengen zusammen.[33]

Proposition 1.4.20. *Sei X eine unendliche Menge. Dann gibt es eine Familie $\mathfrak{M} \subseteq \mathfrak{P}(X)$ von Teilmengen von X mit*
(1) $\forall \mathfrak{F}, \mathfrak{G} \subseteq \mathfrak{M}, \mathfrak{F}, \mathfrak{G}$ *endlich:* $\mathfrak{F} \cap \mathfrak{G} = \emptyset \Rightarrow \bigcap_{F \in \mathfrak{F}} F \not\subseteq \bigcup_{G \in \mathfrak{G}} G$ *und*
(2) $|\mathfrak{M}| = |\mathfrak{P}(X)|$.

Beweis. Wir definieren zunächst zielstrebig ein paar seltsame Mengen:

$$Q := \{(E, \mathfrak{E}) |\ E \subseteq X \text{ endlich}, \mathfrak{E} \text{ endliche Familie endlicher Teilmengen von } X\}$$

und für alle $A \in \mathfrak{P}(X)$ dazu

$$Q_A := \{(E, \mathfrak{E}) \in Q |\ E \cap A \in \mathfrak{E}\}.$$

33 Für endliche Mengen wäre das langweilig – dort sind die Einpunktfilter ja schon *alle* Ultrafilter und ihre Anzahl daher ganz gut abschätzbar ;-).

Jetzt sind wir fast fertig – wir setzen erstmal probeweise $\mathfrak{N} := \{Q_A \mid A \subseteq X\}$ und prüfen für dieses Mengensystem Bedingung (1) nach. Seien also $\mathfrak{B}, \mathfrak{C}$ zwei endliche Teilmengen von $\mathfrak{P}(X)$ mit $\mathfrak{B} \cap \mathfrak{C} = \emptyset$. Wegen $\mathfrak{B} \cap \mathfrak{C} = \emptyset$ haben wir $\forall B \in \mathfrak{B}, C \in \mathfrak{C} : B \neq C$, so daß wir stets *ein* $x_{BC} \in (B \setminus C) \cup (C \setminus B)$ auswählen können. Damit bilden wir $E := \{x_{BC} \mid B \in \mathfrak{B}, C \in \mathfrak{C}\}$. Da $\mathfrak{B}$ und $\mathfrak{C}$ endlich sind, ist dann auch E endlich. Weiterhin setzen wir $\mathfrak{E} := \{E \cap B \mid B \in \mathfrak{B}\}$ und erhalten sofort $(E, \mathfrak{E}) \in Q_B$ für alle $B \in \mathfrak{B}$, also $(E, \mathfrak{E}) \in \bigcap_{B \in \mathfrak{B}} Q_B$. Für alle $B \in \mathfrak{B}$ und $C \in \mathfrak{C}$ haben wir freilich auch $E \cap B \neq E \cap C$ (nach Konstruktion von E!). Nach Konstruktion von $\mathfrak{E}$ liefert das $\forall C \in \mathfrak{C} : (E, \mathfrak{E}) \notin Q_C$, also $(E, \mathfrak{E}) \notin \bigcup_{C \in \mathfrak{C}} Q_C$. Damit haben wir $\bigcap_{B \in \mathfrak{B}} Q_B \nsubseteq \bigcup_{C \in \mathfrak{C}} Q_C$, so daß (1) für $\mathfrak{N}$ jedenfalls erfüllt ist.

Nun ist die Familie aller endlichen Teilmengen E von X und daher auch die Familie aller endlichen Familien $\mathfrak{E}$ endlicher Teilmengen von X gleichmächtig zu X (wegen Korollar 1.3.10), mithin auch deren Cartesisches Produkt (wegen Satz 1.3.9). Folglich existiert eine Bijektion $f : Q \to X$. Wir setzen $\mathfrak{M} := \{f(Q_A) \mid A \subseteq X\} = f(\mathfrak{N})$ und sehen wegen der Bijektivität von f leicht ein, daß mit $\mathfrak{N}$ auch $\mathfrak{M}$ die Eigenschaft (1) erfüllt und offensichtlich die Mächtigkeit $|\mathfrak{P}(X)|$ hat. ■

Satz 1.4.21. *Sei X eine unendliche Menge. Dann gilt* $|\mathfrak{F}_0(X)| = |\mathfrak{P}(\mathfrak{P}(X))|$.

Beweis. Nach Proposition 1.4.20 existiert jedenfalls eine Menge $\mathfrak{M}$ mit $|\mathfrak{M}| = |\mathfrak{P}(X)|$ und $\forall \mathfrak{F}, \mathfrak{G} \subseteq \mathfrak{M}, \mathfrak{F}, \mathfrak{G}$ endlich: $\mathfrak{F} \cap \mathfrak{G} = \emptyset \Rightarrow \bigcap_{F \in \mathfrak{F}} F \nsubseteq \bigcup_{G \in \mathfrak{G}} G$. Für *jede Teilmenge* $\mathfrak{N}$ von $\mathfrak{M}$ stellen wir nun fest, daß

$$\mathfrak{B}_{\mathfrak{N}} := \mathfrak{N} \cup \{X \setminus G \mid G \in \mathfrak{M} \setminus \mathfrak{N}\}$$

eine Filtersubbasis ist: Für jede endliche Teilmenge $\mathfrak{U}$ von $\mathfrak{N}$ und jede endliche Teilmenge $\mathfrak{V}$ von $\mathfrak{M} \setminus \mathfrak{N}$ gilt ja nach Voraussetzung über $\mathfrak{M}$ stets

$$\bigcap_{U \in \mathfrak{U}} U \nsubseteq \bigcup_{V \in \mathfrak{V}} V$$

und außerdem $\bigcup_{V \in \mathfrak{V}} V \neq X$, da sonst für jedes $A \in \mathfrak{M} \setminus \mathfrak{V}$ mit $\bigcap_{A \in \{A\}} A \subseteq \bigcup_{V \in \mathfrak{V}} V = X$ die Bedingung an $\mathfrak{M}$ verletzt wäre und folglich $\mathfrak{M} = \mathfrak{V}$ gelten müßte, so daß $\mathfrak{M}$ also wie $\mathfrak{V}$ endlich wäre – im Widerspruch dazu, daß ja mit X auch $\mathfrak{P}(X)$ und damit $\mathfrak{M}$ unendlich ist. Das liefert nun

$$\left(\bigcap_{U \in \mathfrak{U}} U\right) \cap \left(\bigcap_{V \in \mathfrak{V}} (X \setminus V)\right) \neq \emptyset\,.$$

Also ist unser $\mathfrak{B}_{\mathfrak{N}}$ tatsächlich eine Filterbasis und es existiert ein Ultrafilter $\varphi_{\mathfrak{N}}$ auf X mit $\varphi_{\mathfrak{N}} \supseteq \mathfrak{B}_{\mathfrak{N}}$.
Die Abbildung $\varepsilon : \mathfrak{P}(\mathfrak{M}) \to \mathfrak{F}_0(X) : \varepsilon(\mathfrak{N}) := \varphi_{\mathfrak{N}}$ ist injektiv: Sind nämlich $\mathfrak{N}_1, \mathfrak{N}_2$ verschiedene Teilmengen von $\mathfrak{M}$, so existiert ja o.B.d.A. eine Teilmenge $F \in \mathfrak{N}_1 \setminus \mathfrak{N}_2$ und wir erhalten sofort $F \in \mathfrak{B}_{\mathfrak{N}_1} \subseteq \varphi_{\mathfrak{N}_1}$, aber $X \setminus F \in \mathfrak{B}_{\mathfrak{N}_2} \subseteq \varphi_{\mathfrak{N}_2}$, also jedenfalls $\varphi_{\mathfrak{N}_1} \neq \varphi_{\mathfrak{N}_2}$.
Daraus folgt $|\mathfrak{P}(\mathfrak{P}(X))| = |\mathfrak{P}(\mathfrak{M})| \leq |\mathfrak{F}_0(X)|$. Andrerseits haben wir $\mathfrak{F}_0(X) \subseteq \mathfrak{P}(\mathfrak{P}(X))$ und folglich $|\mathfrak{F}_0(X)| \leq |\mathfrak{P}(\mathfrak{P}(X))|$. ■

Lösungsvorschläge

1 (1) Sei f surjektiv, dann haben wir: $\forall y \in Y : \exists x \in X : y = f(x) \Rightarrow e_2(y) = e_2(f(x)) = f(x) = y$. Wäre andrerseits f nicht surjektiv, so existierte also $y_0 \in Y$ mit $y_0 \notin f(X)$. Sei ferner $y' \in f(X)$ beliebig gewählt, dann setzen wir

$$e_2 : Y \to Y : e_2(y) = \begin{cases} y & ; \quad y \in f(X) \\ y' & ; \quad y \notin f(X) \end{cases}$$

Damit gilt dann offensichtlich $e_2 \circ f = f$, aber $e_2(y_0) = y' \neq y_0$ und damit $e_2 \neq \mathbf{1}_Y$.
(2) Sei f injektiv. Wäre nun $e_1 \neq \mathbf{1}_X$, so existierte $x \in X$ mit $e_1(x) \neq x$ und darum $f(e_1(x)) \neq f(x)$ wegen der Injektivität von f – im Widerspruch aber zu $f \circ e_1 = f$. Ist andrerseits f nicht injektiv, so existieren $x_1 \neq x_2 \in X$ mit $f(x_1) = f(x_2)$. Wir setzen dann

$$e_1 : X \to X : e_1(x) = \begin{cases} x & ; \quad x \notin \{x_1, x_2\} \\ x_2 & ; \quad x = x_1 \\ x_1 & ; \quad x = x_2 \end{cases}$$

und erhalten $f = f \circ e_1$, aber $e_1 \neq \mathbf{1}_X$.

2 Beispiele sind schnell bei der Hand: Da es jedenfalls mindestens ein (was für eine Untertreibung!) stumpfwinkliges Dreieck in $\mathbb{R}^2$ gibt, können wir als triviales Beispiel die Menge von dessen Eckpunkten heranziehen. Ein nicht ganz so triviales Beispiel ist etwa ein Halbkreis, dem wir einen seiner Endpunkte wegnehmen. Beide Beispiele sind freilich keineswegs maximale stumpfe Mengen.

Um deren Existenz nachzuweisen, wollen wir natürlich das Zorn'sche Lemma anwenden. Dazu müssen wir zeigen, daß jede (per Inklusion) total geordnete Teilmenge der Menge aller stumpfen Mengen eine obere Schranke bezüglich Inklusion hat, die ebenfalls stumpf ist: Sei also $\mathfrak{A}$ eine bezüglich Inklusion total geordnete Familie stumpfer Mengen. Wir setzen $S := \bigcup_{A \in \mathfrak{A}} A$. Sind nun x_1, x_2, x_3 verschiedene Elemente von S, so existieren folglich (nicht notwendig verschiedene) Mengen $A_1, A_2, A_3 \in \mathfrak{A}$ mit $x_1 \in A_1$, $x_2 \in A_2$ und $x_3 \in A_3$. Nun ist aber $\mathfrak{A}$ bezüglich Inklusion total geordnet, daher sind A_1, A_2, A_3 paarweise vergleichbar, so daß eines unsrer $A_i, i = 1, 2, 3$ die beiden anderen enthalten muß. Sei dies o.B.d.A. die Menge A_3. Dann folgt aber, daß auch x_1 und x_2 Elemente von A_3 sind, A_3 ist eine stumpfe Menge, also bilden x_1, x_2, x_3 ein stumpfwinkliges Dreieck. Da dies für beliebige 3 Punkte aus S gilt ist S selbst eine stumpfe Menge – und als Vereinigung aller Elemente von $\mathfrak{A}$ selbstverständlich eine obere Schranke von $\mathfrak{A}$ bezüglich Inklusion. Dies wiederum funktioniert für jede total geordnete Familie $\mathfrak{A}$ stumpfer Mengen, so daß das Zorn'sche Lemma anwendbar ist und die Existenz maximaler stumpfer Mengen sichert.

3 Ist Y leer, existiert zwischen beiden Mengen überhaupt nur die leere Abbildung und die ist als Funktion von X nach Y betrachtet surjektiv und als Funktion von Y nach X injektiv. Sei also Y nicht leer. Wenn nun X mächtiger als Y ist, existiert also eine injektive Abbildung $f : Y \to X$. Wir wählen ein beliebiges $y_0 \in Y$ aus und setzen

$$g : X \to Y : g(x) := \begin{cases} f^{-1}(x) & ; \quad \text{falls } x \in f(X) \\ y_0 & ; \quad \text{sonst} \end{cases}$$

womit wir offenkundig eine surjektive Abbildung haben.
Existiert andrerseits eine surjektive Abbildung $g : X \to Y$, so ist für jedes $y \in Y$ die Menge $g^{-1}(y)$ nichtleer, so daß auf der Familie $\mathfrak{A} := \{g^{-1}(y) \mid y \in Y\}$ eine Auswahlfunktion $h : \mathfrak{A} \to X$ mit $\forall y \in Y : h(g^{-1}(y)) \in g^{-1}(y)$ existiert. Nun setzen wir einfach

$$f : Y \to X : f(y) := h(g^{-1}(y))$$

und rechnen schnell nach, daß unser f injektiv ist: Aus $h(g^{-1}(y_1)) = h(g^{-1}(y_2))$ folgt wegen der Disjunktheit verschiedener Elemente von $\mathfrak{A}$ und der Auswahleigenschaft von h sogleich $g^{-1}(y_1) = g^{-1}(y_2)$ und daraus durch Anwendung von g sofort $y_1 = y_2$. Folglich ist X mächtiger als Y.

4 Offensichtlich gilt schon wegen der einelementigen Teilmengen $|X| \leq |\mathfrak{E}|$.
Bei allen $n \in \mathbb{N}$ gilt nun für die Menge $\mathfrak{E}_n$ aller höchstens n-elementigen Teilmengen von X ebenso offensichtlich $|\mathfrak{E}_n| \leq |X^{\times n}|$, wie man sich anhand einer naheliegenden Surjektion von $X^{\times n}$ auf $\mathfrak{E}_n$ leicht überlegt. Mit Satz 1.3.9 liefert das schon mal $\forall n \in \mathbb{N} : \ |\mathfrak{E}_n| \leq |X|$. Wegen Proposition 1.3.7 haben wir $|\mathbb{N}| \leq |X|$, so daß mit Korollar 1.3.10 und $\mathfrak{E} = \bigcup_{n\in\mathbb{N}} \mathfrak{E}_n$ nunmehr $|\mathfrak{E}| \leq |X|$ folgt.

5 Zunächst ist vermöge der offensichtlich injektiven Abbildung $s : X \to \mathfrak{P}(X) : s(x) := \{x\}$ schnell geklärt, daß $\mathfrak{P}(X)$ jedenfalls mächtiger als X ist.

Angenommen nun, X wäre gleichmächtig zu $\mathfrak{P}(X)$. Dann existierte also eine bijektive Abbildung $f : X \to \mathfrak{P}(X)$. Wir betrachten die Teilmenge $A := \{x \in X \mid x \notin f(x)\}$. Da f bijektiv ist, muß ein $a \in X$ existieren mit $f(a) = A$. Nun gilt entweder $a \in A$ oder $a \notin A$. Im Falle $a \in A$ wissen wir nach Konstruktion von A, daß $a \notin f(a) = A$ gilt – ein Widerspruch. Aus $a \notin A = f(a)$ folgt freilich ebenso nach Konstruktion von A sofort $a \in A$, also ebenfalls ein Widerspruch. Mithin ist unsre Annahme falsch, d.h. X und $\mathfrak{P}(X)$ können nicht gleichmächtig sein.

6 Daß $\varphi \subseteq \bigcap_{\psi\in\mathfrak{F}_0(\varphi)} \psi$ gilt, dürfte klar sein. Zu zeigen bleibt also nur, daß auch $\bigcap_{\psi\in\mathfrak{F}_0(\varphi)} \psi \subseteq \varphi$ gilt. Angenommen, das wäre einmal nicht so. Dann hätten wir also eine Menge $A \in \bigcap_{\psi\in\mathfrak{F}_0(\varphi)} \psi$ mit $A \notin \varphi$. Dann kann φ natürlich auch keine Teilmenge von A enthalten, mithin gilt für alle Elemente P von φ stets $P \cap (X \setminus A) \neq \emptyset$. Folglich ist, wie man sich leicht überzeugt, die Menge $\varphi' := \{B \subseteq X \mid \exists P \in \varphi : P \cap (X \setminus A) \subseteq B\}$ ein Filter auf X, der zweifellos φ als Teilmenge und $X \setminus A$ als Element enthält. Laut Korollar 1.4.3 gibt es dann einen Oberultrafilter von φ', der folglich ebenfalls $X \setminus A$ als Element enthält und auch Oberultrafilter von φ ist. Dieser kann aber nicht A als Element enthalten und folglich kann A nicht im Durchschnitt *aller* Oberultrafilter von φ liegen.

7 Die *Evaluationsabbildung* ω sei definiert als

$$\omega : X \times Y^X \to Y : \omega(x, f) := f(x)$$

Dann ist offenbar $\mathcal{F}(\varphi) = \omega(\varphi \times \mathcal{F})$, wenn wir unter $\varphi \times \mathcal{F}$ den von $\{P \times F \mid P \in \varphi, F \in \mathcal{F}\}$ erzeugten *Produktfilter* verstehen wollen.

Wir haben also einen Filter $\varphi \times \mathcal{F}$ auf $X \times Y^X$, eine Abbildung $\omega : X \times Y^X \to Y$ und einen Ultrafilter ψ auf Y, der das Bild des gegebenen Filters unter der gegebenen Funktion ω umfaßt. Somit liefert Lemma 1.4.14 die Existenz eines Ultrafilters $\mathcal{U}$ auf $X \times Y^X$, der $\varphi \times \mathcal{F}$ umfaßt und für den $\omega(\mathcal{U}) = \psi$ gilt. Wir müssen nun noch zusehen, wie wir daraus Ultrafilter auf X bzw. Y^X gewinnen. Es bietet sich an, den Ultrafilter $\mathcal{U}$ einfach erstmal auf X bzw. Y^X zu *projizieren* – mal gucken, was passiert ...
Wir definieren die Projektionsabbildungen
$\mathrm{p}_X : X \times Y^X \to X : \mathrm{p}_X(x, f) := x$ und
$\mathrm{p}_{Y^X} : X \times Y^X \to Y^X : \mathrm{p}_{Y^X}(x, f) := f$.
Dann sind $\varphi_0 := \mathrm{p}_X(\mathcal{U})$ und $\mathcal{F}_0 := \mathrm{p}_{Y^X}(\mathcal{U})$ Ultrafilter auf X bzw. Y^X. Wir müssen nun noch zeigen, daß sie die gewünschten Eigenschaften haben.

Zunächst einmal gilt ja $\mathfrak{U} \supseteq (\varphi \times \mathfrak{F})$ und folglich $\varphi_0 = \mathrm{p}_X(\mathfrak{U}) \supseteq \mathrm{p}_X(\varphi \times \mathfrak{F}) = \varphi$, sowie analog $\mathfrak{F}_0 = \mathrm{p}_{Y^X}(\mathfrak{U}) \supseteq \mathrm{p}_{Y^X}(\varphi \times \mathfrak{F}) = \mathfrak{F}$.
Bleibt also nur noch $\mathfrak{F}_0(\varphi_0) \subseteq \psi$ zu zeigen.

Seien also $P \in \varphi_0$ und $F \in \mathfrak{F}_0$ gegeben. Wir haben zu zeigen, daß $\{f(x)|\ x \in P, f \in F\} = \omega(P \times F)$ Element von ψ ist. Wegen $P \in \varphi_0 = \mathrm{p}_X(\mathfrak{U})$ existiert ein $U_1 \in \mathfrak{U}$ mit $\mathrm{p}_X(U_1) \subseteq P$ und analog ein $U_2 \in \mathfrak{U}$ mit $\mathrm{p}_{Y^X}(U_2) \subseteq F$ wegen $F \in \mathfrak{F}_0 = \mathrm{p}_{Y^X}(\mathfrak{U})$. Für $U := U_1 \cap U_2 \in \mathfrak{U}$ haben wir also $\mathrm{p}_X(U) \subseteq P$ und $\mathrm{p}_{Y^X}(U) \subseteq F$.

Wegen $U \subseteq \mathrm{p}_X(U) \times \mathrm{p}_{Y^X}(U)$ liefert das $U \subseteq P \times F$ und folglich $\omega(U) \subseteq \omega(P \times F)$. Nun hatten wir ja $\omega(\mathfrak{U}) = \psi$, also hier auch $\omega(U) \in \psi$, woraus nun wegen der Abgeschlossenheit von Filtern gegen Obermengenbildung auch $\omega(P \times F) \in \psi$ folgt. Dies gilt für alle $F \in \mathfrak{F}_0$ und $P \in \varphi_0$, folglich haben wir $\mathfrak{F}_0(\varphi_0) = \omega(\varphi_0 \times \mathfrak{F}_0) \subseteq \psi$.

8 Wir zeigen, daß für jede Teilmenge von $\mathfrak{P}_0(X)$ entweder diese selbst oder ihr Komplement Element von φ ist.

1. Fall: $\exists a \in X : \forall f \in \mathcal{A} : f(\varphi) = \dot{a}$

Daraus folgt, daß auch eine Auswahlfunktion, die den Punkt a meidet, wo immer das möglich ist, unser φ auf $\dot{a}$ abbildet. Dann enthält φ notwendig $\{\{a\}\}$, ist also ein Einpunkt- und damit Ultrafilter.

2. Fall: $\exists a, b \in X, f, g \in \mathcal{A} : a \neq b \wedge f(\varphi) = \dot{a} \wedge g(\varphi) = \dot{b}$

Zunächst folgt $f^{-1}(\{a\}) \subseteq \{A \in \mathfrak{P}_0(X)|\ a \in A\} =: \mathfrak{A} \in \varphi$ und $g^{-1}(\{b\}) \subseteq \{A \in \mathfrak{P}_0(X)|\ b \in A\} =: \mathfrak{B} \in \varphi$ (Bem.: natürlich ist $\mathfrak{A} = \dot{a}$ und $\mathfrak{B} = \dot{b}$), also auch $\mathfrak{C} := \mathfrak{A} \cap \mathfrak{B} \in \varphi$. Somit ist φ ein Filter auf $\mathfrak{C}$ und es reicht zu zeigen, daß jede Teilmenge $\mathfrak{D}$ von $\mathfrak{C}$ entweder selbst Element von φ ist oder ihr Komplement (in $\mathfrak{C}$). Angenommen, dies wäre nicht so, d.h. $\exists \mathfrak{D} \subseteq \mathfrak{C} : \mathfrak{D} \notin \varphi \wedge \mathfrak{D}^c \notin \varphi$ (mit $\mathfrak{D}^c := \mathfrak{C} \setminus \mathfrak{D}$). Daraus folgt $\forall \mathfrak{M} \in \varphi : \mathfrak{M} \cap \mathfrak{D} \neq \emptyset \wedge \mathfrak{M} \cap \mathfrak{D}^c \neq \emptyset$. Nun enthält jedes Element von $\mathfrak{C}$ und damit auch von $\mathfrak{D}$ und $\mathfrak{D}^c$ sowohl a als auch b. Folglich existiert eine Auswahlfunktion $h \in \mathcal{A}$ mit

$$h(M) := \begin{cases} a; & \text{falls } M \in \mathfrak{D} \\ b; & \text{falls } M \in \mathfrak{D}^c \\ f(M); & \text{falls } M \notin \mathfrak{C} \end{cases}$$

(Bem.: Die Festlegung $h(M) = f(M)$ für $M \notin \mathfrak{C}$ ist unwesentlich, es muß eben nur irgendeine Wahl getroffen werden – und $f(M)$ ist wegen der Existenz von f jedenfalls *möglich*.) Da alle Elemente von φ sowohl $\mathfrak{D}$ als auch $\mathfrak{D}^c$ schneiden, folgt $h(\varphi) := [\{a, b\}]$, was kein Einpunktfilter ist – im Widerspruch zur Voraussetzung.

9 Ein Beispiel ist schnell bei der Hand: Nehmen wir einfach die Menge $X := \{a, b, c\}$ und die Abbildung $f := \{(a, b), (b, c), (c, a)\}$. Dann ist die Fixpunktmenge F leer und wie immer wir die dreielementige Menge auch in 2 Teilmengen X_1, X_2 zerlegen würden, stets hätte eine von beiden mehr Elemente als ihr Komplement. Da es sich um endliche Mengen handelt, könnte also das Komplement der größeren niemals das Bild derselben umfassen.

Im Beweis des Zerlegungslemmas tritt ein Problem erst im Fall 2(b) auf, nämlich wenn der endliche Zyklus $P = \{f^h(y)|\ 0 \leq h < m - k\}$ ungerade Mächtigkeit hat. Dann nämlich passiert genau dasselbe wie im obigen Beispiel: wollten wir uns mit 2 Mengen begnügen, hätte für eine von beiden die ihr zugeteilte Teilmenge von P mehr Elemente als ihr Komplement in P und wir würden durch Hinzufügen der beiden Teilmengen von P zu den X_1, X_2 die für den Beweis von Satz 1.4.19 wesentliche Eigenschaft $f(X_i) \cap X_i = \emptyset$ zerstören.

2 Das Konzept *Topologischer Raum*

Was ich habe, will ich nicht verlieren, aber
was ich bin, will ich nicht bleiben, aber
die ich liebe, will ich nicht verlassen, aber
die ich kenne, will ich nicht mehr sehen, aber
wo ich lebe, da will ich nicht sterben, aber
wo ich sterbe, da will ich nicht hin:

Bleiben will ich, wo ich nie gewesen bin.

Thomas Brasch

Wie bereits erwähnt, befassen wir uns in der Allgemeinen Topologie mit Begriffen wie Konvergenz, Stetigkeit und daraus abgeleiteten Konstruktionen. Was meint nun aber ein Begriff wie *Konvergenz*? Nun, bei der Konvergenz von Folgen in der reellen oder komplexen Analysis stellen wir uns darunter vor, daß die fraglichen Folgen *immer näher*, ja recht eigentlich sogar *beliebig nah* an einen Punkt des betrachteten Raumes „herankommen", d.h. daß in jeder beliebig kleinen Nähe dieses Punktes alle bis auf endlich viele Folgenglieder liegen. Was aber ist denn *nah*? Betrachten wir etwa die Menge aller seit 1600 publizierten Musikstücke – wie nah ist denn dann Alice Coopers „Poison" bei Mozarts „Requiem"? Seltsame Frage ... und wollten wir darauf beharren, nur die Menge der Musikstücke und gar nichts sonst ins Blickfeld zu nehmen, bliebe sie schlicht nicht zu beantworten. Wir könnten uns aber auf irgendein Kriterium einigen, daß es uns gestatten würde, einen *Abstand* zwischen Musikstücken anzugeben – dann reden wir freilich nicht mehr nur über die gegebene Menge, sondern *zusätzlich* eben über unser Kriterium.

2.1 Metrische Räume

Weyl, eine Sache müssen Sie mir erklären: Was ist das,
ein Hilbertscher Raum? Das habe ich nicht verstanden.

David Hilbert

(sagte das einer Überlieferung zufolge nach einem Vortrag zu Hermann Weyl)

Metrische Räume gehen nun auf nichts anderes, als den naheliegenden Versuch zurück, beliebige Mengen sozusagen als „vermeßbar" aufzufassen, *Abstände* zwischen ihren Elementen angeben zu können. Dabei sollen möglichst ein paar der uns vom ganz alltäglichen Abstandsbegriff vertrauten Eigenheiten mitübertragen werden:

(1) Die Entfernung von mir selbst zu irgendeinem Ort ist stets eine positive reelle Zahl – mit genau einer Ausnahme: der Abstand von mir selbst zu mir selbst ist null.
(2) Von Greifswald nach Darmstadt ist es nicht wesentlich weiter als von Darmstadt nach Greifswald.
(3) Wenn ich auf dem Weg von Greifswald nach Darmstadt einen Umweg über Augsburg mache, darf ich mich nicht wundern, daß der Gesamtweg nicht gerade kürzer wird.

Das modellieren wir jetzt einfach formal nach.

Definition 2.1.1. Ein *metrischer Raum* ist ein geordnetes Paar (X, d) aus einer Menge X und einer Funktion $d : X \times X \to \mathbb{R}$ mit folgenden Eigenschaften:
(1) $\forall x, y \in X : d(x, y) \geq 0, d(x, y) = 0 \Leftrightarrow x = y$
(2) $\forall x, y \in X : d(x, y) = d(y, x)$, (Symmetrie)
(3) $\forall x, y, z \in X : d(x, y) + d(y, z) \geq d(x, z)$ (Dreiecksungleichung)
Die Funktion d heißt dann eine *Metrik* auf X.

Gilt statt (1) nur
(0) $\forall x \in X : d(x, x) = 0$
so heißt d eine *Pseudometrik* auf X und das Paar (X, d) dementsprechend ein *pseudometrischer Raum*.

Offensichtlich ist jeder metrische Raum auch ein pseudometrischer.

Bemerkung: Auch im pseudometrischen Fall folgt natürlich aus $d(x, y) + d(y, x) \geq d(x, x)$ und $d(x, y) = d(y, x)$ sofort $\forall x, y \in X : d(x, y) \geq 0$, nur können wir aus $d(x, y) = 0$ nicht mehr auf $x = y$ schließen.

Beispiel 2.1.2 (verschiedene Metriken).

(1) **diskrete Metrik:** Sei X eine beliebige Menge, dann ist die durch

$$d(x, y) := \begin{cases} 0 & ; \quad x = y \\ 1 & ; \quad x \neq y \end{cases}$$

definerte Funktion $d : X \times X \to \mathbb{R}$ eine Metrik auf X, wie man leicht nachrechnen kann. Sie heißt die *diskrete Metrik* auf X.

(2) **euklidische Metrik:** Sei $X = \mathbb{R}^n := \{(x_1, \ldots, x_n) | \forall i = 1, \ldots, n : x_i \in \mathbb{R}\}$. Dann heißt die durch

$$d_e(x, y) := \sqrt{\sum_{i=1}^{n} (x_i - y_i)^2}$$

definierte Funktion $d_e : \mathbb{R}^n \times \mathbb{R}^n \to \mathbb{R}$ *euklidische Metrik* des $\mathbb{R}^n$.

(3) **Maximumsmetrik**: Sei $X = \mathbb{R}^n$. Dann bezeichnen wir die durch

$$d(x,y) := \max_{i=1,\dots,n} |x_i - y_i|$$

definierte Funktion $d : \mathbb{R}^n \times \mathbb{R}^n \to \mathbb{R}$ als *Maximumsmetrik* des $\mathbb{R}^n$.
Eine solche kann freilich auch auf der Menge $C([0,1],\mathbb{R})$ der stetigen reellen Abbildungen des abgeschlossenen Intervalles $[0,1] := \{x \in \mathbb{R}|\ 0 \leq x \leq 1\}$ betrachtet werden:

$$d(f,g) := \max\{|f(x) - g(x)| : x \in [0,1]\}$$

und heißt dort ebenfalls Maximumsmetrik.

(4) **Manhattan-Metrik**: Sei $X = \mathbb{R}^n$. Dann bezeichnen wir die durch

$$d(x,y) := \sum_{i=1}^{n} |x_i - y_i|$$

definierte Funktion $d : \mathbb{R}^n \times \mathbb{R}^n \to \mathbb{R}$ als *Manhattan-Metrik*

(5) **Pariser Eisenbahnmetrik:** Überregionale Züge von A nach B fahren in Frankreich gern erstmal von A nach Paris und dann von Paris nach B. Dies verallgemeinernd, erhalten wir aus der euklidischen Metrik d_e und einem fest gewählten Punkt $P \in \mathbb{R}^n$ durch die Festlegung

$$d_P(x,y) := d_e(x,P) + d(P,y)$$

eine neue Metrik für $\mathbb{R}^n$ - die *Pariser Eisenbahnmetrik.*

(6) Selbst eine Art Übertragung der euklidischen Metrik auf die Menge $X := C([0,1],\mathbb{R})$ ist möglich. Die durch

$$d(f,g) := \sqrt{\int_0^1 (f(x) - g(x))^2 dx}$$

definierte Funktion $d : X \times X \to \mathbb{R}$ ist eine Metrik auf X.

Nun, mit einem Abstandsbegriff ausgerüstet, sind wir in der Lage, zunächst die Konvergenz von Folgen in metrischen Räumen zu erklären:

Definition 2.1.3. Sei (X,d) ein (pseudo-)metrischer Raum, $(x_n)_{n\in N}$ eine Folge in X und $y \in X$. Dann sagen wir, die Folge $(x_n)_{n\in N}$ *konvergiert* gegen y (in Zeichen: $x_n \to y$) genau dann, wenn

$$\forall \varepsilon > 0 : \exists n_\varepsilon \in \mathbb{N} : \forall k \geq n_\varepsilon : d(x_k, y) < \varepsilon\,.$$

Wir schreiben in dem Fall zuweilen auch $y = \lim_{n\to\infty} x_n$.

Das entspricht völlig dem Gebrauch, den wir aus der Analysis gewöhnt sind.

Bemerkung 2.1.4.

- Ist (X, d) ein pseudometrischer, aber kein metrischer Raum, so existieren $x \neq y \in X$ mit $d(x, y) = 0$. Dann konvergiert die konstante Folge $(x_n = x)_{n \in N}$ gegen y *und* die konstante Folge $(y_n = y)_{n \in N}$ gegen x. Umgekehrt folgt aus $(x_n = x)_{n \in N} \xrightarrow{d} y$ stets $d(x, y) = 0$.
- In einem *metrischen* Raum kann eine Folge offensichtlich gegen höchstens *einen* Punkt konvergieren.

Definition 2.1.5. Sei (X, d) ein (pseudo-)metrischer Raum.

(1) Sei $x \in X$ und $\varepsilon > 0$ eine reelle Zahl. Dann heißt

$$U(x, \varepsilon) := \{y \in X |\ d(x, y) < \varepsilon\}$$

die *ε-Umgebung von x in X*.

(2) Eine Teilmenge $O \subseteq X$ heißt *offen* (bezüglich der (Pseudo-)Metrik d) genau dann, wenn gilt:

$$\forall x \in O : \exists \varepsilon_x > 0 : U(x, \varepsilon_x) \subseteq O\,,$$

d.h. wenn sie zu jedem ihrer Punkte auch noch irgendeine komplette ε-Umgebung dieses Punktes umfaßt.

Proposition 2.1.6. *Sei (X, d) ein (pseudo-)metrischer Raum, $x_0 \in X$ und $\varepsilon > 0$ eine reelle Zahl. Dann ist $U(x_0, \varepsilon)$ offen bezüglich d.*

Beweis. Sei $x \in U(x_0, \varepsilon)$, d.h. $d(x_0, x) < \varepsilon$. Dann ist $\delta := \varepsilon - d(x_0, x) > 0$ und es gilt $U(x, \delta) \subseteq U(x_0, \varepsilon)$, denn aus $y \in U(x, \delta)$ folgt ja $d(x, y) < \delta$ und somit $d(x_0, y) \leq d(x_0, x) + d(x, y) < d(x_0, x) + \delta = d(x_0, x) + (\varepsilon - d(x_o, x)) = \varepsilon$, also $y \in U(x_0, \varepsilon)$. ■

Proposition 2.1.7. *Sei (X, d) ein (pseudo-)metrischer Raum und sei $O \subseteq X$. Dann sind äquivalent:*

(1) *O ist offen bezüglich d.*

(2) *Für jede Folge $(x_n)_{n \in N}$ aus X, die gegen einen Punkt von O konvergiert, gilt: $\exists n_0 \in I\!N : \forall k \geq n_0 : x_k \in O$.*

Beweis. „(1)⇒(2)“: Sei eine Folge $(x_n)_{n \in N}$ gegeben, die gegen $y \in O$ konvergiert. Dann existiert $\varepsilon_y > 0$ mit $U(y, \varepsilon_y) \subseteq O$ und wegen der Konvergenzdefinition folglich $n_0 \in I\!N$ mit $\forall k \geq n_0 : x_k \in U(y, \varepsilon_y)$, also auch $x_k \in O$.

„(2)⇒(1)“: Es gelte (2). Angenommen, O wäre nicht offen. Dann gäbe es also einen Punkt $y \in O$ derart, daß *keine* ε-Umgebung von y komplett in O enthalten wäre. Insbesondere können wir folglich für alle $n \in I\!N, n > 0$ ein Element x_n aus $U(y, \frac{1}{n}) \setminus O$ auswählen. Nun ist offensichtlich, daß die so entstehende Folge $(x_n)_{n \in N}$ gegen y konvergiert, aber keines ihrer Glieder in O liegt – im Widerspruch dazu, daß ja (2) gelten sollte. ■

Lemma 2.1.8. *Sei (X, d) ein (pseudo-)metrischer Raum und sei $\tau_d := \{O \subseteq X|\ O$ offen bezgl. $d\}$ die Familie aller offenen Teilmengen von X. Dann gelten:*
(1) $\emptyset \in \tau_d$ *und* $X \in \tau_d$,
(2) $\forall O_1, O_2 \in \tau_d : O_1 \cap O_2 \in \tau_d$ *und*
(3) $\forall \mathfrak{A} \subseteq \tau_d : \bigcup_{O\in\mathfrak{A}} O \in \tau_d$.

Beweis. (1) gilt trivialerweise nach Definition der offenen Mengen, da $\emptyset$ keine Punkte enthält, mithin auch keine Umgebungen zu umfassen braucht, während X natürlich *alle* Umgebungen umfaßt.
(2): Sei $x \in O_1 \cap O_2$. Dann existieren also positive reelle Zahlen $\varepsilon_1, \varepsilon_2$ mit $U(x, \varepsilon_1) \subseteq O_1$ und $U(x, \varepsilon_2) \subseteq O_2$. Wählen wir $\varepsilon := \min(\varepsilon_1, \varepsilon_2)$ so folgt sofort $U(x, \varepsilon) \subseteq O_1 \cap O_2$, mithin ist dieser Durchschnitt offen.
(3) Ist $x \in \bigcup_{O\in\mathfrak{A}} O$, so ist x Element mindestens eines der Elemente von $\mathfrak{A}$, sagen wir $x \in O_x \in \mathfrak{A}$. Dann existiert also ein $\varepsilon > 0$ mit $U(x, \varepsilon) \subseteq O_x \subseteq \bigcup_{O\in\mathfrak{A}} O$. ■

Definition 2.1.9. Sei (X, d) ein (pseudo-)metrischer Raum, $x \in X$ und $U \subseteq X$. Dann heißt U eine *Umgebung* von x genau dann, wenn es eine offene Teilmenge $O \subseteq X$ derart gibt, daß $x \in O \subseteq U$ gilt. Die Familie

$$\underline{U}(x) := \{U \subseteq X|\ \exists O \in \tau_d : x \in O \subseteq U\}$$

aller Umgebungen, die wegen Lemma 2.1.8 ein Filter auf X ist, heißt *Umgebungsfilter* von x (bezüglich τ_d).

Da jede *offene* Umgebung von x insbesondere eine ε-Umgebung von x umfassen muß, ist es klar, daß die ε-Umgebungen von x eine *Basis* des Umgebungsfilters $\underline{U}(x)$ bilden.

Proposition 2.1.10. *Sei (X, d) ein (pseudo-)metrischer Raum. Eine Folge $(x_n)_{n\in\mathbb{N}}$ in X konvergiert genau dann gegen $y \in X$, wenn ihr zugehöriger Elementarfilter den Umgebungsfilter $\underline{U}(y)$ enthält.*

Beweis. Das ist genau die Sache, mit der wir zu Beginn von Abschnitt 1.4 das Filterkonzept etwas motivieren wollten!
Konvergiert $(x_n)_{n\in\mathbb{N}}$ gegen y, so heißt das ja nach Definition: $\forall \varepsilon > 0 : \exists n_\varepsilon \in \mathbb{N} : \forall n \geq n_\varepsilon : x_n \in U(y, \varepsilon)$. Setzen wir also allgemein

$$A_k := \{x_n \mid n \in \mathbb{N}, n \geq k\}$$

so folgt $\forall \varepsilon > 0 : \exists n_\varepsilon \in \mathbb{N} : A_{n_\varepsilon} \subseteq U(y, \varepsilon)$. Nun wird der zur Folge gehörige Elementarfilter – nennen wir ihn φ – gerade von den $A_k, k \in \mathbb{N}$ erzeugt, d.h. wir finden $\forall \varepsilon > 0 : U(y, \varepsilon) \in \varphi$, also auch $\underline{U}(y) \subseteq \varphi$, weil ja $\underline{U}(y)$ just von den $U(y, \varepsilon)$ erzeugt wird.

Gilt umgekehrt $\varphi \supseteq \underline{U}(y)$ heißt das insbesondere für alle Elemente $U(y, \varepsilon)$ von $\underline{U}(y)$, daß es jeweils ein Basiselement A_{n_ε} von φ geben muß, das unterhalb von $U(y, \varepsilon)$ liegt, so daß also für alle $n \geq n_\varepsilon$ eben $x_n \in U(y, \varepsilon)$ gelten muß. Dies für alle $\varepsilon > 0$ liefert die Konvergenz unserer Folge gegen y. ■

Proposition 2.1.11. *In jedem (pseudo-)metrischen Raum (X, d) besitzt jeder Umgebungsfilter eine abzählbare Filterbasis.*

Beweis. Sei $x \in X$. Betrachte die Familie $\mathfrak{B} := \{U(x, \frac{1}{n}) | \ n \in \mathbb{N}, n > 0\}$, die offensichtlich abzählbar ist. Daß $\mathfrak{B}$ eine Basis von $\underline{U}(x)$ ist, folgt nun einfach deshalb, weil jedes Element von $\underline{U}(x)$ eine *offene* Umgebung von x umfaßt, diese eine ε-Umgebung und diese schließlich eine $\frac{1}{n}$ -Umgebung von x.[34] ■

An dieser Stelle können wir schon mal die im vorigen Kapitel angedeutete Idee ausprobieren, auch Filtern eine Konvergenz zuzuschreiben. Dazu lassen wir uns von Proposition 2.1.10 leiten und definieren:

Sei (X, d) ein (pseudo-)metrischer Raum, $x \in X$ und $\varphi \in \mathfrak{F}(X)$.
φ heiße *konvergent gegen* x genau dann, wenn $\varphi \supseteq \underline{U}(x)$ gilt.
In Zeichen: $\varphi \to x$,
Äquivalente Formulierung: φ konvergiert gegen x

Mal gucken, was passiert. Wir versuchen eine Übertragung von Proposition 2.1.7.

Proposition 2.1.12. *Sei (X, d) ein (pseudo-)metrischer Raum und $O \subseteq X$. Dann sind äquivalent:*

(1) *O ist offen bezüglich d.*

(2) *Jeder Filter φ auf X, der gegen ein Element von O konvergiert, enthält O als Element.*

Beweis. „(1)⇒(2)“: Aus $\varphi \to o \in O$ folgt per Definition der Filterkonvergenz $\varphi \supseteq \underline{U}(o) \ni O$.

„(2)⇒(1)“: Insbesondere haben wir natürlich $\forall o \in O : \underline{U}(o) \to o$ und folglich wegen (2) $\forall o \in O : O \in \underline{U}(o)$. Da nun die ε-Umgebungen jedes $o \in O$ eine Basis von $\underline{U}(o)$ bilden, muß O zu jedem seiner Elemente folglich auch eine ε-Umgebung ganz umfassen und ist somit offen. ■

Wir wollen uns nun noch kurz um den Begriff der *Stetigkeit* von Funktionen kümmern. Ganz wie wir es aus der Analysis kennen, definieren wir diesen Begriff auch hier:

Definition 2.1.13. Seien (X_1, d_1) und (X_2, d_2) (pseudo-)metrische Räume. Eine Funktion $f : X_1 \to X_2$ heißt *stetig* genau dann, wenn

$$\forall x \in X_1 : \forall \varepsilon > 0 : \exists \delta_{x,\varepsilon} > 0 : \forall y \in X_1 : d_1(x, y) < \delta_{x,\varepsilon} \Rightarrow d_2(f(x), f(y)) < \varepsilon \tag{2.1}$$

gilt.

34 Hier profitieren wir von einer *archimedischen* Eigenschaft der reellen Zahlen: $\forall \varepsilon > 0 : \exists n \in \mathbb{N} : \frac{1}{n} < \varepsilon$.

Etwas kürzer ausgedrückt: f ist stetig genau dann, wenn

$$\forall x \in X_1 : \forall \varepsilon > 0 : \exists \delta_{x,\varepsilon} > 0 : f(U(x, \delta_{x,\varepsilon})) \subseteq U(f(x), \varepsilon) \tag{2.2}$$

gilt.

Lemma 2.1.14. *Seien (X_1, d_1) und (X_2, d_2) (pseudo-)metrische Räume. Eine Funktion $f : X_1 \to X_2$ ist genau dann stetig, wenn das Urbild $f^{-1}(O)$ jeder bezüglich d_2 offenen Teilmenge O von X_2 wieder offen in X_1 bezüglich d_1 ist.*

Beweis. Sei zunächst f stetig und $O \in \tau_{d_2}$. Ist dann $x \in f^{-1}(O)$, so haben wir folglich $y = f(x) \in O$, daher eine Umgebung $U(f(x), \varepsilon) \subseteq O$, weil ja O offen ist. Nun liefert die Stetigkeit die Existenz einer Umgebung $U(x, \delta_{x,\varepsilon})$ mit $f(U(x, \delta_{x,\varepsilon})) \subseteq U(f(x), \varepsilon) \subseteq O$ und folglich $U(x, \delta_{x,\varepsilon}) \subseteq f^{-1}(O)$.

Sei nun f eine Funktion derart, daß das Urbild jeder bezüglich d_2 offenen Teilmenge von X_2 wieder offen bezüglich d_1 in X_1 ist. Sind $x \in X_1$ und $\varepsilon > 0$ gegeben, so ist ja insbesondere $U(f(x), \varepsilon)$ offen bezüglich d_2, mithin laut Voraussetzung $f^{-1}(U(f(x), \varepsilon))$ offen bezüglich d_1 und natürlich gilt $x \in f^{-1}(U(f(x), \varepsilon))$. Folglich muß ein $\delta > 0$ existieren mit $U(x, \delta) \subseteq f^{-1}(U(f(x), \varepsilon))$, woraus sofort $f(U(x, \delta)) \subseteq U(f(x), \varepsilon)$ folgt. Da dies für alle $x \in X_1$ und $\varepsilon > 0$ gilt, ist f nach Definition stetig. ■

Lemma 2.1.15. *Seien (X_1, d_1) und (X_2, d_2) metrische Räume. Eine Funktion $f : X_1 \to X_2$ ist genau dann stetig, wenn für jede Folge $(a_n)_{n \in N}$ in X_1 gilt:*

$$a_n \to a \quad \Rightarrow \quad f(a_n) \to f(a)\,. \tag{2.3}$$

Anders ausgedrückt: wenn für jede konvergente *Folge $(a_n)_{n \in N}$ in X_1 gilt*

$$\lim_{n \to \infty} f(a_n) = f(\lim_{n \to \infty} a_n) \tag{2.4}$$

Beweis. Sei $f : X_1 \to X_2$ stetig.
Ist nun $(a_n)_{n \in N}$ eine Folge in X_1, die gegen ein Element $a \in X_1$ konvergiert. Sei ferner $\varepsilon > 0$ gegeben. Nach (2.2) existiert ein $\delta_{a,\varepsilon}$ derart, daß für alle $f(U(a, \delta_{a,\varepsilon})) \subseteq U(f(a), \varepsilon)$. Laut Definition 2.1.3 existiert ein $n_{\delta_{a,\varepsilon}} \in \mathbb{N}$ derart, daß alle a_k mit $k \geq n_{\delta_{a,\varepsilon}}$ in $U(a, \delta_{a,\varepsilon})$ liegen, mithin die entsprechenden $f(a_k)$ in $U(f(a), \varepsilon)$. Dies für alle $\varepsilon > 0$ ergibt $f(a_k) \to f(a)$.

Gelte nun andrerseits (2.3) für jede Folge $(a_n)_{n \in N}$ in X_1. Angenommen, f wäre nicht stetig, (2.1) gälte also nicht, d.h.

$$\exists x_0 \in X_1, \varepsilon_0 > 0 : \forall \delta > 0 : \exists y_\delta \in X_1 : d_1(x_0, y_\delta) < \delta \wedge d_2(f(x_0), f(y_\delta)) \geq \varepsilon\,. \tag{2.5}$$

Zu diesem x_0 können wir also für jedes $n \in \mathbb{N}^+$ aus der $\frac{1}{n}$-Umgebung ein y_n derart auswählen, daß $d_2(f(x_0), f(y_n)) \geq \varepsilon$ gilt. Die Folge $(f(y_n))_{n \in N^+}$ konvergiert somit *nicht* gegen $f(x_0)$ - im Widerspruch zur aktuellen Voraussetzung. ■

Lemma 2.1.16. *Sei (X, d) ein (pseudo-)metrischer Raum und $\emptyset \neq A \subseteq X$. Dann ist die Funktion*

$$d_A : X \to \mathbb{R} : d_A(x) := \inf_{a \in A} d(x, a)$$

(wobei $\mathbb{R}$ mit euklidischer Metrik ausgerüstet sei) stetig.

Beweis. **Aufgabe 1** ■

Bemerkung: Insbesondere gilt das natürlich für einpunktige Teilmengen $A := \{p\}$.

2.1.1 Eine schöne und eine über den Tellerrand weisende Nachricht

Bevor wir *einen* der Gründe aufzeigen, warum uns metrische Räume nicht abstrakt genug sind, wollen wir sie erstmal ein bißchen loben, indem wir ein Resultat hervorheben, das in seiner schönen Einfachheit außerhalb der metrischen Welt nicht mehr so leicht zu haben ist.

2.1.1.1 Der Banach'sche Fixpunktsatz

Ein sehr schönes Resultat aus der Welt der metrischen Räume ist der Fixpunktsatz von Banach. Wir wollen ihn hier ausdrücklich begeistert erwähnen und brauchen dafür noch ein bißchen Begrifflichkeit.

Definition 2.1.17. Sei (X, d) ein metrischer Raum. Eine Folge $(x_n)_{n \in \mathbb{N}}$ in X heißt *Cauchy-Folge* genau dann, wenn

$$\forall \varepsilon > 0 : \exists n_0 \in \mathbb{N} : \forall m, n > n_0 : d(x_n, x_m) < \varepsilon \tag{2.6}$$

gilt.

Definition 2.1.18. Ein metrischer Raum (X, d) heißt *vollständig* genau dann, wenn jede Cauchy-Folge in X konvergiert.

Definition 2.1.19. Sei (X, d) ein metrischer Raum. Eine Abbildung $f : X \to X$ von X in sich selbst heißt *kontraktiv* (bzw. eine *Kontraktion*) genau dann, wenn es eine reelle Zahl $L < 1$ derart gibt, daß

$$\forall x, y \in X : d(f(x), f(y)) \leq L \cdot d(x, y) \tag{2.7}$$

gilt.

Proposition 2.1.20. *Jede kontraktive Selbstabbildung $f : X \to X$ eines metrischen Raumes (X, d) ist stetig.*

Beweis. Wir können zur Erfüllung von (2.1) in der Stetigkeitsdefinition 2.1.13 pauschal $\delta_{x,\varepsilon} := \varepsilon$ wählen und sind fertig. ■

Satz 2.1.21 (Banach'scher Fixpunktsatz). *Sei (X, d) ein vollständiger metrischer Raum und $f : X \to X$ eine Kontraktion. Dann hat f genau einen Fixpunkt x_0 in X, d.h. es gibt genau ein $x_0 \in X$ mit $f(x_0) = x_0$.*

Beweis. Wir starten mit einem beliebigen Element $w_0 \in X$ und bilden induktiv für alle $i \in \mathbb{N}^+$ jeweils $w_i := f(w_{i-1})$. So erhalten wir eine Folge $(w_n)_{n\in\mathbb{N}}$ in X.

Da f eine Kontraktion ist, existiert eine reelle Zahl $0 \le L < 1$ derart, daß (2.7) gilt. Allgemein gilt nach unserer Konstruktion der Folge $(w_n)_{n\in\mathbb{N}}$ nun für $i \in \mathbb{N}^+$ stets $d(w_i, w_{i+1}) = d(f(w_{i-1}), f(w_i)) \le L \cdot d(w_{i-1}, w_i)$, was umgehend auf

$$\forall i \in \mathbb{N}^+ : \ d(w_i, w_{i+1}) \le L^i \cdot d(w_0, w_1) \tag{2.8}$$

führt.
Für alle $m, n \in \mathbb{N}$ mit $n > m$ haben wir wegen der Dreiecksungleichung

$$\begin{aligned} d(w_m, w_n) &\le \sum_{i=m}^{n-1} d(w_i, w_{i+1}) \\ &\le \sum_{i=m}^{\infty} d(w_i, w_{i+1}) \\ &\overset{(2.8)}{\le} \sum_{i=m}^{\infty} L^i \cdot d(w_0, w_1) \\ &\le d(w_0, w_1) \cdot \sum_{i=m}^{\infty} L^i \\ &\le d(w_0, w_1) \cdot \frac{L^m}{1-L} . \end{aligned}$$

Offenbar steht der Wert $\frac{d(w_0,w_1)}{1-L}$ unabhängig von m fest und wir haben $0 \le L < 1$, daher gibt es für jedes $\varepsilon > 0$ ein n_0 derart, daß für alle $m > n_0$ gilt $L^m \cdot \frac{d(w_0,w_1)}{1-L} < \varepsilon$. Mithin ist unsere Folge $(w_n)_{n\in\mathbb{N}}$ eine Cauchy-Folge, so daß sie wegen der Vollständigkeit von (X, d) gegen einen Punkt $x_0 \in X$ konvergiert.

Ferner ist nach unserer Konstruktion $(f(w_n))_{n\in\mathbb{N}}$ dieselbe Folge wie $(w_n)_{n\in\mathbb{N}}$, wenn man zu Beginn w_0 hinzufügt (was für jedwede Konvergenzbetrachtung irrelevant ist). Laut Proposition 2.1.20 ist f stetig, so daß mit Lemma 2.1.15

$$f(x_0) = f(\lim_{n\to\infty} w_n) = \lim_{n\to\infty} f(w_n) = \lim_{n\to\infty} w_n = x_0 \tag{2.9}$$

folgt.

Angenommen, es gäbe ein weiteres Element $y \ne x_0$ mit $f(y) = y$. Dann gälte $d(x_0, y) > 0$ und wegen der Kontraktivität von f folglich $d(x_0, y) = d(f(x_0), f(y)) \le L \cdot d(x_0, y) < d(x_0, y)$ - Widerspruch. ∎

2.1.1.2 Die andere Nachricht

So weit, so schön.

Wir wollen jetzt ein Beispiel dafür angeben, warum metrische und selbst pseudometrische Räume und Folgenkonvergenz einen in mancherlei Hinsicht dennoch unbefriedigenden Rahmen zur Behandlung von Konvergenz- und Stetigkeitsfragen bilden. Dazu betrachten wir die Menge $\mathbb{R}^R$ *aller* Funktionen von $\mathbb{R}$ nach $\mathbb{R}$ und erinnern uns an eine der einfachsten Formen von *Konvergenz in Räumen von Funktionen* – die punktweise Konvergenz:

Wir sagen, eine Folge $(f_n)_{n\in N}$ aus $\mathbb{R}^R$ *konvergiert punktweise* gegen eine Funktion $f \in \mathbb{R}^R$ genau dann, wenn

$$\forall x \in \mathbb{R} : (f_n(x))_{n\in N} \to f(x)$$

gilt, d.h. wenn für jede reelle Zahl $x \in \mathbb{R}$ die Folge der *Bilder*, die unsre Funktionenfolge (f_n) an der Stelle x liefert, gegen das Bild $f(x)$ von f an dieser Stelle konvergiert.

Entsprechend sagen wir, daß ein Filter $\mathcal{F}$ auf $\mathbb{R}^R$ punktweise gegen eine Funktion $f \in \mathbb{R}^R$ konvergiert genau dann, wenn

$$\forall x \in \mathbb{R} : \mathcal{F}(x) \to f(x)$$

gilt, wobei natürlich $\mathcal{F}(x) := [\{F(x) | F \in \mathcal{F}\}]_{\mathfrak{F}(R)}$ mit $F(x) := \{g(x) | g \in F\}$ gemeint ist. (Dabei legen wir der Konvergenz im Bildraum $\mathbb{R}$ die übliche euklidische Metrik zugrunde, d.h. den aus der Analysis bekannten Differenzenbetrag als Abstand.)

Lemma 2.1.22. *Es gibt keine Pseudometrik auf $\mathbb{R}^R$, die der punktweisen Konvergenz zugrundeliegt.*

Beweis. Wir werden wieder einmal indirekt vorgehen.

Annahme: Es gibt eine Pseudometrik d auf $\mathbb{R}^R$ derart, daß Konvergenz bezüglich d gleich der punktweisen Konvergenz ist.

Nun werden wir in 3 Schritten einen Widerspruch aus unsrer Annahme ableiten. Dabei halten wir uns vor Augen, daß unsre Annahme ja die Anwendbarkeit der bereits gewonnenen Erkenntnisse über offene Mengen in pseudometrischen Räumen impliziert. Die ersten beiden Schritte betreffen die Gestalt offener Umgebungen einer beliebigen, aber fest gewählten Funktion $f_0 \in \mathbb{R}^R$. Sei also $f_0 \in \mathbb{R}^R$ gegeben.

(1) **Alle Mengen der Gestalt**

$$\mathcal{H}_{E,\varepsilon} := \{f \in \mathbb{R}^R | \forall x \in E : f(x) \in U(f_0(x), \varepsilon)\}$$

mit *endlicher* Menge $E \subseteq \mathbb{R}$ und reellem $\varepsilon > 0$ sind offen bezüglich punktweiser Konvergenz, denn:

Seien $E = \{x_1, ..., x_k\} \subseteq \mathbb{R}, k \in \mathbb{N}, \varepsilon > 0$ gegeben und sei $(g_n)_{n\in N}$ eine beliebige Folge in $\mathbb{R}^R$, die punktweise gegen ein Element g von $\mathcal{H}_{E,\varepsilon}$ konvergiert. Das bedeutet insbesondere

$$\forall i = 1, \dots k : \forall \mathbb{R} \ni \delta_i > 0 : \exists n_i \in \mathbb{N} : \forall n \geq n_i : g_n(x_i) \in U(g(x_i), \delta_i)$$

Wählen wir nun jeweils $\delta_i := \varepsilon - |f_0(x_i) - g(x_i)|$, so erhalten wir

$$\forall i = 1, \dots k : \exists n_i \in \mathbb{N} : \forall n \geq n_i : g_n(x_i) \in U(f_0(x_i), \varepsilon)$$

so daß wir jetzt nur noch $n_0 := \max\{n_1, \dots, n_k\}$ setzen müssen, um

$$\forall i = 1, \dots k : \forall n \geq n_0 : g_n(x_i) \in U(f_0(x_i), \varepsilon)$$

zu erhalten, was freilich nichts anderes als $\forall n \geq n_0 : g_n \in \mathcal{H}_{E,\varepsilon}$ bedeutet. Da solches für beliebige gegen ein beliebiges Element g von $\mathcal{H}_{E,\varepsilon}$ konvergierende Folgen gilt, können wir mit Proposition 2.1.7 schließen, daß $\mathcal{H}_{E,\varepsilon}$ offen bezüglich unsrer angenommenen Pseudometrik d ist.

(2) **Ist $\mathcal{M}$ eine beliebige offene Umgebung von f_0, so existiert eine endliche Teilmenge $E \subseteq \mathbb{R}$ und ein $\varepsilon > 0$ derart, daß $\mathcal{H}_{E,\varepsilon} \subseteq \mathcal{M}$ gilt, denn:**
Angenommen, dies wäre nicht so. Das würde bedeuten, daß für *alle* endlichen Teilmengen $E \subseteq \mathbb{R}$ und *alle* $\varepsilon > 0$ stets $\mathcal{H}_{E,\varepsilon} \setminus \mathcal{M} \neq \emptyset$, also $\mathcal{H}_{E,\varepsilon} \cap (\mathbb{R}^R \setminus \mathcal{M}) \neq \emptyset$ gilt. Nun ist freilich die Familie $\mathfrak{B} := \{\mathcal{H}_{E,\varepsilon} | \ E \subseteq \mathbb{R} \text{ endlich}, \varepsilon > 0\}$ wegen $\mathcal{H}_{E_1,\varepsilon_1} \cap \mathcal{H}_{E_2,\varepsilon_2} \supseteq \mathcal{H}_{E_1 \cup E_2,\varepsilon}$ mit $\varepsilon := \min\{\varepsilon_1, \varepsilon_2\}$ eine Filterbasis. Somit ist wegen der nichtleeren Durchschnitte mit $(\mathbb{R}^R \setminus \mathcal{M})$ die Familie $\mathfrak{B} \cup \{\mathbb{R}^R \setminus \mathcal{M}\}$ immerhin noch eine Filtersubbasis. Sei $\mathcal{F}$ der davon erzeugte Filter auf $\mathbb{R}^R$. Nun haben wir für jedes $x \in \mathbb{R}$ und jedes $\varepsilon > 0$ stets $\mathcal{H}_{\{x\},\varepsilon} \in \mathcal{F}$ und daher $U(f_0(x), \varepsilon) = \mathcal{H}_{\{x\},\varepsilon}(x) \in \mathcal{F}(x)$, mithin $\mathcal{F}(x) \supseteq \underline{U}(f_0(x))$. Das ergibt $\forall x \in \mathbb{R} : \mathcal{F}(x) \to f_0(x)$, also die punktweise Konvergenz von $\mathcal{F}$ gegen f_0. Weiterhin haben wir $\mathbb{R}^R \setminus \mathcal{M} \in \mathcal{F}$, also $\mathcal{M} \notin \mathcal{F}$, was wegen Proposition 2.1.12 der Offenheit von $\mathcal{M}$ widerspricht. Die Annahme, keines der $\mathcal{H}_{E,\varepsilon}$ sei Teilmenge von $\mathcal{M}$, muß also falsch sein.

(3) Da (X, d) ein pseudometrischer Raum sein soll, muß auch f_0 laut Proposition 2.1.11 eine abzählbare Umgebungsbasis haben. Sei dies etwa $\mathfrak{A} := \{A_n | \ n \in \mathbb{N}\}$. Da jede Umgebung Obermenge einer offenen Umgebung ist, können wir dann auch eine abzählbare Umgebungsbasis $\mathfrak{A}' := \{A'_n | \ n \in \mathbb{N}\}$ aus offenen Umgebungen von f_0 finden. Wegen (2) gibt es dann aber auch eine abzählbare Umgebungsbasis der Art $\mathfrak{C} := \{\mathcal{H}_{E_n,\varepsilon_n} | \ n \in \mathbb{N}\}$ aus offenen Umgebungen vom beschriebenen Typ $\mathcal{H}_{E,\varepsilon}$. Wir bilden jetzt die Vereinigung $S := \bigcup_{n \in N} E_n$ mit den Mengen E_n, die unsrer Umgebungsbasis $\mathfrak{C}$ zugrundeliegen. Nun ist eine abzählbare Vereinigung endlicher Mengen stets abzählbar, $\mathbb{R}$ ist aber überabzählbar. Somit ist $\mathbb{R} \setminus S$ nicht leer und wir können eine reelle Zahl $r \in \mathbb{R} \setminus S$ auswählen. Damit ist nun aber offenbar keines unserer Basiselemente aus $\mathfrak{C}$ Teilmenge von $\mathcal{H}_{\{r\},1}$, obwohl $\mathcal{H}_{\{r\},1}$ wegen (1) Umgebung von f_0 ist – **Widerspruch**.

■

2.2 Topologische Räume

Geburtsakt der Philosophie
Erschrocken staunt der Heide Schaf mich an,
als säh's in mir den ersten Menschenmann.
Sein Blick steckt an, wir stehen wie im Schlaf:
Mir ist, ich säh' zum ersten Mal ein Schaf!
Christian Morgenstern

Wir haben im letzten Abschnitt bemerkt, daß sich wichtige Eigenschaften metrischer Räume bereits durch die offenen Mengen darin beschreiben lassen. Um nun zu Strukturen zu gelangen, die den zuletzt erwähnten Makel und einige andere Mängel nicht aufweisen, lassen wir uns von Lemma 2.1.8, Proposition 2.1.10 und Proposition 2.1.12 leiten, denn wir haben zwar gesehen, daß man die punktweise Konvergenz in $\mathbb{R}^{\mathbb{R}}$ nicht durch eine Metrik beschreiben kann – doch gegen eine Beschreibung durch *Systeme offener Mengen* spricht bislang nichts. Nur dagegen, zur Beschaffung der (zur Konvergenzbeschreibung immerhin ausreichenden!) offenen Mengen stets eine Metrik heranziehen zu wollen, sprach unser Beispiel.

Immerhin haben wir just am Beispiel der punktweisen Konvergenz in $\mathbb{R}^{\mathbb{R}}$ die offenen Mengen im Prinzip *ohne* Metrik (nämlich nur mit Bezug auf offene Mengen des Bildraumes) konstruiert. Es bietet sich also geradezu an, statt einer Metrik offene Mengen als *Ausgangspunkt* der Betrachtung zu wählen. Wir ziehen Lemma 2.1.8 als Definition heran:

Definition 2.2.1. Sei X eine Menge und $\tau \subseteq \mathfrak{P}(X)$. Die Familie τ heißt eine *Topologie* auf X genau dann, wenn
(1) $\emptyset \in \tau, X \in \tau$,
(2) $\forall A, B \in \tau : A \cap B \in \tau$ und
(3) $\forall \mathfrak{A} \subseteq \tau : (\bigcup_{A \in \mathfrak{A}} A) \in \tau$
gelten. Das geordnete Paar (X, τ) heißt dann *topologischer Raum*. Die Elemente von τ werden *offene Mengen* (bezüglich τ) genannt.

Beispiel 2.2.2. (1) Sei X eine Menge, dann ist die Familie $\tau := \{\emptyset, X\}$ eine Topologie auf X. Man nennt sie die *triviale* oder auch *indiskrete* Topologie auf X.
(2) Für jede Menge X ist $\tau := \mathfrak{P}(X)$ eine Topologie auf X. Sie heißt *diskrete* Topologie auf X.
(3) Sei $X := \{0, 1\}$. Dann ist $\tau := \{\emptyset, X, \{0\}\}$ eine Topologie auf X. (X, τ) heißt in diesem Fall *Sierpinski-Raum*.

(4) Ist X eine Menge und φ ein Filter auf X, so ist die Familie $\tau := \varphi \cup \{\emptyset\}$ offensichtlich eine Topologie auf X – sozusagen die erweiterte und im allgemeinen noch viel abgefahrenere Variante des Sierpinski-Raumes[35] ...
(5) Ist (X, d) ein metrischer Raum, so ist die Menge τ_d aller bezüglich d offenen Mengen laut Lemma 2.1.8 eine Topologie auf X.
(6) Ist insbesondere $X = \mathbb{R}^n$ und d die übliche euklidische Metrik, so nennen wir die erzeugte Topologie τ_e auch *euklidische* Topologie.
(7) Sei X eine unendliche Menge. Dann bildet die Familie
$\tau := \{\emptyset\} \cup \{M \subseteq X |\ (X \setminus M) \text{ endlich}\}$
eine Topologie auf X – die sogenannte *kofinite* Topologie.[36]

Proposition 2.2.3. *Sei (X, τ) ein topologischer Raum und $O \subseteq X$. Dann sind äquivalent:*
(1) $O \in \tau$
(2) $\forall x \in O : \exists U_x \in \tau : x \in U_x \subseteq O$

Beweis. „(1)⇒(2)“: trivial mit $U_x := O$ für alle x.
„(2)⇒(1)“: gilt (2), so ist O gleich der Vereinigung aller $U_x \in \tau, x \in O$, also selbst offen. ■

Definition 2.2.4. Sei (X, τ) ein topologischer Raum, $x \in X$ und $\varphi \in \mathfrak{F}(X)$. Wir sagen φ *konvergiert gegen* x bezüglich τ (in Zeichen: $\varphi \xrightarrow{\tau} x$) genau dann, wenn

$$\varphi \supseteq \dot{x} \cap \tau ,$$

d.h. genau dann, wenn φ alle diejenigen τ-offenen Mengen als Elemente enthält, die x als Element enthalten. Der von $\dot{x} \cap \tau$ erzeugte Filter

$$\underline{U}^\tau(x) := \{B \subseteq X |\ \exists O \in \tau : x \in O \subseteq B\}$$

heißt *Umgebungsfilter* von x bezüglich τ.

Besteht über die zugrundeliegende Topologie kein Zweifel, läßt man den Buchstaben τ überm Konvergenzpfeil und an $\underline{U}(x)$ auch gern weg.

Der Umgebungsfilter, wie er hier definiert ist, stimmt im Falle einer durch eine Metrik d erzeugten Topologie τ_d mit dem durch die Metrik definierten Umgebungsfilter überein. Die Elemente von $\underline{U}(x)$ heißen auch hier *Umgebungen* von x.

Offensichtlich gilt $\varphi \xrightarrow{\tau} x$ genau dann, wenn $\varphi \supseteq \underline{U}(x)$ - wie in metrischen Räumen.

Lemma 2.2.5. *Sei (X, τ) ein topologischer Raum und $O \subseteq X$. Dann sind äquivalent:*

35 Den Sierpinski-Raum kann man sich auf ebensolche Weise auf der zweipunktigen Menge $\{0, 1\}$ mit dem Filter $\dot{0}$ erklärt vorstellen

36 Für endliches X würden wir natürlich auch eine Topologie herausbekommen, nämlich die diskrete.

(1) $O \in \tau$

(2) $\forall x \in O, \varphi \in \mathfrak{F}(X) : (\varphi \to x) \quad \Rightarrow \quad (O \in \varphi)$, *d.h. jeder Filter, der gegen ein Element von O konvergiert, enthält O.*

Beweis. „(1)⇒(2)“: Aus $x \in O$ folgt $O \in \dot{x}$ und somit aus $\varphi \to x$ nach Definition 2.2.4 auch $O \in \varphi$.

„(2)⇒(1)“: Gelte (2). Insbesondere konvergiert ja stets $\underline{U}(x)$ gegen x, d.h. wir haben $\forall x \in O : \underline{U}(x) \to x$, folglich wegen (2) auch $\forall x \in O : O \in \underline{U}(x)$ und somit wegen der Definition der Umgebungsfilter $\forall x \in O : \exists A_x \in \tau : x \in A_x \subseteq O$. Das liefert aber $O = \bigcup_{x \in O}\{x\} \subseteq \bigcup_{x \in O} A_x \subseteq O$ und damit $\bigcup_{x \in O} A_x = O$. Als Vereinigung offener Mengen ist O folglich offen. ■

Die Umgebungsfilter eines topologischen Raumes (X, τ) bilden eine (durch τ eindeutig bestimmte!) Familie von den Punkten von X zugeordneten Filtern $(\underline{U}(x))_{x \in X}$. Man kann sich nun fragen, ob irgendein solches den Punkten zugeordnetes System $(\varphi_x)_{x \in X}$ von Filtern auch eindeutig eine Topologie definiert. Nun, die Eindeutigkeit wäre durch Lemma 2.2.5 geklärt, *wenn* überhaupt eine Topologie zum fraglichen Filtersystem existierte.

Satz 2.2.6. *Sei $X \neq \emptyset$ eine Menge. Jedem $x \in X$ sei ein Filter $\varphi_x \in \mathfrak{F}(X)$ zugeordnet. Genau dann existiert auf X eine Topologie τ mit der Eigenschaft $\forall x \in X : \underline{U}^{\tau}(x) = \varphi_x$, wenn*

(1) $\forall x \in X : P \in \varphi_x \Rightarrow x \in P$ *und*

(2) $\forall x \in X, U \in \varphi_x : \exists V \in \varphi_x : \forall y \in V : U \in \varphi_y$

gelten.

Beweis. Existiere eine Topologie τ auf X mit $\forall x \in X : \underline{U}(x) = \varphi_x$. Dann folgt (1) trivial nach Definition der Umgebungsfilter und (2) erhalten wir auch ganz einfach: $U \in \varphi_x = \underline{U}(x) \Rightarrow \exists V \in \tau : x \in V \subseteq U \Rightarrow \forall y \in V : y \in V \subseteq U \Rightarrow U \in \underline{U}(y) = \varphi_y$.

Mögen nun also (1) und (2) gelten. Dann definieren wir uns ein Mengensystem $\tau := \{O \subseteq X |\ \forall x \in O : O \in \varphi_x\}$. Wir prüfen zunächst, daß wir so tatsächlich eine Topologie erhalten: $\emptyset, X \in \tau$ gilt trivialerweise; sind $O_1, O_2 \in \tau$ und $x \in O_1 \cap O_2$, so finden wir $O_1 \in \varphi_x$ und $O_2 \in \varphi_x$, also wegen der Filtereigenschaft auch $O_1 \cap O_2 \in \varphi_x$, so daß $O_1 \cap O_2 \in \tau$ folgt; für $\mathfrak{A} \subseteq \tau$ und $x \in \bigcup_{A \in \mathfrak{A}} A$ folgt $\exists A_x \in \mathfrak{A} \subseteq \tau : x \in A_x$, also $\varphi_x \ni A_x \subseteq \bigcup_{A \in \mathfrak{A}} A$, folglich $\bigcup_{A \in \mathfrak{A}} A \in \varphi_x$.

Seien nun $x \in X, U \in \underline{U}(x)$ gegeben. Nach Definition der Umgebungsfilter haben wir folglich $\exists V \in \tau : x \in V \subseteq U$, nach Konstruktion unsrer Topologie τ folgt aus $x \in V$ stets $V \in \varphi_x$, hier also auch $U \in \varphi_x$. Das ergibt $\underline{U}(x) \subseteq \varphi_x$.

Sei andrerseits $x \in X, P \in \varphi_x$. Wir betrachten $M_x := \{y \in P |\ P \in \varphi_y\}$. Wir wollen zeigen, daß M_x offen bezüglich unsrer Topologie τ ist. Sei also $y \in M_x$. Wegen $P \in \varphi_y$ folgt nach (2) sogleich $\exists V \in \varphi_y : \forall z \in V : P \in \varphi_z$, also $z \in M_x$. Das ergibt $V \subseteq M_x$, also $M_x \in \varphi_y$. Dies für alle $y \in M_x$ bedeutet, daß M_x offen bezüglich τ ist und somit $M_x \subseteq P \in \underline{U}(x)$. Das wiederum führt, da es für alle $P \in \varphi_x$ gilt, zu $\varphi_x \subseteq \underline{U}(x)$. ■

Definition 2.2.7. Eine Teilmenge $A \subseteq X$ in einem topologischen Raum (X, τ) heißt *abgeschlossen* genau dann, wenn $X \setminus A \in \tau$, d.h. wenn $X \setminus A$ offen ist.

Offensichtlich folgen aus den definierenden Eigenschaften einer Topologie sofort folgende Aussagen über abgeschlossene Mengen:
(1) $\emptyset$ und der ganze Raum X sind abgeschlossen.
(2) Sind A und B abgeschlossen, so ist auch $A \cup B$ abgeschlossen.
(3) Sind alle $A_i, i \in I$ abgeschlossen, so ist auch $\bigcap_{i \in I} A_i$ abgeschlossen.

Proposition 2.2.8. *Eine Teilmenge A eines topologischen Raumes (X, τ) ist genau dann abgeschlossen, wenn*

$$\forall x \in X : (\forall U \in \underline{U}(x) : A \cap U \neq \emptyset) \Rightarrow x \in A\,, \tag{2.10}$$

d.h. wenn jeder Punkt, dessen sämtliche Umgebungen die Menge A nichtleer schneiden, bereits zu A gehört.

Beweis. Ist A abgeschlossen, so ist $X \setminus A$ offen, folglich Umgebung jedes seiner Punkte, von denen mithin keiner die geforderte Eigenschaft (2.10) erfüllt, während alle Elemente von A dies trivialerweise tun.

Gelte (2.10). Dann besteht $X \setminus A$ ausschließlich aus Punkten, die eine zu A disjunkte, folglich ganz in $X \setminus A$ liegende Umgebung haben. Somit ist $X \setminus A$ offen. ■

2.2.1 Offener Kern und abgeschlossene Hülle

Definition 2.2.9. Sei (X, τ) ein topologischer Raum und $\varphi \in \mathfrak{F}(X)$. Ein Punkt $x \in X$ heißt *Berührungspunkt* (oder *Adhärenzpunkt*) von φ genau dann, wenn es einen Oberfilter von φ gibt, der gegen x konvergiert. Die Menge aller Adhärenzpunkte von φ bezeichnen wir mit $\mathrm{adh}(\varphi)$.

Ist A eine Teilmenge von X, so heißt ein Punkt $x \in X$ genau dann *Berührungspunkt* der Menge A, wenn er Berührungspunkt des Hauptfilters $[A]$ ist, d.h. wenn es einen Filter gibt, der A enthält und gegen x konvergiert. Die Menge aller Berührungspunkte von A heißt der *Abschluß* oder die *abgeschlossene Hülle* von A und wird mit $\overline{A}$ bezeichnet.

Bemerkung: Wenn ein Filter φ einen Oberfilter ψ hat, der gegen einen Punkt x konvergiert, so konvergiert erst recht jeder Ober*ultra*filter von ψ gegen x. Daher ist ein Punkt x genau dann Berührungspunkt von φ, wenn φ einen Ober*ultra*filter hat, der gegen x konvergiert. Zuweilen ist es bequemer, mit dieser Eigenschaft zu argumentieren.

Proposition 2.2.10. *Sei (X, τ) ein topologischer Raum und A eine Teilmenge von X. Es gilt für alle $x \in X$:*

$$x \in \overline{A} \iff \forall U \in \dot{x} \cap \tau : A \cap U \neq \emptyset\,,$$

d.h. ein Punkt x gehört genau dann zur abgeschlossenen Hülle von A, wenn jede offene Umgebung (und damit automatisch jedes Element des Umgebungsfilters) die Menge A nichtleer schneidet.

Beweis. Gilt $x \in \overline{A}$, so existiert also ein Filter φ, der $\dot{x} \cap \tau$ umfaßt und A enthält, mithin folgt $A \cap U \neq \emptyset$ für alle $U \in \dot{x} \cap \tau$ aus der Filtereigenschaft von φ.

Gilt umgekehrt $A \cap U \neq \emptyset$ für alle $U \in \dot{x} \cap \tau$, so ist die Familie $(\dot{x} \cap \tau) \cup \{A\}$ eine Filtersubbasis, deren erzeugter Filter φ offenbar gegen x konvergiert und A enthält. Folglich gilt $x \in \overline{A}$ nach Definition. ∎

Aufgabe 2 Kann ein konvergenter Filter auf einem topologischen Raum auch Berührungspunkte haben, gegen die er nicht konvergiert?

Definition 2.2.11. Sei (X, τ) ein topologischer Raum und $A \subseteq X$. Ein Punkt $x \in A$ heißt *innerer Punkt* von A genau dann, wenn es eine offene Menge $U \in \tau$ mit $x \in U \subseteq A$ gibt, d.h. wenn A Umgebung von x ist.
Die Menge aller inneren Punkte von A heißt *das Innere* oder auch *offener Kern* von A. (In Zeichen: $int(A)$.)

Proposition 2.2.12. *Sei (X, τ) ein topologischer Raum und A eine Teilmenge von X. Dann gelten*
(1) $X \setminus int(A) = \overline{X \setminus A}$ *und*
(2) $X \setminus \overline{A} = int(X \setminus A)$.

Beweis. (1) Nach Definition liegt ein Punkt $x \in X$ genau dann in $\overline{X \setminus A}$, wenn es einen Filter φ gibt, der $X \setminus A$ enthält und gegen x konvergiert. Ist dies der Fall, kann x keine offene Umgebung haben, die ganz in A enthalten wäre, denn eine solche wäre disjunkt zu $X \setminus A$, müßte aber wegen der Konvergenz dennoch Element von φ sein – im Widerspruch zur Filtereigenschaft von φ. Das liefert $\overline{X \setminus A} \subseteq X \setminus int(A)$.

Gilt andererseits $x \in X \setminus int(A)$, so heißt das ja, daß keine offene Umgebung von x ganz in A enthalten ist, daß also jede offene Umgebung von x die Menge $X \setminus A$ nichtleer schneidet. Damit folgt $x \in \overline{X \setminus A}$ nach 2.2.10. Dies liefert $X \setminus int(A) \subseteq \overline{X \setminus A}$.

(2) Wir setzen in (1) einfach $X \setminus A$ anstelle von A ein und erhalten

$$X \setminus int(X \setminus A) = \overline{X \setminus (X \setminus A)} = \overline{A}\,.$$

Komplementbildung liefert dann $int(X \setminus A) = X \setminus \overline{A}$. ∎

Proposition 2.2.13. *Sei (X, τ) ein topologischer Raum, $n \in \mathbb{N}$ eine natürliche Zahl, I irgendeine Indexmenge und $A, B, A_1, \ldots, A_n$ sowie A_i für alle $i \in I$ Teilmengen von X. Dann gelten*
(1) $int(A) \subseteq A$

(2) *int(A) ist die größte offene Teilmenge von A, d.h.*

$$int(A) = \bigcup_{G\in\tau, G\subseteq A} G .$$

(3) *$int(A) \in \tau$ und $int(int(A)) = int(A)$*
(4) *$int(A) = A \Longleftrightarrow A \in \tau$*
(5) *Aus $A \subseteq B$ folgt stets $int(A) \subseteq int(B)$.*
(6) *Es gilt*

$$\bigcup_{i\in I} int(A_i) \subseteq int\left(\bigcup_{i\in I} A_i\right)$$

für beliebige Vereinigungen.[37]
(7) *Es gilt*

$$\bigcap_{i\in I} int(A_i) \supseteq int\left(\bigcap_{i\in I} A_i\right)$$

für beliebige Durchschnitte[38] *$(A_i)_{i\in I}$.*
(8) *Für endliche Durchschnitte*[39] *gilt sogar Gleichheit:*

$$int\left(\bigcap_{i=1}^{n} A_i\right) = \bigcap_{i=1}^{n} int(A_i) .$$

(9) *$int(\emptyset) = \emptyset$ und $int(X) = X$*

Beweis. (1) Alle Elemente von $int(A)$ sind laut Definition 2.2.11 bereits Elemente von A.
(2) Ist G eine offene Teilmenge von A, so ist G eine offene Umgebung jedes Elementes von G, d.h. jedes Element von $G \subseteq A$ liegt auch in $int(A)$. Das ergibt $\bigcup_{G\in\tau,G\subseteq A} G \subseteq int(A)$. Gilt andererseits $x \in int(A)$, so existiert laut Definition 2.2.11 eine offene Menge U mit $x \in U \subseteq A$, die also in der Vereinigung $\bigcup_{G\in\tau,G\subseteq A} G$ enthalten ist. Das liefert $\bigcup_{G\in\tau,G\supseteq A} G \subseteq int(A)$.
(3) Nach (2) ist $int(A)$ eine Vereinigung offener Mengen, also selbst offen, d.h. $int(A) \in \tau$. Daher ist $int(A)$ eine offene Teilmenge von sich selbst, woraus

$$int(A) = \bigcup_{G\in\tau, G\subseteq int(A)} G = int(int(A))$$

wiederum wegen (2) folgt.

---

37 Es gilt keineswegs unbedingt Gleichheit! Man kann sich das anhand von $\mathbb{R}$ mit euklidischer Topologie leicht überlegen, indem man etwa $I = \mathbb{R}$ und $\forall i \in \mathbb{R} : A_i := \{i\}$ wählt.
38 Man mache sich wiederum klar, daß *nicht* notwendig Gleichheit gilt, z.B. anhand der euklidischen Topologie auf $\mathbb{R}$, indem man z.B. $I = \mathbb{N}^+$, $A_n := U(0, \frac{1}{n})$ wählt.
39 Daß selbst im endlichen Fall die Gleichheit nicht für die Vereinigungen gelten muß, kann man sich z.B. am Sierpinski-Raum klarmachen.

(4) Gilt $A \in \tau$, so ist A offene Teilmenge von sich selbst und es folgt wiederum

$$A = \bigcup_{G \in \tau, G \subseteq A} G = int(A)$$

nach (2).
Gilt andrerseits $A = int(A)$, so ist A offen, weil laut (3) ja $int(A)$ offen ist.
(5) Gilt $A \subseteq B$, so folgt mit (1) sogleich $int(A) \subseteq B$ und laut (3) ist $int(A)$ offen, woraus mit (2) wiederum $int(A) \subseteq int(B)$ folgt.
(6) Sei $x \in \bigcup_{i \in I} int(A_i)$, dann gibt es mindestens ein $i_0 \in I$ mit $x \in int(A_{i_0})$, d.h. $\exists U \in \tau : x \in U \subseteq A_{i_0} \subseteq \bigcup_{i \in I} A_i$, also $x \in int\left(\bigcup_{i \in I} A_i\right)$.
(7) Sei $x \in int\left(\bigcap_{i \in I} A_i\right)$, d.h. $\exists U \in \tau : x \in U \subseteq \bigcap_{i \in I} A_i$, also $\forall i \in I : x \in U \subseteq A_i$, mithin $\forall i \in I : x \in int(A_i)$ und folglich $x \in \bigcap_{i \in I} int(A_i)$.
(8) Wegen (7) müssen wir hier nur noch eine Inklusion nachweisen: Sei $x \in \bigcap_{i=1}^n int(A_i)$, also $\forall i = 1, ..., n : \exists U_i \in \tau : x \in U_i \subseteq A_i$, folglich $\bigcap_{i=1}^n U_i \in \tau$ und $x \in \bigcap_{i=1}^n U_i \subseteq \bigcap_{i=1}^n A_i$.
(9) Sowohl X als auch $\emptyset$ ist offen, so daß aus (4) sofort die Behauptung $int(X) = X$ und $int(\emptyset) = \emptyset$ folgt. ■

Beispiele:

- Sei $X = \mathbb{R}$ mit euklidischer Topologie τ_e. Dann haben wir unter anderem

  $$int([a, b]) = int((a, b)) = (a, b)$$

  und $int(\mathbb{Q}) = \emptyset$.
- Im Sierpinski-Raum $X = \{0, 1\}, \tau := \{\emptyset, \{0\}, \{0, 1\}\}$ haben wir $int(\{0\}) = \{0\}$, $int(\{1\}) = \emptyset$, $int(\{0, 1\}) = \{0, 1\}$.

Proposition 2.2.14. *Sei (X, τ) ein topologischer Raum, $n \in \mathbb{N}$ eine natürliche Zahl, I irgendeine Indexmenge und $A, B, A_1, ..., A_n$ sowie A_i für alle $i \in I$ Teilmengen von X. Dann gelten*

(1) $A \subseteq \overline{A}$
(2) *$\overline{A}$ ist die kleinste abgeschlossene Menge, die größer oder gleich A ist, d.h.*

$$\overline{A} = \bigcap_{M \supseteq A, X \setminus M \in \tau} M .$$

(3) *$\overline{A}$ ist abgeschlossen und $\overline{\overline{A}} = \overline{A}$.*
(4) *$A = \overline{A} \Leftrightarrow (X \setminus A) \in \tau$.*
(5) *Aus $A \subseteq B$ folgt stets $\overline{A} \subseteq \overline{B}$.*
(6) *Es gilt*

$$\overline{\bigcap_{i \in I} A_i} \subseteq \bigcap_{i \in I} \overline{A_i}$$

für beliebige Durchschnitte.
(7) *Es gilt für beliebige Vereinigungen:*

$$\bigcup_{i \in I} \overline{A_i} \subseteq \overline{\bigcup_{i \in I} A_i} .$$

(8) *Für endliche Vereinigungen gilt sogar Gleichheit*

$$\bigcup_{k=1}^{n} \overline{A_k} = \overline{\bigcup_{k=1}^{n} A_k}\,.$$

(9) $X = \overline{X}$ *und* $\emptyset = \overline{\emptyset}$.

Beweis. (1) Für alle $a \in A$ gilt $A \in \dot{a}$ und $\dot{a}$ konvergiert gegen a, so daß $\forall a \in A : a \in \overline{A}$ und damit $A \subseteq \overline{A}$ folgt.

(2) Aus 2.2.12(2) folgt

$$\begin{aligned}
\overline{A} &= X \setminus int(X \setminus A)\,, \text{ mit 2.2.13(2) also}\\
\overline{A} &= X \setminus \bigcup_{G\in\tau, G\subseteq X\setminus A} G\\
\overline{A} &= \bigcap_{G\in\tau, G\subseteq X\setminus A} (X \setminus G) \text{ und mit } M := X \setminus G \text{ haben wir}\\
\overline{A} &= \bigcap_{X\setminus M\in\tau, M\supseteq A} M\,.
\end{aligned}$$

(3) Nach 2.2.12(2) haben wir $\overline{A} = X \setminus int(X \setminus A)$ und nach 2.2.13(3) ist $int(X \setminus A)$ offen, also ist $\overline{A}$ als Komplement davon abgeschlossen.

Wiederum nach 2.2.12(2) gilt $\overline{\overline{A}} = X \setminus int(X \setminus \overline{A})$, wegen der Abgeschlossenheit von $\overline{A}$ ist $X \setminus \overline{A}$ offen und darum nach 2.2.13(4) gleich $int(X \setminus \overline{A})$, so daß $\overline{\overline{A}} = X \setminus (X \setminus \overline{A}) = \overline{A}$ folgt.

(4) $\overline{A} = A$ gilt genau dann, wenn $X \setminus A = X \setminus \overline{A}$ gilt, also nach 2.2.12(2) genau dann, wenn $X \setminus A = int(X \setminus A)$ gilt, was laut 2.2.13(4) genau dann der Fall ist, wenn $X \setminus A$ offen, d.h. A abgeschlossen ist.

(5) Gilt $A \subseteq B$, so enthält jeder Filter, der A enthält, auch B und seine Konvergenzpunkte liegen folglich ebenfalls in $\overline{B}$.

(6) Aus $x \in \overline{\bigcap_{i\in I} A_i}$ folgt die Existenz eines Filters φ mit $\varphi \to x$ und $\bigcap_{i\in I} A_i \in \varphi$, also $\forall i \in I : A_i \in \varphi$ und folglich $\forall i \in I : x \in \overline{A_i}$.

(7) Aus $x \in \bigcup_{i\in I} \overline{A_i}$ folgt $\exists i_0 \in I : x \in \overline{A_{i_0}}$ und somit die Existenz eines Filters φ mit $\varphi \to x$ und $\varphi \ni A_{i_0} \subseteq \bigcup_{i\in I} A_i$.

(8) Wegen (7) brauchen wir wieder nur eine Inklusion nachzuweisen. Sei $x \in \overline{\bigcup_{k=1}^{n} A_k}$. Dann existiert also ein Filter, der gegen x konvergiert und $\bigcup_{k=1}^{n} A_k$ als Element enthält. Sei φ irgendein Oberultrafilter eines solchen Filters. Dann konvergiert φ natürlich erst

recht gegen x und enthält ebenfalls $\bigcup_{k=1}^{n} A_k$. Nach 1.4.5 enthält φ dann aber auch mindestens eines der A_k, nennen wir es A_{k_0}, woraus $x \in \overline{A_{k_0}} \subseteq \bigcup_{k=1}^{n} \overline{A_k}$ folgt. Wir haben also $\overline{\bigcup_{k=1}^{n} A_k} \subseteq \bigcup_{k=1}^{n} \overline{A_k}$.

(9) Folgt aus (4) und der Tatsache, daß sowohl $\emptyset$ als auch X offen sind. ■

Lemma 2.2.15. *Sei (X, τ) ein topologischer Raum und $\varphi \in \mathfrak{F}(X)$. Mit $\overline{\varphi}$ bezeichnen wir den von der Menge $\{\overline{P} | \ P \in \varphi\}$ der Abschlüsse aller Elemente von φ erzeugten Filter. Dann gilt* $\mathrm{adh}(\varphi) = \mathrm{adh}(\overline{\varphi})$.

Beweis. Wegen $P \subseteq \overline{P}$ gilt offenbar $\overline{\varphi} \subseteq \varphi$, daher $\mathfrak{F}_0(\varphi) \subseteq \mathfrak{F}_0(\overline{\varphi})$ und darum $\mathrm{adh}(\varphi) \subseteq \mathrm{adh}(\overline{\varphi})$.

Andrerseits folgt aus $x \in \mathrm{adh}(\overline{\varphi})$ zunächst die Existenz eines Ultrafilters $\psi \supseteq \overline{\varphi}$ mit $\psi \to x$ und daraus wegen der Abgeschlossenheit der $\overline{P}$ sogleich $\forall P \in \varphi : x \in \overline{P}$. Mit 2.2.10 ergibt das $\forall P \in \varphi, U \in \underline{U}(x) : P \cap U \neq \emptyset$, so daß $\varphi \cup \underline{U}(x)$ eine Filtersubbasis ist, deren erzeugter Filter einerseits φ umfaßt und andrerseits gegen x konvergiert. Daraus folgt nun $x \in \mathrm{adh}(\varphi)$, so daß wir insgesamt $\mathrm{adh}(\overline{\varphi}) \subseteq \mathrm{adh}(\varphi)$ erhalten. ■

Aufgabe 3 Sei (X, τ) ein topologischer Raum und $h_\tau : \mathfrak{P}(X) \to \mathfrak{P}(X) : h_\tau(M) := \overline{M}$ der Operator, der jeder Teilmenge von X ihre abgeschlossene Hülle bezüglich τ zuordnet. Es ist klar, daß h durch τ eindeutig bestimmt ist. Zeige, daß umgekehrt *jeder* Operator $k : \mathfrak{P}(X) \to \mathfrak{P}(X)$, der die Bedingungen

(1) $k(\emptyset) = \emptyset$

(2) $\forall M \subseteq X : M \subseteq k(M)$

(3) $\forall A, B \in \mathfrak{P}(X) : k(A \cup B) = k(A) \cup k(B)$

(4) $\forall M \in \mathfrak{P}(X) : k(k(M)) = k(M)$

erfüllt, auch eindeutig eine Topologie τ auf X derart definiert, daß $h_\tau = k$ gilt.

Aufgabe 4 Kann man durch sukzessive Bildung der abgeschlossenen Hülle bzw. des Komplementes aus einer Teilmenge M eines topologischen Raumes (X, τ) beliebig viele *verschiedene* Teilmengen erzeugen?

2.2.2 Vergleich und Erzeugung von Topologien

Definition 2.2.16. Seien τ_1, τ_2 Topologien auf einer Menge X.
τ_1 heißt *feiner* als τ_2 (bzw. τ_2 *gröber* als τ_1) genau dann, wenn $\tau_1 \supseteq \tau_2$ gilt. In Zeichen: $\tau_2 \leq \tau_1$

Die so definierte „feiner"-Beziehung zwischen den Topologien auf einer Menge X ist natürlich eine reflexive Halbordnung.

Definition 2.2.17. Sei (X, τ) ein topologischer Raum. Eine Teilmenge $\mathfrak{B} \subseteq \tau$ heißt *Basis* für τ genau dann, wenn

$$\forall O \in \tau : \exists \mathfrak{A} \subseteq \mathfrak{B} : O = \bigcup_{A \in \mathfrak{A}} A$$

gilt[40], d.h. wenn jede offene Menge als Vereinigung von Elementen aus $\mathfrak{B}$ dargestellt werden kann.

Lemma 2.2.18. *Sei (X, τ) ein topologischer Raum und $\mathfrak{B} \subseteq \tau$. Dann sind äquivalent:*
(1) *$\mathfrak{B}$ ist Basis für τ*
(2) $\forall O \in \tau : \forall x \in O : \exists B_x \in \mathfrak{B} : x \in B_x \subseteq O$.

Beweis. „(1)⇒(2)": Wenn $\mathfrak{B}$ Basis für τ ist, muß jede offene Menge O Vereinigung von Elementen aus $\mathfrak{B}$ sein, womit (2) trivialerweise folgt.
„(2)⇒(1)": Gilt (2), so ist jedes $O \in \tau$ offensichtlich die Vereinigung aller gemäß (2) existenten $B_x \in \mathfrak{B}, x \in O$ mit $x \in B_x \subseteq O$.
Damit ist $\mathfrak{B}$ laut Definition eine Basis von τ. ∎

Korollar 2.2.19. *Sei (X, τ) ein topologischer Raum und $\mathfrak{B} \subseteq \tau$ eine Basis von τ. Dann gilt für jede Teilmenge $M \subseteq X$:*

$$M \in \tau \iff \forall x \in M : \exists B \in \mathfrak{B} : x \in B \subseteq M\,.$$

Dies bedeutet unter anderem, daß eine Topologie τ durch eine Basis von τ eindeutig bestimmt ist.

Satz 2.2.20. *Sei X eine Menge, $\emptyset \neq \mathfrak{B} \subseteq \mathfrak{P}(X)$ und $\emptyset \notin \mathfrak{B}$. Dann sind äquivalent:*
(1) *Es gibt eine Topologie $\tau_{\mathfrak{B}}$ auf X derart, daß $\mathfrak{B}$ Basis für $\tau_{\mathfrak{B}}$ ist.*
(2) *Es gelten*
   (a) $\bigcup_{B \in \mathfrak{B}} B = X$
   (b) $\forall U, V \in \mathfrak{B} : \forall x \in U \cap V : \exists W \in \mathfrak{B} : x \in W \subseteq U \cap V$

Beweis. „(1)⇒(2)": folgt sofort aus Lemma 2.2.18.

„(2)⇒(1)": Setze

$$\tau_{\mathfrak{B}} := \left\{ \bigcup_{B \in \mathfrak{A}} B \mid \mathfrak{A} \subseteq \mathfrak{B} \right\}.$$

Dann ist für $\mathfrak{A} := \emptyset$ die leere Menge Element von $\tau_{\mathfrak{B}}$, für $\mathfrak{A} := \mathfrak{B}$ ist X Element von $\tau_{\mathfrak{B}}$ laut (a); sind $O_i := \bigcup_{B \in \mathfrak{A}_i} B, i \in I, \mathfrak{A}_i \subseteq \mathfrak{B}$ Elemente von $\tau_{\mathfrak{B}}$ so auch $\bigcup_{i \in I} O_i = \bigcup_{B \in \mathfrak{A}} B$ mit $\mathfrak{A} := \bigcup_{i \in I} \mathfrak{A}_i$ und sind schließlich $O_1 := \bigcup_{B \in \mathfrak{A}_1} B$ und $O_2 := \bigcup_{B \in \mathfrak{A}_2} B$ mit $\mathfrak{A}_1, \mathfrak{A}_2 \subseteq \mathfrak{B}$ Elemente von $\tau_{\mathfrak{B}}$, so haben wir

$$\forall x \in O_1 \cap O_2 : \exists B_1(x) \in \mathfrak{A}_1, B_2(x) \in \mathfrak{A}_2 : x \in B_1(x) \cap B_2(x)$$

40 Wir beachten dabei, daß die leere Menge hier für $\mathfrak{A} = \emptyset$ erhalten wird.

und folglich wegen (b) auch $\exists B_x \in \mathfrak{B} : x \in B_x \subseteq B_1(x) \cap B_2(x) \subseteq O_1 \cap O_2$. Das ergibt freilich $O_1 \cap O_2 = \bigcup_{x \in O_1 \cap O_2} B_x \in \mathfrak{B}$. Somit ist $\tau_{\mathfrak{B}}$ tatsächlich eine Topologie auf X, die aufgrund ihrer Konstruktion $\mathfrak{B}$ als eine Basis hat. ∎

Beispiele:

– Betrachten wir $\mathbb{R}$ mit euklidischer Topologie τ_e, so ist die Familie

$$\mathfrak{B} := \{(a, b) |\ a, b \in \mathbb{R}, a < b\}$$

der offenen Intervalle eine Basis für τ_e.

– Wir betrachten wieder $\mathbb{R}$ und definieren eine Topologie τ_1, indem wir die Familie

$$\mathfrak{B} := \{[a, b) |\ a, b \in \mathbb{R}, a < b\}$$

als Basis festlegen. (Gemäß Satz 2.2.20 ist leicht zusehen, daß es tatsächlich eine Topologie gibt, die $\mathfrak{B}$ als Basis hat, während die Eindeutigkeit dieser Topologie durch Korollar 2.2.19 geklärt ist.) Dieser Raum $(\mathbb{R}, \tau_1)$ heißt auch *Sorgenfrey-Gerade.*

Offensichtlich ist τ_1 *echt* feiner als τ_e, weil z.B. die halboffenen Intervalle $[a, b)$ selbst in τ_1 offene Mengen sind, in τ_e aber nicht, während jedes offene Intervall (a, b) auch als $(a, b) := \bigcup_{n \in \mathbb{N}^+} [a + \frac{1}{n}, b)$ geschrieben werden kann und daher auch in τ_1 offen ist.

Die Sorgenfrey-Gerade ist ein Beispiel für einen nicht trivialen Raum, in dem es außer $\emptyset$ und dem ganzen Raum selbst weitere Mengen gibt, die zugleich offen und abgeschlossen sind, so etwa die halboffenen Intervalle $[a, b)$, denn $\mathbb{R} \setminus [a, b) = \bigcup_{n \in \mathbb{N}} [-n, a) \cup \bigcup_{n \in \mathbb{N}} [b, n)$.

– Ist X eine beliebige Menge und δ die diskrete Topologie auf X, so ist $\mathfrak{B} := \{\ \{x\} \mid x \in X\}$ eine Basis für δ.

Definition 2.2.21. Sei (X, τ) ein topologischer Raum, $\mathfrak{S} \subseteq \mathfrak{P}(X)$ eine Familie von Teilmengen von X. Dann heißt $\mathfrak{S}$ eine *Subbasis* für τ genau dann, wenn die Familie

$$\mathfrak{B} := \left\{ \bigcap_{i=1}^{n} S_i \mid n \in \mathbb{N}, S_i \in \mathfrak{S} \right\}$$

aller endlichen Durchschnitte von Elementen aus $\mathfrak{S}$ eine Basis für τ ist.

Satz 2.2.22. *Sei X eine nichtleere Menge und $\mathfrak{S} \subseteq \mathfrak{P}(X)$ eine Familie von Teilmengen von X. Genau dann gibt es eine Topologie $\tau_{\mathfrak{S}}$ auf X, für die $\mathfrak{S}$ eine Subbasis ist, wenn $\bigcup_{S \in \mathfrak{S}} S = X$ gilt.*

Beweis. Daß $\bigcup_{S \in \mathfrak{S}} S = X$ gilt, sollten die endlichen Durchschnitte von Elementen aus $\mathfrak{S}$ Basis einer Topologie sein, ist unmittelbar klar.
Sei also $\bigcup_{S \in \mathfrak{S}} S = X$ erfüllt. Dann haben wir nur zu zeigen, daß

$$\mathfrak{B} := \left\{ \bigcap_{i=1}^{n} S_i \mid n \in \mathbb{N}, S_i \in \mathfrak{S} \right\}$$

Basis einer Topologie ist, die wir dann getrost $\tau_{\mathfrak{S}}$ taufen können. Dazu ziehen wir Satz 2.2.20 heran und haben nur noch zu überprüfen, daß

$$\forall U, V \in \mathfrak{B} : \forall x \in U \cap V : \exists W \in \mathfrak{B} : x \in W \subseteq U \cap V$$

gilt. Doch das ist klar, denn sind U, V endliche Durchschnitte von Elementen aus $\mathfrak{S}$, so ist auch $U \cap V$ einer und liegt daher selbst in $\mathfrak{B}$. ■

Offensichtlich ist jede Topologie τ bereits durch jede Subbasis von τ eindeutig bestimmt – einfach, weil die Menge aller endlichen Durchschnitte eindeutig bestimmt und Basis von τ ist. Infolge der Abgeschlossenheit von Topologien gegenüber endlichen Vereinigungen kann man die durch eine Subbasis $\mathfrak{S}$ bestimmte Topologie $\tau_{\mathfrak{S}}$ auch als die *kleinste* Topologie, die $\mathfrak{S}$ enthält, beschreiben.

Weil das so ist, existiert zu einer Familie $(\tau_i)_{i \in I}$ von Topologien auf einer Menge X stets ein Supremum, d.h. eine kleinste Topologie τ, die alle $\tau_i, i \in I$ umfaßt. (Zwar ist nämlich im allgemeinen die Vereinigung aller $\tau_i, i \in I$ selbst keine Topologie auf X, doch ist sie selbstverständlich Subbasis einer durch sie eindeutig bestimmten kleinsten Topologie, in der diese Vereinigung enthalten ist.)

Da andrerseits der Durchschnitt beliebig vieler Topologien $\tau_i, i \in I$ auf einer Menge X selbst wiederum eine Topologie auf X und offensichtlich die größte in allen $\tau_i, i \in I$ enthaltene Topologie auf X ist, wissen wir jetzt, daß die Familie aller Topologien auf einer Menge X bezüglich Inklusion ein vollständiger Verband ist.

2.2.3 Abzählbarkeitseigenschaften

Definition 2.2.23. Sei (X, τ) ein topologischer Raum.
(1) Wir nennen (X, τ) einen A_1*-Raum* genau dann, wenn die Umgebungsfilter aller Punkte $x \in X$ jeweils abzählbare Filterbasen besitzen.
(2) Wir nennen (X, τ) einen A_2*-Raum* genau dann, wenn τ eine abzählbare Basis besitzt.[41]

Da die endlichen Durchschnitte von Subbasiselementen eine Basis bilden, folgt mit Korollar 1.3.11 offenbar sofort:

Proposition 2.2.24. *Sei (X, τ) ein topologischer Raum. Es gelten*
(1) *(X, τ) ist genau dann ein A_1-Raum, wenn für alle $x \in X$ der Umgebungsfilter $\underline{U}(x)$ eine abzählbare Filtersubbasis besitzt.*
(2) *(X, τ) ist genau dann ein A_2-Raum, wenn τ eine abzählbare Subbasis besitzt.*

Beispielhaft, ja geradezu mustergültig genügen alle (pseudo-)metrischen Räume mit der von ihrer (Pseudo-)Metrik erzeugten Topologie dem ersten Abzählbarkeitsaxiom

41 Man sagt auch, der Raum *genügt dem ersten bzw. zweiten Abzählbarkeitsaxiom.*

(man nehme einfach die $\frac{1}{n}$-Umgebungen als Basen der Umgebungsfilter). Sie können sich jedoch hinsichtlich des zweiten Abzählbarkeitsaxioms deutlich quer legen.

Generell gilt jedoch

Proposition 2.2.25. *Jeder A_2-Raum (X, τ) ist auch ein A_1-Raum.*

Beweis. Sei $\mathfrak{B}$ eine abzählbare Basis von τ. Umgebungsfilter $\underline{U}(x)$ sind durch Basen aus offenen Umgebungen definiert; jedes von deren Elementen muß wegen der Basiseigenschaft von $\mathfrak{B}$ ein Element von $\mathfrak{B} \cap \dot{x}$ ganz umfassen, somit hat jeder Umgebungsfilter in einem A_2-Raum eine Basis, die Teilmenge der abzählbaren Menge $\mathfrak{B}$ und folglich selbst abzählbar ist. ■

Definition 2.2.26. Sei (X, τ) ein topologischer Raum und sei $A \subseteq X$. Die Teilmenge A heißt *dicht in* X genau dann, wenn $\overline{A} = X$ gilt.
Der Raum (X, τ) heißt *separabel* genau dann, wenn er eine abzählbare Teilmenge hat, die dicht in X liegt.

Lemma 2.2.27. *Sei (X, τ) ein topologischer Raum. Eine Teilmenge $D \subseteq X$ ist dicht in (X, τ) genau dann, wenn für jede nichtleere offene Teilmenge $O \in \tau$ gilt $O \cap D \neq \emptyset$.*

Beweis. Sei D dicht in (X, τ) und $x \in O \in \tau$ gegeben. Gälte nun $O \cap D = \emptyset$, so folgte nach Proposition 2.2.10 $x \notin \overline{D}$, also $\overline{D} \neq X$. Umgekehrt folgt wieder wegen Proposition 2.2.14 aus $\forall \emptyset \neq O \in \tau : D \cap O \neq \emptyset$ sogleich $\forall x \in X : x \in \overline{D}$. ■

Korollar 2.2.28. *Sei (X, τ) ein topologischer Raum und $\mathfrak{B}$ eine Basis von τ. Eine Teilmenge $D \subseteq X$ ist dicht in (X, τ) genau dann, wenn für jede nichtleere offene Teilmenge $O \in \mathfrak{B}$ gilt $O \cap D \neq \emptyset$.*

Beweis. Ist D dicht, folgt $O \cap D \neq \emptyset$ wegen $\mathfrak{B} \subseteq \tau$ sofort aus Lemma 2.2.27. Gilt hingegen $\forall \emptyset \neq O \in \mathfrak{B} : O \cap D \neq \emptyset$, so folgt sofort $\forall \emptyset \neq O \in \tau : O \cap D \neq \emptyset$, da jede offene Menge Vereinigung von Basiselementen ist, und damit die Dichtheit von D. ■

Aufgabe 5 Gib ein Beispiel für einen topologischen Raum (X, τ), eine *Sub*basis $\mathfrak{S}$ von τ und eine Teilmenge $G \subseteq X$ an, die *nicht* dicht in (X, τ) ist, aber $\forall S \in \mathfrak{S} : S \cap G \neq \emptyset$ erfüllt.

Die Menge $\mathbb{Q}$ der rationalen Zahlen ist bezüglich euklidischer Topologie z.B. dicht in $\mathbb{R}$ – bezüglich beispielsweise der diskreten Topologie ist sie das natürlich nicht.

Proposition 2.2.29. *Jeder A_2-Raum ist separabel.*

Beweis. Sei $\mathfrak{B}$ eine abzählbare Basis des topologischen Raumes (X, τ). Wir können dann aus jedem (nichtleeren) Element von $\mathfrak{B}$ einen Punkt x_B auswählen und die abzählbare Menge $A := \{x_B | B \in \mathfrak{B}\}$ bilden. Ist nun $x \in X$ beliebig und $U \in \underline{U}(x)$ so muß es ein $B \in \mathfrak{B}$ mit $x \in B \subseteq U$ geben. Wegen $x_B \in A \cap B \subseteq A \cap U$ liefert das insbesondere

$A \cap U \neq \emptyset$. Somit folgt nach Proposition 2.2.10 sogleich $x \in \overline{A}$, insgesamt also $\overline{A} = X$. ∎

Lemma 2.2.30. *Es sei (X, d) ein (pseudo-)metrischer Raum und sei τ_d die von der (Pseudo-)Metrik erzeugte Topologie. Der topologische Raum (X, τ_d) ist genau dann ein A_2-Raum, wenn er separabel ist.*

Beweis. Daß jeder A_2-Raum separabel ist, sichert die vorige Proposition.
Sei also (X, τ_d) separabel und sei $A \subseteq X$ eine abzählbare dichte Teilmenge von X. Dann wählen wir

$$\mathfrak{B} := \left\{ U(a, \frac{1}{n}) \;\middle|\; n \in \mathbb{N}^+, a \in A \right\}$$

und sehen leicht ein, daß es sich hierbei um eine Basis von τ_d handelt, die als Vereinigung abzählbar vieler abzählbarer Mengen aufgefaßt werden kann und folglich selbst abzählbar ist. ∎

Man könnte auf die Idee kommen, daß aus A_1 zusammen mit Separabilität stets A_2 folgen würde. Dem ist aber nicht so.

Aufgabe 6 Gib ein Beispiel für einen separablen A_1-Raum (X, τ) an, der nicht das zweite Abzählbarkeitsaxiom erfüllt.

Ist X eine Menge und $\mathfrak{A} \subseteq \mathfrak{P}(X)$ eine Familie von Teilmengen von X, so nennen wir $\mathfrak{A}$ eine *Überdeckung von X* genau dann, wenn $\bigcup_{A \in \mathfrak{A}} A \supseteq X$ gilt. Sofern $\mathfrak{B} \subseteq \mathfrak{A}$ ebenfalls eine Überdeckung von X ist, nennen wir $\mathfrak{B}$ auch eine *Teilüberdeckung* von $\mathfrak{A}$. Ist insbesondere (X, τ) ein topologischer Raum, so heißt eine Überdeckung $\mathfrak{A}$ von X *offene Überdeckung* genau dann, wenn $\mathfrak{A} \subseteq \tau$ gilt.

Definition 2.2.31. Ein topologischer Raum (X, τ) heißt *Lindelöf-Raum* genau dann, wenn jede offene Überdeckung von X eine abzählbare Teilüberdeckung von X enthält.

Lemma 2.2.32. *Jeder A_2-Raum ist ein Lindelöf-Raum.*

Beweis. Sei (X, τ) ein A_2-Raum und $\mathfrak{A} \subseteq \tau$ eine offene Überdeckung von X. Ist ferner $\mathfrak{B}$ eine abzählbare Basis von τ, so existiert ja zu jedem $O \in \mathfrak{A}$ eine Teilmenge $\mathfrak{B}_O \subseteq \mathfrak{B}$ mit $O = \bigcup_{B \in \mathfrak{B}_O} B$. Setzen wir nun noch $\mathfrak{C} := \bigcup_{O \in \mathfrak{A}} \mathfrak{B}_O$, so ergibt das zusammen mit der Überdeckungseigenschaft von $\mathfrak{A}$ sogleich

$$\bigcup_{B \in \mathfrak{C}} B = \bigcup_{O \in \mathfrak{A}} \bigcup_{B \in \mathfrak{B}_O} B = \bigcup_{O \in \mathfrak{A}} O = X\,.$$

Wählen wir jetzt noch zu jedem $B \in \mathfrak{C}$ genau ein $O_B \in \mathfrak{A}$ mit $B \subseteq O_B$ aus, so ist die Menge $\mathfrak{A}' := \{O_B | \; B \in \mathfrak{C}\}$ höchstens gleichmächtig zu $\mathfrak{C} \subseteq \mathfrak{B}$, also abzählbar. Andrerseits ist sie offensichtlich eine Überdeckung von X. ∎

Eine interessante Ergänzung zum Thema „nicht ganz dichte“ Teilmengen soll hier auch noch kurz erwähnt werden.

Definition 2.2.33. Sei (X, τ) ein topologischer Raum. Eine Teilmenge $A \subseteq X$ heißt *nirgends dicht in* X genau dann, wenn sie bezüglich *keiner* nichtleeren offenen Teilmenge von X dicht ist, d.h. wenn $\forall O \in \tau \setminus \{\emptyset\} : \overline{A} \not\supseteq O$ gilt.

Offenbar ist z.B. jede endliche Teilmenge des $\mathbb{R}^n$ nirgends dicht in $\mathbb{R}^n$ mit euklidischer Topologie. Genau wie z.B. $\mathbb{R}^1$ aufgefaßt als Teilraum des $\mathbb{R}^2$ mit euklidischer Topologie u.s.w. ... Anders verhält es sich, wenn wir $\mathbb{R}^n$ mit z.B. der diskreten Topologie ausrüsten: dann ist jede Teilmenge offen, selbstverständlich *dicht in sich selbst* und somit haben wir dann *gar keine* nirgends dichten Teilmengen mehr außer der trivialen leeren Menge. Wir sehen also, daß *nirgends dicht* etwas mehr bedeutet als einfach nur *nicht dicht*, denn natürlich ist gerade in diskreten topologischen Räumen *jede* echte Teilmenge *nicht dicht*, aber außer $\emptyset$ eben keine *nirgends dicht.*

Lemma 2.2.34. *Sei (X, τ) ein topologischer Raum und $A \subseteq X$. Die Teilmenge A ist genau dann nirgends dicht in X, wenn $int(\overline{A}) = \emptyset$ gilt.*

Beweis. Sei zunächst A nirgends dicht in X, d.h. für alle $\emptyset \neq O \in \tau$ gilt $O \not\subseteq \overline{A}$, also hat $\overline{A}$ keine inneren Punkte, was $int(\overline{A}) = \emptyset$ liefert.

Gilt andrerseits $int(\overline{A}) = \emptyset$ und ist $\emptyset \neq O \in \tau$ gegeben, so folgt $O \not\subseteq \overline{A}$ einfach daraus, daß $\overline{A}$ andernfalls ja innere Punkte hätte, nämlich mindestens alle Elemente von O. ■

2.2.4 Stetigkeit

Wie schon bei der Konvergenzdefinition in topologischen Räumen, lassen wir uns auch hier wieder von einer entsprechenden Eigenschaft in metrischen Räumen leiten: von Lemma 2.1.14.

Definition 2.2.35. Sind (X_1, τ_1) und (X_2, τ_2) topologische Räume, so heißt eine Funktion $f : X_1 \to X_2$ *stetig* genau dann, wenn

$$\forall O \in \tau_2 : f^{-1}(O) \in \tau_1$$

gilt, d.h. wenn das vollständige Urbild jeder offenen Menge offen ist.
Die Menge aller stetigen Funktionen von (X_1, τ_1) nach (X_2, τ_2) bezeichnen wir mit $C(\ (X_1, \tau_1), (X_2, \tau_2)\ )$ – oder kurz mit $C(X_1, X_2)$, wenn über die jeweils betrachteten Topologien kein Zweifel besteht.

Proposition 2.2.36. *Sind (X_1, τ_1) und (X_2, τ_2) topologische Räume und $\mathfrak{S}$ eine Subbasis von τ_2 so ist eine Funktion $f : X_1 \to X_2$ genau dann stetig, wenn $\forall S \in \mathfrak{S} : f^{-1}(S) \in \tau_1$ gilt.*

Beweis. Da jede offene Teilmenge von X_2 Vereinigung endlicher Durchschnitte von Elementen aus $\mathfrak{S}$ ist, folgt mit Proposition 1.1.5, daß die Urbilder aller offenen Teilmengen von X_2 offen sind. ■

Satz 2.2.37. *Seien (X, τ), (Y, σ) topologische Räume und $f : X \to Y$ eine Funktion. Dann sind äquivalent:*
(1) *f ist stetig*
(2) *Für jede abgeschlossene Teilmenge $B \subseteq Y$ ist $f^{-1}(B)$ abgeschlossen in X*
(3) *Für jede Teilmenge $M \subseteq Y$ gilt $f^{-1}(int(M)) \subseteq int(f^{-1}(M))$*
(4) *Für jede Teilmenge $A \subseteq X$ gilt $f(\overline{A}) \subseteq \overline{f(A)}$*
(5) *Für jeden Filter φ auf X, der gegen einen Punkt $x \in X$ konvergiert, konvergiert der Bildfilter $f(\varphi)$ gegen $f(x)$, d.h. $\forall \varphi \in \mathfrak{F}(X), x \in X : \varphi \xrightarrow{\tau} x \Rightarrow f(\varphi) \xrightarrow{\sigma} f(x)$.*

Beweis. „(1)⇒(2)": Ist $B \subseteq Y$ abgeschlossen, heißt das ja, daß $Y \setminus B$ offen ist, folglich ist wegen der Stetigkeit von f auch $f^{-1}(Y \setminus B)$ offen und somit $f^{-1}(B) = X \setminus f^{-1}(Y \setminus B)$ abgeschlossen.

„(2)⇒(3)": Es gilt ja $int(M) \subseteq M$ und folglich $f^{-1}(int(M)) \subseteq f^{-1}(M)$. Nun ist freilich $f^{-1}(int(M)) = X \setminus f^{-1}(Y \setminus int(M))$ und damit offen, weil $f^{-1}(Y \setminus int(M))$ laut (2) abgeschlossen ist. Als offene Teilmenge von $f^{-1}(M)$ ist $f^{-1}(int(M))$ laut Proposition 2.2.13(7) aber auch Teilmenge von $int(f^{-1}(M))$.

„(3)⇒(4)": Setzen wir $M := Y \setminus f(A)$, so liefert (3) gerade

$$f^{-1}(int(Y \setminus f(A))) \subseteq int(f^{-1}(Y \setminus f(A))) .$$

Nach Proposition 2.2.12(2) gilt nun $int(Y \setminus f(A)) = Y \setminus \overline{f(A)}$. Das ergibt

$$f^{-1}(Y \setminus \overline{f(A)}) \subseteq int(f^{-1}(Y \setminus f(A))) ,$$

wegen $f^{-1}(Y \setminus f(A)) \subseteq X \setminus A$ also auch $f^{-1}(Y \setminus \overline{f(A)}) \subseteq int(X \setminus A)$. Mit Proposition 2.2.12(2) haben wir ferner $int(X \setminus A) = X \setminus \overline{A}$, woraus nun $f^{-1}(Y \setminus \overline{f(A)}) \subseteq X \setminus \overline{A}$ folgt. Komplementbildung liefert $X \setminus f^{-1}(Y \setminus \overline{f(A)}) \supseteq \overline{A}$ und folglich

$$f(X \setminus f^{-1}(Y \setminus \overline{f(A)})) \supseteq f(\overline{A}) .$$

Nun müssen wir uns nur noch vor Augen führen, daß ja $X \setminus f^{-1}(Y \setminus \overline{f(A)})$ aus genau denjenigen Elementen von X besteht, deren Bild unter f *nicht außerhalb* von $\overline{f(A)}$ liegt, woraus $\overline{f(A)} \supseteq f(X \setminus f^{-1}(Y \setminus \overline{f(A)})) \supseteq f(\overline{A})$ folgt.

„(4)⇒(5)": Sei $\varphi \to x$ gegeben. Angenommen nun, es gälte $f(\varphi) \not\to f(x)$. Da $f(\varphi)$ gleich dem Durchschnitt aller seiner Oberultrafilter ist, kann dann *nicht jeder* Oberultrafilter von $f(\varphi)$ den Umgebungsfilter von $f(x)$ enthalten (andernfalls enthielte auch $f(\varphi)$ ihn). Daher gibt es einen Oberultrafilter ψ von $f(\varphi)$, der nicht gegen $f(x)$ konvergiert. Nun existiert nach Lemma 1.4.14 ein Oberultrafilter φ_0 von φ mit $f(\varphi_0) = \psi$.

Selbstverständlich konvergiert φ_0 ebenso wie φ gegen x. Insbesondere bedeutet das $\forall P \in \varphi_0 : x \in \overline{P}$, woraus mit (4) sofort $\forall P \in \varphi_0 : f(x) \in f(\overline{P}) \subseteq \overline{f(P)}$, also $\forall P \in \varphi_0 : f(x) \in \overline{f(P)}$ folgt. Nach Proposition 2.2.10 gilt dann $\forall P \in \varphi_0 : \forall V \in \underline{U}(f(x)) : V \cap f(P) \neq \emptyset$. Andrerseits sollte ja $\psi = f(\varphi_0)$ nicht gegen $f(x)$ konvergieren, so daß es eine Umgebung $V_0 \in \underline{U}(f(x))$ geben müßte mit $Y \setminus V_0 \in f(\varphi_0) = \psi$ und daher ein $P_0 \in \varphi_0$ mit $f(P_0) \cap V_0 = \emptyset$ – ein Widerspruch.

„(5)⇒(1)“: Angenommen, f sei nicht stetig.
Dann existierte ein $V \in \sigma$ mit $f^{-1}(V) \notin \tau$, insbesondere also $f^{-1}(V) \neq int(f^{-1}(V))$, so daß also ein Punkt $x_0 \in f^{-1}(V) \setminus int(f^{-1}(V))$ existiert. Da x_0 nicht zum Inneren von $f^{-1}(V)$ gehört, gilt $\forall U \in \dot{x}_0 \cap \tau : U \nsubseteq f^{-1}(V)$, also auch $\forall U \in \dot{x}_0 \cap \tau : f(U) \nsubseteq V$. Daraus folgt $V \notin f(\underline{U}(x_0))$. Andrerseits gilt natürlich $f(x_0) \in V$ und damit $V \in \underline{U}(f(x_0))$, da V ja offen ist. Folglich haben wir $\underline{U}(f(x_0)) \nsubseteq f(\underline{U}(x_0))$ im Widerspruch zur Konvergenz von $f(\underline{U}(x_0))$ gegen $f(x_0)$, die laut (5) gelten müßte. ■

Aus der reellen Analysis kennen wir einen sozusagen eingeschränkten, weil auf einzelne Punkte fokussierten Stetigkeitsbegriff.
Den haben wir hier natürlich auch parat.

Definition 2.2.38. Sind (X,τ), (Y,σ) topologische Räume, $x_0 \in X$ und $f : X \to Y$ gegeben. Dann heißt f *stetig im Punkte* x_0 genau dann, wenn $f(\underline{U}(x_0)) \to f(x_0)$ gilt.

Korollar 2.2.39. *Eine Funktion f zwischen zwei topologischen Räumen ist genau dann stetig, wenn sie in jedem Punkt des Urbildraumes stetig ist.*

Beweis. Folgt direkt aus Satz 2.2.37(5). ■

Beispiel 2.2.40 (für stetige Funktionen).
- Jede Abbildung irgendeines topologischen Raumes in einen indiskreten topologischen Raum ist stetig.
- Jede Abbildung eines diskreten topologischen Raumes in irgendeinen topologischen Raum ist stetig.
- Die identische Abbildung

$$\mathbf{1}_X : X \to X : \mathbf{1}_X(x) := x$$

  einer Menge X auf sich selbst ist stetig genau dann, wenn X als Urbildraum eine feinere Topologie trägt als im Bildraum.

- Die stetigen Abbildungen irgendeines topologischen Raumes (X, τ) in den Sierpinski-Raum $(\{0,1\}, \{\emptyset, \{0\}, \{0,1\}\})$ sind genau die charakteristischen Funktionen

$$\chi_A : X \to \{0,1\} : \chi_A(x) := \begin{cases} 1 & ; \quad x \in A \\ 0 & ; \quad x \notin A \end{cases}$$

der *abgeschlossenen Teilmengen* A von X bezüglich τ.
- Alle konstanten Abbildungen sind stetig, unabhängig davon, mit welchen Topologien Bild- und Urbildraum versehen sind.
- Wie wir bereits gesehen hatten, sind die stetigen Abbildungen zwischen topologischen Räumen, deren Topologien von Metriken induziert sind, genau die im metrischen Sinne stetigen Abbildungen. Damit sind auch alle aus der klassischen Analysis als stetig bekannten Abbildungen im topologischen Sinne stetig.

Lemma 2.2.41. *Seien $(X,\tau), (Y,\sigma), (Z,\xi)$ topologische Räume, $f : X \to Y$ sei im Punkte $x_0 \in X$ stetig und $g : Y \to Z$ sei im Punkte $f(x_0) \in Y$ stetig. Dann ist $g \circ f : X \to Z$ im Punkte x_0 stetig.*

Beweis. Wegen der Stetigkeit von f in x_0 gilt $f(\underline{U}(x_0)) \supseteq \underline{U}(f(x_0))$, folglich auch $g(f(\underline{U}(x_0))) \supseteq g(\underline{U}(f(x_0)))$, wobei aus der Stetigkeit von g in $f(x_0)$ ja

$$g(\underline{U}(f(x_0))) \supseteq \underline{U}(g(f(x_0)))$$

folgt, insgesamt also $g \circ f(\underline{U}(x_0)) \to g \circ f(x_0)$. ■

Korollar 2.2.42. *Seien $(X,\tau), (Y,\sigma), (Z,\xi)$ topologische Räume, $f : X \to Y$ und $g : Y \to Z$ stetige Abbildungen. Dann ist auch $g \circ f : X \to Z$ stetig.*

Beweis. Kombiniere Lemma 2.2.41 mit Korollar 2.2.39. ■

Definition 2.2.43. Sind $(X,\tau), (Y,\sigma)$ topologische Räume und $f : X \to Y$ eine Funktion, so heißt f ein *Homöomorphismus* (oder auch *topologischer Isomorphismus*) zwischen (X,τ) und (Y,σ) genau dann, wenn f bijektiv und stetig, sowie die inverse Abbildung f^{-1} ebenfalls stetig ist. Sofern ein Homöomorphismus zwischen zwei topologischen Räumen existiert, werden diese Räume *homöomorph* (oder auch *topologisch äquivalent*) genannt.

Beispiel 2.2.44.
- Der Sierpinski-Raum (X,τ_1) mit $X = \{0,1\}$ und $\tau_1 = \{\emptyset, \{0\}, X\}$ ist offensichtlich homöomorph zum Raum (X,τ_2) mit $\tau_2 = \{\emptyset, \{1\}, X\}$, der daher mit gleichem Recht ebenfalls Sierpinski-Raum genannt werden kann.[42]

---

42 Um genau anzugeben, welchen man nun meint, spricht man daher auch vom Sierpinski-Raum „mit offener Null“ bzw. „mit offener Eins“.

- Zwei diskrete (bzw. indiskrete) topologische Räume (X, τ) und (Y, σ) sind genau dann homöomorph, wenn X und Y gleichmächtig sind.
- Der Raum $(\mathbb{R} \setminus \{0\}, \tau_e)$ der von null verschiedenen reellen Zahlen mit euklidischer Topologie ist homöomorph zum Raum $(\mathbb{R} \setminus [0,1], \tau_e')$ derjenigen reellen Zahlen, die kleiner als 0 oder größer als 1 sind mit euklidischer Topologie.[43] Mit dem Satz 2.2.37 sieht man nämlich leicht ein, daß die offensichtlich bijektive Abbildung
$$f : \mathbb{R} \setminus \{0\} \to \mathbb{R} \setminus [0,1] : f(x) := \begin{cases} x & ; \quad x < 0 \\ x+1 & ; \quad x > 0 \end{cases}$$
nebst ihrer inversen Abbildung stetig ist.[44]
- Im Sinne der jeweiligen euklidischen Topologie sind je zwei offene (resp. abgeschlossene) Intervalle (a_1, b_1) und (a_2, b_2) (resp. $[a_1, b_1]$ und $[a_2, b_2]$) mit $a_i < b_i$ homöomorph.
- Im Sinne der euklidischen Topologie ist $\mathbb{R}$ homöomorph zum offenen Intervall $(-1, 1)$, wie man sich z.B. anhand der Abbildung
$$f : \mathbb{R} \to (-1,1) : f(x) := \frac{x}{1+|x|}$$
klarmachen kann.

Topologisch relevante Unterschiede zwischen topologisch äquivalenten Räumen (X, τ) und (Y, σ) reduzieren sich kraft des Vorhandenseins einer in beide Richtungen stetigen Bijektion offenbar auf Unterschiede hinsichtlich der konkreten Bezeichnung der Elemente von X und Y – doch Namen sind ja Schall & Rauch. Konkret: jede Eigenschaft, die durch eine Topologie, d.h. durch offene Mengen beschrieben ist, gilt genau dann in (X, τ), wenn sie in (Y, σ) gilt, ja mehr noch: eine Teilmenge von X hat solche Eigenschaften genau dann, wenn die via Homöomorphismus korrespondierende Teilmenge von Y sie hat. Just solche Eigenschaften sind folglich Gegenstand der Untersuchung, wenn man sich mit topologischen Räumen beschäftigt.

Definition 2.2.45. Sind (X, τ) und (Y, σ) topologische Räume, so heißt eine Abbildung $f : X \to Y$ *offen* genau dann, wenn $\forall O \in \tau : f(O) \in \sigma$ gilt, d.h. wenn die Bilder offener Mengen unter f wieder offen sind.

---

43 Wir denken uns τ_e und τ_e' hier einfach als die von der euklidischen Metrik auf der jeweiligen Teilmenge von $\mathbb{R}$ erzeugte Topologie – zum Begriff der *Spurtopologie* kommen wir ja erst später.

44 Natürlich ist ferner $\mathbb{R}$ homöomorph zu sich selbst, während $\{0\}$ keineswegs homöomorph zu $[0, 1]$ ist. Das führt hier zu der paradoxen Situation, daß wir von ein und demselben Raum zwei *nicht äquivalente* Räume „abziehen“ und dennoch äquivalente Reste erhalten. Man kann das als strukturellen Mangel topologischer Räume empfinden (der übrigens bei den in [23] beschriebenen *Semiuniformen Konvergenzräumen* behoben ist), doch möchte ich immerhin zu bedenken geben, daß dieser Effekt hier auch auf den analogen mengentheoretischen Effekt zurückgeht: $\{0\}$ und $[0, 1]$ sind einfach nicht gleichmächtig, $\mathbb{R} \setminus \{0\}$ und $\mathbb{R} \setminus [0, 1]$ aber sehr wohl.

Eine Abbildung f heißt *abgeschlossen* genau dann, wenn das Bild jeder abgeschlossenen Teilmenge von X unter f abgeschlossen in Y ist.

Die Homöomorphismen lassen sich somit auch als stetige und offene Bijektionen charakterisieren.

Anders als z.B. in [28], Seite 32, verlautbart, können wir uns bei der Überprüfung der Offenheit einer Abbildung im allgemeinen *nicht* auf eine Subbasis beschränken:

Beispiel: Wir wählen $X := \{1,2,3\}, \tau := \{\emptyset, \{1,2\}, \{2,3\}, \{2\}, X\}$ mit der Subbasis $\mathfrak{S} := \{\{1,2\}, \{2,3\}\}$ und $Y := \{0,1\}$ mit indiskreter Topologie $\sigma := \{\emptyset, Y\}$. Dann ist die Abbildung

$$f : X \to Y : f(x) := \begin{cases} 0 & ; \quad x = 1 \vee x = 3 \\ 1 & ; \quad x = 2 \end{cases}$$

nicht offen, denn das Bild der in X offenen Menge $\{2\}$ ist ja nicht offen in Y. Allerdings ist das Bild beider Elemente von $\mathfrak{S}$ jeweils ganz Y, also offen.

Lemma 2.2.46. *Seien (X,τ), (Y,σ) topologische Räume und $f : X \to Y$ eine Funktion. Dann sind äquivalent:*

(1) *f ist offen*

(2) $\forall M \subseteq X : f(int(M)) \subseteq int(f(M))$

(3) $\forall x \in X : \forall U \in \underline{U}(x) : \exists W \in \underline{U}(f(x)) : W \subseteq f(U)$

Beweis. „(1)⇒(2)": Sei $M \subseteq X$. Dann haben wir $int(M) \subseteq M$ und $int(M) \in \tau$. Das ergibt $f(int(M)) \subseteq f(M)$ und wegen der Offenheit von f auch $f(int(M)) \in \sigma$, also nach Proposition 2.2.13(2) auch $f(int(M)) \subseteq int(f(M))$.

„(2)⇒(3)": Sei $x \in X$ und $U \in \underline{U}(x)$. Dann gilt $x \in int(U)$ und folglich $f(x) \in f(int(U)) \subseteq int(f(U))$ nach (2). Damit ist $W := int(f(U)) \in \underline{U}(f(x))$ und natürlich gilt $W \subseteq f(U)$ nach Proposition 2.2.13(1).

„(3)⇒(1)": Sei $O \in \tau$, dann haben wir $\forall y \in f(O) : \exists x \in O : y = f(x)$, dabei ist dann $O \in \underline{U}(x)$ und so liefert (3) sogleich $\forall y \in f(O) : \exists W \in \underline{U}(y) : W \subseteq f(O)$, nach Definition des Umgebungsfilters also auch $\forall y \in f(O) : \exists W_y \in \dot{y} \cap \sigma : y \in W_y \subseteq f(O)$. Damit ist $f(O)$ laut Proposition 2.2.3 offen. ∎

Lemma 2.2.47. *Seien (X,τ), (Y,σ) topologische Räume und $f : X \to Y$ eine Funktion. Dann sind äquivalent:*

(1) *f ist abgeschlossen*

(2) $\forall M \subseteq X : \overline{f(M)} \subseteq f(\overline{M})$.

Beweis. „(1)⇒(2)": Sei $M \subseteq X$. Dann haben wir $M \subseteq \overline{M}$ und folglich $f(M) \subseteq f(\overline{M})$. Wegen (1) ist freilich $f(\overline{M})$ abgeschlossen, so daß mit Proposition 2.2.14(2) sogleich $\overline{f(M)} \subseteq f(\overline{M})$ folgt.

„(2)⇒(1)": Sei $M \subseteq X$ abgeschlossen. Dann gilt nach Proposition 2.2.14(4) $M = \overline{M}$ und folglich $f(M) = f(\overline{M})$, mit (2) also $f(M) \supseteq \overline{f(M)}$, während andrerseits $f(M) \subseteq \overline{f(M)}$ nach Proposition 2.2.14(4) sowieso gilt. Das ergibt $f(M) = \overline{f(M)}$, so daß $f(M)$ wiederum laut Proposition 2.2.14(4) abgeschlossen ist. ■

2.2.5 Kurze Anmerkung über Netze (Moore-Smith-Folgen)

Wie im Vorwort schon angedeutet, gibt es eine andere gängige Verallgemeinerung des Folgenbegriffes als Filter, die dem einen oder der anderen vielleicht sogar näherliegend scheinen mag. Das sind die sogenannten *Netze* (oder *Moore-Smith-Folgen*). Auch sie eignen sich zur Formulierung eines Konvergenzbegriffes – und was dabei herauskommt, ist sogar äquivalent zu den auf Filter gegründeten Betrachtungen, soweit es die in diesem Text dargelegten topologischen Angelegenheiten betrifft. Insofern ist es reine Geschmackssache, ob man nun mit Netzen oder mit Filtern arbeitet.

Da dies mein Text ist, entscheidet mein Geschmack.

Wir werden daher hier nur ganz kurz auf Netze eingehen – und sie im Rest der Veranstaltung nicht mehr erwähnen. Wer möchte, darf es als eine umfängliche Übungsaufgabe ansehen, alle mit Bezug auf Filter gegebenen Definitionen, Sätze & Beweise für Netze umzuschreiben – und mir meinetwegen per E-Mail mitteilen, ob das wirklich Spaß gemacht hat.

Wir erinnern uns kurz, was eine Folge in einer Menge X ist: eine Abbildung $h : \mathbb{N} \to X$ der *geordneten Menge* $(\mathbb{N}, \leq)$ der natürlichen Zahlen in X. Dabei ist es üblich, statt $h(n)$ eher h_n zu schreiben und insgesamt statt $h : \mathbb{N} \to X$ lieber $(h_n)_{n \in \mathbb{N}}$. Das hat sich eben so eingebürgert, da muß man durch. Nichtsdestotrotz ist es ja eine naheliegende Idee, statt der natürlichen Zahlen irgendeine andere Menge herzunehmen und in X abzubilden. Wollen wir Formulierungen wie „h_n geht gegen 0 für $n \to \infty$" weiterhin gebrauchen können, müssen wir uns freilich überlegen, wie wir den dazu notwendigen Teil „für $n \to \infty$" auf unsre andre Menge übertragen wollen. Es stellt sich schnell heraus, daß man dazu eine *Ordnungsstruktur* auf der fraglichen Menge benötigt.

Definition 2.2.48. Sei I eine nichtleere Menge. Eine Relation $\leq$ auf I heißt *Richtung* auf I genau dann, wenn sie reflexiv und transitiv ist, sowie der Bedingung

$$\forall x, y \in I : \exists z \in I : (x \leq z) \wedge (y \leq z)$$

genügt. Das Paar $(I, \leq)$ heißt dann auch *gerichtete Menge*.

Wir beobachten aufmerksam, daß eine Richtung nicht einmal eine Halbordnung zu sein braucht: Antisymmetrie ist nicht gefordert ... so ist etwa die Allrelation auf jeder nichtleeren Menge eine Richtung.

Definition 2.2.49. Sei X eine beliebige Menge und $(I, \leq)$ eine gerichtete Menge. Dann verstehen wir unter einem *Netz* eine Abbildung $x : I \to X$ von I in X. Statt $x(i)$ für $i \in I$ schreiben wir auch x_i und statt $x : I \to X$ auch $(x_i)_{i \in I}$. Netze werden zuweilen auch *Moore-Smith-Folgen* genannt.

Offenbar erhalten wir die gewöhnlichen Folgen für den Spezialfall, daß wir als gerichtete Menge die natürlichen Zahlen mit ihrer üblichen Ordnung einsetzen.

Konvergenz von Netzen ist ganz ähnlich wie Konvergenz von Folgen erklärt – natürlich, denn für den Spezialfall, daß ein Netz sogar eine Folge ist, soll ja auch das gleiche herauskommen:

Definition 2.2.50. Sei (X, τ) ein topologischer Raum und $(x_i)_{i \in I}$ ein Netz in X. Wir sagen, $(x_i)_{i \in I}$ *konvergiert* gegen ein Element $y \in X$ genau dann, wenn:

$$\forall U \in \tau : y \in U \Rightarrow \exists i_0 \in I : \forall i \geq i_0 : x_i \in U \,.$$

Die Definition sieht netter aus, wenn man statt „$\forall U \in \tau : y \in U \Rightarrow$“ einfach „$\forall U \in \tau \cap \dot{y}$“ schreibt, aber $\dot{y}$ ist ein Filter, und wenn man überhaupt Filter benutzt, dann braucht man keine Netze.

Auch die reellen Zahlen $\mathbb{R}$ (ebenso wie Intervalle innerhalb $\mathbb{R}$) bilden mit ihrer üblichen Ordnung $\leq$ eine gerichtete Menge. Jede Abbildung von $\mathbb{R}$ in eine Menge X ist daher ein Netz in X. Insofern haben wir hier nebenbei gleich die in der Analysis übliche Formulierung „f konvergiert von links (rechts) gegen y für $x \to x_0$“ mitdefiniert.

Definition 2.2.51. Ist $(x_i)_{i \in I}$ ein Netz in einer Menge X und $(K, \leq_K)$ eine gerichtete Menge, sowie $m : K \to I$ eine monotone Abbildung mit der Eigenschaft

$$\forall i_0 \in I : \exists k_0 \in K : \forall k \geq k_0 : m(k) \geq i_0 \,, \tag{2.11}$$

so nennen wir das Netz $(x_{m(k)})_{k \in K}$ *feiner* (bzw. ein *Teilnetz*) von $(x_i)_{i \in I}$.

Wir erinnern uns: $(x_i)_{i \in I}$ ist eine Abbildung $x : I \to X$. Unser Teilnetz $(x_{m(k)})_{k \in K}$ ist dann schlicht die Abbildung $x \circ m : K \to X$.

Hat irgendein Netz $(y_j)_{j \in J}$ die Eigenschaft (2.11) in Bezug auf $(x_i)_{i \in I}$, so heißt es *konfinal* zu $(x_i)_{i \in I}$.

Übrigens muß ein Teil*netz* einer Folge keineswegs eine Folge sein: ist z.B. $x : \mathbb{N} \to X$ irgendeine Folge, so ist mit $m : \mathbb{R} \to \mathbb{N} : m(r) := \min\{n \in \mathbb{N} \mid n \geq r\}$ offenbar $(x_{m(r)})_{r \in \mathbb{R}}$ ein Teilnetz von $(x_n)_{n \in N}$, aber eindeutig *keine Folge.*

Konvergiert ein Netz in einem topologischen Raum gegen einen Punkt, so wegen (2.11) auch jedes Teilnetz davon. Teilnetze entsprechen sozusagen den Oberfiltern.

Und ganz ähnlich wie bei Filtern gibt es auch unter den Netzen auf einer Menge so etwas wie maximale Elemente bezüglich der „feiner"-Relation: man nennt sie *ultrafeine* oder *universelle* Netze.[45] Ebenso gilt eine Charakterisierung universeller Netze, die uns von den Ultrafiltern her bekannt vorkommt:

Ein Netz $(x_i)_{i\in I}$ in einer Menge X ist genau dann ein universelles Netz, wenn

$$\forall A \subseteq X : \exists i_0 \in I : (\forall i \geq i_0 : x_i \in A) \vee (\forall i \geq i_0 : x_i \in X \setminus A)$$

gilt, d.h. wenn für jede Teilmenge A von X ein komplettes „Endstück" unsres Netzes entweder in A oder in $X \setminus A$ liegt.

Ganz genau so, wie wir es auf Seite 41 bei Folgen gemacht haben, kann man auch jedem Netz in einer Menge X einen Filter auf X zuordnen:

Ist $(x_i)_{i\in I}$ ein Netz in X, so ist die Familie

$$\{\, \{x_i |\; i \geq i_0\} \mid i_0 \in I\}$$

aller „Netz-Endstücken" eine Filterbasis auf X, der davon erzeugte Filter sei $\varphi_{x:I\to X}$. Es ist leicht zu sehen, daß $\varphi_{x:I\to X}$ in einem topologischen Raum (X, τ) genau dann gegen ein Element $y \in X$ konvergiert, wenn $(x_i)_{i\in I}$ gegen y konvergiert.

Umgekehrt kann man auch jedem Filter auf X ein Netz in X zuordnen: Ist φ ein Filter auf X, so setzen wir

$$I_\varphi := \{(P, x) |\; P \in \varphi, x \in P\}$$

und erklären darauf eine Richtung durch

$$(P_1, x_1) \leq (P_2, x_2) :\Leftrightarrow \; P_1 \supseteq P_2$$

sowie eine Abbildung

$$x_\varphi : I_\varphi \to X : x_\varphi(P, x) := x\,.$$

Diese Abbildung ist dann ein Netz $(x_i)_{i\in I_\varphi}$ in X, das genau dann gegen einen Punkt $y \in X$ konvergiert, wenn φ gegen y konvergiert.

Konstruieren wir in der angegebenen Weise aus einem Filter ein Netz und daraus wieder einen Filter, so erhalten wir unsern Ausgangsfilter zurück. Basteln wir uns andrerseits aus einem Netz $\xi := (x_i)_{i\in I}$ einen Filter $\varphi_{x:I\to X}$ und daraus wiederum ein

45 Maximal kann hier offensichtlich nicht heißen, daß jedes feinere Netz *gleich* unsrem universellen ist – sondern, daß ein universelles Netz $(x_i)_{i\in I}$ *selbst auch* feiner ist als jedes Netz $(y_j)_{j\in J}$, das feiner als $(x_i)_{i\in I}$ ist.

Netz $\nu := (x_i)_{i \in I_{\varphi_{x:I\to X}}}$, so erhalten wir nicht notwendig wieder unser Ausgangsnetz zurück – aber immerhin ist ξ feiner als ν und auch ν feiner als ξ.[46]

Lösungsvorschläge

1 Seien $x \in X$ und $\varepsilon > 0$ gegeben. Wir setzen $\delta := \frac{\varepsilon}{2}$ und finden

$$\begin{aligned}
\forall y \in U(x,\delta) : \forall a \in A \quad &: \quad d(y,a) \leq d(y,x) + d(x,a) \wedge d(x,a) \leq d(y,x) + d(y,a) \\
&: \quad d(y,a) \leq \frac{\varepsilon}{2} + d_A(x) \quad \wedge \quad d_A(x) \leq \frac{\varepsilon}{2} + d(y,a) \\
&: \quad d(y,a) \leq \frac{\varepsilon}{2} + d_A(x) \quad \wedge \quad d_A(x) - \frac{\varepsilon}{2} \leq d(y,a) \\
&: \quad d_A(x) - \frac{\varepsilon}{2} \leq d(y,a) \leq d_A(x) + \frac{\varepsilon}{2}\,.
\end{aligned}$$

Das liefert $d_A(x) - \frac{\varepsilon}{2} \leq \inf_{a \in A} d(y,a) \leq d_A(x) + \frac{\varepsilon}{2}$ und folglich $d_A(x) - \varepsilon < d_A(y) < d_A(x) + \varepsilon$ für alle $y \in U(x,\delta)$, also $d_A(U(x,\delta)) \subseteq U(d_A(x),\varepsilon)$. Mithin ist d_A gemäß Definition 2.1.13 stetig.

2 Ja. Wir können z.B. $\mathbb{R}$ mit euklidischer Topologie τ_e heranziehen und ein Element $i \notin \mathbb{R}$ zu $\mathbb{R}$ hinzufügen: $X := \mathbb{R} \cup \{i\}$. Dann ergänzen wir noch die Topologie: $\tau := \tau_e \cup \{X\}$. In dem erhaltenen topologischen Raum (X,τ) konvergiert *jeder* Filter gegen i, da X die einzige offene Umgebung von i ist. Freilich hat z.B. der Hauptfilter $[\mathbb{R}]$ ziemlich viele Berührungspunkte, gegen die er nicht konvergiert.

3 Wir setzen $\tau := \{O \in \mathfrak{P}(X) |\ k(X \setminus O) = X \setminus O\}$. Zunächst prüfen wir, daß τ tatsächlich eine Topologie ist: Wegen $X \subseteq k(X)$ muß $k(X) = X$ und folglich $\emptyset \in \tau$ gelten. Analog folgt aus $k(\emptyset) = \emptyset$ sofort $X \in \tau$. Sind $U, V \in \tau$, so haben wir $k(X \setminus U) = X \setminus U$ und $k(X \setminus V) = X \setminus V$, also nach (3) auch $k(X \setminus (U \cap V)) = k((X \setminus U) \cup (X \setminus V)) = (X \setminus U) \cup (X \setminus V) = X \setminus (U \cap V)$ und folglich $U \cap V \in \tau$. Ist ferner eine beliebige Familie $(O_i)_{i \in I}$ mit $\forall i \in I : O_i \in \tau$ gegeben, so heißt das ja $\forall i \in I : k(X \setminus O_i) = X \setminus O_i$. Für jedes $j \in I$ haben wir nun $\bigcap_{i \in I}(X \setminus O_i) \subseteq X \setminus O_j$, also[47] auch $\forall j \in I : k\left(\bigcap_{i \in I}(X \setminus O_i)\right) \subseteq k(X \setminus O_j) = X \setminus O_j$ und daher $k\left(\bigcap_{i \in I}(X \setminus O_i)\right) \subseteq \bigcap_{i \in I}(X \setminus O_i)$. Umgekehrt folgt $k\left(\bigcap_{i \in I}(X \setminus O_i)\right) \supseteq \bigcap_{i \in I}(X \setminus O_i)$ direkt aus (2), so daß wir wegen $\bigcap_{i \in I}(X \setminus O_i) = X \setminus \left(\bigcup_{i \in I} O_i\right)$ auf $\bigcup_{i \in I} O_i \in \tau$ schließen können.

$k = h_\tau$ folgt nun einfach daraus, daß eine Menge $A \subseteq X$ nach Konstruktion von τ genau dann abgeschlossen ist, wenn $k(A) = A$ gilt. Mit Proposition 2.2.14(9) ergibt das nämlich $\forall M \in \mathfrak{P}(X) : h_\tau(M) = \bigcap_{A \supseteq M, k(A)=A} A$, wobei wir sicher $M \subseteq \bigcap_{A \supseteq M, k(A)=A} A$ und folglich wegen (2) auch $k(M) \subseteq k\left(\bigcap_{A \supseteq M, k(A)=A} A\right) \subseteq \bigcap_{A \supseteq M, k(A)=A} k(A) = \bigcap_{A \supseteq M, k(A)=A} A$ haben, also $k(M) \subseteq h_\tau(M)$. Überdies ist $k(M)$

---

46 Überhaupt interessiert man sich ja in Wahrheit eigentlich nur für *Klassen von Netzen*, die in diesem Sinne „gleichfein“ sind, schlägt sich aber dauernd mit einzelnen Repräsentanten rum. Das ist noch so ein Grund, warum ich persönlich lieber mit Filtern arbeite.

47 Wie man aus (3) schnell ersieht, folgt aus $A \subseteq B$ stets $k(A) \subseteq k(B)$!)

wegen (4) abgeschlossen bezüglich τ und umfaßt M, woraus sofort $h_\tau(M) = \bigcap_{A\supseteq M, k(A)=A} A \subseteq k(M)$ folgt.

4 Nein, kann man nicht.
Es können maximal 14 verschiedene Mengen herauskommen. Das ist ein Ergebnis von Kuratowski, [17], das schon wegen des Auftretens der sonst so zurückhaltenden Zahl 14 einige Verwunderung auslöst und bis heute etliche Mathematiker beschäftigt, die sich um Verallgemeinerungen von Kuratowskis Resultat kümmern. Kommen wir aber zum Beweis:

Sei (X, τ) ein beliebiger topologischer Raum und $M \subseteq X$ eine beliebige Teilmenge von X. Der leichteren Schreibweise wegen verwenden wir hier mal kleine Buchstaben a, c zur Bezeichnung der Operationen Abschluß- und Komplementbildung:

$$a : \mathfrak{P}(X) \to \mathfrak{P}(X) : B \to \overline{B} \text{ und } c : \mathfrak{P}(X) \to \mathfrak{P}(X) : B \to X \setminus B$$

Wir beobachten zunächst, daß wir uns wegen $aa = a$ und $cc = \mathbf{1}_{\mathfrak{P}(X)}$ auf die Betrachtung *strikt abwechselnder* Anwendungen unsrer Abbildungen beschränken können.
Für beliebige Teilmengen $B \subseteq X$ haben wir

$$\begin{aligned} cac(B) &= X \setminus \overline{(X \setminus B)}\text{, also nach 2.2.12(1)} \\ cac(B) &= X \setminus (X \setminus int(B)) \\ cac(B) &= int(B) \end{aligned} \tag{2.12}$$

Inbesondere bedeutet dies $cac(B) \subseteq B$ für alle Teilmengen B nach 2.2.13(1), speziell also auch für $a(M)$. Wir haben also

$$\begin{aligned} cac(a(M)) &\subseteq a(M)\text{, und Abschlußbildung liefert wegen 2.2.14(5),(3):} \\ acaca(M) &\subseteq a(M)\text{, Komplementbildung kehrt die Inklusion um:} \\ cacaca(M) &\supseteq ca(M)\text{, und Abschlußbildung erhält die Inklusion:} \\ acacaca(M) &\supseteq aca(M) \end{aligned} \tag{2.13}$$

Andrerseits gilt wegen (2.12) natürlich auch $cac(aca(M)) \subseteq aca(M)$, woraus durch Abschlußbildung

$$acacaca(M) \subseteq aaca(M) = aca(M)$$

folgt, was zusammen mit (2.13) nun $acacaca(M) = aca(M)$ liefert. Die Abbildungen $acacaca$ und aca sind also gleich, d.h. in jeder strikt abwechselnden Anwendungsfolge können wir $acacaca$ durch aca ersetzen, ohne die Wirkung zu verändern. Demnach können höchstens noch die Abbildungen $\mathbf{1}_{\mathfrak{P}(X)}$, a, c, ac, ca, aca, cac, $acac$, $caca$, $acaca$, $cacac$, $acacac$, $cacaca$, $cacacac$ voneinander verschiedene Bilder liefern, wie man leicht einsieht, da so eine strikt alternierende Anwendungsfolge durch ihre Länge und den Anfangsbuchstaben eindeutig bestimmt ist. Jede Abfolge mit 8 oder mehr Anwendungen würde unser $acacaca$ enthalten und könnte daher so lange gekürzt werden, bis weniger als 8 Anwendungen vorkommen, die einzige Abfolge mit 7 Anwendungen, die $acacaca$ nicht enthält, haben wir mit angegeben und alle kürzeren sowieso.

Tatsächlich ist die Schranke 14 scharf – sogar in $\mathbb{R}$ mit euklidischer Topologie kann man Mengen angeben, die insgesamt 14 verschiedene Bilder liefern (wobei, wie ja oben ersichtlich ist, das Bild unter $\mathbf{1}_{\mathfrak{P}(X)} = cc$ mitgezählt wird). Beispielsweise klappt das mit der Menge

$$\left\{\frac{1}{n} \mid n \in \mathbb{N}^+\right\} \cup (2,3) \cup (3,4) \cup \left\{\frac{9}{2}\right\} \cup [5,6] \cup (\mathbb{Q} \cap [7,8))\ ,$$

wie ein jeder gerne nachrechnen kann. (Siehe [26], Beispiel 32.)

5 Wir können für (X, τ) hier $\mathbb{R}$ mit euklidischer Topologie wählen. Als Subbasis nehmen wir die Familie

$$\mathfrak{S} := \{(-\infty, b), (a, \infty) | \; a, b \in \mathbb{R}\}$$

und setzen $G := \mathbb{Z} \subseteq \mathbb{R}$.

6 Wähle z.B. $X := \mathbb{R}$ und $\tau := \{\emptyset\} \cup \{A \subseteq \mathbb{R} | \; 0 \in A\}$. τ ist offensichtlich eine Topologie auf $\mathbb{R}$ und ebenso offensichtlich ist $\overline{\{0\}} = \mathbb{R}$, so daß die einpunktige Menge $\{0\}$ dicht in (X, τ) liegt. Andrerseits sind auch alle Mengen der Gestalt $\{0, x\}$ mit $x \in \mathbb{R}$ offen, die Mengen $\{x\}$ für $x \neq 0$ aber nicht, so daß einer eventuellen Basis von τ alle diese Mengen angehören müssen. Das sind aber schon überabzählbar viele.

3 Einige topologische Konstruktionen

> Phantasie haben heißt nicht, sich etwas auszudenken;
> es heißt, sich aus den Dingen etwas machen.
>
> Thomas Mann

Wir werden uns hier damit befassen, aus vorhandenen topologischen Räumen neue zu gewinnen. Implizit haben wir das zuweilen schon gemacht, indem wir etwa Teilmengen der reellen Zahlen mit euklidischer Topologie betrachtet hatten, obwohl wir die euklidische doch als eine Topologie auf der *gesamten* Menge $\mathbb{R}$ definiert hatten. Dahinter steckte eine intuitive Vorstellung von *Teilräumen*, die wir freilich noch nicht zu präzisieren brauchten, da wir uns darauf herausreden konnten, die euklidische Topologie auf einer Teilmenge von $\mathbb{R}$ würden wir uns einfach als die von der euklidischen Metrik auf der betreffenden Teilmenge erzeugte Topologie vorstellen. Hier werden wir den Begriff des Teilraumes und einige andere wichtige Konstruktionen wie etwa Produkt- und Quotientenräume im topologischen Sinne behandeln.

3.1 Initiale und finale Topologien

Ich bitte nun um Aufmerksamkeit für einen der wesentlichen Stützpfeiler nicht nur der Theorie der topologischen Räume, sondern auch vieler anderer „Raum"-Konzepte der Allgemeinen Topologie.

Definition 3.1.1. (1) Sei X eine Menge, I eine Klasse und für jedes $i \in I$ sei (Y_i, σ_i) ein topologischer Raum sowie $f_i : X \to Y_i$ eine Funktion. Dann nennen wir die gröbste Topologie τ auf X, für die alle $f_i, i \in I$ stetig sind, die *initiale Topologie* bezüglich aller $(Y_i, \sigma_i), f_i, i \in I$.

(2) Ist Y eine Menge, I eine Klasse und für jedes $i \in I$ ein topologischer Raum (X_i, τ_i) sowie eine Funktion $f_i : X_i \to Y$ gegeben, so nennen wir die feinste Topologie σ auf Y, für die alle f_i stetig sind, die *finale Topologie* bezüglich aller $(X_i, \tau_i), f_i, i \in I$.

Zu gegebenen $(Y_i, \sigma_i), f_i : X \to Y_i, i \in I$ ist die Familie aller derjenigen Topologien auf X, für die alle f_i stetig sind, jedenfalls nicht leer: die diskrete Topologie auf X liegt da auf jeden Fall drin. Analog ist bezüglich gegebener $(X_i, \tau_i), f_i : X_i \to Y, i \in I$ die indiskrete Topologie auf Y stets eine, für die alle f_i stetig sind. Außerdem hatten wir im Anschluß an Satz 2.2.22 gesehen, daß *jede* Familie von Topologien auf einer Menge sowohl ein Infimum als auch ein Supremum besitzt.

Das sichert freilich noch nicht, daß dieses Infimum (bzw. Supremum) auch selbst in der Familie derjenigen Topologien auf X (resp. Y) liegt, bezüglich derer alle f_i stetig sind.[48] Wir haben also die Zweckmäßigkeit unsrer Definition 3.1.1 durch einen Existenzbeweis zu untermauern. Erfreulicherweise gelingt sogar eine direkte Beschreibung der initialen und finalen Topologien.

Proposition 3.1.2. *Zu gegebenen (Y_i, σ_i), $f_i : X \to Y_i, i \in I$ ist genau die von der Subbasis*

$$\mathfrak{S} := \{f_i^{-1}(O_i) | \; i \in I, O_i \in \sigma_i\} \cup \{X\}$$

erzeugte Topologie die gröbste Topologie auf X, bezüglich derer alle f_i stetig sind.

Beweis. Zunächst müssen wir uns um die Subbasiseigenschaft laut Satz 2.2.22 keine Sorgen machen[49]. Jede Topologie, bezüglich derer alle f_i stetig sind, muß $\mathfrak{S}$ als Teilmenge enthalten (Definition der Stetigkeit!), folglich ist jede Topologie auf X, bezüglich derer alle f_i stetig sind, feiner als die von $\mathfrak{S}$ erzeugte.

Andrerseits sind bezüglich der von $\mathfrak{S}$ erzeugten Topologie offensichtlich alle f_i stetig – die Urbilder der offenen Mengen liegen ja schon in $\mathfrak{S}$.
Mithin ist sie die gröbste dieser Art. ∎

Proposition 3.1.3. *Zu gegebenen (X_i, τ_i), $f_i : X_i \to Y, i \in I$ ist genau die Familie*

$$\sigma := \{O \subseteq Y | \; \forall i \in I : f_i^{-1}(O) \in \tau_i\}$$

die feinste Topologie auf Y, bezüglich derer alle f_i stetig sind.

Beweis. Zunächst verifiziert man schnell, daß σ tatsächlich eine Topologie auf Y ist[50]: $\emptyset$ und Y sind wegen $f_i^{-1}(\emptyset) = \emptyset$ und $f_i^{-1}(Y) = X_i$ zweifellos Elemente von σ; sind $A, B \in \sigma$, so gilt wegen $\forall i \in I : f_i^{-1}(A \cap B) = f_i^{-1}(A) \cap f_i^{-1}(B)$ auch $A \cap B \in \sigma$; wegen $\forall i \in I : f_i^{-1}(\bigcup_{A \in \mathfrak{A}} A) = \bigcup_{A \in \mathfrak{A}} f_i^{-1}(A)$ ist zu jeder Teilmenge $\mathfrak{A}$ von σ deren Vereinigung wieder ein Element von σ.

Weiterhin ist nach Konstruktion von σ unmittelbar klar, daß alle f_i stetig sind. Zu zeigen bleibt, daß σ die feinste Topologie auf Y mit dieser Eigenschaft ist. Sei also σ'

---

48 Wir beachten an dieser Stelle kurz, daß wir in der Definition 3.1.1 auch *echte Klassen* von topologischen Räumen und Funktionen zugelassen haben. Das bedeutet selbstverständlich *nicht*, wie von manchen vielleicht erschrocken befürchtet werden könnte, daß wir uns womöglich mit *Unmengen* von Topologien auf der jeweils mit einer solchen auszurüstenden Menge herumzuschlagen hätten: Die Klasse *aller* Topologien auf einer Menge X ist als Teilklasse von $\mathfrak{P}(\mathfrak{P}(X))$ nämlich eine Menge und somit erst recht die Teilklasse aller derjenigen Topologien, bezüglich derer alle unsre f_i stetig sind.

49 Solange $I \neq \emptyset$ gilt, ist auch die etwas künstlich anmutende Hinzufügung von X zu $\mathfrak{S}$ überflüssig – in diesem Fall haben wir ja stets $X = f_j^{-1}(Y_j), j \in I$ und damit $X \in \{f_i^{-1}(O_i) | \; i \in I, O_i \in \sigma_i\}$. Nur bei leerer Indexklasse I brauchen wir diesen Zusatz. Wir erhalten dann die indiskrete Topologie auf X, mithin die absolut gröbste und damit sicher gröbste Topologie auf X bezüglich derer *alle* Funktionen $f_i, i \in \emptyset$ stetig sind.

50 In diesem Falle macht auch die leere Indexklasse keine Probleme – wir erhalten dann einfach die diskrete Topologie auf Y, denn es gilt ja für *jede* Teilmenge $O \subseteq Y$ stets $\forall i \in \emptyset : f_i^{-1}(O) \in \tau_i$.

irgendeine Topologie mit dieser Eigenschaft. Da alle f_i bezüglich σ' stetig sein sollen, folgt sofort $\forall O \in \sigma' : \forall i \in I : f_i^{-1}(O) \in \tau_i$ und damit $\forall O \in \sigma' : O \in \sigma$, also $\sigma' \subseteq \sigma$. ■

Ab jetzt dürfen wir also sicher sein, daß eine finale (bzw. initiale) Topologie zu gegebenen Räumen und Abbildungen stets existiert und insbesondere auch *eindeutig bestimmt* ist. Wir wollen diese Strukturen nun noch durch jeweils eine etwas abstraktere, wichtige Eigenschaft charakterisieren.

Lemma 3.1.4. *Seien ein topologischer Raum* (X, τ) *und seien* (Y_i, σ_i), $f_i : X \to Y_i, i \in I$ *gegeben. Dann sind äquivalent:*
(1) *τ ist die initiale Topologie bezüglich* (Y_i, σ_i), $f_i : X \to Y_i, i \in I$.
(2) *Für alle topologischen Räume* (Z, ξ) *und alle Funktionen* $g : (Z, \xi) \to (X, \tau)$ *gilt, daß* g *genau dann stetig ist, wenn alle Kompositionen* $f_i \circ g$ *stetig sind.*

$$Z \xrightarrow{\quad g \quad} X \xrightarrow{\quad f_i \quad} Y_i$$

Beweis. „(1)⇒(2)“: Daß bezüglich der initialen Topologie alle f_i stetig sind, haben wir laut Definition. Ist nun noch g stetig, so folgt die Stetigkeit aller Kompositionen $f_i \circ g$ nach Korollar 2.2.42.

Seien also umgekehrt alle Kompositionen $f_i \circ g$ für gegebenes $g : (Z, \xi) \to (X, \tau)$ stetig. Das heißt ja: $\forall i \in I : \forall O_i \in \sigma_i : (f_i \circ g)^{-1}(O_i) = g^{-1}(f_i^{-1}(O_i)) \in \xi$. Das bedeutet aber, daß für jedes Element S der Menge $\mathfrak{S} := \{f_i^{-1}(O_i) \mid i \in I, O_i \in \sigma_i\}$ das Urbild $g^{-1}(S)$ offen bezüglich ξ ist. Nun ist freilich laut Proposition 3.1.2 $\mathfrak{S}$ eine Subbasis der initialen Topologie τ, so daß g nach Proposition 2.2.36 stetig ist.

„(2)⇒(1)“: Gelte (2) mit der Topologie τ auf X. Sei dann τ' die initiale Topologie auf X für die gegebenen (Y_i, σ_i), $f_i : X \to Y_i, i \in I$. Wir wissen, daß bezüglich der initialen Topologie nach Definition alle f_i stetig sind. Wegen (2) ist dann aber auch $\mathbf{1}_X : (X, \tau') \to (X, \tau)$ stetig, denn alle Kompositionen $f_i = f_i \circ \mathbf{1}_X$ sind es. Das ergibt $\tau \subseteq \tau'$. Andrerseits ist natürlich $\mathbf{1}_X : (X, \tau) \to (X, \tau)$ stetig, daher auch alle Kompositionen $f_i = f_i \circ \mathbf{1}_X$. Da jedoch die initiale Topologie τ' die gröbste Topologie ist, bezüglich derer alle f_i stetig sind, folgt $\tau' \subseteq \tau$, insgesamt also $\tau = \tau'$. ■

Lemma 3.1.5. *Seien ein topologischer Raum* (Y, σ) *und seien* (X_i, τ_i), $f_i : X_i \to Y, i \in I$ *gegeben. Dann sind äquivalent:*
(1) *σ ist die finale Topologie bezüglich* (X_i, τ_i), $f_i : X_i \to Y, i \in I$.
(2) *Für alle topologischen Räume* (Z, ξ) *und alle Funktionen* $g : (Y, \sigma) \to (Z, \xi)$ *gilt, daß* g *genau dann stetig ist, wenn alle Kompositionen* $g \circ f_i$ *stetig sind.*

$$X_i \xrightarrow{\quad f_i \quad} Y \xrightarrow{\quad g \quad} Z$$

Beweis. „(1)⇒(2)“: Seien (Z, ξ) und $g : Y \to Z$ gegeben. Dann folgt aus der Stetigkeit von g die Stetigkeit aller Kompositionen mit den f_i wieder ganz einfach aus Korollar 2.2.42. Seien also stattdessen erstmal alle Kompositionen $g \circ f_i, i \in I$ stetig. Dann haben wir $\forall O \in \xi : \forall i \in I : f_i^{-1}(g^{-1}(O)) \in \tau_i$. Nach Proposition 3.1.3 bedeutet das gerade, daß alle $g^{-1}(O), O \in \xi$ Elemente der als final vorausgesetzten Topologie σ sind, so daß g also stetig ist.

„(2)⇒(1)“: Gelte Bedingung (2) für σ und sei σ' die finale Topologie für die gegebenen $(X_i, \tau_i), f_i : X_i \to Y, i \in I$. Bezüglich der finalen Topologie sind alle f_i stetig, betrachten wir daher die identische Abbildung $\mathbf{1}_Y : (Y, \sigma) \to (Y, \sigma')$, so sind insbesondere alle Kompositionen $\mathbf{1}_Y \circ f_i = f_i$ stetig, daher wegen (2) auch $\mathbf{1}_Y$ bezüglich dieser Topologien. Das liefert $\sigma' \subseteq \sigma$. Andrerseits ist natürlich $\mathbf{1}_Y : (Y, \sigma) \to (Y, \sigma)$ stetig und somit nach (2) auch sämtliche Kompositionen $\mathbf{1}_Y \circ f_i = f_i$ bezüglich dieser Topologien. Nun ist freilich die finale Topologie σ' die feinste, bezüglich derer alle f_i stetig sind, also $\sigma' \supseteq \sigma$. ■

Aufgabe 1 Seien (X, τ) und (Y, σ) topologische Räume und sei $f : X \to Y$ eine Funktion.

(a) Sei (X, τ) initial bezüglich $f, (Y, \sigma)$. Untersuche, ob und ggf. unter welchen Bedingungen (Y, σ) final bezüglich $(X, \tau), f$ ist.

(b) Sei (Y, σ) final bezüglich $(X, \tau), f$. Untersuche, ob und ggf. unter welchen Bedingungen (X, τ) initial bezüglich $f, (Y, \sigma)$ ist.

Wir wollen beachten, daß durch die Lemmata 3.1.4 bzw. 3.1.5 die initialen bzw. finalen Topologien ohne jeden Umweg über Grob- und Feinheiten schlicht durch *Stetigkeit von Abbildungen* beschrieben sind. Das ist ein weiterführendes Motiv, das auch in vielen anderen Strukturen als nur in topologischen Räumen Früchte trägt!

Die folgenden – möglicherweise geläufigeren oder wenigstens anschaulicheren – Konstruktionen sind Spezialfälle initialer bzw. finaler Strukturen, wie wir sehen werden.

3.1.1 Spurtopologie

Definition 3.1.6. Sei (X, τ) ein topologischer Raum und $A \subseteq X$. Dann nennen wir die durch

$$\tau_{|A} := \{O \cap A \mid O \in \tau\}$$

beschriebene Topologie auf A die *Spurtopologie* von τ in A. Der topologische Raum $(A, \tau_{|A})$ wird dann auch ein *Unterraum* von (X, τ) genannt.

Proposition 3.1.7. *Ist (X, τ) ein topologischer Raum und $A \subseteq X$, so ist die Spurtopologie $\tau_{|A}$ die initiale Topologie auf A bezüglich der Injektion*

$$i_A : A \to X : i_A(a) = a\,.$$

Beweis. Unter Beachtung des Umstandes, daß für jede Teilmenge $O \subseteq X$ stets $i_A^{-1}(O) = O \cap A$ gilt, folgt die Behauptung sofort aus Proposition 3.1.2. ■

Ist (X, τ) ein topologischer Raum, $A \subseteq X$ eine Teilmenge von X und φ ein Filter auf A, der im Sinne der Spurtopologie $\tau_{|A}$ gegen einen Punkt $a \in A$ konvergiert, so konvergiert er[51] wegen der Stetigkeit der kanonischen Injektion natürlich auch im Sinne von τ gegen $a \in X$. Umgekehrt muß ein Filter auf X, der A enthält und im Sinne von τ gegen ein $x \in X$ konvergiert, im Sinne der Spurtopologie durchaus nicht gegen x konvergieren – einfach deshalb, weil ja x außerhalb von A liegen kann; ist freilich das betreffende x auch Element von A, so konvergiert der fragliche Filter notwendigerweise auch im Sinne der Spurtopologie gegen x, wie man sich anhand der offenen Umgebungen von x in $(A, \tau_{|A})$ schnell klarmacht. Eine völlige Übereinstimmung im Konvergenzverhalten von Filtern auf einem Unterraum mit ihrem Konvergenzverhalten im Gesamtraum besteht folglich *genau* für die *abgeschlossenen Unterräume.*

Proposition 3.1.8. *Sind $(X, \tau), (Y, \sigma)$ topologische Räume, $A \subseteq X$ und $f : (X, \tau) \to (Y, \sigma)$ stetig, so ist auch die eingeschränkte Funktion $f_{|A} : (A, \tau_{|A}) \to (Y, \sigma)$ stetig.*

Beweis. Wir haben ja $f_{|A} = f \circ i_A$, wobei die Injektion $i_A : A \to X : i_A(a) = a$ stetig wegen der Initialität von $\tau_{|A}$ ist. Somit ist nach Korollar 2.2.42 auch obige Komposition stetig. ■

Aufgabe 2 Sei (X, d) ein metrischer Raum und $A \subseteq X$. Sei ferner τ die von d auf X erzeugte Topologie. Zeige, daß die von der auf $A \times A$ eingeschränkten Metrik $d_{|A\times A}$ auf A erzeugte Topologie τ' mit der Spurtopologie $\tau_{|A}$ übereinstimmt.

Proposition 3.1.9. *Seien $(X, \tau), (Y, \sigma)$ topologische Räume, $A_1, \ldots, A_n$ sei eine endliche Familie abgeschlossener Teilmengen von X mit $\bigcup_{k=1}^{n} A_k = X$ und $(O_j)_{j\in J}$ sei eine beliebige Familie von offenen Teilmengen von X mit $\bigcup_{j\in J} O_j = X$. Ferner sei eine Funktion $f : X \to Y$ gegeben. Es gelten:*

(1) *f ist genau dann stetig, wenn für alle $k = 1, \ldots, n$ die Einschränkung $f_{|A_k} \to Y$ stetig ist.*

(2) *f ist genau dann stetig, wenn für alle $j \in J$ die Einschränkung $f_{|O_j} \to Y$ stetig ist.*

Beweis. **Aufgabe 3** ■

Zusatz: Warum kann auf die Endlichkeitsbedingung in (1) nicht verzichtet werden?

Definition 3.1.10. Sind $(X, \tau), (Y, \sigma)$ topologische Räume, so heißt eine Funktion $f : X \to Y$ *Einbettung* von X in Y genau dann, wenn $f : X \to f(X)$ ein Homöomorphismus bezüglich τ und $\sigma_{|f(X)}$ ist.

51 Streng genommen, ist der hier gemeinte Filter auf X ein *anderer* als der auf A, da er z.B. X enthält, was ein Filter auf A nicht kann, falls nicht grade $A = X$ gilt. Man möge mir die kleine Unkorrektheit verzeihen, die ich begehe, wenn ich einen Filter auf $A \subseteq X$ mit dem von ihm als Basis erzeugten Filter auf X *identifiziere.* Es hat nämlich im Rahmen unseres Themas absolut keinen Sinn, zwischen diesen beiden großartig zu unterscheiden. Einige Autoren umgehen das Problem dadurch, daß sie generell mit Filterbasen statt Filtern arbeiten – das macht allerdings etliche Formulierungen sinnlos umständlich und gefällt mir daher nicht.

Aufgabe 4 Seien $(X, \tau), (Y, \sigma)$ topologische Räume und $f : X \to Y$ eine Funktion. Zeige: f ist genau dann eine Einbettung, wenn f injektiv und τ die initiale Topologie auf X bezüglich $(Y, \sigma), f : X \to Y$ ist.

3.1.2 Quotiententopologie

Definition 3.1.11. Sei (X, τ) ein topologischer Raum, Y eine Menge und $f : X \to Y$ eine Funktion. Dann nennen wir die finale Topologie σ_f auf Y bezüglich $(X, \tau), f$ die *Quotiententopologie* auf Y bezüglich $(X, \tau), f$.

Sind $(X, \tau), (Y, \sigma)$ topologische Räume, $f : X \to Y$ eine *surjektive* Funktion und ist σ die Quotiententopologie bezüglich $(X, \tau), f$, so nennen wir f eine *Quotientenabbildung*.

Ist (X, τ) ein topologischer Raum und R eine Äquivalenzrelation auf X, sowie

$$\omega_R : X \to X/R : \omega(x) := [x]_R$$

die kanonische Surjektion von X auf die Menge X/R der Äquivalenzklassen von X nach R, so bezeichnen wir die mit der Quotiententopologie τ_R bezüglich $(X, \tau), \omega_R$ versehene Menge X/R als *Quotientenraum* oder schlicht als Quotienten von (X, τ) (bezüglich R).

Sind (X, τ) ein topologischer Raum und R eine Äquivalenzrelation auf X, so ist eine Teilmenge M des Quotientenraumes $(X/R, \tau_R)$ (also eine Menge von Äquivalenzklassen bezüglich R) genau dann offen, wenn deren Vereinigung offen in X ist.

Nun wissen wir, daß für gegebene Mengen X, Y jede Funktion $f : X \to Y$ eine Äquivalenzrelation $R_f := \{(x_1, x_2) \in X \times X |\ f(x_1) = f(x_2)\}$ auf X induziert. Damit freilich können wir ein topologisches Analogon zum Homomorphiesatz der Gruppentheorie formulieren:

Lemma 3.1.12. *Seien $(X, \tau), (Y, \sigma)$ topologische Räume und $f : X \to Y$ eine Quotientenabbildung. Dann ist $(X/R_f, \tau_{R_f})$ homöomorph zu (Y, σ).*

Beweis. Zunächst ist f als Quotientenabbildung surjektiv und σ die finale Topologie auf Y bezüglich $(X, \tau), f$. Wir definieren die Abbildung $s : X/R_f \to Y$ durch $s([x]_{R_f}) := f(x), x \in X$, was infolge der Beschaffenheit der Äquivalenzklassen bezüglich R_f als vollständige Urbilder einzelner Elemente von Y bezüglich f wohldefiniert ist. Da schon f surjektiv ist, ist es natürlich auch s. Überdies ist s injektiv, da zu gleichen Elementen von Y natürlich dasselbe vollständige Urbild bezüglich f gehört. Somit ist s bijektiv und folglich ein heißer Kandidat für einen Homöomorphismus. Wir sehen leicht, daß $f = s \circ \omega_{R_f}$ gilt. Da nun f als Quotientenabbildung (weil also σ final bezüglich f ist) stetig ist, ist $s \circ \omega_{R_f}$ stetig, folglich (weil τ_{R_f} final bezüglich ω_{R_f} ist) ist s stetig. Weiterhin folgt aus $f = s \circ \omega_{R_f}$ nun sofort $s^{-1} \circ f = \omega_{R_f}$. Da ω_{R_f} immer noch stetig ist, und σ final bezüglich f, muß somit auch s^{-1} stetig sein. ∎

Lemma 3.1.13. *Sei (X, τ) ein topologischer Raum, R eine Äquivalenzrelation auf X, sei ω_R die kanonische Surjektion und sei $(X/R, \tau_R)$ der Quotientenraum bezüglich R. Dann gilt:*

(1) *Für jeden topologischen Raum (Y, σ) und jede stetige Abbildung $f : X \to Y$, die mit R verträglich ist (d.h. $\forall (a, b) \in R : f(a) = f(b)$), existiert genau eine stetige Abbildung $\overline{f} : X/R \to Y$ mit $f = \overline{f} \circ \omega_R$.*

(2) *Bis auf Isomorphie ist $\omega_R, (X/R, \tau_R)$ das einzige Paar aus surjektiver verträglicher Abbildung und topologischem Raum mit der Eigenschaft (1).*

Beweis. **Aufgabe** 5 ■

Proposition 3.1.14. *Jede surjektive, stetige und offene (bzw. abgeschlossene) Abbildung $f : X \to Y$ zwischen topologischen Räumen (X, τ) und (Y, σ) ist eine Quotientenabbildung. Eine Quotientenabbildung muß aber nicht notwendig offen (bzw. abgeschlossen) sein.*

Beweis. **Aufgabe** 6 ■

Seien X, Y Mengen und $f : X \to Y$ eine Funktion. Eine Teilmenge $A \subseteq X$ heißt *saturiert* (bezüglich f) genau dann, wenn es eine Teilmenge $B \subseteq Y$ gibt, so daß $A = f^{-1}(B)$ gilt.

Proposition 3.1.15. *Seien $(X, \tau), (Y, \sigma)$ topologische Räume und $f : X \to Y$ eine Quotientenabbildung. Seien ferner $A \subseteq X$ und $B \subseteq Y$. Dann gelten*

(1) *B ist genau dann abgeschlossen in Y, wenn $f^{-1}(B)$ abgeschlossen in X ist.*

(2) *Ist A abgeschlossen und saturiert (bzgl. f), dann ist $f(A)$ abgeschlossen.*

Beweis. Zu (1): Aus der Abgeschlossenheit von B folgt die Abgeschlossenheit von $f^{-1}(B)$ einfach wegen der Stetigkeit von f (Satz 2.2.37). Sei also umgekehrt $f^{-1}(B)$ als abgeschlossen vorausgesetzt. Dann ist $f^{-1}(Y \setminus B) = X \setminus f^{-1}(B)$ offen. Nach Proposition 3.1.3 ist dann aber auch $Y \setminus B$ offen bezüglich der Topologie σ, die ja als final bezüglich $(X, \tau), f$ vorausgesetzt war. Folglich ist B abgeschlossen.
Zu (2): Ist A saturiert, existiert also $B \subseteq Y$ mit $A = f^{-1}(B)$, so daß dieses $f^{-1}(B)$ abgeschlossen ist. Nach (1) ist dann freilich auch $f(A) = f(f^{-1}(B))$ abgeschlossen. ■

3.1.3 Produkte und Coprodukte

Definition 3.1.16. Sei I eine *Menge* und für jedes $i \in I$ sei (X_i, τ_i) ein topologischer Raum. Dann nennen wir die durch die Subbasis

$$\mathfrak{S} := \left\{ \prod_{i \in I} O_i \;\middle|\; (\forall i \in I : O_i \in \tau_i) \wedge (\exists i_0 \in I : \forall i \neq i_0 : O_i = X_i) \right\},$$

also die Familie aller derjenigen Produkte offener Mengen aus den jeweiligen Räumen, bei denen höchstens ein Faktor *nicht* gleich dem jerweiligen Gesamtraum ist, definierte Topologie $\prod_{i \in I} \tau_i$ die *Produkttopologie* auf $\prod_{i \in I} X_i$ bezüglich der gegebenen Räume (X_i, τ_i).

Bei endlichen Indexmengen I stimmt das so definierte Produkt natürlich mit dem „intuitiven" überein: Eine Basis bilden darin genau die (naturgemäß endlichen) Produkte offener Teilmengen der Grundräume.

Offensichtlich sind auch allgemein die endlichen Durchschnitte von Elementen aus $\mathfrak{S}$, die ja eine Basis der Produkttopologie formen, gerade diejenigen Produkte offener Teilmengen der X_i, bei denen jeweils nur *endlich viele* der beteiligten Faktoren vom jeweiligen Gesamtraum verschieden sind.

Das hat zuweilen erstaunliche Auswirkungen:

Beispiel 3.1.17. Sei das Intervall $[0,1] \subseteq \mathbb{R}$ ausgestattet mit euklidischer Topologie τ. Wir betrachten die Menge $[0,1]^{[0,1]}$ aller Funktionen von $[0,1]$ nach $[0,1]$ mit punktweiser Topologie τ_p. $\left(\cong \prod_{i\in[0,1]}(X_i, \tau_i) \text{ mit } \forall i \in [0,1] : X_i = [0,1], \tau_i = \tau \right)$.
Dann ist $([0,1]^{[0,1]}, \tau_p)$ separabel.

Beweis. **Aufgabe** 7 ■

Lemma 3.1.18. *Sei $(X_i, \tau_i)_{i\in I}$ eine Familie topologischer Räume und seien*

$$p_j : \prod_{i\in I} X_i \to X_j : p_j((x_i)_{i\in I}) := x_j, j \in I$$

die kanonischen Projektionen des Cartesischen Produktes der Mengen X_i auf die einzelnen Mengen X_j. Dann ist die Produkttopologie $\prod_{i\in I} \tau_i$ genau die initiale bezüglich $(X_i, \tau_i), p_i, i \in I$.

Beweis. Wir müssen nur bemerken, daß für jedes $j \in I$ das vollständige Urbild einer offenen Teilmenge O_j von X_j die Gestalt $p_j^{-1}(O_j) = \prod_{i\in I} O_i$ mit $\forall i \neq j : O_i := X_i$ hat, um zu erkennen, daß die definierende Subbasis der Produkttopologie mit der in Proposition 3.1.2 charakterisierten Subbasis der initialen Topologie übereinstimmt. ■

Selbstverständlich kann man eine Topologie auf $\prod_{i\in I} X_i$ auch durch die Basis

$$\mathfrak{B} := \left\{ \prod_{i\in I} O_i \mid \forall i \in I : O_i \in \tau_i \right\}$$

definieren, die einem ja zunächst mal in den Sinn kommen könnte, wenn man das Wort „Produkttopologie" hört. Für endliche Indexklassen I stimmt die so definierte Topologie offensichtlich sogar mit der Produkttopologie überein – für unendliche Indexklassen im allgemeinen nicht. Gleichwohl wird die durch $\mathfrak{B}$ definierte Topologie auf $\prod_{i\in I} X_i$ gelegentlich auch untersucht und erhält daher einen eigenen Namen: *Boxtopologie*. Die Boxtopologie ist im allgemeinen bei unendlicher Indexklasse I *wesentlich* feiner als die Produkttopologie.

Proposition 3.1.19. *Sei $(X_i, \tau_i)_{i \in I}$ eine Familie topologischer Räume und seien*

$$p_j : \prod_{i \in I} X_i \to X_j : p_j((x_i)_{i \in I}) := x_j, j \in I$$

die kanonischen Projektionen des Cartesischen Produktes der Mengen X_i auf die einzelnen Mengen X_j. Dann ist für jedes $j \in I$ die kanonische Projektion p_j eine offene Abbildung von $\prod_{i \in I}(X_i, \tau_i)$ nach (X_j, τ_j).

Beweis. Die Produkttopologie ist initial bezüglich der kanonischen Projektionen, also die gröbste Topologie, bezüglich derer alle kanonischen Projektionen stetig sind. Sie kann daher wie in Proposition 3.1.2 beschrieben werden.

Sei nun $O \subseteq \prod_{i \in I} X_i$ offen im Sinne der Produkttopologie und $(x_i)_{i \in I} \in O$. Dann existiert ein Basiselement – also ein endlicher Durchschnitt von Subbasiselementen gemäß Proposition 3.1.2 – der Produkttopologie, das $(x_i)_{i \in I}$ enthält und Teilmenge von O ist, d.h. $\exists n \in I\!N, i_1, \ldots, i_n \in I, O_{i_k} \in \tau_{i_k} : (x_i)_{i \in I} \in \bigcap_{k=1}^n p_{i_k}^{-1}(O_{i_k}) \subseteq O$. Daraus folgt $p_j(\bigcap_{k=1}^n p_{i_k}^{-1}(O_{i_k})) \subseteq p_j(O)$ für alle $j \in I$. Für $j \notin \{i_1, \ldots, i_n\}$ haben wir freilich $p_j\left(\bigcap_{k=1}^n p_{i_k}^{-1}(O_{i_k})\right) = X_j \subseteq p_j(O)$ und ansonsten (ebenfalls wegen der Surjektivität der Projektionen) $p_{i_t}(\bigcap_{k=1}^n p_{i_k}^{-1}(O_{i_k})) = O_{i_t} \subseteq p_{i_t}(O)$ für $t = 1, \ldots, n$. Für jedes $j \in J$ umfaßt also $p_j(O)$ eine offene Umgebung des Bildpunktes $p_j((x_i)_{i \in I})$. Da dies für alle $(x_i)_{i \in I} \in O$ gilt, ist also jedes $p_j(O)$ offen. ∎

Korollar 3.1.20. *Sei $(X_i, \tau_i)_{i \in I}$ eine Familie topologischer Räume und seien $p_j : \prod_{i \in I} X_i \to X_j : p_j((x_i)_{i \in I}) := x_j, j \in I$ die kanonischen Projektionen des Cartesischen Produktes der Mengen X_i auf die einzelnen Mengen X_j. Dann ist für jedes $j \in I$ die kanonische Projektion p_j eine Quotientenabbildung von $\prod_{i \in I}(X_i, \tau_i)$ nach (X_j, τ_j).*

Beweis. Kombiniere die Propositionen 3.1.14 und 3.1.19 unter Beachtung, daß die Projektionen selbstverständlich surjektiv und wegen der Initialität des Produktes auch stetig sind. ∎

Definition 3.1.21. Sei J eine Menge und für jedes $j \in J$ sei (X_j, τ_j) ein topologischer Raum. Dann heißt der Raum (X, τ) mit $X := \bigcup_{j \in J}(X_j \times \{j\})$ und der finalen Topologie τ auf X bezüglich aller kanonischen Injektionen $i_j : X_j \to X : i_j(z) := (z, j)$ der *Summenraum* (oder auch das *Coprodukt*) der $(X_j, \tau_j)_{j \in J}$.

Lemma 3.1.22. *Sei X eine Menge und sei τ die initiale Topologie auf X für $(Y_i, \sigma_i), f_i : X \to Y_i, i \in I$. Ein Filter φ auf X konvergiert bezüglich τ genau dann gegen einen Punkt $x \in X$, wenn $\forall i \in I : f_i(\varphi) \to f_i(x)$ gilt.*

Beweis. ... als **Aufgabe** 8 ;-) ∎

Aufgabe 9 Seien $(X, \tau), (Y, \sigma), (Z, \xi)$ topologische Räume, $f : X \to Y$ und $g : Y \to Z$ Abbildungen sowie σ die finale Topologie bezüglich $(X, \tau), f$. Zeige: ξ ist bezüglich $(Y, \sigma), g$ genau dann final, wenn ξ final bezüglich $(X, \tau), g \circ f$ ist.

Lösungsvorschläge

1 Im allgemeinen wird im Fall (a) unser (Y, σ) nicht final sein (bzw. in Fall (b) unser (X, τ) nicht initial). Mann kann sich das leicht überlegen, indem man $X = Y := \mathbb{R}$ setzt, für τ und σ die indiskrete (bzw. diskrete) Topologie, und für f eine konstante Abbildung wählt.

Man gewinnt durch diese Beispiele auch sofort eine Idee, woran das liegen könnte: wenn f z.B. in Fall (a) nicht surjektiv ist, spielt es für die Initialität von (X, τ) keine große Rolle, wie σ außerhalb von $f(X)$ aussieht - man wird also auch nicht erwarten dürfen, daß es *auf ganz* Y die feinstmögliche Topologie ist, die f stetig macht.

Machen wir es präziser.

Zu (a): Wenn f surjektiv ist, existiert eine Funktion $f' : Y \to X$ mit $\forall y \in Y : f'(y) \in f^{-1}(\{y\})$. Nun ist $f \circ f' = \mathbf{1}_Y$ stetig, also wegen der Initialität von (X, τ) auch f' laut Lemma 3.1.4. Für jede Abbildung g von Y in einen topologischen Raum (Z, ξ), für die $g \circ f$ stetig ist, ist also auch $(g \circ f) \circ f' = g \circ (f \circ f') = g \circ \mathbf{1}_Y = g$ stetig. Damit ist nach Lemma 3.1.5 unser (Y, σ) final bezüglich $(X, \tau), f$.

Analog finden wir für (b): Sei f injektiv. Dann existiert eine Funktion $f' : Y \to X$ mit $\forall y \in f(X) : f'(y) = f^{-1}(y)$ und wir finden daß $f' \circ f = \mathbf{1}_X$ stetig ist, also wegen der Finalität von (Y, σ) auch f' laut Lemma 3.1.5. Für jede Abbildung g eines topologischen Raumes (Z, ξ) nach X, für die $f \circ g$ stetig ist, ist also auch $f' \circ (f \circ g) = (f' \circ f) \circ g = \mathbf{1}_X \circ g = g$ stetig. Damit ist nach Lemma 3.1.4 nun (X, τ) initial bezüglich $f, (Y, \sigma)$.

2 Sei $O \in \tau$ und $x \in O \cap A$. Dann existiert ja ein $\varepsilon > 0$ mit $\{y \in X |\ d(x, y) < \varepsilon\} \subseteq O$. Folglich ist insbesondere $\{y \in A |\ d(x, y) < \varepsilon\} \subseteq O \cap A$, mithin $O \cap A$ offen bezüglich $d_{|A \times A}$, weil dies ja für beliebige $x \in O \cap A$ gilt. Das ergibt $\tau_{|A} \subseteq \tau'$.

Sei umgekehrt $U \in \tau'$, d.h. $\forall a \in U : \exists \varepsilon_a > 0 : \{y \in A |\ d_{|A \times A}(x, y) = d(x, y) < \varepsilon_a\} \subseteq U$. Dann ist freilich $O := \bigcup_{a \in U} \{y \in X |\ d(x, y) < \varepsilon_a\}$ als Vereinigung offener Mengen offen bezüglich τ und zudem folgt $O \cap A = U$. Mithin ist $U \in \tau_{|A}$, was $\tau' \subseteq \tau_{|A}$ liefert.

3 Daß mit f auch alle Einschränkungen von f stetig sind, besagt gerade Proposition 3.1.8. Wir haben uns also nur darum zu kümmern, wie aus der Stetigkeit der angegebenen Einschränkungen die Stetigkeit von f folgt.

Zu (1): Sei $\varphi \in \mathfrak{F}(X)$ mit $\varphi \to x \in X$ gegeben. Wir wollen zeigen, daß dann stets $f(\varphi) \to f(x)$ gilt, woraus ja nach Satz 2.2.37 die Stetigkeit von f folgt. Dazu zeigen wir, daß alle Oberultrafilter von $f(\varphi)$ gegen $f(x)$ konvergieren – da ja $f(\varphi)$ gleich dem Durchschnitt aller seiner Oberultrafilter ist, muß dann nämlich auch $f(\varphi)$ den Umgebungsfilter von $f(x)$ enthalten. Sei also ψ ein Oberultrafilter von $f(\varphi)$. Nach Lemma 1.4.14 existiert dann ein Oberultrafilter φ_0 von φ mit $f(\varphi_0) = \psi$. Laut Lemma 1.4.5 enthält nun φ_0 mindestens eine unserer abgeschlossenen Mengen – nennen wir sie A_k – und als Oberfilter von φ konvergiert φ_0 auch gegen x, so daß $x \in A_k$ wegen der Abgeschlossenheit von A_k folgt. Da nun die Einschränkung $f_{|A_k} = f \circ i_{A_k}$ stetig ist, muß $f_{|A_k}(\varphi_0) \to f_{|A_k}(x) = f(x)$ gelten. Allerdings haben wir wegen $A_k \in \varphi_0$ auch $f_{|A_k}(\varphi_0) = f(\varphi_0) = \psi$.

Daß auf die Endlichkeitsbedingung hier nicht so einfach verzichtet werden kann, sieht man schnell, wenn man etwa für die A_k die einpunktigen Teilmengen von $\mathbb{R}$ mit euklidischer Topologie nimmt.

Zu (2): Ist $V \in \sigma$, so haben wir wegen der Stetigkeit der Einschränkungen $\forall j \in J : f_{|O_j}^{-1}(V) = i_{O_j}^{-1}(f^{-1}(V)) \in \tau_{|O_j}$, d.h. $\forall j \in J : \exists U_j \in \tau : f_{|O_j}^{-1}(V) = O_j \cap U_j$, so daß wegen der Offenheit der O_j, $j \in J$ auch alle $f_{|O_j}^{-1}(V)$ Elemente von τ sind. Da aus $\bigcup_{j\in J} O_j = X$ aber $f^{-1}(V) = \bigcup_{j\in J} f_{|O_j}^{-1}(V)$ folgt, ist somit $f^{-1}(V)$ als Vereinigung offener Mengen offen in (X,τ).

4 Sei zunächst f eine Einbettung. Dann folgt die Injektivität sofort aus dem Umstand, daß $f : X \to f(X)$ bijektiv sein muß. Ist nun (Z,ξ) irgendein weiterer topologischer Raum und $g : Z \to X$ eine Funktion derart, daß $f \circ g$ stetig ist, dann heißt das ja $\forall \varphi \in \mathfrak{F}(Z), z \in Z : \varphi \to z \Rightarrow f(g(\varphi)) \to f(g(z)) \in f(X)$ und daher, weil f nun einmal injektiv und f^{-1} ebenfalls stetig ist $\forall \varphi \in \mathfrak{F}(Z), z \in Z : \varphi \to z \Rightarrow g(\varphi) \to g(z)$. Folglich ist g stetig und somit gezeigt, daß τ initial bezüglich (Y,σ) und f ist.

Sei nun umgekehrt f injektiv und τ die initiale Topologie bezüglich (Y,σ) und f. Aus der Injektivität folgt sofort, daß $f : X \to f(X)$ bijektiv ist. Ferner betrachten wir die Abbildung $f^{-1} : (f(X), \sigma_{|f(X)}) \to (X,\tau)$. Wir finden $f \circ f^{-1} = i_{f(X)} : f(X) \to Y$, so daß $f \circ f^{-1}$ stetig ist, da $\sigma_{|f(X)}$ ja die initiale Topologie bezüglich $(Y,\sigma), i_{f(X)}$ ist. Wegen der Initialität von τ bezüglich f muß dann aber auch f^{-1} stetig sein, so daß $f : X \to f(X)$ insgesamt ein Homöomorphismus ist.

5 (1) Aus $f = \overline{f} \circ \omega_R$ folgt $\forall [x]_R \in X/R : \overline{f}([x]_R) = f(x)$, so daß eine derartige Funktion $\overline{f}$, sollte sie existieren, dadurch eindeutig bestimmt wäre. Wegen der Verträglichkeit ist freilich gerade

$$\overline{f} : X/R \to Y : \overline{f}([x]_R) := f(x)$$

wohldefiniert. Es bleibt nur zu überlegen, daß $\overline{f}$ stetig ist – dies folgt aber unmittelbar aus dem Umstand, daß τ_R final bezüglich ω_R ist und daß ja $\overline{f} \circ \omega_R = f$ stetig ist.
(2) Sei $\omega' : X \to Y, (Y,\sigma)$ ein Paar derart, daß zu jedem topologischen Raum (Z,ζ) und jeder mit R verträglichen stetigen Abbildung $g : X \to Z$ genau eine stetige Abbildung $\overline{g} : Y \to Z$ mit $g = \overline{g} \circ \omega'$ existiert, so setzen wir für (Z,ζ) einfach mal $(X/R, \tau_R)$ und für g einfach ω_R ein. Wir erhalten, daß genau eine stetige Abbildung $\overline{\omega_R} : Y \to X/R$ existiert mit

$$\omega_R = \overline{\omega_R} \circ \omega' . \tag{3.1}$$

Andrerseits gibt es ja nach (1) auch genau eine stetige Abbildung $\overline{\omega'} : X/R \to Y$ mit

$$\omega' = \overline{\omega'} \circ \omega_R . \tag{3.2}$$

Das liefert aber bei Einsetzung $\omega' = \overline{\omega'} \circ \overline{\omega_R} \circ \omega'$ und $\omega_R = \overline{\omega_R} \circ \overline{\omega'} \circ \omega_R$. Nun sind ω_R, ω' surjektiv, so daß mit Lemma 1.1.6 sofort $\overline{\omega_R} \circ \overline{\omega'} = \mathbf{1}_{X/R}$ und $\overline{\omega'} \circ \overline{\omega_R} = \mathbf{1}_Y$ folgen. Mithin sind (Y,σ) und $(X/R, \tau_R)$ homöomorph.

6 Wir haben ja nur zu zeigen, daß σ final bezüglich $(X,\tau), f$ ist. Nach Proposition 3.1.3 wissen wir, daß die finale Topologie σ_f bezüglich $(X,\tau), f$ genau aus denjenigen $O \subseteq Y$ besteht, für die $f^{-1}(O) \in \tau$ gilt. Da f stetig bezüglich τ, σ vorausgesetzt ist, gilt $\sigma \subseteq \sigma_f$. Ist andrerseits $O \in \sigma_f$ (bzw. $(Y \setminus A) \in \sigma_f$), so gilt natürlich ebenfalls $f^{-1}(O) \in \tau$ (bzw. $f^{-1}(Y \setminus A) \in \tau$), wegen der Offenheit (bzw. Abgeschlossenheit) von f bezüglich τ, σ also auch $f(f^{-1}(O)) \in \sigma$ (bzw. $f(f^{-1}(Y \setminus A)) \in \sigma$). Nun ist wegen der Surjektivität von f freilich $f(f^{-1}(O)) = O$ (bzw. $f(f^{-1}(Y \setminus A)) = Y \setminus A$)). Das ergibt $\sigma_f = \sigma$.

Um einzusehen, daß eine Quotientenabbildung nicht offen sein muß, betrachten wir z.B. die dreipunktige Menge $X := \{a,b,c\}$ mit der Topologie $\tau := \{\emptyset, \{a\}, \{b\}, \{a,b\}, X\}$ sowie die durch die Zerlegung von X in die Klassen $K_1 := \{a\}$ und $K_2 := \{b,c\}$ definierte Äquivalenzrelation R. Die kanonische Surjektion ω_R bildet dann a auf K_1, b auf K_2 und c auf K_2 ab. Das Bild der offenen Menge $\{b\}$ unter

ω_R ist also $\{K_2\}$, doch ist $\{K_2\}$ hinsichtlich der finalen Topologie bezüglich $(X, \tau), \omega_R$ nicht offen, da $\omega_R^{-1}(\{K_2\}) = \{b, c\}$ nicht Element von τ ist.

Zum Thema Abgeschlossenheit von f können wir auch den dreipunktigen Raum $X = \{a, b, c\}$ betrachten, diesmal freilich mit der Topologie $\tau := \{\emptyset, \{a\}, \{b, c\}, X\}$. Die Äquivalenzrelation R sei durch die Zerlegung in die Klassen $K_1 := \{a, b\}$ und $K_2 := \{c\}$ definiert. Dann bildet die kanonische Surjektion ω_R den Punkt a auf K_1, den Punkt b auf K_1 und den Punkt c auf K_2 ab. Das Bild der abgeschlossenen Teilmenge $\{a\}$ von X unter ω_R ist also $\{K_1\}$. Nun ist aber $\{K_1\}$ hinsichtlich der finalen Topologie (bezüglich $(X, \tau), \omega_R$) auf X/R nicht abgeschlossen, da das Komplement $\{K_2\}$ wegen $\omega_R^{-1}(\{K_2\}) = \{c\} \notin \tau$ nicht offen ist.

7 Wir brauchen eine abzählbare dichte Teilmenge von $[0, 1]^{[0,1]}$, soviel ist ja klar. Meine Wahl fällt auf die Menge der „stückweise konstanten rationalwertigen Funktionen mit rationalen Sprungstellen“: Die Menge $\mathbb{Q}$ ist abzählbar, daher auch ihre Teilmenge $A := \mathbb{Q} \cap [0, 1]$ und somit nach Satz 1.3.9 auch das Cartesische Produkt $B := (\mathbb{Q} \cap [0, 1]) \times (\mathbb{Q} \cap [0, 1])$. Wegen Korollar 1.3.11 ist dann auch die Menge $\mathfrak{E}$ aller endlichen Teilmengen von B abzählbar. Für jede endliche Teilmenge $E = \{(x_1, y_1), ..., (x_n, y_n)\}$ von B mit $x_1 < x_2 < \cdots < x_n$ definieren wir nun

$$f_E : [0, 1] \to [0, 1] : f_E(x) := \begin{cases} 0 & ; \quad \text{für } x < x_1 \\ y_k & ; \quad \text{für } x_k \le x < x_{k+1}, 1 \le k < n \\ y_n & ; \quad \text{für } x_n \le x \end{cases}$$

Als Teilmenge von $[0, 1]^{[0,1]}$ wählen wir nun die Menge

$$D := \left\{ f_E \in [0, 1]^{[0,1]} \middle| \; E \in \mathfrak{E}, \{0, 1\} \subseteq E \right\} .$$

So eine Funktion f_E ist durch die Menge E *eindeutig* bestimmt, woraus $|D| \le |\mathfrak{E}|$ und damit die Abzählbarkeit von D folgt. Bleibt zu zeigen, daß D dicht in $[0, 1]^{[0,1]}$ liegt – das ist aber nicht schwer: Sei $B = \{ \prod_{i \in [0,1]} O_i \mid \forall i \in [0, 1] : O_i \in \tau_i \wedge \exists n \in \mathbb{N}, C = \{c_1, ..., c_n\} \subseteq [0, 1] : \forall i \in [0, 1] \setminus C : O_i = X_i\}$ ein Basiselement von τ_p. Dabei sei o.B.d.A. $c_1 < \cdots < c_n$. Da $\mathbb{Q}$ dicht in $\mathbb{R}$ ist, existieren nun rationale Zahlen q_k für $k \in \{1, ..., n\}$ mit $0 \le q_1 \le c_1$ sowie $c_k < q_{k+1} \le c_{k+1}$ für $1 \le k < n$. Weiterhin existiert aus demselben Grunde für alle $k \in \{1, ..., n\}$ ein $s_k \in O_{c_k} \cap \mathbb{Q}$. Nun setzen wir

$$E := \{(q_k, s_k) | \; k \in \{1, ..., n\}\}$$

und finden $f_E \in B \cap D$. Da dies für jedes Basiselement B gilt, ist D nach Korollar 2.2.28 dicht in $[0, 1]^{[0,1]}$.

8 Konvergiert φ gegen $x \in X$, so folgt $\forall i \in I : f_i(\varphi) \xrightarrow{\sigma_i} f_i(x)$ laut Satz 2.2.37 einfach daraus, daß bezüglich der initialen Topologie τ ja alle f_i stetig sind.

Seien also $\varphi \in \mathfrak{F}(X)$ und $x \in X$ mit $\forall i \in I : f_i(\varphi) \xrightarrow{\sigma_i} f_i(x)$ gegeben. Um $\varphi \xrightarrow{\tau} x$ zu erhalten, müssen wir $\varphi \supseteq \dot{x} \cap \tau$ zeigen. Nun gilt für *jede* offene Menge $O \in \tau$, die x enthält: O ist Vereinigung endlicher Durchschnitte von Elementen aus $\mathfrak{S} := \{f_i^{-1}(U_i) | \; i \in I, U_i \in \sigma_i\}$, da $\mathfrak{S}$ laut Proposition 3.1.2 eine Subbasis von τ ist. Folglich gibt es insbesondere einen dieser endlichen Durchschnitte, der x enthält und natürlich Teilmenge von O ist, d.h. es existieren $n \in \mathbb{N}, i_1, ..., i_n \in I, U_k \in \sigma_{i_k}, k = 1, ..., n$ derart, daß $x \in \bigcap_{k=1}^n f_{i_k}^{-1}(U_k) \subseteq O$ gilt. Daher gilt $\forall k = 1, ..., n : f_{i_k}(x) \in U_k \in \sigma_{i_k}$ und folglich $\forall k = 1, ..., n : U_k \in f_{i_k}(\varphi)$, da ja die $f_{i_k}(\varphi)$ jeweils gegen $f_{i_k}(x)$ konvergieren. Das liefert aber $\forall k = 1, ..., n : f_{i_k}^{-1}(U_k) \in \varphi$ und folglich $\bigcap_{k=1}^n f_{i_k}^{-1}(U_k) \in \varphi$. Wegen der Abgeschlossenheit von Filtern gegen Obermengenbildung, haben wir dann aber auch $O \in \varphi$.

9 Anhand von Lemma 3.1.5 wissen wir: ist ξ final bezüglich $(Y, \sigma), g$ so gilt für alle topologischen Räume (K, κ) und Funktionen $h : Z \to K$, daß h genau dann stetig ist, wenn $(h \circ g)$ stetig ist. Letzteres ist genau dann der Fall, wenn $(h \circ g) \circ f$ stetig ist, da ja σ final bezüglich $(X, \tau), f$ und $(h \circ g)$ eine

Abbildung von Y nach K ist. Mithin ist h genau dann stetig, wenn $(h \circ g) \circ f = h \circ (g \circ f)$ stetig ist, so daß – wiederum nach Lemma 3.1.5 – ξ final bezüglich $(X, \tau), g \circ f$ ist.

Ist umgekehrt ξ final bezüglich $(X, \tau), g \circ f$, so gilt für alle topologischen Räume (K, κ) und Abbildungen $h : Z \to K$, daß h genau dann stetig ist, wenn $h \circ (g \circ f) = (h \circ g) \circ f$ stetig ist, was wegen der Finalität von σ bezüglich $(X, \tau), f$ und dem Umstand, daß $(h \circ g)$ eine Abbildung von Y nach K ist, genau dann gilt, wenn $h \circ g$ stetig ist. Insgesamt ist also h genau dann stetig, wenn $h \circ g$ es ist und folglich nach Lemma 3.1.5 ξ final bezüglich $(Y, \sigma), g$.

4 Trennungseigenschaften

> Wie wird die Welt regiert und in den Krieg geführt?
> Diplomaten belügen Journalisten und glauben es,
> wenn sie's lesen.
>
> Karl Kraus

Aus der reellen und komplexen Analysis – inzwischen auch von metrischen Räumen generell – sind wir es gewöhnt, daß Folgen oder Filter höchstens gegen einen einzigen Punkt konvergieren können. Das entspricht durchaus unsrer alltäglichen Erfahrung beim Spazierengehen: ich kann nicht *zugleich* der Mathildenhöhe in Darmstadt und der Wiecker Brücke in Greifswald *beliebig nahe* kommen. In topologischen Räumen kann das ganz anders sein[52], weil wir hier gar keinen *Entfernungs*begriff zur Verfügung haben. Wir haben nur offene Mengen. Die einzige Möglichkeit, zwei Punkte eines topologischen Raumes aus Sicht der jeweiligen Topologie überhaupt zu unterscheiden, besteht darin, offene Mengen anzugeben, die *genau einen* der fraglichen beiden Punkte enthalten, die diese Punkte also *trennen*. Wenn eine Topologie auf einer Menge je zwei beliebige Punkte wenigstens „ein bißchen" zu trennen vermag, macht uns das die Arbeit zumeist leichter und solche Topologien werden daher mit – abgestuften – besonderen Bezeichnungen belohnt.

4.1 Die schwachen Trennungsaxiome

4.1.1 T_0-Räume

Definition 4.1.1. Ein topologischer Raum (X, τ) heißt ein T_0-*Raum* genau dann, wenn es für je zwei verschiedene Elemente von X eine offene Menge aus τ gibt, die genau eines der beiden Elemente enthält.

Man sagt dann auch „(X, τ) erfüllt das T_0-Axiom". Offenbar läßt sich die Bedingung der Definition auch formal aufschreiben als:

$$(T_0) \qquad \forall x, y \in X, x \neq y : \exists O \in \tau : (x \in O \wedge y \notin O) \vee (y \in O \wedge x \notin O)$$

oder äquivalent als

$$\forall x, y \in X, x \neq y : \exists O \in \tau : \emptyset \neq O \cap \{x, y\} \neq \{x, y\} .$$

52 So wissen wir ja schon, daß etwa in einem indiskreten topologischen Raum *jeder* Filter gegen *jeden* Punkt konvergiert.

Proposition 4.1.2. *Ein topologischer Raum (X, τ) ist genau dann ein T_0-Raum, wenn*

$$\forall x, y \in X : (\dot{x} \xrightarrow{\tau} y) \wedge (\dot{y} \xrightarrow{\tau} x) \Rightarrow x = y\,.$$

Beweis. Ist (X, τ) ein T_0-Raum und sind x, y Elemente von X, so können wir erstmal annehmen, daß $x \neq y$ gilt, da wir ja sonst sowieso nichts mehr zu zeigen hätten. Dann aber gibt es eine offene Menge $O \in \tau$, die einen der beiden Punkte, sagen wir o.B.d.A. den Punkt x enthält, den anderen aber nicht. Dann haben wir aber $O \notin \dot{y}$ und folglich $\dot{y} \not\to x$.

Gilt andrerseits $\forall x, y \in X : (\dot{x} \xrightarrow{\tau} y) \wedge (\dot{y} \xrightarrow{\tau} x) \Rightarrow x = y$, so folgt aus $x \neq y$ sofort, daß nicht $\dot{x} \xrightarrow{\tau} y$ *und* $\dot{y} \xrightarrow{\tau} x$ gelten können. Gilt nun $\dot{y} \xrightarrow{\tau} x$ nicht, so gibt es eine offene Menge, die x enthält, aber nicht in $\dot{y}$ enthalten ist, folglich y nicht enthält; gilt hingegen $\dot{x} \xrightarrow{\tau} y$ nicht, so gibt es analog eine offene Menge, die y, aber nicht x enthält. ■

Lemma 4.1.3. *Ein topologischer Raum (X, τ) ist genau dann ein T_0-Raum, wenn für je zwei verschiedene Elemente $x, y \in X$ stets $\overline{\{x\}} \neq \overline{\{y\}}$ gilt.*

Beweis. Sei (X, τ) ein T_0-Raum und seien $x, y \in X$ gegeben. Aus $\overline{\{x\}} = \overline{\{y\}}$ folgt dann $\{x, y\} \subseteq \overline{\{x\}} = \overline{\{y\}}$, also insbesondere $x \in \overline{\{y\}}$ und $y \in \overline{\{x\}}$, folglich $\dot{y} \xrightarrow{\tau} x$ und $\dot{x} \xrightarrow{\tau} y$, also nach Proposition 4.1.2 sogleich $x = y$.

Gilt andrerseits $\overline{\{x\}} \neq \overline{\{y\}}$ für $x, y \in X$, so können nicht $\{x\} \subseteq \overline{\{y\}}$ *und* $\{y\} \subseteq \overline{\{x\}}$ gelten, da ja sonst $\overline{\{x\}} \subseteq \overline{\overline{\{y\}}} = \overline{\{y\}}$ und analog $\overline{\{y\}} \subseteq \overline{\{x\}}$ folgte. Somit haben wir $x \notin \overline{\{y\}}$ oder $y \notin \overline{\{x\}}$, also $\dot{y} \not\to x$ oder $\dot{x} \not\to y$, woraus mit Proposition 4.1.2 wiederum folgt, daß (X, τ) ein T_0-Raum ist. ■

Ist (X, τ) ein T_0-Raum, so liefert X offensichtlich auch mit jeder Topologie τ', die feiner als τ ist, einen T_0-Raum.

Als Beispiel für einen T_0-Raum können wir den Sierpinski-Raum heranziehen: seine beiden Punkte hergenommen, gibt es durchaus eine offene Menge, die den einen enthält, den anderen aber nicht. Wir können uns freilich keineswegs aussuchen, *welchen* sie enthält und welchen nicht. Das ist ein bißchen gemein und darum suchen wir uns gleich auch Räume, die uns etwas mehr Wahlfreiheit lassen.

Aber immerhin - wir wollen nicht undankbar sein: T_0 gestattet es uns, verschiedene Punkte auch durch die betreffende Topologie voneinander zu unterscheiden. Was, wenn ein topologischer Raum (X, τ) *nicht einmal* ein T_0-Raum ist?

Dann gibt es darin Punkte $x \neq y$, die in sämtlichen offenen Mengen entweder beide drin oder beide nicht drin sind. Und das müssen nicht nur zwei Punkte sein ...

Es mutet ja nun freilich einigermaßen zwecklos an, irgendwelche Punkte mit sich herumzuschleppen, die man (aus Sicht der jeweiligen Topologie) sowieso nicht voneinander unterscheiden kann.

So einen Punkt-Klumpen, von dessen Elementen jede offene Menge nur entweder *alle oder keine* enthalten kann, müßte man doch zu *einem Punkt zusammenfassen* können - die Topologie merkt's doch sowieso nicht. Das probieren wir jetzt mal aus.

4.1.1.1 T-Nullifizierung

Sei (X, τ) ein topologischer Raum. Wir definieren eine Relation $\sim$ auf X durch

$$x \sim y \;:\Longleftrightarrow\; (\,\forall O \in \tau : x \in O \Leftrightarrow y \in O\,) \tag{4.1}$$

und sehen unmittelbar ein, daß es sich dabei um eine Äquivalenzrelation handelt. Nun betrachten wir den Quotientenraum $(X/\sim, \tau_\sim)$ und überzeugen uns, daß er T_0 erfüllt: sind $[x]_\sim \neq [y]_\sim$ zwei verschiedene Äquivalenzklassen, so heißt das ja $x \nsim y$, also $\exists O \in \tau : (x \in O, y \notin O) \vee (x \notin O, y \in O)$. Wegen der Konstruktion unserer Äquivalenzklassen („alle oder keiner") folgt daraus gerade

$$\left([x]_\sim \in O/\sim, [y]_\sim \notin O/\sim\right) \vee \left([x]_\sim \notin O/\sim, [y]_\sim \in O/\sim\right) ,$$

was, weil es für alle $[x]_\sim \neq [y]_\sim$ gilt, gerade bedeutet, daß unser $(X/\sim, \tau_\sim)$ die T_0-Bedingung erfüllt. Die eben vorgenommene Konstruktion nennen wir „T-Nullifizierung". Sie ist sehr gutartig.

Klar ist, daß eine Abbildung h von $X/\sim$ in irgendeinen Raum (Y, σ) genau dann stetig ist, wenn ihre Komposition mit der kanonischen Surjektion $\omega_\sim : X \to X/\sim : x \mapsto [x]_\sim$ stetig ist - schließlich ist $(X/\sim, \tau_\sim)$ als Quotient ja final bezüglich $\omega_\sim$. Es gilt aber noch mehr.

Proposition 4.1.4. *Sei (X, τ) ein topologischer Raum und $(X/\sim, \tau_\sim)$ seine T-Nullifizierung. Es gelten:*

(1) Eine Teilmenge $\hat{O} \subseteq X/\sim$ ist genau dann offen bezüglich $\tau_\sim$, wenn

$$O := \bigcup_{[x]_\sim \in \hat{O}} [x]_\sim$$

offen in (X, τ) ist.

(2) Eine Teilmenge $\hat{A} \subseteq X/\sim$ ist genau dann abgeschlossen bezüglich $\tau_\sim$, wenn

$$A := \bigcup_{[x]_\sim \in \hat{A}} [x]_\sim$$

abgeschlossen in (X, τ) ist.

(3) Ist eine Abbildung f von (X, τ) in einen Raum (Y, σ) stetig, so ist auch jede Abbildung $g : X/\sim \to Y$ stetig, die wir erhalten, wenn wir jeder Klasse $[x]_\sim$ irgendein Bild eines ihrer Elemente unter f zuordnen, d.h. jedes g mit

$$\forall [x]_\sim \in X/\sim : g([x]_\sim) \in f\left([x]_\sim\right) . \tag{4.2}$$

(4) Ist eine Abbildung $f : Y \to X/\sim$ eines topologischen Raumes (Y, σ) nach $X/\sim$ stetig, so ist auch jede Abbildung $g : Y \to X$ stetig, für die $\forall y \in Y : g(y) \in f(y)$ gilt.

Beweis. **Aufgabe 1** ∎

4.1.2 T_1-Räume

Definition 4.1.5. Ein topologischer Raum (X, τ) heißt ein T_1-*Raum* genau dann, wenn von je zwei verschiedenen Elementen x, y von X jedes eine offene Umgebung hat, die das andere nicht enthält.

Das ist schon besser als T_0, denn jetzt können wir uns aussuchen, welchen Punkt wir in einer offenen Umgebung haben wollen, die den andern nicht enthält. Es ist klar, daß jeder T_1-Raum auch ein T_0-Raum ist. Die Umkehrung gilt natürlich nicht, wie das Beispiel des Sierpinski-Raumes lehrt.

Proposition 4.1.6. *Ein topologischer Raum (X, τ) ist genau dann ein T_1-Raum, wenn*

$$\forall x, y \in X : (\dot{x} \xrightarrow{\tau} y) \vee (\dot{y} \xrightarrow{\tau} x) \Rightarrow x = y\,,$$

d.h. wenn die Einpunktfilter nur gegen ihre erzeugenden Punkte konvergieren.

Beweis. Ist (X, τ) ein T_1-Raum und haben wir $\dot{x} \to y$, so folgt sofort $x = y$, da sonst eine offene Menge $O \in \dot{y} \cap \tau$ existierte, die nicht in $\dot{x}$ liegt, da sie x nicht enthält. Analog mit $\dot{y} \to x$.

Gelte nun $\forall x, y \in X : (\dot{x} \xrightarrow{\tau} y) \vee (\dot{y} \xrightarrow{\tau} x) \Rightarrow x = y$. Ist $x \neq y$, so folgt daraus $\dot{x} \not\to y$ und $\dot{y} \not\to x$, also $\exists O \in \dot{y} \cap \tau : x \notin O$ und $\exists P \in \dot{x} \cap \tau : y \notin P$. ■

Lemma 4.1.7. *Ein topologischer Raum (X, τ) ist genau dann ein T_1-Raum, wenn für alle $x \in X$ die einpunktige Teilmenge $\{x\}$ abgeschlossen ist.*

Beweis. Sei (X, τ) ein T_1-Raum. $\overline{\{x\}}$ besteht genau aus den Konvergenzpunkten aller Filter auf $\{x\}$. Der einzige Filter auf $\{x\}$ ist der Einpunktfilter $\dot{x}$, der laut Proposition 4.1.6 nur gegen x konvergiert. Somit haben wir $\overline{\{x\}} = \{x\}$.

Gelte umgekehrt $\overline{\{x\}} = \{x\}$ für alle $x \in X$. Dann ist $X \setminus \{x\}$ stets offen, womit wir bei verschiedenen Punkten $x, y \in X$ die gewünschten Umgebungen sofort zur Hand haben. ■

In T_1-Räumen ist also Konvergenz immerhin für Einpunktfilter wieder eindeutig – nicht unbedingt für andere Filter, wie wir am Beispiel der natürlichen Zahlen mit kofiniter Topologie sehen können:

Offenbar ist ja $\tau := \{T \subseteq \mathbb{N} \mid \mathbb{N} \setminus T \text{ ist endlich }\} \cup \{\emptyset\}$ eine Topologie auf $\mathbb{N}$. Der Raum $(\mathbb{N}, \tau)$ ist ein T_1-Raum, denn zu je zwei verschiedenen Punkten $n, m \in \mathbb{N}$ sind $\mathbb{N} \setminus \{n\}$ und $\mathbb{N} \setminus \{m\}$ trennende offene Mengen. Nun ist freilich $\varphi := \tau \setminus \{\emptyset\}$ kurioserweise ein Filter auf $\mathbb{N}$, der offensichtlich gegen *jeden* Punkt $n \in \mathbb{N}$ konvergiert.

Übrigens folgt aus Lemma 4.1.7 sofort, daß die kofinite Topologie für jede Menge X die *gröbste* T_1-Topologie auf X ist.

4.2 Hausdorff-Räume

Der Teufel der Algebra und der Engel der Topologie ringen heute um die Seele jedes einzelnen Mathematikers.

Hermann Weyl

Machen wir uns nun daran, drastischer für Ordnung in den Konvergenzbeziehungen zwischen Filtern und Punkten zu sorgen.

Definition 4.2.1. Ein topologischer Raum (X, τ) heißt ein T_2-*Raum* oder auch *Hausdorff-Raum*[53] genau dann, wenn es zu je zwei verschiedenen Punkten $x, y \in X$ *disjunkte offene* Mengen $U_x, U_y \in \tau$ gibt mit $x \in U_x$ und $y \in U_y$.

Als Beispiele können wir alle metrischen Räume (X, d) heranziehen: Je 2 verschiedene Punkte $x, y \in X$ haben einen positiven Abstand $d(x, y) > 0$, so daß nach Dreiecksungleichung die offenen $\frac{1}{3}d(x, y)$-Umgebungen von x und y disjunkt sind.

Weiterhin gilt: ein pseudometrischer Raum, der T_0 erfüllt, ist sogar metrisch und erfüllt daher auch gleich die T_2-Bedingung.[54]

Lemma 4.2.2. *Sei (X, τ) ein topologischer Raum. Dann sind äquivalent:*

(1) *(X, τ) ist ein Hausdorff-Raum.*

(2) *Die Filterkonvergenz ist in (X, τ) eindeutig, d.h.*

$$\forall \varphi \in \mathfrak{F}(X), x, y \in X : \varphi \xrightarrow{\tau} x \wedge \varphi \xrightarrow{\tau} y \Rightarrow x = y$$

(3) *Für jeden Punkt $x \in X$ gilt*

$$\{x\} = \bigcap_{U \in \underline{U}(x)} \overline{U}$$

(4) *Die Menge $\Delta_X := \{(x, x) |\ x \in X\}$ (Diagonale) ist abgeschlossen in $X \times X$ bezüglich der Produkttopologie.*

Beweis. „(1)⇒(2)“: Angenommen, es existierten $\varphi \in \mathfrak{F}(X), x, y \in X$ mit $x \neq y$ und $\varphi \to x$ sowie $\varphi \to y$. Das hieße ja $\varphi \supseteq \underline{U}(x) \cup \underline{U}(y)$, so daß wegen der Filtereigenschaften von φ jede Umgebung von x mit jeder Umgebung von y einen nichtleeren Durchschnitt hätte – im Widerspruch zu (1).

---

53 Oft werden solche Bezeichnungen zwecks Ehrung der betreffenden großen Mathematiker eingebürgert. Dieser Grund ist bei *Felix Hausdorff* zweifellos gegeben. Es gibt hier aber einen weiteren: Hausdorff, der als einer der ersten ein Konzept topologischer Räume axiomatisierte, hatte die hier diskutierte Trennungseigenschaft in seiner Definition gleich mit eingebaut.

54 Der Beweis ist simpel: Sind $x, y \in X$ gegeben und gilt $d(x, y) = 0$, so gilt $\forall \varepsilon > 0 : x \in U_\varepsilon^d(y)$ und $y \in U_\varepsilon^d(x)$, woraus $\forall O \in \tau_d \cap \dot{x} : y \in O$ und $\forall O \in \tau_d \cap \dot{y} : x \in O$ folgt – mit T_0 liefert das $x = y$ und schon ist d eine Metrik.

„(2)⇒(3)“: $\{x\} \subseteq \bigcap_{U \in \underline{U}(x)} \overline{U}$ gilt trivialerweise. Ist andrerseits $y \in \bigcap_{U \in \underline{U}(x)} \overline{U}$, so ist also y im Abschluß jeder Umgebung von x enthalten. Mithin schneidet jede Umgebung von y jede Umgebung von x nichtleer (Proposition 2.2.10). Folglich ist $\underline{U}(x) \cup \underline{U}(y)$ eine Filtersubbasis und der davon erzeugte Filter φ konvergiert offensichtlich gegen x und y. Nach (2) folgt somit $x = y$.

„(3)⇒(4)“: Die Produkttopologie auf $X \times X$ ist ja die initiale bezüglich der kanonischen Projektionen $\mathrm{p}_1 : X \times X \to X : \mathrm{p}_1(x, y) := x$ und $\mathrm{p}_2 : X \times X \to X : \mathrm{p}_2(x, y) := y$, die folglich insbesondere stetig sind. Ist also V eine abgeschlossene Teilmenge von X, so sind $\mathrm{p}_1^{-1}(V) = V \times X$ und $\mathrm{p}_2^{-1}(V) = X \times V$ und folglich auch $V \times V = (V \times X) \cap (X \times V)$ abgeschlossen in $X \times X$. Angenommen nun, Δ_X sei nicht abgeschlossen. Dann existierte $(x, y) \in \overline{\Delta_X}$ mit $x \neq y$. Nun ist $\overline{\Delta_X}$ laut Proposition 2.2.14(2) der Durchschnitt aller abgeschlossenen Obermengen von Δ_X. Mithin müßte (x, y) Element jeder abgeschlossenen Obermenge von Δ_X sein. Andrerseits folgt aus (3), daß es eine offene Umgebung U von x mit $y \notin \overline{U}$ geben muß. Sowohl $\overline{U}$ als auch $X \setminus U$ sind dann abgeschlossen in X, folglich ist nach obiger Betrachtung $H := \overline{U} \times \overline{U} \cup (X \setminus U) \times (X \setminus U)$ abgeschlossen in $X \times X$ und umfaßt offensichtlich Δ_X. Andrerseits kann (x, y) nicht Element von H sein, da $y \notin \overline{U}$ und $x \notin X \setminus U$.

„(4)⇒(1)“: Seien $x, y \in X$ mit $x \neq y$ gegeben. Da laut (4) unser Δ_X abgeschlossen ist, folgt $(x, y) \notin \overline{\Delta_X}$, daher existiert wegen Proposition 2.2.10 eine offene Teilmenge H von $X \times X$ mit $(x, y) \in H$ und $\Delta_X \cap H = \emptyset$. Da H als Element der Produkttopologie Vereinigung von Mengen der Form $O_1 \times O_2$ mit $O_1, O_2 \in \tau$ ist, existieren somit insbesondere $U, V \in \tau$ mit $(x, y) \in U \times V \subseteq H$, also $x \in U, y \in V$, sowie $(U \times V) \cap \Delta_X = \emptyset$, was sofort $U \cap V = \emptyset$ impliziert. ■

Die Charakterisierung der Hausdorff-Eigenschaft als Eindeutigkeit von Konvergenz ist auch wieder ein schönes Beispiel dafür, daß Folgen bei topologischen Betrachtungen oft einfach nicht ausreichen.

Aufgabe 2 Gib ein Beispiel für einen topologischen Raum an, der *kein* Hausdorff-Raum ist, in dem aber dennoch die Konvergenz von *Folgen* eindeutig ist, d.h. wo jede Folge gegen höchstens ein Element konvergiert.

Korollar 4.2.3. *Sei (X, τ) ein Hausdorff-Raum und φ ein Filter auf X, der gegen $x \in X$ konvergiert. Dann ist x der einzige Berührungspunkt von φ.*

Beweis. Ist y ein Berührungspunkt von φ, so heißt das ja, daß ein Oberfilter von φ gegen y konvergiert. Natürlich konvergiert aber mit φ auch jeder Oberfilter von φ gegen x. Nach Lemma 4.2.2 folgt damit freilich $x = y$. ■

Lemma 4.2.4. *Sei (X, τ) ein beliebiger topologischer Raum, (Y, σ) ein Hausdorff-Raum und A eine dichte Teilmenge von X. Sind $f, g : X \to Y$ stetige Abbildungen mit $f_{|A} = g_{|A}$, so gilt $f = g$.*

Beweis. Daß A dicht in X ist, bedeutet ja $\overline{A} = X$. Folglich gibt es zu jedem $x \in X$ einen Filter φ_x, der A enthält und bezüglich τ gegen x konvergiert. Wegen der Stetigkeit von f und g folgen daraus $f(\varphi) \overset{\sigma}{\to} f(x)$ und $g(\varphi) \overset{\sigma}{\to} g(x)$. Wegen $f_{|A} = g_{|A}$ und $A \in \varphi$ haben wir $f(\varphi) = g(\varphi)$, also $f(\varphi) \overset{\sigma}{\to} f(x)$ und $f(\varphi) \overset{\sigma}{\to} g(x)$. Da nun (Y, σ) Hausdorff-Raum ist, folgt nach Lemma 4.2.2 sofort $f(x) = g(x)$. Da dies für alle $x \in X$ gilt, haben wir damit $f = g$. ∎

Lemma 4.2.5. *Sei (X, τ) ein beliebiger topologischer Raum und (Y, σ) ein Hausdorff-Raum. Sei ferner $f : X \to Y$ stetig. Dann ist f (als Teilmenge von $X \times Y$), d.h. der Graph $\{(x, f(x)) | \, x \in X\} \subseteq X \times Y$ abgeschlossen bezüglich der Produkttopologie.*

Beweis. Wir betrachten die Abbildung $f_2 : X \times Y \to Y \times Y : f_2(x, y) := (f(x), y)$. Sind $\mathrm{p}_X : X \times Y \to X : \mathrm{p}_X(x, y) := x$, $\mathrm{p}_Y : X \times Y \to Y : \mathrm{p}_Y(x, y) := y$, $\mathrm{p}_1 : Y \times Y \to Y : \mathrm{p}_1(y_1, y_2) := y_1$ und $\mathrm{p}_2 : Y \times Y \to Y : \mathrm{p}_2(y_1, y_2) := y_2$ die kanonischen Projektionen, so ist natürlich p_X stetig, daher auch $f \circ \mathrm{p}_X$. Damit ist $\mathrm{p}_1 \circ f_2 = f \circ \mathrm{p}_X$ stetig. Wegen $\mathrm{p}_2 \circ f_2 = \mathbf{1}_Y \circ \mathrm{p}_Y$ und der Stetigkeit von p_Y und $\mathbf{1}_Y$, ist auch $\mathrm{p}_2 \circ f_2$ stetig. Da nun die Produkttopologie auf $Y \times Y$ initial bezüglich $\mathrm{p}_1, \mathrm{p}_2$ ist, folgt die Stetigkeit von f_2. Laut Lemma 4.2.2 ist $\Delta_Y = \{(y, y) | \, y \in Y\}$ abgeschlossen, daher wegen der Stetigkeit von f_2 auch

$$\begin{aligned} f_2^{-1}(\Delta_Y) &= \{(x, y) \in X \times Y | \, f_2(x, y) \in \Delta_Y\} \\ &= \{(x, y) \in X \times Y | \, (f(x), y) \in \Delta_Y\} \\ &= \{(x, y) \in X \times Y | \, y = f(x)\} \\ &= \{(x, f(x)) | \, x \in X\}\,. \end{aligned}$$

∎

Aufgabe 3 Zeige, daß jeder unendliche Hausdorff-Raum einen abzählbar unendlichen diskreten Teilraum hat.

Proposition 4.2.6. *Die Eigenschaften T_0, T_1 und T_2 übertragen sich auf beliebige Teilräume: Sei (X, τ) ein topologischer Raum und $H \subseteq X$ gegeben.*

(1) *Ist (X, τ) ein T_0-Raum, so auch $(H, \tau_{|H})$.*
(2) *Ist (X, τ) ein T_1-Raum, so auch $(H, \tau_{|H})$.*
(3) *Ist (X, τ) ein T_2-Raum, so auch $(H, \tau_{|H})$.*

Beweis. (1) Sind $x \neq y \in H$ gegeben, so existiert wegen T_0 ein Element O von τ mit $x \in O \wedge y \notin O$ oder $y \in O \wedge x \notin O$, also auch $x \in O \cap H \wedge y \notin O \cap H$ oder $y \in O \cap H \wedge x \notin O \cap H$. Freilich ist $O \cap H$ Element von $\tau_{|H}$ und somit ist also $(H, \tau_{|H})$ ein T_0-Raum.

(2) Sind $x, y \in H$ gegeben mit $\dot{x} \to y$ oder $\dot{y} \to x$ im Sinne der Teilraumtopologie $\tau_{|H}$ so gilt auch $(\dot{x} \to y) \vee (\dot{y} \to x)$ bezüglich τ, folglich $x = y$ wegen T_1 nach 4.1.6. Dies für beliebige $x, y \in H$ impliziert T_1 für $(H, \tau_{|H})$ wiederum laut 4.1.6.

(3) Sind $x \neq y \in H$ gegeben, so existieren wegen T_2 offene Mengen $O_x, O_y \in \tau$ mit $x \in O_x$, $y \in O_y$ und $O_x \cap O_y = \emptyset$. Dann folgt sofort $x \in O_x \cap H$, $y \in O_y \cap H$ und $(O_x \cap H) \cap (O_y \cap H) = \emptyset$ – und weil $O_x \cap H$, $O_y \cap H$ Elemente von $\tau_{|H}$ sind, ist somit $(H, \tau_{|H})$ ein T_2-Raum. ■

Lemma 4.2.7. *Seien I eine Menge und sei für jedes $i \in I$ ein nichtleerer topologischer Raum (X_i, τ_i) gegeben. Sei $P := \prod_{i\in I}(X_i, \tau_i)$ der Produktraum aller (X_i, τ_i), $i \in I$.*
(1) *Genau dann ist P ein T_0-Raum, wenn alle (X_i, τ_i), $i \in I$, T_0-Räume sind.*
(2) *Genau dann ist P ein T_1-Raum, wenn alle (X_i, τ_i), $i \in I$, T_1-Räume sind.*
(3) *Genau dann ist P ein T_2-Raum, wenn alle (X_i, τ_i), $i \in I$, T_2-Räume sind.*

Beweis. Ist ein leerer Raum am Produkt beteiligt, wird das Produkt leer – daraus läßt sich natürlich nichts über die weiteren beteiligten Räume schließen.

Sind aber alle X_i, $i \in I$ nichtleer, so sei $(z_i)_{i\in I}$ ein beliebiges, aber fest gewähltes Element des Produktes $\prod_{i\in I} X_i$. Für jedes $j \in I$ ist dann der Teilraum $\prod_{i\in I} A_i$ mit $A_i := \{z_i\}$ für $i \neq j$ und $A_j := X_j$ ein zu X_j homöomorpher Unterraum von $\prod_{i\in I} X_i$, wie aus der offensichtlichen Bijektivität der auf $\prod_{i\in I} A_i$ eingeschränkten kanonischen Projektion $p_j : \prod_{i\in I} A_i \to X_j : p_j((X_i)_{i\in I}) := x_j$ sowie ihrer Stetigkeit und Offenheit gemäß 3.1.18 und 3.1.19 folgt. Ist das Produkt nun ein T_0-, T_1- bzw. T_2-Raum, so auch unser Teilraum $\prod_{i\in I} A_i$ und dessen homöomorphes Bild X_j.

Seien nun $(x_i)_{i\in I}, (y_i)_{i\in I} \in \prod_{i\in I} X_i$ mit $(x_i)_{i\in I} \neq (y_i)_{i\in I}$ gegeben. Wegen der Ungleichheit der beiden Elemente, muß es einen Index $k \in I$ geben mit $x_k \neq y_k$.

Sind alle (X_i, τ_i), $i \in I$, T_0-Räume, so auch (X_k, τ_k), so daß eine offene Menge $O_k \in \tau_k$ existiert mit $x_k \in O_k \wedge y_k \notin O_k$ oder $x_k \notin O_k \wedge y_k \in O_k$. Dann ist aber das Produkt $O := \prod_{i\in I} H_i$ mit $H_i := X_i$ für $i \neq k$ und $H_k := O_k$ eine offene Teilmenge des Produktraumes und es gilt $(x_i)_{i\in I} \in O \wedge (y_i)_{i\in I} \notin O$ oder $(x_i)_{i\in I} \notin O \wedge (y_i)_{i\in I} \in O$. Somit ist P ein T_0-Raum.

Sind alle (X_i, τ_i), $i \in I$, T_1-Räume, so auch (X_k, τ_k), so daß eine offene Menge $O_k \in \tau_k$ existiert mit $x_k \in O_k \wedge y_k \notin O_k$. Dann ist aber das Produkt $O := \prod_{i\in I} H_i$ mit $H_i := X_i$ für $i \neq k$ und $H_k := O_k$ eine offene Teilmenge des Produktraumes und es gilt $(x_i)_{i\in I} \in O \wedge (y_i)_{i\in I} \notin O$. Somit ist P ein T_1-Raum.

Sind alle (X_i, τ_i), $i \in I$, T_2-Räume, so auch (X_k, τ_k), so daß offene Mengen $O_1, O_2 \in \tau_k$ existieren mit $x_k \in O_1$, $y_k \in O_2$ und $O_1 \cap O_2 = \emptyset$. Dann sind freilich die Produkte $O_x := \prod_{i\in I} H_i$ mit $H_i := X_i$ für $i \neq k$ und $H_k := O_1$ und $O_y := \prod_{i\in I} H_i$ mit $H_i := X_i$ für $i \neq k$ und $H_k := O_2$ offene Teilmengen des Produktraumes mit $(x_i)_{i\in I} \in O_x$, $(y_i)_{i\in I} \in O_y$ und $O_x \cap O_y = \emptyset$. Somit ist P ein T_2-Raum. ■

Wir gönnen uns jetzt mal eine Erweiterung von Aufgabe 3:

Aufgabe 4 Sei (X, τ) ein topologischer T_1-Raum mit unendlicher Menge X. Zeige, daß es dann eine abzählbar unendliche Teilmenge M von X gibt, deren Spurtopologie bezüglich τ die diskrete oder die kofinite Topologie auf M ist.

Aufgabe 5 Sei (X, τ) ein topologischer Raum. Dann versteht man unter der *Souslin-Zahl* $S(X, \tau)$ von (X, τ) die kleinste Kardinalität, die von keiner paarweise disjunkten Familie offener Teilmengen aus X überschritten wird:

$$S(X,\tau) := \sup\{\, |\mathfrak{M}| \mid \mathfrak{M} \subseteq \tau, \forall M_1, M_2 \in \mathfrak{M} : M_1 \neq M_2 \Rightarrow M_1 \cap M_2 = \emptyset \}\,.$$

Zeige, daß jeder unendliche T_2-Raum eine unendliche Souslin-Zahl hat.

Damit ist übrigens noch nicht gezeigt, daß es in unendlichen Hausdorff-Räumen stets eine unendliche Kollektion disjunkter offener Teilmengen gibt, sondern nur, daß jede endliche Anzahl immer noch (ggf. durch eine größere endliche) überboten werden kann. Aber wir bleiben dran:

Aufgabe 6 Zeige, daß es in jedem unendlichen Hausdorff-Raum eine unendliche Familie paarweise disjunkter nichtleerer offener Teilmengen gibt.

4.3 Eine Symmetriebedingung: R_0-Räume

> Das Gesetz verbietet in seiner majestätischen Gleichheit den Reichen wie den Armen, unter den Brücken zu schlafen, auf den Straßen zu betteln und Brot zu stehlen.
>
> Anatole France

Es ist leicht einzusehen, daß jeder T_2-Raum ein T_1-Raum und jeder T_1-Raum auch ein T_0-Raum ist. Umgekehrt muß etwa ein T_0-Raum keineswegs ein T_1-Raum sein, wie wir am Beispiel des Sierpinski-Raumes gesehen hatten, und auch ein T_1-Raum braucht absolut kein T_2-Raum zu sein, wie die kofinite Topologie auf unendlichen Mengen lehrt. Man kann sich nun fragen, *was genau* z.B. einem T_0-Raum eigentlich *fehlt*, der kein T_1-Raum ist. Es stellt sich heraus, daß es ihm an einer gewissen Symmetrie mangelt.

Definition 4.3.1. Ein topologischer Raum (X, τ) heißt ein R_0-*Raum* (oder *symmetrisch*) genau dann, wenn

$$\forall \varphi \in \mathfrak{F}(X), x, y \in X : \varphi \to x \wedge \dot{y} \supseteq \varphi \Rightarrow \varphi \to y$$

d.h., wenn jeder konvergente Filter, der in einem Einpunktfilter enthalten ist, auch gegen den erzeugenden Punkt des Einpunktfilters konvergiert.

Lemma 4.3.2. *Sei (X, τ) ein topologischer Raum. Dann sind äquivalent:*
(1) $\forall x \in X, U \in \underline{U}(x) : \exists V \in \tau : x \notin V \wedge (X \setminus U) \subseteq V$
(2) $\forall x, y \in X : \dot{x} \to y \Rightarrow \dot{y} \to x$
(3) $\forall x, y \in X : \dot{x} \to y \Rightarrow \underline{U}(x) = \underline{U}(y)$
(4) (X, τ) *ist ein* R_0*-Raum*

Beweis. „(1)⇒(2)“: Sei $\dot{x} \to y$ gegeben. Für alle $U \in \dot{x} \cap \tau$ existiert nun nach (1) ein $V \in \tau$ mit $x \notin V \wedge X \setminus U \subseteq V$. Dann muß $y \notin X \setminus U \subseteq V$ gelten, da sonst $V \in \dot{y} \cap \tau$, aber $V \notin \dot{x}$ folgte, was der Konvergenz von $\dot{x}$ gegen y widerspräche. Folglich haben wir $\forall U \in \dot{x} \cap \tau : U \in \dot{y}$ und somit $\dot{y} \to x$.

„(2)⇒(3)“: Gelte $\dot{x} \to y$. Das bedeutet $\dot{x} \supseteq \dot{y} \cap \tau$ und folglich – auf beiden Seiten nochmal mit τ geschnitten: $\dot{x} \cap \tau \supseteq \dot{y} \cap \tau \cap \tau = \dot{y} \cap \tau$. Mit (2) folgt aus $\dot{x} \to y$ freilich auch $\dot{y} \to x$, also analog $\dot{y} \supseteq \dot{x} \cap \tau$ und somit $\dot{y} \cap \tau \supseteq \dot{x} \cap \tau$. Zusammen ergibt das $\dot{x} \cap \tau = \dot{y} \cap \tau$, so daß auch die von $\dot{x} \cap \tau$ bzw. $\dot{y} \cap \tau$ erzeugten Filter $\underline{U}(x)$ bzw. $\underline{U}(y)$ gleich sind.

„(3)⇒(4)“: Seien $x, y \in X$, $\varphi \in \mathfrak{F}(X)$ mit $\varphi \to x$ und $\dot{y} \supseteq \varphi$ gegeben. $\varphi \to x$ meint ja $\varphi \supseteq \underline{U}(x)$, so daß hier $\dot{y} \to x$ folgt. Wegen (3) haben wir dann aber $\underline{U}(x) = \underline{U}(y)$, also auch $\varphi \supseteq \underline{U}(y) = \underline{U}(x)$, mithin $\varphi \to y$.

„(4)⇒(1)“: Seien $x \in X, U' \in \underline{U}(x)$ gegeben. Dann existiert $U \in \dot{x}$ mit $U \subseteq U'$. Sei nun $y \in X \setminus U$. Gälte nun $\forall V \in \dot{y} \cap \tau : x \in V$, so folgte $\dot{x} \supseteq \underline{U}(y)$, da trivialerweise $\underline{U}(y) \to y$ gilt, folgte dann mit (4) sofort $\underline{U}(y) \to x$, also auch $U \in \underline{U}(y)$ im Widerspruch zu $y \in X \setminus U$. Daher muß es zu jedem $y \in X \setminus U$ eine Menge $V_y \in \tau$ mit $x \notin V_y$ geben. Wir sehen nun leicht ein, daß $V := \bigcup_{y \in X \setminus U} V_y$ eine offene Menge ist, die $X \setminus U$ umfaßt, aber x nicht enthält. Selbstverständlich umfaßt V somit auch $X \setminus U'$. ■

Die Bedingung (2) des Lemmas 4.3.2 macht anschaulich, warum es sich bei R_0 um eine *Symmetrie*bedingung handelt.

Korollar 4.3.3. *Ein topologischer Raum (X, τ) ist genau dann ein T_1-Raum, wenn er T_0- und R_0-Raum ist.*

Beweis. Ein T_1-Raum ist trivialerweise auch ein T_0-Raum. Haben wir in einem T_1-Raum die Situation $\varphi \to x$ und $\dot{y} \supseteq \varphi$ gegeben, folgt sofort $\dot{y} \to x$ und damit $x = y$ wegen T_1, also auch $\varphi \to y = x$. Daher ist jeder T_1-Raum auch symmetrisch.

Ist andrerseits (X, τ) sowohl T_0- als auch R_0-Raum, so folgt aus $\dot{x} \to y$ wegen R_0 nach Lemma 4.3.2 stets auch $\dot{y} \to x$, somit $x = y$ wegen T_0. Mithin ist (X, τ) dann ein T_1-Raum. ■

Auch Symmetrie überträgt sich auf Teilräume und Produkte:

Proposition 4.3.4. *Sei (X, τ) ein topologischer Raum und $H \subseteq X$ gegeben. Ist (X, τ) ein R_0-Raum, so auch $(H, \tau_{|H})$.*

Beweis. Sind $x, y \in H$ gegeben mit $\dot{x} \to y$ im Sinne der Teilraumtopologie $\tau_{|H}$ so gilt auch $\dot{x} \to y$ bezüglich τ, folglich $\dot{y} \to x$ bezüglich τ wegen R_0 nach 4.3.2. Da $H \in \dot{y}$ wegen $y \in H$ gilt, folgt freilich auch in $(H, \tau_{|H})$ sogleich $\dot{y} \to x$ und damit insgesamt die R_0-Eigenschaft für $(H, \tau_{|H})$ laut 4.3.2. ∎

Lemma 4.3.5. *Sei I eine Menge und sei für jedes $i \in I$ ein nichtleerer topologischer Raum (X_i, τ_i) gegeben. Sei $P := \prod_{i \in I}(X_i, \tau_i)$ der Produktraum aller (X_i, τ_i), $i \in I$. Genau dann ist P ein R_0-Raum, wenn alle (X_i, τ_i), $i \in I$, R_0-Räume sind.*

Beweis. Daß mit P auch jedes (X_i, τ_i), $i \in I$ ein R_0-Raum ist, folgt völlig analog zur entsprechenden Teilaussage von 4.2.7.

Seien nun also alle (X_i, τ_i), $i \in I$, R_0-Räume und $\underline{x} := (x_i)_{i \in I}$ ein Element von $\prod_{i \in I} X_i$ mit $\dot{\underline{x}} \to \underline{y} := (y_i)_{i \in I}$ (bezüglich der Produkttopologie) gegeben. Wegen der Stetigkeit aller kanonischen Projektionen $p_j : \prod_{i \in I} X_i \to X_j : p_j((z_i)_{i \in I}) := z_j$ folgt daraus für alle $j \in I$ sogleich $p_j(\dot{\underline{x}}) = \dot{x}_j \to y_j$ bezüglich τ_j. Wegen R_0 impliziert dies wiederum für alle $j \in I$ sogleich $\dot{y}_j \to x_j$ laut 4.3.2, woraus mit 3.1.22 freilich $\dot{\underline{y}} \to \underline{x}$ folgt, da ja ie Produkttopologie laut 3.1.18 initial bezüglich der kanonischen Projektionen ist. Nun liefert wieder 4.3.2, daß unser P ein R_0-Raum ist. ∎

Proposition 4.3.6. *Jeder pseudometrische Raum (X, d) ist (hinsichtlich seiner induzierten Topologie τ_d) ein R_0-Raum.*

Beweis. Sei $x \in X$ mit $\dot{x} \to y$ gegeben. Daraus folgt sofort $d(x, y) = 0$ und daraus $\dot{y} \to x$. Daher ist (X, τ_d) nach Lemma 4.3.2 ein R_0-Raum. ∎

Analog zu R_0 kann man auch eine Symmetriebedingung R_1 angeben, die just das fehlende Stück zwischen T_1 und T_2 ausfüllt. Darauf wollen wir hier aber nicht näher eingehen – es muß reichen, daß Symmetrie immerhin erwähnt wurde.

4.4 Aus der Reihe tanzende Trennungsaxiome: T_3, T_4

Definition 4.4.1. Ein topologischer Raum (X, τ) heißt T_3-*Raum* (oder *regulär*[55]) genau dann, wenn es zu jeder abgeschlossenen Teilmenge $A \subseteq X$ und jedem Punkt $x \in X \setminus A$ offene Umgebungen $U_A, U_x \in \tau$ mit $A \subseteq U_A$, $x \in U_x$ und $U_A \cap U_x = \emptyset$ gibt.

Hatten wir für T_0, T_1 und T_2 noch eine strikt aufsteigende Abfolge von Trennungseigenschaften, von denen jede mit höherer Nummer alle unteren impliziert, so tanzt T_3 hier insofern aus der Reihe, als ein T_3-Raum im allgemeinen nicht einmal ein T_0-Raum

55 In der Literatur findet man hin & wieder noch einen etwas anderen Gebrauch des Wortes „regulär": Zuweilen ist damit gemeint, daß der fragliche Raum *sowohl* T_3- *als auch* T_1-Raum ist. Man wird also immer genau hinsehen müssen, was der jeweilige Autor meint.

zu sein braucht, wie man sich etwa am Beispiel der indiskreten Räume mit mehr als einem Element leicht überlegen kann.

Aufgabe 7 Sei (X, τ) ein T_3-Raum und $T \subseteq X$. Zeige, daß dann auch $(T, \tau_{|T})$ ein T_3-Raum ist.

Lemma 4.4.2. *Sei (X, τ) ein topologischer Raum. Dann sind äquivalent:*
(1) *(X, τ) ist ein T_3-Raum.*
(2) *Jeder Umgebungsfilter in (X, τ) hat eine Basis aus abgeschlossenen Umgebungen.*
(3) *Für jeden Filter $\varphi \in \mathfrak{F}(X)$ und jeden Punkt $x \in X$ folgt aus $\varphi \xrightarrow{\tau} x$ stets, daß auch der Filter $\overline{\varphi} := [\{\overline{P} | \ P \in \varphi\}]_{\mathfrak{F}(X)}$ gegen x konvergiert.*

Beweis. „(1)⇒(2)“: Sei $x \in X$ und $U \in \dot{x} \cap \tau$. Dann ist $X \setminus U$ abgeschlossen und $x \notin X \setminus U$. Wegen (1) gibt es dann $V_1, V_2 \in \tau$ mit $x \in V_1, X \setminus U \subseteq V_2$ und $V_1 \cap V_2 = \emptyset$. Nun ist $X \setminus V_2$ abgeschlossen und es gilt $X \setminus V_2 \subseteq U$ wegen $X \setminus U \subseteq V_2$, sowie $V_1 \subseteq X \setminus V_2$ wegen $V_1 \cap V_2 = \emptyset$. Damit ist $X \setminus V_2$ eine abgeschlossene Umgebung von x unterhalb von U. Da eine solche also für alle $U \in \dot{x} \cap \tau$ existiert, erzeugen diese abgeschlossenen Umgebungen als Basis denselben Filter wie $\dot{x} \cap \tau$, nämlich $\underline{U}(x)$.

„(2)⇒(3)“: Sei $\varphi \to x \in X$ gegeben, d.h. $\varphi \supseteq \underline{U}(x)$. Es folgt $\overline{\varphi} \supseteq \overline{\underline{U}(x)}$. Nun ist einerseits natürlich $\overline{\underline{U}(x)} \subseteq \underline{U}(x)$, andrerseits besagt (2), daß $\underline{U}(x)$ eine Basis aus abgeschlossenen Mengen enthält, die dann freilich auch in $\overline{\underline{U}(x)}$ enthalten ist, weil der Abschluß einer abgeschlossenen Menge nichts anderes als diese Menge selbst ist. Das liefert $\overline{\underline{U}(x)} \supseteq \underline{U}(x)$, also $\overline{\underline{U}(x)} = \underline{U}(x)$ und somit $\overline{\varphi} \supseteq \underline{U}(x)$.

„(3)⇒(1)“: Sei $A \subseteq X$ abgeschlossen und $x \in X \setminus A$ gegeben. Dann ist $X \setminus A$ eine offene Umgebung von x, die wegen $\underline{U}(x) \to x$ nach (3) auch im Filter $\overline{\underline{U}(x)}$ enthalten sein muß. Somit existiert eine offene Umgebung U von x mit $\overline{U} \subseteq X \setminus A$. Ferner ist $X \setminus \overline{U}$ offen, umfaßt offenbar A und es gilt natürlich $U \cap (X \setminus \overline{U}) = \emptyset$. ■

Hier bietet sich die Erwähnung an, daß jedes (offene, halboffene, abgeschlossene) Intervall in $\mathbb{R}$ und insbesondere $\mathbb{R}$ selbst mit euklidischer Topologie ein T_3-Raum ist. Man kann das leicht daran sehen, daß die *abgeschlossenen* ε-Umgebungen eines jeden Punktes offenbar eine Basis des jeweiligen Umgebungsfilters bilden.

Lemma 4.4.3. *Jeder T_3-Raum ist ein R_0-Raum.*

Beweis. Sei (X, τ) ein T_3-Raum. Wir wenden Lemma 4.3.2(1) an. Sei also $x \in X$ und $U \in \underline{U}(x)$ gegeben. Dann existiert $U' \in \dot{x} \cap \tau$ mit $U' \subseteq U$. Da $X \setminus U'$ abgeschlossen ist und x nicht enthält, existieren wegen T_3 Teilmengen $V_1, V_2 \in \tau$ mit $V_2 \supseteq X \setminus U'$ und $x \in V_1$, sowie $V_1 \cap V_2 = \emptyset$, also insbesondere $x \notin V_2$. Wegen $U' \subseteq U$ gilt nun auch $V_2 \supseteq X \setminus U$. Damit ist (X, τ) nach Lemma 4.3.2 ein R_0-Raum. ■

Korollar 4.4.4. *Jeder topologische Raum (X, τ), der sowohl ein T_3- als auch ein T_0-Raum ist, ist ein Hausdorff-Raum.*

Beweis. Sei (X, τ) sowohl T_3- als auch T_0-Raum. Nach Lemma 4.4.3 ist er symmetrisch und somit nach Korollar 4.3.3 ein T_1-Raum. Folglich sind nach Lemma 4.1.7 die einpunktigen Teilmengen von X abgeschlossen. Für je zwei Punkte $x, y \in X$ mit $x \neq y$ existieren also wegen T_3 offene Mengen $U, V \in \tau$ mit $x \in U$, $\{y\} \subseteq V$ und $U \cap V = \emptyset$. Damit ist (X, τ) ein Hausdorff-Raum. ■

An dieser Stelle drängt sich die Frage auf, ob es überhaupt Hausdorff-Räume gibt, die *nicht* die T_3-Bedingung erfüllen[56].

Wir bemerken zunächst folgendes: Ist (X, τ) ein T_0-, T_1- oder T_2-Raum und $\tau' \supseteq \tau$ eine stärkere Topologie auf X, dann ist automatisch auch (X, τ') ein T_0-, T_1- bzw. T_2-Raum – je mehr offene Mengen, desto besser für diese Trennungeigenschaften, denn getrennt werden sollen ja *Punkte* voneinander, und die haben sich dabei gar nicht verändert. Bei T_3 sieht das etwas anders aus, denn hier wollen wir ja Punkte von *abgeschlossenen Teilmengen* trennen – aber wenn wir plötzlich mehr offene Teilmengen haben, dann haben wir auch mehr abgeschlossene und damit möglicherweise ein Problem.

Wir probieren einmal aus, wie sich diese Erkenntnisse zur Konstruktion eines Hausdorff-Raumes nutzen lassen, der nicht T_3 ist:

Beispiel 4.4.5 (für einen Hausdorff-Raum, der nicht regulär ist). Wir gehen aus von $\mathbb{R}$ mit euklidischer Topologie τ_e. Dieser Raum ist sicher T_2, aber auch noch T_3, wie wir wissen. Daher erweitern wir seine Topologie etwas und bezeichnen mit τ_Q die von der Subbasis $\tau_e \cup \{\mathbb{Q}\}$ auf $\mathbb{R}$ erzeugte Topologie, wobei mit $\mathbb{Q}$ die Menge der rationalen Zahlen gemeint ist. Der Raum $(\mathbb{R}, \tau_Q)$ ist nun ein T_2-, aber kein T_3-Raum.

Beweis. Wegen $\tau_Q \supseteq \tau_e$ ist $(\mathbb{R}, \tau_Q)$ offensichtlich T_2-Raum.
Die Umgebungsfilter irrationaler Punkte bezüglich τ_Q sind dieselben wie diejenigen bezüglich τ_e, während die Umgebungsfilter der rationalen Punkte $q \in \mathbb{Q}$ etwas feiner sind: Sie enthalten allesamt zusätzlich $\mathbb{Q}$ als Element, so daß sie von Basen der Gestalt $\{(q - \varepsilon, q + \varepsilon) \cap \mathbb{Q} \mid \varepsilon > 0\}$ erzeugt werden.[57]

Die Menge $I := \mathbb{R} \setminus \mathbb{Q}$ ist bezüglich τ_Q ja abgeschlossen und enthält nicht den Punkt 37. Für beliebige Mengen $U_1, U_2 \in \tau_Q$ mit $37 \in U_1$ und $I \subseteq U_2$ muß allerdings U_1 eine Basisumgebung von 37 umfassen, also eine Menge der Gestalt $(37 - \varepsilon, 37 + \varepsilon) \cap \mathbb{Q}$ mit $\varepsilon > 0$. Freilich existiert stets auch eine irrationale Zahl $t \in (37 - \frac{\varepsilon}{2}, 37 + \frac{\varepsilon}{2})$, für die wiederum U_2 eine Basisumgebung umfassen muß, also eine Menge der Form $(t-\delta, t+\delta)$ mit $\delta > 0$. Setzen wir $\alpha := \min(\frac{\varepsilon}{2}, \delta)$, so folgt damit $\emptyset \neq (t - \alpha, t + \alpha) \cap \mathbb{Q} \subseteq U_1 \cap U_2$.

56 Zumindest nach endlichen Beispielen brauchen wir nicht zu suchen: jeder endliche T_2-Raum ist trivialerweise diskret und damit natürlich automatisch auch T_3.

57 Filterkonvergenz ist in $(\mathbb{R}, \tau_Q)$ daher immer noch sehr leicht zu beschreiben: Gegen einen irrationalen Punkt konvergiert ein Filter φ genau dann, wenn er dessen euklidischen Umgebungsfilter umfaßt; gegen einen rationalen Punkt konvergiert ein Filter φ genau dann, wenn er dessen euklidischen Umgebungsfilter umfaßt *und* $\mathbb{Q}$ als Element enthält.

Zwei derartige offene Mengen U_1, U_2 können also niemals disjunkt sein, so daß die T_3-Bedingung hier nicht erfüllt ist. ■

Satz 4.4.6. *Sei (X, τ) ein beliebiger topologischer Raum, (Y, σ) ein regulärer T_0-Raum, $A \subseteq X$ eine dichte Teilmenge von X und $f : A \to Y$ stetig. Ferner gelte, daß für alle Filter φ auf A aus $\varphi \to x \in X$ stets die Existenz eines $y \in Y$ mit $f(\varphi) \to y$ folgt.*
Dann gibt es genau eine stetige Fortsetzung $\hat{f} : X \to Y$ von f, d.h. genau eine stetige Funktion $\hat{f} : X \to Y$ mit $\hat{f}_{|A} = f$.

Beweis. Da A dicht in X liegt, haben wir $\overline{A} = X$ und folglich $\forall x \in X : \exists \varphi_x \in \mathfrak{F}(A) : \varphi_x \to x$. Nach Voraussetzung folgt daraus $\exists y \in Y : f(\varphi_x) \to y$. Seien φ_1, φ_2 zwei Filter auf A, die beide gegen $x \in X$ konvergieren. Dann ist auch $\varphi_1 \cap \varphi_2$ ein Filter auf A, der gegen x konvergiert. Folglich haben wir $y_1, y_2, y_3 \in Y$ mit $f(\varphi_1) \to y_1$, $f(\varphi_2) \to y_2$ und $f(\varphi_1 \cap \varphi_2) \to y_3$. Als Oberfilter von $f(\varphi_1 \cap \varphi_2)$ konvergieren nun auch $f(\varphi_1)$ und $f(\varphi_2)$ gegen y_3. Da (Y, σ) laut Korollar 4.4.4 ein Hausdorff-Raum ist, folgt $y_1 = y_3 = y_2$. Mithin gibt es zu jedem $x \in X$ *genau* ein $y_x \in Y$ derart, daß $\forall \varphi \in \mathfrak{F}(A) : \varphi \to x \Rightarrow f(\varphi) \to y_x$.
Also ist $\hat{f} : X \to Y$ durch

$$\forall x \in X : \hat{f}(x) := y_x$$

mit $\exists \varphi \in \mathfrak{F}(A) : \varphi \to x \wedge f(\varphi) \to y_x$ wohldefiniert.
Anhand der Einpunktfilter auf A ist unmittelbar klar, daß $\hat{f}_{|A} = f$ gilt. Wir haben uns nunmehr um den Nachweis zu kümmern, daß $\hat{f}$ stetig ist. Dazu gucken wir uns mal die Bilder offener Mengen unter $\hat{f}$ an. Sei $O \in \tau$ und $x \in O$ gegeben. Da ja A dicht in X liegt, existiert dann ein Filter $\varphi_x \in \mathfrak{F}(A)$ mit $\varphi_x \to x$. Daraus folgt nach Definition von $\hat{f}$ natürlich sofort $f(\varphi_x) \to \hat{f}(x)$. Zudem freilich muß O als offene Umgebung von x Element von φ_x sein, so daß $O \cap A \in \varphi_x$ und folglich $f(O \cap A) \in f(\varphi_x)$ gilt. Das ergibt $\hat{f}(x) \in \overline{f(O \cap A)}$ für beliebiges $x \in O$, also

$$\hat{f}(O) \subseteq \overline{f(O \cap A)}; \ \forall O \in \tau \tag{4.3}$$

Wir zeigen jetzt die Stetigkeit von $\hat{f}$ anhand der Konvergenz der Bilder konvergenter Filter. Sei $\varphi \in \mathfrak{F}(X)$ mit $\varphi \to x \in X$ gegeben, d.h. $\varphi \supseteq \underline{U}(x)$. Nun haben wir $\forall U \in \underline{U}(x) : U \cap A \neq \emptyset$, da A dicht in X liegt. Somit ist $\underline{U}(x) \cup \{A\}$ eine Filtersubbasis, der erzeugte Filter enthält A, umfaßt $\underline{U}(x)$ und heiße ψ_x. Natürlich konvergiert ψ_x somit gegen x, woraus nach Voraussetzung und der Definition von $\hat{f}$ wiederum $f(\psi_x) \to \hat{f}(x)$ folgt. Ferner haben wir $\forall P \in \psi_x : \exists O \in \dot{x} \cap \tau : A \cap O \subseteq P$ und folglich $f(A \cap O) \subseteq f(P)$, woraus jeweils $\overline{f(A \cap O)} \subseteq \overline{f(P)}$ folgt. Mit (4.3) ergibt das nun $\forall P \in \psi_x : \exists O \in \dot{x} \cap \tau : \hat{f}(O) \subseteq \overline{f(P)}$, also $\hat{f}(\underline{U}(x)) \supseteq \overline{f(\psi_x)} := [\{\overline{f(P)} | \ P \in \psi_x\}]_{\mathfrak{F}(Y)}$. Jetzt bewirkt die Regularität von (Y, σ) laut Lemma 4.4.2, daß $\overline{f(\psi_x)}$ gegen $\hat{f}(x)$ konvergiert, weil $f(\psi_x)$ das tut. Es konvergieren dann aber auch $\hat{f}(\underline{U}(x))$ und erst recht $\hat{f}(\varphi)$ als Oberfilter von $\overline{f(\psi_x)}$ gegen $\hat{f}(x)$.
Die Eindeutigkeit unsrer stetigen Fortsetzung $\hat{f}$ ist durch Lemma 4.2.4 gesichert. ■

Genau wie T_0, T_1 und T_2 wird auch T_3 auf Produkte übertragen:

Lemma 4.4.7. *Sei (X_i, τ_i), $i \in I$, eine Familie nichtleerer topologischer Räume. Genau dann ist der Produktraum $\prod_{i\in I}(X_i, \tau_i)$ ein T_3-Raum, wenn alle $(X_i, \tau_i), i \in I$, T_3-Räume sind.*

Beweis. Ist ein leerer Raum am Produkt beteiligt, wird das Produkt leer – daraus läßt sich natürlich nichts über die weiteren beteiligten Räume schließen.

Sind aber alle X_i, $i \in I$ nichtleer, so sei $(z_i)_{i\in I}$ ein beliebiges, aber fest gewähltes Element des Produktes $\prod_{i\in I} X_i$. Für jedes $j \in I$ ist dann der Teilraum $\prod_{i\in I} A_i$ mit $A_i := \{z_i\}$ für $i \neq j$ und $A_j := X_j$ ein zu X_j homöomorpher Unterraum von $\prod_{i\in I} X_i$, wie aus der offensichtlichen Bijektivität der auf $\prod_{i\in I} A_i$ eingeschränkten kanonischen Projektion $p_j : \prod_{i\in I} A_i \to X_j : p_j((X_i)_{i\in I}) := x_j$ sowie ihrer Stetigkeit und Offenheit gemäß 3.1.18 und 3.1.19 folgt. Ist das Produkt nun ein T_3-Raum, so auch unser Teilraum $\prod_{i\in I} A_i$ und dessen homöomorphes Bild X_j.

Seien umgekehrt alle $(X_i, \tau_i), i \in I$ T_3-Räume und sei ein Element $(x_i)_{i\in I}$ gegeben. Diejenigen Produkte $\prod_{i\in I} O_i$ offener Mengen $O_i \in \tau_i, x_i \in O_i$, bei denen nur endlich viele O_i vom jeweiligen X_i verschieden sind, bilden ja eine Basis des Umgebungsfilters von $(x_i)_{i\in I}$. Ist also $U \subseteq \prod_{i\in I} X_i$ irgendeine offene Umgebung von $(x_i)_{i\in I}$, so existiert eine endliche Teilmenge $\{i_1, ..., i_n\}$ von I und zu diesen Indizes offene Teilmengen $U_{i_k} \in \tau_{i_k}$ für $k = 1, ..., n$ derart, daß

$$U' := \prod_{i\in I} H_i$$

mit $H_i := X_i$ für alle $i \in I \setminus \{i_1, ..., i_n\}$ und $H_{i_k} := U_{i_k}$ für $k = 1, ..., n$ eine Teilmenge von U (und natürlich wieder eine offene Umgebung von $(x_i)_{i\in I}$) ist. Weil freilich unsre (X_{i_k}, τ_{i_k}) sämtlich T_3-Räume sind, existieren dann auch offene Mengen $V_{i_k} \in \tau_{i_k}$ mit $x_{i_k} \in V_{i_k} \subseteq \overline{V_{i_k}} \subseteq U_{i_k}$ für $k = 1, ..., n$. Für alle $i \in I \setminus \{i_1, ..., i_n\}$ setzen wir $V_i := X_i$ bilden $V := \prod_{i\in I} V_i$. Nach dieser Konstruktion ist V wiederum eine offene Umgebung von $(x_i)_{i\in I}$ und es gilt

$$V \subseteq \overline{V} = \prod_{i\in I} \overline{V_i} \subseteq U' \subseteq U\,.$$

Somit bilden die abgeschlossenen Umgebungen ebenfalls eine Basis für den Umgebungsfilter von $(x_i)_{i\in I}$ und unser Produkt ist laut 4.4.2 folglich ein T_3-Raum. ∎

Definition 4.4.8. Ein topologischer Raum (X, τ) heißt ein T_4-Raum (oder *normal*[58]) genau dann, wenn es zu je zwei abgeschlossenen disjunkten Teilmengen $A, B \subseteq X$ offene Mengen $U_A, U_B \in \tau$ gibt mit $A \subseteq U_A$, $B \subseteq U_B$ und $U_A \cap U_B = \emptyset$.

58 Wie beim Wörtchen „regulär" auch, ist der Sprachgebrauch in der Literatur uneinheitlich: Oft ist mit „normal" gemeint, daß der fragliche Raum sowohl T_4- als auch T_1-Raum ist. Hier aber nicht. Grundsätzlich ist es netter, in Publikationen, von denen man annimmt, daß sie vielleicht auch von solchen Kollegen gelesen werden, die mit unsrem eigenen Sprachgebrauch nicht vertraut sind, auf die Verwendung der Worte „regulär" und „normal" zu verzichten und sich mit den weniger blumigen Bezeichnungen T_3 und T_4 zu begnügen.

Ein T_4-Raum braucht nicht einmal ein T_0-Raum zu sein, wie man sich wiederum am Beispiel der mehrpunktigen indiskreten Räume schnell überlegen kann. Ein Blick auf den Sierpinski-Raum macht schnell klar, daß wir keineswegs hoffen dürfen, uns mittels T_4 auch nur von T_0 zu T_1 hochhangeln zu können: T_4-Räume müssen noch nicht einmal symmetrisch sein. Sobald allerdings T_1 zusätzlich vorausgesetzt wird, greift T_4 durch: Normale T_1-Räume sind sowohl Hausdorff-Räume als auch regulär, weil in T_1-Räumen die einelementigen Mengen abgeschlossen sind. Immerhin.

Nicht einmal die beiden Abweichler unter den Trennungsaxiomen halten so richtig zusammen: aus T_4 folgt keineswegs T_3, wie der Blick auf den Sierpinski-Raum lehrt. Wenigstens stehen sie einander aber etwas näher als den vorangegangenen Trennungseigenschaften, denn um von T_4 auf T_3 schließen zu können, benötigen wir nicht unbedingt T_1, sondern sozusagen nur die Hälfte davon:

Proposition 4.4.9. *Ein topologischer Raum (X, τ) der sowohl ein T_4-Raum als auch ein R_0-Raum ist, ist auch ein T_3-Raum.*

Beweis. Sei (X, τ) sowohl R_0- als auch T_4-Raum und seien eine abgeschlossene Teilmenge $A \subseteq X$ sowie ein Element $x \in X \setminus A$ gegeben. Wir betrachten den Abschluß $\overline{\{x\}}$: Angenommen, es existierte ein $y \in \overline{\{x\}} \cap A$. Dann hätten wir zunächst $\dot{x} \to y$, woraus wegen R_0 nach Lemma 4.3.2 sogleich $\dot{y} \to x$ folgte – und wegen $A \in \dot{y}$ mit der Abgeschlossenheit von A folglich $x \in A$ im Widerspruch zur Voraussetzung. Wir haben also $\overline{\{x\}} \cap A = \emptyset$. Wegen T_4 existieren somit offene Mengen O_1, O_2 mit $\overline{\{x\}} \subseteq O_1$, $A \subseteq O_2$ und $O_1 \cap O_2 = \emptyset$. Offenbar trennen O_1 und O_2 nun auch den Punkt x und die Teilmenge A. Da dies für beliebige abgeschlossene Teilmengen A und außerhalb von diesen gelegene Elemente x gilt, ist T_3 erfüllt. ∎

Es mag überraschen, doch man wird kein Beispiel für einen *abzählbaren* topologischen Raum angeben können, der T_3, aber nicht T_4 erfüllt, wie wir später anhand von Lemma 5.1.15 einsehen können. Hier kommt also ein überabzählbares:

Beispiel 4.4.10 (für einen T_3-Raum, der nicht T_4 erfüllt: die Niemitzky-Halbebene). Sei $N_1 := \{(x, y) \in \mathbb{R}^2 | \ y > 0\}$ die obere Halbebene des $\mathbb{R}^2$ ausgerüstet mit euklidischer Topologie τ_e und sei $N_2 := \{(x, 0) | \ x \in \mathbb{R}\}$ die „x-Achse". Wir setzen $X := N_1 \cup N_2$ und nehmen als Topologie τ die von der Subbasis

$$\tau_e \cup \{C_{x,y} | \ x, y \in \mathbb{R}, y > 0\}$$

erzeugte Topologie, wobei mit

$$C_{x,y} := \{(a, b) \in \mathbb{R}^2 | \ (a - x)^2 + (b - y)^2 < y^2\} \cup \{(x, 0)\}$$

jeweils der offene Kreis um (x, y) mit Radius y zuzüglich seines Berührungspunktes an der „x-Achse" gemeint ist.

Diesen Raum (X, τ) nennen wir *Niemitzky-Halbebene*.

Für alle $M \subseteq \mathbb{R}$ ist wegen

$$X \setminus (M \times \{0\}) = N_1 \cup \bigcup_{x \in \mathbb{R} \setminus M} C_{x,1} \in \tau$$

die Menge $M \times \{0\}$ abgeschlossen in (X, τ), d.h. es ist *jede* Teilmenge von N_2 abgeschlossen. Allerdings lassen sich die Mengen $Q := \{(x, 0) | \; x \in \mathbb{Q}\}$ und $I := \{(x, 0) | \; x \in \mathbb{R} \setminus \mathbb{Q}\}$ offenbar nicht durch offene Mengen trennen: Die τ-Umgebungen der Elemente $(t, 0)$ von N_2 sind ja gerade die Kreise $C_{t,y}$ – und da sowohl die rationalen als auch die irrationalen Zahlen dicht in $\mathbb{R}$ liegen, muß jede offene Umgebung von Q jede offene Umgebung von I nichtleer schneiden. Die Niemitzky-Halbebene ist also nicht T_4.

Um einzusehen, daß die Niemitzky-Halbebene ein T_3-Raum ist, sehen wir uns die Umgebungsfilter an: für Punkte $(x, y) \in N_1$ wird $\underline{U}((x, y))$ von der Familie der euklidisch abgeschlossenen ε-Kreise um (x, y) mit Radius kleiner als $\frac{y}{2}$ erzeugt – hat also eine Basis aus abgeschlossenen Mengen; für $(x, 0) \in N_2$ bilden die abgeschlossenen Teilmengen $\overline{C_{x,r}} := \{(a, b) \in X | \; (a - x)^2 + (b - r)^2 \leq r^2\}$ eine Umgebungsbasis. Nach Lemma 4.4.2 ist unser (X, τ) somit ein T_3-Raum. ■

Widmen wir uns einigen Charakterisierungen der T_4-Eigenschaft.

Lemma 4.4.11. *Ein topologischer Raum (X, τ) ist genau dann ein T_4-Raum, wenn es zu jeder abgeschlossenen Teilmenge A und jeder offenen Teilmenge U von X mit $A \subseteq U$ eine offene Teilmenge $V \in \tau$ gibt mit $A \subseteq V \subseteq \overline{V} \subseteq U$.*

Beweis. **Aufgabe 8** ■

Aufgabe 9 Gib ein Beispiel dafür an, daß Teilräume von T_4-Räumen nicht notwendig wieder T_4-Räume sein müssen.

Aufgabe 10 Zeige, daß für jede *abgeschlossene* Teilmenge A eines T_4-Raumes (X, τ) der Teilraum $(A, \tau_{|A})$ wiederum ein T_4-Raum ist.

Unser Lemma 4.4.11 liefert unmittelbar: Ein topologischer Raum (X, τ) ist genau dann ein T_4-Raum, wenn es zu je zwei disjunkten abgeschlossenen Teilmengen A, B von X eine offene Menge $U \subseteq X$ gibt mit $A \subseteq U$ und $\overline{U} \cap B = \emptyset$.

Verblüffend ist nun, daß sich dieses Kriterium verlustlos „weichspülen" läßt, indem wir statt *einer* offenen Menge U lediglich die Existenz einer *höchstens abzählbaren* offenen Überdeckung für A fordern, deren Elemente zu B disjunkte Abschlüsse haben:

Lemma 4.4.12. *Ein topologischer Raum (X, τ) ist genau dann ein T_4-Raum, wenn es zu je zwei disjunkten abgeschlossenen Teilmengen $A, B \subseteq X$ eine abzählbare Familie $\{U_n \mid n \in \mathbb{N}\} \subseteq \tau$ offener Mengen derart gibt, daß*

(1) $A \subseteq \bigcup_{n \in \mathbb{N}} U_n$ *und*

(2) $\forall n \in \mathbb{N} : \overline{U_n} \cap B = \emptyset$

gelten.

Beweis. Falls (X,τ) ein T_4-Raum mit disjunkten abgeschlossenen Teilmengen A, B ist, haben wir ja nach Definition 4.4.8 offene disjunkte Mengen U_A und U_B mit $A \subseteq U_A$ und $B \subseteq U_B$. Wir setzen $\forall n \in \mathbb{N} : U_n := U_A$ und finden natürlich $A \subseteq \bigcup_{n\in\mathbb{N}} U_n = U_A$, sowie $\forall n \in \mathbb{N} : \overline{U_n} = \overline{U_A} \subseteq \overline{X \setminus U_B} = X \setminus U_B \subseteq X \setminus B$.

Mögen nun C, D abgeschlossene disjunkte Teilmengen von X sein und existiere zu je zwei abgeschlossenen disjunkten Teilmengen von X stets eine abzählbare Familie $\{U_n \mid n \in \mathbb{N}\} \subseteq \tau$, die (1) und (2) erfüllt.

Wir wenden das auf C an und erhalten eine abzählbare Familie $\{V_n \mid n \in \mathbb{N}\}$ mit $C \subseteq \bigcup_{n\in\mathbb{N}} V_n$ und $\forall n \in \mathbb{N} : \overline{V_n} \cap D = \emptyset$. Wenden wir es ferner auf D an, erhalten wir eine abzählbare Familie $\{W_n \mid n \in \mathbb{N}\}$ mit $D \subseteq \bigcup_{n\in\mathbb{N}} W_n$ und $\forall n \in \mathbb{N} : \overline{W_n} \cap C = \emptyset$. Jetzt basteln wir wieder ein bißchen, indem wir für alle $n \in \mathbb{N}$ setzen

$$O_n := V_n \setminus \bigcup_{i=0}^{n} \overline{W_i}$$

und

$$P_n := W_n \setminus \bigcup_{i=0}^{n} \overline{V_i}\,.$$

Da endliche Vereinigungen abgeschlossener Mengen abgeschlossen und die V_n bzw. W_n offen sind, sind auch alle O_n bzw. P_n offen. Prima. So, nun bilden wir

$$U_C := \bigcup_{n\in\mathbb{N}} O_n$$

und

$$U_D := \bigcup_{n\in\mathbb{N}} P_n\,,$$

welche beide als Vereinigungen offener Mengen offen sind.
Wir finden $\forall c \in C : \exists k \in \mathbb{N} : c \in V_k$ wegen (1) und $\forall i \in \mathbb{N} : c \notin \overline{W_i}$ wegen (2), also $\forall c \in C : \exists k \in \mathbb{N} : c \in O_k$, mithin $C \subseteq U_C$. Analog folgt $D \subseteq U_D$.

Angenommen nun, es existierte ein $x \in U_C \cap U_D$. Das bedeutet nach Konstruktion der U's $\exists k, l \in \mathbb{N} : x \in O_k \wedge x \in P_l$. Sei o.B.d.A. $k \leq l$. Nach Konstruktion der O's und P's folgt ja $x \in V_k$ und $x \in W_l$, sowie freilich auch $\forall i \leq l : x \notin \overline{V_i}$, also insbesondere $x \notin V_k$ - Widerspruch. Folglich muß $U_C \cap U_D = \emptyset$ gelten. ∎

Hierauf aufbauend, bekommen wir auch locker eine Erweiterung von Aufgabe 9 hin:

Lemma 4.4.13. *Sei (X,τ) ein T_4-Raum und $C := \bigcup_{n\in\mathbb{N}} C_n$ Vereinigung der abgeschlossenen Teilmengen $C_n, n \in \mathbb{N}$. Dann ist $(C, \tau_{|C})$ ebenfalls ein T_4-Raum.*

Beweis. Sind A, B abgeschlossene Teilmengen von C, so sind insbesondere auch alle $A_n := A \cap C_n$ jeweils abgeschlossen in C_n, somit auch in X.

Da B abgeschlossen in C hinsichtlich der Spurtopologie ist, existiert eine in X abgeschlossene Menge B' mit $B = B' \cap C$. Selbstverfreilich ist B' disjunkt zu allen A_n, da diese ganz innerhalb von C liegen. Mithin haben wir wegen der T_4-Eigenschaft von (X, τ) für alle $n \in \mathbb{N}$ jeweils eine in X offene Menge O_n mit $A_n \subseteq O_n$ und $\overline{O_n} \cap B' = \emptyset$. Setzen wir $U_n := O_n \cap C$, so sind diese U_n offene Teilmengen von C, deren Abschluß in C disjunkt zu B ist, und die unser A überdecken. Da A, B beliebige disjunkte abgeschlossene Teilmengen von C waren, ist $(C, \tau_{|C})$ nach Lemma 4.4.12 ein T_4-Raum. ∎

Lemma 4.4.14 (Urysohn-Lemma). *Ein topologischer Raum (X, τ) ist genau dann ein T_4-Raum, wenn es zu je zwei disjunkten abgeschlossenen Teilmengen $A, B \subseteq X$ eine stetige Funktion $f : X \to [0, 1]$ derart gibt, daß $A \subseteq f^{-1}(0)$ und $B \subseteq f^{-1}(1)$. (Dabei sei das abgeschlossene Intervall $[0, 1]$ mit euklidischer Topologie ausgerüstet.)*

Beweis. Haben wir für zwei abgeschlossene disjunkte Teilmengen $A, B \subseteq X$ eine stetige Funktion $f : X \to [0, 1]$ mit $A \subseteq f^{-1}(0)$ und $B \subseteq f^{-1}(1)$, so sind $f^{-1}([0, \frac{1}{3}))$ und $f^{-1}((\frac{2}{3}, 1])$ offenbar disjunkte offene Umgebungen von A bzw. B.

Sei also (X, τ) ein T_4-Raum und seien $A, B \subseteq X$ disjunkte abgeschlossene Teilmengen. Sei ferner $Z := \{\frac{n}{2^m} \mid n, m \in \mathbb{N}, n \leq 2^m, 2 \nmid n\} \subseteq [0, 1]$ die Menge derjenigen rationalen Zahlen, die sich als Bruch mit einer Zweierpotenz im Nenner (Zähler und Nenner teilerfremd) schreiben lassen. Wir zeigen nun induktiv, daß es eine Abbildung $h : Z \to \tau$ mit

(1) $\forall z \in Z : A \subseteq h(z) \wedge h(z) \cap B = \emptyset$ und

(2) $\forall z_1, z_2 \in Z : z_1 < z_2 \Rightarrow \overline{h(z_1)} \subseteq h(z_2)$

gibt. Wir wählen Induktion über den Exponenten des Nenners: die einzigen Elemente in Z mit Nenner $2^0 = 1$ (bei teilerfremdem Zähler und Nenner!) sind 0 und 1. Da (X, τ) ein T_4-Raum ist, haben wir offene Mengen $U_A \supseteq A$ und $U_B \supseteq B$ mit $U_A \cap U_B = \emptyset$. Wir wählen $h(0) := U_A$ und $h(1) = X \setminus B$. Dann ist Bedingung (1) offensichtlich erfüllt und Bedingung (2) folgt unmittelbar aus dem Umstand, daß $\overline{U_A} \subseteq \overline{X \setminus U_B} = X \setminus U_B \subseteq X \setminus B$ wegen der Abgeschlossenheit von $X \setminus U_B$ gilt. Ist nun allgemein $z \in Z$ mit $z = \frac{n}{2^m}, 2 \nmid n$ gegeben, so sind ja $h(\frac{n-1}{2^m})$ und $h(\frac{n+1}{2^m})$ bereits definiert und erfüllen unsre Bedingungen. Es gilt also insbesondere $\overline{h(\frac{n-1}{2^m})} \subseteq h(\frac{n+1}{2^m})$ und folglich $\overline{h(\frac{n-1}{2^m})} \cap X \setminus h(\frac{n+1}{2^m}) = \emptyset$. Daher existieren laut T_4 offene Mengen $O_z, U_z \in \tau$ mit $\overline{h(\frac{n-1}{2^m})} \subseteq O_z$, $X \setminus h(\frac{n+1}{2^m}) \subseteq U_z$ und $O_z \cap U_z = \emptyset$. Das ergibt $\overline{h(\frac{n-1}{2^m})} \subseteq O_z \subseteq \overline{O_z} \subseteq h(\frac{n+1}{2^m})$ wegen der Abgeschlossenheit von $X \setminus U_z$. Wir wählen natürlich $h(z) := O_z$.

Der Induktionsschritt ist damit getan und wir haben die Existenz einer Abbildung mit den gewünschten Eigenschaften (1) und (2) nachgewiesen.

Jetzt ändern wir noch $h(1)$, indem wir $h(1) := X$ setzen und dann definieren wir $f : X \to [0, 1]$ ganz einfach durch

$$\forall x \in X : f(x) := \inf\{z \in Z \mid x \in h(z)\}$$

Offensichtlich ist damit zunächst mal $A \subseteq f^{-1}(0)$, da $A \subseteq h(0)$ gesetzt war und $B \subseteq f^{-1}(1)$, da für alle $z \in Z$ außer der 1, deren Bild unter h wir ja grad noch schnell in X geändert hatten, per Konstruktion $h(z) \cap B = \emptyset$ gilt.

Kümmern müssen wir uns also nur noch um die Stetigkeit von f.

Sei dazu $x_0 \in X$ gegeben mit $f(x_0) = y_0$, sowie weiterhin $\varepsilon > 0$. Dann ist $(y_0-\varepsilon, y_0+\varepsilon) \cap [0,1]$ ja eine offene (Basis)-Umgebung von y_0. Ist $y_0 \notin \{0,1\}$, so existieren $z_1, z_2 \in Z$ mit $y_0 - \varepsilon < z_1 < y_0 < z_2 < y_0 + \varepsilon$ (man muß offenbar nur den Exponenten im Nenner der Brüche aus Z groß genug wählen). Folglich ist $U := h(z_2) \setminus \overline{h(z_1)}$ erstens eine offene Menge und enthält zweitens x_0, da $x_0 \in h(z_2)$ wegen $y_0 = f(x_0) < z_2$ und $x_0 \notin \overline{h(z_1)}$ wegen $y_0 = f(x_0) > z_1$ gelten müssen. Zudem haben wir $f(U) \subseteq (y_0 - \varepsilon, y_0 + \varepsilon)$, da aus $x \in h(z_2)$ natürlich sofort $f(x) \leq z_2$ und aus $x \notin \overline{h(z_1)}$ andrerseits $f(x) \geq z_1$ folgt. Für $y_0 = 0$ genügt $U := h(z_2)$ und für $y_0 = 1$ reicht analog $U := X \setminus \overline{h(z_1)}$ als Umgebung von x_0 mit $f(U) \subseteq (y_0 - \varepsilon, y_0 + \varepsilon) \cap [0,1]$. Somit konvergiert das Bild des Umgebungsfilters von x_0 in jedem Fall gegen $f(x_0)$, also ist f stetig. ■

Korollar 4.4.15. *Ein topologischer Raum (X,τ) ist genau dann ein T_4-Raum, wenn es zu je zwei disjunkten abgeschlossenen Teilmengen $A, B \subseteq X$ und jedem abgeschlossenen Intervall $[a,b] \subseteq \mathbb{R}$ mit euklidischer Topologie eine stetige Funktion $f : X \to [a,b]$ derart gibt, daß $A \subseteq f^{-1}(a)$ und $B \subseteq f^{-1}(b)$.*

Beweis. Alle abgeschlossenen Intervalle $[a,b]$ mit $a \neq b$ sind trivialerweise homöomorph zu $[0,1]$. (Für $a = b$ sind wir mit 'ner konstanten Abbildung dabei.) Den Rest erledigt das Urysohn-Lemma. ■

Bemerkung: Wir wollen beachten, daß wir die Möglichkeit keineswegs ausgeschlossen haben, die eine oder andere der im Urysohn-Lemma vorkommenden abgeschlossenen Mengen könnte leer sein.

Korollar 4.4.16. *Jeder metrische Raum (X,d) ist hinsichtlich der von seiner Metrik erzeugten Topologie τ_d ein T_4-Raum.*

Beweis. **Aufgabe 11** ■

Satz 4.4.17 (Fortsetzungssatz von Tietze). *Ist (X,τ) ein topologischer Raum, so sind äquivalent:*

(1) *(X,τ) ist ein T_4-Raum*

(2) *Zu jeder abgeschlossenen Teilmenge $A \subseteq X$ und jeder stetigen Abbildung $f : A \to [-1,1]$ gibt es eine stetige Fortsetzung $\hat{f} : X \to [-1,1]$, d.h. eine stetige Funktion $\hat{f} : X \to [-1,1]$ mit $\hat{f}_{|A} = f$. (Dabei sei $[-1,1]$ mit euklidischer Topologie ausgerüstet.)*

Beweis. „(2)⇒(1)“: Seien $A, B \subseteq X$ abgeschlossen und sei $A \cap B = \emptyset$. Dann ist auch $A \cup B$ abgeschlossen und die Funktion

$$f : A \cup B \to [-1,1] : f(x) := \begin{cases} -1 & ; \quad x \in A \\ 1 & ; \quad x \in B \end{cases}$$

einerseits wegen $A \cap B = \emptyset$ wohldefiniert und andrerseits offensichtlich stetig.[59] Laut (2) existiert somit eine stetige Fortsetzung $\hat{f} : X \to [-1,1]$ von f. Wir wählen $U_A := \hat{f}^{-1}([-1, -\frac{1}{2}))$ und $U_B := \hat{f}^{-1}((\frac{1}{2}, 1])$ und haben damit disjunkte offene Umgebungen von A und B.

„(1)⇒(2)": Sei $A \subseteq X$ abgeschlossen und $f : A \to [-1,1]$ eine stetige Funktion. Wir beschaffen uns die gewünschte Fortsetzung wieder über einen induktiven Prozeß: Zunächst erklären wir zwei Folgen $(f_n)_{n\in N}$ und $(g_n)_{n\in N}$ von Funktionen mit folgenden Eigenschaften:

(1) Für jedes $n \in \mathbb{N}$ sind $f_n : X \to [-\frac{2^{n-1}}{3^n}, \frac{2^{n-1}}{3^n}]$ und $g_n : A \to [-(\frac{2}{3})^n, (\frac{2}{3})^n]$ stetig.

(2) $g_n := f - \sum_{k=0}^{n} f_{k|A}$

Zu Beginn setzen wir $f_0(x) \equiv 0, \forall x \in X$ und gemäß (2) folglich $g_0 := f$. Damit sind (1) und (2) für $n = 0$ offensichtlich erfüllt.

Seien nun f_n und g_n, $n \geq 0$, derart definiert, daß (1) und (2) gelten. Dann sind $A_{n+1} := g_n^{-1}([-(\frac{2}{3})^n, -\frac{2^n}{3^{n+1}}])$ und $B_{n+1} := g_n^{-1}([\frac{2^n}{3^{n+1}}, (\frac{2}{3})^n])$ abgeschlossen in X. Wegen des Urysohn-Lemmas existiert daher eine stetige Funktion $f_{n+1} : X \to [-\frac{2^n}{3^{n+1}}, \frac{2^n}{3^{n+1}}]$ mit $A_{n+1} \subseteq f_{n+1}^{-1}(-\frac{2^n}{3^{n+1}})$ und $B_{n+1} \subseteq f_{n+1}^{-1}(\frac{2^n}{3^{n+1}})$. Wir setzen $g_{n+1} := g_n - f_{n+1|A}$, womit sicher (2) erfüllt ist. Nun finden wir, daß für $a \in A_{n+1}$ der Wert $g_n(a)$ negativ und minimal $-(\frac{2}{3})^n$ ist, der Wert $f_{n+1}(a)$ genau $-\frac{2^n}{3^{n+1}}$ ist und folglich die Differenz sicher nicht kleiner als $-(\frac{2}{3})^n + \frac{2^n}{3^{n+1}} = -(\frac{2}{3})^{n+1}$ (und nicht größer als 0) wird. Für $a \in B_{n+1}$ ist $g_n(a)$ positiv und maximal $(\frac{2}{3})^n$, während $f_{n+1}(a)$ genau $\frac{2^n}{3^{n+1}}$ ist, so daß die Differenz sicher nicht größer als $(\frac{2}{3})^n - \frac{2^n}{3^{n+1}} = (\frac{2}{3})^{n+1}$ (und nicht kleiner als 0) wird. Für $a \in A \setminus (A_{n+1} \cup B_{n+1})$ haben wir $|g_n(a)| < \frac{2^n}{3^{n+1}}$ und $|f_{n+1}(a)| \leq \frac{2^n}{3^{n+1}}$, folglich gilt $|g_{n+1}(a)| < \frac{2^n}{3^{n+1}} + \frac{2^n}{3^{n+1}} = (\frac{2}{3})^{n+1}$. Ferner ist g_{n+1} als Differenz zweier stetiger Funktionen selbst stetig, womit nun auch (1) ganz & gar erfüllt ist.

Damit ist der Induktionsschritt komplett und die Existenz unsrer Funktionenfolgen $(f_n)_{n\in N}, (g_n)_{n\in N}$ mit den Eigenschaften (1) und (2) gezeigt.

Wir definieren nun

$$\hat{f} := \sum_{n=1}^{\infty} f_n$$

und überprüfen schnell, daß das wohldefiniert ist: Wir haben für alle $x \in X$ und $n \in \mathbb{N}^+$ stets $|f_n(x)| \leq \frac{2^{n-1}}{3^n}$, also

$$\sum_{n=1}^{\infty} |f_n(x)| \leq \frac{1}{2} \sum_{n=1}^{\infty} \left(\frac{2}{3}\right)^n = \frac{1}{2} \cdot 2 = 1 \,.$$

59 Das Urbild einer offenen Teilmenge von $[-1,1]$ ist entweder leer, A, B oder $A \cup B$ – je nachdem, ob die fragliche offene Teilmenge von $[-1,1]$ weder -1 noch 1, -1 aber nicht 1, 1 aber nicht -1 oder sowohl 1 als auch -1 enthält; A und B sind im Sinne der Spurtopologie offen in $A \cup B$, weil ihr jeweiliges Komplement abgeschlossen ist.

Somit konvergiert die Reihe $\sum_{n=1}^{\infty} f_n(x)$ für jedes $x \in X$ sogar absolut und ihr Wert liegt in $[-1, 1]$. Daher ist $\hat{f} : X \to [-1, 1]$ wohldefiniert.[60] Offensichtlich gilt auch $\hat{f}_{|A} = f$, denn für $a \in A$ haben wir $f(a) - \hat{f}(a) = \lim_{n\to\infty} g_n(a)$ und folglich $f(a) - \hat{f}(a) = 0$, da stets $|g_n(a)| \leq \left(\frac{2}{3}\right)^n$ gilt. Zu zeigen bleibt also nur noch, daß $\hat{f}$ stetig ist.

Sei dazu $x_0 \in X$, $y_0 := \hat{f}(x_0) \in [-1, 1]$ und eine reelle Zahl $\varepsilon > 0$ gegeben. Wir rechnen erstmal schnell nach, daß die Reihenendstücke der Form $\sum_{k=n}^{\infty} f_k(x)$ mit $n \in I\!N^+$ stets die Bedingung

$$\forall x \in X : |\sum_{k=n}^{\infty} f_k(x)| \leq \sum_{k=n}^{\infty} |f_k(x)| \leq \frac{1}{2} \sum_{k=n}^{\infty} \left(\frac{2}{3}\right)^k = \left(\frac{2}{3}\right)^{n-1}$$

erfüllen. Somit existiert ein $n_0 \in I\!N$ derart, daß $\forall x \in X : \sum_{k=n_0}^{\infty} |f_k(x)| < \frac{\varepsilon}{4}$. Dann haben wir

$$\begin{aligned}\forall x \in X : |y_0 - \hat{f}(x)| &= \left| y_0 - \sum_{k=1}^{n_0} f_k(x) - \sum_{k=n_0+1}^{\infty} f_k(x) \right| \\ &\leq \left| y_0 - \sum_{k=1}^{n_0} f_k(x) \right| + \left| \sum_{k=n_0+1}^{\infty} f_k(x) \right| \\ &< \left| y_0 - \sum_{k=1}^{n_0} f_k(x) \right| + \frac{\varepsilon}{4} . \qquad (4.4)\end{aligned}$$

Nun sind freilich alle f_k stetig, so daß es offene Umgebungen $O_1, \ldots, O_{n_0} \in \dot{x}_0 \cap \tau$ geben muß mit

$$\forall k = 1, \ldots, n_0 : \forall o \in O_k : |f_k(x_0) - f_k(o)| < \frac{\varepsilon}{4n_0} .$$

Als endlicher Durchschnitt offener Umgebungen ist dann aber auch $O := \bigcap_{k=1}^{n_0} O_k$ eine offene Umgebung von x_0 und wir finden

$$\forall o \in O : \forall k = 1, \ldots, n_0 : |f_k(x_0) - f_k(o)| < \frac{\varepsilon}{4n_0} ,$$

mithin

$$\begin{aligned}\forall o \in O : \left| y_0 - \sum_{k=1}^{n_0} f_k(o) \right| &\leq \left| \sum_{k=1}^{n_0} (f_k(x_0) - f_k(o)) \right| + \left| \sum_{k=n_0+1}^{\infty} (f_k(x_0) - f_k(o)) \right| \\ &\leq \sum_{k=1}^{n_0} |f_k(x_0) - f_k(o)| + \sum_{k=n_0+1}^{\infty} |f_k(x_0) - f_k(o)|\end{aligned}$$

60 Wir greifen hier auf einige Kenntnisse über Reihen zurück, die wir bislang nicht im Vorspann bereitgestellt haben. Es handelt sich aber um wirklich einfache Sachverhalte, die aus der Grundvorlesung Analysis bekannt sein sollten. Ansonsten kann man darüber auch in dem sehr schön geschriebenen Buch von Walter Rudin, [25], alles Benötigte lesen.

$$\begin{aligned} &\leq \sum_{k=1}^{n_0} |f_k(x_0) - f_k(o)| + \sum_{k=n_0+1}^{\infty} |f_k(x_0)| + |f_k(o)| \\ &< \frac{\varepsilon}{4} + \frac{\varepsilon}{4} + \frac{\varepsilon}{4} \end{aligned} \tag{4.5}$$

Insgesamt ergeben (4.4) und (4.5) also $\forall o \in O : |y_0 - \hat{f}(o)| < \varepsilon$. Folglich ist $\hat{f}$ stetig. ∎

Aufgabe 12 Sei $\mathbb{N}$ mit kofiniter Topologie $\tau := \{\mathbb{N} \setminus E | \ E \subseteq \mathbb{N}, E \text{ endlich}\} \cup \{\emptyset\}$ gegeben. Dann ist die Menge $A := \{1, 2\}$ abgeschlossen in $(\mathbb{N}, \tau)$. Wir definieren die Funktion $f : A \to [-1, 1]$ durch $f(1) := -1$ und $f(2) = 1$. Das Intervall $[-1, 1]$ sei mit euklidischer Topologie versehen. Zeige:

(1) f ist stetig mit Bezug auf die Spurtopologie $\tau_{|A}$.

(2) Es gibt keine stetige Fortsetzung von f auf $\mathbb{N}$, d.h. keine stetige Funktion $F : \mathbb{N} \to [-1, 1]$ mit $F_{|A} = f$.

Anders als T_0, T_1, T_2 und T_3 wird T_4 *nicht* notwendig auf Produkträume übertragen. Um das anhand eines Beispieles auch bequem beweisen zu können, stellen wir zuvor ein auch für sich genommen recht interessantes Resultat von F. B. Jones, [14], bereit.

Lemma 4.4.18 (Jones' Lemma). *Sei (X, τ) ein topologischer T_4-Raum. Sei ferner D eine dichte Teilmenge von X und A eine abgeschlossene Teilmenge von X derart, daß der Teilraum $(A, \tau_{|A})$ diskret ist. Dann gilt $|\mathfrak{P}(A)| \leq |\mathfrak{P}(D)|$.*

Beweis. Jede Teilmenge H von A ist ja abgeschlossen im diskreten Raum $(A, \tau_{|A})$, wegen der Abgeschlossenheit von A in X also auch in X. Dies gilt natürlich ebenso für jedes Komplement $A \setminus H$, folglich sind für jede Teilmenge H von A die Mengen H und $A \setminus H$ abgeschlossene und deutlich disjunkte Teilmengen von X. Wegen T_4 existieren also Elemente $U(H)$ und $V(H)$ von τ mit $H \subseteq U(H)$, $A \setminus H \subseteq V(H)$ und $U(H) \cap V(H) = \emptyset$. Somit existiert also auch eine Funktion

$$f : \mathfrak{P}(A) \to \mathfrak{P}(D) : f(H) := U(H) \cap D\,.$$

Wenn wir jetzt noch zeigen können, daß f injektiv ist, sind wir fertig.
Seien also H_1, H_2 Teilmengen von A mit $f(H_1) = f(H_2)$, d.h. $U(H_1) \cap D = U(H_2) \cap D$. Angenommen, $H_1 \not\subseteq H_2$. Dann haben wir

$$\emptyset \neq H_1 \setminus H_2 = H_1 \cap (A \setminus H_2) \subseteq U(H_1) \cap V(H_2)\,. \tag{4.6}$$

Es existiert also ein $m \in U(H_1) \cap V(H_2) =: O$. Somit ist O eine nichtleere offene Teilmenge von X, so daß wegen der Dichtheit von D sogleich $O \cap D \neq \emptyset$ folgt. Ebenso klar folgt $O \cap D \subseteq U(H_1) \cap D = f(H_1)$. Andrerseits gilt auch $O \cap D \subseteq V(H_2) \cap D$ und damit ganz klar $O \cap D \not\subseteq U(H_2) \cap D = f(H_2)$ - im Widerspruch zu $f(H_1) = f(H_2)$.

Folglich muß $H_1 \subseteq H_2$ gelten. Analog folgt $H_2 \subseteq H_1$, so daß unser f tatsächlich injektiv ist. ∎

Aufgabe 13 Gib ein Beispiel an für einen topologischen Raum (X, τ) mit einer darin dichten Teilmenge D und einer abgeschlossenen Teilmenge $A \subseteq X$, die als Teilraum diskret ist und für die $|\mathfrak{P}(A)| = |\mathfrak{P}(D)|$ gilt.

Beispiel 4.4.19 (für ein Produkt normaler Räume, das nicht normal ist).
Als normalen Raum wählen wir die Sorgenfrey-Gerade, die wir ja bereits von Seite 78 kennen, und zeigen, daß das jedenfalls ein T_4-Raum ist.

Als Sorgenfrey-Gerade hatten wir ja die Menge $\mathbb{R}$ der reellen Zahlen mit der von der Basis $\mathfrak{B} := \{ [a,b) \mid a,b \in \mathbb{R}, a < b \}$ erzeugten Topologie τ_1 erklärt. Daß diese Topologie feiner als die euklidische – und damit allemal T_2 – ist, hatten wir auf Seite 78 auch bereits gesehen.

Anschließend zeigen wir, daß der Produktraum der Sorgenfrey-Gerade mit sich selbst (die sogenannte Sorgenfrey-Ebene) nicht T_4 ist.

Zuerst überlegen wir uns also, daß die *Sorgenfrey-Gerade* $(\mathbb{R}, \tau_1)$ ein T_4-Raum ist: seien dazu A, B disjunkte, nichtleere[61] und bezüglich τ_1 abgeschlossene Teilmengen von $\mathbb{R}$. Somit sind also $\mathbb{R} \setminus A$ und $\mathbb{R} \setminus B$ offen, d.h. Elemente von τ_1. Da nun $\mathfrak{B}$ eine Basis von τ_1 ist, existiert zu jedem $a \in \mathbb{R} \setminus B$ eine reelle Zahl $\alpha(a)$ mit $[a, \alpha(a)) \subseteq \mathbb{R} \setminus B$, also $[a, \alpha(a)) \cap B = \emptyset$ – und analog existiert zu jedem $b \in \mathbb{R} \setminus A$ eine reelle Zahl $\beta(b)$ mit $[b, \beta(b)) \cap A = \emptyset$.
Wir setzen

$$U_A := \bigcup_{a \in A} [a, \alpha(a)), \quad U_B := \bigcup_{b \in B} [b, \beta(b))$$

und finden wegen

$$\forall a \in A, b \in B : [a, \alpha(a)) \cap [b, \beta(b)) = \emptyset$$

sogleich $U_A \cap U_B = \emptyset$, wobei U_A und U_B als Vereinigungen offener Mengen selbstverfreilich offen sind und jeweils A bzw. B umfassen.

Nun zeigen wir, daß $(\mathbb{R}, \tau_1) \times (\mathbb{R}, \tau_1)$ kein T_4-Raum ist. Dazu wählen wir zwei Teilmengen von $\mathbb{R} \times \mathbb{R}$:

$$D := \mathbb{Q} \times \mathbb{Q} \text{ und } A := \{(x, -x) \mid x \in \mathbb{R}\}.$$

Da zwischen je zwei verschiedenen reellen Zahlen stets auch eine rationale liegt und die Mengen der Gestalt $[a,b) \times [c,d)$ eine Basis unsrer Produkttopologie sind, liegt D offenbar dicht in der Sorgenfrey-Ebene. Da ferner auch die Mengen der Gestalt $(-\infty, x), (x, \infty)$ offen in der Sorgenfrey-Geraden sind, ist auch die Vereinigung

$$\bigcup_{x \in R} ((-\infty, x) \times (-\infty, -x)) \cup ((x, \infty) \times (-x, \infty))$$

61 Ist eine von beiden Megen leer, haben wir nichts zu tun, denn dann sind $\emptyset, X$ schon trennende Umgebungen.

offen in der Sorgenfrey-Ebene – und damit A als ihr Komplement abgeschlossen. Ferner sind die einelementigen Teilmengen von A wegen

$$\{(x, -x)\} = A \cap ([x, x+1) \times [-x, -x+1))$$

offen in der Spurtopologie auf A, d.h. A ist als Teilraum diskret.

Wenn nun die Sorgenfrey-Ebene ein T_4-Raum wäre, so müßte laut Lemma 4.4.18

$$|\mathfrak{P}(A)| \leq |\mathfrak{P}(D)| \tag{4.7}$$

gelten. Andrerseits wissen wir, daß $|D| = |\mathbb{N}|$ gilt und offenbar gilt auch $|A| = |\mathbb{R}|$. Zudem haben wir laut Proposition 1.3.12 noch $|\mathbb{R}| \lneqq |\mathfrak{P}(\mathbb{R})|$. Damit und mit $|\mathfrak{P}(\mathbb{N})| \leq |\mathbb{R}|$ (siehe S. 39) folgt aus (4.7) nun

$$|\mathbb{R}| \lneqq |\mathfrak{P}(\mathbb{R})| = |\mathfrak{P}(A)| \leq |\mathfrak{P}(D)| = |\mathfrak{P}(\mathbb{N})| \leq |\mathbb{R}|,$$

also $|\mathbb{R}| \lneqq |\mathbb{R}|$ – Widerspruch.
Die Sorgenfrey-Ebene kann also kein T_4-Raum sein.

Damit ist die Sorgenfrey-Ebene gleich noch ein weiteres *Beispiel für einen T_3-Raum, der nicht T_4 erfüllt*, denn die Sorgenfrey-Gerade ist als normaler Raum natürlich T_3 und aus Lemma 4.4.7 wissen wir ja, daß sich T_3 auf Produkte überträgt.

Wir hatten auf Seite 81 schon erwähnt, daß ein separabler A_1-Raum noch keineswegs ein A_2-Raum sein muß und unser im Lösungsvorschlag zur entsprechenden Aufgabe 6 aus Kapitel 2 angegebenes Beispiel war auch sehr schön simpel - aber es läßt Raum für die Vermutung, bei Hinzunahme handelsüblicher Trennungseigenschaften ließe sich die A_2-Eigenschaft aus Separabilität und A_1 dennoch ableiten. Dem ist nicht so. Daß die Sorgenfrey-Gerade ein T_2- und T_4-Raum ist, hatten wir eben in Beispiel 4.4.19 bereits gezeigt. Sie eignet sich auch gegen obige Fehlvermutung als Beispiel:

Aufgabe 14 Zeige, daß die Sorgenfrey-Gerade ein separabler A_1-, aber kein A_2-Raum ist.

Lösungsvorschläge

1 (1) und (2) folgen unmittelbar aus $\bigcup_{[x]_\sim \in \hat{O}} [x]_\sim = \omega_\sim^{-1}(\hat{O})$.
(3) Sei g von der genannten Art und sei $V \in \sigma$. Wir haben einerseits

$$\begin{array}{llll} [x] \in g^{-1}(V) \Rightarrow & \exists x' \in [x] : f(x') \in V \Rightarrow & x' \in f^{-1}(V) \overset{(4.1)}{\Rightarrow} & [x'] = [x] \subseteq f^{-1}(V) \in \tau \\ \Rightarrow & \bigcup\limits_{[x] \in g^{-1}(V)} [x] \subseteq f^{-1}(V) & & \end{array}$$

und andrerseits

$$\begin{array}{llll} x \in f^{-1}(V) \Rightarrow & [x] \subseteq f^{-1}(V) \Rightarrow & \forall x' \in [x] : x' \in f^{-1}(V) \Rightarrow & \forall x' \in [x] : f(x') \in V \\ \Rightarrow & g([x]) \in V \Rightarrow & [x] \in g^{-1}(V) & \\ \Rightarrow & & f^{-1}(V) \subseteq \bigcup\limits_{[x] \in g^{-1}(V)} [x] & \end{array}$$

Wir haben also $\omega_\sim^{-1} \circ g^{-1}(V) = \bigcup_{[x] \in g^{-1}(V)} [x] = f^{-1}(V) \in \tau$ für alle $V \in \sigma$, somit ist $g \circ \omega_\sim$ stetig, und daher wegen der Finialität von $X/\sim$ auch g.
(4) Sei $O \in \tau$ gegeben. Wir finden $g^{-1}(O) = \{y \in Y \mid g(y) \in O\} = \{y \in Y \mid f(y) \subseteq O\} = f^{-1}(O/\sim) \in \sigma$.

2 Wähle als Raum z.B. die reellen Zahlen $I\!R$ mit „co-abzählbarer" Topologie, d.h. $\tau := \{\emptyset\} \cup \{M \subseteq I\!R \mid I\!R \setminus M$ höchstens abzählbar$\}$. Hierin kann eine *Folge* $(x_n)_{n \in I\!N}$ überhaupt nur dann gegen ein $y \in I\!R$ konvergieren, wenn $\exists n_0 \in I\!N : \forall n \geq n_0 : x_n = y$ gilt, d.h. wenn unsre Folge fast konstant y ist, da die Konvergenz andernfalls sofort an der offenen Umgebung $I\!R \setminus \{x_n \mid x_n \neq y, n \in I\!N\}$ von y scheitert. Da eine Folge nicht sowohl fast konstant y als auch fast konstant $z \neq y$ sein kann, haben wir damit auch gleich die Eindeutigkeit der Folgenkonvergenz in unserm $(I\!R, \tau)$. Andrerseits ist unser $(I\!R, \tau)$ ziemlich nicht-hausdorff'sch, denn natürlich ist der Durchschnitt zweier beliebiger Umgebungen überabzählbar, also allemal nichtleer.

Wir bemerken an dieser Stelle, daß unser obiger Raum $(I\!R, \tau)$ anhand des Konvergenzverhaltens von *Folgen* darin *nicht zu unterscheiden ist* vom mit diskreter Metrik bzw. Topologie ausgerüsteten Raum $I\!R$.

3 Sei (X, τ) unendlicher Hausdorff-Raum. Nach 1.3.7 hat X jedenfalls eine abzählbar unendliche Teilmenge. Sei also M abzählbar unendliche Teilmenge von X. Enthält M keine eignen Häufungspunkte oder wenigstens noch unendlich viele Nicht-Häufungspunkte, dann schmeißen wir einfach alle Häufungspunkte raus und sind fertig: denn daß ein Punkt *nicht* Häufungspunkt von M ist, bedeutet ja, daß er eine offene Umgebung hat, die *keinen* weiteren Punkt von M enthält.

Ansonsten: wir wählen einen Häufungspunkt von M in M aus, nennen wir ihn h. Jetzt beginnen wir eine induktive Konstruktion: Wähle als x_0 irgendeinen Punkt ungleich h aus M. Dann existieren offene disjunkte Umgebungen U_0, H_0 von x_0 bzw. h. Wähle nun fürderhin stets x_{n+1} aus $M \cap H_n \setminus \{h\}$ und disjunkte offene Umgebungen $U_{n+1} \subseteq H_n$ von x_{n+1} und $H_{n+1} \subseteq H_n$ von h, für $n \in I\!N$. Wir erhalten so eine Teilmenge $A := \{x_n \in M \mid n \in I\!N\}$, die offenbar auch abzählbar unendlich ist und eine zugehörige Familie $\{U_n \in \tau \mid n \in \mathbb{N}\}$ offener Umgebungen derart, daß jeweils $A \cap U_n = \{x_n\}$ gilt.

4 Wir nehmen uns irgendeine abzählbar unendliche Teilmenge T von X her. Sollte sie unendlich viele diskrete Punkte haben, bilden die einen unendlichen diskreten Teilraum.

Hat sie nur endlich viele, schmeißen wir die alle raus und behalten einen unendlichen Teilraum N übrig. Darin kann es nun keine endlichen offenen Teilmengen mehr geben.
Die kofiniten Teilmengen sind sowieso offen, weil unser Raum als Teilraum von X natürlich auch wieder T_1 ist. Die stören ja auch nicht.
Jetzt gucken wir mal, was noch so möglich ist.

1. Fall: N hat einen unendlichen Teilraum, in dem keine abgeschlossenen sowohl unendlichen als auch co-unendlichen Mengen mehr vorkommen. Dann sind wir auch wieder fertig.

2. Fall: *Jeder* unendliche Teilraum von N enthält eine abgeschlossene sowohl unendliche als auch co-unendliche Menge. Dann legen wir induktiv los und nehmen uns eine solche Teilmenge A_1 von N her und wählen einen Punkt $x_1 \in N \setminus A_1$. ($A_0 := N$)

Nun hat A_1 eine abgeschlossene ∞- und co-∞ - Teilmenge, die als Teilmenge einer abgeschlossenen Teilmenge von N selbst auch wieder abgeschlossen in N ist. Wir wählen $x_2 \in A_1 \setminus A_2$. usw.usf.

Allgemein hat A_n eine abgeschlossene ∞- und co-∞ - Teilmenge, die wiederum auch in N abgeschlossen ist, wir wählen stets $x_n \in A_{n-1} \setminus A_n$.
So erhalten wir eine abzählbar unendliche Teilmenge $M := \{x_n \mid n > 0\}$.
Für jedes n ist nun $N \setminus A_n$ eine offene Menge, die mit unserem M just unser x_n und seine Vorgänger (also jedenfalls nur endlich viele Elemente) gemeinsam hat. Folglich ist jedes x_n Element einer endlichen offenen Teilmenge von M, so daß auch die einpunktige Menge $\{x_n\}$ selbst offen in M ist (wegen der kofiniten Mengen, die ja auf jeden Fall offen sind). Dies für alle n liefert die diskrete Topologie auf M.

5 Sei (X, τ) ein unendlicher Hausdorff-Raum. Angenommen, es gälte $S(X, \tau) = n \in \mathbb{N}$. Dann sei $\mathfrak{M}$ eine maximale Familie disjunkter offener Teilmengen von X, d.h. $|\mathfrak{M}| = n$. Gäbe es ein Element $M \in \mathfrak{M}$ mit $\exists x, y \in M : x \neq y$, so existierten wegen T_2 offene Mengen U, V mit $x \in U$, $y \in V$ und $U \cap V = \emptyset$. Dann wäre aber $\mathfrak{M}' := (\mathfrak{M} \setminus \{M\}) \cup \{U \cap M, V \cap M\}$ wiederum eine disjunkte Familie offener Teilmengen von X, aber mit $|\mathfrak{M}'| = |\mathfrak{M}| + 1$ - im Widerspruch zur Maximalität von $\mathfrak{M}$. Folglich sind alle Elemente von $\mathfrak{M}$ höchstens einelementig. Dann aber ist wegen der Unendlichkeit von X die Menge $R := X \setminus \bigcup_{M \in \mathfrak{M}} M$ nichtleer. Zudem ist sie offen, weil $\bigcup_{M \in \mathfrak{M}} M$ als endliche Teilmenge eines T_2- (und damit auch T_1-) Raumes abgeschlossen ist. Offensichtlich gilt $R \notin \mathfrak{M}$ und $\forall M \in \mathfrak{M} : R \cap M = \emptyset$. Wir setzen $\mathfrak{M}' := \mathfrak{M} \cup \{R\}$ und erhalten $|\mathfrak{M}'| = |\mathfrak{M}| + 1$ - im Widerspruch zur Maximalität von $\mathfrak{M}$.

6 Sei (X, τ) ein unendlicher Hausdorff-Raum. Wir konstruieren unsere unendliche Familie induktiv als Folge. Dazu setzen wir $X_0 := X$, $O_0 := \emptyset$ und beobachten, daß nun für $n = 0$ gilt: $\forall i \leq n : O_i \cap X_n := \emptyset$ und $\forall i, j \leq n : O_i \cap O_j \neq \emptyset \Rightarrow i = j$. Zudem ist X_0 unendlich und offen.
Haben wir nun für beliebiges $n \in \mathbb{N}$ bereits paarweise disjunkte offene Mengen $O_i, i \leq n$, sowie unendliches offenes X_n, mit $\forall i \leq n : O_i \cap X_n = \emptyset$, so wählen wir $x_{n+1} \neq y_{n+1} \in X_n$ sowie offene Mengen U_{n+1}, V_{n+1} mit $x_{n+1} \in U_{n+1}$, $y_{n+1} \in V_{n+1}$ und $U_{n+1} \cap V_{n+1} = \emptyset$. Nach Lage der Dinge können nicht zugleich $U_{n+1} \cap X_n$, $V_{n+1} \cap X_n$ und $X_n \setminus (U_{n+1} \cup V_{n+1})$ endlich sein. Wir setzen

$$X_{n+1} := \begin{cases} U_{n+1} \cap X_n & ; \quad \text{falls } U_{n+1} \cap X_n \text{ unendlich} \\ V_{n+1} \cap X_n & ; \quad \text{falls } U_{n+1} \text{ endlich und } V_{n+1} \cap X_n \text{ unendlich} \\ X_n \setminus (U_{n+1} \cup V_{n+1}) & ; \quad \text{sonst} \end{cases}$$

und wählen O_{n+1} aus $\{U_{n+1} \cap X_n, V_{n+1} \cap X_n\} \setminus \{X_{n+1}\} \neq \emptyset$. Dann ist O_{n+1} nichtleer und offen, wegen $O_{n+1} \subseteq X_n$ disjunkt zu allen $O_1, \ldots, O_n$ und offenbar auch zu X_{n+1}, das wegen $X_{n+1} \subseteq X_n$ natürlich selbst auch disjunkt zu allen $O_1, ..., O_n$ ist. Zudem ist X_{n+1} nach Konstruktion unendlich und offen (falls $U_{n+1} \cap X_n, V_{n+1} \cap X_n$ beide endlich sind, ist $(U_{n+1} \cup V_{n+1}) \cap X_n$ endlich und daher abgeschlossen wegen T_2). Somit erhalten wir eine Folge $(O_n)_{n \in \mathbb{N}}$ paarweise disjunkter offener Teilmengen von X, die bis auf O_0 alle nichtleer sind.

7 Ist A eine abgeschlossene Teilmenge in $(T, \tau_{|T})$ und $t \in T \setminus A$, so existiert zunächst eine in (X, τ) abgeschlossene Teilmenge $A' \subseteq X$ mit $A = A' \cap T$. Nach Lage der Dinge gilt dann $t \notin A'$, da ja sonst $t \in A = T \cap A'$ folgte. Da (X, τ) ein T_3-Raum ist, existieren also $U, V \in \tau$ mit $t \in U$, $A' \subseteq V$ und $U \cap V = \emptyset$. Dann sind aber die Spuren von U und V auf T disjunkte in $\tau_{|T}$ offene Umgebungen von t bzw. A.

8 Sei (X, τ) ein T_4-Raum, $A \subseteq X$ abgeschlossen und $U \in \tau$ mit $A \subseteq U$ gegeben. Dann ist $X \setminus U$ abgeschlossen und disjunkt zu A. Folglich existieren wegen T_4 offene Mengen $V_1, V_2 \in \tau$ mit $A \subseteq V_1$, $X \setminus U \subseteq V_2$ und $V_1 \cap V_2 = \emptyset$. Somit haben wir $V_1 \subseteq X \setminus V_2$ und wegen der Abgeschlossenheit von $X \setminus V_2$ auch $\overline{V_1} \subseteq X \setminus V_2 \subseteq X \setminus (X \setminus U) = U$.

Existiere nun andrerseits für beliebige abgeschlossene $A \subseteq X$ und offene $U \in \tau$ mit $A \subseteq U$ ein $V \in \tau$ mit $A \subseteq V \subseteq \overline{V} \subseteq U$ und seien A, B abgeschlossene disjunkte Teilmengen von X. Dann ist $X \setminus B$ offen und enthält A. Folglich existiert $V \in \tau$ mit $A \subseteq V \subseteq \overline{V} \subseteq X \setminus B$. Wir wählen $U_A := V$ und $U_B := X \setminus \overline{V}$ und erhalten $A \subseteq U_A$, $B \subseteq U_B$ wegen $\overline{V} \subseteq X \setminus B$ und $U_A \cap U_B = \emptyset$ wegen $V \subseteq \overline{V}$.

9 Man kann z.B. $X := \{a, b, c, d\}$ und $\tau := \{\emptyset, \{a\}, \{a, b\}, \{a, c\}, \{a, b, c\}, X\}$ wählen. Die einzigen abgeschlossenen Teilmengen bezüglich (X, τ) sind dann außer $\emptyset$ und X nur noch $\{d\}$, $\{b, d\}$, $\{c, d\}$ und $\{b, c, d\}$, die alle den Punkt d enthalten. (X, τ) ist also in trivialer Weise ein T_4-Raum. Setzen wir nun $T := \{a, b, c\} \subseteq X$, so finden wir $\tau_{|T} = \{\emptyset, \{a\}, \{a, c\}, \{a, b\}, T\}$, so daß u.a. die Mengen $\{b\}$ und $\{c\}$ abgeschlossen in $(T, \tau_{|T})$ sind. Freilich können diese beiden nicht durch offene Mengen in T getrennt werden, da alle nichtleeren offenen Mengen ja a enthalten.

10 Sind A_1, A_2 disjunkte abgeschlossene Teilmengen von A, so existieren abgeschlossene Teilmengen A'_1, A'_2 von X mit $A_1 = A'_1 \cap A$ und $A_2 = A'_2 \cap A$. Wegen der Abgeschlossenheit von A sind also auch A_1, A_2 abgeschlossen in X, so daß offene Mengen $U, V \in \tau$ existieren mit $A_1 \subseteq U$, $A_2 \subseteq V$ und $U \cap V = \emptyset$. Die Spuren von U und V auf A sind dann offen in $\tau_{|A}$ und trennen A_1 und A_2.

11 Seien A, B abgeschlossene disjunkte Teilmengen von X. (Beide mögen nichtleer sein, denn sonst wird das ganze zu einfach.) Aus Lemma 2.1.16 wissen wir, daß die Funktionen $d_A : X \to \mathbb{R} : d_A(x) := \inf_{a \in A} d(x, a)$ und $d_B : X \to \mathbb{R} : d_B(x) := \inf_{b \in B} d(x, b)$ stetig sind und offensichtlich auf ganz X nichtnegativ. Gilt $d_A(x) = 0$, so liegt also in jeder ε-Umgebung von x ein Element von A, mithin ist so ein x notwendig Element des Abschlusses von A, also hier von A selbst, da ja A schon abgeschlossen ist. Analog für B. Da nun $A \cap B = \emptyset$ gilt, haben wir $\forall x \in X : d_A(x) + d_B(x) > 0$. Somit ist auch die Funktion

$$f : X \to [0, 1] : f(x) := \frac{d_A(x)}{d_A(x) + d_B(x)}$$

wohldefiniert und stetig. Zudem sieht man leicht, daß $\forall a \in A : f(a) = 0$ und $\forall b \in B : f(b) = 1$ gelten. Da dies für beliebige abgeschlossene disjunkte Teilmengen A, B funktioniert, ist unser Raum laut Urysohn-Lemma ein T_4-Raum. (Bemerkung: „Laut Urysohn-Lemma" klingt nach schwerem Geschütz – eigentlich haben wir aber nur die triviale „Rückrichtung" dieses starken Lemmas benutzt!

12 Zu (1): Wegen $\mathbb{N} \setminus \{1\} \in \tau$ und $\mathbb{N} \setminus \{2\} \in \tau$ ist die Spurtopologie auf A diskret, daher ist *jede* Abbildung von A irgendwohin stetig.
Zu (2): Sei $F : \mathbb{N} \to [-1, 1]$ *irgendeine* Funktion mit $F_{|A} = f$. Dann ist F jedenfalls nicht konstant, weil

f es nicht ist. Es existieren also $x, y \in F(\mathbb{N})$ mit $x \neq y$. Da $[-1, 1]$ offenbar ein regulärer Hausdorff-Raum ist, existieren folglich offene Teilmengen U, V von $[-1, 1]$ mit $x \in U$, $y \in V$ und $\overline{U} \cap \overline{V} = \emptyset$. Wir setzen $W := [-1, 1] \setminus (U \cup V)$. Damit ist W abgeschlossen und es gilt $[-1, 1] = \overline{U} \cup \overline{V} \cup W$. Daraus folgt $\mathbb{N} = F^{-1}(\overline{U}) \cup F^{-1}(\overline{V}) \cup F^{-1}(W)$. Da $\mathbb{N}$ unendlich ist, muß nun auch eine der drei Teilmengen $F^{-1}(\overline{U})$, $F^{-1}(\overline{V})$, $F^{-1}(W)$ – die allesamt nicht gleich $\mathbb{N}$ sein können – unendlich sein, also *nicht abgeschlossen* bezüglich τ (abgeschlossen im Sinne der kofiniten Topologie sind *genau* $\emptyset$, $\mathbb{N}$ und die endlichen Teilmengen). Freilich sind $\overline{U}$, $\overline{V}$ und W abgeschlossen in $[-1, 1]$. Wegen Satz 2.2.37(2) kann F also nicht stetig sein.

13 Das ist leicht: wähle z.B. $X := \mathbb{R}$ mit euklidischer Topologie, $A := \mathbb{N}$ und $D := \mathbb{Q}$.

14 Sei also $(\mathbb{R}, \tau_S)$ unsere Sorgenfrey-Gerade. τ_S wird von der Basis $\{[a, b) \mid a, b \in \mathbb{R}\}$ aller rechts-halboffenen Intervalle erzeugt. Nun hat die Menge $\mathbb{Q}$ der rationalen Zahlen mit jedem nichtleeren rechts-halboffenen Intervall $[a, b)$ einen nichtleeren Schnitt und ist folglich nach 2.2.28 dicht in $(\mathbb{R}, \tau_S)$. Somit ist $(\mathbb{R}, \tau_S)$ separabel.

Offenbar ist für jeden Punkt $a \in \mathbb{R}$ die Familie $\{[a, a + \frac{1}{n}) \mid n \in \mathbb{N}^+\}$ eine abzählbare Umgebungsbasis bezüglich τ_S, so daß $(\mathbb{R}, \tau_S)$ ein A_1-Raum ist.

Angenommen nun, es existierte eine abzählbare Basis $\mathfrak{B}$ für τ_S. Wir betrachten die Menge $\mathfrak{B}' := \{B \in \mathfrak{B} \mid \exists r \in \mathbb{R} : \forall b \in B : r < b\}$ der nach unten beschränkten Basismengen aus $\mathfrak{B}$, die als Teilmenge von $\mathfrak{B}$ natürlich wiederum abzählbar ist. Daraus bilden wir nun die Menge $U := \{\inf(B) \mid B \in \mathfrak{B}'\}$ aller Infima dieser nach unten beschränkten Basismengen. Auch U ist natürlich abzählbar. Somit existiert wegen der Überabzählbarkeit von $\mathbb{R}$ eine Zahl $a \in \mathbb{R} \setminus U$. Es gilt $[a, a + 1) \in \tau_S$, aber $[a, a + 1)$ kann nicht als Vereinigung von Elementen aus $\mathfrak{B}$ dargestellt werden: ansonsten müßte insbesondere a in einer der vereinigten Basismengen, nennen wir sie B_a, enthalten, aber nicht deren Infimum sein; daraus folgte die Existenz eines $a' \in B_a$ mit $a' < a$, was aber zu $a' \in B_a \subseteq [a, a + 1)$ führen würde - ein Widerspruch. Also ist $(\mathbb{R}, \tau_S)$ kein A_2-Raum.

5 Kompaktheit

> Der Tabak war alle und Himmelkumov hatte nichts
> zu rauchen. Eine Weile zog er an der leeren Pfeife,
> aber das verschlimmerte nur die Qual.
> So ging das ein, zwei Stunden.
> Und dann war wieder Tabak da.
>
> Daniil Charms

Zu den tragenden Säulen (nicht nur) topologischer Überlegungen gehört der Begriff der Kompaktheit von Mengen. Ihrem Wesen nach ist Kompaktheit eine Art *Endlichkeitsbedingung*. Sie gestattet es zuweilen, einige Schlußweisen, die im Endlichen mehr oder minder trivial funktionieren, auf unendliche Mengen zu übertragen – natürlich im Zusammenspiel mit anderen topologischen Begriffen wie etwa Stetigkeit von Funktionen. Als Beispiel mag gelten, daß eine reellwertige Funktion auf einer endlichen Menge natürlich ein Maximum und ein Minimum annehmen muß – aber auf einer unendlichen? Warum sollte sie? Jede *stetige* Funktion auf einer *kompakten* Menge tut's aber.

5.1 Kompakte Räume und Teilmengen

Definition 5.1.1. Ein topologischer Raum (X, τ) heißt *kompakt*[62] genau dann, wenn jede offene Überdeckung von X eine endliche Überdeckung beinhaltet.
Eine Teilmenge $A \subseteq X$ heißt kompakt, wenn sie als Teilraum von X kompakt ist.

D.h. wenn es zu jeder Familie $\mathfrak{O} \subseteq \tau$ mit $\bigcup_{O \in \mathfrak{O}} O = X$ eine endliche Teilfamilie $O_1, \ldots, O_n \in \mathfrak{O}$ gibt mit $\bigcup_{i=1}^{n} O_i = X$.

Offensichtlich ist eine Teilmenge A von X genau dann kompakt, wenn jede offene Überdeckung von A eine endliche Teilüberdeckung beinhaltet.

Trivialerweise sind alle endlichen topologischen Räume kompakt. Als weiteres Beispiel könnte man generell die kofinite Topologie auf beliebigen Mengen heranziehen, bei der man sich von der Kompaktheit ebenfalls leicht überzeugt.

---

62 Auch bei diesem Wort ist in Hinblick auf ältere Literatur Vorsicht geboten: zuweilen heißen Räume mit der hier erklärten Überdeckungseigenschaft dort nur „quasikompakt" und erst dann, wenn sie zusätzlich Hausdorff-Räume sind, werden sie kompakt genannt. Der hier erklärte Begriff von Kompaktheit hat sich aber inzwischen weitestgehend durchgesetzt. Sogar Gerhard Preuß, der es noch in [21] vorzog, von quasikompakt zu sprechen, hat sich etwa in [23] nunmehr entschlossen, das Wort „kompakt" so zu verwenden wie wir hier.

Proposition 5.1.2. *Ist (X,τ) kompakt, so ist jede abgeschlossene Teilmenge $A \subseteq X$ ebenfalls kompakt.*

Beweis. Ist eine offene Überdeckung von A gegeben, so können wir ihr die offene Menge $X \setminus A$ hinzufügen und erhalten so eine offene Überdeckung von X, die ja eine endliche Teilüberdeckung von X und damit erst recht von A beinhaltet. Die Menge $X \setminus A$ können wir daraus – sollte sie vorkommen – wieder entfernen und erhalten nun eine nach wie vor endliche Überdeckung mindestens noch von A. ■

Umgekehrt muß eine kompakte Teilmenge eines topologischen Raumes keineswegs abgeschlossen sein, was man z.B. am Sierpinski-Raum leicht sehen kann.

Wir kommen nun zu einer wichtigen Charakterisierung von Kompaktheit.

Lemma 5.1.3. *Sei (X,τ) ein topologischer Raum. Dann sind äquivalent:*
(1) *(X,τ) ist kompakt.*
(2) *Jeder Ultrafilter auf X konvergiert gegen ein Element von X.*
(3) *Jeder Filter auf X hat einen Oberfilter, der gegen ein Element von X konvergiert.*
(4) *Ist $\mathfrak{A} \subseteq \mathfrak{P}(X)$ eine beliebige Familie abgeschlossener Teilmengen von X, deren Durchschnitt leer ist, d.h. $\bigcap_{A\in\mathfrak{A}} A = \emptyset$, so gibt es bereits eine endliche Teilfamilie $A_1,\ldots,A_n \subseteq \mathfrak{A}, n \in \mathbb{N}$ mit $\bigcap_{k=1}^{n} A_k = \emptyset$.*

Beweis. „(1)⇒(2)“: Sei also (X,τ) kompakt. Angenommen, es existierte ein Ultrafilter φ auf X, der gegen kein Element von X konvergiert. Dann gäbe es zu jedem $x \in X$ eine offene Menge $O_x \in \tau \cap \dot{x}$ mit $O_x \notin \varphi$. Wegen $\forall x \in X : x \in O_x$ folgt daraus $X = \bigcup_{x\in X} O_x$, die O_x bilden also eine offene Überdeckung von X, in der es folglich eine endliche Teilüberdeckung $O_{x_1},\ldots O_{x_n}, n \in \mathbb{N}$ geben muß. Da natürlich $\bigcup_{i=1}^{n} O_{x_i} = X \in \varphi$ gilt und φ ein Ultrafilter ist, folgt nach Lemma 1.4.5, daß φ eines der O_{x_i} enthalten muß – im Widerspruch zur Wahl der O_x. Mithin muß φ gegen (mindestens) ein Element von X konvergieren.

„(2)⇒(3)“: Nach Korollar 1.4.3 hat jeder Filter einen Oberultrafilter.

„(3)⇒(4)“: Sei $\mathfrak{A} \subseteq \mathfrak{P}(X)$ eine Familie abgeschlossener Teilmengen von X mit $\bigcap_{A\in\mathfrak{A}} A = \emptyset$. Angenommen, es gäbe keine endliche Teilfamilie von $\mathfrak{A}$, deren Durchschnitt bereits leer ist, dann wäre $\mathfrak{A}$ eine Filtersubbasis und es gäbe laut (3) einen Oberfilter φ des von $\mathfrak{A}$ erzeugten Filters auf X, der gegen ein Element $x \in X$ konvergiert. Da nun φ ein Filter ist, der jedes $A \in \mathfrak{A}$ als Element enthält, ist x somit Berührungspunkt jedes $A \in \mathfrak{A}$. Da alle $A \in \mathfrak{A}$ abgeschlossen sind, folgt $\forall A \in \mathfrak{A} : x \in A$ und folglich $x \in \bigcap_{A\in\mathfrak{A}} A$ – im Widerspruch zur Voraussetzung über $\mathfrak{A}$. Folglich muß es eine endliche Teilfamilie von $\mathfrak{A}$ geben, deren Durchschnitt ebenfalls leer ist.

„(4)⇒(1)“: Sei $\mathfrak{O} \subseteq \tau$ eine offene Überdeckung von X, d.h. $\bigcup_{O\in\mathfrak{O}} O = X$. Somit haben wir $\emptyset = X \setminus \bigcup_{O\in\mathfrak{O}} O = \bigcap_{O\in\mathfrak{O}}(X \setminus O)$ und folglich ist $\mathfrak{A} := \{X \setminus O | \ O \in \mathfrak{O}\}$ eine Familie abgeschlossener Teilmengen von X mit leerem Durchschnitt. Wegen (4) gibt es somit endlich viele $O_1, \dots, O_n \in \mathfrak{O}, n \in \mathbb{N}$ derart, daß $\emptyset = \bigcap_{i=1}^{n}(X \setminus O_i)$, also $X = X \setminus \emptyset = X \setminus \bigcap_{i=1}^{n}(X \setminus O_i) = \bigcup_{i=1}^{n} O_i$. ■

Korollar 5.1.4. *Ist (X, τ) ein topologischer Raum, so ist eine Teilmenge $A \subseteq X$ genau dann kompakt, wenn jeder Ultrafilter, der A enthält, gegen ein Element von A konvergiert.*

Beweis. Wende Lemma 5.1.3 auf den Teilraum $(A, \tau_{|A})$ an. ■

Proposition 5.1.5. *Ist (X, τ) ein Hausdorff-Raum, so ist jede kompakte Teilmenge von X abgeschlossen.*

Beweis. Sei $A \subseteq X$ kompakt und $x \in X$ ein Berührungspunkt von A. Also gibt es also einen Filter, der A enthält und gegen x konvergiert. Zu diesem Filter muß es laut Korollar 1.4.3 einen Oberultrafilter φ geben und dieser enthält natürlich ebenfalls A und konvergiert gegen x. Da A freilich kompakt ist, konvergiert φ laut Lemma 5.1.3 gegen ein Element $a \in A$ und weil (X, τ) Hausdorff-Raum ist, folgt $a = x$ und somit $x \in A$. ■

Zuweilen tritt der Trugschluß auf, daß *nur* in Hausdorff-Räumen alle kompakten Teilmengen abgeschlossen seien. Dem ist nicht so.

Aufgabe 1 Zeige, daß jeder topologische Raum, in dem alle kompakten Teilmengen abgeschlossen sind, ein T_1-Raum ist und gib ein Beispiel für einen topologischen Raum (X, τ) an, der nicht T_2 ist, dessen kompakte Teilmengen aber alle abgeschlossen sind.

Aufgabe 2 Untersuche, ob endliche Vereinigungen bzw. Durchschnitte von kompakten Teilmengen eines topologischen Raumes wieder kompakt sein müssen.

Proposition 5.1.6. *Sind $a, b \in \mathbb{R}$ mit $a < b$ gegeben, so ist das abgeschlossene Intervall $[a, b]$ mit euklidischer Topologie τ_e kompakt.*

Beweis. Sei $\mathfrak{O} \subseteq \tau_e$ eine offene Überdeckung von $[a, b]$. Wir bilden die Menge $M := \{x \in [a, b] \mid \exists \mathfrak{H} \subseteq \mathfrak{O}, \mathfrak{H}$ endlich $: [a, x] \subseteq \bigcup_{O \in \mathfrak{H}} O\}$, die wegen $a \in M$ offenbar nicht leer ist. Außerdem ist sie durch b nach oben beschränkt, folglich existiert ein Supremum s von M. Wegen der Abgeschlossenheit von $[a, b]$ gilt $s \in [a, b]$. Mithin muß es ein $O_s \in \mathfrak{O}$ geben mit $s \in O_s$. Da O_s offen ist, existiert nun ein $\varepsilon > 0$ derart, daß $(s-\varepsilon, s+\varepsilon) \cap [a, b] \subseteq O_s$. Ferner muß ein Element $c \in M$ existieren mit $s - \varepsilon < c \leq s$, da ja s Supremum von M ist. Folglich gibt es eine endliche Teilmenge $\mathfrak{H} \subseteq \mathfrak{O}$ mit $[a, c] \subseteq \bigcup_{O \in \mathfrak{H}} O$ und folglich $[a, s + \varepsilon) \cap [a, b] \subseteq M$, da dann auch $\mathfrak{H}' := \mathfrak{H} \cup \{O_s\}$ endlich ist. Wäre $s < b$, so existierte ein Element $d \in [a, s + \varepsilon)$ mit $s < d \leq b$ und s wäre nicht Supremum von M. Folglich muß $s = b$ gelten. ■

Neben der Charakterisierung der Kompaktheit durch Ultrafilter ist die Reduktion der zu prüfenden Bedingung auf eine beliebige Subbasis ein bedeutendes Werkzeug.

Satz 5.1.7 (Alexander'scher Subbasissatz). *Sei (X, τ) ein topologischer Raum und $\mathfrak{S}$ eine Subbasis von τ. (X, τ) ist genau dann kompakt, wenn jede Überdeckung von X mit Elementen aus $\mathfrak{S}$ eine endliche Teilüberdeckung beinhaltet.*

Beweis. Es ist klar, daß jede Überdeckung durch Subbasiselemente eine endliche Teilüberdeckung enthält, wenn (X, τ) kompakt ist.

Sei also eine Subbasis $\mathfrak{S}$ von τ gegeben und enthalte jede Überdeckung mit Elementen aus $\mathfrak{S}$ eine endliche Teilüberdeckung. Angenommen nun, es sei dennoch (X, τ) nicht kompakt. Dann müßte es laut Lemma 5.1.3 einen Ultrafilter φ auf X geben, der gegen kein Element von X konvergiert. Dann aber muß es zu jedem Element $x \in X$ eine offene Umgebung $O_x \in \dot{x} \cap \tau$ mit $O_x \notin \varphi$ geben. Nun ist jede offene Menge Vereinigung endlicher Durchschnitte von Elementen aus $\mathfrak{S}$, insbesondere muß jedes O_x also einen endlichen Durchschnitt von Elementen aus $\mathfrak{S}$ umfassen, der das jeweilige x enthält. Die an diesem Durchschnitt beteiligten endlich vielen Elemente aus $\mathfrak{S}$ können nicht alle Elemente von φ sein, da sonst ihr Durchschnitt und damit dessen Obermenge O_x auch zu φ gehören müßte. Folglich existiert zu jedem $x \in X$ ein $S_x \in \mathfrak{S}$ mit $x \in S_x \notin \varphi$. Das ergibt $\bigcup_{x \in X} S_x \supseteq X$, so daß nach Voraussetzung endlich viele $S_{x_1}, \ldots, S_{x_n} \in \mathfrak{S}, n \in \mathbb{N}$ existieren mit $\bigcup_{k=1}^{n} S_{x_k} \supseteq X$ und folglich $\bigcup_{k=1}^{n} S_{x_k} \in \varphi$, woraus mit Lemma 1.4.5 wiederum folgt, das eines der S_{x_k} Element von φ sein muß – im Widerspruch zu deren Auswahl. ∎

Aufgabe 3 Zeige: Ein kompakter topologischer Raum (X, τ) ist genau dann *maximal kompakt* (d.h. es gibt auf X keine echt feinere Topologie $\tau' \supseteq \tau$ derart, daß (X, τ') kompakt wäre), wenn die Familie der abgeschlossenen Teilmengen mit der Familie der kompakten Teilmengen übereinstimmt.

Aufgabe 4 Zeige, daß jeder unendliche Hausdorff-Raum (X, τ) eine abzählbar unendliche Teilmenge enthält, die nicht kompakt ist.

Lemma 5.1.8. *Seien (X, τ) und (Y, σ) topologische Räume und $f : X \to Y$ eine stetige Funktion. Ist (X, τ) kompakt, dann ist $f(X)$ eine kompakte Teilmenge von Y.*

Beweis. Sei (X, τ) kompakt, $f : X \to Y$ stetig und ψ ein Ultrafilter auf $f(X)$. Dann existiert laut Lemma 1.4.14 ein Ultrafilter φ auf X mit $f(\varphi) = \psi$. Da (X, τ) kompakt ist, gibt es ein $x \in X$ mit $\varphi \to x$, so daß wegen der Stetigkeit von f sogleich $f(\varphi) = \psi \to f(x)$ folgt, mithin ψ jedenfalls gegen ein Element von $f(X)$ konvergiert. Da dies für jeden Ultrafilter ψ auf $f(X)$ gilt, ist $f(X)$ laut Lemma 5.1.3 kompakt. ∎

Satz 5.1.9 (Tychonoff-Satz). *Das Produkt einer Familie nichtleerer topologischer Räume $(X_i, \tau_i)_{i \in I}$ ist genau dann kompakt, wenn alle $(X_i, \tau_i), i \in I$ kompakt sind.*

Beweis. Jede der kanonischen Projektionen

$$p_j : \prod_{i \in I} X_i \to X_j : p_j((x_i)_{i \in I}) := x_j$$

vom Produkt auf einen der Räume (X_j, τ_j), $j \in I$ ist surjektiv und stetig. Aus der Kompaktheit des Produktes folgt die Kompaktheit aller (X_i, τ_i) also nach Lemma 5.1.8.

Seien nun alle $(X_i, \tau_i), i \in I$ kompakt und sei φ ein beliebiger Ultrafilter auf $\prod_{i\in I} X_i$. Nach Proposition 1.4.11 sind dann alle $p_i(\varphi)$ jeweils Ultrafilter auf X_i für $i \in I$. Folglich existiert zu jedem $i \in I$ ein $x_i \in X_i$ mit $p_i(\varphi) \to x_i$. Wir setzen $x := (x_i)_{i\in I} \in \prod_{i\in I} X_i$ und erhalten so $\forall i \in I : p_i(\varphi) \to p_i(x)$. Nun sichert Lemma 3.1.22, daß φ gegen x konvergiert, da ja die Produkttopologie initial bezüglich der kanonischen Projektionen ist. ∎

Satz 5.1.10 (Satz von Heine-Borel). *Eine Teilmenge M des $\mathbb{R}^n$ ist genau dann kompakt (bezgl. euklidischer Topologie), wenn sie abgeschlossen und beschränkt[63] ist.*

Beweis. Ist M kompakt, so muß M jedenfalls abgeschlossen sein, da $\mathbb{R}^n$ Hausdorff'sch ist. Wir überdecken jetzt M mit offenen Kugeln vom Radius 1 um jeden Punkt von M. Da es hieraus eine endliche Teilüberdeckung geben muß, ist M offensichtlich beschränkt.

Sei nun $M \subseteq \mathbb{R}^n$ abgeschlossen und beschränkt. Aus der Beschränktheit folgt sofort, daß es $a, b \in \mathbb{R}$ geben muß mit $M \subseteq [a, b]^n$. Nun ist $[a, b]^n$ nach Proposition 5.1.6 und Satz 5.1.9 kompakt, folglich ist auch M als abgeschlossene Teilmenge laut Proposition 5.1.2 kompakt. ∎

Satz 5.1.11. *Sei (X, τ) ein kompakter topologischer Raum und $f : X \to \mathbb{R}$ eine stetige Funktion (bezüglich euklidischer Topologie auf $\mathbb{R}$). Dann nimmt f auf X ein Maximum (und ein Minimum) an.*

Beweis. Wegen Lemma 5.1.8 ist $f(X) \subseteq \mathbb{R}$ kompakt und folglich wegen Satz 5.1.10 abgeschlossen und beschränkt. Wegen der Beschränktheit von $f(X)$ existieren Infimum und Supremum von $f(X)$, die wegen der Abgeschlossenheit von $f(X)$ auch Elemente von $f(X)$ sein müssen. ∎

Satz 5.1.12. *Ist (X, τ) ein kompakter topologischer Raum, (Y, σ) ein Hausdorff-Raum und ferner $f : X \to Y$ eine bijektive stetige Abbildung, dann ist f ein Homöomorphismus.*

Beweis. Da Bijektivität und Stetigkeit von f schon vorausgesetzt sind, bleibt nur noch die Stetigkeit von f^{-1} zu zeigen. Laut Satz 2.2.37 genügt dafür, daß für jede abgeschlossene Teilmenge $A \subseteq X$ das Urbild $(f^{-1})^{-1}(A) = f(A)$ abgeschlossen in Y ist. Nun ist freilich jede abgeschlossene Teilmenge A von X laut Proposition 5.1.2 kompakt, daher ihr Bild $f(A)$ wegen Lemma 5.1.8 ebenfalls. Laut Proposition 5.1.5 ist $f(A)$ dann auch abgeschlossen, da ja (Y, σ) Hausdorff'sch ist. ∎

---

63 Das heißt hier, daß es eine positive reelle Zahl G gibt, mit der $\forall x, y \in M : d(x, y) < G$ gilt, wobei d die euklidische Metrik ist.

Proposition 5.1.13. *Jeder kompakte T_3-Raum (X, τ) ist auch ein T_4-Raum.*

Beweis. **Aufgabe** 5 ■

Satz 5.1.14. *Jeder kompakte Hausdorff-Raum ist normal.*

Beweis. **Aufgabe** 6 ■

Lemma 5.1.15. *Jeder T_3-Raum (X, τ), der auch ein Lindelöf-Raum ist, ist ein T_4-Raum.*

Beweis. Seien A, B disjunkte, abgeschlossene Teilmengen von X. Wegen T_3 existieren zu jedem Punkt $a \in A$ offene Mengen U_a und V_a mit $a \in U_a$, $B \subseteq V_a$ und $U_a \cap V_a = \emptyset$. Wegen der Lindelöf-Eigenschaft (die A als abgeschlossene Teilmenge von X natürlich auch hat) existiert nun eine abzählbare Teilmenge $\{a_n \in A | \ n \in \mathbb{N}\}$ mit $\bigcup_{n \in \mathbb{N}} U_{a_n} \supseteq A$, wobei für alle $n \in \mathbb{N}$ zusätzlich gilt: $U_{a_n} \subseteq \overline{U_{a_n}} \subseteq X \setminus V_{a_n}$ und folglich $\overline{U_{a_n}} \cap B = \emptyset$. Nach Lemma 4.4.12 ist (X, τ) also T_4. ■

Man beachte, daß die Lindelöf-Eigenschaft (anders als die Kompaktheit in Satz 5.1.14) allerdings *nicht* ausreicht, um von T_2 auf T_3 oder gar T_4 zu kommen: Um das einzusehen, können wir auf Beispiel 4.4.5 von S. 119 zurückgreifen. Sei also τ_e die euklidische Topologie auf $\mathbb{R}$ und τ_Q die von der Subbasis $\tau_e \cup \{\mathbb{Q}\}$ auf $\mathbb{R}$ erzeugte Topologie. Nun ist τ_e metrisch erzeugt, $(\mathbb{R}, \tau_e)$ wegen der Dichtheit von $\mathbb{Q}$ separabel, also nach Lemma 2.2.30 auch ein A_2-Raum. Ist nun $\mathfrak{S}$ irgendeine abzählbare Basis von τ_e, so ist offenbar $\mathfrak{S} \cup \{\mathbb{Q}\}$ eine abzählbare Subbasis von τ_Q. Somit ist auch $(\mathbb{R}, \tau_Q)$ laut Proposition 2.2.24 ein A_2-Raum, also laut Lemma 2.2.32 auch ein Lindelöf-Raum. Unter 4.4.5 hatten wir bereits gezeigt, daß $(\mathbb{R}, \tau_Q)$ ein T_2-, aber kein T_3-Raum ist.

Beispiel 5.1.16. Sei α eine Ordinalzahl. Mit

$$[0, \alpha] := \{\beta \in \mathfrak{On} \mid \beta \leq \alpha\} \quad (= \alpha \cup \{\alpha\})$$

bezeichnen wir dann die Menge (siehe 1.2.21) aller Ordinalzahlen, die kleiner oder gleich α sind. Auf $[0, \alpha]$ erklären wir eine Topologie τ_α durch die Subbasis, die aus allen Mengen $(\beta, \alpha] := \{x \in [0, \alpha] \mid \beta < x\}$ und $[0, \gamma) := \{x \in [0, \alpha] \mid x < \gamma\}$ für alle $\beta, \gamma \in [0, \alpha]$ besteht. Den so erhaltenen topologischen Raum nennen wir auch *Ordinalzahlraum* $[0, \alpha]$. Die Topologie τ_α nennen wir auch *Ordnungstopologie* auf $[0, \alpha]$. Wir beobachten, daß die Mengen der Gestalt

$$(\beta, \gamma] := \{ x \in [0, \alpha] \mid \beta < x \leq \gamma \}, [0, \gamma)$$

mit $\beta, \gamma \in [0, \alpha]$ eine Basis für τ_α bilden. Ist nämlich γ' die kleinste Ordinalzahl, die größer als γ ist, so haben wir $[0, \gamma] = [0, \gamma') \in \tau$, $(\beta, \alpha] \in \tau$ und $(\beta, \gamma] = [0, \gamma] \cap (\beta, \alpha]$, d.h. $(\beta, \gamma]$ ist jedenfalls offen. Endliche Durchschnitte unserer Subbasiselemente sind entweder selbst wieder Subbasiselemente oder haben die Gestalt

$$(\beta, \gamma) := \{x \in [0, \alpha] \mid \beta < x < \gamma\} = \bigcup_{\beta < x < \gamma} (\beta, x] .$$

Jeder Ordinalzahlraum $[0, \alpha]$ ist ein T_2-Raum, weil für je zwei verschiedene Ordinalzahlen $\beta < \gamma \in [0, \alpha]$ stets $\beta \in [0, \beta') \in \tau_\alpha$ (wobei β' die kleinste Ordinalzahl größer β sei), $\gamma \in (\beta, \gamma] \in \tau_\alpha$ und natürlich $[0, \beta') \cap (\beta, \gamma] = \emptyset$ gelten.

Darüber hinaus ist jeder Ordinalzahlraum $[0, \alpha]$ auch kompakt: Angenommen, dies wäre nicht so – dann existierte eine kleinste Ordinalzahl α derart, daß $[0, \alpha]$ nicht kompakt ist. Ist nun eine Überdeckung von $[0, \alpha]$ mit Elementen unsrer obigen Subbasis gegeben, so muß darin ein Element der Gestalt $(\beta, \alpha]$ vorkommen, weil α selbst nur in solchen enthalten ist. Dann aber bleibt nur noch $[0, \beta]$ zu überdecken, was wegen der Minimalität von α kompakt ist, so daß eine endliche Teilüberdeckung von $[0, \beta]$ existiert, die zusammen mit $(\beta, \alpha]$ nun eine endliche Teilüberdeckung von $[0, \alpha]$ liefert. Laut Alexander'schem Subbasissatz (5.1.7) ist somit auch $[0, \alpha]$ kompakt – Widerspruch.

Laut 5.1.14 ist daher jeder Ordinalzahlraum $[0, \alpha]$ ein normaler Hausdorff-Raum und folglich erst recht regulär.

5.1.1 Variationen zum Thema Abzählbarkeit

Möglicherweise ist es im Verlauf des Beweises zum Satz von Heine-Borel schon aufgefallen: Wir hätten zur Charakterisierung der abgeschlossenen beschränkten Teilmengen des $\mathbb{R}^n$ nicht unbedingt fordern müssen, daß *alle* offenen Überdeckungen endliche Teilüberdeckungen enthalten – es hätte gereicht, wenn wir uns dabei auf *abzählbare* zurückgezogen hätten. Ebenso hätten wir – wie aus der Analysis bekannt – statt der Überdeckungseigenschaft einfach verlangen können, daß jede Folge in X eine konvergente Teilfolge haben solle.

Definition 5.1.17. Ein topologischer Raum (X, τ) heißt *abzählbar kompakt* genau dann, wenn jede *abzählbare* offene Überdeckung von X eine endliche Teilüberdeckung enthält. Entsprechend heißt eine Teilmenge $A \subseteq X$ abzählbar kompakt, wenn sie als Teilraum abzählbar kompakt ist.

Definition 5.1.18. Ein topologischer Raum (X, τ) heißt *folgenkompakt* genau dann, wenn jede Folge in X eine konvergente Teilfolge hat.

Lemma 5.1.19. *Ein topologischer Raum (X, τ) ist genau dann abzählbar kompakt, wenn jeder Filter auf X, der eine abzählbare Filterbasis besitzt, einen in X konvergenten Oberfilter hat.*

Beweis. Sei (X, τ) abzählbar kompakt und φ ein Filter auf X mit der abzählbaren Basis $\mathfrak{B} \subseteq \mathfrak{P}(X)$. Angenommen, alle Ober*ultra*filter von φ wären *nicht* konvergent in X. Dann müßten alle Oberultrafilter für jedes Element $x \in X$ das Komplement einer offenen Umgebung von x enthalten. Nun ist die Familie $\mathfrak{A}_x$ der Komplemente offener Umgebungen eines $x \in X$ stets abgeschlossen gegen endliche Vereinigungen. Nach

Lemma 1.4.10 muß folglich auch φ selbst zu jedem $x \in X$ das Komplement $X \setminus O_x$ einer offenen Umgebung $O_x \in \dot{x} \cap \tau$ von x enthalten. Da $\mathfrak{B}$ eine Basis von φ ist, muß es zudem zu jeder dieser Umgebungen O_x ein $B_x \in \mathfrak{B}$ geben mit $B_x \subseteq X \setminus O_x$, also wegen der Abgeschlossenheit von $X \setminus O_x$ auch $\overline{B_x} \subseteq X \setminus O_x$ und folglich $O_x \subseteq X \setminus \overline{B_x}$. Setzen wir für alle $B \in \mathfrak{B}$ einfach $O_B := X \setminus \overline{B}$, so erhalten wir mit $\{O_B | \; B \in \mathfrak{B}\}$ also eine abzählbare offene Überdeckung von X, in der nun freilich eine endliche Teilüberdeckung $O_{B_1}, \dots, O_{B_n}, n \in \mathbb{N}$ enthalten sein muß, d.h. $\bigcup_{i=1}^{n} O_{B_i} \supseteq X$, was aber gerade $\bigcap_{i=1}^{n} \overline{B_i} = \emptyset$ bedeuten würde – ein Widerspruch zur Filtereigenschaft von $\varphi \supseteq \mathfrak{B}$.

Sei nun (X, τ) ein topologischer Raum, in dem jeder Filter mit abzählbarer Filterbasis einen konvergenten Oberfilter hat. Sei ferner $\mathfrak{O} \subseteq \tau$ eine abzählbare offene Überdeckung von X. Angenommen, in $\mathfrak{O}$ sei keine endliche Teilüberdeckung von X enthalten. Dann ist $\mathfrak{B} := \{X \setminus \bigcup_{O \in \mathfrak{E}} O | \; \mathfrak{E} \subseteq \mathfrak{O}, \mathfrak{E} \text{ endlich}\}$ eine Filterbasis. Da die Familie aller endlichen Teilmengen einer abzählbaren Menge selbst wieder abzählbar ist, ist $\mathfrak{B}$ sogar eine abzählbare Filterbasis, muß also einen konvergenten Oberfilter haben – im Widerspruch dazu, daß sie zu jedem Element $x \in X$ das Komplement einer offenen Umgebung von x enthält. ∎

Offensichtlich ist ein topologischer Raum genau dann kompakt, wenn er ein abzählbar kompakter Lindelöf-Raum ist. Aus purer Pedanterie geben wir daher an dieser Stelle auch eine Charakterisierung der Lindelöf-Eigenschaft durch Filter an.[64] Dazu erklären wir noch schnell einen Begriff: ein Filter φ heißt *abzählbar vollständig* genau dann, wenn der Durchschnitt je abzählbar vieler seiner Elemente wiederum Element von φ (und daher insbesondere nicht leer) ist.

Lemma 5.1.20. *Ein topologischer Raum (X, τ) ist genau dann ein Lindelöf-Raum, wenn jeder abzählbar vollständige Filter auf X einen konvergenten Oberfilter hat.*

Beweis. Sei (X, τ) Lindelöf-Raum und φ ein abzählbar vollständiger Filter auf X. Angenommen, keiner der Oberultrafilter von φ würde in X konvergieren. Dann enthielte – aus denselben Gründen wie im Beweis von Lemma 5.1.19 angegeben – φ zu jedem $x \in X$ das Komplement $X \setminus O_x$ einer offenen Umgebung $O_x \in \dot{x} \cap \tau$. Diese O_x bilden eine offene Überdeckung von X, die folglich eine abzählbare Teilüberdeckung enthalten muß. Der Durchschnitt der Komplemente dieser abzählbar vielen O_x wäre folglich leer, was der Voraussetzung widerspräche, daß φ abzählbar vollständig sein sollte, denn diese Komplemente sind Elemente von φ.

---

64 Das Konzept, den Begriff Kompaktheit dahingehend abzuschwächen, daß man endliche Teilüberdeckungen nicht mehr in *allen* offenen Überdeckungen verlangt, sondern nur noch in solchen, deren Mächtigkeit die Abzählbarkeit nicht überschreitet, läßt sich natürlich ohne Schwierigkeiten für beliebige Kardinalitäten κ an Stelle der Abzählbarkeit umsetzen. Man erhält dann allgemeiner die Begriffe κ-kompakt und ergänzend κ-Lindelöf, die sich analog wie hier die abzählbare Kompaktheit sehr schön durch Filter charakterisieren lassen. Siehe dazu auch [32].

Sei umgekehrt nun (X, τ) ein topologischer Raum, in dem jeder abzählbar vollständige Filter einen konvergenten Oberfilter hat. Wäre nun $\mathfrak{O} \subseteq \tau$ eine offene Überdeckung von X, die keine abzählbare Teilüberdeckung von X enthält, dann wäre

$$\left\{X \setminus \bigcup_{A \in \mathfrak{A}} A \mid \mathfrak{A} \subseteq \mathfrak{O}, \mathfrak{A} \text{ abzählbar}\right\}$$

eine Filterbasis auf X und der davon erzeugte Filter φ wäre abzählbar vollständig, da die Vereinigung abzählbar vieler abzählbarer Mengen wiederum abzählbar ist (Lemma 1.3.8). Folglich müßte es einen konvergenten Oberfilter φ' von φ geben, was dem Umstand widerspräche, daß schon φ – also erst recht φ' – zu jedem $x \in X$ das Komplement $X \setminus O_x$ einer offenen Umgebung $O_x \in \dot{x} \cap \tau$ enthält. ■

Lemma 5.1.21. *Jeder folgenkompakte topologische Raum ist abzählbar kompakt.*

Beweis. Sei (X, τ) folgenkompakt und φ ein Filter auf X mit abzählbarer Basis $\mathfrak{B} = \{B_i \mid i \in \mathbb{N}\} \subseteq \varphi$. Wir bilden daraus die ebenfalls abzählbare Basis

$$\mathfrak{C} := \left\{C_n := \bigcap_{i=1}^{n} B_i \mid n \in \mathbb{N}\right\}$$

von φ und wählen dann aus jeder der nichtleeren Mengen $C_n \in \mathfrak{C}$ ein Element x_n aus, so daß wir eine Folge $(x_n)_{n \in N}$ erhalten. Diese muß ja nun eine konvergente Teilfolge $(x_{n_k})_{k \in N}$ haben. Dann konvergiert aber auch der von der Basis $\{\{x_{n_k} \mid k \geq i\} \mid i \in \mathbb{N}\}$ erzeugte Filter – und er ist offensichtlich ein Oberfilter von φ. ■

Lemma 5.1.22. *Jeder abzählbar kompakte topologische Raum* (X, τ)*, der das erste Abzählbarkeitsaxiom erfüllt, ist folgenkompakt.*

Beweis. Sei (X, τ) abzählbar kompakt und erfülle das erste Abzählbarkeitsaxiom. Sei ferner $(x_n)_{n \in N}$ eine Folge in X. Wir betrachten den von der abzählbaren Basis

$$\mathfrak{B} := \{B_i := \{x_i \mid i \geq n\} \mid n \in \mathbb{N}\}$$

erzeugten Filter φ. Dieser hat nach Voraussetzung und Lemma 5.1.19 einen konvergenten Oberfilter φ', d.h. $\exists x \in X : \varphi' \supseteq \underline{U}(x)$. Nun hat nach Voraussetzung $\underline{U}(x)$ ebenfalls eine abzählbare Basis $\mathfrak{C} := \{C_i \mid i \in \mathbb{N}\}$. Wir bilden die abzählbare Basis $\mathfrak{D} := \{D_k := \bigcap_{j=1}^{k} C_j \mid k \in \mathbb{N}\}$ von $\underline{U}(x)$ und erhalten, daß nun auch $\mathfrak{B} \cup \mathfrak{D}$ eine abzählbare Filtersubbasis ist. Das bedeutet $\forall k, i \in \mathbb{N} : B_i \cap D_k \neq \emptyset$. Wir können also getrost $i(0) := 0$ und $i(k) := \min\{i \in \mathbb{N} \mid x_i \in D_k \wedge i > i(k-1)\}$ für $k > 0$ definieren und sehen damit leicht ein, daß $(x_{i(k)})_{k \in N}$ eine gegen x konvergierende Teilfolge von $(x_n)_{n \in N}$ ist. ■

Korollar 5.1.23. *Ein* A_1*-Raum ist genau dann abzählbar kompakt, wenn er folgenkompakt ist.*

Beweis. Kombiniere die Lemmata 5.1.21 und 5.1.22. ■

Folgenkompaktheit ist die wohl seltsamere unsrer beiden Variationen, denn während – wie man wohl erwarten möchte – jeder kompakte Raum natürlich abzählbar kompakt ist, braucht ein kompakter Raum keineswegs folgenkompakt zu sein.[65]

Beispiel 5.1.24 (für einen kompakten, aber nicht folgenkompakten Raum).
Sei $X := \{0, 1\}$ mit diskreter Topologie δ gewählt. Ferner sei I die Menge aller Teilfolgen der Folge $(n)_{n\in N}$. Da (X, δ) kompakt ist, ist laut Tychonoff-Satz auch das Produkt $\prod_{i\in I}(X, \tau_d)_i$ mit $\forall i \in I : (X, \delta)_i := (X, \delta)$ kompakt. Es ist aber nicht folgenkompakt.

Beweis. Die Elemente dieses Produktes sind Abbildungen von I nach $\{0, 1\}$. Wir definieren eine Folge $(f_n)_{n\in N}$ solcher Abbildungen:

$$f_n(i) := \begin{cases} 0 & ; \quad n \text{ tritt nicht als Bild in der Folge } i \text{ auf} \\ 0 & ; \quad n \text{ tritt in der Folge } i \text{ bei geradem Index auf} \\ 1 & ; \quad n \text{ tritt in der Folge } i \text{ bei ungeradem Index auf} \end{cases}$$

Angenommen, $(f_n)_{n\in N}$ hätte eine konvergente Teilfolge $(f_{k_n})_{n\in N}$, dann wäre ja $i_0 := (k_n)_{n\in N}$ ein Element von I. Folglich müßte gemäß 3.1.22 (mit einem kurzen gedanklichen Umweg über Elementarfilter) auch die kanonische Projektion $p_{i_0}((f_{k_n}))$ in $(X, \delta)_{i_0}$ konvergieren. Nun kommen in i_0 aber trivialerweise alle Bilder von i_0 vor, und zwar alternierend mit geradem und ungeradem Index – mithin ist $p_{i_0}((f_{k_n}))$ die alternierende Folge in $\{0, 1\}$, die bei diskreter Topologie selbstverständlich nicht konvergiert. Folglich kann $(f_n)_{n\in N}$ keine konvergente Teilfolge haben und unser Produkt ist somit zwar kompakt, aber eben nicht folgenkompakt. ∎

Was man dagegen durchaus erwartet: daß ein folgenkompakter Raum nicht unbedingt kompakt sein muß. Sicherheitshalber wollen wir uns davon durch ein Beispiel überzeugen.

Beispiel 5.1.25 (für einen folgenkompakten, aber nicht kompakten Raum).
Sei ω_1 die kleinste überabzählbare Ordinalzahl. (D.h. ω_1 ist die [überabzählbare!] Menge aller abzählbaren Ordinalzahlen.) Analog zu Beispiel 5.1.16 betrachten wir als topologischen Raum nun eine Menge von Ordinalzahlen, nämlich

$$[0, \omega_1) := \{\alpha \in \mathfrak{On} \mid \alpha < \omega_1\} \qquad (= \omega_1),$$

d.h. unsere Menge $[0, \omega_1)$ ist *fast* von dem Typ wie die in Beispiel 5.1.16, es fehlt nur die obere Grenze. Wir rüsten sie mit einer Beispiel 5.1.16 entsprechenden Spurtopologie aus, nämlich der von der Subbasis $\{\,[0, \alpha) \mid \alpha \leq \omega_1\} \cup \{\,(\alpha, \omega_1) \mid \alpha < \omega_1\}$ erzeugten Topologie τ_{ω_1}.

65 Es scheitert daran, daß zwar jeder von einer Folge erzeugte Filter einen konvergenten Oberfilter haben muß – dieser aber keineswegs wieder von einer Folge erzeugbar zu sein braucht. Daher braucht eine Folge selbst in kompakten Räumen nicht unbedingt konvergente Teil*folgen* zu haben.

Damit ist $([0, \omega_1), \tau_{\omega_1})$ offenbar nicht kompakt, denn die Subbasis-Überdeckung[66]

$$\mathfrak{A} := \{[0, \alpha) \mid \alpha \lneq \omega_1\}$$

enthält keine endliche Teilüberdeckung[67].
Freilich ist unser Raum $([0, \omega_1), \tau_{\omega_1})$ sehr wohl folgenkompakt. Sei $(\gamma_n)_{n \in \mathbb{N}}$ irgendeine Folge in $[0, \omega_1)$. Wir bilden

$$\alpha := \bigcup_{n \in \mathbb{N}} \gamma_n$$

und stellen fest, daß α eine *abzählbare* Ordinalzahl ist, woraus $\alpha \in [0, \omega_1)$ folgt. Natürlich gilt $\forall n \in \mathbb{N} : \gamma_n \leq \alpha$. Wir lernen daraus, daß es in $[0, \omega_1)$ immerhin solche Elemente β *gibt*, für die *unendlich viele Folgenglieder* nicht größer als β sind - denn α ist ja so eines. Da nun $[0, \omega_1)$ wohlgeordnet ist, muß es ein *kleinstes* Element $\lambda \in [0, \omega_1)$ derart geben, daß unendlich viele Glieder der Folge $(\gamma_n)_{n \in \mathbb{N}}$ kleiner oder gleich λ sind. Wir betrachten die Teilfolge aller derjenigen γ_{n_i}, die kleiner oder gleich λ sind.
Ist nun ein Subbasiselement $[0, \alpha)$ gegeben mit $\lambda \in [0, \alpha)$, so folgt $\forall i \in \mathbb{N} : \gamma_{n_i} \leq \lambda < \alpha$ und damit $\forall i \in \mathbb{N} : \gamma_{n_i} \in [0, \alpha)$.

Ist stattdessen ein Subbasiselement (α, ω_1) mit $\lambda \in (\alpha, \omega_1)$ gegeben, so haben wir $\alpha < \lambda$, so daß wegen der Minimalität von λ höchstens *endlich viele* Folgenglieder aus $(\gamma_n)_{n \in \mathbb{N}}$ (und damit erst recht höchstens endlich viele aus $(\gamma_{n_i})_{i \in \mathbb{N}}$) kleiner oder gleich α sind. daher gibt es ein $i_0 \in \mathbb{N}$ derart, daß $\forall i > i_0 : \gamma_{n_i} > \alpha$ und damit $\forall i > i_0 : \gamma_{n_i} \in (\alpha, \omega_1)$ gilt. In jedem Subbasiselement, in dem λ liegt, liegen also auch alle bis auf höchstens endlich viele Folgenglieder von $(\gamma_{n_i})_{i \in \mathbb{N}}$ - so daß wir damit eine gegen λ konvergierende Teilfolge von $(\gamma_n)_{n \in \mathbb{N}}$ gefunden haben. ■

Immerhin in metrischen Räumen sind die Beziehungen zwischen den letzthin betrachteten Kompaktheitsbegriffen deutlich übersichtlicher.

Proposition 5.1.26. *Jeder folgenkompakte (pseudo-)metrische Raum (X, d) ist separabel.*

Beweis. Sei unser (X, d) folgenkompakt.
Für jedes $n \in \mathbb{N}^+$ konstruieren wir rekursiv eine Teilmenge D^n von X: wir wählen zunächst ein beliebiges $x_0^n \in X$ und starten dann die Rekursion: Seien alle x_i^n für $i \leq k$ bereits definiert. Wir bilden $A_k^n := \bigcup_{i=0}^k U_{\frac{1}{n}}(x_i^n)$.
- Falls $X \setminus A_k^n \neq \emptyset$, wählen wir ein Element $x_{k+1}^n \in X \setminus A_k^n$.
- Falls $X \setminus A_k^n = \emptyset$, brechen wir die Rekursion ab und setzen $D^n := \{x_0^n, ..., x_k^n\}$.

66 Daß es sich um eine Überdeckung handelt, ist deshalb klar, weil mit jedem $\beta \in [0, \omega_1) = \omega_1$ auch β', die kleinste Ordinalzahl, die größer als β ist, in $[0, \omega_1)$ liegt und somit $\beta \in [0, \beta') \subseteq \bigcup_{A \in \mathfrak{A}} A$.

67 Gäbe es eine, wäre $[0, \omega_1) = \omega_1$ eine endliche Vereinigung abzählbarer Mengen, also selbst abzählbar, was es nach Wahl von ω_1 aber gerade *nicht* ist.

Tatsächlich bricht die Rekursion für jedes $n \in \mathbb{N}^+$ ab: andernfalls bekämen wir eine (unendliche) Folge $(x_i^n)_{i\in\mathbb{N}}$, paarweise verschiedener Elemente, bei denen für $k \neq l$ stets $d(x_k^n, x_l^n) \geq \frac{1}{n}$ gilt. Diese Folge kann offenbar keine konvergente Teilfolge haben, was der vorausgesetzten Folgenkompaktheit von (X, d) widerspräche.

Somit sind alle D^n endlich. Wir setzen $D := \bigcup_{n=1}^{\infty} D^n$. Als abzählbare Vereinigung endlicher Mengen ist D natürlich abzählbar. Außerdem liegt D dicht in X: ist O irgendeine nichtleere offene Teilmenge von X und $p \in O$, so existiert ein $\varepsilon > 0$ derart, daß $U_\varepsilon(p) \subseteq O$. Für $k > \frac{1}{\varepsilon}$ existiert dann $x_i^k \in D$ mit $p \in U_{\frac{1}{n}}(x_i^n)$, woraus $x_i^n \in U_{\frac{1}{n}}(p) \subseteq U_\varepsilon(p) \subseteq O$ und somit $D \cap O \neq \emptyset$ folgt. Laut Lemma 2.2.27 ist also D dicht in X und somit (X, d) separabel. ■

Korollar 5.1.27. *Für jeden (pseudo-)metrischen Raum (X, d) sind äquivalent:*
(1) (X, d) ist kompakt.
(2) (X, d) ist abzählbar kompakt.
(3) (X, d) ist folgenkompakt.

Beweis. (1) ⇒ (2): gilt trivialerweise allgemein.
(2) ⇒ (3): wird von Korollar 5.1.23 geliefert, da natürlich jeder (pseudo-)metrische Raum ein A_1-Raum ist.
(3) ⇒ (1): Ist unser Raum (X, d) folgenkompakt, so nach Proposition 5.1.26 auch separabel, nach Lemma 2.2.30 daher ein A_2-Raum und somit laut Lemma 2.2.32 ein Lindelöf-Raum. Nach Korollar 5.1.23 ist er aber auch abzählbar kompakt - und es gilt natürlich: Lindelöf + abzählbar kompakt = kompakt. ■

5.1.2 Lindelöf und die bösen Auswahlfilter

Um die Lindelöf-Eigenschaft in Lemma 5.1.20 durch Filterkonvergenz charakterisieren zu können, hatten wir auf Seite 143 die Eigenschaft *„abzählbar vollständig"* für Filter eingeführt, die bedeutet, daß nicht nur alle endlichen, sondern alle höchstens abzählbaren Durchschnitte von Filterelementen wieder Filterelemente sind. Überraschenderweise hilft uns diese Eigenschaft nun auch bei der Aufklärung der bei Übungsaufgabe 8 aus Kapitel 1 übriggebliebenen Frage, ob gewisse Ultrafilter immer Einpunktfilter sein müssen.

Wir rekapitulieren und benamsen:
Sei X eine Menge und $\mathcal{A}_X := \{f \in X^{\mathfrak{P}_0(X)} \mid \forall M \in \mathfrak{P}_0(X) : f(M) \in M\}$ die Menge aller derjenigen Funktionen von $\mathfrak{P}_0(X)$ nach X, die jeder nichtleeren Teilmenge M von X irgendein Element von M zuordnen.

Wir sagen nun, ein Filter Φ hat die *Eigenschaft (A) bezüglich* X genau dann, wenn Φ ein Filter auf $\mathfrak{P}_0(X)$ ist und der Bedingung

$$\forall f \in \mathcal{A}_X : \exists x_f \in X : f(\Phi) = \dot{x}_f \tag{A}$$

genügt.

Aus Kapitel 1, Aufgabe 8 (Lsg. S. 56f) wissen wir, daß so ein Φ jedenfalls zwangsläufig ein Ultrafilter ist. Offen geblieben war die Frage, ob so ein Φ auch stets ein Einpunktfilter sein muß. Der wollen wir uns jetzt widmen. Spaßeshalber in Form von Übungen:

Proposition 5.1.28. *Jeder Filter Φ, der die Eigenschaft (A) bezüglich einer Menge X hat, ist abzählbar vollständig.*

Beweis. **Aufgabe** 7 ■

Diese Proposition wirkt nicht weiter erstaunlich, ist aber der Schlüssel zum Ganzen.

Jetzt hau'n wir auf die Pauke und zeigen zunächst einmal für die natürlichen Zahlen als Grundmenge X, daß die Einpunktfilter auf $\mathfrak{P}_0(\mathbb{N})$ die einzigen mit der Eigenschaft (A) bezüglich $\mathbb{N}$ sind:

Proposition 5.1.29. *Auf $\mathfrak{P}_0(\mathbb{N})$ gibt es keinen freien abzählbar vollständigen Ultrafilter.*

Beweis. **Aufgabe** 8 ■

Daraus folgt natürlich unmittelbar

Korollar 5.1.30. *Die Filter mit der Eigenschaft (A) bezüglich $\mathbb{N}$ sind genau die Einpunktfilter.*

Bemerkung: Leider war's das an dieser Stelle auch schon mit beweisbaren Lösungen, denn diejenigen Kollegen, die sich mit Axiomatik, Modelltheorie usw. ausführlich befassen, haben schon seit längerem gewußt:

(1) Genau dann existieren abzählbar vollständige freie Ultrafilter (überhaupt irgendwo), wenn sogenannte meßbare Kardinalzahlen existieren.
(2) Jede meßbare Kardinalzahl ist eine sogenannte unerreichbare Kardinalzahl.

Hm, na schön - aber jetzt kommt's:

(3) Fügen wir unserem mengentheoretischen Axiomensystem das Axiom „es gibt eine unerreichbare Kardinalzahl" hinzu, ist aus diesem System heraus die Widerspruchsfreiheit unseres alten Systems ableitbar.
(4) Wenn unser gutes, altes Axiomensystem widerspruchsfrei, dann auch dasjenige, das entsteht, wenn wir das Axiom „es existiert *keine* unerreichbare Kardinalzahl" hinzufügen.

Hier ein Link dazu[68]: http://en.wikipedia.org/wiki/Inaccessible_cardinal

In unsrer Mengenlehre ist das Problem damit eigentlich ganz & gar geklärt - nämlich dahingehend, daß die Existenz eines Filters mit Eigenschaft (A) bezüglich irgendeiner überabzählbaren Menge X, der *kein* Einpunktfilter ist, weder gezeigt noch ausgeschlossen werden kann. Schade eigentlich.

5.2 Relative Kompaktheit

Definition 5.2.1. Sei (X, τ) ein topologischer Raum. Eine Teilmenge $A \subseteq X$ heißt *relativ kompakt* in (X, τ) genau dann, wenn jede offene Überdeckung von X eine endliche Teilüberdeckung von A enthält. (Formaler ausgedrückt: wenn für jedes $\mathfrak{O} \subseteq \tau$ aus $\bigcup_{O \in \mathfrak{O}} O \supseteq X$ stets $\exists n \in I\!N, O_1, ..., O_n \in \mathfrak{O} : \bigcup_{i=1}^{n} O_i \supseteq A$ folgt.

Den uneinheitlichen Sprachgebrauch in der Literatur betreffend, wollen wir uns diesmal nicht mit einer Fußnote begnügen.

Gerade in Büchern und Artikeln, die sich nicht explizit mit allgemeiner Topologie befassen, sondern lediglich einige ihrer Ergebnisse anwenden, werden als „relativ kompakt" oft noch nur diejenigen Teilmengen eines topologischen Raumes bezeichnet, deren *Abschluß kompakt* ist. Das ist eine viel stärkere Eigenschaft als diejenige, die wir mit relativ kompakt meinen! Es dürfte unmittelbar klar sein, daß jede kompakte Teilmenge auch relativ kompakt ist und daß jede Teilmenge einer relativ kompakten Teilmenge wiederum relativ kompakt ist. Insofern ist klar, daß alle Teilmengen, deren Abschluß kompakt ist, auch in unserem Sinne relativ kompakt sind. Wir werden aber ein Beispiel für einen topologischen Raum und eine darin (in unserem Sinne) relativ kompakte Teilmenge angeben, die *überhaupt keine* kompakte Obermenge in diesem Raum hat. Dafür benötigen wir aber die bei Kompaktheitsbegriffen typische Charakterisierung durch Ultrafilter für unsere relative Kompaktheit .

Lemma 5.2.2. *Sei (X, τ) ein topologischer Raum. Eine Teilmenge $A \subseteq X$ ist genau dann relativ kompakt in (X, τ), wenn jeder Ultrafilter auf A gegen ein Element von X konvergiert.*

Beweis. Sei $A \subseteq X$ eine relativ kompakte Teilmenge und $\varphi \in \mathfrak{F}_0(A)$. Angenommen, φ würde gegen kein Element von X konvergieren. Dann gäbe es für alle $x \in X$ eine offene Umgebung $O_x \in \dot{x} \cap \tau$ mit $O_x \notin \varphi$. Diese O_x bilden eine offene Überdeckung von X, in der folglich eine endliche Teilüberdeckung $O_{x_1}, ..., O_{x_n}, n \in I\!N$ von A enthalten sein muß. Wegen $A \in \varphi$ folgt aus $A \subseteq \bigcup_{i=1}^{n} O_{x_i}$ freilich sofort $\bigcup_{i=1}^{n} O_{x_i} \in \varphi$ und daraus nach Lemma 1.4.5, daß bereits eines der O_{x_i} Element von φ sein muß – im Widerspruch zur Wahl der O_x.

68 Wer sich der Problematik präziserer nähern möchte, könnte z.B. mit [37] anfangen.

Sei nun $A \subseteq X$ eine Teilmenge derart, daß jeder Ultrafilter, der A enthält, gegen ein Element von X konvergiert. Sei ferner $\mathfrak{O} \subseteq \tau$ eine offene Überdeckung von X. Angenommen, $\mathfrak{O}$ enthielte keine endliche Teilüberdeckung von A.

Dann wäre $\mathfrak{B} := \{A \setminus \bigcup_{O \in \mathfrak{E}} O | \; \mathfrak{E} \subseteq \mathfrak{O}, \mathfrak{E} \text{ endlich} \}$ eine Filterbasis auf A und es gäbe einen Ultrafilter φ auf A, der $\mathfrak{B}$ umfaßt. Nach Voraussetzung müßte φ gegen ein Element x_0 von X konvergieren, doch da auch x_0 von einem Element $O_0 \in \mathfrak{O}$ überdeckt wird, enthält $\mathfrak{B} \subseteq \varphi$ die Menge $A \setminus O_0 \subseteq X \setminus O_0$ – Widerspruch. ■

Jetzt zum angekündigten

Beispiel 5.2.3. (für einen Hausdorff-Raum (X, τ) mit einer relativ kompakten Teilmenge X_1, die keine kompakte Obermenge in X hat)

Wir betrachten zunächst die Menge $X_1 := \mathbb{N}$ mit diskreter Topologie τ_1. Dann definieren wir κ als den *kofiniten Filter* $\kappa := \{\mathbb{N} \setminus E | \; E \subseteq \mathbb{N}, E \text{ endlich}\}$. Wir überlegen uns schnell, daß κ *unendlich viele* verschiedene Oberultrafilter hat: Nach Satz 1.4.21 und Proposition 1.3.12 ist die Familie aller Ultrafilter auf $\mathbb{N}$ echt mächtiger als $\mathbb{N}$, während diejenigen Ultrafilter, die κ *nicht* umfassen notwendig Einpunktfilter sein müssen, von denen es auf $\mathbb{N}$ aber nur abzählbar viele gibt.[69] Für jeden Oberultrafilter φ von κ bilden wir nun die Menge $a_\varphi := \{\varphi\}$ und setzen $X_2 := \{a_\varphi | \; \varphi \in \mathfrak{F}_0(\kappa)\}$.[70] Nun definieren wir $X := X_1 \cup X_2$ und wählen als Topologie auf X die von der Basis

$$\tau_1 \cup \bigcup_{\varphi \in \mathfrak{F}_0(\kappa)} (\varphi \cap \dot{a}_\varphi)$$

erzeugte Topologie τ. (Dabei sind die auftretenden Filter $\dot{a}_\varphi$, κ und $\varphi \in \mathfrak{F}_0(\kappa)$ natürlich als auf X fortgesetzt aufzufassen!). Offene Basisumgebungen eines Elementes a_φ sind also jeweils die um den Punkt a_φ angereicherten Elemente von φ selbst. Nun ist (X, τ) ein Hausdorff-Raum, in dem X_1 relativ kompakt ist, aber keine kompakte Obermenge in X hat.

Beweis. Zunächst ist (X, τ) Hausdorff'sch, denn haben wir $x \neq y \in X$, so können ja nur folgende Fälle auftreten:

---

69 In diesem speziellen Fall kann man sich freilich auch ohne Bezug auf den relativ aufwendig bewiesenen Satz 1.4.21 leicht überlegen, daß κ unendlich viele Oberultrafilter hat: Für jedes $n \in \mathbb{N}$ hat die Menge Z_n aller derjenigen natürlichen Zahlen, die durch 2^n, aber *nicht* durch 2^{n+1} teilbar sind, offenbar mit allen Elementen von κ einen nichtleeren Durchschnitt, folglich ist $\kappa \cup \{Z_n\}$ stets eine Filtersubbasis und es gibt daher einen Oberultrafilter ψ_n von κ, der Z_n enthält; für $m < n$ müssen dann aber auch ψ_m und ψ_n verschieden sein, da ψ_m wegen $Z_m \subseteq \{k \in \mathbb{N} | \; 2^{m+1} \nmid k\} \subseteq \mathbb{N} \setminus \{k \in \mathbb{N} | \; 2^n | k\}$ und $Z_n \subseteq \{k \in \mathbb{N} | \; 2^n | k\}$ das Komplement eines Elementes von ψ_n enthält. Somit hat κ mindestens abzählbar unendlich viele Oberultrafilter. Tatsächlich hat κ ja sogar überabzählbar viele Oberultrafilter, doch das ist für uns hier nicht wichtig.

70 Nicht verwirren lassen: die hier festgelegte konkrete Gestalt der Elemente von X_2 ist nicht so wichtig – entscheidend ist nur, daß jedem Oberultrafilter von κ eineindeutig ein Element von X_2 entspricht.

- $x, y \in X_1$ – dann haben wir $\{x\}, \{y\} \in \tau$
- $x \in X_1, y \in X_2$ – dann haben wir $\{x\}, X \setminus \{x\} \in \tau$, weil die Oberultrafilter von κ die Komplemente aller einpunktigen Teilmengen von $\mathbb{N}$ enthalten.
- $y \in X_1, x \in X_2$ – analog
- $x, y \in X_2$, d.h. $x = a_\varphi, y = a_\psi$ mit $\varphi, \psi \in \mathfrak{F}_0(\kappa)$. Ist nun $\varphi \neq \psi$, so enthält φ eine Teilmenge K von $\mathbb{N}$, die nicht Element von ψ ist – folglich enthält ψ das Komplement $\mathbb{N} \setminus K$ von K in $\mathbb{N}$. Dann haben wir freilich $K \cup \{a_\varphi\} \in \tau$ und $(\mathbb{N} \setminus K) \cup \{a_\psi\} \in \tau$.

Es ist weiterhin schnell zu sehen, daß die Teilmenge X_1 relativ kompakt in X ist: Jeder Ultrafilter φ auf X_1 ist entweder ein Einpunktfilter (und konvergiert folglich gegen seinen erzeugenden Punkt) oder ein Oberultrafilter von κ – dann aber konvergiert er offensichtlich gegen sein $a_\varphi \in X$.

Soll eine Menge M mit $X_1 \subseteq M \subseteq X$ kompakt sein, so müssen ja mindestens diejenigen Ultrafilter auf M, die auch X_1 enthalten, innerhalb von M konvergieren. Weil (X, τ) Hausdorff-Raum ist, folgt daraus, daß so eine Menge M alle $a_\varphi, \varphi \in \mathfrak{F}_0(\kappa)$ enthalten muß, d.h. es muß $M = X$ gelten. Freilich ist X selbst nicht kompakt: Da X_2 unendlich ist, können wir den kofiniten Filter λ auf X_2 durch die Basis $\{X_2 \setminus E | \, E \subseteq X_2, E$ endlich$\}$ erzeugen. Dieser hat einen Oberultrafilter ψ, der natürlich kein Einpunktfilter sein kann. ψ konvergiert offensichtlich gegen kein Element von X_1, aber auch gegen ein Element a_φ von X_2 kann ψ nicht konvergieren, denn jedes $a_\varphi \in X_2$ hat offene Umgebungen, die genau ein Element von X_2 enthalten (nämlich die Mengen $K \cup \{a_\varphi\}$ mit $K \subseteq \mathbb{N}, K \in \varphi$), während jedes Element von ψ unendlich viele Elemente von X_2 enthält. Jedes $a_\varphi \in X_2$ hat also offene Umgebungen, die nicht Element von ψ sind. ■

Es gilt aber:

Lemma 5.2.4. *Ist (X, τ) ein topologischer Raum, $A \subseteq X$ eine relativ kompakte Teilmenge und ist $\overline{A}$ als Teilraum T_3, dann ist $\overline{A}$ kompakt.*

Beweis. Sei φ ein beliebiger Ultrafilter auf $\overline{A}$ und sei ψ der von der Basis $\varphi \cap \tau$ erzeugte Filter.

Wir wollen zunächst zeigen, daß $\forall P \in \psi : P \cap A \neq \emptyset$ gilt. Sei also $P \in \psi$. Da $\varphi \cap \tau$ eine Basis für ψ ist, haben wir also eine offene Menge $G \in \varphi \cap \tau$ mit $G \subseteq P$. Da φ ein Oberfilter von ψ ist, der $\overline{A}$ enthält, folgt $G \cap \overline{A} \neq \emptyset$, also $\exists x \in \overline{A} : x \in G$. Hieraus folgt aber sofort $G \cap A \neq \emptyset$ nach Proposition 2.2.10 und folglich $P \cap A \neq \emptyset$.
Mithin ist $\psi \cup \{A\}$ eine Filtersubbasis, der davon erzeugte Filter sei χ.
Ist nun ρ irgendein Oberultrafilter von χ, so enthält er ebenfalls A und muß daher wegen der relativen Kompaktheit von A gegen ein Element $x_0 \in X$ konvergieren, daß damit freilich zu $\overline{A}$ gehört.

Wir werden nun zeigen, daß auch unser ursprünglicher Ultrafilter φ gegen x_0 konvergiert.
Dazu beobachten wir zunächst, daß aus $\chi \subseteq \rho$ und $\rho \to x_0$ sofort $x_0 \in \bigcap_{B \in \chi} \overline{B}$ folgt.
Angenommen nun, es existierte ein $P \in \varphi$ derart, daß $x_0 \notin \overline{P} \cap \overline{A}$. Da $\overline{A}$ als Teilraum T_3

ist, existieren dann offene Mengen $U, V \in \tau$ mit $x_0 \in U, \overline{P} \cap \overline{A} \subseteq V$ und $U \cap V \cap \overline{A} = \emptyset$. Daraus folgt natürlich $P \cap \overline{A} \subseteq V$ und darum $V \in \psi$, also $V \cap A \in \chi$. Das liefert freilich wegen unserer obigen Beobachtung $x_0 \in \overline{V \cap A}$, woraus wegen der Offenheit von U nach Proposition 2.2.10 wiederum $U \cap (V \cap A) \neq \emptyset$ folgt – im Widerspruch zur Wahl von U und V. Folglich muß unsre Annahme falsch sein und wir wissen jetzt, daß $\forall P \in \varphi : x_0 \in \overline{P}$ gilt. Für jede offene Umgebung $U \in \dot{x_0} \cap \tau$ gilt also nach Proposition 2.2.10 $\forall P \in \varphi : U \cap P \neq \emptyset$, folglich $X \setminus U \notin \varphi$, also $U \in \varphi$.
Das bedeutet aber gerade $\varphi \to x_0$. ∎

Lemma 5.2.5. *Seien $(X, \tau), (Y, \sigma)$ topologische Räume, R eine relativ kompakte Teilmenge von X und $f : X \to Y$ eine stetige Funktion. Dann ist $f(R)$ relativ kompakt in $f(X)$.*

Beweis. Ist ψ ein Ultrafilter auf $f(R)$, so existiert nach Lemma 1.4.14 ein Ultrafilter φ auf R mit $f(\varphi) = \psi$. Da R relativ kompakt in X ist, konvergiert φ gegen ein $x \in X$. Wegen der Stetigkeit von f konvergiert dann $f(\varphi) = \psi$ gegen $f(x) \in f(X)$. ∎

Natürlich ist damit $f(R)$ erst recht relativ kompakt in Y.

Auch für relative Kompaktheit gilt ein Tychonoff-Satz:

Satz 5.2.6 (Tychonoff-Satz für relative Kompaktheit). *Sei $(X_i, \tau_i)_{i \in I}$ eine Familie topologischer Räume. Für jedes $i \in I$ sei $R_i \subseteq X_i$ gegeben. Das Cartesische Produkt $\prod_{i \in I} R_i$ ist genau dann relativ kompakt in $\prod_{i \in I}(X_i, \tau_i)$, wenn für jedes $i \in I$ die Teilmenge R_i relativ kompakt in (X_i, τ_i) ist.*

Beweis. Für jedes $j \in I$ sei $p_j : \prod_{i \in I} X_i \to X_j : p_j((x_i)_{i \in I}) := x_j$ die kanonische Projektion.

Ist $\prod_{i \in I} R_i$ relativ kompakt in $\prod_{i \in I} X_i$, so ist wegen der Stetigkeit der natürlichen Projektionen jedes $R_j = p_j(\prod_{i \in I} R_i)$ nach Lemma 5.2.5 relativ kompakt in X_j.

Sei umgekehrt R_i relativ kompakt in X_i für jedes $i \in I$. Ist nun φ ein Ultrafilter auf $\prod_{i \in I} R_i$, so ist für jedes $j \in I$ das Bild $p_j(\varphi)$ ein Ultrafilter auf R_j, konvergiert also gegen ein $x_j \in X_j$. Wegen Lemma 3.1.22 konvergiert dann φ gegen $(x_i)_{i \in I} \in \prod_{i \in I} X_i$, da ja die Produkttopologie initial bezüglich der natürlichen Projektionen ist. ∎

Übrigens gilt auch ein Analogon zum Alexander'schen Subbasissatz für die relative Kompaktheit.

Satz 5.2.7. *Sei (X, τ) ein topologischer Raum, $R \subseteq X$ und $\mathfrak{S}$ eine Subbasis von τ. Genau dann ist R relativ kompakt in (X, τ), wenn jede Überdeckung von X mit Elementen aus $\mathfrak{S}$ eine endliche Teilüberdeckung von R enthält.*

Beweis. **Aufgabe 9** ∎

5.2.1 Was haben kompakte Teilmengen, was relativ kompakte nicht haben?

Anhand von Lemma 5.2.2 und Korollar 5.1.4 ist unmittelbar klar, daß eine relativ kompakte *und* abgeschlossene Teilmenge automatisch kompakt ist. Andrerseits wissen wir, daß kompakte Teilmengen keineswegs abgeschlossen zu sein brauchen. Man kann sich also die Frage stellen, was *genau* denn eigentlich einer relativ kompakten Teilmenge zur Kompaktheit fehlt.

Definition 5.2.8. Ist (X, τ) ein topologischer Raum, so heißt eine Teilmenge $A \subseteq X$ *schwach relativ vollständig* in (X, τ) genau dann, wenn jeder Filter auf A, der gegen ein $x \in X$ konvergiert, einen Oberfilter hat, der gegen ein Element von A konvergiert.

Proposition 5.2.9. *Sei (X, τ) ein topologischer Raum und $A \subseteq X$. Es gelten:*
(1) *A ist genau dann schwach relativ vollständig in X, wenn jeder Ultrafilter auf A, der in X konvergiert, auch in A konvergiert.*
(2) *Ist A abgeschlossen, dann ist A schwach relativ vollständig.*
(3) *Ist A kompakt, dann ist A schwach relativ vollständig.*
(4) *Ist (X, τ) Hausdorff-Raum, so ist jede schwach relativ vollständige Teilmenge abgeschlossen.*
(5) *A ist genau dann kompakt, wenn A relativ kompakt und schwach relativ vollständig ist.*
(6) *Schwache relative Vollständigkeit ist transitiv, d.h. ist A schwach relativ vollständige Teilmenge in $(B, \tau_{|B})$ und B schwach relativ vollständig in (X, τ), so ist auch A schwach relativ vollständig in (X, τ).*

Beweis. (1) Ist A schwach relativ vollständig und konvergiert $\varphi \in \mathfrak{F}_0(A)$ gegen $x \in X$, so muß φ auch gegen ein $a \in A$ konvergieren, weil φ außer sich selbst keine Oberfilter hat. Konvergiere umgekehrt jeder in X konvergente Ultrafilter auf A auch in A, so konvergiert mit einem Filter φ auf A auch jeder seiner Oberultrafilter gegen ein $x \in X$, daher gegen ein $a \in A$ und ist somit ein wie in der Definition geforderter Oberfilter.
(2) Ist A abgeschlossen und konvergiert ein Filter auf A gegen $x \in X$, so folgt $x \in A$.
(3) Folgt unmittelbar aus (1) und 5.1.3.
(4) Ist (X, τ) Hausdorff'sch, A schwach relativ vollständig und $x \in \overline{A}$, so gilt ja $\exists \varphi \in \mathfrak{F}(A) : \varphi \to x$, woraus wegen der schwachen relativen Vollständigkeit $\exists \varphi' \in \mathfrak{F}(A) : \varphi' \supseteq \varphi \wedge \varphi' \to a \in A$ folgt. Wegen $\varphi' \supseteq \varphi$ gilt dann aber auch $\varphi' \to x$ und folglich wegen der Eindeutigkeit der Filterkonvergenz in Hausdorff-Räumen $x = a$. Das liefert $\overline{A} = A$.
(5) Aus Kompaktheit folgt trivialerweise relative Kompaktheit und nach (3) auch schwache relative Vollständigkeit. Ist A andrerseits relativ kompakt, so konvergiert jeder Ultrafilter auf A gegen ein Element von X und daher laut (1) auch gegen ein Element von A wegen der schwachen relativen Vollständigkeit.
(6) Sei A schwach relativ vollständig in B und B schwach relativ vollständig in X und konvergiere $\varphi \in \mathfrak{F}_0(A)$ gegen $x \in X$. Da φ auch Ultrafilter auf B ist, folgt mit (1) $\exists b \in$

$B : \varphi \to b$ aus der schwachen relativen Vollständigkeit von B in X und hieraus $\exists a \in A : \varphi \to a$ wegen der schwachen relativen Vollständigkeit von A in B. ∎

Wegen der Punkte (2) und (3) in Proposition 5.2.9 ist schwache relative Vollständigkeit also eine gemeinsame Verallgemeinerung von Kompaktheit und Abgeschlossenheit für Teilmengen eines topologischen Raumes. Da könnte die Idee aufkommen, womöglich sei jede schwach relativ vollständige Teilmenge abgeschlossen oder kompakt. Dies ist nicht der Fall: Sei $X := \mathbb{R} \cup \{i\}$ mit $i \notin \mathbb{R}$, τ_e sei die euklidische Topologie auf $\mathbb{R}$ und $\tau := \tau_e \cup \{U \cup \{i\} | \, U \in \dot{0} \cap \tau_e\}$. Dann ist die Teilmenge $(0, \infty) \cup \{i\}$ schwach relativ vollständig in X, aber weder kompakt noch abgeschlossen.

Lemma 5.2.10. *Sei (X, τ) ein topologischer Raum und $P \subseteq X$. Dann sind äquivalent:*
(1) *P ist schwach relativ vollständig in X.*
(2) *Für jede offene Überdeckung $\mathfrak{A} \subseteq \tau$ von P und jedes Element $x \in X$ existiert eine offene Umgebung $U_{x,\mathfrak{A}} \in \dot{x} \cap \tau$ von x derart, daß $\mathfrak{A}$ eine endliche Teilüberdeckung von $U_{x,\mathfrak{A}} \cap P$ enthält.*
(3) *Für jede offene Überdeckung $\mathfrak{A} \subseteq \tau$ von P existiert eine offene Überdeckung $\mathfrak{A}'$ von X derart, daß der Durchschnitt $O \cap P$ jedes Elementes O von $\mathfrak{A}'$ mit P bereits mit endlich vielen Elementen von $\mathfrak{A}$ überdeckt werden kann.*

Beweis. „(1)⇒(2): Sei $\mathfrak{A} \subseteq \tau$ mit $\bigcup_{A \in \mathfrak{A}} A \supseteq P$ gegeben. Für jedes $x \in P$ können wir dann ein einzelnes $A_x \in \mathfrak{A}$ mit $x \in A_x$ wählen, dessen Durchschnitt mit P von A_x selbst überdeckt wird. Sei also $x \in X \setminus P$. Angenommen, es gälte

$$\forall U \in \dot{x} \cap \tau : \forall n \in \mathbb{N}, A_1, \ldots, A_n \in \mathfrak{A} : P \cap U \not\subseteq \bigcup_{i=1}^{n} A_i$$

Dann wäre $\mathfrak{B} := \{(U \cap P) \setminus \bigcup_{i=1}^{n} A_i | \, U \in \dot{x} \cap \tau, n \in \mathbb{N}, A_i \in \mathfrak{A}\}$ abgeschlossen gegenüber endlichen Durchschnitten und enthielte die leere Menge nicht. Folglich existierte ein Ultrafilter φ auf P mit $\varphi \supseteq \mathfrak{B}$. Nach Konstruktion von $\mathfrak{B}$ folgt sofort $\varphi \to x$, so daß es wegen der schwachen relativen Vollständigkeit von P auch ein $p \in P$ geben muß mit $\varphi \to p$, also $\dot{p} \cap \tau \subseteq \varphi$. Nun ist freilich $\mathfrak{A}$ eine offene Überdeckung von P, so daß ein $A \in \mathfrak{A}$ existiert mit $p \in A$ und folglich $A \in \varphi$ – im Widerspruch zur Konstruktion von $\mathfrak{B} \subseteq \varphi$, der zufolge φ das Komplement von A enthält.
„(2)⇒(3): Wähle $\mathfrak{A}' := \mathfrak{A} \cup \{U_{x,\mathfrak{A}} | \, x \in X \setminus P\}$.
„(3)⇒(1): Sei φ ein Ultrafilter auf P mit $\varphi \to x \in X$. Angenommen, es gäbe kein $p \in P$ mit $\varphi \to p$. Dann hätten wir $\forall p \in P : \exists U_p \in \dot{p} \cap \tau : X \setminus U_p \in \varphi$. Offensichtlich ist dann $\mathfrak{A} := \{U_p | \, p \in P\}$ eine offene Überdeckung von P. Nach (3) existiert also eine offene Überdeckung $\mathfrak{A}'$ von X mit $\forall O \in \mathfrak{A}' : \exists n \in \mathbb{N}, U_{p_1}, \ldots, U_{p_n} \in \mathfrak{A} : O \cap P \subseteq \bigcup_{i=1}^{n} U_{p_i}$. Aus $\varphi \to x$ folgt nun freilich $\exists O_x \in \mathfrak{A}' : x \in O_x \in \varphi$ (speziell bedeutet das auch $\emptyset \neq O_x \cap P \in \varphi$), so daß laut (3) also $n \in \mathbb{N}, U_{p_1}, \ldots, U_{p_n} \in \mathfrak{A}$ existieren mit $O_x \cap P \subseteq \bigcup_{i=1}^{n} U_{p_i}$ und folglich $\bigcup_{i=1}^{n} U_{p_i} \in \varphi$. Da φ Ultrafilter ist, muß dann aber auch ein $i \in \{1, \ldots, n\}$ existieren mit $U_{p_i} \in \varphi$ – im Widerspruch zur Konstruktion von $\mathfrak{A}$. ∎

5.2.2 Eine abzählbare Anwendung

Theoretisch kann man das auch
praktisch anwenden.

Ingo Steinke

Wir entwickeln hier kurz eine Fassung des sogenannten Weierstraß-Satzes (den man z.B. in der Variationsrechnung gern benutzt), deren Voraussetzung in Hinblick auf eine Kompaktheitseigenschaft einer gewissen Menge schwächer ist als in der „anwendungsorientierten" Literatur üblich.

Definition 5.2.11. Sei (X, τ) ein topologischer Raum. Eine Teilmenge $A \subseteq X$ heißt *relativ abzählbar kompakt* in (X, τ) genau dann, wenn jede abzählbare offene Überdeckung von X eine endliche Teilüberdeckung von A enthält.

Ganz ähnlich wie die abzählbare Kompaktheit und die relative Kompaktheit können wir auch die relative abzählbare Kompaktheit durch Filterkonvergenz beschreiben.

Lemma 5.2.12. *Sei (X, τ) ein topologischer Raum, $A \subseteq X$. Dann sind äquivalent:*
(1) *A ist relativ abzählbar kompakt.*
(2) *Jeder Filter auf A, der eine abzählbare Basis besitzt, hat einen Oberfilter, der gegen ein Element von X konvergiert.*

Beweis. **Aufgabe 10** ■

Natürlich ist jede abzählbar kompakte Teilmenge auch relativ abzählbar kompakt, eine relativ abzählbar kompakte und schwach relativ vollständige Teilmenge ist abzählbar kompakt und jede Teilmenge einer relativ abzählbar kompakten Teilmenge ist wiederum relativ abzählbar kompakt in X. Auch das Bild einer relativ abzählbar kompakten Teilmenge unter einer stetigen Funktion $f : X \to Y$ ist relativ abzählbar kompakt in $f(X)$, wie man sich leicht überlegt.

Wir wissen, daß eine Funktion f von (X, τ) nach (Y, σ) genau dann stetig ist, wenn für eine Subbasis $\mathfrak{S}$ von σ gilt $\forall S \in \mathfrak{S} : f^{-1}(S) \in \tau$. Für $\mathbb{R}$ mit euklidischer Topologie haben wir speziell die Subbasis $\{(a, +\infty), (-\infty, a) | a \in \mathbb{R}\}$, also ist eine Funktion $f : X \to \mathbb{R}$ genau dann stetig, wenn $\forall a \in \mathbb{R} : f^{-1}((a, +\infty)) \in \tau \wedge f^{-1}((-\infty, a)) \in \tau$ gilt.

Für einen topologischen Raum (X, τ) heißt eine Funktion $f : X \mapsto \mathbb{R}$ *unterhalbstetig* genau dann, wenn $\forall a \in \mathbb{R} : f^{-1}((a, +\infty)) = \{x \in X | a < f(x)\} \in \tau$. Sie heißt *oberhalbstetig* genau dann, wenn $\forall a \in \mathbb{R} : f^{-1}((-\infty, a)) = \{x \in X | f(x) < a\} \in \tau$. Gilt eines von beiden, heißt die Funktion *halbstetig*.

Im allgemeinen können wir Unterhalb- und Oberhalbstetigkeit völlig analog betrachten – wir beschränken uns daher auf unterhalbstetige Funktionen.

Ein Satz von Z. Frolik, [40], besagt, daß ein Hausdorff-Raum (X, τ) genau dann abzählbar kompakt ist, wenn jede unterhalbstetige reellwertige Funktion auf X nach unten beschränkt ist. Für relative abzählbare Kompaktheit finden wir:

Satz 5.2.13. *Sei (X, τ) ein topologischer Raum und $A \subseteq X$. Dann sind äquivalent*
(1) *A ist relativ abzählbar kompakt in X.*
(2) *Jede unterhalbstetige reellwertige Funktion auf X ist auf A nach unten beschränkt.*

Beweis. (1)⇒(2): Sei $f : X \to \mathbb{R}$ unterhalbstetig. Offenbar ist $\mathfrak{Z} := \{(z, +\infty) | z \in \mathbb{Z}\}$ eine abzählbare offene Überdeckung von $\mathbb{R}$, also $f^{-1}(\mathfrak{Z})$ eine abzählbare offene Überdeckung von X. Daher existiert eine endliche Teilüberdeckung $\{f^{-1}((z_1, \infty)), \cdots, f^{-1}((z_n, \infty))\}$ von A. Für $z_0 := \min_{1 \le i \le n} z_i$ enthält die Menge $f^{-1}((z_0, \infty))$ die anderen an der endlichen Teilüberdeckung beteiligten Mengen, also auch A. Mithin ist $f(A)$ durch z_0 nach unten beschränkt.
(2)⇒(1): Sei $\mathfrak{B} := \{B_i | i \in \mathbb{N}\}$ eine abzählbare offene Überdeckung von X. Wir setzen $C_n := \bigcup_{i=1}^{n} B_i$ und erklären $f : X \to \mathbb{R}$ via $f(C_1) := \{-1\}$, $f(C_{n+1} \setminus C_n) := \{-(n+1)\}$ für $n \ge 2$. Nun ist f offenbar unterhalbstetig auf X, also auf A nach unten beschränkt laut (2). Folglich $\exists k \in \mathbb{N} : \forall a \in A : f(a) \ge -k \Longrightarrow A \subseteq C_k = \bigcup_{i=1}^{k} B_i$. ■

Trivialerweise ist ein topologischer Raum genau dann abzählbar kompakt, wenn er relativ abzählbar kompakt in sich selbst ist. Somit folgt Froliks Satz aus dem obigen.

Nun können wir eine allgemeine Fassung des „Fundamentalsatzes der direkten Methoden in der Variationsrechnung“ angeben.

Satz 5.2.14. *Sei (X, τ) ein topologischer Raum, $f : X \to \mathbb{R}$ (oder $f : X \to \mathbb{R} \cup \{\infty\}$) eine unterhalbstetige Funktion. Wenn ein $\lambda \in \mathbb{R}$ existiert mit*
(1) *$A_\lambda := \{x \in X | f(x) \le \lambda\} \ne \emptyset$ und*
(2) *A_λ ist relativ abzählbar kompakt in X.*
dann hat f einen minimierenden Punkt x_0 in X, d.h.

$$\exists x_0 \in X : f(x_0) := \inf_{x \in X} f(x) \, .$$

Beweis. Nach Satz 5.2.13 ist f auf A_λ nach unten beschränkt, nach Konstruktion von A_λ folglich auch auf X. Daher existiert $r := \inf_{x \in A_\lambda} f(x) = \inf_{x \in X} f(x)$. Angenommen, es gälte $\forall x \in X : f(x) > r$. Dann wäre $\mathfrak{B} := \{(r + \frac{1}{n}, \infty) | \; n \in \mathbb{N}^+\}$ eine abzählbare Überdeckung von $f(X)$ mit Elementen der die Unterhalbstetigkeit definierenden Subbasis auf $\mathbb{R}$, so daß just wegen der Unterhalbstetigkeit von f also $f^{-1}(\mathfrak{B}) := \{f^{-1}\left((r + \frac{1}{n}, \infty)\right) | \; n \in \mathbb{N}^+\}$ eine offene Überdeckung von X sein müßte. Dann aber existierte nach Voraussetzung (2) eine endliche Teilüberdeckung $f^{-1}\left((r + \frac{1}{n_1}, \infty)\right), \dots, f^{-1}\left((r + \frac{1}{n_k}, \infty)\right)$ und wir fänden mit $n_0 := \max_{i=1,\dots,k} n_i$ sofort $f(A_\lambda) \subseteq (r + \frac{1}{n_0}, \infty)$ im Widerspruch zu $r = \inf_{x \in A_\lambda} f(x)$. ■

Die verschiedenen Versionen, wie sie etwa in [36], [38] oder [52] angegeben werden, folgen allesamt leicht aus dieser hier.

Es ist für die Gültigkeit des Satzes 5.2.14 übrigens unerheblich, ob wir in der Definition der Menge A_λ in Bedingung (1) „$f(x) \leq \lambda$" oder „$f(x) < \lambda$" einsetzen.

5.3 Lokale Kompaktheit

„Problematisch wird es, wenn echte virtuelle Menschen vernetzte Küchengeräte betreiben."
mutmaßlicher Soziologe am Nebentisch im „Heumond"

Man kann nicht immer alles haben: so ist selbst der extrem gutartige Raum $\mathbb{R}^n$ mit euklidischer Topologie eben nicht kompakt, abzählbar kompakt oder ähnliches.[71] Trotzdem hat er ziemlich tolle Eigenschaften – sogar in Hinblick auf Kompaktheit: wenn wir uns auf „kleine Teile" zurückziehen.

Definition 5.3.1. Ein topologischer Raum (X, τ) heißt *lokal kompakt* genau dann, wenn jeder Umgebungsfilter in (X, τ) eine Basis aus kompakten Teilmengen hat.

Da im $\mathbb{R}^n$ (mit euklidischer Topologie) z.B. die abgeschlossenen beschränkten ε-Umgebungen eines Punktes kompakt sind und offensichtlich eine Basis des Umgebungsfilters bilden, ist $\mathbb{R}^n$ mit euklidischer Topologie offenbar lokal kompakt. Freilich wollen wir bemerken, daß auch jeder diskrete Raum lokal kompakt ist – wir dürfen also in Hinblick auf *globale* Eigenschaften lokal kompakter Räume (wie etwa Existenz globaler Extrema reellwertiger Funktionen) nicht allzuviel erwarten. Dennoch ist lokale Kompaktheit eine Eigenschaft von nicht zu unterschätzender Bedeutung, wie wir früher oder später sehen werden. Wir geben eine zuweilen ebenfalls gebräuchliche Abschwächung des Begriffes gleich mit an:

Definition 5.3.2. Ein topologischer Raum (X, τ) heißt *schwach lokal kompakt* genau dann, wenn jedes Element von X eine kompakte Umgebung hat.

Für T_3- und für Hausdorff-Räume stimmen diese Begriffe freilich überein:

Proposition 5.3.3. *Jeder schwach lokal kompakte Hausdorff-Raum ist regulär.*

Beweis. Sei (X, τ) ein schwach lokal kompakter Hausdorff-Raum und $x \in X$ gegeben. Dann wissen wir, daß x eine kompakte Umgebung hat, d.h. es existiert eine offene Menge $U \in \tau$ und eine kompakte Teilmenge $K \subseteq X$ mit $x \in U \subseteq K$. Nun ist K auch als Teilraum kompakt und Hausdorff'sch, also laut Satz 5.1.14 sogar normal und damit (als normaler T_1-Raum) auch regulär. Folglich hat der Umgebungsfilter von x im Teilraum K eine Basis aus abgeschlossenen Teilmengen, die wegen $U \subseteq K$ und $U \in \underline{U}(x)$

71 Na gut, ein Lindelöf-Raum ist er.

konsequenterweise auch Basis von $\underline{U}(x)$ ist. Da dies für alle $x \in X$ gilt, ist (X, τ) nach Lemma 4.4.2 ein T_3-Raum. ∎

Proposition 5.3.4. *Ein T_3-Raum (X, τ) ist genau dann lokal kompakt, wenn er schwach lokal kompakt ist.*

Beweis. Daß ein lokal kompakter Raum stets auch schwach lokal kompakt ist, gilt trivialerweise.

Sei also (X, τ) ein schwach lokal kompakter T_3-Raum und $x \in X$ gegeben. Dann existieren wiederum $U \in \tau$ und eine kompakte Teilmenge $K \subseteq X$ mit $x \in U \subseteq K$. Laut Lemma 4.4.2 hat der Umgebungsfilter $\underline{U}(x)$ eine Basis aus abgeschlossenen Umgebungen, von denen all diejenigen, die unterhalb von U (und damit unterhalb von K) liegen, natürlich wiederum eine Basis für $\underline{U}(x)$ bilden. Diese Mengen sind als abgeschlossene Teilmengen der kompakten Menge K aber selbst auch kompakt, so daß wir eine Basis aus kompakten Teilmengen haben. ∎

Proposition 5.3.5. *Ein Hausdorff-Raum ist genau dann lokal kompakt, wenn er schwach lokal kompakt ist.*

Beweis. Kombiniere Proposition 5.3.3 mit Proposition 5.3.4. ∎

Bemerkung: Viele Autoren definieren lokale Kompaktheit so, wie wir hier schwache lokale Kompaktheit definiert haben – und betrachten dann ausschließlich Hausdorff-Räume, in denen diese beiden Begriffe ja übereinstimmen. Es scheint mir – im Interesse von Allgemeingültigkeit der Ergebnisse und einheitlicher Behandlung lokaler Eigenschaften – jedoch ratsam, die beiden Varianten zu unterscheiden, wie es auch Willard in [53] tut.

Man wird im allgemeinen nicht erwarten dürfen, daß stetige Bilder lokalkompakter Räume wieder lokalkompakt sind.

Beispiel: Wir betrachten die Menge $\mathbb{Q}$ der rationalen Zahlen mit euklidischer Topologie τ_e. Dann ist $(\mathbb{Q}, \tau_e)$ nicht lokal kompakt.[72] Freilich ist $\mathbb{Q}$ mit diskreter Topologie δ (wie jeder diskrete Raum) trivialerweise lokal kompakt: jeder Umgebungsfilter hat eine Basis aus einer einpunktigen und darum kompakten Menge. Nun ist freilich die identische Abbildung $\mathbf{1}_{\mathbb{Q}} : (\mathbb{Q}, \delta) \to (\mathbb{Q}, \tau_e)$ stetig und sogar bijektiv.

Es gilt aber:

Lemma 5.3.6. *Seien (X, τ), (Y, σ) topologische Räume und $f : X \to Y$ eine stetige, offene und surjektive Funktion. Ist nun (X, τ) lokal kompakt, dann auch (Y, σ).*

---

72 Man muß sich nur überlegen, daß eine *kompakte Umgebung* eines Elementes $r \in \mathbb{Q}$ ja für irgendein $\varepsilon > 0$ die Umgebung $(r - \varepsilon, r + \varepsilon) \cap \mathbb{Q}$ umfassen muß. Darauf gibt es aber allerhand Ultrafilter (sogar schon Folgen!), die in $\mathbb{Q}$ überhaupt nicht konvergieren, dieweil sie in $\mathbb{R}$ gegen *irrationale* Zahlen konvergieren.

Beweis. Sei $y \in Y$ gegeben. Dann existiert wegen der Surjektivität von f ein $x \in X$ mit $f(x) = y$. Da f stetig ist, folgt $\forall V \in \dot{y} \cap \sigma : f^{-1}(V) \in \dot{x} \cap \tau$ und folglich wegen der lokalen Kompaktheit von (X, τ) auch $\exists U \in \tau, K$ kompakt: $x \in U \subseteq K \subseteq f^{-1}(V)$ und somit auch $y \in f(U) \subseteq f(K) \subseteq V$. Wegen der Offenheit von f ist dabei $f(U) \in \sigma$ und wegen der Stetigkeit von f ist $f(K)$ kompakt. Mithin finden wir unterhalb jeder offenen Umgebung von y auch eine kompakte Umgebung von y, also bilden die kompakten Umgebungen eine Basis des Umgebungsfilters. ■

Wie wir am Beispiel $(\mathbb{Q}, \tau_e)$ ebenfalls ablesen können, brauchen Unterräume lokal kompakter Räume nicht unbedingt lokal kompakt zu sein. Immerhin gilt das aber für offene und für abgeschlossene Unterräume.

Lemma 5.3.7. *Sei (X, τ) ein lokal kompakter topologischer Raum.*
(1) *Ist A eine abgeschlossene Teilmenge von X, so ist $(A, \tau_{|A})$ lokal kompakt.*
(2) *Ist $O \in \tau$, so ist $(O, \tau_{|O})$ lokal kompakt.*

Beweis. (1) Sei $A \subseteq X$ abgeschlossen und $a \in A$. Dann hat der Umgebungsfilter von a in X eine Basis aus kompakten Teilmengen von X. Für jede kompakte Umgebung U von a in X ist dann $U \cap A$ eine Umgebung von a in A und zudem als abgeschlossene Teilmenge (weil A abgeschlossen ist) der kompakten Menge U kompakt. Weil die Familie aller derartigen $U \cap A$ offensichtlich eine Basis des Umgebungsfilters von a in A bildet, ist A als Teilraum lokal kompakt.

(2) Sei $O \in \tau$ und $x \in O$. Da jede offene Umgebung von x in O auch offene Umgebung von x in X ist, wählen wir als Basis des Umgebungsfilters in O einfach die Familie aller derjenigen kompakten Umgebungen von x in X, die unterhalb von O liegen. ■

Satz 5.3.8. *Das Produkt $\prod_{i\in I}(X_i, \tau_i)$ einer Familie $(X_i, \tau_i)_{i\in I}$ topologischer Räume ist genau dann lokal kompakt, wenn alle $(X_i, \tau_i), i \in I$ lokal kompakt sind und höchstens endlich viele der (X_i, τ_i) nicht kompakt sind.*

Beweis. Seien alle $(X_i, \tau_i), i \in I$ lokal kompakt und für $n \in \mathbb{N}, I_1 := \{i_1, ..., i_n\}$ seien auch alle $(X_i, \tau_i), i \in I \setminus I_1$ kompakt. Ist nun $x \in \prod_{i\in I}(X_i, \tau_i)$ und $U := \prod_{i\in I} O_i$ mit $\forall i : O_i \in \tau_i$ und für eine endliche Teilmenge I_2 von I zudem $\forall i \in I \setminus I_2 : O_i = X_i$ eine offene Basisumgebung von x, so gibt es für $j \in I_1 \cup I_2$ zu $\mathrm{p}_j(x)$ kompakte Umgebungen $U_j \subseteq X_j$ mit $U_j \subseteq O_j$ für $j \in I_2$. Dann ist $\prod_{i\in I} C_i$ mit $C_i := X_i, i \in I \setminus (I_1 \cup I_2)$ und $C_i := U_i$ für $i \in I_1 \cup I_2$ eine kompakte Umgebung von x, die unterhalb von U liegt.
Sei umgekehrt $\prod_{i\in I}(X_i, \tau_i)$ lokal kompakt. Da alle kanonischen Projektionen

$$\mathrm{p}_j : \prod_{i\in I} X_i \to X_j : \mathrm{p}_j((X_i)_{i\in I}) := x_j$$

für $j \in I$ stetig, offen und surjektiv sind, müssen laut Lemma 5.3.6 alle $(X_i, \tau_i), i \in I$, lokal kompakt sein. Ist nun $x \in \prod_{i\in I}(X_i, \tau_i)$ und U eine kompakte Umgebung von x, dann müssen natürlich alle $\mathrm{p}_i(U), i \in I$, kompakt sein, da alle p_i stetig sind. Weil aber U eine offene Umgebung von x umfaßt, muß dann auch $\mathrm{p}_i(U) = X_i$ für alle bis auf höchstens endlich viele $i \in I$ gelten. ■

Satz 5.3.9. *Ist $(X_i, \tau_i)_{i\in I}$ eine Familie topologischer Räume, so ist ihr Summenraum genau dann lokal kompakt, wenn alle (X_i, τ_i), $i \in I$, lokal kompakt sind.*

Beweis. **Aufgabe 11** ■

Satz 5.3.10 (Satz von Baire). *Sei (X, τ) ein lokal kompakter Hausdorff-Raum und $(D_n)_{n\in\mathbb{N}^+}$ eine Folge offener dichter Teilmengen von X. Dann ist $D := \bigcap_{n\in\mathbb{N}^+} D_n$ dicht in X.*

Beweis. Sei $\emptyset \neq O \in \tau$. Wir definieren induktiv eine Folge offener Mengen. Dazu setzen wir $O_0 := O$.

Sei O_n bereits definiert.
Weil D_{n+1} dicht in X ist, haben wir $\emptyset \neq D_{n+1} \cap O_n$ und weil sowohl O_n als auch D_{n+1} offen sind, ist auch $D_{n+1} \cap O_n$ offen. Wegen der lokalen Kompaktheit von (X, τ) existiert folglich eine kompakte Umgebung K_{n+1} eines Punktes $x \in D_{n+1} \cap O_n$ mit $K_{n+1} \subseteq D_{n+1} \cap O_n$. Weil K_{n+1} Umgebung von x ist, gilt $O_{n+1} := int(K_{n+1}) \neq \emptyset$ und wir finden $\overline{O_{n+1}} \subseteq \overline{K_{n+1}} = K_{n+1} \subseteq D_{n+1} \cap O_n$. (Weil K_{n+1} als kompakte Teilmenge eines Hausdorff-Raumes abgeschlossen ist.) Zudem ist $\overline{O_{n+1}}$ als abgeschlossene Teilmenge einer kompakten Menge wiederum kompakt.

Wir erhalten also eine Folge nichtleerer offener Mengen $(O_n)_{n\in\mathbb{N}}$ derart, daß $\forall n \in \mathbb{N}^+ :$ $\overline{O_n} \subseteq D_n \cap O_{n-1}$ gilt und alle $\overline{O_n}$ abgeschlossene Teilmengen der kompakten Menge $\overline{O_1}$ sind. Offenbar haben wegen $\forall n \in \mathbb{N}^+ : \forall i \in \mathbb{N}, i < n : \emptyset \neq \overline{O_n} \subseteq \overline{O_i}$ je endlich viele Glieder der Folge $(\overline{O_n})_{n\in\mathbb{N}^+}$ einen nichtleeren Durchschnitt. Da es sich dabei sämtlich um abgeschlossene Teilmengen der kompakten Menge $\overline{O_1}$ handelt, muß laut Lemma 5.1.3(4) auch $\emptyset \neq \bigcap_{n\in\mathbb{N}^+} \overline{O_n}$ gelten. Weil ferner $\overline{O_1} \subseteq D_1 \cap O$ und $\forall n \in \mathbb{N}^+ : \overline{O_n} \subseteq D_n$ nach Konstruktion unsrer Folge gelten, erhalten wir $\emptyset \neq \bigcap_{n\in\mathbb{N}^+} \overline{O_n} \subseteq O \cap \bigcap_{n\in\mathbb{N}^+} D_n = O \cap D$, also $O \cap D \neq \emptyset$.

Da dies für jede offene Menge $\emptyset \neq O \in \tau$ gilt, liegt D dicht in X. ■

Bemerkung: Die Umkehrung gilt nicht, d.h. aus dem Umstand daß jeder abzählbare Durchschnitt offener dichter Teilmengen eines topologischen Raumes wieder dicht ist, können wir nicht auf lokale Kompaktheit schließen.

Topologische Räume, in denen jeder abzählbare Durchschnitt offener dichter Teilmengen wieder dicht ist, werden auch *Baire'sche Räume* genannt.

5.3.1 Ein Abschweif: $\mathcal{E}$-erzeugte Räume

Sei (X, τ) ein topologischer Raum und $\mathcal{E}$ eine Eigenschaft, die für Teilmengen von (X, τ) definiert ist. Irgendeine Abhängigkeit dieser Eigenschaft $\mathcal{E}$ von der unterliegenden Topologie ist nicht erforderlich. (So mag $\mathcal{E}$ etwa Abzählbarkeit oder Endlichkeit meinen ... gleichwohl erscheinen mir topologisch definierte Eigenschaften zweifellos interessanter.) Die Familie aller Teilmengen von X mit der Eigenschaft $\mathcal{E}$ bezüglich τ bezeichnen wir mit $\mathcal{E}(X,\tau)$.[73]

Definition 5.3.11. Ein topologischer Raum (X,τ) heißt $\mathcal{E}$-*erzeugt* genau dann, wenn

$$\forall A \subseteq X: \qquad (\forall E \in \mathcal{E}(X,\tau): A \cap E \in \tau_{|E}) \quad \Rightarrow \quad A \in \tau\,.$$

Offensichtlich können $\mathcal{E}$-erzeugte Räume dual durch abgeschlossene Teilmengen beschrieben werden: ein topologischer Raum (X,τ) ist $\mathcal{E}$-erzeugt genau dann, wenn eine Teilmenge A von X mit abgeschlossenem Durchschnitt $A \cap E$ (bezüglich $\tau_{|E}$) für alle $E \in \mathcal{E}(X,\tau)$ abgeschlossen in (X,τ) ist.

Ist mit $\mathcal{E}$ Kompaktheit gemeint, so bezeichnet man die $\mathcal{E}$-erzeugten Räume auch als kompakt erzeugt bzw. als k-Räume.

Definition 5.3.12. Ein topologischer Raum (X,τ) heißt *schwach lokaler* $\mathcal{E}$-*Raum* genau dann, wenn jedes Element von X eine τ-Umgebung mit der Eigenschaft $\mathcal{E}$ hat, d.h.

$$\forall x \in X: \ \underline{U}(x) \cap \mathcal{E}(X,\tau) \neq \emptyset\,.$$

Bemerkung: (X,τ) heißt *lokaler* $\mathcal{E}$-*Raum* genau dann, wenn jeder Umgebungsfilter eine Basis in $\mathcal{E}(X,\tau)$ hat – ganz analog zur lokalen Kompaktheit, die offensichtlich einen Spezialfall hiervon bildet. Natürlich ist generell jeder lokale $\mathcal{E}$-Raum ein schwach lokaler $\mathcal{E}$-Raum.

Lemma 5.3.13. *Jeder schwach lokale $\mathcal{E}$-Raum ist $\mathcal{E}$-erzeugt.*

Beweis. Sei (X,τ) schwach lokaler $\mathcal{E}$-Raum und $A \subseteq X$ mit $\forall E \in \mathcal{E}(X,\tau): A \cap E \in \tau_{|E}$ gegeben.

Sei $a \in A$ beliebig aber fest gewählt. Wegen der schwachen $\mathcal{E}$-Lokalität von (X,τ) existiert ein $E \in \mathcal{E}(X,\tau) \cap \underline{U}(a)$. Nun ist laut Voraussetzung $A \cap E \in \tau_{|E}$, d.h. $\exists O \in \tau: A\cap E = O\cap E$. Wegen $a \in A\cap E = O\cap E$ haben wir nun auch $O \in \underline{U}(a)$ und folglich $O\cap E = A \cap E \in \underline{U}(a)$. Wegen der Abgeschlossenheit von Filtern gegen Obermengenbildung folgt $A \in \underline{U}(a)$. Weil dies für alle $a \in A$ gilt, folgt mit Lemma 2.2.5 sogleich $A \in \tau$. ∎

Eine bei k-Räumen gern benutzte Charakterisierung stetiger Funktionen gilt ebenso ganz allgemein für $\mathcal{E}$-erzeugte Räume:

Lemma 5.3.14. *Seien (X,τ), (Y,σ) topologische Räume, (X,τ) sei $\mathcal{E}$-erzeugt und $f \in Y^X$. Genau dann ist f stetig, wenn alle Einschränkungen $f_{|E}$ von f auf Elemente $E \in \mathcal{E}(X,\tau)$ stetig sind.*

---

73 Wenngleich eine Abhängigkeit der Eigenschaft $\mathcal{E}$ von τ nicht gefordert ist, bleibt sie doch zulässig und so wird τ eben als Parameter berücksichtigt. Etwas präziser: so ein $\mathcal{E}$ ist eine Abbildung der Klasse aller topologischen Räume in die Klasse aller Mengen, die der Bedingung genügt, daß für jeden topologischen Raum (X,τ) das Bild $\mathcal{E}(X,\tau)$ eine Teilmenge von $\mathfrak{P}(X)$ ist.

Beweis. Daß alle Einschränkungen stetig sind, sobald f stetig ist, folgt trivial aus Korollar 2.2.39. Sei also $f \in Y^X$ derart gegeben, daß für jedes $E \in \mathcal{E}(X,\tau)$ die Einschränkung $f_{|E}$ stetig ist. Für $V \in \sigma$ haben wir dann $\forall E \in \mathcal{E}(X,\tau) : f_{|E}^{-1}(V) = f^{-1}(V) \cap E \in \tau_{|E}$ und folglich wegen der $\mathcal{E}$-Erzeugtheit von (X,τ) sofort $f^{-1}(V) \in \tau$. ■

Satz 5.3.15. *Die Eigenschaft $\mathcal{E}$ werde von stetigen Abbildungen bewahrt.*[74]
Seien (X,τ), (Y,σ) topologische Räume, (X,τ) sei $\mathcal{E}$-erzeugt und $f : X \to Y$ eine Quotientenabbildung. Dann ist auch (Y,σ) $\mathcal{E}$-erzeugt.

Beweis. Sei $H \subseteq Y$ mit $\forall K \in \mathcal{E}(Y,\sigma) : H \cap K \in \sigma_{|K}$. Da f eine Quotientenabbildung ist, ist H offen in Y, wenn $f^{-1}(H)$ offen in X ist.

Sei $E \in \mathcal{E}(X,\tau)$, also auch $f(E) \in \mathcal{E}(Y,\sigma)$ und folglich $f(E) \cap H \in \sigma_{|f(E)}$. Weil f stetig ist, ist auch die Einschränkung $f_{|E}$ stetig, also haben wir $f_{|E}^{-1}(f(E) \cap H) \in \tau_{|E}$. Freilich gilt ja $f_{|E}^{-1}(f(E)) = E$ und wir finden somit $f_{|E}^{-1}(f(E) \cap H) = E \cap f^{-1}(H) \in \tau_{|E}$. Dies gilt für alle $E \in \mathcal{E}(X,\tau)$, also ist $f^{-1}(H)$ offen im $\mathcal{E}$-erzeugten Raum (X,τ), mithin ist H offen in Y und folglich ist (Y,σ) ebenfalls $\mathcal{E}$-erzeugt. ■

Definition 5.3.16. Eine Eigenschaft $\mathcal{E}$ heißt *innertopologisch* genau dann, wenn für jeden topologischen Raum (X,τ) gilt

$$\forall A \subseteq X : \qquad A \in \mathcal{E}(X,\tau) \quad \Longleftrightarrow \quad A \in \mathcal{E}(A,\tau_{|A}) .$$

Beispielsweise ist Kompaktheit eine innertopologische Eigenschaft[75] – aber auch Abzählbarkeit ist eine. Relative Kompaktheit beispielsweise ist nicht innertopologisch.

Satz 5.3.17. *Sei $\mathcal{E}$ eine innertopologische Eigenschaft und (X,τ) ein topologischer Raum mit*

$$X = \bigcup_{E \in \mathcal{E}(X,\tau)} E . \tag{5.2}$$

Wenn (X,τ) ein $\mathcal{E}$-erzeugter Raum ist, dann ist (X,τ) Quotientenraum eines schwach lokalen $\mathcal{E}$-Raumes.

Beweis. Wir konstruieren direkt einen schwach lokalen $\mathcal{E}$-Raum, der (X,τ) als einen Quotientenraum hat. Dazu bilden wir erstmal den Summenraum:

$$Z := \bigcup_{E \in \mathcal{E}(X,\tau)} (\{E\} \times E)$$

mit der zugehörigen Topologie τ_Z:

$$U \in \tau_Z :\Leftrightarrow \forall E \in \mathcal{E}(X,\tau) : \exists O \in \tau_{|E} : U \cap (\{E\} \times E) = \{E\} \times O .$$

---

74 D.h. für je zwei topologische Räume (X,τ), (Y,σ) und jede stetige Abbildung $f : X \to Y$ gilt $\forall E \in \mathcal{E}(X,\tau) : f(E) \in \mathcal{E}(Y,\sigma)$.

75 Streng genommen müßten wir hier natürlich wieder von *derjenigen* Abbildung der Klasse aller topologischen Räume in die Klasse aller Mengen reden, *die jedem topologischen Raum die Menge seiner kompakten Teilmengen zuordnet*. Das ist aber ebenso unbequem wie hier auch unnötig.

Weil $\mathcal{E}$ innertopologisch ist und offenbar $(E, \tau_{|E}) \cong (\{E\} \times E, \tau_{Z|_{\{E\}\times E}})$ für alle $E \in \mathcal{E}(X, \tau)$ gilt, haben wir $\forall E \in \mathcal{E}(X, \tau) : \{E\} \times E \in \mathcal{E}(Z, \tau_Z)$. Offenbar ist (Z, τ_Z) somit ein schwach lokaler $\mathcal{E}$-Raum (beachte, daß alle $\{E\} \times E$ in Z offen sind!), folglich laut Lemma 5.3.13 auch $\mathcal{E}$-erzeugt. Daher ist die Abbildung

$$g : Z \to X : g(E, x) := x$$

offen und natürlich stetig. Wegen (5.2) ist g zudem surjektiv, also eine Quotientenabbildung (siehe Proposition 3.1.14, Seite 100) und offensichtlich ist just (X, τ) der Quotientenraum von (Z, τ_Z) bezüglich g. ∎

Aus Lemma 5.3.13 und den Sätzen 5.3.15, 5.3.17 erhalten wir nun eine Verallgemeinerung eines Satzes von D. E. Cohen über k-Räume:

Korollar 5.3.18. *Sei $\mathcal{E}$ eine innertopologische Eigenschaft, die von stetigen Abbildungen bewahrt wird, und sei (X, τ) ein topologischer Raum, der (5.2) erfüllt.*

(X, τ) ist $\mathcal{E}$-erzeugt genau dann, wenn (X, τ) Quotientenraum eines schwach lokalen $\mathcal{E}$-Raumes ist.

5.3.1.1 Eine Anmerkung über $\mathcal{E}$-Erweiterungen

Was, wenn ein topologischer Raum (X, τ) nun nicht $\mathcal{E}$-erzeugt ist? Natürlich ist für jede offene Menge $O \in \tau$ und jedes $E \in \mathcal{E}(X, \tau)$ auch $O \cap E$ offen in $(E, \tau_{|E})$ – die Spurtopologie ist ja gerade so erklärt. Andrerseits mag es Teilmengen $A \subseteq X$ geben, für die alle Durchschnitte mit Elementen von $\mathcal{E}(X, \tau)$ offen in der jeweiligen Spurtopologie sind, die aber selbst trotzdem nicht offen in (X, τ) sind. Dann können wir unsre Topologie τ natürlich einfach um diese Mengen erweitern:

$$\tau^{\mathcal{E}} := \{A \subseteq X | \forall E \in \mathcal{E}(X, \tau) : A \cap E \in \tau_{|E}\}.$$

Es ist leicht nachzurechnen, daß $\tau^{\mathcal{E}}$ tatsächlich eine Topologie auf X ist. Wir nennen sie die *$\mathcal{E}$-Erweiterung* von τ. Da wir nun aber die Topologie verändert haben, müssen wir darauf gefaßt sein, daß sich auch bei den $\mathcal{E}$-Mengen etwas getan hat. Wir interessieren uns nun kurz einmal dafür, ob $\mathcal{E}(X, \tau) = \mathcal{E}(X, \tau^{\mathcal{E}})$ gilt.

Lemma 5.3.19. *Ist $\mathcal{E}$ eine innertopologische Eigenschaft und (X, τ) ein beliebiger topologischer Raum, so gilt $\mathcal{E}(X, \tau) \subseteq \mathcal{E}(X, \tau^{\mathcal{E}})$.*

Beweis. Weil $\mathcal{E}$ innertopologisch ist, haben wir $A \in \mathcal{E}(X, \tau) \Rightarrow A \in \mathcal{E}(A, \tau_{|A})$, also $A \in \mathcal{E}(A, (\tau^{\mathcal{E}})_{|A})$ wegen $\tau_{|A} = (\tau^{\mathcal{E}})_{|A}$ und folglich $A \in \mathcal{E}(X, \tau^{\mathcal{E}})$. ∎

D.h. innertopologische $\mathcal{E}$ sind im zweiten Argument τ monoton wachsend. Daß im allgemeinen keine Gleichheit $\mathcal{E}(X, \tau) = \mathcal{E}(X, \tau^{\mathcal{E}})$ gilt, kann man sich an einem simplen Beispiel überlegen:

$\mathcal{E}$ sei die Eigenschaft, „als Teilraum diskret" zu sein. Die ist innertopologisch im Sinne der Definition. Nun sei X irgendeine mehrpunktige Menge und τ die indiskrete Topologie darauf. Dann sind die höchstens einpunktigen Teilmengen schon alle Teilmengen mit Eigenschaft $\mathcal{E}$ in X. Freilich ist der Schnitt *jeder* Teilmenge von X mit einer einpunktigen Teilmenge offen in der einpunktigen. Somit ist die $\mathcal{E}$-Erweiterung $\tau^{\mathcal{E}}$ die diskrete Topologie auf X - und plötzlich wimmelt es von Teilmengen mit der Eigenschaft $\mathcal{E}$.

Die Gleichheit $\mathcal{E}(X,\tau) = \mathcal{E}(X,\tau^{\mathcal{E}})$ gilt aber offenbar z.B. dann, wenn $\mathcal{E}$ im zweiten Argument monoton fallend ist, d.h. falls wir für alle Mengen X und Topologien $\tau \subseteq \sigma$ auf X stets $\mathcal{E}(X,\tau) \supseteq \mathcal{E}(X,\sigma)$ haben, wie das etwa bei Kompaktheit der Fall ist. Gleichwohl folgt aus $\mathcal{E}(X,\tau) = \mathcal{E}(X,\tau^{\mathcal{E}})$ noch nicht einmal, daß $\mathcal{E}$ innertopologisch ist:

Beispiel 5.3.20. Sei (X,τ) ein topologischer Raum, $\tau^{\mathcal{E}}$ die $\mathcal{E}$-Erweiterung von τ, wobei $\mathcal{E}$ relative Kompaktheit in X meint. Eine Teilmenge $R \subseteq X$ ist genau dann relativ kompakt in $(X,\tau^{\mathcal{E}})$, wenn sie in (X,τ) relativ kompakt ist.

Beweis. Wegen $\tau \subseteq \tau^{\mathcal{E}}$ ist erstmal jede bezüglich $(X,\tau^{\mathcal{E}})$ relativ kompakte Teilmenge auch relativ kompakt bezüglich (X,τ).

Sei also $R \subseteq X$ relativ kompakt bezüglich (X,τ), also

$$\forall \varphi \in \mathfrak{F}_0(R) : \exists x \in X : \dot{x} \cap \tau \subseteq \varphi\,. \tag{5.3}$$

Ist nun ψ ein beliebiger Ultrafilter auf R, so wollen wir zeigen, daß er bezüglich $\tau^{\mathcal{E}}$ gegen ein $x \in X$ konvergiert. Nach (5.3) wissen wir jedenfalls

$$\exists x_0 \in X : \psi \supseteq \dot{x}_0 \cap \tau\,. \tag{5.4}$$

Sei nun $U \in \dot{x}_0 \cap \tau^{\mathcal{E}}$ eine beliebige offene Umgebung von x_0 bezüglich $\tau^{\mathcal{E}}$. Wir setzen $R' := R \cup \{x_0\}$ und bedenken, daß mit R auch R' relativ kompakt in (X,τ) ist. Folglich muß nach Definition der $\mathcal{E}$-Erweiterung $\emptyset \neq \{x_0\} \subseteq R' \cap U \in \tau_{|R'}$ gelten. Dann aber existiert $U' \in \tau$ mit $R' \cap U' = R' \cap U$, so daß wegen (5.4) sogleich $U' \in \psi$ folgt. Nun ist aber auch R' als Obermenge von R Element von ψ, also auch $R' \cap U = R' \cap U' \in \psi$ und damit $U \in \psi$. Da dies für alle $U \in \dot{x}_0 \cap \tau^{\mathcal{E}}$ gilt, haben wir $\psi \supseteq \dot{x}_0 \cap \tau^{\mathcal{E}}$, also $\psi \overset{\tau^{\mathcal{E}}}{\to} x_0$. Solches wiederum finden wir für jeden Ultrafilter auf R, also ist R relativ kompakt bezüglich $(X,\tau^{\mathcal{E}})$. ■

5.3.2 Ein Ausblick: Funktionenräume

Wir driften hier ein ganz klein wenig ins Kompliziertere – unter der Überschrift „Ausblick" darf man das ... ;-)

Bereits im Abschnitt über metrische Räume hatten wir uns kurz mit einem *Funktionenraum* beschäftigt, d.h. mit einer Menge von Funktionen zwischen zwei metrischen

Räumen, auf der wir eine *Struktur* erklärt hatten – nämlich die punktweise Konvergenz. Wir hatten gesehen, daß die punktweise Konvergenz sich jedenfalls nicht durch eine *Metrik* beschreiben ließ. Inzwischen fällt es uns leicht, eine *Topologie* anzugeben, durch die die punktweise Konvergenz beschrieben wird – sogar dann, wenn der Bildraum kein metrischer, sondern ein topologischer Raum ist.

Nun ist die punktweise Konvergenz – wen wundert's – nicht die einzig mögliche *Konvergenzstruktur* auf Mengen von Funktionen. Wir erklären hier sogleich eine wichtige Klasse von *Topologien* auf Mengen von Funktionen zwischen topologischen Räumen.

5.3.2.1 Die Mengen-offenen Topologien

Seien $(X, \tau), (Y, \sigma)$ topologische Räume und $\mathcal{H} \subseteq Y^X$ eine Menge von Funktionen von X nach Y. Sind ferner $A \subseteq X$ und $B \subseteq Y$ Teilmengen von X bzw. Y, so bezeichnen wir mit

$$(A, B)_{\mathcal{H}} := \{f \in \mathcal{H} |\ f(A) \subseteq B\}$$

die Teilmenge aller derjenigen Elemente von $\mathcal{H}$, für die alle Bilder von Elementen aus A in B liegen. Besteht über die Wahl von $\mathcal{H}$ kein Zweifel, wird $\mathcal{H}$ als Index auch gern weggelassen und wir schreiben einfach (A, B).

Definition 5.3.21. Sei X eine Menge, $\mathfrak{A} \subseteq \mathfrak{P}(X)$ eine Familie von Teilmengen von X und (Y, σ) ein topologischer Raum. Dann nennen wir die von der Subbasis

$$\{(A, O) |\ A \in \mathfrak{A}, O \in \sigma\}$$

erzeugte Topologie auf Y^X (oder irgendeiner Teilmenge davon) die *von* $\mathfrak{A}$ *erzeugte Mengen-offene Topologie* oder kurz $\mathfrak{A}$-offene Topologie. Wir bezeichnen diese Topologie mit $\tau_{\mathfrak{A}}$.

Es ist leicht zu sehen, daß wir hier als Spezialfall unter anderem wieder diejenige Topologie erhalten, die die punktweise Konvergenz beschreibt: wir wählen als $\mathfrak{A}$ einfach die Familie aller einpunktigen (oder aller endlichen) Teilmengen von X. Man nennt diese Topologie auch *Topologie der punktweisen Konvergenz* und bezeichnet sie schlicht mit τ_p, wenn klar ist, um welche Urbild- und Bildräume es sich handelt.

Es ist in der Definition ja gut erkennbar, daß X keineswegs ein topologischer Raum sein muß – besonders interessant sind gleichwohl meist die Fälle, in denen die Urbildmenge X eben doch mit einer Topologie versehen ist. Eine herausragende Rolle spielt dann diejenige Mengen-offene Topologie, die wir erhalten, wenn wir für $\mathfrak{A}$ die Familie aller kompakten Teilmengen von X wählen. Die so erzeugte Topologie heißt auch *kompakt-offene Topologie* und wird meist mit τ_{co} bezeichnet.

Mit $\mathfrak{F}(X)_{\mathfrak{A}}$ bezeichnen wir die Menge aller derjenigen Filter auf X, die eine Basis aus Elementen von $\mathfrak{A} \subseteq \mathfrak{P}(X)$ haben. (Diese Filter nennen wir auch $\mathfrak{A}$-erzeugt. In dem wichtigen Spezialfall, daß mit $\mathfrak{A}$ die Familie aller kompakten Teilmengen eines topologischen Raumes gemeint ist, nennen wir die Filter mit einer Basis aus kompakten Mengen auch *kompakt erzeugt*.)

Lemma 5.3.22. *Sei X eine Menge und (Y, σ) ein topologischer Raum. Ferner sei $\mathfrak{A} \subseteq \mathfrak{P}(X)$, $\mathcal{F} \in \mathfrak{F}(Y^X)$ und $f \in Y^X$. Dann gilt*

$$\mathcal{F} \xrightarrow{\tau_{\mathfrak{A}}} f \iff \forall \varphi \in \mathfrak{F}(X)_{\mathfrak{A}} : \mathcal{F}(\varphi) \supseteq f(\varphi) \cap \sigma .$$

Beweis. Sei $\mathcal{F} \xrightarrow{\tau_{\mathfrak{A}}} f$ und $\varphi \in \mathfrak{F}(X)_{\mathfrak{A}}$ gegeben. Für jedes $W \in f(\varphi) \cap \sigma$ existiert ein $P \in \varphi \cap \mathfrak{A}$ mit $f(P) \subseteq W$, da ja $\varphi \in \mathfrak{F}(X)_{\mathfrak{A}}$ gilt. Daraus folgt $f \in (P, W) \in \tau_{\mathfrak{A}}$ und darum wegen $\mathcal{F} \xrightarrow{\tau_{\mathfrak{A}}} f$ auch $(P, W) \in \mathcal{F}$. Aus $P \in \varphi$ und $(P, W) \in \mathcal{F}$ folgt nun sofort $W \in \mathcal{F}(\varphi)$. Wenn umgekehrt $\forall \varphi \in \mathfrak{F}(X)_{\mathfrak{A}} : \mathcal{F}(\varphi) \supseteq f(\varphi) \cap \sigma$ gilt und $f \in (A, O)$ mit $A \in \mathfrak{A}$ und $O \in \sigma$ ist, so wählen wir den Hauptfilter $[A]$ für φ und erhalten $\exists F \in \mathcal{F} : F(A) \subseteq O$, woraus sofort $(A, O) \in \mathcal{F}$ folgt. Dieses für alle $A \in \mathfrak{A}$ und $O \in \sigma$ mit $f \in (A, O)$ ergibt nun $\mathcal{F} \xrightarrow{\tau_{\mathfrak{A}}} f$. ∎

Nun ist die Zeit für eine schockierende Mitteilung reif: Topologische Räume sind *nicht* das Ende der Geschichte!

Ähnlich wie etwa die punktweise Konvergenz sich im allgemeinen nicht durch eine Metrik beschreiben läßt, findet man – gerade bei der Beschäftigung mit Konvergenz auf Funktionenmengen – naheliegende und wichtige *Konvergenzstrukturen*, die sich im allgemeinen nichtmal durch eine Topologie beschreiben lassen.

„Was ist denn nun schon wieder eine 'Konvergenzstruktur', hä?“, begehrt das Publikum zu wissen – und da antworte ich:

Definition 5.3.23. Ein *verallgemeinerter Konvergenzraum* ist ein geordnetes Paar (X, q) aus einer Menge X und einer Relation $q \subseteq \mathfrak{F}(X) \times X$ zwischen Filtern auf X und Elementen von X. Man nennt q dann auch eine *verallgemeinerte Konvergenzstruktur* oder schlicht (verallgemeinerte) *Konvergenz* auf X. Gilt $(\varphi, x) \in q$ so sagt man auch, der Filter φ *konvergiert* (bezüglich q) gegen x und schreibt zuweilen $\varphi \xrightarrow{q} x$ dafür.

Das Wörtchen „verallgemeinert“ tritt in der Definition deshalb auf, weil man sich in den allermeisten Fällen mit solchen Konvergenzstrukturen befaßt, die noch ein paar erfreulichen Zusatzbedingungen genügen[76] – nur manchmal kann man deren Gültigkeit eben nicht absichern und muß daher *noch* weiter verallgemeinern, nämlich so, wie es die obige Definition beschreibt.

---

76 Beispielsweise möchte man doch hoffen dürfen, daß wenigstens die Einpunktfilter gegen ihre erzeugenden Punkte konvergieren. Auch ist es schön, sich darauf verlassen zu können, daß jeder Oberfilter eines konvergenten Filters φ mindestens gegen diejenigen Punkte konvergiert, gegen die auch φ schon konvergiert. Sind beide Wünsche in einem verallgemeinerten Konvergenzraum (X, q) erfüllt, so ehren wir ihn dadurch, daß wir das Wörtchen „verallgemeinert“ weglassen und ihn in aller Freundlichkeit nur als „Konvergenzraum“ anreden.

Ist z.B. (X, τ) ein topologischer Raum, so erhalten wir in naheliegender Weise eine Konvergenzstruktur

$$q_\tau := \{(\varphi, x) \in \mathfrak{F}(X) \times X \mid \varphi \supseteq \dot{x} \cap \tau\}$$

auf X. Statt $\varphi \overset{\tau}{\to} x$ können wir nun die äquivalente Formulierung $(\varphi, x) \in q_\tau$ schreiben.

5.3.2.2 Die stetige Konvergenz

Wir kommen nun zu einer sehr wichtigen, doch im allgemeinen nicht durch eine Topologie beschreibbaren Konvergenz.

Definition 5.3.24. Seien (X, τ), (Y, σ) topologische Räume. Dann nennen wir die Relation

$$q_c := \{(\mathcal{F}, f) \in \mathfrak{F}(Y^X) \times Y^X \mid \forall (\varphi, x) \in q_\tau : (\mathcal{F}(\varphi), f(x)) \in q_\sigma\}$$

die Struktur der *stetigen Konvergenz* auf Y^X. Für $(\mathcal{F}, f) \in q_c$ sagen wir auch „$\mathcal{F}$ konvergiert stetig gegen f" und schreiben zuweilen $\mathcal{F} \overset{c}{\to} f$.

Etwas aufgebröselt und ent-technisiert besagt unsre Definition, daß ein Filter $\mathcal{F}$ auf der Funktionenmenge Y^X genau dann stetig gegen $f \in Y^X$ konvergiert, wenn aus $\varphi \overset{\tau}{\to} x$ stets $\mathcal{F}(\varphi) \overset{\sigma}{\to} f(x)$ folgt.

Die stetige Konvergenz hat eine erfreuliche Eigenschaft: wenn ein Filter auf einer Funktionenmenge stetig gegen eine Funktion f konvergiert und der Bildraum T_3 ist, so ist f stetig[77].

Lemma 5.3.25. *Seien (X, τ) und (Y, σ) topologische Räume und (Y, σ) sei T_3. Ist nun $\mathcal{G}$ ein Filter auf Y^X, der stetig gegen eine Funktion $g \in Y^X$ konvergiert, so ist g stetig.*

Beweis. Sei also ein Filter $\mathcal{F}$ auf $C(X, Y)$ mit $\mathcal{F} \overset{c}{\to} f \in Y^X$ gegeben. Sei ferner $x \in X$ beliebig und $V \in \dot{f(x)} \cap \sigma$ eine offene Umgebung von $f(x)$.

Da Y ein T_3-Raum ist, hat der Umgebungsfilter jedes seiner Punkte, also insbesondere der von $f(x)$ eine Basis aus abgeschlossenen Umgebungen - d.h. es existiert auch eine abgeschlossene Umgebung W von $f(x)$ mit $W \subseteq V$. Stetige Konvergenz von $\mathcal{F}$ gegen f liefert $\mathcal{F}(\underline{U}(x)) \overset{\sigma}{\to} f(x)$, woraus folgt, daß es ein $F \in \mathcal{F}$ und ein $U \in \underline{U}(x)$ gibt mit $F(U) \subseteq W$.

Nun gilt für alle $z \in U$ natürlich $F(z) \subseteq F(U) \subseteq W$ und damit $W \in \mathcal{F}(z)$. Die stetige Konvergenz impliziert insbesondere auch die punktweise, d.h. wir haben $\forall z \in U : \mathcal{F}(z) \to f(z)$, woraus $f(z) \in \overline{W} = W \subseteq V$ folgt. Das ergibt $f(U) \subseteq V$. ∎

Wenn wir erwarten wollen, daß wenigstens die Einpunktfilter $\dot{f}$ auf unsrem Funktionenraum stetig gegen ihr erzeugendes Element f konvergieren, stellt es sich schon anhand der Definition heraus, daß wir unsere Betrachtungen auf die Menge $C(X, Y)$

77 So läßt sich z.B. der Name „stetige" Konvergenz *auch* motivieren.

aller *stetigen* Funktionen von X nach Y einschränken müssen. (Die Struktur der stetigen Konvergenz auf $C(X,Y)$ erhalten wir dann einfach als Spur der oben definierten Relation q_c auf $\mathfrak{F}(C(X,Y)) \times C(X,Y)$ oder ganz einfach dadurch, daß wir in Definition 5.3.24 den Term Y^X durch $C(X,Y)$ ersetzen.) Doch auch auf $C(X,Y)$ muß sich stetige Konvergenz nicht notwendig durch eine Topologie beschreiben lassen.

Beispiel 5.3.26 (stetige Konvergenz auf $C(X,Y)$ nicht immer topologisierbar).
Sei $X := \mathbb{R}$ und τ die von der Basis $\tau_e \cup \mathfrak{P}(\mathbb{R} \setminus \{0\})$ erzeugte Topologie, wobei τ_e die euklidische Topologie meint. Weiterhin sei $Y := \{0,1\}$ mit $\sigma := \{\emptyset, \{0\}, Y\}$ der Sierpinski-Raum. Dann gibt es keine Topologie, die die stetige Konvergenz auf $C((X,\tau),(Y,\sigma))$ beschreibt.

Beweis. In topologischen Räumen gilt trivialerweise, daß ein beliebiger Durchschnitt von Filtern, die allesamt gegen ein und dasselbe Element konvergieren, ebenfalls gegen dieses Element konvergiert.

Wir geben nun eine Menge von Filtern auf $C((X,\tau),(Y,\sigma))$ derart an, daß diese Filter allesamt stetig gegen ein und dieselbe stetige Funktion konvergieren, ihr Durchschnitt aber nicht.

Sei zunächst

$$f_0 : X \to Y : f_0(x) := \begin{cases} 0 & ; \quad x \in (-1,1) \\ 1 & ; \quad x \notin (-1,1) \end{cases}$$

die charakteristische Funktion von $X \setminus (-1,1)$, wobei $(-1,1)$ das (euklidisch) offene Intervall $\{x \in \mathbb{R} |\ -1 < x < 1\}$ ist. f_0 ist offensichtlich stetig.

Für jede offene Menge $U \in \tau \cap \dot{0}$ mit $0 \in U \subseteq (-1,1)$ und jede endliche Menge $E \subseteq (-1,1) \setminus U$ setzen wir nun

$$\mathcal{A}_U^E := \{g \in C(X,Y) |\ \forall x \in U \cup E : g(x) = 0\}$$

Wegen $f_0 \in \mathcal{A}_U^E$ haben wir stets $\mathcal{A}_U^E \neq \emptyset$ und wir sehen leicht, daß für endliche Mengen $E_1, E_2 \subseteq (-1,1) \setminus U$ stets $\mathcal{A}_U^{E_1} \cap \mathcal{A}_U^{E_2} = \mathcal{A}_U^{E_1 \cup E_2}$ gilt. Folglich ist die Familie $\{\mathcal{A}_U^E |\ E \subseteq (-1,1) \setminus U,\ E \text{ endlich}\}$ für jedes feste U eine Filterbasis; der erzeugte Filter heiße jeweils $\mathcal{F}_U$.

Für jedes $U \in \tau$ mit $0 \in U \subseteq (-1,1)$ zeigen wir $\mathcal{F}_U \xrightarrow{c} f_0$, indem wir für alle $x \in X$ und alle $\psi \in \mathfrak{F}(X)$ mit $\psi \xrightarrow{\tau} x$ nachrechnen, daß $\mathcal{F}_U(\psi) \xrightarrow{\sigma} f_0(x)$ gilt:
- Für $x \notin (-1,1)$ ist nichts zu rechnen, da schlichtweg *jeder* Filter in (Y,σ) gegen $f_0(x) = 1$ konvergiert.
- Seien $x \in (-1,1)$ und $\psi \to x$ gegeben. Für $x = 0$ folgt $U \in \psi$ und wir erhalten wegen $\mathcal{A}_U^{\emptyset} \in \mathcal{F}_U$ sofort $\{0\} \in \mathcal{F}_U(\psi)$. Für $x \neq 0$ und $x \in U$ haben wir analog $\{x\} \in \psi$ und mit $\mathcal{A}_U^{\emptyset} \in \mathcal{F}_U$ folgt ebenfalls $\{0\} \in \mathcal{F}_U(\psi)$. Für $x \in (-1,1) \setminus U$ haben wir gleichfalls $\{x\} \in \psi$ und finden mit $\mathcal{A}_U^{\{x\}}$ wiederum $\{0\} \in \mathcal{F}_U(\psi)$.

Nun sei

$$\mathcal{F} := \bigcap_{U \in \tau, 0 \in U \subseteq (-1,1)} \mathcal{F}_U .$$

Wir wollen zeigen, daß $\mathcal{F}$ *nicht* stetig gegen f_0 konvergiert. Dazu wählen wir uns den Umgebungsfilter $\underline{U}(0)$ von 0 in (X, τ) aus – das ist derselbe wie in der euklidischen Topologie, wie aus der Definition von τ hervorgeht.
Sei U ein beliebiges Element von $\underline{U}(0)$ und $\mathcal{A}$ ein beliebiges Element von $\mathcal{F}$.

- Ist $U \nsubseteq (-1, 1)$, so haben wir sofort $\mathcal{A}(U) = \{0, 1\}$ wegen $f_0 \in \mathcal{A}$, $0 \in U$ und $f_0(0) = 0$ sowie $\forall x \in I\!R \setminus (-1, 1) : f_0(x) = 1$.
- Ist $U \subseteq (-1, 1)$, so umfaßt U nach Definition von τ eine ε-Umgebung von 0 im Sinne der euklidischen Metrik und es existiert die echt kleinere offene $\frac{\varepsilon}{2}$-Umgebung $U_1 \in \tau_e \subseteq \tau : 0 \in U_1 \subset U$, die unendlich viele Elemente von U *nicht* enthält. Zudem ist $\mathcal{F}_{U_1}$ an dem $\mathcal{F}$ konstituierenden Durchschnitt beteiligt, folglich gilt $\mathcal{A} \in \mathcal{F}_{U_1}$. Daher existiert nach Konstruktion von $\mathcal{F}_{U_1}$ eine endliche Menge $E \subseteq (-1, 1) \setminus U_1$ mit $\mathcal{A}^E_{U_1} \subseteq \mathcal{A}$. Da E endlich ist, $U \setminus (U_1 \cup E)$ aber sicher nicht, existiert $x_0 \in U \setminus (U_1 \cup E)$ und die Funktion

  $$g : X \to Y : g(x) := \begin{cases} 0 & ; \quad x \neq x_0 \\ 1 & ; \quad x = x_0 \end{cases}$$

  ist zweifellos stetig und Element von $\mathcal{A}^E_{U_1} \subseteq \mathcal{A}$. Das liefert wiederum $\mathcal{A}(U) = \{0, 1\}$.

Wir erhalten also $\forall \mathcal{A} \in \mathcal{F}, U \in \underline{U}(0) : \mathcal{A}(U) = \{0, 1\}$ und damit $\mathcal{F}(\underline{U}(0)) = [Y]$, freilich konvergiert der triviale Hauptfilter $[Y]$ nicht gegen $0 = f_0(0)$. Da also ein Durchschnitt von sämtlich stetig gegen f_0 konvergierenden Filtern nicht stetig gegen f_0 konvergiert, kann die stetige Konvergenz auf unsrem $C(X, Y)$ nicht durch eine Topologie beschrieben werden. ∎

Zumindest können wir jedoch einige Mengen-offene Topologien mit der stetigen Konvergenz „vergleichen", d.h. wir vergleichen natürlich die von der betreffenden Topologie induzierte Konvergenzstruktur mit der Struktur der stetigen Konvergenz.

Lemma 5.3.27. *Seien $(X, \tau), (Y, \sigma)$ topologische Räume und $\mathfrak{A}$ eine Familie kompakter Teilmengen von X. Dann gilt $q_c \subseteq q_{\tau_{\mathfrak{A}}}$ auf Y^X.*

Beweis. Sei $(\mathcal{F}, f) \in q_c$. Wir haben zu zeigen, daß $\mathcal{F}$ auch im Sinne der $\mathfrak{A}$-offenen Topologie $\tau_{\mathfrak{A}}$ gegen f konvergiert, d.h. daß für alle $A \in \mathfrak{A}$ und $O \in \sigma$ aus $f \in (A, O)$ stets $(A, O) \in \mathcal{F}$ folgt. Seien also $A \in \mathfrak{A}$ und $O \in \sigma$ mit $f \in (A, O)$ gegeben.

Für jedes $x \in A$ haben wir $f(x) \in O$; wegen $(\mathcal{F}, f) \in q_c$ muß ja $\mathcal{F}(\underline{U}(x)) \supseteq \dot{f(x)} \cap \sigma \ni O$ gelten. Daher existieren ein $U_x \in \dot{x} \cap \tau$ und ein $F_x \in \mathcal{F}$ mit $F_x(U_x) \subseteq O$. Wegen der Kompaktheit von A gibt es unter allen $U_x, x \in A$ nun endlich viele $U_{x_1}, ..., U_{x_n}$ mit $A \subseteq \bigcup_{i=1}^n U_{x_i}$. Mit $F := \bigcap_{i=1}^n F_{x_i} \in \mathcal{F}$ finden wir dann aber $F(A) \subseteq O$, also auch $(A, O) \in \mathcal{F}$. ∎

Lemma 5.3.28. *Seien $(X,\tau),(Y,\sigma)$ topologische Räume und $\mathcal{E}$ eine Eigenschaft, die für Teilmengen topologischer Räume definiert ist.*
Ist (X,τ) ein lokaler $\mathcal{E}$-Raum, so gilt mit $\mathfrak{A} := \mathcal{E}(X,\tau)$ stets $q_{\tau_{\mathfrak{A}}} \subseteq q_c$ auf $C(X,Y)$.

Beweis. Sei $(\mathcal{F}, f) \in q_{\tau_{\mathfrak{A}}}$ gegeben. Wir haben zu zeigen, daß $\mathcal{F}$ dann auch stetig gegen f konvergiert, d.h. daß für alle Filter φ auf X, die gegen einen Punkt $x \in X$ konvergieren, stets $\mathcal{F}(\varphi) \supseteq \dot{f(x)} \cap \sigma$ gilt.

Sei also $\varphi \in \mathfrak{F}(X)$ mit $\varphi \to x \in X$ gegeben. Das bedeutet ja $\varphi \supseteq \underline{U}(x)$. Nun ist $\underline{U}(x)$ wegen der $\mathcal{E}$-Lokalität von (X,τ) aber ein $\mathcal{E}(X,\tau)$-erzeugter Filter, mithin folgt aus $(\mathcal{F}, f) \in q_{\tau_{\mathfrak{A}}}$ nach Proposition 5.3.22 sofort $\mathcal{F}(\varphi) \supseteq \mathcal{F}(\underline{U}(x)) \supseteq f(\underline{U}(x)) \cap \sigma$ und wegen der Stetigkeit von f haben wir $f(\underline{U}(x)) \cap \sigma \supseteq \dot{f(x)} \cap \sigma$. Folglich gilt $\mathcal{F}(\varphi) \to f(x)$. Da dies für alle $(\varphi, x) \in q_\tau$ gilt, erhalten wir $(\mathcal{F}, f) \in q_c$. ∎

Hier nun der Grund, warum dieser kleine Ausblick auf die Welt der Funktionenräume im Abschnitt über lokale Kompaktheit untergebracht ist.

Korollar 5.3.29. *Seien $(X,\tau),(Y,\sigma)$ topologische Räume. Ist (X,τ) lokal kompakt, so stimmt die stetige Konvergenz auf $C(X,Y)$ mit der von der kompakt-offenen Topologie τ_{co} induzierten Konvergenz $q_{\tau_{co}}$ überein.*

Insbesondere bedeutet dies, *daß* die stetige Konvergenz bei lokal kompaktem Urbildraum durch eine Topologie beschrieben wird. Die Umkehrung gilt im allgemeinen nicht, d.h. man kann aus dem Umstand, daß die stetige Konvergenz durch eine Topologie beschrieben werden kann, noch nicht schließen, daß (X,τ) lokal kompakt sein müsse.[78] Unter gar nichtmal allzu starken Zusatzbedingungen freilich ist ein solcher Schluß durchaus möglich – man kann das z.B. in [19] nachlesen.

5.3.2.3 Eine Verallgemeinerung der Mengen-offenen Topologien und wieder ein Vergleich mit stetiger Konvergenz

Wir hatten mit Lemma 5.3.22 schon eine recht hübsche Beschreibung des Konvergenzverhaltens von Filtern bezüglich Mengen-offener Topologien gefunden. Dort trat eine Bedingung für $\mathfrak{A}$-erzeugte Filter auf, wobei $\mathfrak{A}$ diejenige Mengenfamilie ist, die unsre jeweilige Mengen-offene Topologie $\tau_{\mathfrak{A}}$ definiert. Wie wäre es nun, auf den Umweg über Mengenfamilien $\mathfrak{A}$ einfach zu verzichten und eine Konvergenzstruktur z.B. auf der Menge $C(X,Y)$ aller stetigen Funktionen zwischen zwei topologischen Räumen di-

78 So ist z.B. bei einelementigem Y ja auch der Funktionenraum $C(X,Y)$ einelementig und es gibt darauf folglich überhaupt nur eine einzige (nichtleere) „Konvergenzstruktur". Daraus kann man selbstverständlich ganz & gar nichts (X,τ) betreffendes schließen.

rekt durch Bezugnahme auf *irgendeine* Familie von Filtern – ansonsten freilich analog zu Lemma 5.3.22 – zu erklären? Wir probieren das gleich mal aus:

Definition 5.3.30. Seien $(X,\tau), (Y,\sigma)$ topologische Räume und $\tilde{\mathfrak{A}} \subseteq \mathfrak{F}(X)$ irgendeine Familie von Filtern auf X. Dann nennen wir die durch

$$q_{\tilde{\mathfrak{A}}} := \{(\mathcal{F}, f) \in \mathfrak{F}(C(X,Y)) \times C(X,Y) | \ \forall \varphi \in \tilde{\mathfrak{A}} : \mathcal{F}(\varphi) \supseteq f(\varphi) \cap \sigma\}$$

auf $C(X,Y)$ definierte Konvergenzstruktur die $\tilde{\mathfrak{A}}$-*stetige Konvergenz.*

Wegen Lemma 5.3.22 stimmt die von einer Mengen-offenen Topologie $\tau_{\mathfrak{A}}$ auf $C(X,Y)$ induzierte Konvergenz $q_{\tau_{\mathfrak{A}}}$ mit der entsprechenden $\mathfrak{F}(X)_{\mathfrak{A}}$-stetigen Konvergenz überein.

Um einige interessante Vergleiche $\tilde{\mathfrak{A}}$-stetiger Konvergenzen mit der stetigen Konvergenz gewinnen zu können, kümmern wir uns zunächst ein wenig um eine Eigenschaft von gewissen Filtern auf topologischen Räumen.

Definition 5.3.31. Sei (X,τ) ein topologischer Raum. Ein Filter $\varphi \in \mathfrak{F}(X)$ heißt *kompaktoid* genau dann, wenn

$$\forall \varphi_0 \in \mathfrak{F}_0(\varphi), P \in \varphi : \exists x \in P : \varphi_0 \to x$$

gilt, d.h. wenn jeder Oberultrafilter von φ auf jedem Element von φ konvergiert. Die Menge aller kompaktoiden Filter auf X bezüglich τ bezeichnen wir mit $\mathfrak{C}(X,\tau)$.

Offensichtlich sind z.B. kompakt erzeugte Filter sowie die Umgebungsfilter einzelner Elemente eines topologischen Raumes stets kompaktoid.

Aufgabe 12 Zeige: Ist (X,τ) ein topologischer Raum und φ ein Filter auf X, so sind äquivalent:

(1) φ ist kompaktoid.

(2) In jeder Familie offener Mengen, deren Vereinigung Element von φ ist, existiert eine endliche Teilfamilie, deren Vereinigung ebenfalls Element von φ ist.

Proposition 5.3.32. *Seien $(X,\tau), (Y,\sigma)$ topologische Räume, $f : X \to Y$ eine stetige Funktion und $\varphi \in \mathfrak{C}(X,\tau)$. Dann gilt auch $f(\varphi) \in \mathfrak{C}(Y,\sigma)$.*

Beweis. Sei $\psi \in \mathfrak{F}_0(f(\varphi))$. Nach Lemma 1.4.14 existiert ein Oberultrafilter φ_0 von φ mit $f(\varphi_0) = \psi$. Da φ kompaktoid ist, konvergiert φ_0 auf jedem Element von φ, so daß wegen der Stetigkeit von f wiederum $\psi = f(\varphi_0)$ auf jedem Element von $f(\varphi)$ konvergiert. ■

Lemma 5.3.33. *Seien $(X,\tau), (Y,\sigma)$ topologische Räume, $\tilde{\mathfrak{A}} \subseteq \mathfrak{F}(X)$ gegeben und bezeichne q_c die Struktur der stetigen Konvergenz auf $C(X,Y)$.*

(1) *Sind alle Elemente von $\tilde{\mathfrak{A}}$ kompaktoid, d.h. $\tilde{\mathfrak{A}} \subseteq \mathfrak{C}(X,\tau)$, so gilt $q_c \subseteq q_{\tilde{\mathfrak{A}}}$.*

(2) *Falls $\tilde{\mathfrak{A}}$ alle Umgebungsfilter von Elementen aus X enthält, d.h. $\{\underline{U}(x) | \ x \in X\} \subseteq \tilde{\mathfrak{A}}$, dann gilt $q_{\tilde{\mathfrak{A}}} \subseteq q_c$.*

(3) *Falls $\{\underline{U}(x) | \ x \in X\} \subseteq \tilde{\mathfrak{A}} \subseteq \mathfrak{C}(X,\tau)$, dann gilt $q_{\tilde{\mathfrak{A}}} = q_c$.*

Beweis. (1) Sei $(\mathcal{F}, f) \in q_c$, $\varphi \in \tilde{\mathfrak{A}}$ und $V \in f(\varphi) \cap \sigma$. Ist weiterhin ψ_0 irgendein Oberultrafilter von $\mathcal{F}(\varphi)$, so existieren nach Korollar 1.4.16 Ultrafilter $\varphi_0 \supseteq \varphi$ und $\mathcal{F}_0 \supseteq \mathcal{F}$ mit $\mathcal{F}_0(\varphi_0) \subseteq \psi_0$. Nun haben wir $f^{-1}(V) \in \varphi$ und φ ist kompaktoid, also $\exists x_0 \in f^{-1}(V) : \varphi_0 \to x_0$. Das impliziert $\mathcal{F}_0(\varphi_0) \to f(x_0)$, da ja $\mathcal{F}$ und folglich auch $\mathcal{F}_0$ nach Voraussetzung stetig gegen f konvergiert. Unser vorgegebenes V ist freilich eine offene Umgebung von $f(x_0)$, daher haben wir $V \in \mathcal{F}_0(\varphi_0) \subseteq \psi_0$. Da dies für alle Oberultrafilter ψ_0 von $\mathcal{F}(\varphi)$ gilt, folgt $V \in \mathcal{F}(\varphi)$ und weil dieses wiederum für alle $V \in f(\varphi) \cap \sigma$ gilt, haben wir $\mathcal{F}(\varphi) \supseteq f(\varphi) \cap \sigma$, also $(\mathcal{F}, f) \in q_{\tilde{\mathfrak{A}}}$.

(2) Ist $(\mathcal{F}, f) \in q_{\tilde{\mathfrak{A}}}$ und $(\varphi, x) \in q_\tau$, so haben wir ja $\varphi \supseteq \underline{U}(x)$ und folglich $\mathcal{F}(\varphi) \supseteq \mathcal{F}(\underline{U}(x)) \supseteq f(\underline{U}(x)) \cap \sigma$ wegen der $\tilde{\mathfrak{A}}$-stetigen Konvergenz von $\mathcal{F}$ gegen f und $\{\underline{U}(x) \mid x \in X\} \subseteq \tilde{\mathfrak{A}}$ (nach Proposition 5.3.22). Aus der Stetigkeit von f folgt weiterhin $f(\underline{U}(x)) \supseteq \dot{f(x)} \cap \sigma$, also $\mathcal{F}(\varphi) \supseteq \dot{f(x)} \cap \sigma \cap \sigma = \dot{f(x)} \cap \sigma$ und daher $(\mathcal{F}(\varphi), f(x)) \in q_\sigma$. Da solches für alle $(\varphi, x) \in q_\tau$ gilt, haben wir $(\mathcal{F}, f) \in q_c$.

(3) Folgt unmittelbar aus (1) und (2). ∎

5.3.2.4 Zum Vergleich: gleichmäßige Konvergenz

Wir nähern uns dem Begriff zunächst anschaulich.
Sei dazu f eine Funktion von $\mathbb{R}$ nach $\mathbb{R}$, wobei wir uns $\mathbb{R}$ mit euklidischer Metrik ausgestattet denken. Am einfachsten wird die Vorstellung, wenn wir unser f auch noch schön uniform stetig wählen. Jetzt denken wir uns für positives reelles ε um den Graphen von f im $\mathbb{R}^2$ einen „ε-Schlauch", d.h. formal die Menge

$$S_\varepsilon(f) := \{(x, y) \in \mathbb{R}^2 \mid |f(x) - y| < \varepsilon\}\,.$$

Wenn nun eine Folge $(g_n)_{n \in N}$ von Funktionen $g_n : \mathbb{R} \to \mathbb{R}$, $n \in \mathbb{N}$, gegeben ist, so konvergiert sie *gleichmäßig* gegen unser f, wenn zu jedem $\varepsilon > 0$ ein $n_\varepsilon \in \mathbb{N}$ derart existiert, daß für alle g_m mit $m \geq n_\varepsilon$ der Graph innerhalb des ε-Schlauches um f liegt. Die Annäherung an f soll also in gewisser Weise unabhängig vom jeweiligen x-Wert sein, also gleichmäßig für alle x „zugleich voranschreiten".
Formal sieht das so aus:

$$\forall \varepsilon > 0 : \exists n_\varepsilon \in \mathbb{N} : \forall m \geq n_\varepsilon : \forall x \in \mathbb{R} : |g_m(x) - f(x)| < \varepsilon\,.$$

Übrigens fällt hierbei auf, daß es bislang nicht nötig ist, irgendeine Struktur auf der Urbildmenge vorauszusetzen. Das aber nur nebenbei; jetzt wollen wir die Sache erstmal etwas präziser für den Fall eines beliebigen metrischen Bildraumes aufschreiben.

Definition 5.3.34. Ist X eine Menge, (Y, d) ein metrischer Raum und $\mathcal{F}$ ein Filter auf Y^X, so sagen wir $\mathcal{F}$ konvergiert auf Y^X gleichmäßig gegen $f \in Y^X$ genau dann, wenn

$$\forall \varepsilon > 0 : \exists G \in \mathcal{F} : \forall g \in G : \forall x \in X : d(f(x), g(x)) < \varepsilon$$

gilt.

Jeder gleichmäßig konvergente Filter konvergiert auch punktweise.

Die gleichmäßige Konvergenz wird durch eine Topologie beschrieben: Für $\varepsilon > 0$ sei

$$S_\varepsilon := \{(f, g) \in Y^X \times Y^X \mid \forall x \in X : d(f(x), g(x)) < \varepsilon\} .$$

Dann ist

$$\tau_u := \{\mathfrak{O} \subseteq Y^X \mid \forall f \in \mathfrak{O} : \exists \varepsilon > 0 : S_\varepsilon(f) \subseteq \mathfrak{O}\}$$

eine Topologie auf Y^X und die Filterkonvergenz bezüglich τ_u ist genau die gleichmäßige Konvergenz.

Proposition 5.3.35. *Sei (X, τ) ein topologischer Raum, (Y, d) ein metrischer Raum und $C(X, Y)$ die Menge aller stetigen Abbildungen von X nach Y (bezüglich τ, τ_d). Dann ist $C(X, Y)$ als Teilmenge von Y^X abgeschlossen bezüglich der der gleichmäßigen Konvergenz unterliegenden Topologie τ_u.*

Beweis. Sei $\mathfrak{F}$ ein Filter auf Y^X, der $C(X, Y)$ enthält und gleichmäßig gegen $f \in Y^X$ konvergiert. Wir wollen zeigen, daß dann $f \in C(X, Y)$ gilt.

Sei $x \in X$ gegeben und φ ein Filter auf X, der gegen x konvergiert. Sei ferner O eine offene Umgebung von $f(x)$. Dann existiert ein $\varepsilon > 0$ mit $U_{2\varepsilon}(f(x)) \subseteq O$. Wegen der gleichmäßigen Konvergenz von $\mathfrak{F}$ und $C(X, Y) \in \mathfrak{F}$ existiert dann ein $G \in \mathfrak{F}$ mit $G \subseteq C(X, Y)$ und $\forall g \in G : \forall z \in X : d(f(z), g(z)) < \varepsilon$. Sei nun g_0 irgendein Element von G, woraus unmittelbar $g_0(x) \in U_\varepsilon(f(x))$ folgt. Da g_0 stetig und $U_\varepsilon(f(x))$ offen ist, existiert ein $P \in \varphi$ mit $g_0(P) \subseteq U_\varepsilon(f(x))$. Daher sowie wegen $g_0 \in G$ haben wir für alle $p \in P$ nun $d(f(x), g_0(p)) < \varepsilon$ und $d(g_0(p), f(p)) < \varepsilon$. Das liefert $\forall p \in P : d(f(p), f(x)) < 2\varepsilon$, also $f(P) \subseteq U_{2\varepsilon}(f(x)) \subseteq O$. Da es also für jede offene Umgebung O von x ein $P \in \varphi$ gibt mit $f(P) \subseteq O$, ist f stetig in x - und weil das für alle $x \in X$ geht, ist f stetig. ∎

Die gleichmäßige Konvergenz hat also gegenüber z.B. der punktweisen schon mal einen sehr praktischen Vorteil: sie „macht Stetigkeit nicht kaputt“. [79]

Freilich ist es möglicherweise auch manchmal ein bißchen viel verlangt von einem Filter auf $C(X, Y)$, daß er auf *ganz* X gleichmäßig konvergiert. Wir mildern die Sache daher ein wenig ab.

Definition 5.3.36. Sei X eine Menge und (Y, d) ein metrischer Raum. Ferner sei $A \subseteq X$ gegeben. Ist $\mathfrak{F}$ ein Filter auf Y^X, so sagen wir $\mathfrak{F}$ *konvergiert gleichmäßig auf* A genau dann, wenn der Filter $\mathfrak{F}_{|A} := \{F_{|A} \mid F \in \mathfrak{F}\}$ mit $F_{|A} := \{f_{|A} \mid f \in F\}$, den wir aus $\mathfrak{F}$ erhalten, indem wir alle Elemente von Y^X auf A einschränken, gleichmäßig in Y^A konvergiert.

Für nur eine Menge A ist das meist wenig interessant, darum fordert man zur Konstruktion spezieller Konvergenzen gern die gleichmäßige Konvergenz auf ganzen

---

79 Anders als die stetige Konvergenz - siehe Lemma 5.3.25 - erzwingt sie Stetigkeit der Grenzfunktion aber auch nicht, wenn der gleichmäßig konvergente Filter nicht $C(X, Y)$ enthält.

Teilmengenfamilien: Ist $\mathfrak{A}$ eine Familie von Teilmengen von X, so sagen wir, ein Filter $\mathcal{F}$ *konvergiert gleichmäßig auf* $\mathfrak{A}$ genau dann wenn $\mathcal{F}$ gleichmäßig auf jedem Element von $\mathfrak{A}$ konvergiert.

Diese Konvergenz ist immer noch durch eine Topologie beschreibbar, die entsprechend *Topologie der gleichmäßigen Konvergenz auf* $\mathfrak{A}$ heißt.
Für beliebiges $A \subseteq X$ und $\varepsilon > 0$ sei
$S_{A,\varepsilon} := \{(f, g) | \ f, g \in Y^X, \forall a \in A : d(f(a), g(a)) < \varepsilon\}$.
Dann ist

$$\{S_{A,\varepsilon}(f) | \ A \in \mathfrak{A}, f \in Y^X, \varepsilon > 0\}$$

eine Subbasis für den Umgebungsfilter von f bzgl. der Topologie der gleichmäßigen Konvergenz auf $\mathfrak{A}$.

Von besonderer Bedeutung ist hierbei der Fall, daß die Urbildmenge X mit einer Topologie versehen und $\mathfrak{A}$ die Familie der kompakten Teilmengen von X ist. Die so erhaltene Konvergenz bekommt einen eigenen Namen: *gleichmäßige Konvergenz auf Kompakta* oder auch kurz *kompakte Konvergenz*.[80] Die induzierte Topologie ist die *Topologie der kompakten Konvergenz* und wird im folgenden öfter mit τ_{uc} bezeichnet.

Natürlich ist die kompakte Konvergenz keineswegs die einzige dieser Art, die eine Rolle spielt - oft genug hat man sie nicht zur Verfügung und muß sich mit anderen Mengenfamilien zu behelfen suchen, auf denen man gleichmäßige Konvergenz eben sichern kann.

Allerdings haben wir jetzt einen hübschen Zusammenhang, der den Übergang zu Funktionenraum*topologien* motiviert:

Lemma 5.3.37. *Sei (X, τ) ein topologischer Raum und (Y, d) ein metrischer Raum. In $C(X, Y)$ stimmt dann die Topologie τ_{uc} der gleichmäßigen Konvergenz auf Kompakta überein mit der kompakt-offenen Topologie τ_{co}.*

Beweis. Wir zeigen $\tau_{co} \subseteq \tau_{uc}$, indem wir nachrechnen, daß die definierenden Subbasismengen von τ_{co}, d.h. die Mengen der Gestalt $(K, O) := \{f \in C(X, Y) | \ f(K) \subseteq O\}$ mit kompaktem K und offenem O, zu τ_{uc} gehören.

Sei also $K \subseteq X$ kompakt, $O \subseteq Y$ offen und $f \in (K, O)$ gegeben. Dann ist wegen der Stetigkeit von f auch $f(K)$ kompakt, $f(K) \subseteq O$ mit offenem O, also existiert ein $\varepsilon > 0$ mit $U_\varepsilon(f(K)) \subseteq O$. Das liefert $S_{K,\varepsilon}(f) \subseteq (K, O)$. Dies für alle $f \in (K, O)$ ergibt $(K, O) \in \tau_{uc}$.

80 Diese kurze Bezeichnung ist etwas unglücklich, denn sie könnte zu der irrigen Annahme verleiten, es handle sich notwendig um eine Konvergenz, bezüglich derer die damit ausgerüstete Menge kompakt ist.

Umgekehrt ist ja $\mathcal{B} := \{S_{K,\varepsilon}(f) \mid K \subseteq X$ kompakt, $\varepsilon > 0\}$ eine Umgebungsbasis für $f \in C(X,Y)$ bezüglich τ_{uc}. Es reicht uns daher, zu zeigen, daß jedes Element von $\mathcal{B}$ eine τ_{co}-Umgebung von f umfaßt.
Seien also eine kompakte Teilmenge K von X, $\varepsilon > 0$ und eine Funktion $f \in C(X,Y)$ gegeben.

Wegen der Kompaktheit von $f(K)$ existieren endlich viele Punkte $x_1, ..., x_n \in K$ derart, daß $\bigcup_{i=1}^n U_{\frac{\varepsilon}{4}}(f(x_i)) \supseteq f(K)$. Wir setzen $K_i := K \cap f^{-1}(\overline{U_{\frac{\varepsilon}{4}}(f(x_i))})$ und $O_i := int(U_{\frac{\varepsilon}{2}}(f(x_i))$ für $i = 1, ..., n$. Offenbar gilt dann $f(K_i) \subseteq \overline{U_{\frac{\varepsilon}{4}}(f(x_i))} \subseteq O_i$.

Nun haben wir also $f \in \bigcap_{i=1}^n (K_i, O_i) \in \tau_{co}$ und weiterhin gleich für *alle* $g \in \bigcap_{i=1}^n (K_i, O_i)$: für jedes $x \in K$ existiert ein $i \in \{1, ..., n\}$ mit $x \in K_i$, folglich $g(x) \in U_{\frac{\varepsilon}{2}}(f(x_i))$ und $f(x) \in U_{\frac{\varepsilon}{4}}(f(x_i))$, also $d(f(x), g(x)) < \frac{3\varepsilon}{4} < \varepsilon$. Das ergibt freilich $g \in S_{K,\varepsilon}(f)$ und somit insgesamt $f \in \bigcap_{i=1}^n (K_i, O_i) \subseteq S_{K,\varepsilon}(f)$.

Damit folgt $\tau_{uc} \subseteq \tau_{co}$. ■

5.3.3 Ascoli-Sätze

In diesem Abschnitt wollen wir uns kurz mit sogenannten Ascoli-Sätzen beschäftigen. Das sind ihrem Wesen nach Implikationen, die es gestatten, aus (relativer) Kompaktheit von Funktionenmengen bezüglich einer „schwachen" Konvergenz (z.B. punktweise) unter gewissen Bedingungen auf deren (relative) Kompaktheit bezüglich einer „stärkeren" Konvergenz (kompakt-offene, stetige) zu schließen. Eine klassische Variante sieht z.B. so aus:

Satz 5.3.38. *Sei (X,d) ein kompakter metrischer Raum, $\mathbb{R}$ sei ausgerüstet mit euklidischer Metrik. Eine Teilmenge $\mathcal{H} \subseteq C(X,\mathbb{R})$ ist genau dann kompakt (bezüglich der Supremumsmetrik auf $C(X,\mathbb{R})$) wenn sie*
(1) *abgeschlossen im Sinne der punktweisen Konvergenz,*
(2) *beschränkt und*
(3) *gleichgradig stetig ist.*

Bemerkungen:
- Wenn wir einen metrischen Bildraum Y haben, so existiert dazu auch eine beschränkte Metrik d, welche dieselbe Topologie erzeugt. Dann ist auf Y^X die Supremumsmetrik definiert durch
$$\tilde{d}(f,g) := \sup\{d(f(x), g(x)) \mid x \in X\}.$$
- Wenn wir im Bildraum eine beschränkte Metrik haben, ist die Voraussetzung an eine Funktionenmenge, im Sinne der Supremumsmetrik beschränkt zu sein, natürlich albern. Man mache sich aber klar, daß die Supremumsmetrik auch in der Situation von 5.3.38 wohldefiniert ist - wegen der Kompaktheit des Urbildraumes X.

– Irgendwie fehlt uns noch eine Definition von „gleichgradig stetig".

Definition 5.3.39. Sei (X, τ) ein topologischer Raum und (Y, d) ein metrischer Raum. Sei ferner $\mathcal{H} \subseteq Y^X$ eine Menge von Funktionen. $\mathcal{H}$ heißt *gleichgradig stetig an der Stelle* $x_0 \in X$ genau dann, wenn

$$\forall \varepsilon > 0 : \exists V \in \dot{x}_0 \cap \tau : \forall h \in \mathcal{H} : h(V) \subseteq U_\varepsilon(h(x_0))$$

gilt. $\mathcal{H}$ heißt *gleichgradig stetig* genau dann wenn $\mathcal{H}$ gleichgradig stetig an allen Stellen $x_0 \in X$ ist.

Wir werden uns hier bemühen, eine *topologische Version* des Ascoli-Satzes herzuleiten, d.h. wir spielen ausschließlich mit topologischen Räumen, nicht mit metrischen. Natürlich soll der klassische Ascoli-Satz aber als Spezialfall herauskommen.

Dazu war Lemma 5.3.37 schon eine gute Vorarbeit, denn es sichert, daß wir uns hinsichtlich der wichtigen „gleichmäßigen Konvergenz auf Kompakta" (die im Falle eines kompakten Urbildraumes offenbar mit der gleichmäßigen Konvergenz zusammenfällt) auf die kompakt-offene Topologie zurückziehen können, zu deren Betrachtung wir gar keine Metrik brauchen.

In der Definition von gleichgradiger Stetigkeit taucht aber eine Metrik auf - wir sollten uns also überlegen, ob wir einen dazu passenden Begriff auch ohne Metrik formulieren können. Da gleichgradige Stetigkeit im Ascoli-Satz als Voraussetzung auftritt, wäre es schön, eine solche „passende" Eigenschaft zu finden, die aus gleichgradiger Stetigkeit *folgt*, sobald wir einen metrischen Bildraum haben.

Definition 5.3.40. Seien $(X, \tau), (Y, \sigma)$ topologische Räume und $\mathfrak{A} \subseteq \mathfrak{P}_0(X)$. Eine Teilmenge $\mathcal{H} \subseteq Y^X$ heißt *$\mathfrak{A}$-gleichstetig* genau dann, wenn für alle $A \in \mathfrak{A}$ gilt

$$\forall \mathcal{F} \in \mathfrak{F}(\mathcal{H}), \varphi \in \mathfrak{F}(A), x \in X : (\mathcal{F}(x) \overset{\sigma}{\to} y) \wedge (\varphi \overset{\tau}{\to} x) \Rightarrow \mathcal{F}(\varphi) \overset{\sigma}{\to} y\,.$$

$\mathcal{H}$ heißt *gleichstetig*, genau dann, wenn $\mathcal{H}$ $\{X\}$-gleichstetig ist.
$\mathcal{H}$ heißt *gleichstetig auf einer Teilmenge* $K \subseteq X$ genau dann, wenn die Menge der Einschränkungen $\mathcal{H}_{|K} := \{f_{|K} : K \to Y |\ f \in \mathcal{H}\}$ gleichstetig ist.

Lemma 5.3.41. *Seien $(X, \tau), (Y, \sigma)$ topologische Räume und $\mathcal{H} \subseteq C(X, Y)$. Äquivalent sind:*

(1) *$\mathcal{H}$ ist gleichstetig.*
(2) *Ist $x \in X$, $y \in Y$ und V eine beliebige Umgebung von y, dann existieren Umgebungen U von x und W von y derart, daß für alle $f \in \mathcal{H}$ aus $f(x) \in W$ stets $f(U) \subseteq V$ folgt.*

Beweis. „(1) ⇒ (2)": Angenommen, (2) gälte nicht, d.h.

$$\exists x \in X, y \in Y, V \in \dot{y} \cap \sigma : \forall U \in \dot{x} \cap \tau, W \in \dot{y} \cap \sigma : \exists f_{U,W} \in \mathcal{H} : f_{U,W}(x) \in W \wedge f_{U,W}(U) \nsubseteq V \quad (5.5)$$

Für alle $U \in \dot{x} \cap \tau$, $W \in \dot{y} \cap \sigma$ wählen wir nun ein solches $f_{U,W} \in \mathcal{H}$ mit $f(x) \in W \wedge f(U) \not\subseteq V$. Damit bilden wir jetzt Teilmengen von $\mathcal{H}$: $F_{U,W} := \{f_{C,D} | \; C \in \dot{x} \cap \tau, D \in \dot{y} \cap \sigma, C \subseteq U, D \subseteq W\}$.

Nun ist die Familie $\mathcal{B} := \{F_{U,W} | \; U \in \dot{x} \cap \tau, W \in \dot{y} \cap \sigma\}$ wegen $\emptyset \neq F_{U_1 \cap U_2, W_1 \cap W_2} \subseteq F_{U_1,W_1} \cap F_{U_2,W_2}$ eine Filterbasis auf $\mathcal{H}$. Sei $\mathcal{F}$ der davon erzeugte Filter.

Für alle offenen Umgebungen $W \in \dot{y} \cap \sigma$ haben wir $F_{X,W} \in \mathcal{F}$ und $F_{X,W}(x) \subseteq W$, also insbesondere $W \in \mathcal{F}(x)$, folglich insgesamt $\mathcal{F}(x) \overset{\sigma}{\longrightarrow} y$.

Ist andrerseits $U \in \dot{x} \cap \tau$ irgendeine offene Umgebung von x und $F \in \mathcal{F}$ ein beliebiges Element von $\mathcal{F}$, so existiert $F_{U',W} \in \mathcal{B}$ mit $F_{U',W} \subseteq F$, da $\mathcal{F}$ ja von $\mathcal{B}$ als Basis erzeugt wird. Wir finden $F_{U \cap U',W} \subseteq F_{U',W} \subseteq F$ sowie $F_{U \cap U',W}(U \cap U') \not\subseteq V$, also erst recht $F(U) \not\subseteq V$. Da dies für alle $U \in \dot{x} \cap \tau$ und alle $F \in \mathcal{F}$ gilt, folgt $V \notin \mathcal{F}(\underline{U}(x))$, mithin $\mathcal{F}(\underline{U}(x)) \overset{\sigma}{\not\longrightarrow} y$ - im Widerspruch zu (1).

„(2) ⇒ (1)“: Gelte (2) und sei $\mathcal{F} \in \mathfrak{F}(\mathcal{H})$, $x \in X$, $y \in Y$ mit $\mathcal{F}(x) \to y$ gegeben. Sei ferner $V \in \dot{y} \cap \sigma$ eine beliebige offene Umgebung von y. Dann existiert wegen (2) eine Umgebung $U \in \dot{x} \cap \tau$ von x und eine Umgebung $W \in \dot{y} \cap \sigma$ von y derart, daß

$$\forall f \in \mathcal{H} : f(x) \in W \Rightarrow F(U) \subseteq V \tag{5.6}$$

gilt. Wegen $\mathcal{F}(x) \to y$ existiert ein Filterelement $F_W \in \mathcal{F}$ mit $F_W(x) \subseteq W$, nach 5.6 also auch $F_W(U) \subseteq V$. Da dies für alle $V \in \dot{y} \cap \sigma$ gilt, erhalten wir $\mathcal{F}(\underline{U}(x)) \to y$. ■

Proposition 5.3.42. *Sei (X, τ) ein topologischer und (Y, d) ein metrischer Raum. Es gelten:*

(1) *Ist $\mathcal{H} \subseteq C(X, Y)$ gleichgradig stetig, dann ist $\mathcal{H}$ gleichstetig auf jeder Teilmenge $A \subseteq X$.*

(2) *Ist $\mathcal{H}$ gleichstetig und ist $\overline{\mathcal{H}(x)}$ kompakt für alle $x \in X$, so ist $\mathcal{H}$ auch gleichgradig stetig.*

Beweis. (1) Haben wir einen metrischen Bildraum (Y, d), ist weiterhin $\mathcal{H}$ gleichgradig stetig und ist $A \in \mathfrak{A} \subseteq \mathfrak{P}_0(X)$ gegeben, dann ist $\mathcal{H}$ ja insbesondere an jeder Stelle $x_0 \in A$ gleichgradig stetig.

Sei nun ein Filter $\mathcal{F}$ auf $\mathcal{H}$ gegeben mit $\mathcal{F}(x_0) \to y$ und ein Filter φ auf X mit $\varphi \to x_0$, d.h. $\varphi \supseteq \underline{U}(x_0)$. Dann haben wir ja $\forall \varepsilon > 0 : \exists F \in \mathcal{F} : F(x_0) \subseteq U_\varepsilon(y)$. Wegen der gleichgradigen Stetigkeit existiert dann aber auch ein $U \in \underline{U}(x_0) \subseteq \varphi$ mit $\forall h \in F \subseteq \mathcal{H} : h(U) \subseteq U_\varepsilon(h(x_0) \subseteq U_{2\varepsilon}(y)$. Das ergibt $F(U) \subseteq U_{2\varepsilon}(y)$ und damit folgt $\mathcal{F}(\varphi) \to y$.

(2) Seien $x_0 \in X$ und $\varepsilon > 0$ gegeben. Wegen der Gleichstetigkeit existieren laut 5.3.41 zu jedem $y \in \overline{\mathcal{H}(x_0)}$ offene Umgebungen U_y von x_0 und W_y von y derart, daß aus $f \in \mathcal{H}$ und $f(x) \in W_y$ stets $f(U_y) \subseteq U_{\frac{\varepsilon}{2}}(y)$ folgt. Die W_y bilden eine offene Überdeckung von $\overline{\mathcal{H}(x_0)}$, so daß wir wegen der Kompaktheit endlich viele $y_1, \ldots, y_n \in \overline{\mathcal{H}(x_0)}$ finden mit $\overline{\mathcal{H}(x_0)} \subseteq \bigcup_{i=1}^n W_{y_i}$. Wir setzen $U := \bigcap_{i=1}^n U_{y_i}$.

Für beliebiges $f \in \mathcal{H}$ haben wir nun $f(x_0) \in W_{y_k}$ für ein gewisses k, also $f(U) \subseteq f(U_{y_k}) \subseteq U_{\frac{\varepsilon}{2}}(y_k)$, also $\forall a, b \in U : d(f(a), f(b)) < \varepsilon$.

$\mathcal{H}$ ist also gleichgradig stetig an der Stelle x_0. ■

5.3.3.1 Die Stetigkeit der Restriktionsabbildung r_B

Seien (X, τ), (Y, σ) topologische Räume und $B \subseteq X$. Dann sei die Restriktionsabbildung r_B definiert durch

$$r_B : Y^X \to Y^B : r_B(f) := f_{|B} .$$

Proposition 5.3.43. *Wenn $\mathfrak{B} \subseteq \mathfrak{A}$ gilt, dann ist $r_B : (Y^X, \tau_{\mathfrak{A}}) \to (Y^B, \tau_{\mathfrak{B}})$ stetig.*

Beweis. Für die erzeugenden Subbasis-Elemente unserer Topologien verwenden wir folgende Notation: $(Z, V)_B := \{g \in Y^B | \ g(Z) \subseteq V\}$ und $(Z, V)_X := \{f \in Y^X | \ f(Z) \subseteq V\}$ mit Elementen Z von $\mathfrak{B}$ oder $\mathfrak{A}$, und offenen Teilmengen V von Y.

Um die Stetigkeit von r_B zu zeigen, reicht es nachzurechnen, daß das Urbild jedes Subbasis-Elementes von $\tau_{\mathfrak{B}}$ offen in $\tau_{\mathfrak{A}}$ ist. Seien also $Z \in \mathfrak{B} \subseteq \mathfrak{P}(B)$ und $V \in \sigma$ gegeben. Dann haben wir $r_B^{-1}((Z, V)_B) = \{f \in Y^X | \ f_{|B} \in (Z, V)_B\} = \{f \in Y^X | \ f_{|B}(Z) \subseteq V\} = \{f \in Y^X | \ f(Z) \subseteq V\} = (Z, V)_X \in \tau_{\mathfrak{A}}$. ■

Lemma 5.3.44. *Sei (X, τ) ein topologischer Raum, (Y, σ) ein Hausdorff-Raum. Sei ζ eine Topologie auf $C(X, Y)$ mit $\tau_p \subseteq \zeta$ und sei $\mathcal{H} \subseteq C(X, Y)$ kompakt bezüglich ζ. Dann ist $\mathcal{H}$ bezüglich τ_p abgeschlossen in Y^X.*

Beweis. Wegen $\tau_p \subseteq \zeta$ folgt die Kompaktheit von $\mathcal{H}$ bezüglich τ_p, also ist $\mathcal{H}$ abgeschlossen in Y^X, weil Y^X Hausdorff'sch ist. Dabei sei τ_p die Topologie der punktweisen Konvergenz. ■

Lemma 5.3.45. *Seien (X, τ), (Y, σ) topologische Räume; für alle kompakten Teilmengen $B \subseteq X$ und jede stetige Abbildung $f : B \to Y$ sei $f(B)$ ein T_3-Teilraum von Y. Dann stimmt die von der kompakt-offenen Topologie induzierte Konvergenz mit der stetigen Konvergenz überein.*

Beweis. Wegen Lemma 5.3.27 müssen wir ja nur $q_{\tau_{co}} \subseteq q_c$ zeigen.

Dazu werden wir nachrechnen, daß die Evaluationsabbildung

$$\omega : B \times C(B, Y) \to Y : \omega(x, f) := f(x)$$

stetig ist bezüglich $\tau \times \tau_{co}$, σ.

Für beliebiges $x \in B$ und $f \in C(B, Y)$ sei $V \in \sigma$ gegeben mit $\omega(x, f) \in V$. Weil $f(B)$ nach Voraussetzung T_3 ist und $V \cap f(B)$ offen in $f(B)$, existiert eine abgeschlossene Teilmenge Z von $f(B)$ und eine offene Teilmenge W von $f(B)$ derart, daß

$$f(x) \in W \subseteq Z \subseteq f(B) \cap V .$$

Weil $f : B \to (Y, \sigma)$ stetig ist, ist es auch stetig als Abbildung von B auf $f(B)$ bezüglich $\sigma_{|f(B)}$. Somit ist $f^{-1}(Z)$ abgeschlossen und $f^{-1}(W)$ offen in B, und natürlich gilt $x \in f^{-1}(W)$. Somit ist $f^{-1}(Z)$ kompakt und folglich $(f^{-1}(Z), V) \in \tau_{co}$. Es gilt $f(f^{-1}(Z)) \subseteq Z \subseteq V$, also $f \in (f^{-1}(Z), V)$, mithin ist $(f^{-1}(Z), V)$ eine offene τ_{co}-Umgebung von f in $C(B, Y)$ und offensichtlich ist $f^{-1}(W)$ eine offene Umgebung von x in B. nun haben wir $\omega(f^{-1}(W) \times (f^{-1}(Z), V)) \subseteq V$, also ist ω stetig. ■

Proposition 5.3.46. *Seien $(X, \tau), (Y, \sigma)$ topologische Räume, Y Hausdorff, und sei $\mathcal{H}$ eine relativ kompakte Teilmenge von $C(X, Y)$ bezüglich der kompakt-offenen Topologie τ_{co}. Dann ist $\mathcal{H}$ gleichstetig auf allen kompakten Teilmengen von X.*

Beweis. Sei $A \subseteq X$ kompakt, $\varphi \in \mathfrak{F}(A)$, $a \in A$ und $\mathcal{F} \in \mathfrak{F}(\mathcal{H})$ mit $\mathcal{F}(a) \to y \in Y$ und $\varphi \to a$ gegeben.

Dann konvergiert jeder Oberultrafilter $\mathcal{F}_0$ von $\mathcal{F}$ bezüglich τ_{co} gegen eine stetige Funktion g, wegen der relativen Kompaktheit von $\mathcal{H}$ in $C(X, Y)$. Somit folgt $y = g(a)$, wegen $\mathcal{F}_0(a) \to y$, und weil $\mathcal{F}_0$ auch punktweise gegen g konvergiert und Y Hausdorff'sch ist. Weiterhin gilt $g(\varphi) \to y = g(a) \in g(A)$ und $g(A)$ ist kompakt also auch abgeschlossen in Y, somit ist $g(A)$ auch T_3.

Sei nun $V_0 \in \dot{y} \cap \sigma$, dann existiert $V_1 \in \sigma$, so daß $y \in V_1 \cap g(A) \subseteq \overline{V_1 \cap g(A)} \subseteq V_0 \cap g(A)$. Ferner existiert $P_1 \in \varphi$ derart, daß $g(P_1) \subseteq V_1 \cap g(A) \subseteq \overline{V_1 \cap g(A)}$, folglich $g^{-1}(\overline{V_1 \cap g(A)}) \in \varphi$ und $g^{-1}(\overline{V_1 \cap g(A)})$ ist abgeschlossen in X. Somit ist $B := g^{-1}(\overline{V_1 \cap g(A)}) \cap A$ kompakt.

Aber es gilt $g(B) \subseteq \overline{V_1 \cap g(A)} \subseteq V_0$ und $\mathcal{F}_0$ konverghiert bezüglich τ_{co} gegen g, also $(B, V_0) \in \mathcal{F}_0$ und wir haben $B \in \varphi$, also folgt $V_0 \in \mathcal{F}_0(\varphi)$.

Nun ist die Familie $\mathfrak{A}_{V_0} := \{F \subseteq \mathcal{H} | \; \exists P \in \varphi : F(P) \subseteq V_0\}$ abgeschlossen unter endlichen Vereinigungen, weil φ abgeschlossen unter endlichen Durchschnitten ist, und wir haben gesehen, daß jeder Oberultrafilter von $\mathcal{F}$ ein Element von $\mathfrak{A}_{V_0}$ enthält.

Mit Lemma 1.4.10 folgt $\mathcal{F} \cap \mathfrak{A}_{V_0} \neq \emptyset$, und das gilt für jedes $V_0 \in \dot{y} \cap \sigma$. Folglich konvergiert $\mathcal{F}(\varphi)$ gegen y. ■

Lemma 5.3.47. *Seien $(X, \tau), (Y, \sigma)$ topologische Räume. Sei $\mathcal{F}$ ein Filter auf Y^X und $f \in Y^X$. Gelte*

$$\forall K \subseteq X, K \text{ kompakt} : \; r_K(\mathcal{F}) \xrightarrow{\tau_{co}} r_K(f)\,.$$

Dann gilt $\mathcal{F} \xrightarrow{\tau_{co}} f$ in Y^X.

Beweis. Die Mengen $(K, V)_X$ mit $K \subseteq X$ kompakt und $V \in \sigma$ bilden eine Subbasis für τ_{co}, wir müssen also zeigen, daß $\mathcal{F}$ alle derartigen Umgebungen von f enthält.

Seien also $K \subseteq X$ kompakt und $V \in \sigma$ mit $f \in (K, V)_X$ gegeben.

Wir haben $f(K) \subseteq V$ und folglich $f_{|K}(K) \subseteq V$, d.h. $f_{|K} = r_K(f) \in (K, V)_K = \{h \in Y^K | \; h(K) \subseteq V\}$, was ein Subbasiselement von τ_{co} in Y^K ist. Wegen $r_K(\mathcal{F}) \xrightarrow{\tau_{co}} f_{|K}$ existiert $A \in \mathcal{F}$ mit $r_K(A) \subseteq (K, V)_K$ und folglich $A \subseteq (B, V)_X$, also $(B, V)_X \in \mathcal{F}$. ■

Wir sind jetzt gerüstet, unseren topologischen Ascoli-Satz zu beweisen.

Satz 5.3.48. *Seien $(X,\tau), (Y,\sigma)$ topologische Räume, (Y,σ) Hausdorff. Sei $\mathcal{H} \subseteq C(X,Y)$ gegeben und sei $C(X,Y)$ mit kompakt-offener Topologie τ_{co} ausgestattet. Dann sind äquivalent:*
(1) *$\mathcal{H}$ ist τ_{co}-kompakt.*
(2) (a) *$\forall x \in X : \mathcal{H}(x)$ ist relativ kompakt in Y,*
(b) *$\mathcal{H}$ ist gleichstetig auf jeder kompakten Teilmenge $K \subseteq X$,*
(c) *$\mathcal{H}$ ist in Y^X τ_p-abgeschlossen.*

Beweis. „(1) $\Rightarrow$ (2)“: (c) folgt unmittelbar aus 5.3.44.
Wegen $\tau_{co} \supseteq \tau_p$ ist $\mathcal{H}$ auch τ_p-kompakt und folglich τ_p-relativ kompakt in Y^X. Nun folgt (a) aus dem Tychonoff-Satz für relativ kompakte Teilmengen.
Sei nun $K \subseteq X$ kompakt. Nach Proposition 5.3.43 ist auch $q_K(\mathcal{H})$ τ_{co}-kompakt.
(b) folgt unmittelbar aus Proposition 5.3.46.

„(2) $\Rightarrow$ (1)“: Wegen (a) ist $\mathcal{H}$ relativ kompakt in Y^X bezüglich τ_p und somit wegen (c) sogar τ_p-kompakt.

Sei $\mathcal{F}$ ein Ultrafilter auf $C(X,Y)$ mit $\mathcal{H} \in \mathcal{F}$. Wegen der τ_p-Kompaktheit von $\mathcal{H}$ existiert also $f \in \mathcal{H}$ mit $\mathcal{F} \xrightarrow{\tau_p} f$.

Für alle kompakten Teilmengen $K \subseteq X$ ist nun

$$r_K : \big(C(X,Y), \tau_p\big) \to \big(C(K,Y), \tau_p\big)$$

stetig nach Lemma 5.3.43.

Damit folgt $r_K(\mathcal{F}) \xrightarrow{\tau_p} r_K(f)$, was wiederum mit (b) sogleich $r_K(\mathcal{F}) \xrightarrow{c} r_K(f)$ in $C(K,Y)$ liefert, also auch $r_K(\mathcal{F}) \xrightarrow{\tau_{co}} r_K(f)$. Mit Lemma 5.3.47 folgt $\mathcal{F} \xrightarrow{\tau_{co}} f$. ∎

Tatsächlich erhalten wir als Folgerung daraus auch eine (gerinfügig verbesserte) Version unseres „Muster“-Ascoli-Satzes 5.3.38:

Korollar 5.3.49 („Semiklassischer Ascoli-Satz“). *Sei (X,τ) ein kompakter Hausdorff-Raum, $C(X,\mathbb{R})$ der Raum aller stetigen Funktionen $f : X \to \mathbb{R}$, ausgerüstet mit der Supremumsnorm*

$$||f|| := \sup\{|f(x)| \ : \ x \in X\}$$

d.h. der davon induzierten Topologie. Sei $M \subseteq C(X,\mathbb{R})$. Dann sind äquivalent:
(1) *M ist kompakt.*
(2) (a) *M ist in Y^X abgeschlossen bezüglich der punktweisen Topologie.*
(b) *M ist punktweise beschränkt.*
(c) *M ist gleichgradig stetig.*

Beweis. Die Supremumsnorm induziert auf einem kompakten Raum offenbar gerade die gleichmäßige Konvergenz, welche wegen Lemma 5.3.37 hier mit der von der kompakt-offenen Topologie induzierten übereinstimmt.

Punktweise Beschränktheit bedeutet in $\mathbb{R}$ bzw. $\mathbb{C}$ gerade punktweise relative Kompaktheit.

Aus gleichgradiger Stetigkeit von M folgt nach Proposition 5.3.42(1) die Gleichstetigkeit.

Somit liefert Satz 5.3.48 umgehend „(2) $\Rightarrow$ (1)“.

Um „(1) $\Rightarrow$ (2)“ einzusehen, müssen wir nach Satz 5.3.48 nur Proposition 5.3.42(2) anwenden, um aus der Gleichstetigkeit von M die gleichgradige Stetigkeit zu bekommen, denn aus der punktweisen Beschränktheit (=relativen Kompaktheit) folgt in $\mathbb{R}$ die Kompaktheit aller $\overline{M(x)}$, weil $\mathbb{R}$ ja ein T_3-Raum ist. ■

5.4 Kompaktifizierungen

> Saying that cultural objects have value is like saying that telephones have conversation.
>
> Brian Eno

Es scheint ein der menschlichen „Natur“ innewohnendes Verlangen zu bestehen, denken zu dürfen, daß eine besonders heftige Konzentration (von Verstand, Macht oder Motten ...) immer auch ein *Ziel* haben müsse. So sollten also wenigstens „maximal konzentrierte“ Filter, also unsre *Ultra*filter, unbedingt konvergieren. Und wenn nicht, werden sie eben dazu genötigt.

Kompaktheit, soviel dürfte inzwischen jedenfalls klar geworden sein, ist eine ziemlich famose Eigenschaft. Manchmal ist es recht bedauerlich, daß dieser oder jener topologische Raum nicht kompakt ist. Dann könnten wir uns freilich bemühen, ihn „kompakt zu machen“. Dabei wollen wir lieber nicht allzusehr an seiner Topologie herumspielen, sondern eher zusehen, daß wir vielleicht einen kompakten Raum finden, der unsren nicht so kompakten als Unterraum hat.

Unter einer „Kompaktifizierung“ wollen wir eine stetige, offene und injektive Abbildung eines topologischen Raumes (X, τ) in einen *kompakten* Raum (Y, σ) verstehen. Dabei soll (Y, σ) nicht übertrieben groß werden – wir wollen ja eigentlich doch nur den ursprünglichen Raum (X, τ) untersuchen, versprechen uns freilich ein paar technische Vorteile, wenn wir ihn in einem kompakten Raum unterbringen. Ist nun $f : X \to Y$ so eine stetige, offene und injektive Abbildung in den kompakten Raum (Y, σ), so ist natürlich auch schon $\overline{f(X)}$ als abgeschlossene Teilmenge von Y kompakt und es ist nicht wirklich nötig, den ganzen – möglicherweise sehr viel größeren und reich ornamentierten – Raum (Y, σ) zu betrachten, wenn wir nur mal eben (X, τ) als Teilraum irgendeines kompakten Raumes sehen wollten.

Es ist also vernünftig, von einer Kompaktifizierung zu erwarten, daß sie unsren Raum (X, τ) stetig, offen und injektiv auf einen *dichten* Teilraum des kompakten Raumes (Y, σ) abbildet.

Zuweilen nennen wir übrigens statt der *Abbildung* auch einen kompakten Raum (Y, σ), der eine zu (X, τ) homöomorphe dichte Teilmenge enthält, eine Kompaktifizierung von (X, τ).

Eine brutale Variante der Kompaktifizierung, die üblicherweise allenfalls zur Konstruktion einfacher Gegenbeispiele bei gar zu waghalsigen Vermutungen[81] taugt, könnte man als „Campingplatz-Kompaktifizierung" beschreiben:

Wir erklären alle Filter zu Motten und stellen ein Licht auf, zu dem sie dann alle konvergieren müssen.

Präziser: Sei (X, τ) ein beliebiger topologischer Raum. Sei ferner $\ast$ ein Element irgendeiner Obermenge von X, das nicht Element von X ist.[82] Dann bilden wir $X' := X \cup \{\ast\}$ und $\tau' := \tau \cup \{X'\}$. Somit ist X' die einzige Umgebung von $\ast$ und natürlich ist X' Element jedes Filters – insbesondere jedes Ultrafilters – auf X', so daß diese allesamt gegen $\ast$ konvergieren. Folglich ist (X', τ') kompakt, es gilt $X \subseteq X'$ und $\overline{X} = X'$. Zudem ist die kanonische Injektion $i : X \to X' : i(x) := x$ trivialerweise stetig, offen und injektiv.

Wir haben es also mit einer Kompaktifizierung zu tun – wenn auch mit einer zumeist wohl herzlich unbrauchbaren: So haben wir uns beispielsweise damit so ziemlich aller Trennungseigenschaften beraubt, die (X, τ) möglicherweise gehabt haben mag: von T_1 bis T_4 funktioniert in (X', τ') meist einfach gar nichts mehr.[83]
Wir müssen uns schon ein bißchen mehr Mühe geben.

Aufgabe 13 Gib ein Beispiel für einen lokalkompakten Raum (X, τ) mit einer kompakten Teilmenge $K \subseteq X$ an, die als Teilraum $(K, \tau_{|K})$ *nicht* lokalkompakt ist.

5.4.1 Alexandroff-Kompaktifizierung

Andrerseits ist die Idee gar nicht so schlecht, sparsam beim Hinzufügen von Elementen zu sein und erstmal zu probieren, ob wir nicht mit einem einzigen neuen Element

---

81 So können wir damit z.B. leicht einen kompakten (und damit schwach lokal kompakten) Raum angeben, der nicht lokal kompakt ist, indem wir das Verfahren auf die mit euklidischer Topologie versehene Menge $\mathbb{Q}$ anwenden.

82 So etwas gibt es stets: z.B. die Menge X selbst.

83 T_0 klappt natürlich, falls (X, τ) ein T_0-Raum war. T_3 und T_4 funktionieren nur, wenn (X, τ) indiskret (und damit ja selbst schon kompakt) ist. Ein T_1- oder gar T_2-Raum wird unser (X', τ') bei nichtleerem X nie.

auskommen können. Es müssen ja nicht gleich *alle Filter* gezwungen werden, dagegen zu konvergieren – es würde doch schon reichen, wenn's diejenigen Ultrafilter tun, die bislang noch nicht konvergieren.

Definition 5.4.1. Sei (X, τ) ein topologischer Raum. Sei ∞ Element irgendeiner Obermenge von X, das nicht Element von X ist.[84] Sei ferner $X^* := X \cup \{\infty\}$ und

$$\tau^* := \tau \cup \{X^* \setminus A | \ A \subseteq X, A \text{ abgeschlossen und kompakt in } (X, \tau)\} .$$

Dann nennen wir (X^*, τ^*) die *Alexandroff'sche Einpunkt-Kompaktifizierung* von (X, τ).

Es ist leicht zu sehen, daß τ^* tatsächlich eine Topologie auf X^* ist. Um den Gebrauch des Wortes „Kompaktifizierung" in dieser Definition zu rechtfertigen, müssen wir uns natürlich noch überlegen, daß (X^*, τ^*) wirklich kompakt und (X, τ) homöomorph zu einem dichten Unterraum davon ist.

Als Abbildung wählen wir wiederum die kanonische Injektion $i : X \to X^* : i(x) := x$. Deren Offenheit folgt unmittelbar aus $\tau \subseteq \tau^*$. Stetig ist sie, weil auch für $O \in \tau^* \setminus \tau$ ja gilt $\exists A \subseteq X$, A abgeschlossen in $(X, \tau) : O = X^* \setminus A$ und folglich $i^{-1}(O) = X \cap (X^* \setminus A) = X \setminus A \in \tau$. Schließlich ist (X^*, τ^*) kompakt, weil jede offene Überdeckung von X^* insbesondere das Element ∞ überdecken, also ein $O \in \tau^* \setminus \tau$ enthalten muß. Dann bleibt freilich mit $X^* \setminus O \subseteq X$ nur noch eine kompakte Teilmenge von X zu überdecken.

Ist bereits (X, τ) kompakt, so erhalten wir $\{\infty\} \in \tau^*$, so daß dann X nicht dicht in X^* liegt. Freilich hätten wir dann auch gar nicht erst ∞ hinzuzufügen brauchen, um zu einem kompakten Raum zu gelangen. War freilich (X, τ) nicht kompakt, so schneidet nach Definition jede offene Umgebung von ∞ unser X, es gilt also $\overline{X} = X^*$.

Die Frage drängt sich auf, ob es denn überhaupt nichtleere Teilmengen von X gibt, die sowohl abgeschlossen als auch kompakt sind. Anderenfalls landen wir nämlich bloß wieder bei der eingangs erwähnten „Campingplatz-Kompaktifizierung"! Nun, beruhigend dürfte sein, daß zumindest in T_1-Räumen schon mal alle endlichen Teilmengen sowohl abgeschlossen als auch kompakt sind. Richtig nützlich wird die Alexandroff-Kompaktifizierung freilich erst in Hausdorff-Räumen, wo ja jede kompakte Teilmenge abgeschlossen ist.

Aufgabe 14 Gib ein Beispiel für einen T_0-Raum (X, τ) an, der keine nichtleeren Teilmengen hat, die sowohl abgeschlossen als auch kompakt sind!

Lemma 5.4.2. *Sei (X, τ) ein topologischer Raum. Seine Alexandroff-Kompaktifizierung (X^*, τ^*) ist genau dann ein T_2-Raum, wenn (X, τ) ein lokal kompakter T_2-Raum ist.*

---

84 Aufmerksame Leser mögen sich fragen, warum hier dauernd diese umständliche Formulierung mit der Obermenge steht, wo doch z.B. „sei xyz nicht Element von X" das gleiche zu bedeuten scheint. Tut es freilich nicht, denn diese laxere Formulierung würde es gestatten, für xyz eine Unmenge einzusetzen, die wir der Menge X ja nicht als Element hinzufügen könnten. Wir wollen das aber können.

Beweis. Zunächst ist ja (X^*, τ^*) kompakt, also erst recht schwach lokal kompakt. Ist (X^*, τ^*) zusätzlich ein T_2-Raum, so wegen Proposition 5.3.5 auch lokal kompakt. Folglich ist auch (X, τ) als offener (weil die einpunktige Menge $\{\infty\}$ im Hausdorff-Raum (X^*, τ^*) abgeschlossen ist) Teilraum ein T_2-Raum und lokal kompakt.

Sei nun (X, τ) lokal kompakter T_2-Raum. Um die Punktetrennung innerhalb von $X \subseteq X^*$ brauchen wir uns keine Sorgen zu machen, da ja (X, τ) schon als Hausdorff'sch vorausgesetzt ist und $\tau \subseteq \tau^*$ gilt. Wir müssen nur zeigen, daß jedes Element aus X auch von ∞ durch disjunkte offene Umgebungen getrennt werden kann. Sei also $x \in X$ beliebig. Wegen der lokalen Kompaktheit von (X, τ) existiert dann eine offene Teilmenge $U \subseteq X$ und eine kompakte Teilmenge $K \subseteq X$ mit $x \in U \subseteq K$. Dann haben wir freilich $\infty \in X^* \setminus K \in \tau^*$ und $U \cap (X^* \setminus K) = \emptyset$. ∎

Bemerkungen

(1) Als kompakter T_2-Raum ist natürlich auch (X^*, τ^*) lokal kompakt, sobald (X, τ) lokal kompakt und T_2 ist. Im Lemma kommt es darauf an, daß die lokale Kompaktheit von (X, τ) schon für die T_2-Eigenschaft von (X^*, τ^*) *notwendig* und im Zusammenspiel mit der T_2-Eigenschaft von (X, τ) auch hinreichend ist.

(2) wegen Proposition 5.3.5 hätte es selbstverständlich gereicht, *schwache* lokale Kompaktheit zu fordern.

Will man durch Hinzunahme eines einzelnen Elementes einen nicht kompakten (aber notwendigerweise lokal kompakten) T_2-Raum in einen kompakten T_2-Raum einbetten, so ist die Alexandroff-Kompaktifizierung die einzige Möglichkeit (bis auf Homöomorphie).

Lemma 5.4.3. *Sei (X, τ) ein topologischer Raum und seien (X_1, τ_1) sowie (X_2, τ_2) kompakte Hausdorff-Räume, die beide jeweils (X, τ) als Unterraum haben und gelte $X_i \setminus X = \{\infty_i\}$, $i \in \{1, 2\}$. Dann ist*

$$f : X_1 \to X_2 : f(x) := \begin{cases} x & ; \quad x \in X \\ \infty_2 & ; \quad x = \infty_1 \end{cases}$$

ein Homöomorphismus.

Beweis. Jedenfalls ist f offensichtlich bijektiv. Wir zeigen, daß f eine offene Abbildung ist. Gelingt das, ist leicht einzusehen, daß aus denselben Gründen – „spiegelverkehrt“ angewandt – die Offenheit von f^{-1}, also die Stetigkeit von f folgt.
Sei nun $O \in \tau_1$.

Falls $O \subseteq X$, folgt $f(O) = O \in \tau$ und darum $f(O) \in \tau_2$, weil X in X_2 offen ist, denn $\{\infty_2\} = X_2 \setminus X$ ist als einpunktige Teilmenge des Hausdorff-Raumes (X_2, τ_2) abgeschlossen.

Falls $\infty_1 \in O$ gilt, ist jedenfalls $X_1 \setminus O \subseteq X$ abgeschlossen in X_1 und somit kompakt. Zudem haben wir nach Definition von f dann ja $f(X_1 \setminus O) = X \setminus O$, was als kompakte Teilmenge des Hausdorff-Raumes (X_2, τ_2) in X_2 abgeschlossen ist. Mithin ist $f(O) = f(X_1 \setminus (X_1 \setminus O)) = X_2 \setminus (X_2 \setminus f(O))$ offen in X_2. ∎

5.4.2 Stone-Čech-Kompaktifizierung

> Wenn Leute nicht glauben, daß Mathematik einfach ist, dann nur deshalb, weil sie nicht begreifen, wie kompliziert das Leben ist.
>
> John von Neumann

Die Stone-Čech-Kompaktifizierung geht auf den Einfall zurück, den fraglichen Raum überhaupt erstmal in einen – nun ja – „naheliegenden" kompakten Raum einzubetten und darin dann einfach den Abschluß zu bilden. Was die Verständlichkeit dieses „naheliegend" betrifft, haben alle diejenigen einen Vorteil, die sich an das Prinzip der Dualräume (und insbesondere der Einbettung in den 2. Dualraum) aus der Linearen Algebra oder der Funktionalanalysis zu erinnern vermögen :-).

Wir hatten eben gesehen, daß wir durchaus ein paar Forderungen an einen topologischen Raum stellen müssen, damit die Existenz einer halbwegs geeigneten Kompaktifizierung durch einen einzelnen Punkt gewährleistet werden kann. Unter „geeignet" hatten wir dabei insbesondere verstehen wollen, daß die Hausdorff-Eigenschaft ggf. auch für die gesuchte Kompaktifizierung gelten möge und prompt herausbekommen, daß wir uns dann auf lokal kompakte Räume beschränken müssen.

Bei der folgenden Konstruktion versuchen wir gar nicht erst, mit einer Ergänzung durch einen einzelnen Punkt auszukommen. Gleichwohl wünschen wir uns, daß die Hausdorff-Eigenschaft im Fall der Fälle erhalten bleiben möge. Wiederum werden wir also an den zu kompaktifizierenden Raum ein paar Forderungen stellen müssen. Dazu beobachten wir erst einmal folgendes:

Ist (Y, σ) ein kompakter T_2-Raum, so ist er laut Satz 5.1.14 auch ein T_4-Raum. Zudem folgt aus T_2 auch T_1, also sind die einpunktigen Mengen abgeschlossen, so daß wegen des Urysohn-Lemmas 4.4.14 sogleich folgt: zu jeder abgeschlossenen Teilmenge A von Y und jedem Element $y \in Y \setminus A$ existiert eine stetige Funktion $f : Y \to [0,1]$ mit $f(y) = 0$ und $f(A) \subseteq \{1\}$. Dies ist nun offensichtlich eine Eigenschaft, die sich – anders als T_4 – zwangsläufig auf Teilräume vererbt.[85] Es handelt sich um eine weitere Trennungseigenschaft und sie erhält auch einen eigenen Namen:

---

85 Ist $(X, \sigma_{|X})$ ein Teilraum von (Y, σ), $A \subseteq X$ abgeschlossen bezüglich $\sigma_{|X}$ und $x \in X \setminus A$, so muß es eine bezüglich σ abgeschlossene Teilmenge $A' \subseteq Y$ geben mit $A = X \cap A'$, so daß auch $x \notin A'$ folgt. Die demnach existierende stetige Funktion $f : Y \to [0,1]$ mit $f(x) = 0$ und $f(A') \subseteq \{1\}$ können wir dann einfach auf X einschränken.

Definition 5.4.4. Ein topologischer Raum (X, τ) heißt *vollständig regulär* (bzw. $T_{3\frac{1}{2}}$-Raum) genau dann, wenn es zu jeder abgeschlossenen Teilmenge $A \subseteq X$ und jedem Element $x \in X \setminus A$ eine stetige Abbildung $f : X \to [0, 1]$ ($[0, 1]$ mit euklidischer Topologie) gibt mit $f(x) = 0$ und $f(A) \subseteq \{1\}$.
Ist (X, τ) zusätzlich ein T_1-Raum, so nennen wir ihn auch einen *Tychonoff-Raum.*

Es sollte klar sein, daß jeder vollständig reguläre Raum (X, τ) auch ein T_3-Raum ist.[86]

Wenn wir also einen topologischen Raum als Teilraum in einem kompakten T_2-Raum (der ja wegen Satz 5.1.14 und Lemma 4.4.14 ein Tychonoff-Raum ist) unterbringen wollen, so muß er als Teilraum eines Tychonoff-Raumes selbst schon ein Tychonoff-Raum sein.
Aus Lemma 5.4.2 erhalten wir somit unmittelbar:

Korollar 5.4.5. *Jeder lokal kompakte T_2-Raum ist ein Tychonoff-Raum.*

Wir untersuchen nun, ob es vielleicht zu *jedem* (nicht notwendig lokal kompakten) Tychonoff-Raum (X, τ) eine Kompaktifizierung mit Hausdorff-Eigenschaft gibt.[87]

Zunächst gönnen wir uns etwas Vorbereitung.

Lemma 5.4.6 (Einbettungslemma). *Sei (X, τ) ein topologischer Raum, $(Y_i, \sigma_i)_{i \in I}$ eine Familie topologischer Räume und $(f_i : X \to Y_i)_{i \in I}$ eine zugehörige Familie stetiger Abbildungen. Sei ferner die Abbildung $f : X \to \prod_{i \in I} Y_i$ (mit Produkttopologie $\prod_{i \in I} \sigma_i$) definiert durch*

$$f(x) := (f_i(x))_{i \in I}$$

d.h. $\forall i \in I : p_i \circ f = f_i$, wobei $p_j : \prod_{i \in I} Y_i \to Y_j : p_j((y_i)_{i \in I}) := y_j$ für alle $j \in I$ die kanonischen Projektionen sind. Dann gelten

(1) *f ist stetig.*

(2) *Falls es zu je zwei verschiedenen $x_1, x_2 \in X$ ein $i \in I$ mit $f_i(x_1) \neq f_i(x_2)$ gibt, so ist f injektiv.*

(3) *Falls es zu jeder abgeschlossenen Teilmenge $A \subseteq X$ und jedem Element $x \in X \setminus A$ ein $i \in I$ gibt mit $f_i(x) \notin \overline{f_i(A)}$, dann ist die Abbildung $f' : X \to f(X) : f'(x) := f(x)$ offen (im Sinne der Spurtopologie auf $f(X) \subseteq \prod_{i \in I}(Y_i, \sigma_i)$).*

Beweis. (1) Trivial, weil die Produkttopologie initial bezüglich der kanonischen Projektionen ist und die Verkettungen von f mit eben jenen nach Voraussetzung alle stetig sind.

86 Ist A eine abgeschlossene Teilmenge und $x \in X \setminus A$, dann existiert ja eine stetige Funktion $f : X \to [0, 1]$ mit $x \in f^{-1}(0)$ und $A \subseteq f^{-1}(\{1\})$, wir können als trennende offene Umgebungen also z.B. $f^{-1}([0, \frac{1}{3}))$ und $f^{-1}((\frac{2}{3}, 1])$ wählen.

87 *Sofern* wir (X, τ) als z.B. *offenen* Teilraum einbetten könnten, würde daraus natürlich sofort wieder die lokale Kompaktheit von (X, τ) folgen. Das haben wir aber nicht vor.

(2) Sind $x_1, x_2 \in X$ mit $x_1 \neq x_2$ gegeben, so existiert nach Voraussetzung $i \in I$ mit $p_i(f(x_1)) = f_i(x_1) \neq f_i(x_2) = p_i(f(x_2))$, also $f(x_1) \neq f(x_2)$.

(3) Sei $O \in \tau$ mit $\emptyset \neq O \neq X$ gegeben. (Für $\emptyset$ und X ist nichts zu beweisen.) Wir wollen zeigen, daß $f(O)$ im Sinne der Spurtopologie auf $\prod_{i \in I} Y_i$ offen ist, d.h. daß zu jedem $x \in O$ eine offene Umgebung

$$V_x \in \dot{f(x)} \cap \prod_{i \in I} \sigma_i$$

existiert mit $V_x \cap f(X) \subseteq f(O)$. Sei also $x \in O$ gegeben. Dann ist natürlich $A := X \setminus O$ abgeschlossen mit $x \notin A$. Nach Voraussetzung haben wir also ein $i \in I$ mit $f_i(x) \notin \overline{f_i(A)}$. Dann ist $V_x := p_i^{-1}(Y_i \setminus \overline{f_i(A)})$ offen (wegen der Stetigkeit von p_i) und enthält $f(x)$ (wegen $p_i(f(x)) = f_i(x) \in Y_i \setminus \overline{f_i(A)}$). Außerdem haben wir $\forall y \in f(X) \cap V_x$ zunächst einmal $\exists z \in X : y = f(z)$ wegen $y \in f(X)$ und ferner $p_i(f(z)) = f_i(z) \notin \overline{f_i(A)} = \overline{f_i(X \setminus O)}$ wegen $y \in V_x$. Das ergibt jedenfalls $z \notin X \setminus O$, also $z \in O$ und folglich $y = f(z) \in f(O)$. Somit erhalten wir $V_x \cap f(X) \subseteq f(O)$. ■

Definition 5.4.7. Sei (X, τ) ein Tychonoff-Raum. Mit $\mathfrak{C}(X) := C(X, [0,1])$ bezeichnen wir die Menge aller stetigen Abbildungen von X in das mit euklidischer Topologie versehene Einheitsintervall.[88] Nun sei

$$[0,1]^{\mathfrak{C}(X)} = \prod_{f \in \mathfrak{C}(X)} [0,1]_f$$

(wobei für alle $f \in \mathfrak{C}(X)$ mit $[0,1]_f$ das Intervall $[0,1]$ mit euklidischer Topologie gemeint sein soll) die Familie *aller* Abbildungen von $\mathfrak{C}(X)$ nach $[0,1]$, welche wir mit Produkttopologie (= Topologie der punktweisen Konvergenz) versehen.[89]
Jetzt ordnen wir jedem $x \in X$ die Abbildung

$$h_x : \mathfrak{C}(X) \to [0,1] : h_x(f) := f(x)$$

zu, die wir auch als $\omega(x, \cdot)$ schreiben können, wenn $\omega : X \times \mathfrak{C}(X) \to [0,1]$ die übliche Auswertungsabbildung ist.

Diese Zuordnung ist offenbar eine Abbildung von X in $[0,1]^{\mathfrak{C}(X)}$, wir bezeichnen sie mit e_X,

$$e_X : X \to [0,1]^{\mathfrak{C}(X)} : e_X(x) := h_x .$$

Laut Tychonoff-Satz ist der Raum $[0,1]^{\mathfrak{C}(X)}$ kompakt, weil $[0,1]$ es ist. Mit

$$\beta(X) := \overline{e_X(X)}$$

bezeichnen wir den Abschluß des Bildes $e_X(X)$ in $[0,1]^{\mathfrak{C}(X)}$, der folglich auch kompakt ist und in dem $e_X(X)$ dicht liegt. Wir nennen $\beta(X)$ die *Stone-Čech-Kompaktifizierung* von (X, τ).[90]

---

88 Hier beginnt die Analogie zum Dualraum-Konzept ...

89 Damit haben wir unsre Analogie zum 2. Dualraum. Wir sind also nah am Ziel :-).

90 Streng genommen, müßten wir die Bezeichnung $\beta(X, \tau)$ statt einfach nur $\beta(X)$ wählen, denn natürlich hängt die Stone-Čech-Kompaktifizierung eines Raumes auch ein klitzekleines bißchen von sei-

Um die Rede von Kompaktifizierung in dieser Definition zu rechtfertigen, müssen wir uns nur noch überlegen, daß die darin erklärte Abbildung $e_X : X \to [0,1]^{\mathfrak{C}(X)}$ injektiv, stetig und als Abbildung von X nach $e_X(X)$ offen ist. Dieses sichert aber gerade unser voriges Einbettungslemma 5.4.6: für jedes $x \in X$ haben wir ja offenbar $e_X(x) = (g(x))_{g\in\mathfrak{C}(X)}$, so daß unser e_X just so gebildet ist, wie die Funktion f im Einbettungslemma, wobei $I := \mathfrak{C}(X)$ und $f_g := g, g \in \mathfrak{C}(X)$ gewählt ist. Demzufolge ist e_X zunächst einmal stetig laut 5.4.6(1). Da die einpunktigen Mengen in (X,τ) abgeschlossen sind und es sich auch noch um einen vollständig regulären Raum handelt, gibt es zu je zwei verschiedenen Elementen $x_1, x_2 \in X$ eine stetige Funktion $g \in \mathfrak{C}(X)$ mit $g(x_1) = 0$ und $g(x_2) = 1$, also ist e_X injektiv nach 5.4.6(2). Zudem haben wir für jede abgeschlossene Teilmenge $A \subseteq X$ und jedes Element $x \in X \setminus A$ wegen der vollständigen Regularität auch ein $g \in \mathfrak{C}(X)$ mit $g(x) = 0$ und $g(A) \subseteq \{1\}$, also jedenfalls $g(x) \notin \overline{g(A)} \subseteq \overline{\{1\}} = \{1\}$. Daher ist e_X als Abbildung von X nach $e_X(X)$ auch offen, laut 5.4.6(3). ∎

Bemerkung: Wegen Lemma 3.1.22 ist der Produktraum $[0,1]^{\mathfrak{C}(X)}$ ein Hausdorff-Raum, daher ist $\beta(X)$ als Teilraum davon wiederum ein Hausdorff-Raum, also wegen seiner Kompaktheit auch ein Tychonoff-Raum.

Aufgabe 15 Sei (X,τ) bereits ein kompakter T_2-Raum. Bestimme $\beta(X) \setminus e_X(X)$.

Ähnlich wie die Alexandroff-Kompaktifizierung zeichnet sich auch die Stone-Čech-Kompaktifizierung durch eine gewisse Einzigartigkeit aus: jede stetige Abbildung f unsres Tychonoff-Raumes (X,τ) in einen kompakten Hausdorff-Raum (Y,σ) hat genau eine stetige „Fortsetzung“ auf $\beta(X)$ – und jede Kompaktifizierung von (X,τ), die auch stets genau eine stetige Fortsetzung gestattet, ist homöomorph zu $\beta(X)$.

Satz 5.4.8 (Satz von Stone-Čech). *Sei (X,τ) ein Tychonoff-Raum. Dann gelten:*

(1) *Für jeden kompakten Hausdorff-Raum (Y,σ) und jede stetige Abbildung $f : X \to Y$ existiert genau eine stetige Funktion $F : \beta(X) \to Y$ mit $f = F \circ e_X$.*

$$\begin{array}{ccc} (X,\tau) & \xrightarrow{\ f\ } & (Y,\sigma) \\ {\scriptstyle e_X}\downarrow & \nearrow{\scriptstyle F} & \\ \beta(X) & & \end{array} \tag{5.7}$$

(2) *Ist (X',τ') ein kompakter Hausdorff-Raum, und existiert ein Homöomorphismus $e' : X \to X'$ auf einen dichten Teilraum $e'(X)$ von X' derart, daß für jeden kompakten*

ner Topologie ab. Es dürfte freilich in den allermeisten Fällen nur jeweils eine Topologie auf X im Gespräch sein und es hat sich daher eingebürgert, einfach nur $\beta(X)$ (manchmal auch nur „βX“) zu schreiben.

Hausdorff-Raum (Y, σ) *und jede stetige Funktion* $g : X \to Y$ *genau eine stetige Funktion* $G : X' \to Y$ *mit* $g = G \circ e'$ *existiert, dann ist* (X', τ') *homöomorph zu* $\beta(X)$.[91]

(3) *Ist ein* T_2*-Raum* (X', τ') *Kompaktifizierung von* (X, τ)*, dann ist* (X', τ') *ein Quotientenraum von* $\beta(X)$.

Beweis. (1) Sei (Y, σ) ein kompakter Hausdorff-Raum. Aus Aufgabe 15 wissen wir, daß jedenfalls $Y \cong \beta(Y)$ gilt, der Homöomorphismus aus der zugehörigen Stone-Čech-Kompaktifizierung heiße e_Y, also $e_Y : Y \to \prod_{j \in C(Y,[0,1])} [0,1]_j$ mit $e_Y(Y)$ abgeschlossen in $\prod_{j \in C(Y,[0,1])} [0,1]_j$.

Alle Funktionen $j \circ f$ mit $j \in C(Y, [0,1])$ sind stetige Abbildungen von X nach $[0,1]$, d.h. Elemente von $C(X, [0,1])$. Wir können also das Produkt $\prod_{j \in C(Y,[0,1])} [0,1]_{j \circ f}$ nehmen und unser $\prod_{g \in C(X,[0,1])} [0,1]_g$ darauf vermöge

$$P : \prod_{g \in C(X,[0,1])} [0,1]_g \to \prod_{j \in C(Y,[0,1])} [0,1]_{j \circ f} : P((k_g)) := (k_{j \circ f})_{j \in C(Y,[0,1])}$$

bzw. äquivalent ausgedrückt

$$P : [0,1]^{C(X,[0,1])} \to [0,1]^{C(Y,[0,1])} : P(h)(j) := h(j \circ f)$$

abbilden. (D.h. an der j-Komponente des Bildes steht genau die $j \circ f$-Komponente des Urbildes. Dabei kann es durchaus auftreten, daß für verschiedene j_1, j_2 zuweilen $j_1 \circ f = j_2 \circ f$ gilt. Dann kommt die Komponente $k_{j_1 \circ f}$ im Bild eben doppelt vor.)

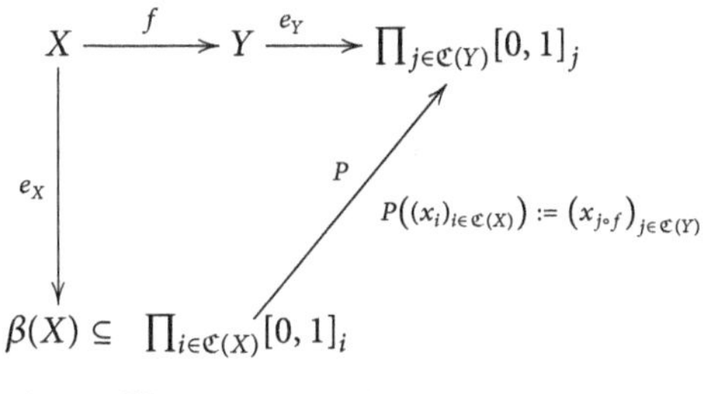

P ist stetig, denn sind $q_t : \prod_{g \in C(X,[0,1])} [0,1]_g \to [0,1]_t : q_t((k_g)_{g \in C(X,[0,1])}) := k_t$ die kanonischen Projektionen aus $\prod_{g \in C(X,[0,1])} [0,1]_g$ und sind $p_i : \prod_{j \in C(Y,[0,1])} [0,1]_{j \circ f} :\to [0,1]_{j \circ f} : p_i((k_{j \circ f})_{j \in C(Y,[0,1])}) := k_{i \circ f}$, so erhalten wir als Komposition von P mit jeder der Projektionen p_i:

$$p_i \circ P((k_g)_{g \in C(X,[0,1])}) = p_i((k_{j \circ f})_{j \in C(Y,[0,1])}) = k_{i \circ f} = q_{i \circ f}((k_g)_{g \in C(X,[0,1])}),$$

also $p_i \circ P = q_{i \circ f}$ mit $i \circ f \in C(X, [0,1])$ – und die Projektion $q_{i \circ f}$ ist natürlich nach Definition des Produktes stetig.

91 D.h. $\beta(X)$ ist bis auf Homöomorphie die einzige Kompaktifizierung von (X, τ) mit der Eigenschaft (1).

Wir wollen nun sehen, wie P auf $e_X(X)$ wirkt. Für jedes $x \in X$ finden wir

$$\begin{aligned} P(e_X(x)) &= P(h_x) = P((g(x))_{g \in C(X,[0,1])}) \\ &= (j \circ f(x))_{j \in C(Y,[0,1])} = (j(f(x)))_{j \in C(Y,[0,1])} \end{aligned}$$

(wobei mit h_x die in Definition 5.4.7 erklärte Abbildung gemeint ist). Nun ist für $f(x) = y$ aber $(j(f(x)))_{j \in C(Y,[0,1])} = (j(y))_{j \in C(Y,[0,1])}$ und das ist nichts anderes als $e_Y(y)$. Wir haben also $\forall x \in X : P(e_X(x)) = e_Y(f(x))$. Das ergibt

$$P \circ e_X = e_Y \circ f \, .$$

Wegen der Injektivität von e_Y folgt $e_Y^{-1} \circ P \circ e_X = f$ und offensichtlich ist $e_Y^{-1} \circ P$ stetig. Wir setzen also

$$F := (e_Y^{-1} \circ P)_{|\beta(X)}$$

und erhalten $F \circ e_X = f$. Daher ist F die gesuchte Fortsetzung. Die Eindeutigkeit dieser Fortsetzung ergibt sich nun schlicht aus Satz 4.4.6.

(2) Wir wählen $f = e'$ und $g = e_X$. Dann existiert nach Voraussetzung eine stetige Abbildung $G : X' \to \beta(X)$ mit

$$e_X = G \circ e' \tag{5.8}$$

und laut (1) existiert eine stetige Abbildung $F : \beta(X) \to X'$ mit

$$e' = F \circ e_X \, . \tag{5.9}$$

Einsetzen von (5.8) in (5.9) liefert $e' = F \circ G \circ e'$ und Einsetzen von (5.9) in (5.8) liefert $e_X = G \circ F \circ e_X$.

Freilich ist sowohl $G \circ F$ als auch $F \circ G$ als Komposition stetiger Abbildungen wiederum stetig und darum stetige Fortsetzung von e_X zu einer stetigen Abbildung von $\beta(X)$ nach $\beta(X)$ (bzw. Fortsetzung von e' zu einer stetigen Abbildung von X' nach X').

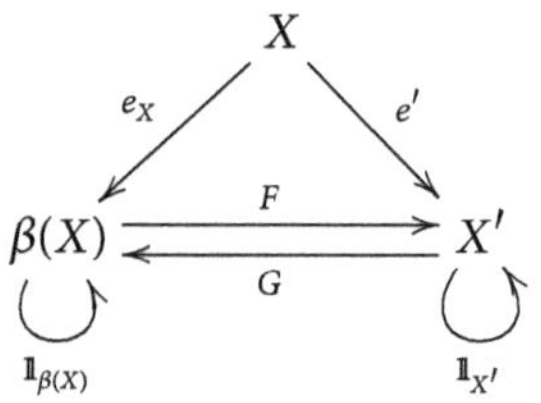

Weil aber auch $\mathbf{1}_{\beta(X)}$ bzw. $\mathbf{1}_{X'}$ solche stetigen Fortsetzungen sind und es nach Voraussetzung bzw. (1) davon jeweils nur eine geben kann, erhalten wir $G \circ F = \mathbf{1}_{\beta(X)}$ und $F \circ G = \mathbf{1}_{X'}$. Wegen der Stetigkeit von F *und* G, sind sie somit beide Homöomorphismen zwischen $\beta(X)$ und X'.

(3) Sei (Y, σ) ein kompakter Hausdorff-Raum und $f : X \to Y$ ein Homöomorphismus zwischen X und $f(X)$, sowie $f(X)$ dicht in Y. Dann existiert nach (1) eine stetige Abbildung $F : \beta(X) \to Y$ mit $f = F \circ e_X$. Da $\beta(X)$ kompakt ist, ist auch $F(\beta(X))$

kompakt, daher im Hausdorff-Raum (Y, σ) abgeschlossen. Andrerseits gilt natürlich $F(\beta(X)) \supseteq f(X)$, also $F(\beta(X)) = \overline{F(\beta(X))} \supseteq \overline{f(X)} = Y$. Folglich ist F surjektiv.

Ist nun A eine abgeschlossene und folglich kompakte Teilmenge von $\beta(X)$, dann ist auch $F(A)$ kompakt, also abgeschlossen im Hausdorff-Raum (Y, σ). Somit ist F auch eine abgeschlossene Abbildung. Laut Proposition 3.1.14 ist F daher eine Quotientenabbildung. ∎

Aufgabe 16 Sei $\mathbb{N}$ ausgestattet mit diskreter Topologie. Zeige, daß dann die Stone-Čech-Kompaktifizierung $\beta(\mathbb{N})$ mindestens die Mächtigkeit von $[0, 1]^{[0,1]}$ hat. (Hinweis: beachte Beispiel 3.1.17.)

An diesem Beispiel sehen wir, daß die Stone-Čech-Kompaktifizierung absolut nicht zimperlich im Hinzufügen von Punkten ist: so kann offenbar die Menge der hinzugefügten Punkte in ihrer Mächtigkeit die Ausgangsmenge erheblich überschreiten. Wie mächtig $\beta(\mathbb{N})$ genau ist, werden wir im nächsten Abschnitt herausfinden. Hier wollen wir lediglich noch erwähnen, daß die Stone-Čech-Kompaktifizierung bereits bei sehr vertrauten Räumen nicht mit einer „naheliegenden" Kompaktifizierung übereinstimmt. Beispielsweise lehrt uns Satz 5.4.8, daß das abgeschlossene Intervall $[0, 1]$ *nicht* die Stone-Čech-Kompaktifizierung des halboffenen Intervalles $(0, 1]$ ist, da z.B. die auf $(0, 1]$ stetige Funktion $f : (0, 1] \to [-1, 1] : f(x) := \sin(\frac{1}{x})$ keine stetige Fortsetzung auf $[0, 1]$ hat.

5.4.2.1 Kurze Einordnung von $T_{3\frac{1}{2}}$ als Trennungseigenschaft

Da wir in diesem Abschnitt mit $T_{3\frac{1}{2}}$ eine neue Trennungseigenschaft erklärt haben, wollen wir sie auch noch ein bißchen weiter untersuchen.

Ganz analog zu 4.4.9 finden wir:

Lemma 5.4.9. *Ein topologischer T_4-Raum (X, τ) ist genau dann ein $T_{3\frac{1}{2}}$-Raum, wenn er auch R_0-Raum ist.*

Beweis. Ein $T_{3\frac{1}{2}}$-Raum ist ja automatisch ein T_3-Raum und folglich laut 4.4.3 auch ein R_0-Raum.

Sei nun (X, τ) ein R_0- und T_4-Raum. Seien darin eine abgeschlossene Teilmenge $A \subseteq X$ und ein Punkt $x \in X \setminus A$ gegeben. Dann gilt zunächst $\overline{\{x\}} \cap A = \emptyset$ – existierte nämlich $y \in \overline{\{x\}} \cap A$, so hieße dies ja, daß der Einpunktfilter $\dot{x}$ gegen $y \in A$ konvergiert, woraus wegen R_0 sofort $\dot{y} \to x$ folgt. Da freilich A abgeschlossen ist und $A \in \dot{y}$ gilt, folgte $x \in A$ im Widerspruch zur Voraussetzung. Daher gibt es laut Urysohn-Lemma 4.4.14 eine stetige Funktion $f : X \to [0, 1]$ mit $f(\overline{\{x\}}) = \{0\}$, speziell also $f(x) = 0$, und $f(A) = \{1\}$. Somit ist (X, τ) ein $T_{3\frac{1}{2}}$-Raum. ∎

Aufgabe 17 Zeige, daß ein topologischer Raum (X, τ) genau dann ein T_3- bzw. $T_{3\frac{1}{2}}$- bzw. T_4-Raum ist, wenn seine T-Nullifizierung die jeweilige Eigenschaft hat.

Daß sich $T_{3\frac{1}{2}}$ auf Teilräume überträgt, hatten wir bereits eingesehen – gucken wir mal nach, wie es um Produkte bestellt ist.[92]

Lemma 5.4.10. *Sei (X_i, τ_i), $i \in I$, eine Familie nichtleerer topologischer Räume. Genau dann ist der Produktraum $\prod_{i\in I}(X_i, \tau_i)$ ein $T_{3\frac{1}{2}}$-Raum, wenn alle $(X_i, \tau_i), i \in I$, $T_{3\frac{1}{2}}$-Räume sind.*

Beweis. Da alle X_i, $i \in I$, nichtleer sind, hatten wir bereits beim Beweis von 4.4.7 gesehen, daß jedes (X_i, τ_i), $i \in I$, homöomorph zu einem Teilraum von $\prod_{i\in I}(X_i, \tau_i)$ ist. Aus der vollständigen Regularität von $\prod_{i\in I}(X_i, \tau_i)$ folgt somit die vollständige Regularität aller (X_i, τ_i), $i \in I$.

Seien nun alle (X_i, τ_i), $i \in I$, $T_{3\frac{1}{2}}$-Räume und seien eine abgeschlossene Teilmenge $A \subseteq \prod_{i\in I}(X_i, \tau_i)$ sowie ein Element $(x_i)_{i\in I} \in (\prod_{i\in I}(X_i, \tau_i)) \setminus A$ gegeben.

Wegen der Abgeschlossenheit von A ist das Komplement $(\prod_{i\in I} X_i) \setminus A$ offen, so daß ein Basiselement

$$O := \prod_{i\in I} O_i$$

mit $\forall i \in I : O_i \in \tau_i$ und $\exists n \in \mathbb{N}, i_1, \ldots, i_n \in I : \forall j \in I \setminus \{i_1, \ldots, i_n\} : O_j = X_j$ existiert, für das $(x_i)_{i\in I} \in O \subseteq (\prod_{i\in I} X_i) \setminus A$ gilt. Dann ist für alle $k = 1, \ldots, n$ jeweils $X_{i_k} \setminus O_{i_k}$ abgeschlossen und enthält x_{i_k} nicht, so daß wegen der vollständigen Regularität der (X_{i_k}, τ_{i_k}) jeweils eine stetige Funktion

$$f_k : X_{i_k} \to [0, 1]$$

mit $f_k(x_{i_k}) = 0$ und $f_k(X_{i_k} \setminus O_{i_k}) \subseteq \{1\}$ existiert.

Wir definieren nun

$$f : \prod_{i\in I} X_i \to [0, 1] : f\left((y_i)_{i\in I}\right) := \max_{k=1,\ldots,n} f_k(y_{i_k})$$

und sehen sofort, daß

$$f((x_i)_{i\in I}) = 0$$

gilt. Ist ferner $(y_i)_{i\in I} \in (\prod_{i\in I} X_i) \setminus (\prod_{i\in I} O_i)$ gegeben, so kann ja nicht für alle $i \in I$ die Komponente y_i in O_i liegen – außerhalb kann sie aber nur im Falle $O_i \neq X_i$ liegen, so daß wir (mindestens) ein $l \in \{1, \ldots, n\}$ haben mit $y_{i_l} \in X_{i_l} \setminus O_{i_l}$. Dann aber gilt laut Wahl

92 Mit dem Satz von Stone-Čech 5.4.8 im Gepäck, ist das zumindest für Tychonoff-Räume ganz leicht ohne lange Rechnung einzusehen: natürlich überträgt sich die Tychonoff-Eigenschaft auf Produkte, denn ein Produkt von Tychonoff-Räumen ist Teilraum des Produktes der jeweiligen Stone-Čech-Kompaktifizierungen. Ohne T_0 vorauszusetzen, wird es erstmal umständlicher. Man könnte mit der T-Nullifizierung arbeiten, hätte dann aber auch noch ein bißchen was nachzurechen. Daher - und weil der Satz von Stone-Čech ziemlich schweres Geschütz für unsern simplen Zweck ist - gehen wir hier lieber elementar vor.

von f_l natürlich $f_l(y_{i_l}) = 1$ und somit auch $f((y_i)_{i\in I}) = 1$. Das liefert also

$$f\left(\left(\prod_{i\in I} X_i\right) \setminus \left(\prod_{i\in I} O_i\right)\right) \subseteq \{1\}\,.$$

Wegen $\prod_{i\in I} O_i \subseteq (\prod_{i\in I} X_i) \setminus A$ haben wir auch $(\prod_{i\in I} X_i) \setminus \prod_{i\in I} O_i \supseteq A$ und folglich $f(A) \subseteq \{1\}$.

Zu zeigen bleibt die Stetigkeit von f: sei ein beliebiges Element $(z_i)_{i\in I} \in \prod_{i\in I} X_i$ gegeben und sei φ ein Filter auf $\prod_{i\in I} X_i$, der gegen $(z_i)_{i\in I}$ konvergiert. Dann konvergieren insbesondere seine Bilder unter den kanonischen Projektionen

$$p_k : \prod_{i\in I} X_i \to X_{i_k} : p_k((y_i)_{i\in I}) := y_{i_k}$$

auf den X_{i_k} jeweils gegen z_{i_k} für $k = 1, \ldots, n$.
Ist nun $\varepsilon > 0$ gegeben, so existieren wegen der Stetigkeit der f_k folglich offene Mengen $U_k \in \tau_{i_k}$ mit $U_k \in p_k(\varphi)$ und

$$f_k(U_k) \subseteq (f_k(z_{i_k}) - \varepsilon, f_k(z_{i_k}) + \varepsilon) \cap [0,1]\,. \tag{5.10}$$

Freilich bedeutet $U_k \in p_k(\varphi)$ ja, daß jeweils ein $Q_k \in \varphi$ existiert mit $p_k(Q_k) \subseteq U_k$. Wir setzen $Q := \bigcap_{k=1}^{n} Q_k$ und finden $\forall k = 1, \ldots, n : p_k(Q) \subseteq U_k$, also nach (5.10) auch

$$\forall k = 1, \ldots, n : f_k(p_k(Q)) \subseteq (f_k(z_{i_k}) - \varepsilon, f_k(z_{i_k}) + \varepsilon) \cap [0,1]$$

und somit $f(Q) \subseteq (f((z_i)_{i\in I}) - \varepsilon, f((z_i)_{i\in I}) + \varepsilon) \cap [0,1]$. Daher konvergiert $f(\varphi)$ gegen $f((z_i)_{i\in I})$, woraus nun die Stetigkeit von f folgt. ■

Was wir jetzt noch brauchen könnten, wär' ein Beispiel für einen T_3-Raum, der kein $T_{3\frac{1}{2}}$-Raum ist – um sicherzugehen, daß diese Begriffe nicht übereinstimmen.

Beispiel 5.4.11 (für einen T_2- und T_3-Raum, der nicht vollständig regulär ist). Wir legen $X := (\mathbb{R} \times [0,1]) \cup \{a^+, a^-\}$ fest[93] und definieren darin erstmal ein paar spezielle Mengen: Für $r \in \mathbb{R}$ sei

$$V_r := \{(a,b) \in X \mid b = |a - r|\}\,,$$

für $n \in \mathbb{N}$ sei

$$O_n := \{a^-\} \cup \{(a,b) \in X \mid a \leq -n\}$$

und

$$U_n := \{a^+\} \cup \{(a,b) \in X \mid a \geq n\}\,.$$

Dann legen wir auf X die Topologie τ durch die Subbasis

$$\{V_r \setminus E, O_n, U_n \mid n \in \mathbb{N}, r \in \mathbb{R}, (r,0) \notin E \text{ endlich}\} \cup \mathfrak{P}(\mathbb{R} \times (0,1])$$

93 Wie immer: mit zwei voneinander verschiedenen Elementen a^+, a^- irgendeiner Obermenge von $\mathbb{R} \times [0,1]$, die nicht Elemente von $\mathbb{R} \times [0,1]$ sind.

fest. Damit sind für alle Elemente (a, b) von $\mathbb{R}\times(0,1]$ die Einpunktmengen $\{(a, b)\}$ offen, für alle Elemente $(r, 0)$ bilden die $V_r \setminus E$ mit endlichem $E \not\ni (r, 0)$ eine Umgebungsbasis und für a^- bzw. a^+ die Familien der O_n bzw. U_n.

Unser Raum (X, τ) ist offenbar ein T_2-Raum: Sind $x, y \in X$ verschieden, gibt es sowieso kein Problem, wenn beide in $\mathbb{R}\times(0,1]$ liegen, denn dann sind die zugehörigen Einpunktmengen offen; ist a^- oder a^+ beteiligt, müssen wir nur n groß genug wählen und haben dann mit O_n bzw. U_n eine Umgebung, zu der es eine disjunkte Umgebung des anderen Punktes gibt; ist $x = (r, 0)$ und $y = (s, 0)$ mit $r \neq s$, so schneiden sich V_r und V_s in höchstens einem Punkt $z \in \mathbb{R} \times (0, 1]$ – dann aber sind $V_r \setminus \{z\}$ und $V_s \setminus \{z\}$ trennende Umgebungen.

Folglich sind insbesondere die Einpunktmengen abgeschlossen, so daß für alle $x \in \mathbb{R} \times (0, 1]$ die Menge $\{\{x\}\}$ eine Umgebungsbasis aus abgeschlossenen Teilmengen ist. Auch die Mengen $V_r \setminus E$ mit endlichem $E \not\ni (r, 0)$ sind abgeschlossen, denn offenbar kann kein Filter auf $V_r \setminus E$ gegen ein Element von $\mathbb{R} \times (0, 1] \setminus (V_r \setminus E)$ konvergieren, da das nur die entsprechenden Einpunktfilter tun. Auch gegen a^- oder a^+ kann ein solcher Filter nicht konvergieren, denn für $n > |r|+2$ kann er O_n bzw. U_n nicht enthalten. Ferner ist auch klar, daß für $r \neq s$ ein Filter auf $V_r \setminus E$ niemals gegen $(s, 0)$ konvergieren kann, da – wie gesagt – unser $V_r \setminus E$ eine Umgebung $V_s \setminus E'$ in höchstens einem Punkt z schneidet und unser Filter dann jedenfalls $V_s \setminus (E' \cup \{z\})$ nicht enthalten kann. Somit sind auch die Mengen $V_r \setminus E$ abgeschlossen, wodurch jeder Punkt $(r, 0)$ eine Umgebungsbasis aus abgeschlossenen Teilmengen hat.

Für $n \in \mathbb{N}$ haben wir $\overline{O_{n+2}} \subseteq O_n$, wie man sich anhand von $V_r \cap O_{n+2} = \emptyset$ für $r > -n$ leicht überlegt. Analog gilt $\overline{U_{n+2}} \subseteq U_n$, so daß auch a^- und a^+ Umgebungsbasen aus abgeschlossenen Teilmengen haben. Laut 4.4.2 ist (X, τ) also ein T_3-Raum.

Jetzt beweisen wir sogar noch etwas mehr als den Umstand, daß (X, τ) nicht vollständig regulär ist: Wir wollen zeigen, daß für *jede* stetige Abbildung $f : X \to \mathbb{R}$ stets $f(a^-) = f(a^+)$ gilt.[94]

Sei also $f : X \to \mathbb{R}$ stetig und $\varepsilon > 0$ eine reelle Zahl. Wir setzen für beliebiges positives $\delta \in \mathbb{R}$

$$H_\delta := \{\, x \in X \mid \delta > |f(x) - f(a^-)| \,\}$$

und

$$C_\delta := \{\, x \in X \mid \delta \geq |f(x) - f(a^-)| \,\} \;.$$

Aus der Stetigkeit von f folgt, daß alle H_δ offen sind und daß es ein $n_0 \in \mathbb{N}$ gibt mit $O_{n_0} \subseteq H_\varepsilon$, speziell also $(-\infty, -n_0] \times \{0\} \subseteq C_\varepsilon$.

94 Daraus folgt dann ja, daß z.B. a^+ nicht durch eine stetige reellwertige Funktion vom Komplement einer seiner offenen Basisumgebungen getrennt werden kann, dieweil da stets a^- drin liegt.

Wir geben uns ein beliebiges $n \in \mathbb{N}^+$ vor und vergröbern die obige Aussage etwas, indem wir feststellen, daß *höchstens abzählbar viele* Elemente von $(-\infty, -n_0] \times \{0\}$ *nicht* in C_ε liegen, also auch höchstens abzählbar viele nicht in $H_{\varepsilon+\frac{1}{2n}}$ liegen.

Wegen der Offenheit von H_ε hat jedes Element $(r, 0) \in H_{\varepsilon+\frac{1}{2n}}$ eine offene Umgebung $V_r \setminus E_{\varepsilon,r}$ (mit endlicher Teilmenge $E_{\varepsilon,r}$ von X, die $(r, 0)$ nicht enthält), die ganz in $H_{\varepsilon+\frac{1}{2n}}$ enthalten ist.

Für jedes $(s, 0)$ mit $n_0 < s \le -n_0 + \frac{1}{2}$ schneidet V_s überabzählbar viele V_r mit $r \le -n_0$; da nur abzählbar viele $(r, 0)$ *nicht* in $H_{\varepsilon+\frac{1}{2n}}$ liegen, schneidet so ein V_s immer noch überabzählbar viele V_r mit $(r, 0) \in H_{\varepsilon+\frac{1}{2n}}$. Wegen der Endlichkeit der $E_{\varepsilon,r}$ kann es freilich nur endlich viele $s \in (-n_0, -n_0 + \frac{1}{2}]$ geben, für die V_s mit *allen* von den $V_r \setminus E_{\varepsilon,r}$, $(r, 0) \in H_\varepsilon$, einen leeren Schnitt hat. Ja, mehr noch: für jedes $k \in \mathbb{N}$ kann es nur endlich viele $s \in (-n_0, -n_0 + \frac{1}{2}]$ geben, für die V_s mit *höchstens* k von den $V_r \setminus E_{\varepsilon,r}$, $(r, 0) \in H_{\varepsilon+\frac{1}{2n}}$, *keinen* leeren Schnitt hat – andernfalls gäbe es eine abzählbar unendliche Teilmenge solcher $s \in (-n_0, -n_0 + \frac{1}{2}]$, deren zugehörige V_s zusammengenommen immer noch höchstens abzählbar viele $V_r \setminus E_{r,\varepsilon}$, $(r, 0) \in H_{\varepsilon+\frac{1}{2n}}$, nichtleer schneiden, so daß überabzählbar vielen $V_r \setminus E_{r,\varepsilon}$ alle Schnittpunkte von V_r mit diesen V_s fehlen müßten – im Widerspruch zur Endlichkeit der $E_{r,\varepsilon}$.

Da dies für alle $k \in \mathbb{N}$ gilt, kann es insgesamt höchstens abzählbar viele $s \in (-n_0, -n_0 + \frac{1}{2}]$ geben, für die V_s mit nur endlich vielen unsrer $V_r \setminus E_{r,\varepsilon}$, $(r, 0) \in H_{\varepsilon+\frac{1}{2n}}$ einen nichtleeren Schnitt hat. Das heißt: für alle außer höchstens abzählbar viele $s \in (n_0, n_0 + \frac{1}{2}]$ hat *jede* Umgebung $V_s \setminus E$ von $(s, 0)$ einen nichtleeren Schnitt mit einer Umgebung $V_r \setminus E_{r,\varepsilon}$, $(r, 0) \in H_{\varepsilon+\frac{1}{2n}}$.

Ist nun $s \in (-n_0, -n_0 + \frac{1}{2}]$ gegeben, so existiert wegen der Stetigkeit von f eine offene Umgebung $V_s \setminus E_{s,n}$ (mit endlicher Menge $E_{s,n}$, die $(s, 0)$ nicht enthält) von $(s, 0)$, für die $f(V_s \setminus E_{s,n}) \subseteq U_{\frac{1}{2n}}(f(s, 0))$ gilt. Hat nun $V_s \setminus E_{s,n}$ einen nichtleeren Schnitt mit einem $V_r \setminus E_{r,\varepsilon}$, $(r, 0) \in H_{\varepsilon+\frac{1}{2n}}$, so folgt nach Dreiecksungleichung in $\mathbb{R}$ sogleich $(s, 0) \in H_{\varepsilon+\frac{1}{n}}$.

Somit erhalten wir, daß höchstens abzählbar viele Elemente von $(-n_0, -n_0 + \frac{1}{2}] \times \{0\}$ nicht in $H_{\varepsilon+\frac{1}{n}}$ liegen. Dies gilt aber für alle $n \in \mathbb{N}^+$, so daß auch nur höchstens abzählbar viele Elemente von $(-n_0, -n_0 + \frac{1}{2}] \times \{0\}$ nicht im Durchschnitt

$$\bigcap_{n \in \mathbb{N}^+} H_{\varepsilon+\frac{1}{n}} = C_\varepsilon$$

enthalten sind. Dies erlaubt uns nun induktiv zu schließen, daß für jedes $k \in \mathbb{N}$ nur höchstens abzählbar viele Elemente von $(-\infty, -n_0 + \frac{1}{2}k] \times \{0\}$ nicht in C_ε liegen, woraus sofort folgt, daß höchstens abzählbar viele Elemente von $\mathbb{R} \times \{0\}$ nicht in C_ε liegen. Das wiederum liefert

$$\forall n \in \mathbb{N} : \exists r \in \mathbb{R} : r > n \wedge (r, 0) \in C_\varepsilon ,$$

woraus $a^+ \in \overline{C_\varepsilon}$ folgt. Freilich ist C_ε als Urbild einer in $\mathbb{R}$ abgeschlossenen Menge unter der stetigen Funktion f abgeschlossen in X, also gilt $a^+ \in \overline{C_\varepsilon} = C_\varepsilon$ und darum

$|f(a^+) - f(a^-)| \leq \varepsilon$.
Dies für alle $\varepsilon > 0$ ergibt $f(a^+) = f(a^-)$.

Weitere schöne Beispiele finden sich in [26]: Beispiele 90 („Tychonoff-Korkenzieher“), 91 und das auf Hewitt, [11], zurückgehende famose Beispiel 92 für einen regulären Hausdorff-Raum, auf dem jede stetige reellwertige Funktion konstant ist.

Als Beispiel für einen $T_{3\frac{1}{2}}$-Raum, der nicht T_4 ist, können wir wiederum auf 4.4.19 zurückgreifen (Produkt der Sorgenfrey-Geraden mit sich selbst), denn dort hatten wir gesehen, daß die Sorgenfrey-Gerade T_4- und T_1-Raum ist, also nach 5.4.9 auch ein Tychonoff-Raum. Wegen 5.4.10 und 4.2.7 ist dann auch ihr Produkt mit sich selbst ein Tychonoff-Raum, aber eben nicht T_4, wie wir bei 4.4.19 gezeigt hatten.

5.4.3 Wallman-Kompaktifizierung

Man kann die Kompaktifiziererei auch einmal eher direkt mit Blick auf möglicherweise nicht konvergierende Ultrafilter angehen. Ist (X, τ) ein topologischer Raum, den wir durch Hinzufügen von Elementen kompaktifizieren wollen, so müssen wir uns um diejenigen „braven“ Ultrafilter, die bereits in X konvergieren, zunächst gar nicht weiter kümmern. Es sind stattdessen wie so oft die Sorgenkinder, die die meiste Aufmerksamkeit erhalten ...

Ist φ ein Ultrafilter auf X, der nicht konvergiert, so wäre diesem traurigen Zustand ja leicht dadurch abzuhelfen, daß wir einfach *höchstens* all denjenigen offenen Mengen, die er immerhin enthält, ein neues Element, nennen wir es x_φ, hinzufügen (damit fügen wir es natürlich insbesondere X hinzu). Die Topologie auf dem so veränderten Raum besteht dann zunächst aus *allen* offenen Mengen der alten Topologie und *zusätzlich* aus den nunmehr leicht vergrößerten. Es ist leicht zu sehen, daß die kanonische Injektion unsres Ursprungsraumes in den neuen damit offen (bezogen auf den X entsprechenden Teilraum) und stetig ist – injektiv ist sie ja sowieso. *Und unser Sorgenkind φ konvergiert nun gegen x_φ!*

So weit, so schön. Wir sollten freilich daran denken, daß wir vorläufig nur *einem* Ultrafilter zur Konvergenz verholfen haben. Außerdem sollten wir das oben so lax hingeschriebene „höchstens“ überdenken – damit landen wir nämlich, wenn wir das übertreiben, direkt wieder bei der Campingplatz-Kompaktifizierung.
Die hatten wir schon, die wollen wir nicht mehr.

Fügen wir das neue Element möglichst vielen – eventuell sogar allen – offenen Mengen hinzu, die Element von φ sind, so verschaffen wir dem neuen Element ein paar mehr offene Umgebungen und dürfen eher hoffen, vielleicht einige Trennungseigenschaften von (X, τ) zu retten.

Wenn wir allerdings tatsächlich für *jeden* bislang nicht konvergenten Ultrafilter φ ein eigenes neues Element x_φ hinzunehmen, blähen wir den neuen Raum womöglich absolut unnötig auf und riskieren dabei, auf dem so entstehenden Raum neue Ultrafilter zu erhalten, die womöglich wieder nicht konvergieren ... Es kann doch aber sein, daß für zwei verschiedene bislang nicht konvergente Ultrafilter φ_1, φ_2 vielleicht $\varphi_1 \cap \tau \subseteq \varphi_2 \cap \tau$ gilt – dann würde es genügen, den offenen Elementen von φ_1 ein x_{φ_1} hinzuzufügen, gegen das dann φ_2 fröhlich mitkonvergieren würde.[95]

Es ist also naheliegend, nach nichtkonvergierenden Ultrafiltern φ zu suchen, für die $\varphi \cap \tau$ *minimal* ist.[96] Ja, so etwas sollten wir tun. Um bei den dafür erforderlichen Überlegungen auf mengentheoretisch vertrautere Denkfiguren zurückgreifen zu können, gehen wir freilich zu einer „dualen" Formulierung über.

Mit $Cl(X, \tau)$ bezeichnen wir die Familie aller *nichtleeren* abgschlossenen Teilmengen des topologischen Raumes (X, τ). (Besteht über die Topologie kein Zweifel, schreiben wir der Kürze halber lieber nur $Cl(X)$ dafür.) Nun ist leicht einzusehen, daß für einen Ultrafilter $\varphi \in \mathfrak{F}_0(X)$ die Familie $\varphi \cap \tau$ genau dann *minimal* ist, wenn $\varphi \cap Cl(X)$ *maximal* ist. Es bietet sich also an, just solchen maximalen Familien α abgeschlossener Teilmengen *mit der Eigenschaft, daß endliche Durchschnitte von Elementen aus α wieder in α liegen* jeweils ein eignes neues Element zuzugestehen.[97]

Bislang war das alles nicht sehr präzise und diente eher der Motivation und Beförderung intuitiven Erfassens unsres Vorhabens. Werden wir nun lieber genauer.

Vorbemerkungen:

(1) Ist X eine Menge und $\mathfrak{M} \subseteq \mathfrak{P}(X)$, so sagen wir, $\mathfrak{M}$ habe die *endliche Durchschnittseigenschaft* genau dann, wenn zu je zwei Elementen A, B von M auch deren Durchschnitt $A \cap B$ Element von $\mathfrak{M}$ ist.[98]

(2) Die Familie aller derjenigen Teilmengen von $Cl(X)$, die die endliche Durchschnittseigenschaft haben, ist durch Inklusion halbgeordnet. Ganz analog zu Proposition 1.4.2 und Lemma 1.4.3 folgt daraus, daß zu jeder Familie $\alpha \subseteq Cl(X)$

---

95 Bekäme der Ultrafilter mit mehr offenen Mengen auch noch ein eigenes Element zuerkannt, dürften wir z.B. nicht mehr hoffen, einen Hausdorff-Raum zu erhalten ...

96 D.h. für jeden Ultrafilter ψ folgt aus $\psi \cap \tau \subseteq \varphi \cap \tau$ sofort $\psi \cap \tau = \varphi \cap \tau$.

97 Eine solche Familie ist eine Filterbasis und daher in solchen Ultrafiltern φ enthalten, für die $\varphi \cap Cl(X)$ maximal ist. Ist umgekehrt für einen Ultrafilter φ die Familie $\alpha := \varphi \cap Cl(X)$ maximal, so ist wegen der Ultrafiltereigenschaft von φ dieses α offenbar eine maximale Familie abgeschlossener Teilmengen mit der oben genannten „endlichen Durchschnittseigenschaft".

98 Darauf aufbauend kann man zu einer gegebenen Teilmenge $\mathfrak{A} \subseteq \mathfrak{P}(X)$ sogenannte $\mathfrak{A}$-Filter auf X definieren: als diejenigen Teilmengen von $\mathfrak{A}$, die die endliche Durchschnittseigenschaft haben, die leere Menge nicht enthalten und zu jedem ihrer Elemente auch alle diejenigen Obermengen enthalten, die Elemente von $\mathfrak{A}$ sind. Unsre „herkömmlichen" Filter sind dann also $\mathfrak{P}(X)$-Filter.

mit endlicher Durchschnittseigenschaft eine *maximale* Familie $\alpha' \supseteq \alpha$ mit endlicher Durchschnittseigenschaft existiert.[99]

(3) Ist (X, τ) ein R_0-Raum, so ist für jedes $x \in X$ die Familie $\{A \in Cl(X) | \; x \in A\}$ eine bezüglich der endlichen Durchschnittseigenschaft maximale Teilmenge von $Cl(X)$. (Diese Familie enthält ja $\overline{\{x\}}$ und jede abgeschlossene Teilmenge von X, die x nicht enthält, ist wegen R_0 zu $\overline{\{x\}}$ disjunkt.)

Definition 5.4.12. Sei (X, τ) ein topologischer R_0-Raum und $Cl(X)$ die Familie aller nichtleeren abgeschlossenen Teilmengen von X. Mit $w(X)$ bezeichnen wir die Familie aller derjenigen Teilmengen von $Cl(X)$, die die endliche Durchschnittseigenschaft haben und diesbezüglich maximal sind.

Wir erklären eine Abbildung $w_X : X \to w(X)$ durch

$$w_X(x) := \{A \in Cl(X) | \; x \in A\} \,.$$

(Diese Abbildung ist nach Vorbemerkung (3) wohldefiniert, aber nicht notwendig injektiv.)

Für jede offene Menge $O \in \tau$ setzen wir

$$O^* := \{\alpha \in w(X) | \; \exists A \in \alpha : A \subseteq O\} \,.$$

Nun sei τ^w die von der Subbasis

$$\mathfrak{S} := \{O^* \,|\, O \in \tau\}$$

erzeugte Topologie auf $w(X)$.

Wir vergewissern uns einiger Eigenschaften unsrer eben definierten Objekte.

Proposition 5.4.13. *Ist $\alpha \in w(X)$, $A, B \in Cl(X)$ und gilt $A \cup B \in \alpha$, so gilt $(A \in \alpha) \vee (B \in \alpha)$.*

Beweis. Angenommen, $A \notin \alpha$. Wegen der Maximalität von α muß dann ein Element $M \in \alpha$ existieren mit $M \cap A = \emptyset$, da wir sonst A zu α hinzufügen könnten, ohne die endliche Durchschnittseigenschaft zu verletzen.

Dann muß aber $\forall N \in \alpha, N \subseteq M : N \cap B \neq \emptyset$ wegen $A \cup B \in \alpha$ gelten. Wegen $\forall N \in \alpha : (N \cap M \in \alpha) \wedge (N \cap M \subseteq M)$ folgt daraus sofort $\forall N \in \alpha : N \cap B \neq \emptyset$, so daß wegen der Maximalität von α nun $B \in \alpha$ gelten muß. ∎

Eine wichtige Eigenschaft von Ultrafiltern gilt also auch für $Cl(X)$-Ultrafilter.

Proposition 5.4.14. *Ist (X, τ) ein T_1-Raum, so ist die Abbildung $w_X : X \to w(X)$ aus Definition 5.4.12 injektiv.*

Beweis. Die Einpunktmengen $\{x\}, x \in X$, sind abgeschlossen und somit folgt aus $x \neq y$ sofort $\{x\} \in w_X(x)$, aber $\{x\} \notin w_X(y)$. ∎

99 So eine maximale Familie ist dann ein $Cl(X)$-Ultrafilter.

Proposition 5.4.15. (1) *Für jedes* $O \in \tau$ *ist* $w(X) \setminus O^* = \{\alpha \in w(X) | X \setminus O \in \alpha\}$.
(2) *Für* $O_1, O_2 \in \tau$ *gelten*
(a) $(O_1 \cap O_2)^* = O_1^* \cap O_2^*$ *und*
(b) $(O_1 \cup O_2)^* = O_1^* \cup O_2^*$.

Beweis. (1) Die Definition von O^* angewandt, erhalten wir $w(X) \setminus O^* = \{\alpha \in w(X) | \forall A \in \alpha : A \not\subseteq O\}$, also $w(X) \setminus O^* = \{\alpha \in w(X) | \forall A \in \alpha : A \cap (X \setminus O) \neq \emptyset\}$, woraus wegen der Abgeschlossenheit von $X \setminus O$ und der Maximalität von α sogleich die Behauptung folgt.

(2)(a) Laut (1) haben wir $\alpha \in w(X) \setminus (O_1 \cap O_2)^* \Leftrightarrow (X \setminus (O_1 \cap O_2)) \in \alpha \Leftrightarrow (X \setminus O_1) \cup (X \setminus O_2) \in \alpha$, folglich nach Proposition 5.4.13 $\alpha \in w(X) \setminus (O_1 \cap O_2)^* \Leftrightarrow ((X \setminus O_1) \in \alpha \vee (X \setminus O_2) \in \alpha$, was nach (1) wiederum bedeutet $\alpha \in w(X) \setminus (O_1 \cap O_2)^* \Leftrightarrow \alpha \in (w(X) \setminus O_1^*) \cup (w(X) \setminus O_2^*) \Leftrightarrow \alpha \in w(X) \setminus (O_1^* \cap O_2^*)$, also $w(X) \setminus (O_1 \cap O_2)^* = w(X) \setminus (O_1^* \cap O_2^*)$ und daher $(O_1 \cap O_2)^* = O_1^* \cap O_2^*$.
(b) analog zu (a): vertausche $\cap$ mit $\cup$ und $\vee$ mit $\wedge$. ∎

Aus (2)(a) folgt übrigens, daß die in Definition 5.4.12 erklärte Subbasis $\mathfrak{S}$ von τ^w sogar eine Basis von τ^w ist.

Lemma 5.4.16. *Ist* (X, τ) *ein topologischer Raum, so ist* $(w(X), \tau^w)$ *kompakt.*

Beweis. Wir benutzen den Alexander'schen Subbasissatz. Angenommen, $(w(X), \tau^w)$ wäre nicht kompakt. Dann gäbe es eine Familie $\mathfrak{O} \subseteq \tau$ derart, daß $\bigcup_{O \in \mathfrak{O}} O^* = w(X)$, aber $w(X) \setminus (\bigcup_{O \in \mathfrak{E}} O^*) \neq \emptyset$ für alle endlichen Teilfamilien $\mathfrak{E} \subseteq \mathfrak{O}$ gilt. Nach Proposition 5.4.15 haben wir dann $w(X) \setminus (\bigcup_{O \in \mathfrak{E}} O^*) = \{\alpha \in w(X) | X \setminus \bigcup_{O \in \mathfrak{E}} O \in \alpha\} \neq \emptyset$. Insbesondere bedeutet das $X \setminus \bigcup_{O \in \mathfrak{E}} O \neq \emptyset$, da kein α die leere Menge enthält. Demnach enthält $\mathfrak{A} := \{X \setminus \bigcup_{O \in \mathfrak{E}} O | \mathfrak{E} \subseteq \mathfrak{O}, \mathfrak{E} \text{ endlich}\}$ die leere Menge nicht und hat offensichtlich die endliche Durchschnittseigenschaft. Folglich gibt es ein $\alpha_0 \in w(X)$ mit $\alpha_0 \supseteq \mathfrak{A}$. Dann muß auch α_0 in irgendeinem unsrer $O^*, O \in \mathfrak{O}$ enthalten sein: $\exists O_0 \in \mathfrak{O} : \alpha_0 \in O_0$, was nach Definition von O_0^* ja gerade $\exists A \in \alpha_0 : A \subseteq O_0$ – im Widerspruch zur endlichen Durchschnittseigenschaft von α_0, denn nach Konstruktion enthält α_0 ja $X \setminus O_0$. ∎

Lemma 5.4.17. *Ist* (X, τ) *ein* T_1*-Raum, dann ist die Abbildung*

$$w_X : X \to w(X) : w_X(x) := \{A \in Cl(X) | x \in A\}$$

stetig und als Abbildung von X *nach* $w_X(X)$ *auch offen. Außerdem liegt* $w_X(X)$ *dicht in* $w(X)$.

Beweis. Es genügt, die Offenheit der Urbilder der Basiselemente von τ^w unter w_X zu zeigen, um die Stetigkeit von w_X zu beweisen (Proposition 2.2.36). Sei also $O \in \tau$ gegeben. Dann haben wir $x \in w_X^{-1}(O^*) \Leftrightarrow w_X(x) \in O^* \Leftrightarrow x \in O$ (denn da (X, τ) ein T_1-Raum ist, ist $\{x\}$ abgeschlossen, also $\{x\} \in w_X(x)$). Das ergibt freilich $w_X^{-1}(O^*) = O \in \tau$.

Umgekehrt haben wir analog $w_X(O) = \{w_X(x) | x \in O\} = O^* \cap w_X(X) \in \tau^w_{|w_X(X)}$. Sei $\emptyset \neq O \in \tau$. Dann haben wir $\emptyset \neq w_X(O) = O^* \cap w_X(X)$. Da die $O^*, O \in \tau$ eine Basis von

τ^w bilden, schneidet somit jede nichtleere offene Menge aus τ^w unser $w_X(X)$, folglich liegt $w_X(X)$ dicht in $w(X)$. ■

Korollar 5.4.18. *Ist (X, τ) ein T_1-Raum, so ist $(w(X), \tau^w)$ eine Kompaktifizierung von (X, τ).*

Beweis. Kombiniere Proposition 5.4.14 und die Lemmata 5.4.16, 5.4.17. ■

Lemma 5.4.19. *Ist (X, τ) ein T_4-Raum, so ist $(w(X), \tau^w)$ ein T_2-Raum.*

Beweis. Sind $\alpha_1, \alpha_2 \in w(X)$ mit $\alpha_1 \neq \alpha_2$, so müssen wegen der Maximalität beider bezüglich der endlichen Durchschnittseigenschaft Elemente $A_1 \in \alpha_1, A_2 \in \alpha_2$ mit $A_1 \cap A_2 = \emptyset$ existieren. Wegen T_4 existieren also offene Umgebungen $O_1, O_2 \in \tau$ mit $A_1 \subseteq O_1, A_2 \subseteq O_2$ und $O_1 \cap O_2 = \emptyset$. Nach Proposition 5.4.15(2)(a) ergibt das $O_1^* \cap O_2^* = \emptyset$ und natürlich gilt $\alpha_1 \in O_1^*$ und $\alpha_2 \in O_2^*$. ■

Lemma 5.4.20. *Sei (X, τ) ein T_1-Raum und (Y, σ) ein kompakter Hausdorff-Raum, sowie $f : X \to Y$ stetig. Dann existiert genau eine stetige Funktion $F : w(X) \to Y$ mit $f = F \circ w_X$.*

Beweis. Wir benutzen Satz 4.4.6 und müssen also die Gültigkeit von dessen Voraussetzungen absichern: Als kompakter Hausdorff-Raum ist (Y, σ) zweifellos auch ein regulärer T_0-Raum, $w_X(X)$ liegt dicht in $w(X)$ laut Lemma 5.4.17 und da w_X ein Homöomorphismus zwischen X und $w_X(X)$ ist, folgt die Stetigkeit von $f \circ w_X^{-1}$ aus der Stetigkeit von f.

Zu zeigen bleibt also lediglich, daß für jeden Filter χ auf $w_X(X)$, der gegen ein $\alpha \in w(X)$ konvergiert, auch ein $y \in Y$ derart existiert, daß $f(w_X^{-1}(\chi))$ gegen y konvergiert.

Sei also $\chi \in \mathfrak{F}(w_X(X))$ mit $\chi \to \alpha \in w(X)$ gegeben. Da (Y, σ) kompakt ist, konvergiert jedenfalls jeder Oberultrafilter von $f(w_X^{-1}(\chi))$ in Y.

Angenommen, es existierten zwei Oberultrafilter ν_1, ν_2 von $f(w_X^{-1}(\chi))$ und $y_1 \neq y_2 \in Y$ derart, daß $\nu_1 \to y_1$ und $\nu_2 \to y_2$. Da (Y, σ) als kompakter Hausdorff-Raum ja auch regulär ist, existieren dann $V_1, V_2 \in \sigma$ mit $y_1 \in V_1$, $y_2 \in V_2$ und $\overline{V_1} \cap \overline{V_2} = \emptyset$. Wir setzen $A_1 := \overline{V_1}$, $A_2 := \overline{V_2}$ und haben also $A_1 \cap A_2 = \emptyset$ für die abgeschlossenen Teilmengen A_1, A_2 von Y. Aus $\nu_1 \to y_1$ folgt $A_1 \in \nu_1$ und aus $\nu_2 \to y_2$ folgt $A_2 \in \nu_2$. Laut Lemma 1.4.14 existieren Oberultrafilter ψ_1, ψ_2 von χ mit $f(w_X^{-1}(\psi_1)) = \nu_1$ und $f(w_X^{-1}(\psi_2)) = \nu_2$, die beide natürlich gegen $\alpha \in w(X)$ konvergieren, weil χ das tut. Zudem erhalten wir $w_X(f^{-1}(A_1)) \in \psi_1$ und $w_X(f^{-1}(A_2)) \in \psi_2$. Daraus folgt

$$\alpha \in \overline{w_X(f^{-1}(A_1))} \cap \overline{w_X(f^{-1}(A_2))}\,. \tag{5.11}$$

Andrerseits folgt aus $A_1 \cap A_2 = \emptyset$ sogleich $f^{-1}(A_1) \cap f^{-1}(A_2) = \emptyset$. Das liefert

$$\begin{aligned} (X \setminus f^{-1}(A_1)) \cup (X \setminus f^{-1}(A_2)) &= X \\ (X \setminus f^{-1}(A_1))^* \cup (X \setminus f^{-1}(A_2))^* &= w(X) \\ \big(w(X) \setminus (X \setminus f^{-1}(A_1))^*\big) \cap \big(w(X) \setminus (X \setminus f^{-1}(A_2))^*\big) &= \emptyset\,. \end{aligned} \tag{5.12}$$

Da f stetig ist und somit $f^{-1}(A_1), f^{-1}(A_2)$ abgeschlossen sind, sind $(X\setminus f^{-1}(A_1))^*, (X\setminus f^{-1}(A_1))^*$ wohldefiniert als offene Teilmengen von $w(X)$. Mithin sind $w(X) \setminus (X \setminus f^{-1}(A_i))^*, i = 1, 2$ abgeschlossen in $w(X)$. Freilich beobachten wir

$$\begin{aligned} x \in f^{-1}(A_i) \quad &\Rightarrow \quad x \notin X \setminus f^{-1}(A_i) \Rightarrow (X \setminus f^{-1}(A_i)) \notin w_X(x) \\ &\Rightarrow \quad w_X(x) \notin (X \setminus f^{-1}(A_i))^* \\ &\Rightarrow \quad w_X(x) \in w(X) \setminus (X \setminus f^{-1}(A_i))^* , \end{aligned}$$

also $w_X(f^{-1}(A_i)) \subseteq w(X) \setminus (X \setminus f^{-1}(A_i))^*$, woraus wegen der Abgeschlossenheit der $w(X) \setminus (X \setminus f^{-1}(A_i))^*$ in $w(X)$ sofort $\overline{w_X(f^{-1}(A_i))} \subseteq w(X) \setminus (X \setminus f^{-1}(A_i))^*$ für $i \in \{1, 2\}$ folgt. Zusammen mit (5.12) ergibt das freilich

$$\overline{w_X(f^{-1}(A_1))} \cap \overline{w_X(f^{-1}(A_2))} = \emptyset$$

im Widerspruch zu (5.11). Folglich muß unsre Annahme falsch sein, d.h. alle Oberultrafilter von $f(w_X^{-1}(\chi))$ konvergieren gegen ein und dasselbe Element $y \in Y$, woraus wiederum $f(w_X^{-1}(\chi)) \to y$ folgt. Daher ist Satz 4.4.6 anwendbar, es existiert also genau eine stetige Funktion $F : w(X) \to Y$ mit $F_{|w_X(X)} = f \circ w_X^{-1}$, d.h. $f = F \circ w_X$. ■

Korollar 5.4.21. *Ist (X, τ) ein normaler T_1-Raum, dann ist seine Wallman-Kompaktifizierung homöomorph zu seiner Stone-Čech-Kompaktifizierung, d.h. $w(X) \cong \beta(X)$.*

Beweis. Kombiniere Satz 5.4.8 mit Lemma 5.4.19, Korollar 5.4.18 und Lemma 5.4.20. ■

Diese Kenntnis nutzen wir nun, um etwas genauer als auf Seite 191 zu sehen, wie großzügig die Stone-Čech-Kompaktifizierung im Hinzufügen von Punkten ist:

Korollar 5.4.22. *Ist $(\mathbb{N}, \delta)$ der Raum der natürlichen Zahlen mit diskreter Topologie, so gilt*

$$|\beta(\mathbb{N})| = |\mathfrak{P}(\mathfrak{P}(\mathbb{N}))| .$$

Beweis. Als diskreter Raum ist $(\mathbb{N}, \delta)$ trivialerweise ein normaler T_1-Raum, so daß laut Korollar 5.4.21 $\beta(\mathbb{N}) \cong w(\mathbb{N})$ und damit insbesondere $|\beta(\mathbb{N})| = |w(\mathbb{N})|$ folgt. Da in $(\mathbb{N}, \delta)$ nun alle Teilmengen abgeschlossen sind, sind die maximalen Familien abgeschlossener Mengen mit endlicher Durchschnittseigenschaft genau die Ultrafilter auf $\mathbb{N}$, d.h. $w(\mathbb{N}) = \mathfrak{F}_0(\mathbb{N})$, woraus mit Satz 1.4.21 sofort $|w(\mathbb{N})| = |\mathfrak{P}(\mathfrak{P}(\mathbb{N}))|$ folgt. ■

5.5 Metakompakt, parakompakt – voll normal

Es wird immer noch ein bißchen komplizierter.
Martin Wohlgemuth

Wir gehen hier noch ganz kurz auf ein paar Begriffe ein, die ebenfalls den der Kompaktheit abschwächen und die gerade im Zusammenhang mit einigen Anwendungen (Metrisation, Mannigfaltigkeiten etc.) des öfteren auftreten.

5.5.1 Einige Überdeckungseigenschaften

Definition 5.5.1. Sind $\alpha, \beta \subseteq \mathfrak{P}_0(X)$ Familien von Teilmengen der Menge X, so heißt α *feiner* als β (in Zeichen: $\alpha \preceq \beta$) genau dann, wenn

$$\forall A \in \alpha : \exists B \in \beta : A \subseteq B$$

gilt. Sind α, β insbesondere Überdeckungen von X, nennen wir dann auch α eine *Verfeinerung* von β.

Ist (X, τ) ein topologischer Raum, so heißt eine Überdeckung α von X *offene Überdeckung* genau dann, wenn $\alpha \subseteq \tau$ gilt.

Wir wollen beachten, daß die „feiner"-Relation zwar reflexiv und transitiv, aber im allgemeinen keineswegs antisymmetrisch ist, wie man sich an einfachen Beispielen leicht klar machen kann. Sie ist also im allgemeinen *keine Halbordnung*.

Definition 5.5.2. Sei X eine Menge und $\alpha \subseteq \mathfrak{P}_0(X)$, sowie $x \in X$. Dann nennen wir die Teilmenge

$$st(x, \alpha) := \bigcup_{A \in \alpha, x \in A} A$$

den *α-Stern an x*.
Sind α, β Teilmengen von $\mathfrak{P}(X)$ und gilt

$$st(\beta) := \{st(x, \beta) |\ x \in X\} \preceq \alpha\,,$$

so heißt β eine *baryzentrische Verfeinerung* von α.
Natürlich kann man auch etwas größere Sternchen betrachten:

$$st(B, \beta) := \bigcup_{b \in B} st(b, \beta) \quad = \bigcup_{C \in \beta, C \cap B \neq \emptyset} C$$

Gilt nun für Familien $\alpha, \beta \subseteq \mathfrak{P}(X)$ sogar

$$\beta^* := \{st(B, \beta) |\ B \in \beta\} \preceq \alpha\,,$$

so heißt β eine *Stern-Verfeinerung* von α.

Mindestens in diesem Kapitel werden wir Verfeinerungen eigentlich nur mit Bezug auf Überdeckungen verwenden. Es kann aber ja nicht schaden, die Definition etwas allgemeiner zu halten und für beliebige Teilmengenfamilien $\alpha, \beta \subseteq \mathfrak{P}(X)$ offen zu lassen.

Proposition 5.5.3. *Sei X eine Menge und seien $\alpha, \beta, \gamma \subseteq \mathfrak{P}_0(X)$ Überdeckungen von X derart, daß*

(1) *$st(\alpha) \preceq \beta$ und*
(2) *$st(\beta) \preceq \gamma$ gelten, dann gilt auch*
(3) *$\alpha^* \preceq \gamma$,*

d.h. eine baryzentrische Verfeinerung einer baryzentrischen Verfeinerung von γ ist eine Stern-Verfeinerung von γ.

Beweis. **Aufgabe** 18 ■

Definition 5.5.4. Eine Familie $\alpha \subseteq \mathfrak{P}_0(X)$ heißt *punktfinit* genau dann, wenn für alle $x \in X$ die Teilmenge $\alpha(x) := \{A \in \alpha |\ x \in A\}$ endlich ist.

Ist (X, τ) ein topologischer Raum, so heißt eine Familie $\alpha \subseteq \mathfrak{P}_0(X)$ *lokal endlich* genau dann, wenn jedes Element $x \in X$ eine offene Umgebung U derart hat, daß die Menge $U^{-\alpha} := \{A \in \alpha |\ A \cap U \neq \emptyset\}$ endlich ist.

Jede lokal endliche Überdeckung ist natürlich erst recht punktfinit.

Beispiele:

- Nehmen wir etwa den Raum $\mathbb{R}$ der reellen Zahlen mit euklidischer Topologie, so ist offenbar die Familie $\alpha := \{(z-1, z+1) |\ z \in \mathbb{Z}\}$ eine sowohl punktfinite als auch lokal endliche offene Überdeckung von $\mathbb{R}$.
- Wiederum in $\mathbb{R}$ mit euklidischer Topologie betrachtet, ist die Überdeckung $\beta := \{\ \{x\} \mid x \in \mathbb{R}\}$ zwar punktfinit, aber nicht lokal endlich (und auch nicht offen).

Bemerkung: Die Begriffe *punktfinit* und *lokal endlich* können wir natürlich ohne Umschweife auch für beliebige *un*endliche Kardinalitäten κ ausweiten: Sei κ eine unendliche Kardinalzahl. Eine Familie $\alpha \subseteq \mathfrak{P}_0(X)$ heißt *punktal κ-beschränkt* genau dann, wenn für alle $x \in X$ die Teilmenge $\alpha(x) := \{A \in \alpha |\ x \in A\}$ höchstens die Mächtigkeit κ hat.

Ist (X, τ) ein topologischer Raum, so heißt eine Familie $\alpha \subseteq \mathfrak{P}_0(X)$ *lokal κ-beschränkt* genau dann, wenn jedes Element $x \in X$ eine offene Umgebung U derart hat, daß die Menge $U^{-\alpha} := \{A \in \alpha |\ A \cap U \neq \emptyset\}$ höchstens die Mächtigkeit κ hat.

Als eine Verschärfung von Proposition 2.2.14(6) finden wir:

Lemma 5.5.5. *Sei α eine lokal endliche Familie von Teilmengen eines topologischen Raumes (X, τ). Dann gilt für jede Teilfamilie $\mathfrak{A} \subseteq \alpha$ stets*

$$\overline{\bigcup_{A \in \mathfrak{A}} A} = \bigcup_{A \in \mathfrak{A}} \overline{A}$$

und die Familie $\{\overline{A} |\ A \in \mathfrak{A}\}$ aller Abschlüsse ist wiederum lokal endlich.

Beweis. Aus 2.2.14(6) wissen wir, daß jedenfalls $\bigcup_{A\in\mathfrak{A}} \overline{A} \subseteq \overline{\bigcup_{A\in\mathfrak{A}} A}$ gilt. Sei nun also $x \in \overline{\bigcup_{A\in\mathfrak{A}} A}$. Wegen der lokalen Endlichkeit von $\mathfrak{A}$ hat x nun eine offene Umgebung $U \in \dot{x} \cap \tau$, die höchstens endlich viele Elemente von $\mathfrak{A}$ nichtleer schneidet. Wegen $x \in \overline{\bigcup_{A\in\mathfrak{A}} A}$ existiert ein Ultrafilter φ, der $\bigcup_{A\in\mathfrak{A}} A$ enthält und gegen x konvergiert, also auch U enthält – da nun der Schnitt von $A_1 := \bigcup_{A\in\mathfrak{A}\wedge A\cap U=\emptyset} A$ mit U naturgemäß leer ist, folgt $A_1 \notin \varphi$ und darum $A_2 := \bigcup_{A\in\mathfrak{A}\wedge A\cap U\neq\emptyset} A \in \varphi$, wegen $A_1 \cup A_2 \in \varphi$. Nun ist freilich A_2 Vereinigung endlich vieler Elemente von $\mathfrak{A}$, d.h. $\exists A_3 \in \mathfrak{A} : A_3 \in \varphi$ nach Lemma 1.4.5. Das aber liefert $x \in \overline{A_3} \subseteq \bigcup_{A\in\mathfrak{A}} \overline{A}$.

Die lokale Endlichkeit von $\{\overline{A}|\ A \in \mathfrak{A}\}$ folgt aus der von $\mathfrak{A}$ einfach dadurch, daß jede offene Umgebung, die ein $\overline{A}$ nichtleer schneidet, auch das zugehörige A nichtleer schneidet. ■

Definition 5.5.6. Ein topologischer Raum (X, τ) heißt *metakompakt* genau dann, wenn jede offene Überdeckung von X eine punktfinite offene Verfeinerungsüberdeckung hat.

Der Raum (X, τ) heißt *parakompakt* genau dann, wenn jede offene Überdeckung von X eine lokal endliche offene Verfeinerungsüberdeckung hat.

Der Raum (X, τ) heißt *voll* T_4 genau dann, wenn jede offene Überdeckung von X eine offene Stern-Verfeinerungsüberdeckung hat. Ist ein voller T_4-Raum zusätzlich T_1, so heißt er *voll normal.*

Im Lichte von Proposition 5.5.3 wäre es zur Definition von „voll T_4" offenbar äquivalent, wenn wir statt der Existenz offener Stern-Verfeinerungen nur die Existenz offener baryzentrischer Verfeinerungen fordern würden. Wir werden daher fürderhin nach Belieben die einen oder die anderen für diesen Zweck verwenden – wollen wir z.B. die Eigenschaft „voll T_4" *nachweisen*, wird es vielleicht bequemer sein, die Existenz von baryzentrischen Verfeinerungen zu beweisen, während es bei *Folgerungen* aus der vollen T_4-Eigenschaft möglicherweise nützlich ist, die Existenz von Stern-Verfeinerungen zu benutzen.

Daß die Wahl der Bezeichnung *voll* T_4 (bzw. *voll* normal) einigermaßen sinnvoll gewählt ist (schließlich klingt es deutlich nach einer Verschärfung der T_4-Bedingung), sollten wir uns vielleicht erstmal schnell überlegen:

Aufgabe 19 Zeige, daß jeder volle T_4-Raum ein T_4-Raum ist und gib ein Beispiel an für einen T_4-Raum, der nicht voll T_4 ist.

Daraus, daß jede lokal endliche Überdeckung auch punktfinit ist, folgt sofort, daß jeder parakompakte Raum auch metakompakt ist.

Trivialerweise ist jeder kompakte Raum auch parakompakt: zu jeder offenen Überdeckung gibt es dort ja eine endliche Teilüberdeckung, die selbstverständlich eine Verfeinerung der ursprünglichen Überdeckung darstellt und als endliche Familie naturgemäß auch lokal endlich ist.

Andrerseits ist keineswegs jeder parakompakte Raum auch kompakt – sonst wäre die neue Begriffsbildung ja auch albern: man nehme beispielsweise $\mathbb{N}$ mit diskreter Topologie δ; dort ist die Überdeckung $\{\ \{n\} \mid n \in \mathbb{N}\}$ eine offene Verfeinerung *jeder* Überdeckung – und sie ist wegen $\{n\} \in \delta, n \in \mathbb{N}$, lokal endlich. Freilich enthält gerade diese Überdeckung keine endliche Teilüberdeckung.

Die Eigenschaft „voll T_4" fällt hier ein bißchen aus dem Rahmen, denn tatsächlich muß ein kompakter Raum keineswegs voll T_4 sein, wie man am Beispiel der natürlichen Zahlen mit kofiniter Topologie leicht einsehen kann: dieser Raum ist offensichtlich kompakt (sobald wir eine nichtleere offene Menge hernehmen, bleiben ja nur noch endlich viele Elemente zu überdecken), aber nicht einmal T_4, denn schlichtweg *alle* Paare nichtleerer offener Mengen darin haben einen nichtleeren Durchschnitt.

Bei Hausdorff-Räumen klappt's aber wieder, wie wir anhand des Satzes von Michael & Stone bald sehen werden.

In der Literatur (z.B. [24], [26]) findet man hin und wieder den Satz, daß ein topologischer Raum genau dann kompakt ist, wenn er abzählbar kompakt und metakompakt ist. Das ist absolut korrekt, wiewohl es ein wenig wunderlich erscheint, denn von Seite 143 wissen wir ja schon, daß „kompakt = Lindelöf + abzählbar kompakt" gilt. Nun gibt es freilich sowohl Lindelöf-Räume, die nicht metakompakt sind, als auch metakompakte Räume ohne Lindelöf-Eigenschaft, während andrerseits sowohl Metakompaktheit als auch Lindelöf-Eigenschaft aus der Kompaktheit folgen.

Die Sache klärt sich dadurch, daß eine gemeinsame Verallgemeinerung von Metakompaktheit und Lindelöf-Eigenschaft genügt, aus abzählbarer Kompaktheit richtige Kompaktheit zu machen:

Wir nennen einen topologischen Raum (X, τ) einen *Meta-Lindelöf-Raum* genau dann, wenn jede offene Überdeckung von X eine punktal abzählbar beschränkte offene Verfeinerungsüberdeckung hat.

Es dürfte unmittelbar klar sein, daß jeder Lindelöf-Raum ebenso wie jeder metakompakte Raum ein Meta-Lindelöf-Raum ist.

Lemma 5.5.7. *Ein topologischer Raum (X, τ) ist genau dann kompakt, wenn er sowohl Meta-Lindelöf-Raum als auch abzählbar kompakt ist.*

Beweis. Daß aus Kompaktheit sowohl Meta-Lindelöf-Eigenschaft als auch abzählbare Kompaktheit folgen, sollte klar sein. Kümmern wir uns also um die Gegenrichtung: Sei (X, τ) sowohl abzählbar kompakt als auch Meta-Lindelöf.
Sei nun α eine beliebige offene Überdeckung von X. Wegen der Meta-Lindelöf-Eigenschaft existiert dann eine punktal abzählbar beschränkte offene Verfeinerungsüberdeckung $\beta \preceq \alpha$.

Angenommen, β enthielte keine endliche Überdeckung von X.

Dann wählen wir ein beliebiges $x_0 \in X$ und danach induktiv weiter

$$x_n \in A_n := X \setminus \bigcup_{i=0}^{n-1} st(x_i, \beta)\ .$$

Offenbar gilt nun $\forall n \in \mathbb{N} : \emptyset \neq A_{n+1} \subseteq A_n$. (Die Inklusion ist klar – und wäre eines der A_n leer, so hieße das ja, daß eine endliche Vereinigung über *abzählbare Vereinigungen*[100] von Elementen aus β schon ganz X überdeckte, so daß dann wegen der abzählbaren Kompaktheit auch eine endliche Teilüberdeckung existierte.) Der von der Folge $(x_n)_{n\in N}$ erzeugte Elementarfilter hat natürlich eine abzählbare Basis; wegen der abzählbaren Kompaktheit von X existiert daher ein Ultrafilter φ auf X, der diesen Elementarfilter enthält und gegen ein $a \in X$ konvergiert. Zudem sind alle A_n abgeschlossen, so daß $a \in \bigcap_{i=1}^{\infty} A_i = X \setminus \bigcup_{i=0}^{\infty} st(x_i, \beta)$ folgt. D.h. a ist in keinem Element von β enthalten, das irgendeines unsrer x_i enthält. Andrerseits ist β eine Überdeckung von X, d.h. es existiert eine offene Umgebung $B \in \beta$ mit $a \in B$ und $B \cap \{x_i | \ i \in \mathbb{N}\} = \emptyset$. Da nun φ gegen a konvergiert, muß $B \in \varphi$ gelten – im Widerspruch zu $\{x_i | \ i \in \mathbb{N}\} \in \varphi$, weil ja φ ein Oberfilter des von $(x_i)_{i\in N}$ erzeugten Elementarfilters ist.

Daher muß β eine endliche Überdeckung von X enthalten – und darum enthält auch α eine, was unmittelbar aus $\beta \preceq \alpha$, d.h. $\forall B \in \beta : \exists A \in \alpha : B \subseteq A$, folgt. ■

Korollar 5.5.8. *Ein topologischer Raum (X, τ) ist genau dann kompakt, wenn er metakompakt und abzählbar kompakt ist.*

Beweis. Jeder kompakte Raum ist in trivialer Weise sowohl metakompakt, als auch abzählbar kompakt. Andrerseits ist jeder metakompakte Raum erst recht ein Meta-Lindelöf-Raum, so daß zusammen mit abzählbarer Kompaktheit aus Lemma 5.5.7 die Kompaktheit folgt. ■

Korollar 5.5.9. *Ein topologischer Raum (X, τ) ist genau dann kompakt, wenn er parakompakt und abzählbar kompakt ist.*

Beweis. Jeder kompakte Raum ist in trivialer Weise sowohl parakompakt, als auch abzählbar kompakt. Andrerseits ist jeder parakompakte Raum erst recht metakompakt, so daß zusammen mit abzählbarer Kompaktheit die Kompaktheit aus 5.5.8 folgt. ■

5.5.2 Charakterisierung durch Filterkonvergenz

Um auf die naheliegende Frage einzugehen, wie man denn Metakompaktheit und Parakompaktheit durch Filterkonvergenz beschreiben könne, müssen wir wieder ein

100 Die Sterne $st(x_i, \beta)$ werden wegen der punktalen Abzählbarkeit von β ja nur aus abzählbar vielen Elementen von β gebildet!

bißchen ausholen und zunächst für Familien von Teilmengen unsres Grundraumes X eine Art komplementärer Eigenschaften zu „punktfinit“ und „lokal endlich“ erklären.

Definition 5.5.10. Sei X eine Menge und $\alpha \subseteq \mathfrak{P}_0(X)$.
Die Familie α heißt *punktdominant* genau dann, wenn für alle $x \in X$ die Teilfamilie $\alpha \setminus \dot{x}$ $(= \{A \in \alpha \mid x \notin A\})$ endlich ist.

Ist (X, τ) ein topologischer Raum, so heißt die Familie α *stark lokal dominant* genau dann, wenn jedes $x \in X$ eine offene Umgebung U hat, für die die Teilfamilie

$$\{A \in \alpha \mid U \not\subseteq A\}$$

endlich ist.

Wir beobachten die folgenden simplen Zusammenhänge für beliebige Mengen X bzw. topologische Räume (X, τ):
- Eine Familie $\alpha \subseteq \mathfrak{P}_0(X)$ ist genau dann punktdominant, wenn die Familie der Komplemente $\{X \setminus A \mid A \in \alpha\}$ punktfinit ist.
- Eine Familie $\alpha \subseteq \mathfrak{P}_0(X)$ ist genau dann stark lokal dominant, wenn die Familie der Komplemente $\{X \setminus A \mid A \in \alpha\}$ lokal endlich ist.

Originellerweise[101] gilt ein Analogon zu Lemma 5.5.5 auch für punktdominante Familien:

Proposition 5.5.11. *Sei (X, τ) ein topologischer Raum und $\alpha \subseteq \mathfrak{P}_0(x)$ punktdominant. Dann gilt für jede Teilmenge $\mathfrak{A} \subseteq \alpha$*

$$\overline{\bigcup_{A\in\mathfrak{A}} A} = \bigcup_{A\in\mathfrak{A}} \overline{A}\,.$$

Beweis. Wir brauchen wegen 2.2.14(6) wiederum nur $\overline{\bigcup_{A\in\mathfrak{A}} A} \subseteq \bigcup_{A\in\mathfrak{A}} \overline{A}$ zu zeigen. Sei also $x \in \overline{\bigcup_{A\in\mathfrak{A}} A}$. Wir unterscheiden zwei Fälle:
(1) $\exists A_0 \in \mathfrak{A} : x \in \overline{A_0}$: Dann folgt $x \in \overline{A_0} \subseteq \bigcup_{A\in\mathfrak{A}} \overline{A}$ trivial.
(2) $\forall A \in \mathfrak{A} : x \notin \overline{A}$: Dann ist $\mathfrak{A}$ wegen der Punktdominanz von α notwendigerweise endlich, also $\mathfrak{A} = \{A_1, ..., A_n\}$ und es existiert ein Ultrafilter φ mit $\bigcup_{i=1}^n A_i \in \varphi$, der gegen x konvergiert. Nach Lemma 1.4.5 existiert dann auch ein $i \in \{1, ..., n\}$ mit $A_i \in \varphi$, woraus $x \in \overline{A_i} \subseteq \bigcup_{A\in\mathfrak{A}} \overline{A}$ folgt.

In jedem Fall haben wir also $x \in \bigcup_{A\in\mathfrak{A}} \overline{A}$ ∎

101 Man beachte, daß die Eigenschaften *lokal endlich* und *punktdominant* einander bei unendlichen Familien ausschließen – die Sache schreit geradezu nach Verallgemeinerung ...

Korollar 5.5.12. *Sei* (X, τ) *ein topologischer Raum und* $\alpha \subseteq \mathfrak{P}_0(X)$ *stark lokal dominant oder punktfinit. Dann gilt für jede Teilfamilie* $\mathfrak{A} \subseteq \alpha$ *stets*

$$int\left(\bigcap_{A \in \mathfrak{A}} A\right) = \bigcap_{A \in \mathfrak{A}} int(A)\,.$$

Beweis. Wenn α stark lokal dominant (bzw. punktfinit) ist, so ist $\sigma := \{X \setminus A |\ A \in \alpha\}$ lokal endlich (bzw. punktdominant), folglich gilt nach 5.5.5 (bzw. 5.5.11)

$$\overline{\bigcup_{A \in \mathfrak{A}} X \setminus A} = \bigcup_{A \in \mathfrak{A}} \overline{X \setminus A}\,,$$

also auch

$$X \setminus \overline{\bigcup_{A \in \mathfrak{A}} X \setminus A} = X \setminus \bigcup_{A \in \mathfrak{A}} \overline{X \setminus A}\,,$$

woraus mit 2.2.12(2) zunächst

$$int(X \setminus \bigcup_{A \in \mathfrak{A}} X \setminus A) = X \setminus \bigcup_{A \in \mathfrak{A}} \overline{X \setminus A}$$

folgt. Anwendung von 1.1.2(3) liefert

$$int\left(\bigcap_{A \in \mathfrak{A}} A\right) = \bigcap_{A \in \mathfrak{A}} (X \setminus \overline{X \setminus A})\,,$$

woraus wiederum mit 2.2.12(2) sogleich

$$int\left(\bigcap_{A \in \mathfrak{A}} A\right) = \bigcap_{A \in \mathfrak{A}} int(A)$$

folgt. ■

Bemerkung: In den einzigen Literaturquellen ([15] und [18]), die ich zum Thema Beschreibung von Meta- und Parakompaktheit durch Filterkonvergenz mit den Suchworten „+metacompact +filter" bei www.google.de oder im *Zentralblatt Mathematik* bislang finden konnte, wird nun definiert:

Sei (X, τ) *ein topologischer Raum. Ein Filter* φ *auf* X *heißt* vom Typ $\mathcal{M}$ *genau dann, wenn jede punktdominante Teilmenge* $\alpha \subseteq \varphi$ *einen konvergenten Oberfilter* $\psi \supseteq \alpha$ *hat.*
Der Filter φ *heißt* vom Typ $\mathcal{P}$ *genau dann, wenn jede stark lokal dominante Teilmenge* $\alpha \subseteq \varphi$ *einen konvergenten Oberfilter* $\psi \supseteq \alpha$ *hat.*

und anschließend die unglücklicherweise falsche (und dort auch als unbewiesenes Lemma angegebene) Behauptung aufgestellt, *diese* definierenden Bedingungen ließen sich etwas „entschärfen", indem man sich auf Familien *abgeschlossener* Teilmengen zurückzieht, d.h. ein Filter φ wäre genau dann vom Typ $\mathcal{M}$ (bzw. $\mathcal{P}$), wenn jede punktdominante (bzw. stark lokal dominante) Familie $\alpha \subseteq \varphi$ *abgeschlossener* Teilmengen einen konvergenten Oberfilter hat. Daß das nicht stimmt, sehen wir an folgendem

Beispiel 5.5.13. Sei $I\!N$ mit der Topologie

$$\tau := \left\{ \{n \in I\!N \mid n < n_0\} \;\middle|\; n_0 \in I\!N \right\} \cup \{I\!N\}$$

versehen. Sei ferner φ der kofinite Filter auf $I\!N$. Abgeschlossen sind hier also genau die Mengen der Gestalt $\{n \geq n_0\}$ mit $n_0 \in I\!N$ und natürlich $\emptyset$. Jede Teilfamilie α des kofiniten Filters φ, die aus abgeschlossenen Teilmengen besteht *und punktdominant ist*, muß also endlich sein. Daher hat jede solche Teilfamilie einen nichtleeren Durchschnitt und somit Einpunktfilter als konvergente Oberfilter. Andrerseits ist die Familie $\beta := \{\{I\!N \setminus \{k\} \mid k \in I\!N\}$ offensichtlich punktdominant (bzw. stark lokal dominant) – aber jeder Filter auf $I\!N$, der β umfaßt, umfaßt auch den kofiniten Filter φ, konvergiert also offensichtlich nicht.

Dasselbe Beispiel lehrt auch gleich, daß der aus dem (unbeweisbaren, weil falschen) Lemma durchaus korrekt abgeleitete Satz 1 aus [15] (bzw. [18]) falsch ist, der besagt, daß ein topologischer Raum genau dann metakompakt (bzw. parakompakt) sei, wenn jeder Filter von Typ $\mathcal{M}$ (bzw. $\mathcal{P}$) auf X einen konvergenten Oberfilter hat. Unser Raum $(I\!N, \tau)$ ist nämlich eindeutig *nicht* metakompakt (damit erst recht nicht parakompakt), wie man sich anhand der offenen Überdeckung $\tau \setminus \{I\!N\}$ leicht überlegt. Allerdings haben alle Filter χ vom Typ $\mathcal{M}$ (bzw. $\mathcal{P}$) hierin konvergente Oberfilter:

(1) Gilt $\exists x \in I\!N : \chi \subseteq \dot{x}$, so ist $\dot{x}$ ein trivialerweise konvergenter Oberfilter von χ.

(2) Gilt $\forall x \in I\!N : \chi \nsubseteq \dot{x}$, so folgt sofort, daß χ die stark lokal dominante (und damit erst recht punktdominante) Familie $\beta := \{\{I\!N \setminus \{k\} \mid k \in I\!N\}$ umfaßt, die keinen konvergenten Oberfilter hat, so daß unser χ dann eben nicht vom Typ $\mathcal{M}$ (bzw. $\mathcal{P}$) ist.

In Hinblick auf unser Lemma 2.2.15 sehen die fehlerhaften Lemmata aus [15] und [18] freilich zunächst sehr einleuchtend aus – der Witz ist allerdings, daß im allgemeinen der Abschlußfilter $\overline{[\alpha]}$ (siehe 2.2.15) des von einer Familie $\alpha \subseteq \varphi$ erzeugten Filters *nicht* gleich dem von der Familie $\overline{\alpha} := \{\overline{A} \mid A \in \alpha\}$ erzeugten Filter $[\overline{\alpha}]$ sein muß (sofern α nicht etwa eine Filter*basis* ist), sondern durchaus echt feiner sein kann.

Das bedeutet keineswegs, daß die Autoren schlechte Mathematiker wären – jeder macht mal Fehler ... es bedeutet aber, daß man Aussagen, die man für die eigene Arbeit verwenden möchte, nicht einmal aus „offizieller Fachliteratur“[102] ungeprüft übernehmen, sondern stets deren Beweise nachrechnen sollte.

Immerhin ist das fragwürdige Lemma nicht wirklich erforderlich, um eine Charakterisierung von Metakompaktheit bzw. Parakompaktheit durch Filterkonvergenz zu erhalten – man nehme einfach das, was die Autoren damit etwas illegal erzwingen wollten, als definierende Bedingung und schon geht ihr Beweis fast identisch durch:

102 Grundsätzlich spricht es für ein solides Maß an Seriosität, wenn ein Beitrag z.B. im Zentralblatt referiert wird.

Definition 5.5.14. Sei (X, τ) ein topologischer Raum. Ein Filter φ auf X heißt meta-komplettierbar (bzw. para-komplettierbar) genau dann, wenn jede punktdominante (bzw. stark lokal dominante) Familie $\alpha \subseteq \varphi$, die aus abgeschlossenen Teilmengen besteht, einen konvergenten Oberfilter hat.[103]

Schon erhält man[104]:

Lemma 5.5.15. *Ein topologischer Raum (X, τ) ist genau dann metakompakt, wenn jeder meta-komplettierbare Filter auf X einen konvergenten Oberfilter hat.*

Beweis. Sei (X, τ) metakompakt und φ ein Filter auf X, der keinen konvergenten Oberfilter hat. Dann konvergiert insbesondere kein Oberultrafilter von φ, d.h. jeder von ihnen enthält zu jedem Punkt $x \in X$ das Komplement einer offenen Umgebung von x. Da die Familie der Komplemente offener Umgebungen eines Punktes abgeschlossen gegenüber endlichen Vereinigungen ist, enthält somit nach Lemma 1.4.10 auch φ zu jedem $x \in X$ das Komplement einer offenen Umgebung $O_x \in \tau \cap \dot{x}$. Mithin ist die Familie $\alpha := \{O_x | \ x \in X\}$ eine offene Überdeckung von X, die wegen der Metakompaktheit eine punktfinite offene Verfeinerung β hat. Demnach ist die Familie $\beta' := \{X \setminus U | \ U \in \beta\}$ der zugehörigen Komplemente punktdominant und besteht aus abgeschlossnen Teilmengen. Überdies gilt $\beta' \subseteq \varphi$, denn jedes Element U von β ist in einem Element von α enthalten, so daß das entsprechende Element $X \setminus U$ von β' Obermenge von dessen Komplement und somit in φ enthalten ist. Allerdings hat β' keinen konvergenten Oberfilter, da darin nun einmal für jedes $x \in X$ das Komplement einer offenen Umgebung enthalten ist. Somit ist φ nicht meta-komplettierbar.

Habe nun jeder meta-komplettierbare Filter auf X einen konvergenten Oberfilter.
Ist $\mathfrak{O}$ eine offene Überdeckung von X, die keine endliche Überdeckung enthält (welche ja automatisch punktfinit wäre), so betrachten wir den von der Basis

$$\{X \setminus \bigcup_{O \in \mathfrak{E}} O | \ \mathfrak{E} \subseteq \mathfrak{O}, \mathfrak{E} \text{ endlich} \}$$

erzeugten Filter φ und sehen leicht ein, daß φ keinen konvergenten Oberfilter haben kann, dieweil φ selbst schon zu jedem Element von X das Komplement einer offenen Umgebung enthält. Unserer Voraussetzung folgend, ist φ daher nicht meta-komplettierbar und muß somit eine punktdominante Teilmenge $\mathfrak{D} \subseteq \varphi$ enthalten, die aus abgeschlossenen Mengen besteht und auch keinen konvergenten Oberfilter hat. Da die Komplemente der endlichen Vereinigungen von Elementen aus $\mathfrak{O}$ eine Basis für φ bilden und $\mathfrak{D} \subseteq \varphi$ gilt, existiert zu jedem $D \in \mathfrak{D}$ eine endliche Familie $\mathfrak{B}_D \subseteq \mathfrak{O}$

---

103 Die Worte „meta-" bzw. „para-komplettierbar" rühren daher, daß man den entsprechenden Filtern die Durchschnitte über die fraglichen Mengenfamilien hinzufügen kann, ohne die Filtereigenschaft zu zerstören – sie klingen freilich auch wunderlich, das geb' ich zu und wir können uns da ja auch noch was einfallen lassen ... aber „Typ M" oder ähnliches sagt nun so *gar nix* aus.

104 „Man" waren in diesem Fall: Thomas Arbeiter, Thomas Kalinowski und meine Wenigkeit.

mit $X \setminus \bigcup_{O \in \mathfrak{B}_D} O \subseteq D$, also

$$X \setminus D \subseteq \bigcup_{O \in \mathfrak{B}_D} O\,. \tag{5.13}$$

Setze $\mathfrak{M}(D) := \{O \cap (X \setminus D) | \; O \in \mathfrak{B}_D\}$ für alle $D \in \mathfrak{D}$ und bilde $\mathfrak{M} := \bigcup_{D \in \mathfrak{D}} \mathfrak{M}(D)$. Offenbar sind alle Elemente von $\mathfrak{M}$ offen und nach Konstruktion der $\mathfrak{M}(D)$ jeweils in einem Element von $\mathfrak{O}$ enthalten. Mithin haben wir schon mal $\mathfrak{M} \subseteq \tau$ und $\mathfrak{M} \preceq \mathfrak{O}$. Daß $\mathfrak{M}$ eine Überdeckung von X ist, sehen wir daran, daß ja

$$\bigcup_{M \in \mathfrak{M}} M = \bigcup_{D \in \mathfrak{D}} \left[(X \setminus D) \cap \bigcup_{O \in \mathfrak{B}_D} O \right]$$

gilt, woraus mit (5.13) sogleich

$$\bigcup_{M \in \mathfrak{M}} M = \bigcup_{D \in \mathfrak{D}} (X \setminus D) \tag{5.14}$$

folgt. Gäbe es nun ein $x \in X$, das in allen Elementen von $\mathfrak{D}$ enthalten ist, so wäre $\dot{x}$ ja ein konvergenter Oberfilter von $\mathfrak{D}$ – einen solchen gibt es aber nicht, so daß wir aus (5.14) nunmehr $\bigcup_{M \in \mathfrak{M}} M = X$ erhalten.
Zu zeigen bleibt nur noch, daß $\mathfrak{M}$ punktfinit ist.

Sei dazu $x \in X$ beliebig gewählt. Da $\mathfrak{D}$ punktdominant ist, ist die Familie $\{X \setminus D | \; D \in \mathfrak{D}\}$ jedenfalls punktfinit. Aus $x \in M \in \mathfrak{M}$ folgt ja $\exists D \in \mathfrak{D} : M \in \mathfrak{M}(D) \wedge x \in X \setminus D$. Freilich sind alle $\mathfrak{M}(D)$ endlich und es existieren nur endlich viele $D \in \mathfrak{D}$ mit $x \in X \setminus D$. ∎

Lemma 5.5.16. *Ein topologischer Raum (X, τ) ist genau dann parakompakt, wenn jeder para-komplettierbare Filter auf X einen konvergenten Oberfilter hat.*

Beweis. **Aufgabe 20** ∎

5.5.3 Der Satz von Michael & Stone

Lemma 5.5.17. *Jeder parakompakte topologische T_2-Raum (X, τ) ist regulär.*

Beweis. Sei $A \subseteq X$ abgeschlossen und $b \in X \setminus A$ gegeben.
Für jedes $a \in A$ existiert wegen T_2 eine offene Umgebung U_a mit $b \notin \overline{U_a}$. Wir setzen $\alpha := \{U_a | \; a \in A\} \cup \{X \setminus A\}$, was eine offene Überdeckung von X ist, die wegen der Parakompaktheit eine lokal endliche offene Verfeinerung β hat. Wir setzen $U := st(A, \beta)$. Natürlich ist unser U offen und umfaßt A. Ferner finden wir wegen der lokalen Endlichkeit von β nach Lemma 5.5.5 $\overline{U} = \bigcup_{V \in \beta, V \cap A \neq \emptyset} \overline{V}$. Wegen $\beta \preceq \alpha$ existiert nun zu jedem $V \in \beta$ mit $V \cap A \neq \emptyset$ ein $U_a \in \alpha$ mit $V \subseteq U_a$. Das liefert $\overline{U} \subseteq \bigcup_{a \in A} \overline{U_a}$, also $b \notin \overline{U}$ und somit $b \in X \setminus \overline{U} \in \tau$. Somit sind U und $X \setminus \overline{U}$ trennende offene Mengen für A und b. ∎

Proposition 5.5.18. *Sei (X, τ) ein T_3-Raum, in dem zu jeder offenen Überdeckung eine (nicht notwendig offene) lokal endliche feinere Überdeckung existiert. Dann gibt es auch zu jeder offenen Überdeckung eine lokal endliche feinere Überdeckung, deren Elemente abgeschlossen sind.*

Beweis. Sei α eine offene Überdeckung von X. Zu jedem $x \in X$ existiert also ein $A_x \in \alpha$ mit $x \in A_x$. Wegen der T_3-Eigenschaft gibt es dann auch eine offene Umgebung B_x von x mit $\overline{B_x} \subseteq A_x$. Die Familien $\beta := \{B_x | \ x \in X\}$ und $\overline{\beta} := \{\overline{B_x} | \ x \in X\}$ sind dann Überdeckungen von X mit $\beta \preceq \overline{\beta} \preceq \alpha$. Da β zudem eine offene Überdeckung ist, existiert nach Voraussetzung eine lokal endliche Überdeckung γ mit $\gamma \preceq \beta$. Nach Lemma 5.5.5 ist dann aber auch $\overline{\gamma} := \{\overline{C} | \ C \in \gamma\}$ eine lokal endliche Überdeckung, die aus abgeschlossenen Mengen besteht und für die offenbar $\overline{\gamma} \preceq \overline{\beta} \preceq \alpha$ gilt. ■

Lemma 5.5.19. *Sei (X, τ) ein topologischer Raum und $\mathfrak{O}$ eine offene Überdeckung von X, zu der es eine lokal endliche, feinere Überdeckung aus abgeschlossenen Teilmengen gibt. Dann hat $\mathfrak{O}$ auch eine baryzentrische offene Verfeinerungsüberdeckung.*

Beweis. Sei $\mathfrak{A}$ eine lokal endliche Überdeckung aus abgeschlossenen Mengen mit $\mathfrak{A} \preceq \mathfrak{O}$. Für jedes $x \in X$ können wir also ein $A_x \in \mathfrak{A}$ mit $x \in A_x$ und dazu wiederum ein $O_x \in \mathfrak{O}$ mit $A_x \subseteq O_x$ auswählen. Nun setzen wir für jedes $x \in X$

$$V_x := \left(\bigcap_{y \in X, x \in A_y} O_y \right) \setminus \left(\bigcup_{y \in X, x \notin A_y} A_y \right).$$

Da die Familie $\{y \in X, x \in A_y\}$ endlich ist (denn wegen der lokalen Endlichkeit ist $\mathfrak{A}$ natürlich erst recht punktfinit), ist $\left(\bigcap_{y \in X, x \in A_y} O_y\right)$ offen und wegen der lokalen Endlichkeit von $\mathfrak{A}$ ist $\bigcup_{y \in X, x \notin A_y} A_y$ nach Lemma 5.5.5 abgeschlossen – damit ist als deren Differenz dann jedes unserer V_x offen und natürlich Teilmenge des Elementes O_x von $\mathfrak{O}$. Da wir bei der Konstruktion unsrer V_x nur solche O_y geschnitten haben, die x enthalten und nur solche A_y abgezogen haben, in denen x nicht enthalten ist, gilt natürlich $x \in V_x$ für alle $x \in X$, folglich ist die Familie $\mathfrak{V} := \{V_x | \ x \in X\}$ eine Überdeckung. Zudem ist $\mathfrak{V}$ eine baryzentrische Verfeinerung von $\mathfrak{O}$: sei dazu $x_0 \in X$ gegeben und $V_y \in \mathfrak{V}$ mit $x_0 \in V_y$. Daraus folgt insbesondere $y \in A_{x_0}$, dieweil ja sonst bei der Konstruktion von V_y die Menge A_{x_0} und damit speziell der Punkt x_0 entfernt worden wäre. Das bedeutet wiederum, daß wir bei der Konstruktion von V_y den Durchschnitt auch über O_{x_0} gebildet haben, so daß $V_y \subseteq O_{x_0}$ folgt. Da dies für alle $V_y \in \mathfrak{V}$ mit $x_0 \in V_y$ gilt, haben wir auch $st(x_0, \mathfrak{V}) \subseteq O_{x_0}$. ■

Aus den Lemmata 5.5.17, und 5.5.19 zusammen mit Proposition 5.5.18 folgt nun unmittelbar

Lemma 5.5.20. *Jeder parakompakte T_2-Raum (X, τ) ist voll normal.*

Die Umkehrung gilt auch, und die wollen wir uns nun erarbeiten.

Definition 5.5.21. Eine Familie $\alpha \subseteq \mathfrak{P}(X)$ heißt *σ-lokal-endlich* genau dann, wenn es abzählbar viele lokal endliche Familien $\alpha_n \subseteq \mathfrak{P}(X), n \in I\!N$ gibt mit $\alpha = \bigcup_{n\in N} \alpha_n$.

Dabei brauchen die beteiligten lokal endlichen Familien α_n keineswegs Überdeckungen zu sein – selbst wenn α eine ist.

Lemma 5.5.22. *Sei (X,τ) ein topologischer Raum, in dem jede offene Überdeckung eine σ-lokal-endliche offene Verfeinerungsüberdeckung besitzt. Dann hat auch jede offene Überdeckung eine (nicht notwendig offene) lokal endliche Verfeinerungsüberdeckung.*

Beweis. Sei α eine offene Überdeckung von X.
Dann existieren nach Voraussetzung lokal endliche Familien $\beta_n \subseteq \tau$, $n \in I\!N$ mit $\beta := \bigcup_{n\in N} \beta_n \preceq \alpha$. Wir setzen $X_n := \bigcup_{B\in\beta_n} B$ (der von β_n überdeckte Teil von X) und dann weiter

$$\begin{aligned} C_0 &:= X_0 \\ C_n &= \left(\bigcup_{k=0}^{n} X_k\right) \setminus \left(\bigcup_{k=0}^{n-1} X_k\right) \end{aligned}$$

für alle $n \in I\!N$. Nun bilden wir noch schnell

$$\gamma := \{C_n \cap B|\ n \in I\!N, B \in \beta_n\}$$

Es sei $x \in X$ gegeben und n_x die kleinste aller natürlichen Zahlen k, für die $x \in X_k$ gilt. Dann folgt $x \in C_{n_x}$ und somit, weil x ja Element eines Elementes aus β_{n_x} sein muß, wenn es in deren Vereinigung X_{n_x} liegt, sogleich $\exists B_x \in \beta_{n_x} : x \in B_x$. Das aber liefert $x \in B_x \cap C_{n_x} \in \gamma$. Da dies für alle $x \in X$ gilt, ist γ eine Überdeckung von X.
Wir wollen nun noch zeigen, daß unser γ auch lokal endlich ist.

Sei dazu wiederum $x \in X$ gegeben. Da ja jede unserer Familien β_n lokal endlich ist, existiert zu jedem $n \in I\!N$ eine offene Umgebung U_n von x, die nur endlich viele Elemente von β_n (und damit auch von Elementen der Form $B \cap C_n$ mit $B \in \beta_n$) nichtleer schneidet. Wiederum sei n_x die kleinste aller natürlichen Zahlen k, für die $x \in X_k$ gilt. Wir setzen $U_x := X_{n_x} \cap \bigcap_{k=0}^{n_x} U_k$, was natürlich offen ist. Zudem schneidet U erst recht höchstens endlich viele Elemente von β_k für $k = 0, \ldots, n_x$. Für $k > n_x$ haben wir hingegen $U_x \cap C_k = \emptyset$ wegen $U_x \subseteq X_{n_x}$, so daß es insgesamt nur endlich viele Elemente der Form $B \cap C_n$ mit $B \in \beta_n$ – also von γ – geben kann, die U_x nichtleer schneiden. Da dies für alle $x \in X$ gilt, ist γ lokal endlich. ■

Lemma 5.5.23. *Sei (X,τ) ein topologischer Raum, in dem zu jeder offenen Überdeckung eine lokal endliche Verfeinerungsüberdeckung aus abgeschlossenen Teilmengen existiert, so ist (X,τ) parakompakt.*

Beweis. Sei α eine offene Überdeckung von X. Dann existiert also eine lokal endliche Verfeinerungsüberdeckung β aus abgeschlossenen Teilmengen, d.h. zu jedem $x \in X$ gibt es eine offene Umgebung U_x, die höchstens endlich viele Elemente von β nichtleer schneidet. Die Familie $\{U_x|\ x \in X\}$ ist dann wiederum eine offene Überdeckung von X, zu der also wiederum eine lokal endliche Verfeinerungsüberdeckung γ aus abgeschlossenen Teilmengen existiert. Für jedes $B \in \beta$ definieren wir

$$B' := X \setminus \bigcup_{C \in \gamma, C \cap B = \emptyset} C .$$

Die Familie $\beta' := \{B' | \ B \in \beta\}$ ist dann eine Überdeckung von X, weil schon β eine ist. Zudem besteht β' aus offenen Teilmengen, da wegen Lemma 5.5.5 die Vereinigungen über beliebige Teilfamilien von γ abgeschlossen sind.

Wir brauchen nur noch zu zeigen, daß β' lokal endlich ist: Sei dazu $x \in X$ gegeben. Wegen der lokalen Endlichkeit von γ existiert eine offene Umgebung O_x von x, die höchstens endlich viele Elemente $C_1, ..., C_n$ von γ nichtleer schneidet. Für ein Element B' von β' folgt nun aus $y \in O_x \cap B' \neq \emptyset$ sofort $y \in O_x$ und $\exists C \in \gamma : y \in C \wedge C \cap B \neq \emptyset$, also $y \in O_x \cap C$ und darum $C \in \{C_1, ..., C_n\}$. Nun ist jedes Element von γ nach Konstruktion in einem $U_x, x \in X$ enthalten, das wiederum nur endlich viele Elemente von β schneidet. Daher können auch nur endlich viele Elemente von β' unser O_x nichtleer schneiden. Nun gilt ja $\beta \preceq \alpha$, d.h. wir können zu jedem $B \in \beta$ ein $A(B) \in \alpha$ mit $B \subseteq A(B)$ wählen und sehen leicht ein, daß dann $\{A(B) \cap B' | \ B \in \beta\}$ eine offene lokal endliche Verfeinerungsüberdeckung für α ist. ■

Lemma 5.5.24. *Jeder volle T_4-Raum (X, τ), der auch ein R_0-Raum ist, ist parakompakt.*

Beweis. Sei (X, τ) also voll T_4 und symmetrisch. Dann wissen wir bereits, daß er erst recht T_4 und damit nach Proposition 4.4.9 auch T_3 ist. Kümmern wir uns mit diesem Wissen um die Parakompaktheit.

Sei dazu α_0 eine offene Überdeckung von X. Zunächst existiert auf α_0 laut Wohlordnungssatz eine Wohlordnung $\leq$.

Wir wählen nun induktiv α_n als offene Stern-Verfeinerungsüberdeckung von α_{n-1} für $n \in \mathbb{N}^+$.

Dann definieren wir $B_{i,A} := \{x \in X | \ \exists V \in \dot{x} \cap \tau : st(V, \alpha_i) \subseteq A\}$ für alle $i \in \mathbb{N}$ und $A \in \alpha_0$. Nun ist für alle $i \in \mathbb{N}$ die Familie $\{B_{i,A} | \ A \in \alpha_0\}$ offenbar eine Verfeinerung von α_0. Ferner haben wir

$$x \in B_{i,A} \wedge y \notin B_{i+1,A} \Rightarrow \forall M \in \alpha_{i+1} : \{x, y\} \nsubseteq M \tag{5.15}$$

für beliebige $x, y \in X$. (Andernfalls, wenn ein $M \in \alpha_{i+1}$ mit $\{x, y\} \subseteq M$ existierte, so folgte die Existenz eines $H \in \alpha_i$ mit $x, y \in st(M, \alpha_{i+1}) \subseteq H$, weil ja α_{i+1} eine Stern-Verfeinerung von α_i ist. Wegen $x \in H$ folgte dann für *jede* Umgebung V von x insbesondere $H \subseteq st(x, \alpha_i) \subseteq st(V, \alpha_i)$, aus $x \in B_{i,A}$ wissen wir aber, daß es immerhin eine Umgebung V von x gibt mit $st(V, \alpha_i) \subseteq A$ und damit hätten wir $st(M, \alpha_{i+1}) \subseteq A$, was ja $y \in B_{i+1,A}$ implizieren würde.)
Jetzt setzen wir

$$C_{i,A_0} := B_{i,A_0} \setminus \overline{\bigcup_{A < A_0} B_{i+1,A}}$$

für alle $i \in \mathbb{N}$ und $A_0 \in \alpha_0$. Diese Mengen sind natürlich alle offen.

Für zwei verschiedene Elemente A_1, A_2 von α_0 haben wir bezüglich der Wohlordnung $A_2 < A_1$ (bzw. $A_1 < A_2$) und damit $C_{i,A_1} \cap B_{i+1,A_2} = \emptyset$ (bzw. $C_{i,A_2} \cap B_{i+1,A_1} = \emptyset$).

Für jedes $i \in \mathbb{N}$ können wir nun $x \in C_{i,A_1} \subseteq B_{i,A_1}$ und $y \in C_{i,A_2} \subseteq B_{i,A_2}$ mit $A_1 \neq A_2$ betrachten und haben nach obigem zusätzlich noch $y \notin B_{i+1,A_1}$ *oder* $x \notin B_{i+1,A_2}$, also ist laut (5.15) in jedem Falle klar, daß x, y in keinem Element von α_{i+1} gemeinsam enthalten sind, d.h. für beliebige (nicht notwendig verschiedene!) $x, y \in X$ gilt

$$x \in C_{i,A_1} \wedge y \in C_{i,A_2} \wedge A_1 \neq A_2 \Rightarrow \forall M \in \alpha_{i+1} : \{x, y\} \nsubseteq M . \tag{5.16}$$

Wir sehen nun leicht ein, daß die Familie $\gamma_i := \{C_{i,A} | \ A \in \alpha_0\}$ für jedes $i \in \mathbb{N}$ lokal endlich ist: Sei dazu $z \in X$ beliebig gegeben, so existiert – da es sich ja um offene Überdeckungen handelt – eine offene Umgebung $M_z \in \alpha_{i+1}$ mit $z \in M_z$. Gälte nun $M_z \cap C_{i,A_1} \neq \emptyset$ und $M_z \cap C_{i,A_2} \neq \emptyset$, so existierten (nicht notwendig verschiedene) $x \in M_z \cap C_{i,A_1}$ und $y \in M_z \cap C_{i,A_2}$, woraus offensichtlich $\{x, y\} \subseteq M_z$ und damit nach (5.16) sogleich $A_1 = A_2$ folgt. Mithin kann unser M_z *höchstens ein* Element von γ_i nichtleer schneiden.

Daher ist die Familie $\gamma := \{C_{i,A} | \ i \in \mathbb{N}, A \in \alpha_0\}$ als abzählbare Vereinigung der lokal endlichen Familien γ_i definitionsgemäß σ-lokal-endlich.

Sie ist auch eine Überdeckung von X: sei dazu $y \in X$ gegeben. Sei dann $A(y)$ das $\leq$-minimale Element in der Familie $\{A \in \alpha_0 | \ \exists i \in \mathbb{N} : y \in B_{i,A}\}$. (Diese Familie ist jedenfalls nicht leer, denn schon α_1 enthält als Stern-Verfeinerung von α_0 zu jedem Element $y \in X$ eine Umgebung, deren α_1-Stern unterhalb eines $A \in \alpha_0$ liegt.)
Sei ferner $i \in \mathbb{N}$ so gewählt, daß gerade $y \in B_{i,A(y)}$ gilt.

Für jedes $x \in st(y, \alpha_{i+2})$ gilt ja $\exists M \in \alpha_{i+2} : \{x, y\} \subseteq M$, also muß nach (5.15) $x \notin B_{i+1,A} \vee y \in B_{i+2,A}$ gelten. Weil wegen der Wahl von $A(y)$ für alle $A < A(y)$ sofort $y \notin B_{i+2,A}$ folgt, gilt also für alle $A < A(y)$ stets $x \notin B_{i+1,A}$, falls $x \in st(y, \alpha_{i+2})$. Das liefert $st(y, \alpha_{i+2}) \cap B_{i+1,A} = \emptyset$ für alle $A < A(y)$ und damit auch $st(y, \alpha_{i+2}) \cap \bigcup_{A<A(y)} B_{i+1,A} = \emptyset$, woraus wegen der Offenheit von $st(y, \alpha_{i+2})$ unmittelbar $y \notin \overline{\bigcup_{A<A(y)} B_{i+1,A}}$ und damit $y \in C_{i,A(y)}$ folgt. Somit ist unser γ eine Überdeckung von X.

Wir haben also eine σ-lokal endliche offene Verfeinerungsüberdeckung von α_0 gefunden, so daß nach 5.5.22 eine lokal endliche Verfeinerung von α_0 existiert, nach 5.5.18 also auch eine lokal endliche aus abgeschlossenen Teilmengen, da wir ja wissen, daß (X, τ) ein T_3-Raum sein muß, so daß nach 5.5.23 unser (X, τ) parakompakt ist. ■

Satz 5.5.25 (Satz von Michael und Stone). *Ein topologischer Raum* (X, τ) *ist genau dann voll normal, wenn er ein parakompakter* T_2*-Raum ist.*

Beweis. Daß jeder parakompakte T_2-Raum voll normal ist, sagt gerade Lemma 5.5.20. Ist umgekehrt unser Raum voll normal, so ist er definitionsgemäß voll T_4 und T_1, also auch R_0. Somit ist er nach Lemma 5.5.24 parakompakt. Als T_4- und T_1-Raum ist er überdies trivialerweise T_2. ■

Korollar 5.5.26. *Jeder kompakte Hausdorff-Raum ist voll normal.*

Beweis. Jeder kompakte Raum ist trivialerweise parakompakt. Den Rest erledigt Satz 5.5.25. ■

5.5.4 Ein Blick zurück: Metrisierbarkeit

Wenngleich eine Volksweisheit von „zwei Schritt vor und ein' zurück" erzählt und wir dem Volke keineswegs zu mißtrauen wünschen, belassen wir es – der Überschrift gemäß – bei unseren bisherigen Schritten und richten nur einen kurzen *Blick* zurück.

Definition 5.5.27. Ein topologischer Raum (X, τ) heißt *(pseudo-)metrisierbar* genau dann, wenn es eine (Pseudo-)Metrik d auf X gibt, deren erzeugte Topologie τ_d gleich τ ist.

Zwar hatten wir uns von den metrischen Räumen aus gutem Grund recht frühzeitig ab- und den topologischen Räumen zugewandt[105], doch ist anhand obiger Definition ja leicht nachvollziehbar, daß *(Pseudo-)Metrisierbarkeit*, d.h. die Existenz irgendeiner passenden (Pseudo-)Metrik, tatsächlich eine topologische Eigenschaft ist (in dem Sinne, daß homöomorphe Räume sie entweder gemeinsam haben oder gemeinsam nicht haben).

Dieweil Metrisierbarkeit zudem auf's engste mit den in diesem Abschnitt bereits untersuchten Kompaktheitseigenschaften verbunden ist (jeder metrisierbare Raum ist ein parakompakter Hausdorff-Raum) und wir sowieso mit den bisherigen Erkenntnissen schon sehr dicht dran sind, wollen wir uns also noch kurz den bislang wohl berühmtesten „Metrisationssatz" erarbeiten: den von Bing, Nagata & Smirnow.

Den Beweis zerlegen wir uns in handliche Lemmata.

Lemma 5.5.28. *Jeder pseudometrische Raum ist voll* T_4.

Beweis. Sei (X, d) ein pseudometrischer Raum und τ_d die von der Pseudometrik d induzierte Topologie auf X. Sei nun $\alpha \subseteq \tau_d$ eine offene Überdeckung von X. Zu jedem $x \in X$ existiert dann ein $A_x \in \alpha$ mit $x \in A_x$. Da A_x offen ist, können wir dann auch ein $\varepsilon_x \in \mathbb{R}$ mit $0 \leq \varepsilon_x < 1$ und $U_{5\varepsilon_x}(x) \subseteq A_x$ wählen. Das machen wir einfach mal für alle $x \in X$.

105 Beispielsweise deshalb, weil viele recht verschiedene Metriken dieselbe Topologie erzeugen können – und somit eine Metrik den Blick auf topologische Eigenschaften oft eher vernebelt (aber, wie wir just hier höchst autoreferentiell sehen: nicht immer).

Jetzt wollen wir zeigen, daß die Familie $\beta := \{U_{\varepsilon_x}(x) |\ x \in X\}$ eine baryzentrische Verfeinerung von α ist.

Für ein beliebiges $x \in X$ sei dazu $r_x := \sup\{\varepsilon_y |\ x \in U_{\varepsilon_y}(y)\}$.[106] Dann existiert ein $y \in X$ mit $x \in U_{\varepsilon_y}(y)$ und $\varepsilon_y \geq \frac{r_x}{2}$, also $\forall z \in X, x \in U_{\varepsilon_z}(z) : \varepsilon_z \leq 2\varepsilon_y$, d.h. $\forall z \in X, x \in U_{\varepsilon_z}(z) : d(x,z) < 2\varepsilon_y$. Für alle $v \in U_{\varepsilon_z}(z)$ gilt ja $d(z,v) < \varepsilon_z \leq 2\varepsilon_y$. Außerdem haben wir natürlich $d(y,x) < \varepsilon_y$. Nach Dreiecksungleichung ergibt das $\forall v \in st(x,\beta) : d(y,v) < d(y,x) + d(x,z) + d(z,v) \leq \varepsilon_y + 2\varepsilon_y + 2\varepsilon_y = 5\varepsilon_y$, also $st(x,\beta) \subseteq U_{5\varepsilon_y}(y) \subseteq A_y \in \alpha$. ∎

Korollar 5.5.29. *Jeder pseudometrische Raum ist ein $T_{3\frac{1}{2}}$-Raum.*

Beweis. Laut Lemma 5.5.28 ist ein pseudometrischer Raum (X,d) jedenfalls voll T_4, also auch T_4 (siehe S. 204). Laut Proposition 4.3.6 ist jeder pseudometrische Raum ein R_0-Raum und somit nun nach Lemma 5.4.9 ein $T_{3\frac{1}{2}}$-Raum. ∎

Korollar 5.5.30. *Jeder pseudometrische Raum (X,τ) ist parakompakt.*

Beweis. Nach 5.5.28 ist (X,τ) voll T_4 und nach 4.3.6 R_0, somit laut Lemma 5.5.24 auch parakompakt. ∎

Daraus folgt natürlich sofort:

Korollar 5.5.31. *Jeder metrische Raum ist parakompakt.*

Korollar 5.5.32. *Jeder metrische Raum ist voll normal.*

Beweis. Jeder metrische Raum ist trivialerweise T_1 und pseudometrisch, also nach Lemma 5.5.28 voll T_4. ∎

Korollar 5.5.33. *Ist (X,d) ein pseudometrischer Raum, so hat seine induzierte Topologie τ_d eine σ-lokal-endliche Basis.*

Beweis. Nach 5.5.30 ist (X,τ_d) jedenfalls parakompakt und wir wissen, daß $\{U^d_{\frac{1}{n}}(x) |\ x \in X, n \in \mathbb{N}^+\}$ eine Basis von τ_d ist. Die teilen wir jetzt ein wenig auf und definieren für jedes $n \in \mathbb{N}^+$ ein $\beta_n := \{U^d_{\frac{1}{n}}(x) |\ x \in X\}$. Jedes β_n ist ja eine offene Überdeckung von X und hat daher wegen der Parakompaktheit eine lokal-endliche offene Verfeinerungsüberdeckung α_n. Die Familie $\alpha := \bigcup_{i\in\mathbb{N}^+} \alpha_n$ ist also zweifellos σ-lokal-endlich.

Seien nun $O \in \tau_d$ und $x \in O$ gegeben. Dann existiert ein $n \in \mathbb{N}^+$ mit $U_{\frac{1}{n}}(x) \subseteq O$. Weiterhin existiert in α_{2n} eine offene Menge A_x mit $x \in A_x$ und es existiert auch ein $B_x \in \beta_{2n}$ mit $A_x \subseteq B_x$, da ja α_{2n} eine Verfeinerung von β_{2n} ist. Für alle $y \in A_x$ gilt also $d(x,y) < \frac{1}{n}$, d.h. $A_x \subseteq U_{\frac{1}{n}}(x) \subseteq O$. Da dieses für beliebige $O \in \tau_d$ und jedes $x \in O$ gilt, ist jedes $O \in \tau_d$ als Vereinigung von Elementen aus α darstellbar, alle Elemente von α sind selbst offen in τ_d, also ist α eine Basis von τ_d. ∎

106 Beachte, daß wir die Epsilons durch 1 nach oben beschränkt haben.

Definition 5.5.34. Sei X eine Menge. Eine Folge $\underline{\alpha} := (\alpha_n)_{n\in N}$ von Überdeckungen von X heißt *Überdeckungs-Normalfolge* genau dann, wenn $\forall n \in \mathbb{N} : \alpha^*_{n+1} \preceq \alpha_n$, d.h. wenn jede Nachfolgeüberdeckung eine Sternverfeinerung ihrer Vorgängerin ist.

Durch jede Überdeckungs-Normalfolge auf einer Menge X kann in einfacher Weise eine Topologie auf X erklärt werden:

Definition 5.5.35. Sei X eine Menge und $\underline{\alpha} := (\alpha_n)_{n\in N}$ eine Überdeckungs-Normalfolge auf X. Dann nennen wir

$$\tau(\underline{\alpha}) := \{O \subseteq X \mid \forall x \in O : \exists n \in \mathbb{N} : st(x, \alpha_n) \subseteq O\}$$

die von $\underline{\alpha}$ induzierte Topologie auf X.

Daß $\tau(\underline{\alpha})$ tatsächlich die an eine Topologie gestellten Bedingungen erfüllt, ist sehr leicht einzusehen und unsere Bezeichnung somit gerechtfertigt. Nun wollten wir freilich nicht vordringlich Normalfolgen mit einer Topologie beschenken, sondern Topologien mit einer (Pseudo-)Metrik. Wenn wir jetzt allerdings unsrer Normalfolge eine Pseudometrik zuordnen können, haben wir aber vielleicht schon eine ganz brauchbare Verbindung hergestellt. Wir probieren das mal.

Als Idee im Hintergrund können wir uns dazu vorstellen, daß die Überdeckungen α_n mit wachsendem n ja „immer feiner[107]" werden. Zwei Punkte könnte man also dann als besonders „nah" im Sinne einer von uns gesuchten Pseudometrik empfinden, wenn sie in besonders vielen Überdeckungen α_n einen gemeinsamen Deckel haben. Das müssen wir nun irgendwie in Zahlen fassen.

Lemma 5.5.36. *Sei X eine Menge und $\underline{\alpha} := (\alpha_n)_{n\in N}$ eine Überdeckungs-Normalfolge auf X. Dann existiert eine Pseudometrik $d_{\underline{\alpha}}$ auf X derart, daß*

(1) $\forall n \in \mathbb{N} : \exists \varepsilon > 0 : \{U^{d_{\underline{\alpha}}}_\varepsilon(x) \mid x \in X\} \preceq \alpha_n$ *und*
(2) $\forall \varepsilon > 0 : \exists n \in \mathbb{N} : \alpha_n \preceq \{U^{d_{\underline{\alpha}}}_\varepsilon(x) \mid x \in X\}$
gelten.

Beweis. Zunächst einmal definieren wir eine Funktion q, die die Idee der immer kleineren Deckel formalisiert:

$$q : X \times X \to \mathbb{R} : \ q(x, y) := \inf\{2^{-n} \mid \exists A \in \alpha_n : \{x, y\} \subseteq A\} \ .$$

Die Funktion q ist offenbar durch 0 nach unten (und durch 1 nach oben) beschränkt, nimmt also nur nichtnegative Werte an (und ist für alle $x, y \in X$ wohldefiniert). Ebenso offenbar sehen wir für alle $x \in X$ sofort $q(x, x) = 0$. Auch ganz offensichtlich ist anhand der Definition, daß $\forall x, y \in X : q(x, y) = q(y, x)$ gilt. Damit wären schon mal zwei

107 Natürlich nicht notwendig *echt* feiner, wenn z.B. $\forall n \in \mathbb{N} : \alpha_n = \{X\}$ gelten sollte.

Bedingungen erfüllt, die wir an eine Pseudometrik zu stellen haben. Die Dreiecksungleichung allerdings wird unser q im allgemeinen leider nicht unbedingt erfüllen – es könnte also passieren, daß bei gegebenen Elementen x, y irgendwelche Elemente $x = x_0, x_1, ..., x_k = y$ existieren, mit denen $\sum_{i=1}^{k} q(x_{i-1}, x_i) < q(x, y)$ gilt. Allerdings sind auch die Werte dieser endlichen Summen ja notgedrungen alle nichtnegativ, d.h. deren Menge hat auch ein Infimum. Das nutzen wir aus, um nun doch noch die Gültigkeit der Dreiecksungleichung für eine leicht modifizierte Funktion zu erzwingen: wir setzen

$$d_{\underline{\alpha}}(x, y) := \inf \left\{ \sum_{i=1}^{k} q(x_{i-1}, x_i) \;\middle|\; k \in I\!N, x_0 = x, x_k = y, \forall i : x_i \in X \right\} \tag{5.17}$$

für alle $x, y \in X$. Wiederum haben wir $\forall x \in X : d_{\underline{\alpha}}(x, x) = 0$ da ja schon $q(x, x) = 0$ gilt und wiederum haben wir Symmetrie: Für jeden endlichen „Umweg" $x = x_0, x_1, ..., x_k = y$ haben wir ja $\sum_{i=1}^{k} q(x_{i-1}, x_i) = \sum_{i=k}^{1} q(x_i, x_{i-1})$ wegen der Symmetrie von q. Sind nun $x, y, z \in X$ gegeben, so haben wir $\forall \varepsilon > 0 : \exists k_1, k_2 \in I\!N, x_0, ..., x_{k_1} \in X, x'_0, ..., x'_{k_2} \in X$ mit $x = x_0, x_{k_1} = y = x'_0, x'_{k_2} = z$ sowie $\sum_{i=0}^{k_1} q(x_{i-1}, x_i) < d_{\underline{\alpha}}(x, y) + \frac{\varepsilon}{2}$ und $\sum_{i=0}^{k_2} q(x'_{i-1}, x'_i) < d_{\underline{\alpha}}(y, z) + \frac{\varepsilon}{2}$. Das ergibt

$$\sum_{i=1}^{k_1} q(x_{i-1}, x_i) + \sum_{i=1}^{k_2} q(x'_{i-1}, x'_i) < d_{\underline{\alpha}}(x, y) + d_{\underline{\alpha}}(y, z) + \varepsilon\,. \tag{5.18}$$

Andrerseits gilt natürlich

$$\sum_{i=1}^{k_1} q(x_{i-1}, x_i) + \sum_{i=1}^{k_2} q(x'_{i-1}, x'_i) \in \left\{ \sum_{i=1}^{k} q(t_{i-1}, t_i) \;\middle|\; k \in I\!N, t_0 = x, t_k = z \right\},$$

woraus wegen der Definition von $d_{\underline{\alpha}}(x, z)$ als Infimum der obigen Menge

$$d_{\underline{\alpha}}(x, z) \le \sum_{i=0}^{k_1} q(x_{i-1}, x_i) + \sum_{i=0}^{k_2} q(x'_{i-1}, x'_i)$$

folgt, was wegen (5.18) wiederum

$$d_{\underline{\alpha}}(x, z) < d_{\underline{\alpha}}(x, y) + d_{\underline{\alpha}}(y, z) + \varepsilon$$

liefert. Da dies für alle $\varepsilon > 0$ gilt, haben wir nun $d_{\underline{\alpha}}(x, z) \le d_{\underline{\alpha}}(x, y) + d_{\underline{\alpha}}(y, z)$. Unser $d_{\underline{\alpha}}$ ist also tatsächlich eine Pseudometrik.

Zu (1): Obwohl unsere Funktion q nicht unbedingt die Dreiecksungleichung erfüllt, ist sie dennoch gar nicht besonders weit davon entfernt. Wir beweisen zunächst, daß für alle $k \in I\!N^+$ und $x_0, ..., x_k \in X$ die Ungleichung

$$q(x_0, x_k) \le 2 \sum_{i=1}^{k} q(x_{i-1}, x_i) \tag{5.19}$$

gilt.

Angenommen, das wäre nicht so: dann gäbe es eine kleinste natürliche Zahl k derart, daß $k+1$ Elemente $x_0, ..., x_k$ von X existieren, für die $q(x_0, x_k) > 2\sum_{i=1}^{k} q(x_{i-1}, x_i)$ gilt. (Offenbar muß $k > 1$ sein.) Diese Elemente halten wir kurz fest und setzen $s := \sum_{i=1}^{k} q(x_{i-1}, x_i)$. Wegen $q(x_0, x_k) \leq 1$ muß $s < \frac{1}{2}$ gelten. Wäre $s = 0$, so hätten wir $\forall i = 1, ..., k : q(x_{i-1}, x_i) = 0$, woraus $\forall i = 1, ..., k : \forall n \in I\!N : \exists A \in \alpha_{n+k} : \{x_{i-1}, x_i\} \subseteq A$ folgte, was wiederum wegen der Stern-Verfeinerungseigenschaft unserer Überdeckungs-Normalfolge sogleich $\forall n \in I\!N : \exists A' \in \alpha_n : \{x_0, x_k\} \subseteq A'$ liefert, also $q(x_0, x_k) = 0 \leq 2s$. Wir haben daher $0 < s < \frac{1}{2}$. Jetzt suchen wir uns den größten Index $l \leq k$ heraus, für den $\sum_{i=1}^{l} q(x_{i-1}, x_i) \leq \frac{1}{2}s$ gilt, also zusätzlich $\sum_{i=1}^{l+1} q(x_{i-1}, x_i) > \frac{1}{2}s$. Wegen $0 < s$ gilt $l < k$ und darum wegen der Minimalität von k sogleich

$$q(x_0, x_l) \leq 2\sum_{i=1}^{l} q(x_{i-1}, x_i) \leq s\,. \tag{5.20}$$

Wir unterscheiden zwei Fälle:

(a) Sei $l + 1 < k$. Dann zerlegen wir s in drei Summanden:

$$s = \sum_{i=1}^{l} q(x_{i-1}, x_i) \;+\; q(x_l, x_{l+1}) \;+\; \sum_{i=l+2}^{k} q(x_{i-1}, x_i) \tag{5.21}$$

und finden zusätzlich zu (5.20)

$$q(x_{l+1}, x_k) \leq 2\sum_{i=l+2}^{k} q(x_{i-1}, x_i) < s\,, \tag{5.22}$$

dieweil der fehlende Summand $q(x_l, x_{l+1})$ nach Wahl von l offensichtlich positiv sein muß. Es existiert ferner eine kleinste natürliche Zahl n derart, daß $2^{-n} \leq s < 2^{-n+1}$ gilt (wegen $s < \frac{1}{2}$ haben wir $n > 1$). Damit haben wir sofort $q(x_0, x_l) \leq 2^{-n}$, $q(x_l, x_{l+1}) \leq 2^{-n}$ und $q(x_{l+1}, x_k) \leq 2^{-n}$ – denn da unsere Funktion q nur Zweierpotenzen als Werte annimmt, müßten diese Werte ansonsten mindestens 2^{-n+1} sein, was wegen $s < 2^{-n+1}$ und (5.20) bzw. (5.21) bzw. (5.22) nicht sein kann.

Nach Definition von q existieren also Teilmengen $A_1, A_2, A_3 \in \alpha_n$ mit $\{x_0, x_l\} \subseteq A_1$, $\{x_l, x_{l+1}\} \subseteq A_2$ und $\{x_{l+1}, x_k\} \subseteq A_3$. Damit sehen wir aber sofort $\{x_0, x_k\} \subseteq st(A_2, \alpha_n)$. Nun gilt ja $\alpha_n^* \preceq \alpha_{n-1}$, d.h. es existiert ein $A \in \alpha_{n-1}$ mit $\{x_0, x_k\} \subseteq A$. Daraus folgt wiederum nach Definition von q sogleich $q(x_0, x_k) \leq 2^{-n+1}$, d.h $q(x_0, x_k) \leq 2 \cdot 2^{-n} \leq 2s$ – im Widerspruch zur Annahme.

(b) Im Falle $l + 1 = k$ betrachten wir statt (5.21) einfach

$$s = q(x_{k-1}, x_k) \;+\; \sum_{i=1}^{l} q(x_{i-1}, x_i)\,, \tag{5.23}$$

finden damit und mit (5.20) die Beziehungen $q(x_0, x_l) \leq 2^{-n}$ und $q(x_{k-1}, x_k) \leq 2^{-n}$, woraus ganz analog $\exists A_1, A_2 \in \alpha_n : \{x_0, x_l\} \subseteq A_1, \{x_l, x_k\} \subseteq A_2$ und damit $\exists A \in \alpha_{n-1} : \{x_0, x_k\} \subseteq A$ folgt. Also gilt wie im ersten Falle auch (und damit nun generell) $q(x_0, x_k) \leq 2 \cdot 2^{-n} \leq 2s$.

Somit ist die Ungleichung (5.19) richtig. Nach Konstruktion unserer Pseudometrik $d_{\underline{\alpha}}$ als „Infimum der q-Summen über alle Umwege" folgt daraus sofort

$$\forall x, y \in X : q(x, y) \leq 2 \cdot d_{\underline{\alpha}}(x, y)\,. \tag{5.24}$$

Ist nun also $n \in \mathbb{N}$ gegeben, wählen wir $\varepsilon = 2^{-(n+2)}$ und finden $\forall x \in X : \forall y \in U_\varepsilon^{d_{\underline{\alpha}}}(x)$: $q(x, y) \leq 2d_{\underline{\alpha}}(x, y) < 2^{-(n+1)}$, d.h. $\forall y \in U_\varepsilon^{d_{\underline{\alpha}}} : \exists A_y \in \alpha_{n+1} : \{x, y\} \subseteq A_y$ und folglich $U_\varepsilon^{d_{\underline{\alpha}}} \subseteq st(x, \alpha_{n+1}) \subseteq st(A, \alpha_{n+1}) \subseteq A'$ für jedes $A \in \alpha_{n+1}$ mit $x \in A$ und ein $A' \in \alpha_n$ (wegen $\alpha_{n+1}^* \preceq \alpha_n$). Da dies für alle $x \in X$ gilt, folgt $\{U_\varepsilon^{d_{\underline{\alpha}}}(x) |\ x \in X\} \preceq \alpha_n$.

Zu (2): Nach Definition von $d_{\underline{\alpha}}$ gilt offenbar

$$\forall x, y \in X : d_{\underline{\alpha}}(x, y) \leq q(x, y)\,. \tag{5.25}$$

Sei nun $\varepsilon > 0$ gegeben. Dann existiert ein $n \in \mathbb{N}$ mit $2^{-n} < \varepsilon$. Sei ferner $A \in \alpha_n$ gegeben. Wir wählen ein festes $x \in A$ und haben in Anbetracht der Definition von q sofort $\forall y \in A : d_{\underline{\alpha}}(x, y) \leq q(x, y) \leq 2^{-n} < \varepsilon$ und damit $A \subseteq U_\varepsilon^{d_{\underline{\alpha}}}(x)$. Dies für alle $A \in \alpha_n$ liefert $\alpha_n \preceq \{U_\varepsilon^{d_{\underline{\alpha}}}(x) |\ x \in X\}$. ∎

Aus Lemma 5.5.36 folgt unmittelbar:

Korollar 5.5.37. *Sei X eine Menge und $\underline{\alpha} := (\alpha_n)_{n \in N}$ eine Überdeckungs-Normalfolge auf X. Dann stimmt die von $\underline{\alpha}$ gemäß Definition 5.5.35 induzierte Topologie $\tau(\underline{\alpha})$ mit einer von einer Pseudometrik induzierten Topologie überein, d.h. der Raum $(X, \tau(\underline{\alpha}))$ ist pseudometrisierbar.*

Beweis. Wähle als Pseudometrik die mit $d_{\underline{\alpha}}$ bezeichnete aus Lemma 5.5.36. Aus 5.5.36(1) folgt $\tau(\underline{\alpha}) \subseteq \tau_{d_{\underline{\alpha}}}$ und aus 5.5.36(2) sogleich $\tau(\underline{\alpha}) \supseteq \tau_{d_{\underline{\alpha}}}$. ∎

So, jetzt müssen wir uns für einen topologischen Raum (X, τ) also nur noch eine passende Überdeckungs-Normalfolge $\underline{\alpha}$ beschaffen, um ihn zu pseudometrisieren.

Satz 5.5.38. *Ein topologischer Raum (X, τ) ist genau dann pseudometrisierbar, wenn er ein T_3-Raum ist und eine σ-lokal-endliche Basis hat.*

Beweis. Ist der Raum (X, τ) pseudometrisierbar, so ist er wegen 5.5.29 ein $T_{3\frac{1}{2}}$-Raum, also erst recht ein T_3-Raum, und hat wegen 5.5.33 eine σ-lokal-endliche Basis.

Sei also (X, τ) ein T_3-Raum mit σ-lokal-endlicher Basis $\mathfrak{B} := \bigcup_{i \in N} \mathfrak{B}_i$, wobei jedes $\mathfrak{B}_i$ eine lokal-endliche Teilüberdeckung von X ist.

Da die $\mathfrak{B}_i$ eben nur *Teil*überdeckungen zu sein brauchen, müssen wir ein bißchen vorsichtig sein. Wir definieren erstmal für jedes $n \in \mathbb{N}$ eine Familie $\mathfrak{B}'_n$ als $\mathfrak{B}'_n := \bigcup_{i=0}^n \mathfrak{B}_i$. Diese $\mathfrak{B}'_n$ sind als endliche Vereinigungen lokal endlicher Mengen wiederum lokal-endlich. Jetzt definieren wir für alle $n \in \mathbb{N}$ und alle $x \in X$

$$B_n(x) := \left(\bigcap_{B \in \mathfrak{B}'_n, x \in B} B \right) \setminus \left(\bigcup_{B \in \mathfrak{B}'_n, x \notin \overline{B}} \overline{B} \right).$$

(Sollte in $\mathfrak{B}'_n$ gar kein B vorkommen, das unser x enthält, so ist die linke Seite dieser Mengendifferenz ein Durchschnitt über eine leere Familie von Teilmengen von X und daher gleich X.) Da jedes $\mathfrak{B}'_n$ lokal-endlich ist, ist wegen 5.5.5 die Menge

$$\left(\bigcup_{B\in\mathfrak{B}'_n, x\notin\overline{B}} \overline{B}\right)$$

abgeschlossen und

$$\left(\bigcap_{B\in\mathfrak{B}'_n, x\in B} B\right)$$

ist offen, weil es sich wegen der lokalen Endlichkeit um einen Durchschnitt endlich vieler offener Mengen handelt. Also ist jedes $B_n(x)$ offen.

Somit ist für jedes $n \in \mathbb{N}$ die Familie $\beta_n := \{B_n(x) | \; x \in X\}$ eine offene Überdeckung von X, mit der wir die Unerquicklichkeiten der *Teil*überdeckungen flugs ausgezockt haben.

Nun beobachten wir folgendes: *Zu jeder offenen Überdeckung von X existiert eine offene Stern-Verfeinerungsüberdeckung.* Da nämlich (X, τ) eine σ-lokal-endliche Basis hat, existiert jedenfalls stets eine σ-lokal-endliche offene Verfeinerungsüberdeckung, nach Lemma 5.5.22 also auch eine (nicht notwendig offene) lokal-endliche Verfeinerungsüberdeckung, da wir einen T_3-Raum haben laut Proposition 5.5.18 eine lokal-endliche Verfeinerungsüberdeckung aus abgeschlossenen Teilmengen und somit nach Lemma 5.5.19 eine baryzentrische offene Verfeinerungsüberdeckung. Weil dies für jede offene Überdeckung gilt, existiert nach Proposition 5.5.3 auch eine offene Stern-Verfeinerungsüberdeckung.

Sind nun zwei beliebige Überdeckungen α_1, α_2 von X gegeben, so ist die Familie

$$\alpha_1 \wedge \alpha_2 := \{A_1 \cap A_2 | \; A_1 \in \alpha_1, A_2 \in \alpha_2\} \setminus \{\emptyset\}$$

erstens natürlich wiederum eine Überdeckung von X und zweitens gelten $\alpha_1 \wedge \alpha_2 \preceq \alpha_1$ und $\alpha_1 \wedge \alpha_2 \preceq \alpha_2$, d.h. $\alpha_1 \wedge \alpha_2$ ist eine *gemeinsame* Verfeinerung von α_1 und α_2. Sind α_1, α_2 *offene* Überdeckungen, so ist auch $\alpha_1 \wedge \alpha_2$ eine offene Überdeckung.

Jetzt wählen wir γ_0 als eine offene Stern-Verfeinerungsüberdeckung von β_0 und dann induktiv γ_{n+1} als eine (nach obigen Betrachtungen existierende) offene Stern-Verfeinerungsüberdeckung von $\gamma_n \wedge \beta_{n+1}$, d.h. $\gamma^*_{n+1} \preceq \gamma_n \wedge \beta_{n+1}$. Damit ist $\underline{\gamma} := (\gamma_n)_{n\in N}$ zweifellos eine Überdeckungs-Normalfolge.

Da alle Elemente aller γ_i selbst offene Mengen sind, folgt sofort $\tau(\underline{\gamma}) \subseteq \tau$.

Ist andererseits $O \in \tau$ gegeben und ist $x \in O$, so gibt es wegen der T_3-Eigenschaft Elemente U_1, U_2 unserer Basis $\mathfrak{B}$ mit $x \in U_1 \subseteq \overline{U_1} \subseteq U_2 \subseteq O$. Daher existiert auch ein $i \in \mathbb{N}$ mit $U_1, U_2 \in \mathfrak{B}_i$. Aus der Definition der $B_n(x)$ leicht ersichtlich, gilt dann erst recht $x \in B_i(x) \subseteq U_2 \subseteq O$. Wegen $\gamma_i^* \preceq \beta_i$ existiert ein $y \in X$ mit $st(x, \gamma_i) \subseteq B_i(y)$. Angenommen, es existierte ein $C \in \mathfrak{B}'_i$ mit $x \in C$ und $y \notin \overline{C}$. Dann folgte nach

Konstruktion von $B_i(y)$ sofort $B_i(y) \subseteq X \setminus \overline{C}$, also insbesondere $x \notin B_i(y)$ im Widerspruch zu $x \in st(x, \gamma_i) \subseteq B_i(y)$. Daher enthält der Abschluß jedes Elementes von $\mathfrak{B}'_i$, das x enthält, auch y. Speziell folgt daher wegen $x \in A_1 \subseteq \overline{A_1} \subseteq A_2$ sogleich $y \in A_2$ und daraus anhand der Definition von $B_i(y)$ sofort $B_i(y) \subseteq A_2$. Das ergibt $x \in st(x, \gamma_i) \subseteq B_i(y) \subseteq A_2 \subseteq O$. Dies für alle $x \in O$ liefert $O \in \tau(\underline{\gamma})$. Das für alle $O \in \tau$ impliziert $\tau \subseteq \tau(\underline{\gamma})$.

Insgesamt haben wir also $\tau = \tau(\underline{\gamma})$ und $\tau(\underline{\gamma})$ ist laut Korollar 5.5.37 pseudometrisierbar. ■

Als Folgerung erhalten wir

Satz 5.5.39 (Satz von Bing, Nagata & Smirnow). *Ein topologischer Raum (X, τ) ist genau dann metrisierbar, wenn er ein T_1- und T_3-Raum ist und eine σ-lokal-endliche Basis hat.*

Beweis. Jeder metrische Raum ist erst recht pseudometrisch, hat also nach Satz 5.5.38 eine σ-lokal-endliche Basis und erfüllt T_3. Zudem ist er als metrischer Raum automatisch ein Hausdorff-Raum und somit trivialerweise auch ein T_1-Raum.

Umgekehrt folgt aus T_3 und der Existenz einer σ-lokal-endlichen Basis nach 5.5.38 die Existenz einer Pseudometrik d, deren induzierte Topologie mit τ übereinstimmt. Wäre d keine Metrik, so existierten $x \neq y \in X$ mit $d(x, y) = 0$. Dann folgte $\dot{x} \to y$ – im Widerspruch zu T_1. ■

Lösungsvorschläge

1 Die endlichen Teilmengen sind ja stets kompakt – wenn daraus ihre Abgeschlossenheit folgt, enthält die zugrundeliegende Topologie also deren Komplemente, umfaßt also die kofinite Topologie und ist daher trivialerweise T_1.

Als Beispiel wählen wir $X = \mathbb{N}$ und setzen dann $\tau = \varphi \cup \{\emptyset\}$ mit einem Ultrafilter φ auf $\mathbb{N}$, der kein Einpunktfilter ist. Dann konvergiert φ gegen alle Elemente von $\mathbb{N}$, so daß unser Raum absolut nicht T_2 ist. Außer φ konvergieren nur noch die Einpunktfilter sowie deren Durchschnitte mit φ (Ein gegen $x \in \mathbb{N}$ konvergierender Filter muß ja $\dot{x} \cap \varphi$ umfassen). Auf jeder unendlichen Teilmenge von $\mathbb{N}$ existieren aber (z.B. wegen Satz 1.4.21) von φ verschiedene Ultrafilter, die folglich nicht konvergieren. Mithin sind nur die endlichen Teilmengen kompakt. Diese sind aber offensichtlich auch abgeschlossen (da φ kein Einpunkt- aber trotzdem ein Ultrafilter sein sollte, enthält φ das Komplement jeder endlichen Teilmenge).

2 Endliche Vereinigungen kompakter Teilmengen sind notwendig wieder kompakt: Jeder Ultrafilter, der die endliche Vereinigung enthält, enthält nach Lemma 1.4.5 mindestens eine der vereinigten Mengen

und konvergiert laut Lemma 5.1.3 gegen eines von deren Elementen, das natürlich auch Element der Vereinigung ist.

Überraschenderweise müssen endliche Durchschnitte kompakter Mengen keineswegs kompakt sein, wie das folgende Beispiel zeigt: Sei $X := \mathbb{N} \cup \{a, b\}$ mit $a, b \notin \mathbb{N}$ und $\tau := \mathfrak{P}(\mathbb{N}) \cup \{X, \{a\} \cup \mathbb{N}, \{b\} \cup \mathbb{N}\}$. Wir wählen $A := \{a\} \cup \mathbb{N}$ und $B := \{b\} \cup \mathbb{N}$. Jeder Ultrafilter (eigentlich sogar jeder Filter), der A (resp. B) enthält, konvergiert offenbar gegen a (resp. b), folglich sind A und B kompakt. Freilich ist $A \cap B = \mathbb{N}$ diskret und unendlich, also offensichtlich *nicht* kompakt.

Ist (X, τ) freilich ein Hausdorff-Raum, so müssen beliebige Durchschnitte kompakter Teilmengen von X – als laut Proposition 5.1.5 abgeschlossene Teilmengen kompakter Mengen – auch wieder kompakt sein.

3 Sei (X, τ) maximal kompakt, also jedenfalls kompakt. Dann sind laut Proposition 5.1.2 alle abgeschlossenen Teilmengen ebenfalls kompakt. Zu zeigen bleibt nur, daß alle kompakten Teilmengen auch abgeschlossen sind. Angenommen, es gäbe eine kompakte Teilmenge $K \subseteq X$, die nicht abgeschlossen ist, d.h. $X \setminus K \notin \tau$. Folglich ist die von der Subbasis $\tau \cup \{X \setminus K\}$ erzeugte Topologie τ' echt feiner als τ. Ist ferner eine Überdeckung von X mit Elementen dieser Subbasis gegeben, so gibt es wegen der Kompaktheit von (X, τ) auf jeden Fall eine endliche Teilüberdeckung darin, wenn $X \setminus K$ an der Überdeckung nicht beteiligt ist – allerdings auch dann, wenn $X \setminus K$ darin vorkommt, weil dann nur noch die ohnehin bezüglich τ kompakte Teilmenge K von Elementen aus τ zu überdecken bleibt. Mithin ist (X, τ') nach dem Alexander'schen Subbasissatz kompakt – im Widerspruch zur maximalen Kompaktheit von (X, τ).

Mögen nun umgekehrt die kompakten mit den abgeschlossenen Teilmengen übereinstimmen. (Dann ist insbesondere X selbst kompakt.) Angenommen nun, es sei τ' irgendeine Topologie, die feiner als τ ist und bezüglich derer X ebenfalls kompakt ist. Für jedes $O \in \tau'$ ist dann $X \setminus O$ abgeschlossen in X bezüglich τ', also kompakt bezüglich τ' und damit wegen $\tau' \supseteq \tau$ erst recht bezüglich τ. Dann muß $X \setminus O$ nach Voraussetzung aber auch abgeschlossen bezüglich τ sein, folglich $O \in \tau$. So folgt für jeder Topologie τ', bezüglich derer X kompakt ist, aus $\tau' \supseteq \tau$ sofort $\tau' = \tau$, mithin ist (X, τ) maximal kompakt.

4 Im Prinzip ist alles mit einem Hinweis auf Aufgabe 3 aus Kapitel 4 erledigt. Hier kann man allerdings auch viel einfacher als dort vorgehen, indem man einem konvergenten Ultrafilter seinen Konvergenzpunkt notfalls einfach „wegnimmt“: Sei (X, τ) ein unendlicher Hausdorff-Raum und $A \subseteq X$ irgendeine abzählbar unendliche Teilmenge von X. Dann ist die Familie $\varphi := \{A \setminus E |\ E \subseteq A$ und E endlich $\}$ ein Filter auf A. Wir wählen irgendeinen Oberultrafilter ψ von φ. Konvergiert er gegen kein Element von A, sind wir fertig, denn dann kann A nicht kompakt sein. Konvergiert ψ jedoch gegen ein Element $a \in A$, dann ist jedenfalls $A_1 := A \setminus \{a\}$ nicht kompakt: ψ enthält nach Konstruktion nämlich auch A_1, konvergiert aber nicht in A_1, da die Konvergenz von Filtern in Hausdorff-Räumen ja eindeutig ist und ψ schon gegen $a \notin A_1$ konvergiert. Nichtsdestotrotz ist A_1 ebenfalls abzählbar unendlich.

5 Sei (X, τ) kompakt und T_3 und seien $A_1, A_2 \subseteq X$ abgeschlossen mit $A_1 \cap A_2 = \emptyset$. Für jeden Punkt $x \in A_1$ existieren dann wegen T_3 offene Mengen $U_x, V_x \in \tau$ mit $x \in U_x$, $A_2 \subseteq V_x$ und $U_x \cap V_x = \emptyset$. Die Familie $\{U_x |\ x \in A_1\}$ ist dann eine offene Überdeckung von A_1. Da aus der Kompaktheit von (X, τ) und der Abgeschlossenheit von A_1 die Kompaktheit von A_1 folgt, existieren also endlich viele $x_1, ..., x_n \in A_1$ mit $O_1 := \bigcup_{i=1}^n U_{x_i} \supseteq A_1$. Wir setzen $O_2 := \bigcap_{i=1}^n V_{x_i}$ und finden $A_1 \subseteq O_1$, $A_2 \subseteq O_2$ und $O_1 \cap O_2 = \emptyset$. Außerdem sind O_1 und O_2 als Vereinigung bzw. endlicher Durchschnitt offener Mengen beide auch offen.

6 Seien A und B abgeschlossene disjunkte Teilmengen des kompakten Hausdorff-Raumes (X, τ). Dann sind A und B ebenfalls kompakt. Für jedes Element $a \in A$ finden wir nun: $\forall b \in B : \exists U_{a,b} \in \dot{a} \cap \tau, V_{a,b} \in$

$\dot{b} \cap \tau : U_{a,b} \cap V_{a,b} = \emptyset$. Offensichtlich ist $B \subseteq \bigcup_{b \in B} V_{a,b}$, so daß es wegen der Kompaktheit von B ein $n \in \mathbb{N}$ und $b_1, \ldots, b_n \in B$ geben muß mit $B \subseteq \bigcup_{k=1}^{n} V_{a,b_k}$. Dann setzen wir $V_{a,B} := \bigcup_{k=1}^{n} V_{a,b_k}$ und $U_{a,B} := \bigcap_{k=1}^{n} U_{a,b_k}$. Als Vereinigung offener Mengen ist $V_{a,B}$ offen und $U_{a,B}$ ist es als endlicher Durchschnitt offener Mengen ebenfalls. Zudem enthält $U_{a,B}$ das Element a und die Teilmenge B ist in $V_{a,B}$ enthalten. Ferner sind $U_{a,B}$ und $V_{a,B}$ disjunkt, denn zu jedem Element von $V_{a,B}$ ist am $U_{a,B}$ definierenden Durchschnitt eine Menge beteiligt, die dieses Element nicht enthält.

Solche offenen Mengen $U_{a,B}$ und $V_{a,B}$ können wir also für jedes $a \in A$ finden. Dann haben wir freilich $A \subseteq \bigcup_{a \in A} U_{a,B}$ und folglich existieren wegen der Kompaktheit von A ein $m \in \mathbb{N}$ und $a_1, \ldots, a_m \in A$ mit $A \subseteq \bigcup_{i=1}^{m} U_{a_i,B}$. Wir setzen nun $U_{A,B} := \bigcup_{i=1}^{m} U_{a_i,B}$ und $V_{A,B} := \bigcap_{i=1}^{m} V_{a_i,B}$. Diese beiden Mengen sind aus denselben Gründen wie oben wiederum offen und es gelten analog wie oben $U_{A,B} \supseteq A$, $V_{A,B} \supseteq B$ und $U_{A,B} \cap V_{A,B} = \emptyset$.

7 Ein paar Beobachtungen vorweg:

(a) Laut Kap. 1, Lsg. zu Aufgabe 8 (S.56), ist Φ ein Ultrafilter.

(b) Hat Φ eine abzählbare Teilmenge, deren Durchschnitt nicht in Φ liegt, so hat Φ auch eine abzählbare Teilmenge, deren Durchschnitt leer ist.

(c) Sei $P := \{n \in X | \exists f \in \mathcal{A}_X : f(\Phi) = \dot{n}\}$. Es ist klar, daß $\mathfrak{P}_0(P) \in \Phi$ gelten muß - sonst hätten wir $\mathfrak{P}_0(X) \setminus \mathfrak{P}_0(P) \in \Phi$ und darauf läßt sich eine Auswahlfunktion angeben, die P komplett meidet. Ist P endlich, so auch $\mathfrak{P}_0(P)$ - und somit Φ als Einpunktfilter entlarvt, der trivialerweise abzählbar vollständig ist.

(d) Für jedes $p \in P$ gilt offenbar $\dot{p} \in \Phi$.

(e) Ist P unendlich, so können wir eine abzählbar unendliche Teilmenge $P' := \{p_n | n \in \mathbb{N}\}$ auswählen, wobei o.B.d.A. stets $n \neq m \Rightarrow p_n \neq p_m$ gelten soll.

Sei also P unendlich und sei ein P' ausgewählt, wie in (e) angegeben.
Angenommen, es existierte eine abzählbar unendliche Teilmenge $\mathfrak{A} := \{A_n | n \in \mathbb{N}\}$ von Φ mit $\bigcap_{n \in \mathbb{N}} A_n = \emptyset$.

Wir basteln daraus in üblicher Weise eine strikt absteigende Folge von Elementen von Φ: wir setzen zunächst $A'_0 := A_0 \cap \dot{p}_0$ und machen dann induktiv bei bereits gegebenen $A'_0, \ldots, A'_n$ weiter mit $A'_{n+1} := (A_{n+1} \cap \dot{p}_{n+1}) \cap \bigcap_{i=0}^{n} A'_i$. Dann ist die *Menge* $\mathfrak{A}' := \{A'_n | n \in \mathbb{N}\}$ natürlich wieder Teilmenge von Φ und auch abzählbar unendlich (sonst wäre der Durchschnitt über alle ihre Elemente nicht leer, obwohl er im Durchschnitt aller A_n enthalten ist). Offenbar ist zudem die *Folge* $(A'_n)_{n \in \mathbb{N}}$ monoton fallend und es gilt $\bigcap_{i=0}^{n} A'_n = \emptyset$. Durch Beseitigung eventueller Dopplungen erhalten wir also eine streng monoton fallende Folge $(B_n)_{n \in \mathbb{N}}$, die $\mathfrak{A}'$ ausschöpft: wir setzen $B_0 := A'_0$ (bei der Gelegenheit auch gleich $p'_0 := p_0$) und dann induktiv bei Vorliegen von $B_0, \ldots, B_i$ jeweils $n_{i+1} := min\{n \in \mathbb{N} | A'_n \subsetneq B_i\}$ und $B_{i+1} := A'_{n_{i+1}}$ (sowie $p'_{i+1} := p_{n_{i+1}}$).
Dadurch gilt nun auch $\bigcap_{n \in \mathbb{N}} B_n \subseteq \bigcap_{n \in \mathbb{N}} A_n = \emptyset$.
Somit ist die Abbildung $\kappa : B_0 \to \mathbb{N} : \kappa(M) := \min\{n \in \mathbb{N} | M \notin B_n\} - 1$ wohldefiniert.
Sei nun $g \in \mathcal{A}_X$ beliebig. Wir definieren die Auswahlfunktion

$$f : \mathfrak{P}_0(X) \to X : f(M) := \begin{cases} p'_{\kappa(M)} & ; \quad M \in B_0 \\ g(M) & ; \quad sonst \end{cases}$$

Damit finden wir für alle $n \in \mathbb{N}$: $f(B_n) = \{p'_i | i \geq n\}$, so daß $f(\Phi)$ den kofiniten Filter auf $P'' := \{p'_i | i \in \mathbb{N}\}$ umfaßt, also selbst kein Einpunktfilter sein kann - im Widerspruch zu unserer Voraussetzung über Φ.

8 Angenommen, es wäre Φ ein freier abzählbar vollständiger Ultrafilter auf $\mathfrak{P}_0(\mathbb{N})$. Sei nun h irgendeine Bijektion zwischen $\mathfrak{P}_0(\mathbb{N})$ und dem reellen Intervall $[0, 1]$. Dann ist $h(\Phi)$ ein freier abzählbar

vollständiger Ultrafilter auf $[0,1]$. Als Ultrafilter auf diesem euklidisch kompakten Intervall konvergiert er gegen ein Element $r \in [0,1]$, d.h. $h(\Phi) \supseteq \{U_{\frac{1}{n}}(r) |\ n \in \mathbb{N}, n > 0\}$. Da $h(\Phi)$ frei ist, gilt auch $[0,1] \setminus \{r\} \in h(\Phi)$, so daß $h(\Phi) \supseteq \mathfrak{A} := \{U_{\frac{1}{n}}(r) \setminus \{r\} |\ n \in \mathbb{N}, n > 0\}$ folgt. Aus der abzählbaren Vollständigkeit erhielten wir nun $\emptyset = \bigcap_{M \in \mathfrak{A}} M \in h(\Phi)$ - im Widerspruch zur Filtereigenschaft.

9 Jede Überdeckung von X mit Elementen aus einer Subbasis ist ja insbesondere eine offene Überdeckung, d.h. wenn R relativ kompakt ist, enthält sie eine endliche Überdeckung von R.

Enthalte also nun jede Überdeckung von X mit Elementen aus $\mathfrak{S}$ eine endliche Überdeckung von R. Angenommen, R wäre nicht relativ kompakt in (X, τ). Dann existierte nach 5.2.2 ein Ultrafilter φ auf R, der gegen keinen Punkt von X konvergiert. Mithin hätte jedes $x \in X$ eine offene Umgebung $O_x \in \dot{x} \cap \tau$ mit $O_x \notin \varphi$. Da jedes O_x wiederum Vereinigung endlicher Durchschnitte von Elementen aus $\mathfrak{S}$ ist – denn $\mathfrak{S}$ ist ja Subbasis für τ – kann φ auch keinen dieser endlichen Durchschnitte enthalten, da φ ja sonst auch dessen Obermenge O_x enthalten müßte. Einer dieser endlichen Durchschnitte, nennen wir ihn D_x, enthält x, weil die Vereinigung O_x ja x enthält. Sei $D_x = \bigcap_{i=1}^{n} S_i$, $S_i \in \mathfrak{S}$. Nun kann φ freilich auch die S_i nicht enthalten, dieweil sonst ja auch deren Durchschnitt Element von φ wäre. Suchen wir uns eines der S_i heraus und nennen es S_x. das können wir für jedes $x \in X$ machen und erhalten so eine Überdeckung von X mit Elementen aus $\mathfrak{S}$, die folglich eine endliche Überdeckung $\mathfrak{E} \subseteq \{S_x |\ x \in X\}$ von R enthalten muß. Wegen $R \in \varphi$ haben wir dann auch $R \subseteq \bigcup_{S \in \mathfrak{E}} S \in \varphi$, also wegen Lemma 1.4.5 auch $\varphi \cap \mathfrak{E} \neq \emptyset$ – im Widerspruch zur Wahl der S_x.

10 Sei A relativ abzählbar kompakt in X und φ ein Filter auf A mit abzählbarer Basis $\mathfrak{B}$. Angenommen, kein Oberultrafilter würde gegen irgendein Element von X konvergieren. Dann enthält jeder Oberultrafilter zu jedem Element $x \in X$ das Komplement $X \setminus O_x$ einer offenen Umgebung $O_x \in \dot{x} \cap \tau$. Die Komplemente der offenen Umgebungen eines festen Punktes sind aber gegen endliche Vereinigungen abgeschlossen, so daß nach Lemma 1.4.10 dann auch φ das Komplement $X \setminus U_x$ einer offenen Umgebung $U_x \in \dot{x} \cap \tau$ enthält – und zwar für jedes Element $x \in X$. Da $\mathfrak{B}$ eine Basis von φ ist, heißt das, $\forall x \in X : \exists B_x \in \mathfrak{B} : B_x \subseteq X \setminus U_x$, wegen der Abgeschlossenheit von $X \setminus U_x$ zudem $\overline{B_x} \subseteq X \setminus U_x$, also auch $X \setminus \overline{B_x} \supseteq U_x$. Nun bildet schon die Familie der $U_x, x \in X$ eine offene Überdeckung von X, erst recht also die Familie der offenen Mengen $X \setminus \overline{B_x}$, die wegen der Abzählbarkeit von $\mathfrak{B}$ höchstens abzählbar ist. Folglich muß es eine endliche Teilüberdeckung $X \setminus \overline{B_{x_1}}, ..., X \setminus \overline{B_{x_k}}, k \in \mathbb{N}$ geben, woraus freilich $\bigcap_{i=1}^{k} \overline{B_{x_i}} = \emptyset$ folgte – im Wiederspruch zur Filtereigenschaft von φ.

Sei umgekehrt A eine Teilmenge derart, daß alle Filter auf A mit abzählbarer Basis einen Oberfilter haben, der in X konvergiert. Angenommen, es gäbe eine abzählbare offene Überdeckung $\mathfrak{A} \subseteq \tau$ von X derart, daß keine endliche Teilfamilie von $\mathfrak{A}$ unsre Menge A überdeckt. Dann wäre zunächst $\mathfrak{C} := \{A \setminus \bigcup_{O \in \mathfrak{E}} O |\ \mathfrak{E} \subseteq \mathfrak{A}, \mathfrak{E} \text{ endlich}\}$ eine Filterbasis, und zwar eine abzählbare, da die Familie aller endlichen Teilmengen einer abzählbaren Menge selbst wieder abzählbar ist. Der von $\mathfrak{C}$ erzeugte Filter φ müßte also einen in Oberfilter φ' haben, der gegen ein $x_0 \in X$ konvergiert. Weil aber $\mathfrak{A}$ eine offene Überdeckung von X ist, existiert $O \in \mathfrak{A}$ mit $x_0 \in O \in \tau$ und nach Konstruktion von $\mathfrak{C}$ haben wir $A \setminus O \subseteq X \setminus O \in \mathfrak{C} \subseteq \varphi \subseteq \varphi'$. Somit kann φ' nicht gegen x_0 konvergieren – ein Widerspruch.

11 Sei der Summenraum lokal kompakt. Jeder der Räume $(X_i, \tau_i), i \in I$ ist homöomorph zu einem offenen Unterraum des Summenraumes und somit nach Lemma 5.3.7 lokal kompakt.

Seien alle $(X_i, \tau_i) i \in I$ lokal kompakt und $(x_0, i_0) \in \bigcup_{i \in I} X_i \times \{i\}$, also $x_0 \in X_{i_0}$. Dann existiert eine kompakte Umgebung K von x_0 in X_{i_0}, deren Bild unter der kanonischen Injektion $j_{i_0} : X_{i_0} \to (x_0, i_0) \in \bigcup_{i \in I} X_i \times \{i\} : j_{i_0}(x) := (x, i_0)$ aufgrund von deren Stetigkeit ebenfalls kompakt und aufgrund von deren Offenheit auch Umgebung von (x_0, i_0) im Summenraum ist.

12 „(1)⇒(2)“: Sei $\mathfrak{O} \subseteq \tau$ mit $\bigcup_{O\in\mathfrak{O}} O \in \varphi$ gegeben. Angenommen, für jede endliche Teilfamilie $\mathfrak{E} \subseteq \mathfrak{O}$ gälte $\bigcup_{O\in\mathfrak{E}} O \notin \varphi$, dann hätten wir $\forall \mathfrak{E} \subseteq \mathfrak{O}$, $\mathfrak{E}$ endlich: $\forall P \in \varphi : P \not\subseteq \bigcup_{O\in\mathfrak{E}} O$, also $P \cap (X \setminus (\bigcup_{O\in\mathfrak{E}} O)) \neq \emptyset$. Demnach wäre $\mathfrak{B} := \varphi \cup \{X \setminus (\bigcup_{O\in\mathfrak{E}} O) |\ \mathfrak{E} \subseteq \mathfrak{O}, \mathfrak{E}$ endlich$\}$ eine Filtersubbasis, über der es einen Ultrafilter ψ geben müßte. Dieser müßte freilich gegen ein Element x von $\bigcup_{O\in\mathfrak{O}} O$ konvergieren und folglich jedes (also mindestens eines) der Elemente von $\mathfrak{O}$ enthalten, die x enthalten. Dies widerspricht freilich der Konstruktion von $\mathfrak{B} \subseteq \psi$, denn $\mathfrak{B}$ enthält insbesondere die Komplemente aller einzelnen Elemente von $\mathfrak{O}$.

„(2)⇒(1)“: Angenommen, es existierte ein Oberultrafilter ψ von φ und ein Element $P \in \varphi$ derart, daß $\forall x \in P : \psi \not\to x$. Dann hätte jedes Element $x \in P$ eine offene Umgebung $U_x \in \dot{x} \cap \tau$ mit $U_x \notin \psi$. Wegen $P \subseteq \bigcup_{x\in P} U_x$ ist aber $\bigcup_{x\in P} U_x \in \varphi$, so daß es nach (2) bereits eine endliche Teilfamilie $U_{x_1}, ..., U_{x_n}, n \in \mathbb{N}$ mit $\bigcup_{i=1}^n U_{x_i} \in \varphi \subseteq \psi$ geben muß. Dann aber müßte ψ laut Lemma 1.4.5 auch eines der U_{x_i} enthalten – im Widerspruch zu deren Auswahl.

13 Man nehme die Menge $\mathbb{R}$ der reellen Zahlen mit euklidischer Topologie τ_e und bilde die Campingplatz-Kompaktifizierung $(\mathbb{R}', \tau_e')$. dieser Raum ist lokalkompakt, denn die Elemente von $\mathbb{R}$ haben ja immer noch ihre Umgebungsbasen aus kompakten Teilmengen – und die einzige offene Umgebung $\mathbb{R}'$ von $*$ ist nach Konstruktion ja ebenfalls kompakt. Freilich ist darin die Teilmenge $\mathbb{Q} \cup \{*\}$ zwar kompakt, aber als Teilraum nach wie vor nicht lokalkompakt, da $*$ in den ja nach wie vor offenen ε-Umgebungen der rationalen Zahlen eben nicht enthalten ist.

14 Wähle z.B. $X := \mathbb{N}$ und $\tau := \{\{k \in \mathbb{N} |\ k \leq n\} |\ n \in \mathbb{N}\} \cup \{\mathbb{N}, \emptyset\}$.

15 $e_X(X)$ ist homöomorph zu (X, τ), also kompakt und folglich als Teilmenge des Hausdorff-Raumes $[0,1]^{\mathfrak{C}(X)}$ abgeschlossen. Das liefert $\beta(X) = \overline{e_X(X)} = e_X(X)$ und folglich $\beta(X) \setminus e_X(X) = \emptyset$.

16 Beispiel 3.1.17 lehrt, daß $[0,1]^{[0,1]}$ eine abzählbare dichte Teilmenge D hat. Daher gibt es eine bijektive Abbildung $f : \mathbb{N} \to D$, die wir natürlich auch als Abbildung von $\mathbb{N}$ nach $[0,1]^{[0,1]}$ auffassen können. Da wir $\mathbb{N}$ mit diskreter Topologie ausgestattet haben, ist f trivialerweise stetig. Allerdings ist $[0,1]$ und damit laut Tychonoff-Satz auch das Produkt $[0,1]^{[0,1]}$ kompakt. Daher existiert nach dem Satz von Stone-Čech (5.4.8) (genau) eine stetige Abbildung $F : \beta(\mathbb{N}) \to [0,1]^{[0,1]}$ mit $f = F \circ e_{\mathbb{N}}$. Wegen der Stetigkeit von F ist nun das Bild $F(\beta(\mathbb{N}))$ des kompakten Raumes $\beta(\mathbb{N})$ auch kompakt, daher im Hausdorff-Raum $[0,1]^{[0,1]}$ auch abgeschlossen – und es umfaßt wegen $f = F \circ e_{\mathbb{N}}$ die dichte Teilmenge D, also auch deren Abschluß $\overline{D} = [0,1]^{[0,1]}$. Mithin ist $F : \beta(\mathbb{N}) \to [0,1]^{[0,1]}$ surjektiv. Da eine solche Surjektion also existiert, haben wir $\left|[0,1]^{[0,1]}\right| \leq |\beta(\mathbb{N})|$.

17 Sei die Äquivalenzrelation $\sim$ wie in Abschnitt 4.1.1.1 definiert und $\omega_\sim$ wieder die zugehörige kanonische Surjektion. Auch für abgeschlossene Teilmengen A gilt natürlich $\forall x \in X : [x]_\sim \subseteq A \ \vee\ [x]_\sim \cap A = \emptyset$.

(T_3) Ist (X, τ) T_3 und sind $[x] \in X/\sim$ sowie $\widehat{A} \subseteq X/\sim$ mit $[x] \notin \widehat{A}$ gegeben, so folgt $x \notin \omega_\sim^{-1}(A)$ und $\omega_\sim^{-1}(A)$ ist ja abgeschlossen in X, also existieren disjunkte offene Umgebungen O_x von x und O_A von $\omega_\sim^{-1}(A)$. Damit gilt nun $[x]_\sim \in O_x/\sim$, $A/\sim \subseteq O_A/\sim$, $O_x/\sim \cap O_A/\sim = \emptyset$ und $O_x/\sim, O_A/\sim \in \tau_\sim$.

Ist umgekehrt $(X/\sim, \tau_\sim)$ T_3 und sind $x \in X \setminus A$ bei abgeschlossener Teilmenge A von X gegeben, so folgt $[x] \cap A = \emptyset$ und darum $[x] \notin A/\sim$, wobei $A/\sim$ abgeschlossen in $X/\sim$ ist. Darum existieren disjunkte $\tau_\sim$-offene Umgebungen $\widehat{O_{[x]}}$ von $[x]$ und $\widehat{O_{A/\sim}}$ von $A/\sim$. Dann sind freilich $\omega_\sim(\widehat{O_{[x]}})$ und $\omega_\sim(\widehat{O_{A/\sim}})$ disjunkte τ-offene Umgebungen von x bzw. A.

$\left(T_{3\frac{1}{2}}\right)$ Ist (X, τ) ein $T_{3\frac{1}{2}}$-Raum und sind $[x] \in X/\sim$ sowie eine abgeschlossene Teilmenge $\widehat{A} \subseteq X/\sim$ gegeben so ist $A := \omega_\sim^{-1}(\widehat{A})$ abgeschlossen in X und $x \notin A$. Darum existiert eine stetige Funktion $f : X \to [0,1]$ mit $f(x) = 0$ und $f(A) \subseteq \{1\}$. Proposition 4.1.4(3) schenkt uns nun eine Funktion $g : X/\sim \to [0,1]$ mit $g([x]) = 0$ und $g(\widehat{A}) \subseteq \{1\}$. (Wegen der Surjektivität von $\omega_\sim$ ist $\widehat{A} = \omega_\sim(\omega_\sim^{-1}(\widehat{A}))$).

(T_4) Geht völlig analog zu $T_{3\frac{1}{2}}$ unter Verwendung des Urysohn-Lemmas 4.4.14.

18 Sei $A \in \alpha$ gegeben und sei $a_0 \in A$ beliebig. Wegen 5.5.3(1) haben wir $\forall a \in A : \exists B_a \in \beta : A \subseteq st(a, \alpha) \subseteq B_a$. Insbesondere enthalten alle B_a unser a_0, weil sie ja A umfassen. Daraus folgt $\forall a \in A : st(a, \alpha) \subseteq st(a_0, \beta)$ und damit sogleich $st(A, \alpha) \subseteq st(a_0, \beta)$. Mit 5.5.3(2) folgt nun $\exists C \in \gamma : st(A, \alpha) \subseteq st(a_0, \beta) \subseteq C$. Da dies für alle $A \in \alpha$ gilt, haben wir $\alpha^* \preceq \gamma$.

19 Sei (X, τ) voller T_4-Raum und seien A, B abgeschlossene disjunkte Teilmengen von X. Dann ist $\{X \setminus A, X \setminus B\}$ eine offene Überdeckung von X, die folglich eine offene Stern-Verfeinerung γ haben muß. Wir setzen $U_A := st(A, \gamma)$ und $U_B := st(B, \gamma)$. Wir beobachten, daß für $G \in \gamma$ aus $G \cap A \neq \emptyset$ ja sogleich $st(U, \gamma) \not\subseteq X \setminus A$ und damit wegen der Verfeinerungs-Eigenschaft notwendig $st(U, \gamma) \subseteq X \setminus B$ folgt. Aus $V \in \gamma$ und $V \cap B \neq \emptyset$ folgt somit $U \cap V = \emptyset$. Da U_A und U_B ja Vereinigungen solcher U bzw. V sind, liefert das $U_A \cap U_B = \emptyset$ - fertig.

Als Beispiel können wir die Menge $\mathbb{R}$ der reellen Zahlen mit der Topologie $\tau := \{\, (-\infty, a) \mid a \in \mathbb{R}\} \cup \{\emptyset, \mathbb{R}\}$ (nach links unbeschränkte euklidisch offene Intervalle) nehmen: abgeschlossen sind dort (neben $\mathbb{R}$ und $\emptyset$) offenbar genau die nach rechts unbeschränkten und (euklidisch) linksabgeschlossenen Intervalle. Wenn nicht gerade $\emptyset$ beteiligt ist, was triviale offene trennende Umgebungen gestattet, *gibt* es hier also gar keine disjunkten abgeschlossenen Teilmengen. Daher ist der Raum T_4. Betrachten wir allerdings die offene Überdeckung $\alpha := \{(-\infty, z) \mid z \in \mathbb{Z}\}$, so kann sie offensichtlich keine offene baryzentrische Verfeinerung haben: jede offene Überdeckung β (in der $\mathbb{R}$ selbst nicht sowieso schon vorkommt) muß ja für jedes $x \in \mathbb{R}$ eine Menge der Form $(-\infty, a)$ mit $x < a$ enthalten, so daß sofort z.B. $st(0, \beta) = \mathbb{R}$ folgt. $\mathbb{R}$ hat aber in α keine Obermenge.

20 Ersetze im Beweis von Lemma 5.5.15 alle „meta" durch „para", „punktfinit" durch „lokal endlich" und „punktdominant" durch „stark lokal dominant".

6 Zusammenhang

Was wären denn die berühmten sieben
Geißlein ohne unsereinen?!

Der Wolf

Aus der reellen Analysis kennen wir den sogenannten Zwischenwertsatz: Eine stetige Funktion auf $\mathbb{R}$ nimmt jeden Wert an, der zwischen zweien ihrer Funktionswerte liegt. Das ist höchst nützlich beispielsweise bei Approximationsproblemen (Newton-Verfahren etc.), aber auch in etlicher anderer Hinsicht. Damit solche Nützlichkeit ihr segensreiches Wirken nicht auf $\mathbb{R}$ oder $\mathbb{R}^n$ beschränken muß, überlegen wir uns, wie sich die Sache auf topologische Räume übertragen läßt.

Von stetigen Funktionen auf $\mathbb{R}$ lassen wir uns dabei gerne inspirieren: wer oder was könnte denn überhaupt verhindern, daß eine (bezüglich euklidischer Topologie) stetige Funktion f, für die z.B. $f(0) = 0$ und $f(1) = 1$ gelten, irgendwo zwischen 0 und 1 auch mal den Wert $\frac{3}{7}$ annimmt? Wenn unser f auf dem ganzen Intervall $[0, 1]$ definiert ist, kann das nichts und niemand – das wissen wir ja schon aus der Schule.

Nun gut, nehmen wir mal nur so zum Beispiel an, f hat an der Stelle $\frac{1}{2}$ den Wert $\frac{3}{7}$ und sonst nirgends. Dann könnte jemand, der diesen Wert vermeiden möchte, einfach den Punkt $\frac{1}{2}$ aus dem Definitionsbereich von f entfernen und schon taucht $\frac{3}{7}$ nicht mehr als Funktionswert auf! Und was ist nun an unserem Definitionsbereich *topologisch* anders als vorher? Na ja, wenn der Definitionsbereich vorher $[0, 1]$ mit euklidischer Topologie war, so ist es jetzt $D := \left[0, \frac{1}{2}\right) \cup \left(\frac{1}{2}, 1\right]$ mit entsprechender Spurtopologie – und darin sind die Teilmengen $\left[0, \frac{1}{2}\right)$ und $\left(\frac{1}{2}, 1\right]$ *sowohl offen als auch abgeschlossen*, während in $[0, 1]$ ausschließlich $\emptyset$ und $[0, 1]$ diese Eigenschaft (trivialerweise) haben. Und tatsächlich ist das der entscheidende Unterschied, wie wir sehen werden.

6.1 Zusammenhängende Räume

Definition 6.1.1. Ein topologischer Raum (X, τ) heißt *zusammenhängend* genau dann, wenn es außer $\emptyset$ und X keine zugleich offenen und abgeschlossenen Teilmengen[108] von X gibt.

Eine Teilmenge A von X heißt zusammenhängend, wenn sie als Teilraum zusammenhängend ist.

---

108 Man nennt solche Teilmengen auch „offen-abgeschlossen“. In der englischsprachigen Literatur hat sich als Kurzform für „closed-open“ das Wörtchen „*clopen*“ eingebürgert. Die analoge deutsche Prägung „abgeschloffen“ findet verständlicherweise wenig Anklang.

Eine zusammenhängende offene Teilmenge eines topologischen Raumes heißt ein *Gebiet.*

Lemma 6.1.2. *Ist* (X, τ) *ein topologischer Raum, so sind äquivalent:*
(1) (X, τ) *ist zusammenhängend.*
(2) X *ist nicht Vereinigung zweier nichtleerer offener disjunkter Teilmengen.*
(3) X *ist nicht Vereinigung zweier nichtleerer abgeschlossener disjunkter Teilmengen.*
(4) *Aus* $X = A \cup B$ *und* $\overline{A} \cap B = A \cap \overline{B} = \emptyset$ *folgt stets* $(X = A) \vee (X = B)$.
(5) *Jede stetige Abbildung* $f : X \to D_2$ *in den zweipunktigen diskreten Raum* $D_2 := \{0, 1\}$ *ist konstant.*

Beweis. „(1)⇒(2)“: Gäbe es disjunkte offene Mengen O_1, O_2 mit $O_1 \neq \emptyset \neq O_2$ und $O_1 \cup O_2 = X$, so folgte $\emptyset \neq X \setminus O_1 = O_2 \neq X$, so daß O_2 eine nichttriviale offen-abgeschlossene Teilmenge wäre.

„(2)⇒(3)“: Wären A_1, A_2 abgeschlossene nichtleere disjunkte Mengen mit $A_1 \cup A_2 = X$, so folgte wiederum $A_2 = X \setminus A_1$, so daß sie auch offen wären.

„(3)⇒(4)“: Seien $A, B \subseteq X$ mit $X = A \cup B$ und $\overline{A} \cap B = A \cap \overline{B} = \emptyset$ gegeben. Dann ist $\overline{A} \subseteq X \setminus B = (A \cup B) \setminus B \subseteq A$, also $A = \overline{A}$ und analog $B = \overline{B}$. Da A und B also disjunkt und abgeschlossen sind und ihre Vereinigung X liefert, muß nach (3) eine der beiden Mengen leer und folglich die andere gleich X sein.

„(4)⇒(5)“: Ist $f : X \to D_2$ stetig, so finden wir $X = f^{-1}(0) \cup f^{-1}(1)$, wobei wegen der Abgeschlossenheit von $\{0\}$ und $\{1\}$ in D_2 die beiden Urbilder abgeschlossen und trivialerweise disjunkt sind. Nach (4) muß dann $X = f^{-1}(0)$ oder $X = f^{-1}(1)$ gelten, also f jedenfalls konstant sein.

„(5)⇒(1)“: Gäbe es eine nichttriviale offen-abgeschlossene Teilmenge $\emptyset \neq M \subset X$, so wäre auch $X \setminus M$ nichttrivial offen-abgeschlossen. Damit freilich wäre die Funktion

$$f : X \to D_2 : \begin{cases} 0 & ; \quad x \in M \\ 1 & ; \quad x \notin M \end{cases}$$

offensichtlich stetig und nicht konstant. ■

Beispiele:
(1) Jeder topologische Raum $(X, \varphi \cup \{\emptyset\})$ mit $\varphi \in \mathfrak{F}(X)$, wo die Topologie also ein Filter auf X zuzüglich leerer Menge ist, ist zusammenhängend.
(2) Insbesondere ist also jeder indiskrete Raum zusammenhängend.
(3) Der Sierpinski-Raum ist – ebenfalls als Spezialfall von (1) – zusammenhängend.
(4) Die Menge $\mathbb{Q}$ der rationalen Zahlen mit euklidischer Topologie ist *nicht* zusammenhängend. (Wähle etwa $A := \{r \in \mathbb{Q} | \, r < \sqrt{2}\,\}$ und $B := \{r \in \mathbb{Q} | \, r > \sqrt{2}\,\}$.)

Lemma 6.1.3. *Sei (X, τ) ein topologischer Raum und $M \subseteq X$ zusammenhängend. Gilt für eine Teilmenge H von X nun $M \subseteq H \subseteq \overline{M}$, so ist auch H zusammenhängend. (Insbesondere ist also $\overline{M}$ zusammenhängend.)*

Beweis. **Aufgabe 1** ∎

Wir zeigen nun, daß unsre Begriffsbildung wenigstens auf $\mathbb{R}$ mit euklidischer Topologie recht hübsch mit unsrer Anschauung korrespondiert.

Lemma 6.1.4. *In $(\mathbb{R}, \tau_e)$ sind genau die leere Menge, alle einpunktigen Teilmengen sowie alle Intervalle (offene, halboffene und abgeschlossene, insbesondere auch $\mathbb{R}$ selbst) zusammenhängende Teilmengen.*

Beweis. Die leere Menge und die einpunktigen Mengen sind trivialerweise zusammenhängend.

Wir zeigen nun zunächst, daß jedes offene Intervall $(a, b) \subseteq \mathbb{R}$ zusammenhängend ist. Angenommen, es existierte eine offen-abgeschlossene Teilmenge $\emptyset \neq M \subset (a, b)$. Dann existieren jedenfalls Elemente $x, y \in (a, b)$ mit $x \in M$ und $y \in (a, b) \setminus M$. Sei o.B.d.A. $x < y$ (ansonsten vertauschen wir einfach M mit $(a, b) \setminus M$). Wir bilden die Menge $A := \{r \in M \mid r < y\}$, die wegen $x \in A$ jedenfalls nicht leer ist. Nun sei s das Supremum von A in $\mathbb{R}$, das wegen der Beschränkung von A durch y und $y \in (a, b)$ in (a, b) liegt und wegen der Abgeschlossenheit von M folglich auch zu M gehört. Wegen der Offenheit von M existiert dann ein $\varepsilon > 0$ mit $(s - \varepsilon, s + \varepsilon) \subseteq M$.

Somit haben wir $s + \frac{\varepsilon}{2} \in M$. Da $s + \frac{\varepsilon}{2}$ wegen der Supremumseigenschaft von s nicht in A liegen kann, muß $s + \frac{\varepsilon}{2} \geq y$ gelten, was freilich $y \in (s - \varepsilon, s + \varepsilon) \subseteq M$ zur Folge hätte – im Widerspruch zu $y \in (a, b) \setminus M$. Also muß (a, b) zusammenhängend sein. Wegen Lemma 6.1.3 sind dann auch halboffene und abgeschlossene Intervalle zusammenhängend.

Existierte nun eine nichttriviale offen-abgeschlossene Teilmenge M von $\mathbb{R}$, so müßte es $x \in M$ und $y \in \mathbb{R} \setminus M$ geben. Dann aber wäre die Spur von M auf $[x, y]$ eine nichttriviale offen-abgeschlossene Teilmenge von $[x, y]$, was nach unsrer obigen Erkenntnis nicht sein kann. Folglich ist auch $\mathbb{R}$ zusammenhängend.

Sei andrerseits $M \subseteq \mathbb{R}$ zusammenhängend.

Sind nun $a, b \in M$ und $x \in (a, b)$ so würde aus $x \notin M$ sofort folgen, daß $\{y \in M \mid y < x\}$ und $\{y \in M \mid y > x\}$ in M offene disjunkte Mengen sind, deren Vereinigung M ergibt – im Widerspruch zum Zusammenhang von M. Also gilt $x \in M$. Aus $a, b \in M$ folgt somit stets $[a, b] \subseteq M$.

Sei i das Infimum von M und s das Supremum von M (wobei wir hier $-\infty$ und $+\infty$ zulassen). Ist nun $x \in (i, s)$, so existieren wegen der Infimumseigenschaft von i bzw. der Supremumseigenschaft von s auch Elemente $x_i, x_s \in M$ mit $i \leq x_i < x < x_s \leq s$, so daß nach der vorigen Betrachtung $[x_i, x_s] \subseteq M$ folgt. Wir haben also $(i, s) \subseteq M$. Dann aber kann M nur noch (i, s) selbst oder dieses Intervall angereichert um einen seiner Berührungspunkte sein. ∎

Satz 6.1.5. *Seien (X,τ) und (Y,σ) topologische Räume und $f : X \to Y$ eine stetige surjektive Funktion. Ist (X,τ) zusammenhängend, so ist auch (Y,σ) zusammenhängend.*

Beweis. Sei $g : Y \to D_2$ irgendeine stetige Abbildung von Y in den zweipunktigen diskreten Raum. Da X zusammenhängend ist, muß $g \circ f$ konstant sein. Wegen der Surjektivität von f folgt daraus, daß auch g konstant sein muß. Da dies für alle stetigen $g : Y \to D_2$ gilt, ist Y laut Lemma 6.1.2 zusammenhängend. ■

Aufgabe 2 Zeige, daß ein Tychonoff-Raum (X,τ) genau dann zusammenhängend ist, wenn seine Stone-Čech-Kompaktifizierung $\beta(X)$ zusammenhängend ist.

Korollar 6.1.6 (Zwischenwertsatz). *Sei (X,τ) ein zusammenhängender topologischer Raum und $f : X \to \mathbb{R}$ eine stetige Abbildung von X in die reellen Zahlen (mit euklidischer Topologie versehen). Sind weiterhin $a,b \in X$ und $y \in [f(a), f(b)]$, so existiert ein $x \in X$ mit $f(x) = y$.*

Beweis. Nach Satz 6.1.5 ist $f(X)$ zusammenhängend, also nach Lemma 6.1.4 entweder einpunktig oder ein Intervall (bzw. ganz $\mathbb{R}$). Dann aber folgt aus $f(a), f(b) \in f(X)$ sofort $[f(a), f(b)] \subseteq f(X)$. ■

Aus Satz 6.1.5 folgt übrigens unmittelbar, daß die Eigenschaft, zusammenhängend zu sein, gegen Vergröberung der Topologie auf einem Raum resistent ist: man muß nur die identische Abbildung wählen, um das einzusehen.

Definition 6.1.7. Ist X eine Menge und $\mathfrak{S} \subseteq \mathfrak{P}(X)$ eine Familie von Teilmengen von X, so heißt $\mathfrak{S}$ *kettenverbunden* genau dann, wenn es zu je zwei Elementen $S, S' \in \mathfrak{S}$ endlich viele Elemente $S_0, S_1, ..., S_n \in \mathfrak{S}$ gibt mit $S_0 = S, S_n = S'$ und $\forall i \in \{0, ..., n-1\} : S_i \cap S_{i+1} \neq \emptyset$.

Lemma 6.1.8. *Sei (X,τ) ein topologischer Raum und $\mathfrak{Z} \subseteq \mathfrak{P}(X)$ eine kettenverbundene Familie zusammenhängender Teilmengen von X. Dann ist $\bigcup_{Z\in\mathfrak{Z}} Z$ ebenfalls zusammenhängend.*

Beweis. **Aufgabe** 3 ■

Lemma 6.1.9. *Sei (X,τ) ein nichtleerer topologischer Raum und $\mathfrak{Z} := \{Z \subseteq X \mid Z$ zusammenhängend$\}$ die Familie aller zusammenhängenden Teilmengen von X. Dann ist $\mathfrak{Z} \neq \emptyset$ und jede bezüglich Inklusion voll geordnete Teilmenge von $\mathfrak{Z}$ besitzt ein Supremum in $\mathfrak{Z}$ bezüglich Inklusion.*

Beweis. Wegen $X \neq \emptyset$ ist $\mathfrak{Z}$ jedenfalls nicht leer, da alle einpunktigen Teilmengen natürlich zusammenhängend sind. Ist nun $\mathfrak{S} \subseteq \mathfrak{Z}$ bezüglich Inklusion voll geordnet, so ist $\mathfrak{S}$ trivialerweise kettenverbunden. Nach Lemma 6.1.8 ist also $\bigcup_{S\in\mathfrak{S}} S$ zusammenhängend und offenbar die kleinste Teilmenge von X, die größer als alle Elemente von $\mathfrak{S}$ ist. ■

Korollar 6.1.10. *Ist (X, τ) ein topologischer Raum, so existiert zu jeder zusammenhängenden Teilmenge $Z \subseteq X$ eine (bezüglich Inklusion) maximale zusammenhängende Teilmenge $Z_0 \supseteq Z$.*

Beweis. Wegen Lemma 6.1.9 ist das Zorn'sche Lemma (Korollar 1.2.5) anwendbar und liefert die Behauptung. ∎

Definition 6.1.11. Ist (X, τ) ein topologischer Raum, so verstehen wir unter *Zusammenhangskomponenten* von X die maximalen zusammenhängenden Teilmengen von X

Satz 6.1.12. *Sei (X, τ) ein topologischer Raum. Dann gelten:*

(1) *Die Familie $\mathfrak{Z}_0$ aller Zusammenhangskomponenten von X ist eine Zerlegung von X.*

(2) *Für $x \in X$ ist die x enthaltende Zusammenhangskomponente Z_x gleich der Vereinigung aller x enthaltenden zusammenhängenden Teilmengen von X.*

Beweis. (1) Seien Z_1, Z_2 verschiedene Zusammenhangskomponenten von X. Gälte $Z_1 \cap Z_2 \neq \emptyset$, so wäre nach Lemma 6.1.8 auch $Z_1 \cup Z_2$ zusammenhängend – im Widerspruch zur Maximalität der Zusammenhangskomponenten. Daß die Vereinigung aller Zusammenhangskomponenten den ganzen Raum X liefert, folgt aus Korollar 6.1.10 und dem Umstand, daß alle einpunktigen Teilmengen zusammenhängend sind.

(2) Die Familie $\mathfrak{Z}_x$ aller x enthaltenden zusammenhängenden Teilmengen ist durch x in trivialer Weise kettenverbunden, somit ihre Vereinigung nach Lemma 6.1.8 zusammenhängend, woraus wegen der Maximalität von Z_x sogleich $\bigcup_{Z \in \mathfrak{Z}_x} Z \subseteq Z_x$ folgt. Da natürlich auch $Z_x \in \mathfrak{Z}_x$ gilt, folgt die Behauptung. ∎

Korollar 6.1.13. *Die Zusammenhangskomponenten jedes topologischen Raumes sind abgeschlossen.*

Beweis. Andernfalls wäre der laut Lemma 6.1.3 ebenfalls zusammenhängende Abschluß echt umfassender – im Widerspruch zur Maximalität der Zusammenhangskomponenten. ∎

Satz 6.1.14. *Ist $(X_i, \tau_i)_{i \in I}$ eine Familie nichtleerer topologischer Räume, so ist der Produktraum $\prod_{i \in I}(X_i, \tau_i)$ genau dann zusammenhängend, wenn für jedes $i \in I$ der Raum (X_i, τ_i) zusammenhängend ist.*

Beweis. Ist das Produkt zusammenhängend, so folgt der Zusammenhang aller (X_i, τ_i) nach Satz 6.1.5 aus der Surjektivität und Stetigkeit der kanonischen Projektionen $p_j : \prod_{i \in I} X_i \to X_j : p_j((x_i)_{i \in I}) := x_j$.

Seien nun alle (X_i, τ_i), $i \in I$, zusammenhängend. Wir wählen uns ein beliebiges Element $(a_i)_{i \in I} \in \prod_{i \in I} X_i$ fest aus und zeigen, daß seine Zusammenhangskomponente Z gleich dem gesamten Raum $\prod_{i \in I} X_i$ ist.

Wir definieren dazu zunächst für alle $n \in \mathbb{N}$ die Mengen

$$M_n := \{(x_i)_{i \in I} \mid card(\{i \in I \mid x_i \neq a_i\}) \leq n\}$$

aller derjenigen Elemente von $\prod_{i\in I} X_i$, die sich von unserm $(a_i)_{i\in I}$ in höchstens n Komponenten unterscheiden und zeigen induktiv, daß alle M_n zusammenhängend sind:

Für $n = 1$ ist das klar, denn für jedes $(x_i)_{i\in I} \in M_1$ existiert dann höchstens ein $j \in I$ derart, daß $x_j \neq a_j$ gilt. Die Mengen $V_j := \{(y_i)_{i\in I} | \; \forall i \in I \setminus \{j\} : a_i = y_i\}$ sind freilich in natürlicher Weise homöomorph zum jeweiligen X_j, also zusammenhängend, und enthalten sowohl das fragliche $(x_i)_{i\in I}$ als auch $(a_i)_{i\in I}$. Zudem ist die Familie $\{V_j | \; j \in I\}$ via $(a_i)_{i\in I}$ kettenverbunden und daher $M_1 = \bigcup_{j\in I} V_j$ ebenfalls zusammenhängend.

Sei allgemein M_{n-1}, $n > 1$, bereits als zusammenhängend entlarvt und $x := (x_i)_{i\in I} \in M_n$ gegeben. Für ein beliebiges $j \in \{i \in I | \; x_i \neq a_i\}$ setzen wir dann einfach $y_j := a_j$ sowie $\forall i \in I \setminus \{j\} : y_i := x_i$ und finden $y := (y_i)_{i\in I} \in M_{n-1}$. Zudem unterscheidet sich $(y_i)_{i\in I}$ nur in höchstens einer Komponente von $(x_i)_{i\in I}$, so daß aus denselben Gründen wie oben eine zusammenhängende Menge W_x existiert, die x enthält und M_{n-1} mindestens in y schneidet. Die Familie $\{W_x | \; x \in M_n\}$ ist somit via M_{n-1} kettenverbunden und mithin $M_n = \bigcup_{x\in M_n} W_x$ ebenfalls zusammenhängend.

Das Induktionsprinzip sichert nun, daß für alle $n \in \mathbb{N}$ die Menge M_n zusammenhängend ist.

Die Familie $\{M_n | \; n \in \mathbb{N}\}$ ist via $(a_i)_{i\in I}$ kettenverbunden und somit $K := \bigcup_{n\in N} M_n$ zusammenhängend, und natürlich gilt $(a_i)_{i\in I} \in K$. Somit folgt $K \subseteq Z$ und wegen der Abgeschlossenheit der Zusammenhangskomponenten auch $\overline{K} \subseteq Z$.

Allerdings ist K dicht in $\prod_{i\in I} X_i$. Ist nämlich $B := \bigcap_{k=1}^{n} p_{i_k}^{-1}(O_{i_k})$ mit $n \in \mathbb{N}$ und $O_{i_k} \in \tau_{i_k}$ ein Basiselement der Produkttopologie (siehe Proposition 3.1.2), so gilt nach Konstruktion der M_n offenbar $\emptyset \neq M_n \cap B \subseteq K \cap B$. Demnach haben wir $\overline{K} = \prod_{i\in I} X_i \subseteq Z$, so daß der Produktraum also wegen Satz 6.1.12 gleich seiner einzigen Zusammenhangskomponente, mithin zusammenhängend ist. ■

Definition 6.1.15. Ein topologischer Raum, dessen sämtliche Zusammenhangskomponenten jeweils nur ein Element enthalten, heißt *total unzusammenhängend.*

Jeder diskrete topologische Raum ist trivialerweise total unzusammenhängend.

Aufgabe 4 Gib ein Beispiel für einen total unzusammenhängenden, aber *nicht* diskreten Raum an.

6.2 Wegzusammenhang

Definition 6.2.1. Sei (X, τ) ein topologischer Raum. Unter einem *Weg* in X verstehen wir eine stetige Abbildung $f : [0, 1] \to X$ des Intervalles $[0, 1]$ (mit euklidischer Topologie) in X.

Zwei Elemente x, y von X heißen *wegverbindbar* genau dann, wenn es einen Weg $f : [0, 1] \to X$ gibt mit $f(0) = x$ und $f(1) = y$. f heißt dann ein *Weg von x nach y.*

Proposition 6.2.2. *Sei (X, τ) ein topologischer Raum. Die durch*

$$x \sim_w y \;:\Longleftrightarrow\; x, y \text{ sind wegverbindbar}$$

definierte Relation auf X ist eine Äquivalenzrelation.

Beweis. **Aufgabe** 5 ■

Definition 6.2.3. Ein topologischer Raum (X, τ) heißt *wegzusammenhängend* genau dann, wenn je zwei Elemente von X wegverbindbar sind. Eine Teilmenge A von X heißt wegzusammenhängend genau dann, wenn sie als Teilraum $(A, \tau_{|A})$ wegzusammenhängend ist.

Beispielsweise ist jeder indiskrete Raum wegzusammenhängend, da schlichtweg jede Abbildung in einen indiskreten Raum stetig ist. Aber auch $\mathbb{R}$ mit euklidischer Topologie ist wegzusammenhängend, und sogar der Sierpinski-Raum $X := \{0, 1\}$ mit $\tau_S := \{\emptyset, \{0\}, X\}$ ist wegzusammenhängend, wie man sich anhand der Funktion

$$f : [0, 1] \to \{0, 1\} : f(r) := \begin{cases} 0 & ; \quad r \neq 1 \\ 1 & ; \quad r = 1 \end{cases}$$

leicht überlegen kann.

Lemma 6.2.4. *Sei (X, τ) ein topologischer Raum und $\mathfrak{S}$ eine kettenverbundene Familie jeweils wegzusammenhängender Teilmengen von X. Dann ist $W := \bigcup_{S \in \mathfrak{S}} S$ wegzusammenhängend.*

Beweis. Sind $x_1, x_2 \in W$ gegeben, so existieren ja $S_1, S_2 \in \mathfrak{S}$ mit $x_1 \in S_1$ und $x_2 \in S_2$. Da $\mathfrak{S}$ kettenverbunden ist, existieren dann endlich viele Punkte $y_1, ... y_n \in W$ derart, daß x_1 mit y_1, y_n mit x_2 und jeweils y_i mit $y_{i+1}, i = 1, ..., n-1$, wegverbindbar sind. Aus der Transitivität der Wegverbindbarkeit laut Proposition 6.2.2 folgt dann sofort, daß x_1 und x_2 wegverbindbar sind. ■

Anhand von Lemma 6.2.4 können wir uns jetzt ganz analog wie nach Lemma 6.1.8 die Existenz maximaler wegzusammenhängender Teilmengen in einem topologischen Raum erschließen.

Lemma 6.2.5. *Sei (X, τ) ein nichtleerer topologischer Raum und*

$$\mathfrak{W} := \{W \subseteq X \mid W \text{ wegzusammenhängend}\}$$

die Familie aller wegzusammenhängenden Teilmengen von X. Dann ist $\mathfrak{W} \neq \emptyset$ und jede bezüglich Inklusion voll geordnete Teilmenge von $\mathfrak{W}$ besitzt ein Supremum in $\mathfrak{W}$ bezüglich Inklusion.

Beweis. Analog wie bei Lemma 6.1.9: Wegen $X \neq \emptyset$ ist $\mathfrak{W}$ jedenfalls nicht leer, da alle einpunktigen Teilmengen natürlich wegzusammenhängend sind. Ist nun $\mathfrak{S} \subseteq \mathfrak{W}$ bezüglich Inklusion voll geordnet, so ist $\mathfrak{S}$ trivialerweise kettenverbunden. Nach Lemma

6.2.4 ist also $\bigcup_{S \in \mathfrak{S}} S$ wegzusammenhängend und offenbar die kleinste Teilmenge von X, die größer als alle Elemente von $\mathfrak{S}$ ist. ∎

Korollar 6.2.6. *Ist (X, τ) ein topologischer Raum, so existiert zu jeder wegzusammenhängenden Teilmenge $W \subseteq X$ eine (bezüglich Inklusion) maximale wegzusammenhängende Teilmenge $W_0 \supseteq W$.*

Beweis. Wegen Lemma 6.2.5 ist das Zorn'sche Lemma (Korollar 1.2.5) anwendbar und liefert die Behauptung. ∎

Definition 6.2.7. Ist (X, τ) ein topologischer Raum, so verstehen wir unter *Wegkomponenten* von X die maximalen wegzusammenhängenden Teilmengen von X

Satz 6.2.8. *Sei (X, τ) ein topologischer Raum. Dann gelten:*
(1) *Die Familie $\mathfrak{W}_0$ aller Wegkomponenten von X ist eine Zerlegung von X.*
(2) *Für $x \in X$ ist die x enthaltende Wegkomponente W_x gleich der Vereinigung aller x enthaltenden wegzusammenhängenden Teilmengen von X.*

Beweis. Analog zu Satz 6.1.12:
(1) Seien Z_1, Z_2 verschiedene Wegkomponenten von X. Gälte $Z_1 \cap Z_2 \neq \emptyset$, so wäre nach Lemma 6.2.4 auch $Z_1 \cup Z_2$ wegzusammenhängend – im Widerspruch zur Maximalität der Wegkomponenten. Daß die Vereinigung aller Wegkomponenten den ganzen Raum X liefert, folgt aus Korollar 6.2.6 und dem Umstand, daß alle einpunktigen Teilmengen wegzusammenhängend sind.
(2) Die Familie $\mathfrak{W}_x$ aller x enthaltenden wegzusammenhängenden Teilmengen ist durch x in trivialer Weise kettenverbunden, somit ihre Vereinigung nach Lemma 6.2.4 wegzusammenhängend, woraus wegen der Maximalität von W_x sogleich $\bigcup_{W \in \mathfrak{W}_x} W \subseteq W_x$ folgt. Da natürlich auch $W_x \in \mathfrak{W}_x$ gilt, folgt die Behauptung. ∎

Bemerkung: Die Wegkomponenten sind just die Äquivalenzklassen der Wegverbindbarkeits-Relation aus Proposition 6.2.2. Da die Äquivalenzklassen wie bei jeder Äquivalenzrelation maximale Teilmengen äquivalenter Elemente sind, hätten wir den Umweg über's Zorn'sche Lemma hier also gar nicht gebraucht, um die Existenz maximaler wegzusammenhängender Teilmengen nachzuweisen. Es schien mir im Interesse der Vorbereitung auf Abschnitt 6.3 und den darin definerten Begriff der „disjunkten Komponentenklasse" angebracht, hier den zu unseren Betrachtungen über Zusammenhang parallelen Weg einzuschlagen. (Auch beim Begriff der Zusammenhangskomponente kann man eine Äquivalenzrelation zum Ausgangspunkt machen, indem man zwei Punkte als genau dann „verbindbar" erklärt, wenn es einen zusammenhängenden Teilraum gibt, der beide enthält – die im vorigen Abschnitt gewählte Darstellung ist aber die klassische ... und im übrigen auch intuitiver, finde ich.)

Lemma 6.2.9. *Seien (X, τ), (Y, σ) topologische Räume und existiere $f : X \to Y$ eine surjektive stetige Abbildung. Ist (X, τ) wegzusammenhängend, so auch (Y, σ).*

Beweis. Sind $y_1, y_2 \in Y$ gegeben, so existieren wegen der Surjektivität von f Elemente $x_1, x_2 \in X$ mit $f(x_1) = y_1$ und $f(x_2) = y_2$. Da (X, τ) wegzusammenhängend ist, gibt es also einen Weg $w : [0,1] \to X$ mit $w(0) = x_1$ und $w(1) = x_2$. Dann freilich ist wegen der Stetigkeit von f die Komposition $f \circ w : [0,1] \to Y$ ein Weg mit $f \circ w(0) = y_1$ und $f \circ w(1) = y_2$. ■

Lemma 6.2.10. *Jeder wegzusammenhängende topologische Raum (X, τ) ist zusammenhängend.*

Beweis. Sei (X, τ) wegzusammenhängend. Für $X = \emptyset$ ist nichts zu zeigen. Sei also ein $x_0 \in X$ beliebig aber fest gewählt. Dann gibt es für jedes $x \in X$ einen Weg $f_x : [0,1] \to X$ mit $f_x(0) = x_0$ und $f_x(1) = x$. Als stetiges Bild des zusammenhängenden Raumes $[0,1]$ ist jedes $f_x([0,1])$ zusammenhängend laut Satz 6.1.5. Außerdem ist aber die Familie $\{f_x([0,1]) | \; x \in X\}$ durch x_0 in trivialer Weise kettenverbunden. Daher ist $X = \bigcup_{x \in X} f_x([0,1])$ zusammenhängend. ■

Definition 6.2.11. Ein topologischer Raum (X, τ), dessen sämtliche Wegkomponenten nur jeweils ein Element enthalten, heißt *total wegunzusammenhängend.*

Alle diskreten topologischen Räume sind trivialerweise wieder total wegunzusammenhängend und die Menge $\mathbb{Q}$ der rationalen Zahlen mit euklidischer Topologie gibt wiederum ein Beispiel für einen nicht diskreten, aber ebenfalls total wegunzusammenhängenden Raum ab. Es dürfte anhand von Lemma 6.2.10 klar sein, daß jeder total unzusammenhängende Raum erst recht total wegunzusammenhängend ist.

Ein zusammenhängender Raum braucht natürlich nicht wegzusammenhängend zu sein, wie das folgende klassische Beispiel lehrt: Wir versehen den $\mathbb{R}^2$ mit euklidischer Topologie und betrachten die Teilmenge

$$X := \{(x, y) \in \mathbb{R}^2 | \; x > 0, y = \cos(\frac{1}{x})\} \cup \{0\} \times [-1, 1]$$

mit zugehöriger Spurtopologie. Die Teilmenge $A := \{(x, y) \in \mathbb{R}^2 | \; x > 0, y = \cos(\frac{1}{x})\}$ ist offensichtlich wegzusammenhängend[109], also laut Lemma 6.2.10 auch zusammenhängend. Nun ist X gerade der Abschluß von A in $\mathbb{R}^2$, also nach Lemma 6.1.3 ebenfalls zusammenhängend. Freilich gibt es in X keinen Weg zwischen den Elementen $(0,0)$ und $(\frac{2}{\pi}, 0)$: Wäre $f : [0,1] \to X$ stetig mit $f(0) = (0,0)$ und $f(1) = (\frac{2}{\pi}, 0)$, so müßten für die kanonischen Projektionen $p_1 : \mathbb{R}^2 \to \mathbb{R} : p_1(x, y) := x$ und $p_2 : \mathbb{R}^2 \to \mathbb{R} : p_2(x, y) := y$ auch die Kompositionen $p_1 \circ f$ und $p_2 \circ f$ stetig sein. Wegen des Zwischenwertsatzes und des Zusammenhanges von $[0,1]$ muß daher $p_1 \circ f$ jeden der Werte $\frac{2}{n \cdot \pi} \in [0, \frac{2}{\pi}]$ für $n \in \mathbb{N}^+$ im Intervall $(0,1)$ annehmen. Sei $r_1 := 1$, also

109 Für zwei verschiedene Elemente $(x_1, y_1), (x_2, y_2) \in A$ ist die lineare Funktion $h : [0,1] \to [x_1, x_2] : h(r) := (x_2 - x_1) \cdot r + x_1$ natürlich stetig und damit $f : [0,1] \to A : f(r) := (h(r), \cos(\frac{1}{h(r)}))$ ein Weg zwischen $(x_1, y_1), (x_2, y_2)$.

$p_1 \circ f(r_1) = \frac{2}{\pi}$. Dann können wir also $r_2 < r_1$ wählen mit $p_1 \circ f(r_2) = \frac{2}{2\cdot\pi}$. So definieren wir induktiv eine streng monoton fallende Folge: ist r_k mit $p_1 \circ f(r_k) = \frac{2}{k\cdot\pi}$ gewählt, kann nach Zwischenwertsatz auch ein $r_{k+1} < r_k$ mit $p_1 \circ f(r_{k+1}) = \frac{2}{(k+1)\cdot\pi}$ ausgewählt werden. Nun muß eine streng monoton fallende Folge $(r_k)_{k\in N^+}$ in dem beschränkten und abgeschlossenen Intervall $[0,1]$ natürlich konvergieren[110], wegen der Stetigkeit von $p_2 \circ f$ müßte also auch die Bildfolge $(p_2 \circ f(r_k))_{k\in N^+}$ konvergieren, was sichtlich nicht der Fall ist.[111] Unsere Annahme, $(0,0)$ und $(\frac{2}{\pi}, 0)$ seien in X wegverbindbar, ist also falsch und X somit nicht wegzusammenhängend.

Das Beispiel zeigt auch gleich noch, daß der Abschluß einer wegzusammenhängenden Teilmenge eines topologischen Raumes keineswegs wegzusammenhängend zu sein braucht.

Satz 6.2.12. *Sei $(X_i, \tau_i)_{i\in I}$ eine Familie nichtleerer topologischer Räume. Das Produkt $\prod_{i\in I}(X_i, \tau_i)$ ist genau dann wegzusammenhängend, wenn alle $(X_i, \tau_i), i \in I$ wegzusammenhängend sind.*

Beweis. Für alle $j \in I$ sei wie immer $p_j : \prod_{i\in I} X_i \to X_j : p_j((x_i)_{i\in I}) := x_j$ die kanonische Projektion auf X_j.

Ist $\prod_{i\in I}(X_i, \tau_i)$ wegzusammenhängend, so folgt der Wegzusammenhang für jedes (X_j, τ_j), $j \in I$, aus Lemma 6.2.9, da die Projektion p_j stetig und surjektiv ist.

Seien nun also alle $(X_i, \tau_i), i \in I$ wegzusammenhängend.

Seien ferner $(x_i)_{i\in I}, (y_i)_{i\in I} \in \prod_{i\in I} X_i$ beliebig aber fest gegeben.

Dann existiert ja für jedes $j \in I$ ein Weg $f_j : [0,1] \to X_j$ mit $f_j(0) = x_j$ und $f_j(1) = y_j$. Wir definieren

$$f : [0,1] \to \prod_{i\in I} X_i : f(r) := (f_i(r))_{i\in I}$$

und finden umgehend $\forall i \in I : p_i \circ f = f_i$, so daß also alle $p_i \circ f, i \in I$ stetig sind. Da die Produkttopologie aber just die initiale bezüglich aller kanonischen Projektionen ist, folgt daraus die Stetigkeit von f laut Lemma 3.1.4. Somit sind $(x_i)_{i\in I}$ und $(y_i)_{i\in I}$ wegverbindbar, der Produktraum folglich wegzusammenhängend. ■

110 Da die Menge aller Folgenglieder beschränkt ist, hat sie ein Infimum in $\mathbb{R}$, d.h. eine untere Schranke $s \in \mathbb{R}$ derart, daß für alle $\varepsilon > 0$ die Zahl $s + \varepsilon$ *keine* untere Schranke ist, d.h. $\exists k_\varepsilon \in \mathbb{N} : s \le r_{k_\varepsilon} < s + \varepsilon$ gilt. Die Monotonie unsrer Folge liefert dann sofort $\forall k \ge k_\varepsilon : s \le r_k < s + \varepsilon$.

111 Für alle ungeraden $k \in \mathbb{N}^+$ haben wir $p_2 \circ f(r_k) = 0$, für alle geraden k aber $p_2 \circ f(r_k) = -1$ falls k nicht durch 4 teilbar ist und $p_2 \circ f(r_k) = 1$, falls doch.

6.3 Lokalisation

Ganz so wie Kompaktheit kann man auch Zusammenhangseigenschaften „lokal" betrachten. Dies wollen wir in diesem Abschnitt kurz andeuten. Bei unseren diesbezüglichen Überlegungen verhalten sich „lokaler Zusammenhang" und „lokaler Wegzusammenhang" außerordentlich ähnlich – die hier dargelegten Sachverhalte gehen entscheidend auf die bei Zusammenhang bzw. Wegzusammenhang völlig parallel gewonnenen Sätze 6.1.12 bzw. 6.2.8 zurück. Weil das so ist, holen wir an dieser Stelle zu einer leichten Abstraktion aus, die dieser Gemeinsamkeit Rechnung trägt.

Definition 6.3.1. Eine nichtleere Klasse $\mathfrak{K}$ topologischer Räume heißt *Komponentenklasse* genau dann, wenn gilt:

(1) Sind $(X, \tau), (Y, \sigma)$ topologische Räume und existiert eine stetige surjektive Abbildung $f : X \to Y$, so folgt aus $(X, \tau) \in \mathfrak{K}$ auch stets $(Y, \sigma) \in \mathfrak{K}$.

(2) Für jeden nichtleeren topologischen Raum (X, τ) ist die Familie $\mathfrak{K}(X, \tau) := \{M \mid M \subseteq X, (M, \tau_{|M}) \in \mathfrak{K}\}$ aller derjenigen Teilmengen von X, die als Teilraum aufgefaßt zu $\mathfrak{K}$ gehören, nicht leer, und jede (bezüglich Inklusion) voll geordnete Teilmenge von $\mathfrak{K}(X, \tau)$ besitzt eine obere Schranke in $\mathfrak{K}(X, \tau)$.

Die nach dem Zorn'schen Lemma existierenden maximalen Elemente von $\mathfrak{K}(X, \tau)$ heißen *$\mathfrak{K}$-Komponenten* von (X, τ).

Eine Komponentenklasse heißt *disjunkt*, wenn die Vereinigung zweier *nicht* disjunkter zu $\mathfrak{K}$ gehöriger Unterräume eines topologischen Raumes stets wieder zu $\mathfrak{K}$ gehört.

Die Sätze 6.1.12 bzw. 6.2.8 besagen nun gerade, daß sowohl die Klasse der zusammenhängenden als auch die Klasse der wegzusammenhängenden topologischen Räume Komponentenklassen sind, während die Lemmata 6.1.8 bzw. 6.2.4 sichern, daß es sich bei diesen beiden sogar um disjunkte Komponentenklassen handelt.

Wir bemerken an dieser Stelle, daß bei jeder Komponentenklasse $\mathfrak{K}$ für jeden topologischen Raum (X, τ) jede einelementige Teilmenge von X zu $\mathfrak{K}(X, \tau)$ gehört – das folgt einfach aus Forderung (1) in Definition 6.3.1 und dem Umstand, daß wegen Forderung (2) keine Komponentenklasse $\mathfrak{K}$ leer sein kann.

Bei disjunkten Komponentenklassen $\mathfrak{K}$ folgt aus der Maximalität der $\mathfrak{K}$-Komponenten eines topologischen Raumes (X, τ), daß je zwei verschiedene $\mathfrak{K}$-Komponenten von (X, τ) *disjunkt* sein müssen. Daher der Name. Da wir andrerseits gesehen hatten, daß alle Einpunktmengen zu $\mathfrak{K}(X, \tau)$ gehören und somit wegen 6.3.1 in einer Komponente enthalten sein müssen, liefern die $\mathfrak{K}$-Komponenten von (X, τ) eine *Zerlegung* von X.

Aufgabe 6 Warum ist die Klasse der kompakten Räume keine Komponentenklasse?

Es geht um lokale Zusammenhangseigenschaften – oder allgemeiner $\mathfrak{K}$-Eigenschaften bei disjunkten Komponentenklassen $\mathfrak{K}$. Daher definieren wir ganz analog wie auf Seite 161:

Definition 6.3.2. Sei $\mathfrak{K}$ eine *disjunkte* Komponentenklasse.
Ein topologischer Raum (X, τ) heißt *schwach lokaler* $\mathfrak{K}$-Raum genau dann, wenn jedes Element $x \in X$ eine Umgebung besitzt, die zu $\mathfrak{K}(X, \tau)$ gehört.

Ein topologischer Raum (X, τ) heißt *lokaler $\mathfrak{K}$-Raum* genau dann, wenn der Umgebungsfilter jedes Elementes $x \in X$ eine Basis aus Elementen von $\mathfrak{K}(X, \tau)$ besitzt.

Ist $\mathfrak{K}$ die Klasse der zusammenhängenden (bzw. wegzusammenhängenden) Räume, so nennen wir einen (schwach) lokalen $\mathfrak{K}$-Raum auch (schwach) *lokal zusammenhängend* bzw. (schwach) *lokal wegzusammenhängend*.

Aufgabe 7 Ist Zusammenhang (bzw. Wegzusammenhang) eine innertopologische Eigenschaft?

Satz 6.3.3. *Sei $\mathfrak{K}$ eine disjunkte Komponentenklasse und (X, τ) ein topologischer Raum. Dann sind äquivalent:*

(1) *(X, τ) ist lokaler $\mathfrak{K}$-Raum.*
(2) *Für jede offene Teilmenge $O \in \tau$ von X sind die $\mathfrak{K}$-Komponenten von $(O, \tau_{|O})$ offen in X. (Insbesondere sind also die $\mathfrak{K}$-Komponenten von (X, τ) offen.)*
(3) *τ besitzt eine Basis aus Mengen, die als Unterräume aufgefaßt zu $\mathfrak{K}$ gehören.*

Beweis. „(1)⇒(2)“: Sei $O \in \tau$ gegeben und K eine $\mathfrak{K}$-Komponente von $(O, \tau_{|O})$. Für jedes $x \in K$ wissen wir wegen (1) nun, daß eine Menge $L \in \mathfrak{K}(X, \tau)$ und eine offene Menge $U_x \in \tau$ existiert mit $x \in U_x \subseteq L \subseteq O$. Wegen $x \in L \cap K$ sind L und K jedenfalls nicht disjunkt, da aber $\mathfrak{K}$ eine disjunkte Komponentenklasse sein soll, folgt $L \cup K \in \mathfrak{K}(X, \tau)$, wegen der Maximalität von K also $L \subseteq K$. Das liefert insbesondere $U_x \subseteq K$ für jedes $x \in K$, so daß $K = \bigcup_{x \in K} U_x$ offen in X ist.

„(2)⇒(3)“: Gilt (2), so ist die Familie aller $\mathfrak{K}$-Komponenten aller offenen Teilmengen von X trivialerweise eine Basis für τ.

„(3)⇒(1)“: Wenn sogar τ eine Basis $\mathfrak{B} \subseteq \mathfrak{K}(X, \tau)$ hat, so bilden bei gegebenem $x \in X$ diejenigen $B \in \mathfrak{B}$, für die $x \in B$ gilt, eine Basis des Umgebungsfilters von x. ■

Aus Satz 6.3.3 folgt unmittelbar, daß für disjunkte Komponentenklassen $\mathfrak{K}$ die $\mathfrak{K}$-Komponenten eines lokalen $\mathfrak{K}$-Raumes sowohl offen als auch abgeschlossen sind: da die $\mathfrak{K}$-Komponenten disjunkt sind, ist eine jede das Komplement der Vereinigung aller anderen.

Korollar 6.3.4. *Sei $\mathfrak{K}$ eine disjunkte Komponentenklasse.*
Sei ferner (X,τ) ein topologischer Raum, dessen $\mathfrak{K}$-Komponenten einelementig sind. Genau dann ist (X,τ) ein lokaler $\mathfrak{K}$-Raum, wenn τ die diskrete Topologie auf X ist.

Beweis. **Aufgabe 8** ∎

Aus 6.3.3 folgt ebenfalls, daß jeder lokale $\mathfrak{K}$-Raum (bei disjunkter Komponentenklasse $\mathfrak{K}$) das Coprodukt seiner $\mathfrak{K}$-Komponenten ist. Allgemeiner gilt sogar:

Lemma 6.3.5. *Sei $\mathfrak{K}$ eine disjunkte Komponentenklasse.*
Ein topologischer Raum (X,τ) ist genau dann das (d.h. homöomorph zum) Coprodukt seiner $\mathfrak{K}$-Komponenten, wenn er ein schwach lokaler $\mathfrak{K}$-Raum ist.

Beweis. Sei (X,τ) schwach lokaler $\mathfrak{K}$-Raum, $K \in \mathfrak{K}(X,\tau)$ eine $\mathfrak{K}$-Komponente von (X,τ) und $x \in K$. Wegen der schwachen $\mathfrak{K}$-Lokalität existiert eine Umgebung $U \in \underline{U}(x)$ mit $U \in \mathfrak{K}(X,\tau)$. Da $\mathfrak{K}$ disjunkte Komponentenklasse und $\emptyset \neq \{x\} \subseteq U \cap K$ ist, folgt $U \cup K \in \mathfrak{K}(X,\tau)$ und natürlich $U \cup K \supseteq K$, wegen der Maximalität der Komponente K also $U \subseteq K$. Da K also zu jedem seiner Elemente eine Umgebung umfaßt, ist K offen. Mithin bilden die $\mathfrak{K}$-Komponenten von (X,τ) eine offene Überdeckung von X mit paarweise disjunkten Elementen. Da es sich um eine offene Überdeckung handelt, ist τ offensichtlich gerade die finale Topologie bezüglich der kanonischen Injektionen unsrer Komponenten in X – und weil es sich um eine Überdeckung mit paarweise disjunkten Mengen handelt, ist dieser finale topologische Raum homöomorph zum Coprodukt der Komponenten.

Ist umgekehrt (X,τ) das Coprodukt seiner $\mathfrak{K}$-Komponenten, so sind diese Komponenten ja offen in X, so daß trivialerweise jedes Element von X eine Umgebung aus $\mathfrak{K}(X,\tau)$ besitzt – nämlich just die $\mathfrak{K}$-Komponente von X, in der es enthalten ist. ∎

Satz 6.3.6. *Sei $\mathfrak{K}$ eine disjunkte Komponentenklasse, Y eine Menge, seien (X_i,τ_i) lokale $\mathfrak{K}$-Räume und $f_i : X_i \to Y$ Abbildungen für alle $i \in I$. Ist nun σ die finale Topologie auf Y bezüglich der (X_i,τ_i), $f_i, i \in I$, so ist auch (Y,σ) ein lokaler $\mathfrak{K}$-Raum.*

Beweis. Wir zeigen, daß die $\mathfrak{K}$-Komponenten jeder offenen Teilmenge von Y bezüglich σ offen sind. Mit Satz 6.3.3 folgt dann daraus, daß (Y,σ) ein lokaler $\mathfrak{K}$-Raum ist.

Sei also $O \in \sigma$ und $K \subseteq O$ eine $\mathfrak{K}$-Komponente von O. Da σ die finale Topologie bezüglich (X_i,τ_i), $f_i, i \in I$ ist, wissen wir nach Proposition 3.1.3, daß K genau dann offen ist, wenn $\forall i \in I : f_i^{-1}(K) \in \tau_i$ gilt. Sei daher $i \in I$ gegeben. Ist $f_i^{-1}(K) = \emptyset$, so ist nichts mehr zu zeigen. Für $f_i^{-1}(K) \neq \emptyset$ haben wir jedenfalls $f_i^{-1}(K) \subseteq f_i^{-1}(O)$. Jedes $x \in f_i^{-1}(K)$ ist natürlich in einer $\mathfrak{K}$-Komponente K_i^x von $f_i^{-1}(O)$ enthalten, f_i ist stetig, somit gehört $f_i(K_i^x)$ nach 6.3.1(1) zu $\mathfrak{K}$, schneidet K nichtleer und muß wegen der Maximalität von K in O sowie der Disjunktheit von $\mathfrak{K}$ also eine Teilmenge von K sein. Das liefert $K_i^x \subseteq f_i^{-1}(K)$. Überdies ist jedes dieser K_i^x nach Satz 6.3.3 offen, weil (X_i,τ_i) ja nach Voraussetzung lokaler $\mathfrak{K}$-Raum ist. Mithin ist $f_i^{-1}(K) = \bigcup_{x\in f_i^{-1}(K)} K_i^x$ offen. Da dies für alle $i \in I$ gilt, haben wir $K \in \sigma$. ∎

Insbesondere sind also Quotienten und Coprodukte lokaler $\mathfrak{K}$-Räume wiederum lokale $\mathfrak{K}$-Räume. Dabei ist es durchaus wesentlich, daß wir jeweils *finale* Topologien haben – *irgendein* stetiges Bild eines lokalen $\mathfrak{K}$-Raumes muß keineswegs wieder ein lokaler $\mathfrak{K}$-Raum sein: Wir wählen als topologischen Raum (X, τ) denjenigen Teilraum des $\mathbb{R}^2$ mit euklidischer Topologie aus, den wir erhalten, wenn wir die Strecken vom Punkt $(0, 1)$ zum Punkt $(0, 0)$ und zu allen Punkten der Gestalt $(\frac{1}{n}, 0)$, $n \geq 1$, vereinigen. In diesem Raum hat z.B. der Punkt $(0, 0)$ keine Umgebungsbasis aus zusammenhängenden Teilmengen, (X, τ) ist also nicht lokal zusammenhängend. Freilich ist dieselbe Menge X selbstverständlich lokal zusammenhängend, sobald wir sie statt mit euklidischer nun zur Abwechslung mit diskreter Topologie ausrüsten – und die identische Abbildung von X mit diskreter Topologie nach (X, τ) ist stetig.

Der gerade angegebene Raum (X, τ) ist übrigens in naheliegender Weise wegzusammenhängend[112], also auch zusammenhängend. Das Beispiel lehrt somit auch gleich noch, daß ein zusammenhängender Raum nicht notwendig lokal zusammenhängend sein muß.

Für jeden Punkt $(x, y) \in \mathbb{R}^2$ bilden die Mengen der Gestalt $(x - \varepsilon, x + \varepsilon) \times (y - \varepsilon, y + \varepsilon)$, $\varepsilon > 0$, offenbar eine Umgebungsbasis dieses Punktes. Freilich sind diese Mengen wegen Lemma 6.1.4 und Satz 6.1.14 zusammenhängend, so daß $\mathbb{R}^2$ lokal zusammenhängend ist. Das obige Beispiel (X, τ) zeigt also überdies, daß Teilräume von lokalen $\mathfrak{K}$-Räumen nicht notwendig wieder lokale $\mathfrak{K}$-Räume sein müssen. Es gilt aber:

Lemma 6.3.7. *Sei $\mathfrak{K}$ eine disjunkte Komponentenklasse.*
Jeder offene Teilraum eines lokalen $\mathfrak{K}$-Raumes ist ein lokaler $\mathfrak{K}$-Raum.

Beweis. Folgt unmittelbar aus Satz 6.3.3. ■

Satz 6.3.8. *Sei $\mathfrak{K}$ eine disjunkte Komponentenklasse, die abgeschlossen ist gegenüber Produktbildung*[113].

Das Produkt einer Familie $(X_i, \tau_i)_{i \in I}$ nichtleerer topologischer Räume ist genau dann ein lokaler $\mathfrak{K}$-Raum, wenn alle (X_i, τ_i), $i \in I$, lokale $\mathfrak{K}$-Räume sind und fast alle[114] *(X_i, τ_i) zu $\mathfrak{K}$ gehören.*

Beweis. Sei $\prod_{i \in I}(X_i, \tau_i)$ ein lokaler $\mathfrak{K}$-Raum. Da alle kanonischen Projektionen $p_j : \prod_{i \in i} X_i \to X_j : p_j((x_i)_{i \in I}) := x_j$ laut Korollar 3.1.20 Quotientenabbildungen sind, folgt

---

112 Offenbar ist jeder seiner Punkte mit dem Punkt $(0, 1) \in \mathbb{R}^2$ wegverbindbar.

113 D.h. wenn $(X_i, \tau_i)_{i \in I}$ eine Familie topologischer Räume ist, die alle zu $\mathfrak{K}$ gehören, dann gehört auch ihr Produktraum zu $\mathfrak{K}$.

114 Mit „fast alle" meinen wir wie so oft im mathematischen Sprachgebrauch: alle bis auf höchstens endlich viele.

aus Satz 6.3.6, daß sämtliche (X_j, τ_j), $j \in I$, lokale $\mathfrak{K}$-Räume sind. Sei nun K eine $\mathfrak{K}$-Komponente des Produktes $\prod_{i\in I}(X_i, \tau_i)$. Nach Satz 6.3.3 ist K offen, woraus nach Definition der Produkttopologie sogleich $p_j(K) = X_j$ für fast alle $j \in I$ folgt. Wegen der Stetigkeit der p_j und Eigenschaft (1) von Komponentenklassen gehören somit fast alle (X_j, τ_j) zu $\mathfrak{K}$.

Seien nun alle (X_i, τ_i), $i \in I$ lokale $\mathfrak{K}$-Räume und alle (X_i, τ_i) mit $i \in I \setminus E$ mögen zu $\mathfrak{K}$ gehören, wobei $E = \{i_1, ..., i_n\} \subseteq I, n \in \mathbb{N}$ gelte. Sei ferner $(x_i)_{i\in I}$ ein beliebiges Element des Produktes $\prod_{i\in I} X_i$ und $O \subseteq \prod_{i\in I} X_i$ eine offene Umgebung von $(x_i)_{i\in I}$. Nach Definition der Produkttopologie existiert dann eine offene Umgebung der Form $\prod_{i\in I} O_i \subseteq O$ mit $O_i = X_i$ für alle $i \in I \setminus F$ bei $F = \{j_1, ..., j_m\} \subseteq I, m \in \mathbb{N}$ und $O_i \in \tau_i$ für $i \in F$. Wir setzen jetzt $K_i := X_i$ für alle $i \in I \setminus (E \cup F)$. Damit gehören alle $K_i, i \in I \setminus (E \cup F)$ laut Voraussetzung zu $\mathfrak{K}$. Für jedes $i \in E \cup F$ sei K_i eine in O_i enthaltene zu $\mathfrak{K}$ gehörige Umgebung von x_i, die ja existieren muß, da alle (X_i, τ_i) lokale $\mathfrak{K}$-Räume sind. Weil nun $\mathfrak{K}$ als abgeschlossen gegenüber Produktbildung vorausgesetzt ist, gehört somit auch $\prod_{i\in I} K_i$ zu $\mathfrak{K}$ und ist eine in O enthaltene Umgebung von $(x_i)_{i\in I}$. ■

Die Sätze 6.1.14 bzw. 6.2.12 zeigen, daß die Klasse der zusammenhängenden Räume bzw. die Klasse der wegzusammenhängenden Räume jeweils abgeschlossen gegenüber Produktbildung ist. Satz 6.3.8 ist somit auf lokal zusammenhängende bzw. lokal wegzusammenhängende Räume anwendbar.

Korollar 6.3.9. *Sei $\mathfrak{K}$ eine disjunkte Komponentenklasse und abgeschlossen gegenüber Bildung endlicher Produkte. Jedes endliche Produkt lokaler $\mathfrak{K}$-Räume ist ein lokaler $\mathfrak{K}$-Raum.*

Beweis. Folgt trivial aus Satz 6.3.8. ■

Andrerseits kann man leicht Produkte von lokalen $\mathfrak{K}$-Räumen angeben, die *keine* lokalen $\mathfrak{K}$-Räume sind: Man nehme einfach einen lokalen $\mathfrak{K}$-Raum (X, τ), der mindestens zwei $\mathfrak{K}$-Komponenten besitzt, und bilde das Produkt $\prod_{i\in I}(X_i, \tau_i)$ mit $\forall i \in I : (X_i, \tau_i) = (X, \tau)$ für eine unendliche Indexmenge I. Wäre dieses Produkt ein lokaler $\mathfrak{K}$-Raum, so müßte nach Satz 6.3.8 ja (X, τ) zu $\mathfrak{K}$ gehören, dürfte also nur eine $\mathfrak{K}$-Komponente haben.

Satz 6.3.10. *In jedem lokal wegzusammenhängenden Raum (X, τ) stimmen die Zusammenhangskomponenten mit den Wegkomponenten überein.*

Beweis. **Aufgabe** 9 ■

6.4 Besonders Unzusammenhängendes

> Literatur ist ein anarchischer Akt.
> Interpretation, insbesondere die einzig richtige,
> ist dazu da, diesen Akt zu vereiteln.
> Hans Magnus Enzensberger

Wir hatten ja schon gesehen, daß es Räume gibt, die total unzusammenhängend sind, obwohl sie keineswegs diskret sind. Jetzt wollen wir uns ein paar weitere Eigenschaften ansehen, die damit durchaus zu tun haben.

Definition 6.4.1. Ein topologischer Raum (X, τ) heißt *total separiert* genau dann, wenn zu je zwei verschiedenen Elementen $x, y \in X$ offen-abgeschlossene Mengen U_x, U_y existieren mit $x \in U_x$, $y \in U_y$ und $U_x \cap U_y = \emptyset$.

Im Prinzip ist das also eine (ziemlich drastische) Verschärfung der T_2-Eigenschaft: die beiden geforderten trennenden Mengen sollen jetzt nicht nur offen, sondern sogar offen-abgeschlossen sein. Originellerweise ist das freilich äquivalent zur entsprechenden Verschärfung der T_0-Eigenschaft: wenn wir für einen der beiden Punkte eine offen-abgeschlossene Menge haben, die ihn enthält, den anderen aber nicht, dann ist deren Komplement natürlich auch offen-abgeschlossen und enthält den anderen Punkt, aber den ersten nicht.

Proposition 6.4.2. *Jeder total separierte topologische Raum (X, τ) ist total unzusammenhängend.*

Beweis. Wäre der total separierte Raum (X, τ) nicht total unzusammenhängend, gäbe es also eine Zusammenhangskomponente Z mit mehr als einem Element, sagen wir mit $x, y \in Z$ bei $x \neq y$. Dann existierte eine offen-abgeschlossene Teilmenge U_x von X mit $x \in U_x$ und $y \notin U_x$. Freilich wäre dann auch $X \setminus U_x$ offen-abgeschlossen in X und es gälte $y \in X \setminus U_x$. Nun wären folglich $Z \cap U_x$ und $Z \cap (X \setminus U_x)$ beide nichtleer, disjunkt und beide offen-abgeschlossen in Z; ihre Vereinigung wäre Z - im Widerspruch zum Zusammenhang von Z. ∎

Die Umkehrung gilt i.a. nicht - sonst wäre der neue Begriff ja auch sinnlos.

Als Beispiel nehmen wir $\mathbb{Q}$ mit euklidischer Topologie τ_e und setzen für ein $i \notin \mathbb{Q}$ sodann $X := \mathbb{Q} \cup \{i\}$ und $\tau := \tau_e \cup \{ \{i\} \cup (O \setminus \{0\}) \mid O \in \tau_e, 0 \in O\}$, d.h. wir fügen all diejenigen Mengen *hinzu*, die wir erhalten, wenn wir in den offenen Umgebungen der Null die Null durch i ersetzen.

Unser so erhaltener Raum ist nicht einmal ein T_2-Raum, denn ganz offenbar gibt es darin keine disjunkten offenen Mengen, die 0 und i trennen - mithin ist (X, τ) erst recht nicht total separiert. Allerdings ist (X, τ) sehr wohl total unzusammenhängend: daß die Zusammenhangskomponenten Z_x für alle x außer 0 und i einelementig sind, folgt genauso wie bei $\mathbb{Q}$ selbst. In der Zusammenhangskomponente Z_0 von 0 (bzw. Z_i von i) kann schon deshalb außer i (bzw. außer 0) sowieso kein Element von X mehr enthalten sein; somit haben wir $\{0\} \subseteq Z_0 \subseteq \{0, i\}$ (bzw. $\{i\} \subseteq Z_i \subseteq \{0, i\}$) - und der Teilraum $\{0, i\}$ ist nicht zusammenhängend, weil er offensichtlich diskret ist.

Kommen wir zu einer weiteren Form von Zusammenhangslosigkeit.

Definition 6.4.3. Ein topologischer Raum (X, τ) heißt *nulldimensional* genau dann, wenn der Umgebungsfilter jedes Elementes von X eine Basis aus offen-abgeschlossenen Teilmengen hat.

Man könnte diese Eigenschaft auch als „lokal offen-abgeschlossen" bezeichnen, wenn man, wie wir das ja immer tapfer gemacht haben, die Begriffe „lokal" und „schwach lokal" säuberlich unterscheidet. (Siehe Definition 5.3.12 nebst daran anschließende Betrachtungen.)

Es ist leicht zu sehen, daß ein Raum (X, τ) genau dann nulldimensional ist, wenn seine Topologie τ eine Basis aus offen-abgeschlossenen Mengen hat. Da offenbar endliche Durchschnitte von offen-abgeschlossenen Mengen wiederum offen-abgeschlossen sind, ist das auch noch äquivalent dazu, daß τ eine Subbasis aus offen-abgeschlossenen Mengen hat.

Aufgabe 10 Sei (D, δ) ein unendlicher diskreter Raum und sei $(\beta D, \delta^\beta)$ seine Stone-Čech-Kompaktifizierung. Wir identifizieren $e_X(D)$ mit D. Zeige:
(a) $\beta D \setminus D$ ist nulldimensional.
(b) Jede offen-abgeschlossene Teilmenge von $\beta D \setminus D$ ist von der Gestalt $\hat{H} := \overline{H} \setminus H$ mit $H \subseteq D$.
(c) Gilt $\hat{A} \subseteq \hat{B}$ für zwei Mengen $A, B \subseteq D$, so ist $A \setminus B$ endlich.

Da die Umgebungsfilter in einem nulldimensionalen Raum insbesondere eine Basis aus *abgeschlossenen* Mengen haben, ist laut 4.4.2 jeder nulldimensionale Raum automatisch ein T_3-Raum und folglich nach 4.4.3 erst recht symmetrisch (R_0).

Natürlich ist jeder diskrete Raum nulldimensional[115].
Wir bemerken an dieser Stelle, daß freilich auch jeder indiskrete Raum trivialerweise nulldimensional ist, auch wenn er in ebenso trivialer Weise zusammenhängend ist.

---

115 Die Bezeichnung mag seltsam anmuten - und da wir noch gar keine *topologische* Dimensionstheorie bereitgestellt haben, können wir die Wortwahl an dieser Stelle auch nicht wirklich motivieren. Man möge sie einfach zur Kenntnis nehmen und beachten, daß das einstweilen nichts mit *Anschauung* zu tun hat: so ist z.B. auch unser $\mathbb{R}^3$, den wir ja als dreidimensional *anzusehen gewöhnt* sind, umgehend nulldimensional, wenn wir ihn mit indiskreter (oder diskreter) Topologie ausrüsten.

Sobald aber wenigstens ein bißchen Punktetrennung möglich ist, wird Nulldimensionalität zu einer starken Form von Zusammenhangslosigkeit:

Proposition 6.4.4. *Jeder nulldimensionale T_0-Raum (X, τ) ist total separiert.*

Beweis. Sei (X, τ) nulldimensionaler T_0-Raum und seien $x, y \in X$ mit $x \neq y$ gegeben. Wegen T_0 existiert dann eine offene Menge O, die *genau* eines dieser beiden Elemente enthält; sei dies o.B.d.A. x. Wegen der Nulldimensionalität existiert dann freilich auch eine offen-abgeschlossene Menge A mit $x \in A \subseteq O$. Freilich folgt dann, daß auch $X \setminus A$ offen-abgeschlossen ist und natürlich gilt $y \in X \setminus A$. ∎

Korollar 6.4.5. *Jeder nulldimensionale T_0-Raum (X, τ) ist total unzusammenhängend.*

Beweis. Kombiniere 6.4.2 mit 6.4.4. ∎

Versuchen wir nun einmal herauszufinden, unter was für Zusatzbedingungen wir von „total unzusammenhängend" auf „total separiert" bzw. „nulldimensional" schließen können.

Lemma 6.4.6. *Ein kompakter T_2-Raum (X, τ) ist genau dann total unzusammenhängend, wenn er total separiert ist.*

Beweis. Wegen 6.4.2 brauchen wir uns nur darum zu kümmern, daß jeder total unzusammenhängende kompakte T_2-Raum auch total separiert ist.

Sei also (X, τ) kompakt, T_2 und total unzusammenhängend.

Wir nehmen irgendeinen Punkt $x \in X$ unsres Raumes her und bilden den Durchschnitt

$$Q_x := \bigcap_{O \in \tau \cap \dot{x}, X \setminus O \in \tau} O$$

aller offen-abgeschlossenen Teilmengen, die unser x enthalten.
Da liegt x sicher drin und Q_x ist natürlich abgeschlossen. (Man nennt dieses Q_x auch die *„Quasikomponente"* von x.)

Nun zeigen wir, daß Q_x zusammenhängend ist: falls das nicht so wäre, gäbe es eine Zerlegung von Q_x in zwei disjunkte abgeschlossene Teilmengen A_1, A_2 (o.B.d.A. sei $x \in A_1$). Diese können durch disjunkte offene Mengen U_1, U_2 mit $A_1 \subseteq U_1, A_2 \subseteq U_2$ getrennt werden (nach 5.1.14 ist jeder kompakte T_2-Raum auch T_4-Raum).
Jetzt haben wir

$$Q_x = \bigcap_{O \in \tau \cap \dot{x}, X \setminus O \in \tau} O \subseteq U_1 \cup U_2 \,.$$

Nun sind die O's, über die da geschnitten wird, auch abgeschlossen, $U_1 \cup U_2$ ist offen und wir haben einen kompakten Raum. Folglich gibt es eine endliche Teilfamilie $O_1, \ldots, O_n$ offen-abgeschlossener Mengen, die x enthalten, mit $Q_x \subseteq B := \bigcap_{i=1}^{n} O_i \subseteq$

$U_1 \cup U_2$. Das so entstandene B ist natürlich als endlicher Durchschnitt ebenfalls offen-abgeschlossen.

Jetzt gucken wir uns $B \cap U_1$ an - das ist natürlich offen, aber auch abgeschlossen: jeder Häufungspunkt davon liegt wegen der Abgeschlossenheit von B auch in B; und da $B \subseteq U_1 \cup U_2$ gilt, müßte ein Adhärenzpunkt, der nicht in U_1 liegt, eben in U_2 liegen - im Widerspruch zur Disjunktheit der offenen Mengen U_1 und U_2. Nun gilt ja $x \in B \cap U_1$, so daß aus der Definition von Q_x sogleich $Q_x \subseteq B \cap U_1$ und damit insbesondere $Q_x \subseteq U_1$ folgt. Wegen $A_2 \subseteq Q_x$ und $A_2 \subseteq U_2$ folgt nun aus der Disjunktheit von U_1 und U_2 sogleich $A_2 = \emptyset$.

Mithin ist Q_x zusammenhängend und enthält ja x; weil unser Raum total unzusammenhängend ist, kann Q_x also *nur* x enthalten. Folglich gibt es nach Konstruktion von Q_x zu jedem von x verschiedenen y eine offen-abgeschlossene Menge O_y, die x, aber nicht y enthält. Deren Komplement ist ebenfalls offen-abgeschlossen und enthält y, aber nicht x. ∎

Weiten wir diese Erkenntnis nun auf die Nulldimensionalität aus:

Satz 6.4.7. *Ein lokalkompakter T_2-Raum (X, τ) ist genau dann nulldimensional, wenn er total unzusammenhängend ist.*

Beweis. Wegen 6.4.5 brauchen wir uns wieder nur um eine Richtung des Äquivalenzbeweises zu kümmern.

Sei also (X, τ) lokalkompakt, T_2 und total unzusammenhängend.

Ist nun x ein Punkt unsres Raumes und U eine offene Umgebung von x, so haben wir (wegen T_2 und Lokalkompaktheit) unterhalb von U noch eine offene Umgebung V von x mit kompaktem Abschluß $\overline{V} \subseteq U$. Zu jedem Punkt y aus $\overline{V} \setminus V$ existiert dann nach 6.4.6 eine in $\overline{V}$ offen-abgeschlossene Menge O_y, die x enthält, aber nicht y, weil unser Raum und damit auch $\overline{V}$ ja total unzusammenhängend ist.

Die Komplemente $X \setminus O_y$ bilden dann eine offene Überdeckung von $\overline{V} \setminus V$. Da $\overline{V} \setminus V$ als abgeschlossene Teilmenge von $\overline{V}$ auch kompakt ist, gibt es dann eine endliche Teilüberdeckung $X \setminus O_{y_1}, \cdots, X \setminus O_{y_n}$ von $\overline{V} \setminus V$. Wir setzen $O := O_{y_1} \cap \cdots \cap O_{y_n}$. Nun ist $O \cap \overline{V}$ offen-abgeschlossen in $\overline{V}$, also abgeschlossen in X, weil $\overline{V}$ es ist. Andrerseits liegt $O \cap \overline{V}$ unterhalb von V und ist somit offen in X, weil V es ist. So haben wir also eine offen-abgeschlossene Umgebung unterhalb der vorgegebenen offenen Umgebung U gefunden. Weil das für alle offenen Umgebungen U geht, liefert das eine Umgebungsbasis aus offen-abgeschlossenen Mengen. ∎

Hieraus können wir - sozusagen „rekursiv" - lernen, daß wir uns bei 6.4.6 nicht auf kompakte Räume beschränken müssen, sondern daß sich das Ergebnis auf lokalkompakte Räume ausweiten läßt:

Korollar 6.4.8. *Ein lokalkompakter T_2-Raum ist genau dann total separiert, wenn er total unzusammenhängend ist.*

Beweis. Daß schlicht *jeder* total separierte Raum auch total unzusammenhängend ist, wissen wir aus 6.4.2.

Ist freilich unser (X, τ) lokalkompakt, T_2 und total unzusammenhängend, so ist (X, τ) nach 6.4.7 auch nulldimensional und selbstverständlich T_0, also nach 6.4.4 total separiert. ■

Lösungsvorschläge

1 Ist $f : H \to D_2$ eine stetige Abbildung in den zweipunktigen diskreten Raum, so ist insbesondere auch $f_{|M}$ stetig und daher laut Lemma 6.1.2 konstant. Für jedes $x \in H \subseteq \overline{M}$ existiert nun ein Filter φ auf M mit $\varphi \to x$. Aus der Stetigkeit von f folgt dann $f(\varphi) \to f(x)$. Wegen $M \in \varphi$ ist $f(\varphi)$ freilich der Einpunktfilter $f(\dot{m}), m \in M$, woraus (im zweipunktigen diskreten Raum!) $f(x) = f(m)$ folgt. Somit ist f konstant. Da dies für alle stetigen $f : H \to D_2$ gilt, ist H laut Lemma 6.1.2 zusammenhängend.

2 Sei der Tychonoff-Raum (X, τ) zusammenhängend, D der zweipunktige diskrete Raum und $F : \beta(X) \to D$ stetig. Dann ist auch die Einschränkung von F auf die gemäß Satz 5.4.8 (Stone-Čech) erklärte Einbettung $e_X(X)$ von X in $\beta(X)$ stetig, also konstant, dieweil ja $e_X(X)$ als stetiges Bild des zusammenhängenden Raumes X nach Satz 6.1.5 zusammenhängend ist. Offensichtlich ist die konstante Fortsetzung dieser eingeschränkten Abbildung wieder stetig. Nach Stone-Čech existiert aber *nur eine* stetige Fortsetzung, d.h. F selbst ist konstant.

Ist umgekehrt $\beta(X)$ zusammenhängend und $f : X \to D$ eine stetige Abbildung in den zweipunktigen diskreten Raum, so liefert Stone-Čech immerhin die *Existenz* einer stetigen Abbildung $F : \beta(X) \to D$ mit $f = F \circ e_X$. Wegen des Zusammenhangs von $\beta(X)$ muß F konstant sein, damit aber auch f.

3 Sei $f : \bigcup_{Z \in \mathfrak{Z}} Z \to D_2$ eine stetige Abbildung in den zweipunktigen diskreten Raum. Wäre f nicht konstant, so existierten $x_0 \in Z_0 \in \mathfrak{Z}$ und $x' \in Z' \in \mathfrak{Z}$ mit $f(x_0) \neq f(x')$. Wegen der Kettenverbundenheit von $\mathfrak{Z}$ existieren aber endlich viele $Z_1, ..., Z_n$ mit $Z_n = Z'$ und $Z_i \cap Z_{i-1} \neq \emptyset$ für $i = 1, ..., n$. Nach Lemma 6.1.2 haben wir $\forall x \in Z_i : f(Z_i) = \{f(x)\}$. Wegen $f(x') \neq f(x_0)$ ist nun die Menge derjenigen Z_i, für die $f(Z_i) = \{f(x')\}$ gilt nicht leer. Folglich gibt es ein kleinstes $i_0 \in \{1, ..., n\}$ mit $f(Z_{i_0}) = \{f(x')\}$. Dann haben wir aber $f(Z_{i_0-1}) = \{f(x_0)\}$ im Widerspruch zu $Z_{i_0-1} \cap Z_{i_0} \neq \emptyset$.

4 Die Menge $\mathbb{Q}$ der rationalen Zahlen mit euklidischer Topologie τ_e ist ersichtlich nicht diskret, aber total unzusammenhängend: Enthielte die Zusammenhangskomponente Z_x eines Elementes $x \in \mathbb{Q}$ noch irgendeinen von x verschiedenen Punkt $y \in \mathbb{Q}$, so gäbe es zwischen x und y eine irrationale Zahl i und somit wären die Teilmengen $\{z \in Z_x | \ z < i\}$ und $\{z \in Z_x | \ z > i\}$ von Z_x beide nichtleer, disjunkt und offen bezüglich $\tau_{e|Z_x}$. Da ihre Vereinigung jedoch Z_x ist, wäre Z_x nicht zusammenhän-

gend – Widerspruch.

5 *Reflexivität* ist wegen der Stetigkeit der konstanten Abbildungen $f_y : [0,1] \to X : f_y(x) := y$ für alle $y \in X$ jedenfalls gesichert. *Symmetrie:* Ist $f : [0,1] \to X$ ein Weg mit $f(0) = x$ und $f(1) = y$, so ist $g : [0,1] \to X : g(r) := f(1-r)$ ebenfalls stetig (da sowohl die Funktion $r \to (1-r)$ als auch f stetig ist) und es gilt $g(0) = f(1) = y$, $g(1) = f(0) = x$, womit die Symmetrie unsrer Relation belegt ist. *Transitivität:* Seien $f_1 : [0,1] \to X$ und $f_2 : [0,1] \to X$ Wege in X mit $f_1(0) = x_1$, $f_1(1) = f_2(0) = x_2$ und $f_2(1) = x_3$. Wir legen die Funktionen $h_1 : [0,\frac{1}{2}] \to [0,1] : h_1(r) := 2r$ und $h_2 : [\frac{1}{2},1] \to [0,1] : h_2(r) := 2r - 1$ fest, die beide offenbar stetig sind. Somit sind auch die Kompositionen $f_1 \circ h_1 : [0,\frac{1}{2}] \to X$ und $f_2 \circ h_2 : [\frac{1}{2},1] \to X$ stetig. Da wir zudem $f_1 \circ h_1(\frac{1}{2}) = f_1(1) = x_2 = f_2(0) = f_2 \circ h_2(\frac{1}{2})$ haben, folgt mit Proposition 3.1.9(1), daß auch

$$g : [0,1] \to X : g(r) := \begin{cases} f_1 \circ h_1(r) & ; \quad r \leq \frac{1}{2} \\ f_2 \circ h_2(r) & ; \quad r > \frac{1}{2} \end{cases}$$

stetig ist, wobei offensichtlich $g(0) = x_1$ und $g(1) = x_3$ gelten. Mithin sind auch x_1, x_3 miteinander wegverbindbar, unsre Relation ist also transitiv.

6 Man nehme etwa den Raum $\mathbb{N}$ der natürlichen Zahlen mit diskreter Topologie. Darin sind genau alle endlichen Teilmengen kompakt. Die Menge $\mathfrak{A} := \{\{k \in \mathbb{N} \mid k \leq n\} \mid n \in \mathbb{N}\}$ ist freilich eine bezüglich Inklusion voll geordnete Familie kompakter (d.h. endlicher) Teilmengen von $\mathbb{N}$, die offenbar *keine* endliche und damit im Sinne der diskreten Topologie keine kompakte obere Schranke hat.

7 Natürlich. Man erinnere sich einfach, daß sowohl in Definition 6.1.1 (bzw. 6.2.3) eine Teilmenge eines topologischen Raumes (X,τ) genau dann als zusammenhängend (bzw. wegzusammenhängend) definiert wurde, wenn sie als Teilraum zusammenhängend (bzw. wegzusammenhängend) ist.

8 Ist (X,τ) diskret, so automatisch ein lokaler $\mathfrak{K}$-Raum, da ja alle einelementigen Teilräume zu $\mathfrak{K}$ gehören müssen.

Sind andrerseits die $\mathfrak{K}$-Komponenten von (X,τ) einelementig, so sind also alle $\{x\}$ mit $x \in X$ $\mathfrak{K}$-Komponenten von (X,τ), folglich nach Satz 6.3.3 offen, weil (X,τ) ein lokaler $\mathfrak{K}$-Raum ist.

9 Sei $x \in X$. Lemma 6.2.10 lehrt, daß die x enthaltende Wegkomponente von (X,τ) zusammenhängend und folglich Teilmenge der x enthaltenden Zusammenhangskomponente ist. Mithin ist jede Zusammenhangskomponente von X eine disjunkte Vereinigung von Wegkomponenten. Da (X,τ) lokal wegzusammenhängend ist, folgt aus Satz 6.3.3 freilich, daß jede Wegkomponente offen und abgeschlossen ist – daher wäre eine Vereinigung über mehr als eine Wegkomponente infolge deren Disjunktheit nicht mehr zusammenhängend. Die x enthaltende Zusammenhangskomponente muß also mit der x enthaltenden Wegkomponente übereinstimmen.

10 Unser diskreter Raum D ist natürlich ein T_1- und T_4-Raum, so daß seine Stone-Čech-Kompaktifizierung nach Korollar 5.4.21 homöomorph zu seiner Wallman-Kompaktifizierung ist - wir können also mit der für unsern Zweck gut handhabbaren Wallman-Kompaktifizierung $(w(D), \delta^w)$ arbeiten. Wieder identifizieren wir D mit seinem eingebetteten Bild $w_X(D)$ in $w(D)$. Da D diskret ist, sind die $Cl(D)$-Ultrafilter auf D genau die gewöhnlichen Ultrafilter, wir haben also $w(D) = \mathfrak{F}_0(D)$ und wir haben die Elemente von D mit ihren zugehörigen Einpunktfiltern identifiziert.

Laut Definition 5.4.12 und Proposition 5.4.15 bilden die Mengen der Gestalt $\mathfrak{F}_0(M)$, $M \subseteq D$, eine Basis für δ^w. Somit bilden die Mengen der Gestalt $\mathfrak{F}_0(M) \setminus D$ eine Basis für die Spurtopologie auf $w(D) \setminus D$. Wegen $\mathfrak{F}_0(D) \setminus \mathfrak{F}_0(M) = \mathfrak{F}_0(D \setminus M)$ sind diese Mengen auch abgeschlossen, womit **(a)** gezeigt ist.

Zudem gilt $\overline{M} = \mathfrak{F}_0(M)$ in $w(D)$: Einerseits ist $\overline{M} \subseteq \mathfrak{F}_0(M) = w(D) \setminus \mathfrak{F}_0(D \setminus M)$, wobei $\mathfrak{F}_0(D \setminus M)$ laut Konstruktion von δ^w offen und damit $w(D) \setminus \mathfrak{F}_0(D \setminus M)$ abgeschlossen ist, d.h. $\overline{M} \subseteq \mathfrak{F}_0(M)$. Andrerseits gilt wegen Lemma 5.4.17 sowieso $\mathfrak{F}_0(M) \subseteq \overline{M}$.

Zu **(b)**: Ist $C \subseteq w(D) \setminus D$ offen-abgeschlossen, so existiert wegen der Offenheit zu jedem $c \in C$ eine Basismenge $\mathfrak{F}_0(M_c) \setminus D$ mit $M_c \subseteq D$ und $c \in \mathfrak{F}_0(M_c) \setminus D \subseteq C$. Als abgeschlossene Teilmenge[116] der kompakten Menge $w(D) \setminus D$ ist C kompakt, so daß endlich viele dieser Basismengen bereits C überdecken und wir erhalten

$$C = \left(\bigcup_{i=1}^{n} \mathfrak{F}_0(M_{c_i})\right) \setminus D .$$

Freilich gilt allgemein für *endliche* Mengenfamilien $M_{c_1}, \ldots, M_{c_n}$

$$\bigcup_{i=1}^{n} \mathfrak{F}_0(M_{c_i}) = \mathfrak{F}_0\Big(\bigcup_{i=1}^{n} M_{c_i}\Big) ,$$

so daß unser C tatsächlich von der gewünschten Form ist.

Zu **(c)**: Aus $\hat{A} \subseteq \hat{B}$ folgt

$$\mathfrak{F}_0(A) \subseteq \mathfrak{F}_0(B) \tag{6.1}$$

und wir haben $A = (A \cap B) \cup (A \setminus B)$, also auch $\mathfrak{F}_0(A) = \mathfrak{F}_0(A \cap B) \cup \mathfrak{F}_0(A \setminus B)$. Ist nun $A \setminus B$ unendlich, so existieren freie Ultrafilter auf $A \setminus B$, die offenbar nicht B enthalten - im Widerspruch zu (6.1).

Ist andrerseits $A \setminus B$ endlich, so sind die einzigen Ultrafilter darauf die Einpunktfilter, wir haben also

$$\hat{A} = (\mathfrak{F}_0(A \cap B) \cup (A \setminus B)) \setminus D \subseteq \mathfrak{F}_0(B) \setminus D = \hat{B} .$$

116 Beachte, daß die Einpunktmengen $\{d\}$ für $d \in D$ auch in $w(D)$ offen sind wegen $\mathfrak{F}_0(\{d\}) = \left\{\dot{d}\right\}$, so daß auch D offen in $w(D)$ ist

7 Uniforme Räume

> Noch niemals hat mich auf der Straße jemand aufgefordert, für Atomwaffen Geld zu spenden. Offenbar, weil die Regierungen für Waffen immer genug Geld haben. Für Kinder aber müssen wir immer wieder betteln gehen.
>
> Sir Peter Ustinov (1921-2004)
> UNICEF-Sonderbotschafter ab 1968

Als wir am Ende von Abschnitt 2.1 ein wenig an den metrischen Räumen herumgemäkelt hatten, um den Übergang zu den topologischen Räumen zu motivieren, da haben wir es leichten Herzens in Kauf genommen, einen ganzen Haufen an Informationen über unsre fraglichen Räume zu verlieren. „Pah!“, haben wir uns gedacht, „Metriken? Alles Schnickschnack & Firlefanz, für Konvergenzbetrachtungen völlig unnötiges Zeug - weg damit!“ Haben wir da vielleicht das Kind mit dem Bade ausgeschüttet? Nein, sowas gemeines würden wir nie tun ... Es hat sich schließlich ja gezeigt, daß sich starke Sätze und eine schöne Theorie auch ohne besagten „Schnickschnack & Firlefanz“ entwickeln lassen, ja sogar *besser* ohne den zuweilen hinderlichen Zwang, immer eine Metrik vorweisen zu müssen.

Und was haben wir schon verloren?

Nun, preisgegeben haben wir z.B. die Möglichkeit, einen Begriff wie etwa den der *gleichmäßigen* Stetigkeit in vernünftiger Weise definieren zu können. Das ist zuweilen bedauerlich. Wir könnten doch mal probieren, was passiert, wenn wir *nicht ganz so viel* Information aus dem metrischen Raum über Bord werfen ...

Gehen wir also von einem metrischen Raum (X_1, d_1) und einem zweiten metrischen Raum (X_2, d_2) aus. Wann ist eine Abbildung $f : X_1 \to X_2$ gleichmäßig stetig? Per Definition bekanntlich genau dann, wenn

$$\forall \varepsilon > 0 : \exists \delta > 0 : \forall x, y \in X_1 : d_1(x, y) < \delta \Rightarrow d_2(f(x), f(y)) < \varepsilon$$

gilt, wenn also nicht nur Stetigkeit in jedem Punkte vorliegt, sondern wir bei gegebenem ε sogar *„ein δ für alle x“* finden können. Wie schütteln wir nun die Metrik ab, ohne uns der Möglichkeit zu berauben, gleichmäßige Stetigkeit zu definieren? Wir gucken uns die obige Definition mal scharf an: die Formulierung „$d_1(x, y) < \delta$“ können wir verwenden, um eine Relation auf X_1 zu definieren, nennen wir sie R_δ,

$$R_\delta := \{(x, y) \in X_1 \times X_1 | \ d_1(x, y) < \delta\}$$

und zwar *für jedes* $\delta > 0$. So haben wir also eine ganze Schar von Relationen auf X_1 und analog können wir auch auf X_2 welche herstellen:

$$S_\varepsilon := \{(x, y) \in X_2 \times X_2 | \ d_2(x, y) < \varepsilon\} .$$

Wir haben sozusagen „Nachbarschaften“ von Punkten gebildet: ein Punktepaar gehört zu einer ε-Nachbarschaft, wenn seine Punkte eben weniger als ε voneinander entfernt sind. Jetzt können wir unsre Definition der gleichmäßigen Stetigkeit umschreiben und erhalten:

$$\forall \varepsilon > 0 : \exists \delta > 0 : \forall x, y \in X_1 : (x, y) \in R_\delta \Rightarrow (f(x), f(y)) \in S_\varepsilon$$

oder noch kürzer

$$\forall \varepsilon > 0 : \exists \delta > 0 : (f \times f)(R_\delta) \subseteq S_\varepsilon .$$

Jetzt sollten wir noch die Epsilons und Deltas loswerden, die sind lästig. Wir geben einfach unseren beiden Relationenfamilien Namen, sagen wir $\mathcal{B}_1 := \{R_\delta | \delta > 0\}$ und $\mathcal{B}_2 := \{S_\varepsilon | \varepsilon > 0\}$. Dann können wir unsre Definition der gleichmäßigen Stetigkeit so aufschreiben:

$$\forall S \in \mathcal{B}_2 : \exists R \in \mathcal{B}_1 : (f \times f)(R) \subseteq S$$

Keine Metrik zu sehen, nichtmal Epsilons und Deltas! Nebenbei könnte uns aufgefallen sein, daß es sich bei $\mathcal{B}_1$ und $\mathcal{B}_2$ um *Filterbasen* auf $X_1 \times X_1$ bzw. auf $X_2 \times X_2$ handelt. Sei $\mathcal{U}_1$ der von $\mathcal{B}_1$ erzeugte Filter und entsprechend $\mathcal{U}_2$ der von $\mathcal{B}_2$ erzeugte. Mit dieser Vereinbarung im Hintergrund können wir nun unsre Definition zu

$$(f \times f)(\mathcal{U}_1) \supseteq \mathcal{U}_2$$

vereinfachen[117]. Die Metrik ist verschwunden, aber wir haben uns doch ein bißchen an Informationen über „Nachbarschaften" bewahrt.

Soweit zur Motivation.

7.1 Uniforme Räume und Abbildungen

Definition 7.1.1. Sei X eine Menge und $\mathcal{U}$ ein Filter auf $X \times X$. Genau dann nennen wir das geordnete Paar $(X, \mathcal{U})$ einen *uniformen Raum* und $\mathcal{U}$ eine *Uniformität* auf X, wenn $\mathcal{U}$ zusätzlich die Bedingungen

(1) $\forall R \in \mathcal{U} : \{(x, x) | x \in X\} =: \Delta_X \subseteq R$

(2) $\forall R \in \mathcal{U} : R^{-1} \in \mathcal{U}$

(3) $\forall R \in \mathcal{U} : \exists S \in \mathcal{U} : S \circ S \subseteq R.$

erfüllt.

Sind $(X_1, \mathcal{U}_1)$ und $(X_2, \mathcal{U}_2)$ uniforme Räume, so heißt eine Funktion $f : X_1 \to X_2$ *gleichmäßig stetig* (oder *uniform*) genau dann, wenn

$$(f \times f)(\mathcal{U}_1) \supseteq \mathcal{U}_2$$

gilt.

---

117 Mit $(f \times f)(R)$ ist dabei natürlich die Menge $\{(f(x), f(y)) | (x, y) \in R\}$ gemeint und mit $(f \times f)(\mathcal{U}_1)$ der von der Basis $\{(f \times f)(R) | R \in \mathcal{U}_1\}$ erzeugte Filter.

Die Menge $\Delta_X := \{(x,x) | x \in X\}$ nennen wir auch die *Diagonale* von X.

Sind $(X, \mathcal{U})$ und $(Y, \mathcal{V})$ uniforme Räume und $f : X \to Y$ eine bijektive Abbildung derart, daß f und f^{-1} uniform sind, so heißt f ein *uniformer Isomorphismus*. Existiert ein uniformer Isomorphismus zwischen $(X, \mathcal{U})$ und $(Y, \mathcal{V})$, so nennen wir $(X, \mathcal{U})$ und $(Y, \mathcal{V})$ *uniform äquivalent*.

Es ist leicht zu überprüfen, daß die aus unseren Metriken eingangs zurechtgebastelten Relationenfilter dieser Definition genügen, also Uniformitäten sind. Dabei wird deutlich, daß die Bedingungen (1)-(3) aus Definition 7.1.1 in engem Zusammenhang zu den definierenden Bedingungen einer Metrik stehen: (1) ist bei der oben vorgeführten Konstruktion eines uniformen Raumes aus einem metrischen deshalb erfüllt, weil in einem metrischen Raum (X, d) stets $d(x,x) = 0$ für alle $x \in X$ gilt; (2) gilt, weil die grundlegenden Nachbarschaftsrelationen R_δ wegen $d(x,y) = d(y,x)$ samt und sonders symmetrisch sind; (3) wird erfüllt, weil es zu jeder Nachbarschaftsrelation R_δ natürlich die Relation $R_{\frac{\delta}{2}}$ gibt und die Dreiecksungleichung in metrischen Räumen dafür sorgt, daß $R_{\frac{\delta}{2}} \circ R_{\frac{\delta}{2}} \subseteq R_\delta$ folgt[118].

Lemma 7.1.2. *Sei $(X, \mathcal{U})$ ein uniformer Raum. Dann gelten:*
(1) *Die Familie $\mathcal{B} := \{R \in \mathcal{U} | R = R^{-1}\}$ ist eine Basis der Uniformität $\mathcal{U}$.*
(2) *Wenn $\mathcal{B}$ eine Basis der Uniformität $\mathcal{U}$ ist, so ist für jedes $n \in \mathbb{N}^+$ auch die Familie $\mathcal{B}' := \{S^{\circ n} | S \in \mathcal{B}\}$ eine Basis für $\mathcal{U}$.*

Beweis. (1) Nach Konstruktion gilt jedenfalls $\mathcal{B} \subseteq \mathcal{U}$. Ist $R \in \mathcal{U}$ gegeben, so muß auch $R^{-1} \in \mathcal{U}$ gelten. Wir setzen $S := R \cap R^{-1}$ und finden $S^{-1} = R^{-1} \cap R = S$, also $S \in \mathcal{B}$ und natürlich $S \subseteq R$. Das liefert $[\mathcal{B}]_{X \times X} = \mathcal{U}$.

(2) Sei $R \in \mathcal{B} \subseteq \mathcal{U}$. Wegen $\Delta_X \subseteq R$ gilt dann $R^{\circ n} \supseteq R$, also wegen der Filtereigenschaften von $\mathcal{U}$ auch $R^{\circ n} \in \mathcal{U}$. Damit haben wir schon mal $\mathcal{B}' \subseteq \mathcal{U}$.

Sei nun $P \in \mathcal{U}$ gegeben. Dann existiert $P_1 \in \mathcal{U}$ mit $P_1 \circ P_1 \subseteq P$. Induktiv folgt für jedes $k \in \mathbb{N}$ die Existenz eines $P_k \in \mathcal{U}$ mit $P_k^{\circ 2^k} \subseteq P$. Insbesondere haben wir also $P_n \in \mathcal{U}$ mit $P_n^{\circ 2^n} \subseteq P$ und darum wegen $\forall n \in \mathbb{N} : n \leq 2^n$ auch $P_n^{\circ n} \subseteq P$, da aus $\Delta_X \subseteq P_n$ ja $P_n^{\circ n} \subseteq P_n^{\circ m}$ für alle $m \geq n$ folgt. Da nun $\mathcal{B}$ eine Basis von $\mathcal{U}$ ist, existiert $R \in \mathcal{B}$ mit $R \subseteq P_n$, also auch $R^{\circ n} \subseteq P_n^{\circ n} \subseteq P$. Das liefert $[\mathcal{B}']_{X \times X} \supseteq \mathcal{U}$. ∎

Auf jeder Menge X gibt es eine *feinste* Uniformität, d.h. eine Uniformität, die jede andere Uniformität umfaßt. Sie wird *diskrete Uniformität* genannt. Dabei handelt es sich offenbar um den von der Diagonalen Δ_X erzeugten Hauptfilter $[\Delta_X]_{X \times X}$, denn da jedes

118 Wegen dieses Zusammenhanges neige ich dazu, Bedingung 7.1.1(3) in Vorlesungen & Gesprächen auch einfach als „Dreiecksungleichung" zu bezeichnen, was natürlich nicht völlig korrekt, aber hoffentlich verzeihlich ist.

Element jeder Uniformität auf X die Diagonale enthalten muß, ist jede Uniformität Teilmenge von $[\Delta_X]_{X\times X}$.

Analog gibt es auf jeder Menge X eine *gröbste* Uniformität, d.h. eine, die in jeder Uniformität auf X enthalten ist - nämlich den nur aus der Allrelation $X\times X$ als Element bestehenden Filter. Sie wird *indiskrete* Uniformität genannt.

Es ist leicht zu sehen, daß *jede* Abbildung *aus einem diskreten* oder *in einen indiskreten* uniformen Raum gleichmäßig stetig ist.

Da eine Uniformität ein Filter ist, liegt es nahe, eine Basis dieses Filters als *Basis der Uniformität* zu bezeichnen.

Genauso naheliegend, aber durchaus erwähnenswert ist auch:

Proposition 7.1.3. *Seien $(X_1, \mathfrak{U}_1), (X_2, \mathfrak{U}_2), (X_3, \mathfrak{U}_3)$ uniforme Räume und $f : X_1 \to X_2$ sowie $g : X_2 \to X_3$ uniforme Abbildungen. Dann ist auch $g \circ f : X_1 \to X_3$ eine uniforme Abbildung.*

Beweis. Wir haben $f\times f(\mathfrak{U}_1) \supseteq \mathfrak{U}_2$ und $g\times g(\mathfrak{U}_2) \supseteq \mathfrak{U}_3$, also $g\times g(f\times f(\mathfrak{U}_1)) \supseteq g\times g(\mathfrak{U}_2) \supseteq \mathfrak{U}_3$. Mit der Erkenntnis $(g \times g) \circ (f \times f) = (g \circ f) \times (g \circ f)$ folgt die Behauptung. ∎

Es ist unmittelbar klar, daß die identische Abbildung eines uniformen Raumes auf sich selbst eine uniforme ist. Das könnte uns bekannt vorkommen.

7.2 Uniforme Räume und Konvergenz

Wie ist es nun um Konvergenz bestellt in uniformen Räumen? Nun, ganz analog wie aus metrischen Räumen können wir auch aus uniformen auf natürliche Weise zu einer Topologie gelangen.

Satz 7.2.1. *Sei $(X, \mathfrak{U})$ ein uniformer Raum. Dann ist*

$$\tau_{\mathfrak{U}} := \{O \subseteq X |\ \forall x \in O : \exists R \in \mathfrak{U} : R(x) \subseteq O\}$$

eine Topologie auf X.

Beweis. **Aufgabe 1** ∎

Ist nun $(X, \mathfrak{U})$ ein uniformer Raum, φ ein Filter auf X und $x \in X$, so sagen wir *φ konvergiert im Sinne der Uniformität $\mathfrak{U}$ gegen x* genau dann, wenn φ bezüglich $\tau_{\mathfrak{U}}$ gegen x konvergiert. Wir wollen betonen, daß es sich hierbei um eine verkürzte Sprechweise für den Umstand handelt, daß wir dem fraglichen uniformen Raum einen topologischen Raum *zugeordnet* haben, in welchem eine Konvergenz bereits definiert ist.

Die in Satz 7.2.1 erklärte Topologie $\tau_{\mathcal{U}}$ nennen wir auch die *von der Uniformität $\mathcal{U}$ induzierte* Topologie.

Die Zuordnung der Topologie $\tau_{\mathcal{U}}$ zur Uniformität $\mathcal{U}$ ist keineswegs injektiv - es können durchaus verschiedene Uniformitäten dieselbe Topologie induzieren, wie das folgende Beispiel lehrt.

Wir betrachten die Menge $\mathbb{R}$ der reellen Zahlen einerseits mit der üblichen euklidischen Metrik $d(x, y) := |x - y|$ und andrerseits mit der Metrik $d'(x, y) := |x^3 - y^3|$. Dann bilden wir wie eingangs beschrieben die Uniformitäten $\mathcal{U}$ und $\mathcal{U}'$ mit den Basen

$$\mathcal{B} := \{R_\varepsilon | \; \varepsilon > 0\}, \quad R_\varepsilon := \{(x, y) | \; d(x, y) < \varepsilon\}$$

bzw.

$$\mathcal{B}' := \{R'_\varepsilon | \; \varepsilon > 0\}, \quad R'_\varepsilon := \{(x, y) | \; d'(x, y) < \varepsilon\}.$$

Sei irgendein $\varepsilon > 0$ gegeben, also $R'_\varepsilon \in \mathcal{U}'$. Wäre nun $\mathcal{U}' = \mathcal{U}$, so folgte $R'_\varepsilon \in \mathcal{U}$, es müßte daher irgendein $\delta > 0$ geben mit $R_\delta \subseteq R'_\varepsilon$. Wir sehen aber schnell, daß zwar für alle reellen Zahlen x das Paar $(x, x + \frac{\delta}{2})$ zu R_δ gehört, bei positivem x mit $x^2 \geq \frac{2\varepsilon}{3\delta}$ aber ganz sicher nicht zu R'_ε, wir haben dann nämlich $d'(x + \frac{\delta}{2}, x) = (x + \frac{\delta}{2})^3 - x^3 = \frac{\delta}{2}(3x^2 + 3x\frac{\delta}{2} + (\frac{\delta}{2})^2) > 3x^2\frac{\delta}{2}$, also wegen $x^2 \geq \frac{2\varepsilon}{3\delta}$ sogleich $d'(x + \frac{\delta}{2}, x) > \varepsilon$. Somit gilt für alle $\delta > 0$ stets $R_\delta \nsubseteq R'_\varepsilon$, woraus $R'_\varepsilon \notin \mathcal{U}$ und darum $\mathcal{U} \neq \mathcal{U}'$ folgt.

Andrerseits erzeugen $\mathcal{U}$ und $\mathcal{U}'$ dieselbe Topologie, d.h. $\tau_{\mathcal{U}} = \tau_{\mathcal{U}'}$. Ist nämlich $O \in \tau_{\mathcal{U}}$ gegeben, so heißt das ja $\forall x \in O : \exists \varepsilon > 0 : \forall y \in \mathbb{R} : |x - y| < \varepsilon \Rightarrow y \in O$; wegen der Stetigkeit der Funktion $f(x) := \sqrt[3]{x}$ existiert nun ein $\delta > 0$ derart, daß aus $|x^3 - y^3| < \delta$ stets $|x - y| < \varepsilon$ und damit $y \in O$ folgt - dies für alle $x \in O$, also liegt O auch in $\tau_{\mathcal{U}'}$, was $\tau_{\mathcal{U}} \subseteq \tau_{\mathcal{U}'}$ liefert. Analog erhalten wir $\tau_{\mathcal{U}'} \subseteq \tau_{\mathcal{U}}$ wegen der Stetigkeit von $g(x) = x^3$, die ja aus der Analysis-Grundvorlesung bekannt sein dürfte. Stetigkeit bezieht sich hier natürlich in beiden Fällen auf die euklidische Metrik in $\mathbb{R}$ als Bild- und Urbildraum.[119]

Lemma 7.2.2. *Sei $(X, \mathcal{U})$ ein uniformer Raum und $A \subseteq X$. Dann gilt*

$$int(A) = \{x \in A | \; \exists R \in \mathcal{U} : R(x) \subseteq A\}.$$

Beweis. Wir setzen zunächst $B := \{x \in A | \; \exists R \in \mathcal{U} : R(x) \subseteq A\}$. Klar ist, daß jede ganz in A enthaltene offene Menge auch ganz in B enthalten ist - das liefert schon mal

119 Sie folgt aus der Stetigkeit der Identität und der Stetigkeit von Produkten stetiger Funktionen, welche sich mit $|f(x)g(x) - f(y)g(y)| = |f(x)g(x) - \mathbf{f(x)g(y)} + \mathbf{f(x)g(y)} - f(y)g(y)| \leq |f(x)g(x) - f(x)g(y)| + |f(x)g(y) - f(y)g(y)| = |f(x)| \cdot |g(x) - g(y)| + |g(y)| \cdot |f(x) - f(y)|$ (Prinzip der „nahrhaften Null“) leicht beweisen läßt. Ach ja, die Stetigkeit der Umkehrfunktion stetiger streng monotoner Funktionen wird auch noch gebraucht ... :-)

$int(A) \subseteq B$. Nach Konstruktion ist B eine Teilmenge von A, es bleibt also nur zu zeigen, daß B offen ist, woraus dann sofort $B \subseteq int(A)$ folgt.

Sei also $x \in B$ gegeben. Dann existiert ja laut Konstruktion ein $R \in \mathcal{U}$ mit $R(x) \subseteq A$. Zu R existiert ein $S \in \mathcal{U}$ mit $S \circ S \subseteq R$. Nun haben wir $\forall y \in S(x) : S(y) \subseteq S(S(x)) = (S \circ S)(x) \subseteq R(x) \subseteq A$, also $S(x) \subseteq B$. Mithin ist B offen. ∎

Lemma 7.2.3. *Sei $(X, \mathcal{U})$ ein uniformer Raum und $\mathcal{B}$ eine Basis für $\mathcal{U}$. Dann ist für jedes $x \in X$ die Familie*

$$\mathfrak{B}_x := \{R(x) | \; R \in \mathcal{B}\}$$

eine Basis des Umgebungsfilters von x.

Beweis. Für jede offene Umgebung $U \in \tau_{\mathcal{U}} \cap \dot{x}$ muß ja ein $R' \in \mathcal{U}$ mit $R'(x) \subseteq U$ und darum auch ein $R \in \mathcal{B}$ mit $R(x) \subseteq U$ nach Konstruktion von $\tau_{\mathcal{U}}$ existieren. Das liefert $[\mathfrak{B}_x] \supseteq \underline{U}(x)]$. Ist andrerseits $R \in \mathcal{B}$ gegeben, so existiert ein $S \in \mathcal{U}$ mit $S \circ S \subseteq R$, wegen $\Delta_X \subseteq S$ ist $x \in S(x)$ und wegen Lemma 7.2.2 ist die offene Menge $int(R(x))$ somit eine Umgebung von x. Damit haben wir $[\mathfrak{B}_x] \subseteq [\tau_{\mathcal{U}} \cap \dot{x}]$. ∎

Korollar 7.2.4. *Ist $(X, \mathcal{U})$ ein uniformer Raum, so gilt $\underline{U}(x) = \{R(x) | \; R \in \mathcal{U}\}$ für jedes $x \in X$.*

Beweis. Ist $U \in \underline{U}(x)$, so existiert nach Lemma 7.2.3 ein $R \in \mathcal{U}$ mit $R(x) \subseteq U$. Da $\mathcal{U}$ Filter ist, liegt dann auch $R' := R \cup \{x\} \times U$ in $\mathcal{U}$ und offensichtlich gilt $R'(x) = U$. ∎

Wir wollen uns nun noch schnell um eine Übertragung des vielleicht aus allgemeinen metrischen Räumen, mindestens jedoch der Analysis des $I\!R^n$ bekannten Begriffs der „Cauchy-Folge" kümmern. Eine Folge $(x_n)_{n \in N}$ in einem metrischen Raum (X, d) heißt ja Cauchy-Folge genau dann, wenn

$$\forall \varepsilon > 0 : \exists n_0 \in I\!N : \forall n, m \geq n_0 : d(x_n, x_m) < \varepsilon$$

gilt. Erinnern wir uns kurz, wie wir im vorigen Kurs den Filterbegriff anhand von Folgen*endstücken* motiviert hatten und schreiben die obige Bedingung einmal unter Verwendung von Folgenendstücken $E_n := \{x_k | \; k \geq n\}$ auf:

$$\forall \varepsilon > 0 : \exists n_0 : \forall (x, y) \in E_{n_0} \times E_{n_0} : d(x, y) < \varepsilon \, ,$$

d.h. für jedes $\varepsilon > 0$ existiert ein Folgenendstück, dessen Kreuzprodukt mit sich selbst in der ε-Nachbarschaftsrelation enthalten ist. Bedenken wir nun noch, daß unsre allerersten kleinen Filter ja aus Folgenendstücken erzeugt wurden, können wir uns eine Formulierung der Cauchy-Eigenschaft für Filter vorstellen.

Definition 7.2.5. Sei $(X, \mathcal{U})$ ein uniformer Raum. Ein Filter φ auf X heißt *Cauchy-Filter* genau dann, wenn $\varphi \times \varphi \supseteq \mathcal{U}$ gilt.[120]

120 Mit $\varphi \times \varphi$ meinen wir dabei wieder den von der Basis $\{P \times P | \; P \in \varphi\}$ erzeugten Filter auf $X \times X$.

Bemerkung 7.2.6. (1) Offenbar sind alle Einpunktfilter in jedem uniformen Raum Cauchy-Filter, da keine Uniformität feiner als die diskrete sein kann.
(2) Ist φ ein Cauchy-Filter und ψ ein Oberfilter von φ, so ist ψ offenbar auch ein Cauchy-Filter.
(3) Hat ein Filter φ die erforderliche Eigenschaft, sagt man auch *„φ ist Cauchy"*, was vielleicht etwas merkwürdig klingt, sich aber eingebürgert hat.

Lemma 7.2.7. *Sei $(X, \mathcal{U})$ ein uniformer Raum. Ein Filter φ auf X konvergiert genau dann gegen ein Element $x \in X$, wenn $\varphi \cap \dot{x}$ ein Cauchy-Filter ist.*

Beweis. Konvergiere zunächst $\varphi \in \mathfrak{F}(X)$ gegen $x \in X$, d.h. $\varphi \supseteq \underline{U}(x)$. Nach Lemma 7.1.2 ist die Familie $\mathcal{B}$ aller symmetrischen Elemente von $\mathcal{U}$ eine Basis für $\mathcal{U}$. Wegen Korollar 7.2.4 haben wir dann $\varphi \supseteq \{R(x) | \; R \in \mathcal{B}\}$. Nun gilt ja stets $x \in R(x)$, so daß aus obigem auch $\varphi \cap \dot{x} \supseteq \{R(x) | \; R \in \mathcal{B}\}$ folgt. Das liefert $(\varphi \cap \dot{x}) \times (\varphi \cap \dot{x}) \supseteq \{R(x) \times R(x) | \; R \in \mathcal{B}\}$. Nun gilt $R(x) \times R(x) \subseteq R \circ R$ für alle $R \in \mathcal{B}$, denn aus $(a, b) \in R(x) \times R(x)$ folgt ja $(x, b) \in R$ und $(x, a) \in R$, wegen der Symmetrie von R also auch $(a, x) \in R$ und darum $(a, b) \in R \circ R$. das liefert nun aber $(\varphi \cap \dot{x}) \times (\varphi \cap \dot{x}) \supseteq \{R \circ R | \; R \in \mathcal{B}\} =: \mathcal{B}'$, wobei $\mathcal{B}'$ nach Lemma 7.1.2 ebenfalls eine Basis für $\mathcal{U}$ ist, also $(\varphi \cap \dot{x}) \times (\varphi \cap \dot{x}) \supseteq \mathcal{U}$, so daß $\varphi \cap \dot{x}$ ein Cauchy-Filter ist.

Sei nun $\varphi \cap \dot{x}$ Cauchy-Filter, d.h. $(\varphi \cap \dot{x}) \times (\varphi \cap \dot{x}) \supseteq \mathcal{U}$. Sei ferner $O \in \tau_{\mathcal{U}} \cap \dot{x}$. Dann existiert also $R \in \mathcal{U}$ mit $R(x) \subseteq O$, also auch $P \in \varphi$ mit $[(P \cup \{x\}) \times (P \cup \{x\})](x) \subseteq R(x) \subseteq O$. Nun ist offenbar $[(P \cup \{x\}) \times (P \cup \{x\})](x) = (P \cup \{x\})$, wir haben also $(P \cup \{x\}) \subseteq O$ und damit $O \in \varphi$. Dies für alle $O \in \tau_{\mathcal{U}} \cap \dot{x}$ liefert $\varphi \xrightarrow{\tau_{\mathcal{U}}} x$. ■

Korollar 7.2.8. *Jeder konvergente Filter in einem uniformen Raum ist Cauchy-Filter.*

Beweis. Konvergiert ein Filter φ gegen irgendeinen Punkt x, so ist er als Oberfilter des Cauchy-Filters $\varphi \cap \dot{x}$ ein Cauchy-Filter. ■

Lemma 7.2.9. *Seien $(X_1, \mathcal{U}_1)$ und $(X_2, \mathcal{U}_2)$ uniforme Räume und $f : X_1 \to X_2$ eine gleichmäßig stetige Abbildung zwischen ihnen. Dann ist das Bild $f(\varphi)$ jedes Cauchy-Filters φ auf X_1 ein Cauchy-Filter auf X_2.*

Beweis. Wir haben $\varphi \times \varphi \supseteq \mathcal{U}_1$ und darum $f^{\times 2}(\varphi \times \varphi) \supseteq f^{\times 2}(\mathcal{U}_1) \supseteq \mathcal{U}_2$. Offenbar ist $f^{\times 2}(\varphi \times \varphi) = f(\varphi) \times f(\varphi)$ und somit $f(\varphi)$ Cauchy-Filter auf X_2. ■

Umgekehrt muß eine Funktion, die jeden Cauchy-Filter in einen Cauchy-Filter überführt, keineswegs gleichmäßig stetig sein, wie man sich am Beispiel der Funktion $f : \mathbb{R} \to \mathbb{R} : f(x) := x^2$ und der von der euklidischen Metrik auf $\mathbb{R}$ erzeugten Uniformität leicht überlegen kann.

Korollar 7.2.10. *Seien $(X_1, \mathcal{U}_1)$ und $(X_2, \mathcal{U}_2)$ uniforme Räume. Dann ist jede bezüglich $\mathcal{U}_1, \mathcal{U}_2$ gleichmäßig stetige Abbildung $f : X_1 \to X_2$ auch stetig bezüglich $\tau_{\mathcal{U}_1}, \tau_{\mathcal{U}_2}$.*

Beweis. Sei φ ein Filter auf X_1, der gegen $x \in X_1$ konvergiert, dann ist $\varphi \cap \dot{x}$ laut Lemma 7.2.7 ein Cauchy-Filter auf X_1, laut Lemma 7.2.9 also $f(\varphi \cap \dot{x})$ ein Cauchy-Filter auf X_2. Nun ist $f(\varphi \cap \dot{x}) = f(\varphi) \cap \dot{f(x)}$, so daß wiederum laut Lemma 7.2.7 $f(\varphi)$ gegen $f(x)$ konvergiert. ■

Die Umkehrung gilt im allgemeinen nicht, was man wiederum am Beispiel der Funktion $f : \mathbb{R} \to \mathbb{R} : f(x) := x^2$ sieht.

Wie so oft wirkt aber Kompaktheit Wunder.

Lemma 7.2.11. *Sei $(X, \mathcal{U})$ und $(Y, \mathcal{V})$ uniforme Räume. Ist $(X, \tau_{\mathcal{U}})$ kompakt, so ist jede stetige Abbildung $f : X \to Y$ auch uniform.*

Beweis. **Aufgabe** 2 ■

7.3 Trennungseigenschaften

Da wir nun einmal jeder Uniformität eine Topologie zugeordnet haben, können wir - stets mit Bezug auf die induzierte Topologie - auch von Trennungseigenschaften uniformer Räume sprechen. Leicht nachrechnen können wir:

Satz 7.3.1. *Jeder uniforme Raum $(X, \mathcal{U})$ ist ein T_3-Raum.*

Beweis. Sei $x \in X$ und $A \subseteq X$ abgeschlossen mit $x \notin A$. Dann haben wir $x \in X \setminus A \in \tau_{\mathcal{U}}$. Somit existiert ein symmetrisches $R \in \mathcal{U}$ mit $R(x) \subseteq X \setminus A$. Weiter existiert ein symmetrisches $S \in \mathcal{U}$ mit $S^{\circ 4} \subseteq R$. Nun haben wir $x \in int(S^{\circ 2}(x))$ und $A \subseteq int(S^{\circ 2}(A))$ wegen Lemma 7.2.2. Existierte nun ein $y \in S^{\circ 2}(x) \cap S^{\circ 2}(A)$, so hätten wir $(x, t_1), (t_1, y) \in S$ und $(a, t_2), (t_2, y) \in S$ mit $a \in A$. Symmetrie von S liefert $(y, t_2), (t_2, a) \in S$, also $(x, t_1) \circ (t_1, y) \circ (y, t_2) \circ (t_2, a) = (x, a) \in S^{\circ 4}$ und darum $a \in S^{\circ 4}(x) \subseteq R(x)$ im Widerspruch zu $R(x) \subseteq X \setminus A$. Also gilt $S^{\circ 2}(x) \cap S^{\circ 2}(A) = \emptyset$, und erst recht $int(S^{\circ 2}(x)) \cap int(S^{\circ 2}(A)) = \emptyset$. ■

Es folgt unmittelbar, daß jeder uniforme Raum ein R_0-Raum, d.h. *symmetrisch* ist (siehe 4.4.3). Das ist nun in Anbetracht von Definition 7.1.1(2) nicht wirklich erstaunlich.

Etwas aufwendiger ist der Nachweis, daß jeder uniforme Raum sogar ein $T_{3\frac{1}{2}}$-Raum ist - glücklicherweise haben wir den Aufwand, den wir dafür benötigen, aber schon größtenteils in Kapitel 5 betrieben. Nun müssen wir nur noch aufzeigen, wo genau das passiert ist.

Lemma 7.3.2. *Jeder uniforme Raum $(X, \mathcal{U})$ ist ein $T_{3\frac{1}{2}}$-Raum.*

Beweis. Sei also $(X, \mathfrak{U})$ ein uniformer Raum. Unschwer einzusehen ist, daß es sich um einen $T_{3\frac{1}{2}}$-Raum handelt, falls zu jedem $x \in X$ und jeder offenen, symmetrischen Entourage $V \in \mathfrak{U}$ eine bezüglich $\tau_{\mathfrak{U}}$ und euklidischer Topologie stetige Funktion $f : X \to I\!R$ existiert mit $f(x) = 0$ und $f(X \setminus V(x)) \subseteq \{1\}$. Sei also $x_0 \in X$ gegeben und sei $V \in \mathfrak{U}$ symmetrisch und offen.

Wir basteln uns eine Überdeckungs-Normalfolge von X, indem wir zunächst $V_0 := V$ setzen und dann induktiv jeweils ein $V_{i+1} \in \mathfrak{U}$ symmetrisch und offen mit der Eigenschaft $V_{i+1}^{\circ 4} \subseteq V_i$ wählen. Daraus erhalten wir eine Überdeckungs-Normalfolge $\underline{\alpha} = (\alpha_n)_{n \in N}$ für X durch die Festlegung

$$\alpha_i := \{V_i(x) \mid x \in X\} .$$

Da alle V_i zu $\mathfrak{U}$ gehören, folgt unmittelbar, daß die von $\underline{\alpha}$ induzierte Topologie

$$\tau_{\underline{\alpha}} := \{O \subseteq X \mid \forall x \in O : \exists n \in I\!N : (V_n(x) =) st(x, \alpha_n) \subseteq O\}$$

in $\tau_{\mathfrak{U}}$ enthalten ist, d.h. $\tau_{\underline{\alpha}} \subseteq \tau_{\mathfrak{U}}$.

Laut 5.5.37 ist $\tau_{\underline{\alpha}}$ freilich pseudometrisierbar, also laut 5.5.29 ein $T_{3\frac{1}{2}}$-Raum. Mithin existiert jedenfalls eine stetige Funktion $f : (X, \tau_{\underline{\alpha}}) \to I\!R$ mit $f(x_0) = 0$ und $f(X \setminus int_{\tau_{\underline{\alpha}}}(V(x_0))) \subseteq \{1\}$, weil offensichtlich $x \in int_{\tau_{\underline{\alpha}}}(V(x_0))$ nach Konstruktion gilt.[121] Wegen $\tau_{\underline{\alpha}} \subseteq \tau_{\mathfrak{U}}$ ist dieses f aber auch bezüglich der Topologie $\tau_{\mathfrak{U}}$ auf X stetig. ■

Korollar 7.3.3. *Ist $(X, \mathfrak{U})$ ein uniformer Raum, so sind äquivalent:*

(1) *$(X, \tau_{\mathfrak{U}})$ ist ein T_0-Raum.*

(2) *$(X, \tau_{\mathfrak{U}})$ ist ein T_1-Raum.*

(3) *$(X, \tau_{\mathfrak{U}})$ ist ein T_2-Raum.*

(4) $\bigcap_{R \in \mathfrak{U}} R = \Delta_X$.

Beweis. Wie wir wissen, ist jeder T_3-Raum insbesondere auch ein R_0-Raum (Lemma 4.4.3), so auch unser $(X, \tau_{\mathfrak{U}})$ laut Satz 7.3.1. Ist nun $(X, \tau_{\mathfrak{U}})$ ein T_0-Raum, so folgt zusammen mit R_0 sofort T_1. Damit sind freilich die einpunktigen Teilmengen abgeschlossen, so daß $(X, \tau_{\mathfrak{U}})$ wegen T_3 auch ein Hausdorff-Raum ist.
Ist umgekehrt $(X, \tau_{\mathfrak{U}})$ Hausdorff'sch, so folgen T_1 und T_0 in trivialer Weise.

Wir zeigen nun noch die Äquivalenz von (1) und (4). Gelte (1), d.h. für $x, y \in X$ mit $x \neq y$ existiert eine offene Menge O, die genau einen der beiden Punkte enthält. Sei dies o.B.d.A. x. Demnach gibt es auch ein symmetrisches $R \in \mathfrak{U}$ mit $R(x) \subseteq O$, also $(x, y) \notin R$ und wegen der Symmetrie von R auch $(y, x) \notin R$. Daraus folgt sofort $(x, y), (y, x) \notin \bigcap_{R \in \mathfrak{U}} R$. Das ergibt $\Delta_X \supseteq \bigcap_{R \in \mathfrak{U}} R$. Andrerseits haben wir ja $\forall R \in \mathfrak{U} : \Delta_X \subseteq R$, also $\Delta_X \subseteq \bigcap_{R \in \mathfrak{U}} R$.

---

121 Beachte, daß die V_i eine Basis für eine Uniformität $\mathfrak{U}'$ bilden (die gröber als $\mathfrak{U}$ ist und für die $\tau_{\mathfrak{U}'} = \tau_{\underline{\alpha}}$ gilt) und wende Lemma 7.2.2 an.

Gilt hingegen (4), so haben wir zu verschiedenen Elementen $x, y \in X$ stets ein $R \in \mathcal{U}$ mit $(x, y) \notin R$, da widrigenfalls $(x, y) \in \bigcap_{R \in \mathcal{U}} R$ gälte. Dazu existiert $S \in \mathcal{U}$ mit $S \circ S \subseteq R$ und wir haben $x \in int(R(x)) \subseteq R(x) \subseteq X \setminus \{y\}$ wegen $S(x) \subseteq R(x)$. ■

Ein uniformer Raum $(X, \mathcal{U})$ mit der Eigenschaft (4) $\bigcap_{R \in \mathcal{U}} R = \Delta_X$ wird auch *separiert* genannt.

7.4 Uniforme Konstruktionen

Sind $\mathcal{U}$ und $\mathcal{U}'$ Uniformitäten auf derselben Menge X, so heißt $\mathcal{U}$ *feiner* als $\mathcal{U}'$ genau dann, wenn $\mathcal{U} \supseteq \mathcal{U}'$ gilt. $\mathcal{U}'$ heißt dann auch *gröber* als $\mathcal{U}$ - ganz wie wir es von Filtern allgemein gewöhnt sind. Ähnlich wie bei topologischen Räumen sind es auch hier gewisse „gröbste" und „feinste" Uniformitäten, die den wesentlichen Konstruktionen zugrundeliegen.

Definition 7.4.1. Sei X eine Menge und sei $(X_i, \mathcal{U}_i)_{i \in I}$ eine Familie uniformer Räume sowie $(f_i : X \to X_i)_{i \in I}$ eine zugehörige Familie von Abbildungen. Dann nennen wir die gröbste Uniformität $\mathcal{U}$ unter allen Uniformitäten auf X, bezüglich derer sämtliche $f_i, i \in I$ gleichmäßig stetig sind, die *initiale Uniformität auf X bezüglich der Daten* $(f_i, (X_i, \mathcal{U}_i))_{i \in I}$.

Sei X eine Menge und sei $(X_i, \mathcal{U}_i)_{i \in I}$ eine Familie uniformer Räume sowie $(g_i : X_i \to X)_{i \in I}$ eine zugehörige Familie von Abbildungen. Dann nennen wir die feinste Uniformität unter allen Uniformitäten auf X, bezüglich derer sämtliche $f_i, i \in I$ gleichmäßig stetig sind, die *finale Uniformität auf X bezüglich der Daten* $((X_i, \mathcal{U}_i), f_i)_{i \in I}$.

Definieren können wir natürlich allerhand, da wird auch nix „falsch", wenn es vielleicht mal gar keine derartige feinste oder gröbste Uniformität geben sollte - allerdings fänden wir das unerquicklich und versichern uns darum gleich mal konstruktiv der Existenz initialer und finaler Uniformitäten.

Lemma 7.4.2. *Sei X eine Menge, $(X_i, \mathcal{U}_i)_{i \in I}$ eine Familie uniformer Räume und $(f_i : X \to X_i)_{i \in I}$ eine zugehörige Familie von Abbildungen. Dann ist der von der Subbasis*

$$\{(f_i \times f_i)^{-1}(R_i) \mid i \in I, R_i \in \mathcal{U}_i\}$$

erzeugte Filter $\mathcal{U}$ auf X die initiale Uniformität auf X bezüglich der gegebenen Daten.

Beweis. Zunächst einmal prüfen wir nach, daß es sich bei $\mathcal{U}$ tatsächlich um eine Uniformität auf X handelt:

Da jedes $R_i \in \mathcal{U}_i$ die jeweilige Diagonale Δ_{X_i} umfaßt, haben wir auch stets $\Delta_X \subseteq (f_i \times f_i)^{-1}(R_i)$ und natürlich ist Δ_X dann auch in den endlichen Durchschnitten solcher Mengen und deren Obermengen enthalten.

Ist $R \in \mathcal{U}$, haben wir also eine endliche Familie $R_{i_1} \in \mathcal{U}_{i_1}, \ldots, R_{i_n} \in \mathcal{U}_{i_n}$ mit $R \supseteq \bigcap_{k=1}^{n}(f_{i_k} \times f_{i_k})^{-1}(R_{i_k})$ und offensichtlich folgen daraus $R_{i_1}^{-1} \in \mathcal{U}_{i_1}, \ldots, R_{i_n}^{-1} \in \mathcal{U}_{i_n}$ und $R^{-1} \supseteq \bigcap_{k=1}^{n}(f_{i_k} \times f_{i_k})^{-1}(R_{i_k}^{-1})$, also auch $R^{-1} \in \mathcal{U}$.

Überdies existieren jeweils $S_{i_k} \in \mathcal{U}_{i_k}$ mit $S_{i_k} \circ S_{i_k} \subseteq R_{i_k}$ und wir finden konsequenterweise für $S := \bigcap_{k=1}^{n}(f_{i_k} \times f_{i_k})^{-1}(S_{i_k}) \in \mathcal{U}$ auch $S \circ S \subseteq R$ wegen $\forall k = 1, \ldots, n : (f_{i_k}^{\times 2})(S_{i_k}) \circ (f_{i_k}^{\times 2})(S_{i_k}) \subseteq (f_{i_k}^{\times 2})(R_{i_k})$. Mithin handelt es sich bei $\mathcal{U}$ jedenfalls um eine Uniformität auf X.

Ist nun $\mathcal{U}'$ irgendeine Uniformität auf X, bezüglich derer alle $f_i, i \in I$ uniform stetig sind, so gilt also $\forall i \in I : f_i^{\times 2}(\mathcal{U}') \supseteq \mathcal{U}_i$, also $\forall i \in I : \forall R_i \in \mathcal{U}_i : \exists R' \in \mathcal{U}' : f_i^{\times 2}(R') \subseteq R_i$ und folglich $R' \subseteq (f_i^{\times 2})^{-1}(R_i)$, woraus wiederum $(f_i^{\times 2})^{-1}(R_i) \in \mathcal{U}'$ folgt. Dies für alle $i \in I, R_i \in \mathcal{U}_i$ liefert gerade $\mathcal{U} \subseteq \mathcal{U}'$. ∎

Ein bißchen umständlicher wird es mit den finalen Uniformitäten.

Lemma 7.4.3. *Sei X eine Menge, $(X_i, \mathcal{U}_i)_{i\in I}$ eine Familie uniformer Räume und $(f_i : X_i \to X)_{i\in I}$ eine zugehörige Familie von Abbildungen. Sei $\mathcal{A} := [\Delta_X] \cap \bigcap_{i\in I} f_i^{\times 2}(\mathcal{U}_i)$ und $\mathfrak{M} := \{\mathcal{V} \in \mathfrak{F}(X \times X) | \ \mathcal{V}$ ist Uniformität auf X, $\mathcal{V} \subseteq \mathcal{A}\}$. Dann existiert genau ein maximales Element $\mathcal{U}$ in $\mathfrak{M}$, es wird von der Subbasis $\mathcal{S} := \bigcup_{\mathcal{V}\in\mathfrak{M}} \mathcal{V}$ erzeugt und ist die finale Uniformität auf X bezüglich der Daten $((X_i, \mathcal{U}_i), f_i)_{i\in I}$.*

Beweis. Zunächst einmal ist $\mathfrak{M}$ jedenfalls nicht leer, da $\mathfrak{M}$ stets die indiskrete Uniformität auf X enthält. Wenn wir jetzt zeigen können, daß der von der Subbasis $\mathcal{S}$ erzeugte Filter $\mathcal{U}$ auf $X \times X$ tatsächlich eine Uniformität ist, so ist anhand der Konstruktion von $\mathfrak{M}$ und $\mathcal{S}$ unmittelbar klar, daß es sich um das einzige maximale Element von $\mathfrak{M}$ handelt. Da $\mathcal{S}$ Vereinigung von Uniformitäten auf X ist, gilt sicher $\forall S \in \mathcal{S} : \Delta_X \subseteq S$, also auch für Durchschnitte von Elementen aus $\mathcal{S}$ und deren Obermengen. Daß mit jedem U auch U^{-1} Element von $\mathcal{U}$ ist, folgt daraus, daß bei jedem $S \in \mathcal{V} \in \mathfrak{M}$ auch stets $S^{-1} \in \mathcal{V} \in \mathfrak{M}$ gilt. Seien nun $n \in \mathbb{N}$ sowie $S_k \in \mathcal{V}_k \in \mathfrak{M}$ für $k = 1, \ldots, n$ gegeben und sei $B := \bigcap_{k=1}^{n} S_k$. Da es sich bei den $\mathcal{V}_k$ um Uniformitäten handelt, existieren $T_k \in \mathcal{V}_k$, $k = 1, \ldots, n$, mit $T_k \circ T_k \subseteq S_k$. Wir setzen $T := \bigcap_{k=1}^{n} T_k$. Für $(x, y) \in T \circ T$ existieren dann $(x, z), (z, y) \in T$ für irgendein $z \in X$. Das liefert $\forall k = 1, \ldots, n : (x, z), (z, y) \in T_k$ und somit $\forall k : (x, y) \in T_k \circ T_k \subseteq S_k$, also $(x, y) \in B$. Das bedeutet freilich $T \circ T \subseteq B$ und natürlich gilt nach Konstruktion von $\mathcal{U}$ auch $T \in \mathcal{U}$. Damit ist $\mathcal{U}$ also eine Uniformität auf X und offenbar inklusionsmaximal in $\mathfrak{M}$.

Ist nun $\mathcal{U}'$ irgendeine Uniformität auf X, bezüglich derer alle $f_i, i \in I$ uniform stetig sind, so haben wir nach Definition der Uniformität sogleich $\mathcal{U}' \subseteq [\Delta_X]$ und nach Definition der uniformen Stetigkeit weiterhin $\forall i \in I : f_i^{\times 2}(\mathcal{U}_i) \supseteq \mathcal{U}'$, also $\mathcal{U}' \subseteq \mathcal{A}$, mithin $\mathcal{U}' \in \mathfrak{M}$ und darum $\mathcal{U}' \subseteq \mathcal{U}$ wegen der Maximalität von $\mathcal{U}$ in $\mathfrak{M}$. ∎

Interessanterweise können wir initiale und finale Uniformitäten ganz analog wie initiale bzw. finale Topologien charakterisieren (siehe Lemmata 3.1.4, 3.1.5).

Lemma 7.4.4. *Seien* $(X_i, \mathfrak{U}_i)$, $i \in I$ *uniforme Räume,* X *eine Menge und* $f_i : X \to X_i$, $i \in I$ *sowie* $g_i : X_i \to X$, $i \in I$ *zugehörige Abbildungen. Sei ferner* $\mathfrak{U}$ *eine Uniformität auf* X.

(1) *Äquivalent sind:*
  (a) $\mathfrak{U}$ *ist die initiale Uniformität auf* X *bezüglich* $(f_i, (X_i, \mathfrak{U}_i))_{i \in I}$.
  (b) *Für jeden uniformen Raum* $(Y, \mathcal{W})$ *und jede Abbildung* $f : Y \to X$ *ist* f *genau dann uniform (bezüglich* $\mathcal{W}, \mathfrak{U}$*), wenn alle Kompositionen* $f_i \circ f$ *uniform sind (bezüglich* $\mathcal{W}, \mathfrak{U}_i$*).*

und

(2) *Äquivalent sind:*
  (a) $\mathfrak{U}$ *ist die finale Uniformität auf* X *bezüglich* $((X_i, \mathfrak{U}_i), g_i)_{i \in I}$.
  (b) *Für jeden uniformen Raum* $(Y, \mathcal{W})$ *und jede Abbildung* $g : X \to Y$ *ist* g *genau dann uniform (bezüglich* $\mathfrak{U}, \mathcal{W}$*), wenn alle Kompositionen* $g \circ g_i$ *uniform sind (bezüglich* $\mathfrak{U}_i, \mathcal{W}$*).*

Beweis. Zunächst ist per Definition klar, daß alle f_i uniform mit Bezug auf die initiale und alle g_i uniform mit Bezug auf die finale Uniformität sind. *Daß* die Kompositionen uniform sind, wenn f bzw. g es sind, folgt dann aus Proposition 7.1.3. Wir haben uns also jeweils nur darum zu kümmern, daß f bzw. g uniform ist, *wenn* die Kompositionen es sind.

(1) Sei $\mathfrak{U}$ die initiale Uniformität und seien alle $f_i \circ f$ uniform. Wäre f nicht uniform, so hätten wir $f^{\times 2}(\mathcal{W}) \not\supseteq \mathfrak{U}$, wegen Lemma 7.4.2 also $\exists k \in I, R_k \in \mathfrak{U}_k : \forall W \in \mathcal{W} : f^{\times 2}(W) \not\subseteq (f_k \times f_k)^{-1}(R_k)$, also $\forall W \in \mathcal{W} : (f_k \circ f)^{\times 2}(W) \not\subseteq R_k$ im Widerspruch zu $(f_k \circ f)^{\times 2}(\mathcal{W}) \supseteq \mathfrak{U}_k$, was wegen der uniformen Stetigkeit von $f_k \circ f$ gelten muß.

Gilt andrerseits (b) und wählen wir $Y := X$, $\mathcal{W} := \mathfrak{U}$ und $f := \mathbf{1}_X$, so sind laut (b) alle $f_i = f_i \circ \mathbf{1}_X$ uniform, weil $\mathbf{1}_X$ es ist. Ist nun $\mathfrak{U}'$ irgendeine Uniformität auf X, bezüglich derer alle f_i uniform sind, so wählen wir wiederum $f := \mathbf{1}_X$, aber $\mathcal{W} := \mathfrak{U}'$ und erhalten, daß $\mathbf{1}_X$ uniform bezüglich $\mathfrak{U}', \mathfrak{U}$ laut (b) ist. Damit haben wir $\mathbf{1}_X^{\times 2}(\mathfrak{U}') = \mathfrak{U}' \supseteq \mathfrak{U}$. Somit ist $\mathfrak{U}$ die gröbste Uniformität auf X, bezüglich derer alle f_i uniform sind.

(2) Sei $\mathfrak{U}$ die finale Uniformität und seien alle $g \circ g_i$ uniform. Wäre nun g nicht uniform bezüglich $\mathfrak{U}, \mathcal{W}$, so müßte ein $W \in \mathcal{W}$ existieren mit $(g \times g)^{-1}(W) \notin \mathfrak{U}$.

Wir betrachten nun die initiale Uniformität $\mathfrak{U}'$ auf X bezüglich der Daten $(\mathbf{1}_X, (X, \mathfrak{U}))$, $(g, (Y, \mathcal{W}))$. Dann haben wir $\mathfrak{U}' \supseteq \mathfrak{U}$ und weil g ebenfalls uniform ist auch $(g \times g)^{-1}(W) \in \mathfrak{U}'$, also $\mathfrak{U}' \neq \mathfrak{U}$.

Nun wissen wir aus Teil (1), daß alle g_i uniform bezüglich $\mathfrak{U}_i, \mathfrak{U}'$ sind, einfach weil die Kompositionen $\mathbf{1}_X \circ g_i = g_i$ uniform bezüglich $\mathfrak{U}_i, \mathfrak{U}$ sind (denn $\mathfrak{U}$ ist ja final bezüglich der g_i) und daß auch die $g \circ g_i$ alle uniform bezüglich $\mathfrak{U}_i, \mathcal{W}$ sind, weil wir genau daß vorausgesetzt hatten.

Damit aber wäre nun $\mathfrak{U}$ eben nicht mehr die feinste Uniformität bezüglich derer alle g_i uniform sind - im Widerspruch zu unserer Voraussetzung. Also muß g uniform bezüglich $\mathcal{U}, \mathcal{W}$ sein.

Gilt andrerseits (b), so wählen wir $Y := X$, $\mathcal{W} := \mathcal{U}$, $g := \mathbf{1}_X$ und stellen fest, daß laut (b) alle $g_i = \mathbf{1}_X \circ g_i$ uniform sind, weil $\mathbf{1}_X$ es ist.

Ist nun $\mathcal{U}'$ irgendeine andere Uniformität auf X bezüglich derer alle g_i uniform sind, so setzen wir wiederum $Y := X$, $g := \mathbf{1}_X$, aber $\mathcal{W} := \mathcal{U}'$ und erhalten, daß laut (b) $\mathbf{1}_X$ uniform bezüglich $\mathcal{U}, \mathcal{U}'$ ist, weil alle $\mathbf{1}_x \circ g_i = g_i$ es sind. Daraus folgt aber sofort $\mathcal{U} = \mathbf{1}_X^{\times 2}(\mathcal{U}) \supseteq \mathcal{U}'$, mithin ist $\mathcal{U}$ tatsächlich die feinste Uniformität, bezüglich derer alle g_i uniform sind. ∎

Definition 7.4.5. Sei $(X_i, \mathcal{U}_i)_{i\in I}$ eine Familie uniformer Räume und seien

$$p_j : \prod_{i\in I} X_i \to X_j : p_j((x_i)_{i\in I}) := x_j, j \in I$$

die kanonischen Projektionen des Cartesischen Produktes der Mengen X_i auf die einzelnen Mengen X_j. Dann nennen wir die initiale Uniformität $\prod_{i\in I} \mathcal{U}_i$ auf $\prod_{i\in I} X_i$ bezüglich $(X_i, \mathcal{U}_i)$, $p_i, i \in I$ die *Produkt-Uniformität* der $(X_i, \mathcal{U}_i)_{i\in I}$. Der uniforme Raum $(\prod_{i\in I} X_i, \prod_{i\in I} \mathcal{U}_i)$ heißt dann das *Produkt* der uniformen Räume $(X_i, \mathcal{U}_i)_{i\in I}$.

Definition 7.4.6. Ist $(X, \mathcal{U})$ ein uniformer Raum und $A \subseteq X$, so verstehen wir unter der Teilraum-Uniformität $\mathcal{U}_{|A}$ die initiale Uniformität auf A bezüglich der Injektion

$$i_A : A \to X : i_A(a) = a\,.$$

$(A, \mathcal{U}_{|A})$ heißt dann ein *uniformer Teilraum* von $(X, \mathcal{U})$.

Gar nicht so selbstverständlich, aber enorm nützlich ist es, daß die Bildung initialer Uniformitäten sich gut mit unserer Zuordnung einer Topologie zu jeder Uniformität verträgt.

Lemma 7.4.7. *Sei X eine Menge, $(X_i, \mathcal{U}_i)_{i\in I}$ eine Familie uniformer Räume und $(f_i : X \to X_i)_{i\in I}$ eine zugehörige Familie von Abbildungen. Sei $\mathcal{U}_{ini}$ die initiale Uniformität auf X bezüglich dieser Daten. Sei ferner τ_{ini} die initiale Topologie bezüglich $\big(f_i, (X_i, \tau_{\mathcal{U}_i})\big)_{i\in I}$. Dann gilt $\tau_{\mathcal{U}_{ini}} = \tau_{ini}$.*

Beweis. **Aufgabe** 3 ∎

7.5 Vollständige uniforme Räume, Vervollständigung

Wir stellen zunächst mal ein technisches Lemma voran.

Lemma 7.5.1. *Sei $(X, \mathcal{U})$ ein uniformer Raum und seien φ, ψ Cauchy-Filter auf X mit $\mathfrak{F}(\varphi) \cap \mathfrak{F}(\psi) \neq \emptyset$. Dann ist auch $\varphi \cap \psi$ ein Cauchy-Filter.*

Beweis. Die Bedingung $\mathfrak{F}(\varphi) \cap \mathfrak{F}(\psi) \neq \emptyset$ ist ja äquivalent zu

$$\forall A \in \varphi, B \in \psi : A \cap B \neq \emptyset\,. \tag{7.1}$$

Wir haben $\varphi \times \varphi \supseteq \mathfrak{U}$ und $\psi \times \psi \supseteq \mathfrak{U}$.
Sei ein beliebiges $R \in \mathfrak{U}$ gegeben. Dann existieren $S \in \mathfrak{U}$, $A \in \varphi$ und $B \in \psi$ mit $S \circ S \subseteq R$, $A \times A \subseteq S$ und $B \times B \subseteq S$. Zudem existiert ein $x \in A \cap B$. Damit finden wir $\forall a \in A, b \in B : (a,x) \in A \times A \subseteq S \wedge (x,b) \in B \times B \subseteq S$, also $\forall (a,b) \in A \times B : (a,b) \in S \circ S$, somit $A \times B \subseteq S \circ S \subseteq R$ und analog $B \times A \subseteq R$. Das liefert nun

$$(A \cup B) \times (A \cup B) = (A \times A) \cup (A \times B) \cup (B \times A) \cup (B \times B) \subseteq R$$

und natürlich gilt $A \cup B \in \varphi \cap \psi$. Da solches für beliebiges $R \in \mathfrak{U}$ gilt, folgt $(\varphi \cap \psi) \times (\varphi \cap \psi) \supseteq \mathfrak{U}$. ■

Korollar 7.5.2. *Sei $(X, \mathfrak{U})$ ein uniformer Raum und φ ein Cauchy-Filter auf X. Wenn $x \in X$ ein Häufungspunkt von φ ist, so konvergiert φ gegen x.*

Beweis. Daß x ein Häufungspunkt von φ ist, bedeutet ja, daß es einen Oberfilter ψ von φ gibt, der gegen x konvergiert, d.h. daß $\psi \cap \dot{x}$ ein Cauchy-Filter ist. Offensichtlich haben aber $\varphi \cap \dot{x}$ und $\psi \cap \dot{x}$ einen gemeinsamen Oberfilter, nämlich ψ. Somit ist nach Lemma 7.5.1 auch $\varphi \cap \dot{x}$ ein Cauchy-Filter. ■

Lemma 7.5.3. *Ist $(X, \mathfrak{U})$ initial bezüglich der Daten $X, (f_i, (X_i, \mathfrak{U}_i))_{i \in I}$ und $\varphi \in \mathfrak{F}(X)$, so ist φ genau dann ein Cauchy-Filter auf X, wenn für alle $i \in I$ der Filter $f_i(\varphi)$ Cauchy-Filter in X_i ist.*

Beweis. Daß alle $f_i(\varphi), i \in I$ Cauchy-Filter sind, wenn φ einer ist, folgt unmittelbar aus Lemma 7.2.9, da ja alle f_i uniform stetig sind.

Seien nun alle $f_i(\varphi)$, $i \in I$, Cauchy-Filter, d.h. $\forall i \in I : f_i(\varphi) \times f_i(\varphi) \supseteq \mathfrak{U}_i$.das bedeutet $\forall i \in I, R_i \in \mathfrak{U}_i : \exists P, S \in \varphi : f_i(P) \times f_i(S) \subseteq R_i$, also mit $P \cap S =: T \in \varphi$ auch $f_i(T) \times f_i(T) \subseteq R_i$ und darum $T \times T \subseteq (f_i \times f_i)^{-1}(R_i)$. Da die Relationen $(f_i \times f_i)^{-1}(R_i), i \in I, R_i \in \mathfrak{U}_i$ nach Lemma 7.4.2 eine Subbasis der initialen Uniformität ξ auf X bilden, ist somit φ ein Cauchy-Filter auf X bezüglich dieser. ■

Definition 7.5.4. Ein uniformer Raum $(X, \mathfrak{U})$ heißt *vollständig* genau dann, wenn jeder Cauchy-Filter auf X konvergiert.

Selbstverständlich sind z.B. alle diskreten und auch alle indiskreten uniformen Räume vollständig - erstere deshalb, weil überhaupt nur die Einpunktfilter Cauchy-Filter sind, die ja auch konvergieren, letztere darum, weil einfach jeder Filter konvergiert. Interessanter sind etwa die reellen Zahlen mit der von der euklidischen Metrik induzierten Uniformität, die, wie wir aus der Analysis wissen, ebenfalls vollständig sind.[122]

122 Ich behaupte, daß auch wir das im Grunde mit Proposition 5.1.6 bereits bewiesen haben. Wer's nicht glaubt, überlege sich kurz, daß jeder Cauchy-Filter (bezüglich euklidischer Uniformität) auf $\mathbb{R}$ ein abgeschlossenes beschränktes Intervall enthält und freue sich auf Lemma 7.6.3.

Man beachte, daß Unterräume vollständiger Räume keineswegs vollständig zu sein brauchen. (Siehe etwa $\mathbb{Q}$ in $\mathbb{R}$.) Es gilt aber:

Lemma 7.5.5. *Sei $(X, \mathcal{U})$ ein vollständiger uniformer Raum und $A \subseteq X$.*
(1) *Ist A abgeschlossen, dann ist A als Unterraum vollständig.*
(2) *Ist $(X, \mathcal{U})$ separiert und A als Unterraum vollständig, so ist A abgeschlossen.*

Beweis. (1) Ein Cauchy-Filter auf dem Unterraum A ist (spätestens mit Lemma 7.5.3 ist das klar) ist auch Cauchy-Filter auf dem vollständigen Gesamtraum, wo er also konvergiert. Wegen der Abgeschlossenheit des Unterraumes liegt jeder Konvergenzpunkt freilich auch im Unterraum selbst, so daß unser Cauchy-Filter dort also auch konvergiert.

(2) Wäre A nicht abgeschlossen in X, so müßte ein Filter φ auf A existieren, der gegen ein $x \in X \setminus A$ konvergiert. Weil X separiert ist, konvergiert φ also in A überhaupt nicht, ist aber - weil als konvergenter Filter auf X automatisch Cauchy-Filter auf X - dennoch Cauchy-Filter auf A als Unterraum. Dies stünde ja nun im Widerspruch zur vorausgesetzten Vollständigkeit von A. ∎

Proposition 7.5.6. *Seien $(X, \mathcal{R})$, $(Y, \mathcal{S})$ uniforme Räume, $D \subseteq X$ eine dichte Teilmenge von X und $f : D \to Y$ eine uniforme Abbildung. Ist $g : X \to Y$ stetig mit $g_{|D} = f$, dann ist g auch uniform.*

Beweis. Sei $S \in \mathcal{S}$ gegeben. Dann existiert $S_1 \in \mathcal{S}$ mit $S_1 = S_1^{-1}$ und $S_1^{\circ 3} \subseteq S$. Weiterhin liefert die uniforme Stetigkeit von f die Existenz eines $R \in \mathcal{R}$ mit

$$(f \times f)(R \cap (D \times D)) \subseteq S_1 . \tag{7.2}$$

Zudem existiert ein $R_1 \in \mathcal{R}$ mit $R = R^{-1}$ und

$$R_1^{\circ 3} \subseteq R . \tag{7.3}$$

Damit rechnen wir jetzt mal los.

Sei $i : D \to X : i(d) := d$ die kanonische Injektion von D in X.
Für jedes $z \in X$ gilt ja $f(i^{-1}(\underline{U}(z))) = g(i^{-1}(\underline{U}(z))) \to g(z)$ wegen der Stetigkeit von g und $g_{|D} = f$, d.h. $f(i^{-1}(\underline{U}(z))) \supseteq \underline{U}(g(z))$. Daher existiert also ein $T_z \in \mathcal{R}$ mit

$$f(T_z(z) \cap D) \subseteq S_1(g(z)) . \tag{7.4}$$

Da $T_z(z) \cap R_1(z) \in \underline{U}(z)$ gilt und D dicht in X liegt, folgt $D \cap T_z(z) \cap R_1(z) \neq \emptyset$. Es existiert also $d_z \in D \cap T_z(z) \cap R_1(z)$. Aus (7.4) folgt dann

$$(g(z), f(d_z)) \in S_1 \tag{7.5}$$

und wegen $d_z \in R_1(z)$ zudem

$$(z, d_z) \in R_1 . \tag{7.6}$$

Solches - wohlgemerkt - für jedes $z \in X$.

Sei nun $(x, y) \in R_1$. Wegen $(x, d_x) \in R_1$ und $(y, d_y) \in R_1$ gemäß (7.6) folgt

$$(d_x, d_y) \in R_1^{\circ 3} \tag{7.7}$$

(unter Beachtung der Symmetrie von R_1). Mit (7.3) ergibt das

$$(d_x, d_y) \in (D \times D) \cap R\,. \tag{7.8}$$

Wegen (7.2) folgt dann freilich

$$(f(d_x), f(d_y)) \in S_1\,. \tag{7.9}$$

Nach (7.5) haben wir aber auch

$$(g(x), f(d_x)) \in S_1 \quad \text{und} \quad (g(y), f(d_y)) \in S_1\,. \tag{7.10}$$

Aus (7.9) und (7.10) folgt nun unter Beachtung der Symmetrie von S_1 sogleich $(g(x), g(y)) \in S_1^{\circ 3} \subseteq S$. dies für alle $(x, y) \in R_1$ ergibt $g \times g(R_1) \subseteq S$. Damit ist g uniform. ■

Lemma 7.5.7. *Sei $(X, \mathcal{U})$ ein uniformer Raum, $(Y, \mathcal{S})$ ein separierter vollständiger uniformer Raum, $D \subseteq X$ eine dichte Teilmenge von X und $f : D \to Y$ eine uniforme Abbildung. Dann existiert genau eine uniforme Abbildung $\overline{f} : X \to Y$ mit $\overline{f}_{|D} = f$.*

Beweis. Als separierter uniformer Raum ist $(Y, \mathcal{S})$ nach Satz 7.3.1 ein T_3-Raum und natürlich auch T_0 (nach Korollar 7.3.3). Als uniforme Abbildung ist f nach Korollar 7.2.10 stetig. Konvergiert des weiteren ein Filter φ auf D in X, so ist er jedenfalls Cauchy-Filter, also auch $f(\varphi)$ ein Cauchy-Filter auf Y, der wegen der Vollständigkeit von $(Y, \mathcal{S})$ auch in Y konvergiert. Damit sind die Voraussetzungen von Satz 4.4.6 erfüllt. Das liefert die Existenz genau einer stetigen Fortsetzung $\overline{f} : X \to Y$, $\overline{f}_{|D} = f$, die nach Proposition 7.5.6 auch uniform ist. ■

Korollar 7.5.8. *Seien $(X, \mathcal{U})$, $(Y, \mathcal{S})$ separierte vollständige uniforme Räume, $D \subseteq X$ dicht in X und $E \subseteq Y$ dicht in Y. Ist $f : D \to E$ ein Isomorphismus, so ist auch die nach Lemma 7.5.7 existierende uniforme Fortsetzung $\overline{f} : X \to Y$ ein Isomorphismus.*

Beweis. Da $f : D \to E$ Isomorphismus ist, existiert eine uniforme Abbildung $g : E \to D$ mit $g \circ f = \mathbf{1}_D$ $(g = f^{-1})$. Nun existieren nach Lemma 7.5.7 uniforme Fortsetzungen $\overline{f} : X \to Y$ und $\overline{g} : Y \to X$, $\overline{f}_{|D} = f$, $\overline{g}_{|E} = g$. Dann ist offenbar $(\overline{g} \circ \overline{f})_{|D} = g \circ f = \mathbf{1}_D$ und $\overline{g} \circ \overline{f}$ als Kompositum uniformer Abbildungen uniform, also wegen der Eindeutigkeit nach Lemma 7.5.7 sogleich $\overline{g} \circ \overline{f} = \mathbf{1}_X$. Analog finden wir $\overline{f} \circ \overline{g} = \mathbf{1}_Y$. ■

Wir nähern uns jetzt allmählich der Vervollständigung uniformer Räume, und zwar ein bißchen analog zur Wallman-Kompaktifizierung topologischer Räume: Wir sehen zu, daß wir Cauchy-Filtern, die noch nicht konvergieren, einen Konvergenzpunkt verschaffen. Und ähnlich wie damals wollen wir ja nicht unsinnig viele Punkte „hinzufügen", weil wir einsehen, daß es Unfug wäre, für zwei Cauchyfilter φ, ψ in der Konstellation $\psi \supseteq \varphi$ auch zwei Konvergenzpunkte hinzuzufügen - es reicht einer für φ, gegen den dann ψ fröhlich mitkonvergiert. Damals hatten wir uns folgerichtig auf diejenigen *Ultra*filter φ in einem topologischen Raum (X, τ) konzentriert, für die $\varphi \cap \tau$ minimal ist. Ganz analog fahnden wir jetzt nach minimalen Cauchy-Filtern.

Definition 7.5.9. Ist $(X, \mathfrak{U})$ ein uniformer Raum, so bezeichnen wir minimale Elemente in der durch Inklusion halbgeordneten Menge aller Cauchy-Filter als *minimale Cauchy-Filter*.

Lemma 7.5.10. *Sei $(X, \mathfrak{U})$ ein uniformer Raum und φ ein Cauchy-Filter auf X. Dann existiert genau ein minimaler Cauchy-Filter φ_0 auf X mit $\varphi_0 \subseteq \varphi$. Ist $\mathfrak{B}$ eine Basis von φ und $\mathfrak{R}$ eine Basis von $\mathfrak{U}$, so ist*

$$\mathfrak{C} := \{R(B) | \; R \in \mathfrak{R}, B \in \mathfrak{B}\}$$

eine Basis von φ_0.

Beweis. Daß $\mathfrak{C}$ jedenfalls eine Filterbasis ist und daß $\mathfrak{C} \subseteq \varphi$ gilt, ist trivial einzusehen. Kümmern wir uns zunächst also darum, zu zeigen, daß der von $\mathfrak{C}$ erzeugte Filter $\varphi_0 := [\mathfrak{C}]_{\mathfrak{F}(X)}$ jedenfalls ein Cauchy-Filter ist. Sei dazu $U \in \mathfrak{U}$ gegeben. Dann existiert ein $V = V^{-1} \in \mathfrak{U}$ mit $V^{\circ 3} \subseteq U$. Dazu existiert ein $P \in \mathfrak{B}$ mit $P \times P \subseteq V$, weil φ Cauchy-Filter ist und $\mathfrak{B}$ eine Basis von φ. Das ergibt aber $V(P) \times V(P) \subseteq V^{\circ 3} \subseteq U$. Da nun $\mathfrak{R}$ eine Basis von $\mathfrak{U}$ ist, existiert auch $R \in \mathfrak{R}$ mit $R \subseteq V$, womit dann auch $R(P) \times R(P) \subseteq V(P) \times V(P) \subseteq U$ gilt. Mithin ist der von $\mathfrak{C}$ erzeugte Filter φ_0 ein Cauchy-Filter.
Nun zur Minimalität. Sei ψ ein Cauchy-Filter mit $\psi \subseteq \varphi$.

Seien ferner $V \in \mathfrak{R}$ und $P \in \mathfrak{B}$ beliebig. Da ψ Cauchy-Filter ist, existiert $S \in \psi$ mit $S \times S \subseteq V$. Da wegen $\psi \subseteq \varphi$ und der Filtereigenschaft von φ natürlich $S \cap P \neq \emptyset$ gilt, erhalten wir $S \subseteq V(P)$, also $V(P) \in \psi$. Das liefert $\mathfrak{C} \subseteq \psi$ und folglich $\varphi_0 \subseteq \psi$. ∎

Korollar 7.5.11. *Ist $(X, \mathfrak{U})$ ein uniformer Raum, dann ist für jedes $x \in X$ der Umgebungsfilter $\underline{U}(x)$ ein minimaler Cauchy-Filter.*

Beweis. Wähle für φ in Lemma 7.5.10 den Einpunktfilter $\dot{x}$ und beachte, daß dann $\mathfrak{C}$ aus Lemma 7.5.10 nach Lemma 7.2.3 just der Umgebungsfilter von x ist. ∎

Korollar 7.5.12. *Sei $(X, \mathfrak{U})$ ein uniformer Raum und φ ein minimaler Cauchy-Filter auf X. Für jedes $P \in \varphi$ gilt dann $int(P) \in \varphi$.*

Beweis. Sei $P \in \varphi$ gegeben. Dann existieren nach Lemma 7.5.10 $P' \in \varphi, V \in \mathfrak{U}$ mit $V(P') \subseteq P$, nach Lemma 7.2.2 also insbesondere $P' \subseteq int(P)$. ∎

Lemma 7.5.13. *Sei $(X, \mathfrak{U})$ ein uniformer Raum und $D \subseteq X$ dicht in X. Wenn jeder Cauchy-Filter auf D in X konvergiert, dann ist X vollständig.*

Beweis. Wegen Lemma 7.5.10 genügt es zu zeigen, daß alle minimalen Cauchy-Filter auf X auch in X konvergieren. Sei also φ ein minimaler Cauchy-Filter auf X. Wegen Korollar 7.5.12 hat er eine Basis aus offenen Mengen, deren Duchschnitte mit D wegen der Dichtheit von D sämtlich nichtleer sind. Folglich hat φ einen Spurfilter auf D, der dort natürlich Cauchy-Filter ist und laut Voraussetzung also gegen $x \in X$ konvergiert.

Damit ist dann freilich x ein Häufungspunkt von φ, so daß nach Korollar 7.5.2 auch φ gegen x konvergiert. ∎

Kommen wir nun zur Vervollständigung uniformer Räume.

Satz 7.5.14. *Sei $(X, \mathcal{U})$ ein uniformer Raum. Dann existiert ein separierter vollständiger uniformer Raum $(\hat{X}, \hat{\mathcal{U}})$ und eine uniforme Abbildung $r_X : X \to \hat{X}$ derart, daß für jede uniforme Abbildung $f : X \to Y$ von X in einen separierten vollständigen uniformen Raum $(Y, \mathcal{V})$ genau eine uniforme Abbildung $g : \hat{X} \to Y$ mit $f = g \circ r_X$ existiert. Das Paar $(r_X, (\hat{X}, \hat{\mathcal{U}}))$ ist bis auf Isomorphie eindeutig bestimmt, $(X, \mathcal{U})$ ist initial bezüglich $r_X, (\hat{X}, \hat{U})$ und das Bild $r_X(X)$ liegt dicht in $\hat{X}$.*

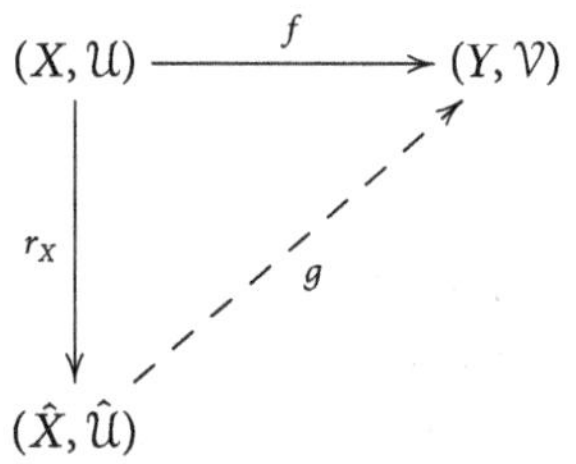

$$
\begin{array}{ccc}
(X, \mathcal{U}) & \xrightarrow{\quad f \quad} & (Y, \mathcal{V}) \\
\Big\downarrow{\scriptstyle r_X} & \nearrow{\scriptstyle g} & \\
(\hat{X}, \hat{\mathcal{U}}) & &
\end{array}
\tag{7.11}
$$

Beweis. Wir legen zunächst mal unsere Menge $\hat{X}$ und eine Uniformität $\hat{\mathcal{U}}$ darauf fest durch

$$\hat{X} := \{\alpha \in \mathfrak{F}(X) |\; \alpha \text{ ist minimaler Cauchy-Filter auf } X\}$$

und

$$\hat{V} := \{(\alpha, \beta) \in \hat{X} \times \hat{X} |\; \exists M \in \alpha \cap \beta : M \times M \subseteq V\}$$

sowie

$$\hat{\mathfrak{B}} := \{\hat{V} |\; V = V^{-1} \in \mathcal{U}\},$$

wobei wir uns wünschen, daß $\hat{\mathfrak{B}}$ Basis einer Uniformität auf $\hat{X}$ ist. Daß das Wünschen manchmal hilft, rechnen wir schnell nach:

(1) Für alle $V \in \mathcal{U}$ haben wir $\Delta_{\hat{X}} \subseteq \hat{V}$, weil für alle $\alpha \in \hat{X}$ ja α ein Cauchy-Filter ist und somit $\exists M \in \alpha = \alpha \cap \alpha : M \times M \subseteq V$ gilt.

(2) $\hat{V} = \hat{V}^{-1}$ folgt trivial aus der Definition von $\hat{V}$ für jedes $V \in \mathcal{U}$ mit $V = V^{-1}$.

(3) Sei $\hat{V} \in \hat{\mathfrak{B}}$ gegeben. Zu $V = V^{-1}$ existiert dann ja ein $W = W^{-1} \in \mathcal{U}$ mit $W \circ W \subseteq V$. Ist nun $(\alpha, \beta) \in \hat{W} \circ \hat{W}$, so existiert also ein $\gamma \in \hat{X}$ mit $(\alpha, \gamma), (\gamma, \beta) \in \hat{W}$, folglich $M_\alpha \in \alpha \cap \gamma$ und $M_\beta \in \gamma \cap \beta$ mit $M_\alpha \times M_\alpha \subseteq W$ und $M_\beta \times M_\beta \subseteq W$. Wegen $M_\alpha, M_\beta \in \gamma$ gilt $M_\alpha \cap M_\beta \neq \emptyset$, woraus freilich mit obigem $(M_\alpha \cup M_\beta) \times (M_\alpha \cup M_\beta) \subseteq W \circ W \subseteq V$ folgt, also wegen $(M_\alpha \cup M_\beta) \in \alpha \cap \beta$ sogleich $(\alpha, \beta) \in \hat{V}$.

(4) Seien $\hat{V}_1, \hat{V}_2 \in \hat{\mathfrak{B}}$. Dann ist $W := V_1 \cap V_2$ auch symmetrisch und es gilt $\hat{W} \subseteq \hat{V}_1 \cap \hat{V}_2$, denn ist $(\alpha, \beta) \in \hat{W}$, so existiert ja $M \in \alpha \cap \beta$ mit $M \times M \subseteq W \subseteq V_i, i = 1, 2$, und darum $(\alpha, \beta) \in \hat{V}_i, i = 1, 2$.

Jetzt wollen wir noch zeigen, daß die von $\hat{\mathfrak{B}}$ erzeugte Uniformität $\hat{\mathfrak{U}}$ separiert ist. Sei dazu $(\alpha, \beta) \in \bigcap_{V=V^{-1}\in\mathfrak{U}} \hat{V}$. Dann folgt ja $\forall V = V^{-1} \in \mathfrak{U} : \exists M \in \alpha \cap \beta : M \times M \subseteq V$, so daß $\alpha \cap \beta$ ein Cauchy-Filter ist, woraus nun mit der Minimalität von α, β sogleich $\alpha = \alpha \cap \beta = \beta$ folgt, d.h. $\bigcap_{V=V^{-1}\in\mathfrak{U}} \hat{V} = \Delta_{\hat{X}}$.

Nun definieren wir die Abbildung r_X und zeigen, daß $(X, \mathfrak{U})$ initial bezüglich $r_X, (\hat{X}, \hat{\mathfrak{U}})$ ist.

$$r_X(x) := \underline{U}(x)\,.$$

Aus Lemma 7.4.2 lernen wir, daß $\mathfrak{B} := \{(r_X \times r_X)^{-1}(\hat{V}) |\ \hat{V} \in \hat{\mathfrak{U}}\}$ eine Basis der initialen Uniformität auf X ist.

Sei $V = V^{-1} \in \mathfrak{U}$ gegeben, so betrachten wir $(r_X \times r_X)^{-1}(\hat{V})$ und finden $(a, b) \in (r_X \times r_X)^{-1}(\hat{V}) \Rightarrow \exists M \in \underline{U}(a) \cap \underline{U}(b) : M \times M \subseteq V$, wegen $a \in M$ und $b \in M$ also insbesondere $(a, b) \in M \times M \subseteq V$, mithin wissen wir nun

$$\forall V = V^{-1} \in \mathfrak{U} :\ (r_X \times r_X)^{-1}(\hat{V}) \subseteq V\,. \tag{7.12}$$

Sei nun $\hat{V} \in \hat{\mathfrak{B}}$ gegeben. Dann existiert $W = W^{-1} \in \mathfrak{U}$ mit $W^{\circ 3} \subseteq V$. Für $(a, b) \in W$ finden wir: $(x, y) \in (W(a) \cup W(b)) \times (W(a) \cup W(b)) \Rightarrow [(a, x) \in W \vee (b, x) \in W] \wedge [(a, y) \in W \vee (b, y) \in W]$, was wegen der Symmetrie von W äquivalent ist zu $[(x, a) \in W \vee (x, b) \in W] \wedge [(a, y) \in W \vee (b, y) \in W]$. Weil $(a, a), (a, b), (b, a)$ und (b, b) auf jeden Fall Elemente von W sind, folgt $(x, y) \in W^{\circ 3} \subseteq V$, was uns nunmehr $(W(a) \cup W(b)) \times (W(a) \cup W(b)) \subseteq V$ liefert. Weil $(W(a) \cup W(b)) \in \underline{U}(a) \cap \underline{U}(b)$ gilt, heißt das $(r_X \times r_X)(a, b) \in \hat{V}$, insgesamt also

$$\forall \hat{V} \in \hat{\mathfrak{B}} : \exists W \in \mathfrak{U} : W \subseteq (r_X \times r_X)^{-1}(\hat{V})\,. \tag{7.13}$$

Zusammen ergeben (7.12) und (7.13) nun, daß $\{V = V^{-1} |\ V \in \mathfrak{U}\}$ und $\{(r_X \times r_X)^{-1}(\hat{V}) |\ \hat{V} \in \hat{\mathfrak{U}}\}$ den selben Filter auf $X \times X$ erzeugen, d.h. daß $\mathfrak{U}$ die initiale Uniformität auf X bezüglich $r_X, (\hat{X}, \hat{\mathfrak{U}})$ ist.

Nähern wir uns der Hauptsache: ich behaupte $\forall \alpha \in \hat{X} : r_X(\alpha) \to \alpha$ bezüglich $\tau_{\hat{\mathfrak{U}}}$. Dazu müssen wir nur zeigen, daß $r_X(\alpha) \cap \dot{\alpha}$ ein Cauchy-Filter auf $\hat{X}$ ist. Sei also $\hat{V} \in \hat{\mathfrak{B}}$ gegeben.

Dann existiert $W \in \mathfrak{U}$ mit $W = W^{-1}$ und $W^{\circ 2} \subseteq V$. Weil α Cauchy-Filter ist, haben wir $M \in \alpha$ mit $M \times M \subseteq W$. Nun gilt

$$\forall a \in M : (W(a) \cup M) \times (W(a) \cup M) = W(a)^{\times 2} \cup M^{\times 2} \cup (W(a) \times M) \cup (M \times W(a)) \subseteq W^{\circ 2}$$

weil zunächst natürlich $M \times M \subseteq W \subseteq W^{\circ 2}$ gilt und weiterhin $(x, y) \in W(a)^{\times 2} \Rightarrow (a, x), (a, y) \in W$, also wegen der Symmetrie von W auch $(x, a) \in W$, folglich $(x, y) \in$

$W^{\circ 2}$, sowie weiterhin

$$\begin{aligned}(x,y) \in W(a) \times M &\Rightarrow (a,x) \in W \wedge y \in M \\ &\Rightarrow (x,a) \in W \text{ (wegen } W = W^{-1}\text{) und} \\ &\quad\ (a,y) \in W \text{ wegen } (a,y) \in M \times M \subseteq W \\ &\Rightarrow (x,y) \in W^{\circ 2}\end{aligned}$$

also $W(a) \times M \subseteq W^{\circ 2}$ und analog $M \times W(a) \subseteq W^{\circ 2}$. Das liefert also

$$\forall a \in M : \exists\, T := W(a) \cup M \in \underline{U}(a) \cap \alpha : T \times T \subseteq W^{\circ 2} \subseteq V ,$$

d.h.

$$\begin{aligned}\forall a \in M &: (r_X(a), \alpha) \in \hat{V} \\ \Rightarrow &\quad r_X(M) \times \{\alpha\} \subseteq \hat{V}\end{aligned} \tag{7.14}$$

und wegen der Symmetrie von $\hat{V}$ natürlich auch

$$\{\alpha\} \times r_X(M) \subseteq \hat{V} . \tag{7.15}$$

Da weiterhin ja r_X uniform ist, existiert $M' \in \alpha$ mit $r_X(M') \times r_X(M') \subseteq \hat{V}$. Setzen wir $A := M \cap M' \in \alpha$, erhalten wir damit und mit (7.14), (7.15):

$$\begin{aligned}(r_X(A) \cup \{\alpha\}) \times (r_X(A) \cup \{\alpha\}) &= r_X(A)^{\times 2} \cup (r_X(A) \times \{\alpha\}) \cup (\{\alpha\} \cup r_X(A)) \cup \{(\alpha,\alpha)\} \\ &\subseteq \hat{V}\end{aligned} \tag{7.16}$$

Wir finden also für jedes $\hat{V} \in \hat{\mathfrak{B}}$ eine Menge $r_X(M) \cup \{\alpha\} \in r_X(\alpha) \cap \dot{\alpha}$ mit $(r_X(M) \cup \{\alpha\})^{\times 2} \subseteq \hat{V}$, somit ist $r_X(\alpha) \cap \dot{\alpha}$ tatsächlich ein Cauchy-Filter auf $\hat{X}$, also

$$\forall \alpha \in \hat{X} : r_X(\alpha) \to \alpha . \tag{7.17}$$

Daraus folgt zunächst einmal, daß $r_X(X)$ dicht in $\hat{X}$ liegt.

Ist nun φ ein Cauchy-Filter auf $r_X(X)$, so ist $[r_X^{-1}(\varphi)]_{\mathfrak{F}(X)}$ ein zunächst ein Filter auf X und zwar wegen der Initialität von $(X, \mathfrak{U})$ nach Lemma 7.5.3 sogar ein Cauchy-Filter. Dann existiert nach Lemma 7.5.10 ein minimaler Cauchyfilter φ_0 mit $\varphi_0 \subseteq \varphi$. Wegen (7.17) gilt dann $r_X(\varphi) \supseteq r_X(\varphi_0) \to \varphi_0 \in \hat{X}$. Somit sind die Voraussetzungen von Lemma 7.5.13 erfüllt und $(\hat{X}, \hat{\mathfrak{U}})$ ist daher vollständig.

Sei nun $(Y, \mathcal{S})$ ein vollständiger separierter uniformer Raum und $f : X \to Y$ eine uniforme Abbildung. Wir erklären eine Abbildung $g : r_X(X) \to Y$ durch $g(\alpha) := f(r_X^{-1}(\alpha))$. Das ist wohldefiniert, denn für $a, b \in X$ mit $r_X(a) = r_X(b)$ haben wir ja $\underline{U}(a) = \underline{U}(b)$ und darum $f(\underline{U}(a)) = f(\underline{U}(b)) \to f(b)$ und $f(\underline{U}(b)) = f(\underline{U}(a)) \to f(a)$, also wegen der Separiertheit von $(Y, \mathcal{S})$ auch $f(a) = f(b)$.

Überlegen wir uns also, daß $g : r_X(X) \to Y$ uniform ist: für jedes $S \in \mathcal{S}$ existiert jedenfalls $V = V^{-1} \in \mathcal{U}$ mit $f \times f(V) \subseteq S$, weil ja f uniform ist. Nach 7.12 ist ferner $(r_X \times r_X)^{-1}(\hat{V}) \subseteq V$. Das ergibt $(f \times f) \circ (r_X \times r_X)^{-1}(\hat{V}) \subseteq S$, mithin ist g uniform. Nach Lemma 7.5.7 existiert nun genau eine uniforme Fortsetzung $\overline{g} : \hat{X} \to Y$ (beachte, daß $r_X(X)$ dicht in $\hat{X}$ liegt). Jede Abbildung $h : \hat{X} \to Y$ mit $h \circ r_X = f$ stimmt auf $r_X(X)$ mit g überein und damit nach Lemma 7.5.7 auch h mit $\overline{g}$.

Nun noch zur Eindeutigkeit (bis auf Isomorphie): Sei $r_Z, (Z, \mathcal{R})$ in weiteres Paar aus separiertem uniformem Raum $(Z, \mathcal{R})$ und uniformer Abbildung $r_Z : X \to Z$ derart, daß für jede uniforme Abbildung $f : X \to Y$ in einen vollständigen separierten uniformen Raum $(Y, \mathcal{V})$ genau eine uniforme Abbildung $g' : Z \to Y$ mit $f = g' \circ r_Z$ existiert.

Dann folgt einerseits die Existenz genau einer uniformen Abbildung $g_1 : Z \to \hat{X}$ mit $r_X = g_1 \circ r_Z$ und genau einer uniformen Abbildung $g_2 : \hat{X} \to Z$ mit $r_Z = g_2 \circ r_X$. Das ergibt $r_Z = g_2 \circ g_1 \circ r_Z$. Andrerseits existiert gemäß unsrer Eigenschaft aber auch genau eine Abbildung $h : Z \to Z$ mit $r_Z = h \circ r_Z$. Da $h = \mathbf{1}_Z$ dies offenbar leistet, folgt $g_2 \circ g_1 = \mathbf{1}_Z$. Entsprechend folgt $g_1 \circ g_2 = \mathbf{1}_{\hat{X}}$. ∎

Definition 7.5.15. Der vollständige separierte uniforme Raum $(\hat{X}, \hat{\mathcal{U}})$, wie er in Satz 7.5.14 zu $(X, \mathcal{U})$ konstruiert wurde, heißt *Hausdorff-Vervollständigung* von $(X, \mathcal{U})$ und $r_X : X \to \hat{X}$ heißt *die zugehörige kanonische Anbbildung.*

Korollar 7.5.16. *Ist $(X, \mathcal{U})$ ein separierter uniformer Raum, so ist die Abbildung $r'_X : X \to r_X(X) : r'_X(x) := r_X(x)$ ein Isomorphismus, d.h. X ist zu einem dichten Unterraum des vollständigen separierten uniformen Raumes $(\hat{X}, \hat{\mathcal{U}})$ isomorph. ($(\hat{X}, \hat{\mathcal{U}})$ heißt dann auch* vollständige Hülle *von $(X, \mathcal{U})$ und ist bis auf Isomorphie eindeutig bestimmt.)*

Beweis. Jedenfalls ist r'_X injektiv, weil X Hausdorff'sch ist, also Umgebungsfilter für verschiedene Punkte auch verschieden sind. Des weiteren ist r'_X definitionsgemäß surjektiv, also bijektiv. Ebenso wie r_X ist auch r'_X zweifellos uniform. Da $(X, \mathcal{U})$ initial bezüglich r_X (und damit auch bezüglich r'_X) ist, folgt leicht, daß auch r'^{-1}_X ebenfalls uniform ist.

Zur Eindeutigkeit: Ist $(Y, \mathcal{S})$ ein vollständiger separierter uniformer Raum und $(X, \mathcal{U})$ dichter Unterraum von $(Y, \mathcal{S})$, so setzt sich nach Korollar 7.5.8 der Isomorphismus $\mathbf{1}_X : X \to X$ fort zu einem Isomorphismus $j : \hat{X} \to Y$. ∎

7.6 Präkompaktheit

In mancher Hinsicht sieht die Hausdorff-Vervollständigung unserer Stone-Čech-Kompaktifizierung recht ähnlich - dazu muß man sich nur mal Diagramm (7.11) zusammen mit Diagramm (5.7) ansehen. Man könnte direkt auf die Idee kommen, eine Verbindung zwischen Kompaktheit und Vollständigkeit herzustellen. Das machen wir jetzt mal.

Definition 7.6.1. Sei $(X, \mathfrak{U})$ ein uniformer Raum. Eine Teilmenge $A \subseteq X$ heißt *präkompakt* genau dann, wenn jeder Ultrafilter φ auf X, der A enthält, ein Cauchy-Filter ist.

Präkompaktheit ist eine Übertragung des Begriffes *total beschränkt* aus metrischen Räumen: eine Teilmenge A eines metrischen Raumes (X, d) heißt total beschränkt genau dann, wenn für jedes $\varepsilon > 0$ eine endliche Teilmenge $\{x_1, ..., x_n\}$ von A existiert, so daß die ε-Umgebungen $U_\varepsilon(x_1), ..., U_\varepsilon(x_n)$ die Menge A überdecken.

Lemma 7.6.2. *Sei $(X, \mathfrak{U})$ ein uniformer Raum. Eine Teilmenge $A \subseteq X$ ist genau dann präkompakt, wenn es zu jedem $U \in \mathfrak{U}$ eine endliche Teilmenge $\{x_1, ..., x_n\} \subseteq A$ derart gibt, daß die $U(x_i)$ die Menge A überdecken, d.h.*

$$\forall U \in \mathfrak{U} : \exists n \in \mathbb{N}, x_1, ..., x_n \in A : \bigcup_{i=1}^{n} U(x_i) \supseteq A \tag{7.18}$$

gilt.

Beweis. **Aufgabe** 4 ∎

Aufgabe 5 Gib einen metrischen Raum (X, d) an, der beschränkt[123], aber nicht total beschränkt ist.

Wir erhalten unmittelbar:

Lemma 7.6.3 (kompakt = präkompakt + vollständig). *Ein uniformer Raum $(X, \mathfrak{U})$ ist genau dann kompakt, wenn er präkompakt und vollständig ist.*

Beweis. Kombiniere Definition 7.6.1 mit Definition 7.5.4. ∎

Lemma 7.6.4. *Sei X eine Menge, $(X_i, \mathfrak{U}_i)_{i \in I}$ eine Familie nichtleerer uniformer Räume und $(f_i : X \to X_i)_{i \in I}$ eine zugehörige Familie von Abbildungen. Sei $\mathfrak{U}_{ini}$ die initiale Uniformität auf X bezüglich dieser Daten.*
Sind alle $(X_i, \mathfrak{U}_i)$ präkompakt, so ist auch $(X, \mathfrak{U}_{ini})$ präkompakt.

Beweis. Ist φ ein Ultrafilter auf X, so ist jedes $f_i(\varphi)$ ein Ultrafilter auf X_i, also wegen der Präkompaktheit von X_i ein Cauchyfilter. Laut Lemma 7.2.9 ist dann auch φ ein Cauchy-Filter auf X. ∎

Aufgabe 6 Zeige: Ist $(X, \mathfrak{U})$ ein uniformer Raum und ist $A \subseteq X$ bezüglich $\tau_{\mathfrak{U}}$ relativ kompakt in X, so ist A präkompakt.

Lemma 7.6.5. *Seien $(X, \mathfrak{U}), (Y, \mathcal{V})$ uniforme Räume. Ist $A \subseteq X$ präkompakt und $f : X \to Y$ uniform, so ist $f(A)$ präkompakt bezüglich $\mathcal{V}_{|f(A)}$.*

123 Das meint wie üblich: $\exists p \in X, r \in \mathbb{R} : \forall x \in X : d(p, x) < r$.

Beweis. Sei ψ ein Ultrafilter auf $f(A)$. Nach Lemma 1.4.14 gibt es einen Ultrafilter φ auf A mit $f(\varphi) = \psi$. Wegen der Präkompaktheit von A ist φ Cauchy, laut Lemma 7.2.9 also auch ψ. ∎

Korollar 7.6.6 (Tychonoff-Satz für Präkompaktheit). *Sei $(X_i, \mathcal{U}_i)_{i\in I}$ eine Familie nichtleerer uniformer Räume. Das Produkt $\prod_{i\in I}(X_i, \mathcal{U}_i)$ ist genau dann präkompakt, wenn alle $(X_i, \mathcal{U}_i)$ präkompakt sind.*

Beweis. Kombiniere die Lemmata 7.6.4 und 7.6.5. ∎

7.6.1 Uniformisierbarkeit

Wir hatten bereits herausgefunden, daß jeder uniforme Raum hinsichtlich seiner induzierten Topologie ein $T_{3\frac{1}{2}}$-Raum ist. Man wird also nicht erwarten, daß es für topologische Räume, die nicht $T_{3\frac{1}{2}}$ erfüllen, eine kompatible Uniformität gibt. Aber reicht $T_{3\frac{1}{2}}$ dafür schon aus? Oh Wunder: ja.

Lemma 7.6.7. *Sei (X, τ) ein topologischer Raum. Genau dann gibt es eine Uniformität $\mathcal{U}$ auf X, für die $\tau_{\mathcal{U}} = \tau$ gilt, wenn (X, τ) ein $T_{3\frac{1}{2}}$-Raum ist. Es gibt dann sogar eine präkompakte Uniformität $\mathcal{U}$ mit dieser Eigenschaft.*

Beweis. Gibt es eine solche Uniformität $\mathcal{U}$, so folgt $T_{3\frac{1}{2}}$ für $\tau = \tau_{\mathcal{U}}$ aus Lemma 7.3.2. Sei nun umgekehrt (X, τ) ein $T_{3\frac{1}{2}}$-Raum. Wir betrachten die Familie $C(X, [0, 1])$ aller stetigen Abbildungen von X in das abgeschlossene Intervall $[0, 1]$ (bezüglich euklidischer Topologie auf $[0, 1]$). Auf $[0, 1]$ haben wir die von der euklidischen Metrik erzeugte Uniformität $\mathcal{U}_e$ und betrachten nun auf X die initiale Uniformität $\mathcal{U}_{ini}$ bezüglich der Daten $(f, ([0, 1], \mathcal{U}_e))_{f\in C(X,[0,1])}$.

Nach Lemma 7.4.7 ist die von $\mathcal{U}_{ini}$ induzierte Topologie gerade die initiale Topologie bezüglich alle $f \in C(X, [0, 1])$, woraus sofort $\tau_{\mathcal{U}_{ini}} \subseteq \tau$ folgt, da ja alle betrachteten f gerade auch bezüglich τ stetig sind.

Sei nun $\emptyset \neq O \neq X \in \tau$ gegeben. Wegen $T_{3\frac{1}{2}}$ haben wir für jedes $x \in O$ eine stetige Funktion $f_x : X \to [0, 1]$ mit $f_x(x) = 0$ und $f_x(X \setminus O) = \{1\}$, also $x \in f_x^{-1}([0, 1)) \subseteq O$. Das ergibt

$$O = \bigcup_{x\in O} f_x^{-1}([0, 1)) . \tag{7.19}$$

Nun ist $\tau_{\mathcal{U}_{ini}}$ initial bezüglich *aller* $f \in C(X, [0, 1])$, also sind alle f_x auch stetig bezüglich $\tau_{\mathcal{U}_{ini}}$ und somit $O \in \tau_{\mathcal{U}_{ini}}$ wegen (7.19). Das für alle nichttrivialen $O \in \tau$ liefert $\tau \subseteq \tau_{\mathcal{U}_{ini}}$.

Nach Lemma 7.6.4 ist $(X, \mathcal{U})$ präkompakt, da $[0, 1]$ es (als kompakter Raum) natürlich ist. ∎

Nun wird es im allgemeinen für ein und denselben topologischen Raum (X, τ) durchaus verschiedene Uniformitäten geben, die dieselbe Topologie induzieren - so wissen wir aus obigem Lemma beispielsweise, daß es für $\mathbb{R}$ mit euklidischer Topologie eine präkompakte erzeugende Uniformität geben muß, während die von der euklidischen Metrik erzeugte Uniformität, die natürlich auch die euklidische Topologie induziert, eindeutig *nicht präkompakt* ist. Kompakte $T_{3\frac{1}{2}}$-Räume können sich aber erfreulich klar für *genau eine* Uniformität entscheiden.

Lemma 7.6.8. *Sei (X, τ) ein kompakter $T_{3\frac{1}{2}}$-Raum. Dann gibt es genau eine Uniformität $\mathcal{U}$ auf X, für die $\tau_{\mathcal{U}} = \tau$ gilt.*

Beweis. **Aufgabe** 7 ∎

Korollar 7.6.9. *Sei (X, τ) ein kompakter Hausdorff-Raum. Dann gibt es genau eine Uniformität $\mathcal{U}$ auf X, für die $\tau_{\mathcal{U}} = \tau$ gilt.*

Beweis. Kompakt + Hausdorff liefert $T_4 + T_1$, also auch $T_{3\frac{1}{2}}$. ∎

Lösungsvorschläge

1 Wir müssen ja nur die 3 Bedingungen für eine Topologie nachrechnen. 1. $\emptyset \in \tau, X \in \tau$ sind erfüllt, weil einerseits eine Allaussage über der leeren Menge stets erfüllt und andrerseits jedes $R(x)$ notgedrungen Teilmenge von X ist. 2. Haben wir $O_1, O_2 \in \tau_{\mathcal{U}}$ und $x \in O_1 \cap O_2$, so gibt es also $R_1, R_2 \in \mathcal{U}$ mit $R_1(x) \subseteq O_1$ und $R_2(x) \subseteq O_2$, also $R_1 \cap R_2(x) \subseteq O_1 \cap O_2$ und wegen der Filtereigenschaft von $\mathcal{U}$ haben wir auch $R_1 \cap R_2 \in \mathcal{U}$. 3. Ist $(O_i)_{i \in I}$ eine Familie von Elementen aus $\tau_{\mathcal{U}}$ und $x \in \bigcup_{i \in I} O_i$, so existiert insbesondere $i_0 \in I$ mit $x \in O_{i_0}$ und folglich $R_{i_0} \in \mathcal{U}$ mit $R_{i_0}(x) \subseteq O_{i_0} \subseteq \bigcup_{i \in I} O_i$.

2 Sei $V \in \mathcal{V}$ beliebig. Dann existiert ein symmetrisches $W \in \mathcal{V}$ mit $W \circ W \subseteq V$. Wegen der Stetigkeit von f und Lemma 7.2.3 gibt es nun zu jedem $x \in X$ ein $R_x \in \mathcal{U}$ mit $f(R_x(x)) \subseteq W(f(x))$. Und es gibt jeweils ein symmetrisches $S_x \in \mathcal{V}$ mit $S_x \circ S_x \subseteq R_x$.

Natürlich gilt nach Lemma 7.2.2 stets $x \in int(S_x(x))$, so daß die Familie aller $int(S_x(x))$ eine offene Überdeckung von X ist. Es gibt darunter also endlich viele $int(S_{x_1}(x_1)), \ldots, int(S_{x_n}(x_n))$, die bereits X überdecken. Wir setzen $S := \bigcap_{i=1}^{n} S_{x_i}(x_i)$.

Sei nun $(a, b) \in S$ gegeben. Der Punkt a muß ja Element irgendeines $S_{x_k}(x_k)$, $1 \leq k \leq n$, sein. Damit folgt aber $b \in S(a) \subseteq S(S_{x_k}(x_k)) \subseteq S_{x_k} \circ S_{x_k}(x_k) \subseteq R_{x_k}(x_k)$. Wir haben also $a, b \in R_{x_k}(x_k)$ und darum nach Wahl der R_x auch $f(a), f(b) \in f(R_{x_k}(x_k)) \subseteq W(f(x_k))$, also wegen der Symmetrie von W sowohl $(f(a), f(x_k)) \in W$ als auch $(f(x_k), f(b) \in W$, woraus sogleich $(f(a), f(b)) \in W \circ W \subseteq V$ folgt. Dies für alle $(a, b) \in S$ liefert $(f \times f)(S) \subseteq V$.

3 Zunächst ist für alle $i \in I$ die Abbildung $f_i : X \to X_i$ stetig bezüglich $\tau_{\mathcal{U}_{ini}}, \tau_{\mathcal{U}_i}$ laut Korollar 7.2.10, weil sie uniform ist. Das liefert sofort $\tau_{ini} \subseteq \tau_{\mathcal{U}_{ini}}$.

Kümmern wir uns um die umgekehrte Inklusion. Seien dazu $O \in \tau_{\mathcal{U}_{ini}}$ und $x \in O$ gegeben. Nach Konstruktion von $\tau_{\mathcal{U}_{ini}}$ (Satz 7.2.1) existiert also ein $U \in \mathcal{U}_{ini}$ mit $U(x) \subseteq O$. Wegen Lemma 7.4.2 gibt es nun endlich viele $i_1, \dots, i_n \in I$ und $U_{i_k} \in \mathfrak{U}_{i_k}$ derart, daß

$$V := \bigcap_{k=1}^{n} (f_{i_k} \times f_{i_k})^{-1}(U_{i_k}) \subseteq U \tag{7.20}$$

gilt. Es folgt

$$V(x) = \bigcap_{k=1}^{n} \left((f_{i_k} \times f_{i_k})^{-1}(U_{i_k})\right)(x) = \bigcap_{k=1}^{n} f_{i_k}^{-1}(U_{i_k}(f_{i_k}(x)))\,. \tag{7.21}$$

Nun ist laut Lemma 7.2.3 jedes $U_{i_k}(f_{i_k}(x))$ eine Umgebung von $f_{i_k}(x)$ in $(X_{i_k}, \tau_{\mathfrak{U}_{i_k}})$ und darum ist wegen der Stetigkeit von f_{i_k} bezüglich $\tau_{ini}, \tau_{\mathfrak{U}_{i_k}}$ jedes $f_{i_k}^{-1}(U_{i_k}(f_{i_k}(x)))$ eine Umgebung von x, mithin auch deren Durchschnitt. Aus (7.20) und (7.21) folgt also, daß $V(x)$ eine τ_{ini}-Umgebung von x ist, die ganz unterhalb von O liegt. Dies für alle $x \in O$ liefert $O \in \tau_{ini}$ und dies wiederum für alle $O \in \tau_{\mathfrak{U}_{ini}}$ ergibt $\tau_{\mathfrak{U}_{ini}} \subseteq \tau_{ini}$.

4 Sei A präkompakt, d.h. jeder Ultrafilter auf A ein Cauchy-Filter bezüglich $\mathfrak{U}$. Angenommen, es gäbe ein $U \in \mathfrak{U}$ derart, daß für jede endliche Familie $\{x_1, \dots, x_n\} \subseteq A$ die zugehörigen $U(x_i)$ unser A *nicht* überdecken.

Wir betrachten die Menge $\mathfrak{B} := \{A \setminus \bigcup_{i=1}^{n} U(x_i) \mid n \in \mathbb{N}, x_i \in A\}$ und stellen fest, daß es sich um eine Filterbasis handelt, weil ja endliche Familien von U-Umgebungen niemals A überdecken. Folglich existiert ein Ultrafilter φ, der $\mathfrak{B}$ umfaßt. Da φ Cauchy ist[124], gibt es ein $P \in \varphi$ mit $P \times P \subseteq U$. Natürlich ist P als Filterelement nicht leer, also existiert ein $p \in P$. Es folgt $P \subseteq U(p) \in \varphi$ - im Widerspruch zu $A \setminus U(p) \in \mathfrak{B} \subseteq \varphi$. So ein U wie oben angenommen, kann es also nicht geben.

Gelte nun (7.18) und sei φ ein Ultrafilter auf A. Sei $U \in \mathfrak{U}$ beliebig. Dann gibt es auch ein symmetrisches $V \in \mathfrak{U}$ mit $V \circ V \subseteq U$. Laut (7.18) gibt es also eine endliche Familie $\{x_1, \dots, x_n\} \subseteq A$ mit $\bigcup_{i=1}^{n} V(x_i) \supseteq A$, woraus wegen $A \in \varphi$ mit Lemma 1.4.5 folgt, daß φ eines der $V(x_i)$ enthält. Für $a, b \in V(x_i)$ gilt nun $(a, x_i) \in V$ und $(x_i, b) \in V$, also $(a, b) \in V \circ V \subseteq U$. Wir haben also $V(x_i) \in \varphi$ mit $V(x_i) \times V(x_i) \subseteq U$ gefunden.

5 Man nehme irgendeine unendliche Menge mit diskreter Metrik.

6 Sei φ ein Ultrafilter auf A. Ist A relativ kompakt in X, so konvergiert φ gegen ein Element von X und ist darum laut Korollar 7.2.8 ein Cauchy-Filter.

7 Daß es überhaupt eine gibt, sagt gerade Lemma 7.6.7. Angenommen nun, es gäbe zwei Uniformitäten $\mathfrak{U}$ und $\mathfrak{U}'$, die beide τ erzeugen. Die identische Abbildung $\mathbf{1}_X : (X, \tau) \to (X, \tau)$ ist dann natürlich stetig. Wegen der Kompaktheit von (X, τ) ist dann $\mathbf{1}_X$ laut Lemma 7.2.11 sowohl als Abbildung von $(X, \mathfrak{U})$ nach $(X, \mathfrak{U}')$ als auch von $(X, \mathfrak{U}')$ nach $(X, \mathfrak{U})$ uniform, woraus $\mathfrak{U} \supseteq \mathfrak{U}'$ und $\mathfrak{U}' \supseteq \mathfrak{U}$ folgen.

124 Siehe Bemerkung 7.2.6 (3).

8 Hyperräume

Wenn einer, der mit Mühe kaum
geklettert ist auf einen Baum,
schon glaubt, daß er ein Vogel wär',
so irrt sich der.

Wilhelm Busch

In diesem Abschnitt geht es darum, eine topologische Struktur (Metrik, Uniformität, Topologie), die auf einer Menge X gegeben ist, in „irgendwie vernünftiger Weise" auf Familien von Teilmengen von X (also auf Teilmengen von $\mathfrak{P}(X)$) zu übertragen.

Ausgehend von einem (pseudo-)metrischen Raum (X, d) hätten wir also jetzt gern eine (Pseudo-)Metrik auf $\mathfrak{P}(X)$ (oder Teilmengen davon). Natürlich können wir $\mathfrak{P}(X)$ jederzeit einfach mit der diskreten Metrik ausrüsten - die wird aber im allgemeinen nun wirklich nicht mehr viel mit unsrer gegebenen Metrik d auf X zu tun haben.

Was aber soll denn „zu tun haben" eigentlich heißen? Nun, es ist z.B. eine naheliegende Erwartung, daß die einelementigen *Mengen* $\{x\}$ und $\{y\}$ bezüglich der zu konstruierenden (Pseudo-)Metrik denselben Abstand voneinander haben wie die *Punkte* x und y bezüglich d. Etwas abstrakter formuliert: die „natürliche" Einbettung

$$i : X \to \mathfrak{P}_0(X) : i(x) := \{x\}$$

sollte wenigstens stetig sein.

Wir entsinnen uns zunächst einmal, daß wir bereits in Lemma 2.1.16, zu einer beliebigen Teilmenge A eines (pseudo-)metrischen Raumes (X, d) die Stetigkeit der Funktion

$$d_A : X \to \mathbb{R} : d_A(x) := \inf_{a \in A} d(x, a)$$

nachgewiesen hatten. Diese Funktionen d_A sehen also schon mal aus wie heiße Kandidaten für einen Abstand zwischen *Punkten* und Teilmengen. Leider liefern sie für Elemente von A immer Null als Abstand zu A, wodurch wir sogar ernste Schwierigkeiten bekommen, z.B. der Dreiecksungleichung zu genügen. Grundsätzlich sollte auch die einelementige Menge $\{x\}$ eben nicht unbedingt den Abstand Null von A haben, selbst wenn $\{x\} \subset A$ gilt - schließlich sind A und $\{x\}$ ja i.a. *verschiedene* Elemente von $\mathfrak{P}_0(X)$. Wir müssen deswegen unsern Einfall nicht gleich aufgeben, aber wir müssen daran noch ein bißchen herumfeilen.

8.1 Die Hausdorff-Metrik

Auf einem Baume saß ein Specht.
Der Baum war hoch,
dem Specht war schlecht.

Heinz Erhardt

Diese Arbeit des Herumfeilens hat uns (wieder einmal) Felix Hausdorff bereits abgenommen. Die Idee: eine Teilmenge A des (pseudo-)metrischen Raumes (X, d) ist einer Teilmenge B umso näher, je näher *der am weitesten von B entfernte* Punkt aus A (im Sinne unsrer Funktion d_B) an B liegt. Für $A \subset B$ hat aber auch das am weitesten von B entfernte Element von A immer noch den Abstand Null. Schade eigentlich. Aber wir wollen ja ohnehin eine gewisse Symmetrie: wenn wir A als nah zu B ansehen wollen, muß also folgen, daß auch B nah an A liegt. Probieren wir das einmal aus:

A und B liegen nah beieinander, falls
(1) der am weitesten von B entfernte Punkt von A nah bei B liegt **und**
(2) der am weitesten von A entfernte Punkt von B nah bei A liegt.

Das ist schon recht vielversprechend. Die Formulierung liefert offenbar Symmetrie und sorgt (im Falle einer Metrik d auf X) auch dafür, daß verschiedene Teilmengen nicht mehr „so leicht" den Abstand Null voneinander zugeordnet bekommen - selbst wenn eine in der anderen enthalten ist. Es kann freilich noch immer vorkommen: Sind etwa A, B gegeben mit $A \neq B$ und $\overline{A} = B$, so wären A und B noch immer *beliebig nah* beieinander und wir können keine Metrik mehr erhalten. Es ist daher sinnvoll, uns auf die *abgeschlossenen Teilmengen* von X zurückzuziehen. Jetzt sind wir fast fertig ... nur müssen wir in unsrer obigen Nahheits-Formulierung nochmal genau über die Sache mit dem „am weitesten entfernten Punkt" nachdenken - den muß es nämlich bei Lichte besehen gar nicht geben. Was tun? Wir retten die Idee, indem wir unsre (Pseudo-)Metrik vorerst nur auf der Familie $K(X)$ der nichtleeren *kompakten* Teilmengen von X erklären!

Gönnen wir uns ein bißchen Formalismus.

Sei (X, d) ein metrischer Raum, A, B Teilmengen von X und ε eine positive reelle Zahl. Dann setzen wir

$$U(A, \varepsilon) := \bigcup_{a \in A} U_\varepsilon(a) = \{x \in X \mid \exists a \in A : d(a, x) < \varepsilon\}$$

und können nun unsre Idee von oben etwas präzisieren: A und B sind ε-nah genau dann, wenn $U(A, \varepsilon) \supseteq B$ und $U(B, \varepsilon) \supseteq A$ gelten. Jetzt nähern wir uns der gewünschten Metrik langsam an:

$$\Delta_d(A, B) := \inf\{\varepsilon \in \mathbb{R} \mid U(A, \varepsilon) \supseteq B\} .$$

Die Funktion Δ_d ist im allgemeinen sicher nicht symmetrisch, wie man sich z.B. in $\mathbb{R}$ mit euklidischer Metrik d_e leicht überlegt: $\Delta_{d_e}(\{0\},[1,2]) = 2$ aber $\Delta_{d_e}([1,2],\{0\}) = 1$. Immerhin erfüllt sie aber eine Art Dreiecksungleichung:

Proposition 8.1.1. *Sei (X,d) ein metrischer Raum und sei $K(X)$ die Menge der nichtleeren kompakten Teilmengen von X. Es sei*

$$\Delta_d : K(X) \times K(X) \to \mathbb{R} : \Delta_d(A,B) := \inf\{\varepsilon \in \mathbb{R} | \ \varepsilon > 0, U(A,\varepsilon) \supseteq B\}\,.$$

Dann gelten für beliebige $A, B, C \in K(X)$ stets

(1)

$$\Delta_d(A,C) \le \Delta_d(A,B) + \Delta_d(B,C)$$

(2)

$$\Delta_d(A,B) = \sup_{b \in B} d_A(b)\,.$$

Beweis. **Aufgabe 1** ∎

Proposition 8.1.2. *Sei (X,d) ein metrischer Raum und sei $K(X)$ die Menge der nichtleeren kompakten Teilmengen von X. Die Funktion Δ_d sei definiert als*

$$\Delta_d : K(X) \times K(X) \to \mathbb{R} : \Delta_d(A,B) := \inf\{\varepsilon \in \mathbb{R} | \ U(A,\varepsilon) \supseteq B\}\,.$$

Dann ist durch

$$d_{\mathcal{H}} : K(X) \times K(X) \to \mathbb{R} : d_{\mathcal{H}}(A,B) := \max\left\{\Delta_d(A,B), \quad \Delta_d(B,A)\right\} \tag{8.1}$$

eine Metrik auf $K(X)$ definiert. Sie heißt die Hausdorff-Metrik *zu d.*

Beweis. Die Funktion $d_{\mathcal{H}}$ ist offenbar symmetrisch, weil die Maximumsbildung in der definierenden rechten Seite von (8.1) es ist.

Nach 8.1.1(2) haben wir $\Delta_d(A,B) = \sup_{b \in B} d_A(b)$,
also auch $d_{\mathcal{H}}(A,B) = \max\{\sup_{b\in B} d_A(b), \sup_{a \in A} d_B(a)\}$. Für alle $A \in K(X)$ haben wir $\forall a \in A : d_A(a) = 0$ und damit auch $\sup_{a \in A} d_A(a) = 0$, folglich $d_{\mathcal{H}}(A,A) = 0$. Gilt umgekehrt $d_{\mathcal{H}}(A,B) = 0$ für $A, B \in K(X)$, so folgt $\forall a \in A : d_B(a) = \inf_{b \in B} d(a,b) = \inf_{b\in B} d_{\{a\}}(b) = 0$. Wegen der Stetigkeit von $d_{\{a\}}$ und der Kompaktheit von B wird das Infimum aber als Minimum realisiert, so daß die Existenz eines $b \in B$ mit $d(a,b) = 0$ folgt, was wegen der Metrikeigenschaft von d sogleich $b = a$ und damit $a \in B$ liefert. Somit erhalten wir $A \subseteq B$ und wegen der Symmetrie dann auch gleich $B \subseteq A$.

Zur Dreiecksungleichung: für $A, B, C \in K(X)$ haben wir nach 8.1.1(1) sowohl

$$\Delta_d(A,C) \le \Delta_d(A,B) + \Delta_d(B,C) \le d_{\mathcal{H}}(A,B) + d_{\mathcal{H}}(B,C)$$

als auch

$$\Delta_d(C,A) \le \Delta_d(C,B) + \Delta_d(B,A) \le d_{\mathcal{H}}(B,C) + d_{\mathcal{H}}(A,B)$$

und somit

$$d_{\mathcal{H}}(A,C) = \max\{\Delta_d(A,C), \Delta_d(C,A)\} \leq d_{\mathcal{H}}(A,B) + d_{\mathcal{H}}(B,C)\,.$$

■

Wir beobachten allgemein, daß für beliebige $A, B \in K(X)$ stets $a \in A$ und $b \in B$ existieren, für die $d(a,b) = d_{\mathcal{H}}(A,B)$ gilt: sei o.B.d.A. $d_{\mathcal{H}}(A,B) = \sup_{a\in A} d_B(a)$, so existiert wegen Stetigkeit von d_B und Kompaktheit von A jedenfalls ein $a \in A$ mit $d_B(a) = d_{\mathcal{H}}(A,B)$. Wegen $d_B(a) = \inf_{b\in B} d(a,b) = \inf_{b\in B} d_{\{a\}}(b)$ existiert infolge der Stetigkeit von $d_{\{a\}}$ und der Kompaktheit von B nun auch ein $b \in B$ mit $d_{\{a\}}(b) = d(a,b) = d_B(a)$.

Offensichtlich funktioniert die Konstruktion auch für pseudometrische Räume (X,d) - wir erhalten dann die *Hausdorff-Pseudometrik* zu d.

8.2 Die Bourbaki-Uniformität

... wird auch gern Hausdorff-Uniformität genannt und ist eine direkte Übertragung der metrischen Konstruktion auf den uniformen Fall: hier haben wir ja statt reeller Zahlen irgendwelche Relationen, die das „Nahsein" von Punkten beschreiben. Ist nun $(X,\mathcal{U})$ ein uniformer Raum und $R \in \mathcal{U}$, so sagen wir einfach B ist R-nah an A, falls $R(A) \supseteq B$ gilt. Wir erhalten eine Familie von Relationen auf $K(X)$, die wiederum eine Uniformität liefert:

Proposition 8.2.1. *Sei $(X,\mathcal{U})$ ein uniformer Raum und $K(X)$ die Familie aller kompakten Teilmengen von X. Für jedes $R \in \mathcal{U}$ sei*

$$\widehat{R} := \{(A,B) \in K(X) \times K(X) |\ R(A) \supseteq B \ \wedge\ R(B) \supseteq A\}\,.$$

Dann ist die Familie

$$\mathcal{U}_{\mathcal{B}} := \{\mathcal{S} \subseteq K(X) \times K(X) |\ \exists R \in \mathcal{U} : \widehat{R} \subseteq \mathcal{S}\}$$

eine Uniformität auf $K(X)$. Sie heißt Bourbaki-Uniformität *oder auch* Hausdorff-Uniformität *zu $\mathcal{U}$.*

Beweis. **Aufgabe** 2 ■

Übrigens ist die Einschränkung auf $K(X)$ in dieser Definition gar nicht mehr notwendig. Wir belassen es aber erstmal dabei.

Lemma 8.2.2. *Ist (X,d) ein metrischer Raum und $K(X)$ die Familie aller nichtleeren kompakten Teilmengen von X. Sei $\mathcal{U}_d$ die von d induzierte Uniformität auf X, $d_{\mathcal{H}}$ die Hausdorff-Metrik auf $K(X)$ und $\mathcal{U}_{d_{\mathcal{H}}}$ die von $d_{\mathcal{H}}$ auf $K(X)$ induzierte Uniformität. Dann gilt*

$$\mathcal{U}_{d_{\mathcal{H}}} = (\mathcal{U}_d)_{\mathcal{B}}\,.$$

Beweis. Für $\varepsilon > 0$ seien

$$\mathcal{R}_{\overline{\varepsilon}} := \{(A,B) \in K(X)^{\times 2} | \, d_{\mathcal{H}}(A,B) \leq \varepsilon\}$$

und

$$R_{\overline{\varepsilon}} := \{(x,y) \in X \times X | \, d(x,y) \leq \varepsilon\} \in \mathcal{U}_d \, .$$

Dann rechnet man leicht nach, daß $\mathcal{R}_{\overline{\varepsilon}} = \widehat{R_{\overline{\varepsilon}}}$ gilt:

$$\begin{aligned} (A,B) \in \mathcal{R}_{\overline{\varepsilon}} &\iff d_{\mathcal{H}}(A,B) \leq \varepsilon \\ &\iff \max\{\Delta_d(A,B), \Delta_d(B,A)\} \leq \varepsilon \\ &\iff \inf\{\delta > 0 | \, R_\delta(A) \supseteq B \wedge R_\delta(B) \supseteq A\} \leq \varepsilon \\ &\iff (A,B) \in \widehat{R_{\overline{\varepsilon}}} \, . \end{aligned}$$

Da die $\mathcal{R}_{\overline{\varepsilon}}, \widehat{R_{\overline{\varepsilon}}}$ offenbar die fraglichen Uniformitäten erzeugen, folgt die Behauptung. ■

8.3 Die Vietoris-Topologie

Die Schwierigkeit liegt nicht so sehr in den neuen Gedanken,
als in der Befreiung von den alten.

John Maynard Keynes

Wiederum gedanklich ausgehend von der Hausdorff-Metrik, versuchen wir jetzt, etwas entsprechendes für beliebige topologische Räume zu konstruieren. Dazu sehen wir uns einmal die offenen ε-Umgebungen einer kompakten Menge A eines metrischen Raumes (X,d) bezüglich der Hausdorff-Metrik $d_{\mathcal{H}}$ an. Ein Element B so einer ε-Umgebung muß einerseits in $U(A,\varepsilon)$ enthalten sein, einer offenen Teilmenge von X also. Anders gesagt: so ein Element B darf die abgeschlossene Teilmenge $X \setminus U(A,\varepsilon)$ nicht berühren.

Nehmen wir weiterhin eine Überdeckung von A mit offenen $\frac{\varepsilon}{2}$-Umgebungen seiner Punkte her, so existiert darin wegen der Kompaktheit eine endliche Teilüberdeckung. Daß nun für unser B auch $U(B,\varepsilon) \supseteq A$ gilt, ist jedenfalls dann gesichert, wenn in jeder dieser endlich vielen $\frac{\varepsilon}{2}$-Umgebungen, die das A überdecken, auch ein Element von B liegt, d.h. wenn B mit all diesen einen nichtleeren Schnitt hat.

Wir knüpfen an diese Beobachtungen an, um einige Konstruktionen zu definieren: Ist (X,τ) ein topologischer Raum, $\mathcal{H} \subseteq \mathfrak{P}(X)$ und $M \subseteq X$ gegeben. Dann setzen wir

$$M^{+\mathcal{H}} := \{H \in \mathcal{H} | \, H \cap M = \emptyset\}$$

und

$$M^{-\mathcal{H}} := \{H \in \mathcal{H} | \, H \cap M \neq \emptyset\} \, .$$

Besteht über die fragliche Teilmenge $\mathcal{H}$ von $\mathfrak{P}(X)$ kein Zweifel, lassen wir den Index $\mathcal{H}$ im „Exponenten" auch gern weg und schreiben einfach M^+ bzw. M^-. Auf einer beliebigen Teilmenge von $\mathfrak{P}(X)$ ist nun durch die Subbasis

$$\{A^+ \mid A \text{ abgeschlossen in } X\}$$

eine Topologie τ_u definiert, die wir *obere* (**u***pper) Vietoris-Topologie* nennen. Des weiteren ist auf jeder Teilmenge von $\mathfrak{P}(X)$ durch die Subbasis

$$\{O^- \mid O \in \tau\}$$

eine Topologie τ_l definiert, die wir *untere (* **l***ower) Vietoris-Topologie* nennen.

Die von der Subbasis $\tau_l \cup \tau_u$ erzeugte Topologie τ_V heißt *Vietoris-Topologie.*

Proposition 8.3.1. *Sei (X, τ) ein topologischer Raum. Dann ist die Injektion*

$$i : X \to \mathfrak{P}(X) : i(x) := \{x\}$$

bezüglich τ_l, τ_u und τ_V (auf $\mathfrak{P}(X)$) stetig.

Beweis. Nach 2.2.36 genügt es, die Offenheit der Urbilder einer Subbasis zu zeigen. Für $O \in \tau$ haben wir $i^{-1}(O^-) = O$ und für jede abgeschlossene Teilmenge A von X gilt $i^{-1}(A^+) = X \setminus A$, was natürlich offen ist. ∎

Lemma 8.3.2. *Ist $(X, \mathfrak{U})$ ein uniformer Raum und $K(X)$ die Menge der kompakten Teilmengen von X, so stimmt die der Bourbaki-Uniformität $\mathfrak{U}_{\mathfrak{B}}$ auf $K(X)$ unterliegende Topologie $\tau_{\mathfrak{U}_{\mathfrak{B}}}$ mit der von der $\mathfrak{U}$ unterliegenden Topologie $\tau_{\mathfrak{U}}$ auf $K(X)$ erzeugten Vietoris-Topologie $\tau_{\mathfrak{U}_V}$ überein.*

Beweis. Sei $\mathfrak{O} \in \tau_{\mathfrak{U}_{\mathfrak{B}}}$ und $A \in \mathfrak{O}$ gegeben. Dann existiert ein $R \in \mathfrak{U}$ mit $\Delta_R(A) \subseteq \mathfrak{O}$, d.h. $\forall B \in K(X), B \subseteq R(A), R(B) \supseteq A : B \in \mathfrak{O}$. Zu jedem $a \in A$ existiert ein symmetrisches $S_a \in \mathfrak{U}$ derart, daß $S_a \circ S_a \subseteq R$ und $S_a(a) \in \tau_{\mathfrak{U}}$ gelten. Setzen wir $O := \bigcup_{a \in A} S_a(a)$ so ist O folglich offen in $\tau_{\mathfrak{U}}$ und es gilt $O \subseteq R(A)$. Damit ist freilich $X \setminus O$ abgeschlossen und es gilt $A \in (X \setminus O)^+ \subseteq \{B \in K(X) \mid R(A) \supseteq B\}$.

Wegen der Kompaktheit von A reichen freilich endlich viele $S_{a_1}(a_1), \ldots, S_{a_n}(a_n)$ aus, um A zu überdecken. Für alle $B \in \bigcap_{i=1}^n S_{a_i}(a_i)^-$ haben wir folglich $\forall a \in A : \exists i \in \{1, \ldots, n\} : a \in S_{a_i}(a_i)$ und wegen $\exists x \in S_{a_i}(a_i) \cap B$ auch $a \in S_{a_i}(a_i) \subseteq S_{a_i} \circ S_{a_i}(x) \subseteq R(B)$. Das liefert $R(B) \supseteq A$, also insgesamt

$$A \in \bigcap_{i=1}^{n} S_{a_i}(a_i)^- \subseteq \{B \in K(X) \mid R(B) \supseteq A\},$$

woraus nun wiederum

$$A \in (X \setminus O)^+ \cap \bigcap_{i=1}^{n} S_{a_i}(a_i)^- \subseteq \Delta_R(A) \subseteq \mathfrak{O}$$

folgt. Da dies für alle $A \in \mathfrak{O}$ geht und die entsprechenden $(X \setminus O)^+ \cap \bigcap_{i=1}^n S_{a_i}(a_i)^-$ Elemente von $\tau_{\mathfrak{U}_V}$ sind, gilt $\mathfrak{O} \in \tau_{\mathfrak{U}_V}$.

Dies für alle $\mathfrak{O} \in \tau_{\mathfrak{U}_{\mathfrak{B}}}$ liefert $\tau_{\mathfrak{U}_{\mathfrak{B}}} \subseteq \tau_{\mathfrak{U}_V}$.

Ist andrerseits $O \in \tau_{\mathfrak{U}}$ und $A \in O^-$ gegeben. Für das demnach existierende $x \in O \cap A$ existiert dann ein symmetrisches $R \in \mathfrak{U}$ mit $R(x) \subseteq O$. Für jedes $B \in \Delta_R(A)$ haben wir ja $R(B) \supseteq A$, also inbesondere $x \in R(B)$, d.h. $\exists b \in B : (b,x) \in R$, wegen der Symmetrie von R also auch $(x,b) \in R$, also $b \in R(x) \subseteq O$ und folglich $B \in O^-$. Somit haben wir $A \in \Delta_R(A) \subseteq O^-$, woraus, weil das für alle $A \in O^-$ geht, sogleich $O^- \in \tau_{\mathfrak{U}_{\mathfrak{B}}}$ folgt.

Für $A \in (X \setminus O)^+$ gilt ja $A \subseteq O$, so daß wegen der Offenheit von O zu jedem $a \in A$ ein $R_a \in \mathfrak{U}$ existiert mit $R_a(a) \subseteq O$. Weiterhin existiert je ein symmetrisches S_a mit $S_a \circ S_a \subseteq R_a$ und $S_a(a) \in \tau_{\mathfrak{U}}$.

Wegen der Kompaktheit von A reichen nun wieder endlich viele $S_{a_1}(a_1), ..., S_{a_n}(a_n)$ aus, um A zu überdecken. Wir betrachten nun $S := \bigcup_{i=1}^n S_{a_i} \in \mathfrak{U}$. Für alle $a \in A$ existiert ein i mit $a \in S_{a_i} \subseteq O$, also auch $S(a) \subseteq S_{a_i}(a) \subseteq S_{a_i} \circ S_{a_i}(a_i) \subseteq R_{a_i}(a_i) \subseteq O$, mithin $S(A) \subseteq O$. Für alle $B \in \Delta_S(A)$ folgt $B \subseteq S(A) \subseteq O$ und somit $B \in (X \setminus O)^+$, also insgesamt $A \in \Delta_S(A) \subseteq (X \setminus O)^+$. Dies für alle $A \in (X \setminus O)^+$ liefert $(X \setminus O)^+ \in \tau_{\mathfrak{U}_{\mathfrak{B}}}$.

Somit sind alle Elemente der definierenden Subbasis von $\tau_{\mathfrak{U}_V}$ auch Elemente von $\tau_{\mathfrak{U}_{\mathfrak{B}}}$, woraus $\tau_{\mathfrak{U}_V} \subseteq \tau_{\mathfrak{U}_{\mathfrak{B}}}$ folgt. ■

Korollar 8.3.3. *Sei (X,d) ein metrischer Raum und $K(X)$ die Familie der nichtleeren kompakten Teilmengen von X. Ist τ_d die von d auf X induzierte Topologie, so stimmt die zugehörige Vietoris-Topologie $(\tau_d)_V$ mit der von der Hausdorff-Metrik auf $K(X)$ induzierten Topologie $\tau_{d_{\mathcal{H}}}$ überein.*

Beweis. Kombiniere 8.2.2 mit 8.3.2. ■

8.4 Allgemeiner: Hit-and-Miss-Topologien

Auch bei der Vietoris-Topologie fällt auf, daß wir die Einschränkung auf $K(X)$ zur Definition eigentlich nicht mehr benötigen: wir können sie durch entsprechende Subbasen umstandslos auf ganz $\mathfrak{P}(X)$ erklären. Wir werden das jetzt sogar noch ein kleines bißchen allgemeiner halten.

Sei (X,τ) ein topologischer Raum. Mit $Cl(X)$ bzw. $K(X)$ bezeichnen wir die Familie aller nichtleeren abgeschlossenen bzw. kompakten Teilmengen von X.
Für $B \in \mathfrak{P}(X)$ und $\mathfrak{A} \subseteq \mathfrak{P}(X)$ sei

$$B^{-\mathfrak{A}} := \{A \in \mathfrak{A} | A \cap B \neq \emptyset\} \text{ „(hit–set)“}$$

und

$$B^{+\mathfrak{A}} := \{A \in \mathfrak{A} | A \cap B = \emptyset\} \text{ „(miss–set)"}.$$

Mit $\tau_{l,\mathfrak{A}}$ bezeichnen wir diejenige Topologie auf $\mathfrak{A}$, die von der Subbasis $\{G^{-\mathfrak{A}} \mid G \in \tau\}$ erzeugt wird.

Nun sei $\emptyset \neq \alpha \subseteq \mathfrak{P}(X)$. Mit $\tau_{\alpha,\mathfrak{A}}$ bezeichnen wir diejenige Topologie auf $\mathfrak{A}$, die von der Subbasis

$$\{B^{+\mathfrak{A}} \mid B \in \alpha\} \cup \{G^{-\mathfrak{A}} \mid G \in \tau\}$$

erzeugt wird. Für beliebiges α haben wir natürlich stets $\tau_{l,\mathfrak{A}} \subseteq \tau_{\alpha,\mathfrak{A}}$; für $\alpha = Cl(X)$ erhalten wir die Vietoris-Topologie $\tau_{V,\mathfrak{A}}$.

Für $\alpha = \Delta \subseteq Cl(X)$ wird $\tau_{\alpha,\mathfrak{A}}$ nach [34] als eine Δ–Topologie bezeichnet.

Der Prototyp für solche Hit-and-Miss-Topologien ist natürlich die Vietoris-Topologie.

Wenngleich für die Betrachtung vieler Themen (wie z.B. Kompaktheit) in Bezug auf die Hit-and-Miss–Topologien deren Konstruktion durch die definierende *Sub*basis sehr nützlich ist, ist es zuweilen doch auch hilfreich, zumindest für die Vietoris-Topologie höchstselbst eine einigermaßen nett geschneiderte *Basis* zur Hand zu haben. Darum geben wir hier zwischendurch noch schnell *die* typischerweise genutzte Basis an.

Proposition 8.4.1. *Sei X eine Menge und seien $V_1, ..., V_n$ endlich viele Teilmengen von X. Sei ferner $\mathfrak{M} \subseteq \mathfrak{P}(X)$. Dann setzen wir*

$$\langle V_1, ..., V_n \rangle_{\mathfrak{M}} := \left\{ M \in \mathfrak{M} \;\middle|\; M \subseteq \bigcup_{i=1}^{n} V_i \;\wedge\; \forall i = 1, ..., n : M \cap V_i \neq \emptyset \right\}.$$

Ist nun τ eine Topologie auf X, so ist

$$\underline{\mathfrak{B}} := \left\{ \langle O_1, ..., O_k \rangle_{\mathfrak{M}} \mid k \in \mathbb{N}^+, O_1, ..., O_k \in \tau \right\}$$

eine Basis der zugehörigen Vietoris-Topologie $\tau_{V,\mathfrak{M}}$ auf $\mathfrak{M}$.

Beweis. Wir haben $\langle O_1, ..., O_k \rangle_{\mathfrak{M}} = \bigcap_{i=1}^{k} O_i^{-\mathfrak{M}} \cap \left(X \setminus \bigcup_{i=1}^{k} O_i\right)^{+\mathfrak{M}}$, so daß schon mal $\underline{\mathfrak{B}} \subseteq \tau_{V,\mathfrak{M}}$ folgt.

Ist umgekehrt ein endlicher Durchschnitt

$$\mathfrak{D} := \bigcap_{i=1}^{n} O_i^- \cap \bigcap_{j=1}^{m} (X \setminus V_j)^+$$

von Elementen der definierenden Subbasis gegeben, so sehen wir erstmal leicht ein, daß

$$\mathfrak{D} = \bigcap_{i=1}^{n} O_i^- \cap \left(X \setminus \bigcap_{j=1}^{m} V_j\right)^+$$

also mit $V_0 := \bigcap_{j=1}^m V_j$ sogleich

$$\mathfrak{D} = \bigcap_{i=1}^n O_i^- \quad \cap \quad (X \setminus V_0)^+$$

gilt, was uns umgehend

$$\mathfrak{D} = \langle O_1 \cap V_0, \ldots, O_n \cap V_0 \rangle$$

liefert. Mithin ist jeder endliche Durchschnitt von Elementen der definierenden Subbasis in $\underline{\mathfrak{B}}$ enthalten, so daß unser $\underline{\mathfrak{B}}$ tatsächlich eine Basis für $\tau_{V,\mathfrak{M}}$ ist. ■

Definition 8.4.2. Sei X eine Menge, $\tau, \mathfrak{A}$ seien Teilmengen von $\mathfrak{P}(X)$. Dann nennen wir $\mathfrak{A}$ *schwach komplementär zu* τ genau dann, wenn für jede Teilmenge $\sigma \subseteq \tau$ eine Teilmenge $\mathfrak{B} \subseteq \mathfrak{A}$ derart existiert, daß

$$\bigcup_{B \in \mathfrak{B}} B = X \setminus \bigcup_{S \in \sigma} S$$

gilt.

Ist speziell τ eine Topologie auf X, so ist offensichtlich sowohl $Cl(X)$ schwach komplementär zu τ (weil die gesuchten Komplemente ja selbst in $Cl(X)$ liegen), als auch $K(X)$ (weil die einelementigen Mengen kompakt sind).

Lemma 8.4.3 (Überdeckungsäquivalenz). *Sei X eine Menge, $\tau, \mathfrak{A} \subseteq \mathfrak{P}(X)$ und $K \subseteq X$ gegeben. Dann gilt*

$$\bigcup_{i \in I} G_i \supseteq K \implies \bigcup_{i \in I} G_i^{-\mathfrak{A}} \supseteq K^{-\mathfrak{A}}$$

für jede Familie $G_i \in \tau, i \in I$.

Ist $\mathfrak{A}$ schwach komplementär zu τ, so gilt auch die Rückrichtung

$$\bigcup_{i \in I} G_i \supseteq K \impliedby \bigcup_{i \in I} G_i^{-\mathfrak{A}} \supseteq K^{-\mathfrak{A}} .$$

Beweis. Sei $\bigcup_{i \in I} G_i \supseteq K$. $A \in K^{-\mathfrak{A}} \Rightarrow A \cap K \neq \emptyset \Rightarrow \emptyset \neq A \cap \bigcup_{i \in I} G_i \Rightarrow \exists i_0 \in I : A \cap G_{i_0} \neq \emptyset \Rightarrow A \in G_{i_0}^{-\mathfrak{A}} \Rightarrow A \in \bigcup_{i \in I} G_i^{-\mathfrak{A}}$.

Sei nun $\mathfrak{A}$ schwach komplementär zu τ und $\bigcup_{i \in I} G_i^{-\mathfrak{A}} \supseteq K^{-\mathfrak{A}}$. Angenommen, $\bigcup_{i \in I} G_i \not\supseteq K$. Dann haben wir $X \setminus \bigcup_{i \in I} G_i \supseteq K \setminus \bigcup_{i \in I} G_i \neq \emptyset$, also existiert ein $A \in \mathfrak{A}, A \subseteq X \setminus \bigcup_{i \in I} G_i$ mit $A \cap K \setminus \bigcup_{i \in I} G_i \neq \emptyset$. Mithin $A \in K^{-\mathfrak{A}}$, woraus $A \in \bigcup_{i \in I} G_i^{-\mathfrak{A}}$ folgt. Das liefert $\exists i_0 \in I : A \cap G_{i_0} \neq \emptyset$ im Widerspruch zur Konstruktion von A. ■

Korollar 8.4.4. *Sei X eine Menge, $\tau, \mathfrak{A} \subseteq \mathfrak{P}(X)$ und $K \subseteq X$. Dann gilt*

$$\bigcup_{i \in I} G_i \supseteq K \iff \bigcup_{i \in I} G_i^{-\mathfrak{A}} \supseteq K^{-\mathfrak{A}} \tag{8.2}$$

für jede Familie $G_i, i \in I, G_i \in \tau$ genau dann, wenn $\mathfrak{A}$ schwach komplementär zu τ ist.

Beweis. Wir müssen ja nur noch zeigen, daß $\mathfrak{A}$ schwach komplementär zu τ ist, sobald (8.2) gilt. Angenommen, $\mathfrak{A}$ wäre nicht schwach komplementär zu τ. Dann existiert eine Familie $\{G_i | i \in I\} \subseteq \tau$ mit $\bigcup\{A | A \in \mathfrak{P}(X \setminus \bigcup_{i\in I} G_i) \cap \mathfrak{A}\} \not\supseteq X \setminus \bigcup_{i\in I} G_i$. Wir setzen nun $K := (X \setminus \bigcup_{i\in I} G_i) \setminus \bigcup\{A | A \in \mathfrak{P}(X \setminus \bigcup_{i\in I} G_i) \cap \mathfrak{A}\} \neq \emptyset$. Dann kann kein Element von $\mathfrak{A}$, das K schneidet, in $X \setminus \bigcup_{i\in I} G_i$ enthalten sein, d.h. jedes Element von $K^{-\mathfrak{A}}$ schneidet auch $\bigcup_{i\in I} G_i$. Folglich muß es ein G_{i_0}, $i_0 \in I$ schneiden und ist folglich in $\bigcup_{i\in I} G_i^{-\mathfrak{A}}$ enthalten. Freilich, nach Konstruktion überdeckt die Familie $\{G_i | i \in I\}$ unser K eben nicht, also wäre (8.2) nicht erfüllt. ■

Lemma 8.4.5. *Sei (X, τ) ein topologischer Raum und sei $\mathfrak{A} \subseteq \mathfrak{P}(X)$ schwach komplementär zu τ. Ist $\mathfrak{A}_0 := \mathfrak{A} \setminus \{\emptyset\}$ Lindelöf (bzw. abzählbar kompakt) bezüglich $\tau_{l,\mathfrak{A}_0}$, dann ist auch (X, τ) Lindelöf (bzw. abzählbar kompakt).*

Beweis. Ist $\mathfrak{A}$ schwach komplementär zu τ, so auch $\mathfrak{A}_0$. Somit ist 8.4.4 anwendbar.

Sei $\{G_i | i \in I\}$ eine offene Überdeckung (bzw. eine abzählbare offene Überdeckung) von X. Nach 8.4.4, ist dann $\{G_i^{-\mathfrak{A}_0} | i \in I\}$ eine entsprechende offene Überdeckung von $X^{-\mathfrak{A}_0} = \mathfrak{A}_0$, also existiert eine höchstens abzählbare Teilmenge $J \subseteq I$ (bzw. eine endliche Teilmenge J) mit $\bigcup_{j\in J} G_j^{-\mathfrak{A}_0} \supseteq \mathfrak{A}_0 = X^{-\mathfrak{A}_0}$, woraus $\bigcup_{j\in J} G_j \supseteq X$ nach 8.4.4 folgt. ■

Of course, the assumed topology $\tau_{l,\mathfrak{A}_0}$ is not really hit-and-miss, because the miss-sets are missing.[125] Aber jede wirkliche hit-and-miss-Topologie wäre stärker und würde daher die gewünschten Eigenschaften von (X, τ) erst recht erzwingen.

Satz 8.4.6. *Sei (X, τ) ein topologischer Raum und sei $\alpha \subseteq \mathfrak{P}(X)$ eine Familie schwach relativ vollständiger Teilmengen von X. Sei $\mathfrak{A}$ gegeben mit $Cl(X) \subseteq \mathfrak{A} \subseteq \mathfrak{P}(X)$ und sei $\mathfrak{A}_0 := \mathfrak{A} \setminus \{\emptyset\}$. Dann gilt:*
$(\mathfrak{A}_0, \tau_\alpha)$ ist genau dann kompakt, wenn (X, τ) kompakt ist.

Beweis. Ist $(\mathfrak{A}_0, \tau_\alpha)$ kompakt, so wegen $\tau_l \subseteq \tau_\alpha$ auch $(\mathfrak{A}_0, \tau_l)$, was daher automatisch sowohl abzählbar kompakt als auch Lindelöf-Raum ist. Nach Lemma 8.4.5 ist somit auch (X, τ) sowohl abzählbar kompakt als auch Lindelöf, mithin kompakt.

Sei nun (X, τ) kompakt. Dann ist auch jede schwach relativ vollständige Teilmenge von X kompakt, woraus hier $\alpha \subseteq K(X)$ folgt.

Wir verwenden jetzt den Alexander'schen Subbasissatz: sei $\underline{U}$ eine Überdeckung von $\mathfrak{A}_0$, aus Elementen $K_i^{+\mathfrak{A}_0}, i \in I$ sowie $G_j^{-\mathfrak{A}_0}, j \in J$ der definierenden Subbasis von τ_α mit K_i kompakt und G_j offen.

Nun ist $A := X \setminus \left(\bigcup_{j\in J} G_j\right)$ abgeschlossen, also Element von $\mathfrak{A}$.

125 Im Englischen klingt das einfach lustiger. ;-)

Nach Konstruktion gilt $A \notin G_j^{-\mathfrak{A}_0}$ für alle $j \in J$, also muß im Falle $A \neq \emptyset$ ein $K_0^{+\mathfrak{A}_0} \in \underline{U}$ mit $A \in K_0^{+\mathfrak{A}_0}$ existieren, woraus wiederum nach Konstruktion von A sogleich $K_0 \subseteq \left(\bigcup_{j\in J} G_j\right)$ folgt. K_0 ist kompakt, also haben wir $\exists G_1, ..., G_n \in \underline{U} : K_0 \subseteq \bigcup_{k=1}^n G_k$, aber dann ist $\{K_0^{+\mathfrak{A}_0}\} \cup \{G_1^{-\mathfrak{A}_0}, ..., G_n^{-\mathfrak{A}_0}\}$ eine offene Überdeckung von $\mathfrak{A}_0$.

Ist stattdessen $A = \emptyset$, dann haben wir $\bigcup_{j\in J} G_j = X$, so daß aus der Kompaktheit von X die Existenz endlich vieler $G_1^{-\mathfrak{A}_0}, ..., G_n^{-\mathfrak{A}_0} \in \underline{U}$ mit $X = \bigcup_{k=1}^n G_k$ folgt. Nach 8.4.3 gilt dann auch $\bigcup_{k=1}^n G_k^{-\mathfrak{A}_0} = \mathfrak{A}_0$. ■

Und jetzt der Klassiker:

Korollar 8.4.7. *Sei (X, τ) ein topologischer Raum, $Cl_0(X)$ die Familie der nichtleeren abgeschlossenen Teilmengen von X und τ_V die Vietoris-Topologie zu τ auf $Cl_0(X)$. Dann gilt:*

$(Cl_0(X), \tau_V)$ ist genau dann kompakt, wenn (X, τ) kompakt ist.

Beweis. Folgt unmittelbar aus 8.4.6. ■

8.5 Kompakte Vereinigungen

Als interessante Anwendung einer ebenso simplen mengentheoretischen Tatsache wie der Überdeckungsäquivalenz 8.4.3, diesmal aber den $^+$-Operator betreffend, werden wir einen ganz kurzen Blick auf die doch recht naheliegende Frage werfen, wann zuweilen auch eine möglicherweise unendliche Vereinigung kompakter Mengen wieder kompakt ist - für endliche Vereinigungen ist das ja klar.

Proposition 8.5.1. *Sei X eine Menge, $\mathfrak{X} \subseteq \mathfrak{P}(X)$ und $\mathfrak{M} \subseteq \mathfrak{X}$. Dann gilt*

$$\bigcup_{i\in I} C_i^{+\mathfrak{x}} \supseteq \mathfrak{M} \Longrightarrow \bigcup_{i\in I}(X \setminus C_i) \supseteq \bigcup_{M\in\mathfrak{M}} M$$

für jede Familie $C_i, i \in I$ von Teilmengen von X.

Beweis. Gelte $\bigcup_{i\in I} C_i^{+\mathfrak{x}} \supseteq \mathfrak{M}$. Für jedes $M \in \mathfrak{M}$ existiert dann ein $i_M \in I$ mit $M \in C_{i_M}^{+\mathfrak{x}}$. Das liefert $M \subseteq (X \setminus C_{i_M}) \subseteq \bigcup_{i\in I}(X \setminus C_i)$. ■

Gucken wir mal, ob uns das was nützt.

Lemma 8.5.2. *Sei (X, τ) ein topologischer Raum und $\mathfrak{M} \subseteq K(X)$ sei kompakt bezüglich der oberen Vietoris Topologie. Dann ist*

$$W := \bigcup_{M\in\mathfrak{M}} M$$

kompakt bezüglich τ.

Beweis. Sei O_i, $i \in I$, $O_i \in \tau$ mit $\bigcup_{i\in I} O_i \supseteq W$ eine offene Überdeckung von W. Da alle $M \in \mathfrak{M}$ kompakt sind, existieren zu jedem davon endlich viele $i_1^M, ..., i_{n_M}^M \in I$ mit $O_M := \bigcup_{k=1}^{n_M} O_{i_k^M} \supseteq M$. Natürlich gilt jeweils $O_M \in \tau$ und $M \cap (X \setminus O_M) = \emptyset$, also $M \in (X \setminus O_M)^+$. Das ergibt $\mathfrak{M} \subseteq \bigcup_{M\in\mathfrak{M}}(X \setminus O_M)^+$, womit wir eine offene Überdeckung von $\mathfrak{M}$ im Sinne der oberen Vietoris-Topologie haben. Nach Voraussetzung existieren darum endlich viele $M_1, ..., M_m$ derart, daß $\mathfrak{M} \subseteq \bigcup_{j=1}^m (X \setminus O_{M_j})^+$ gilt. Damit liefert freilich unsere Proposition 8.5.1 sogleich

$$W = \bigcup_{M\in\mathfrak{M}} M \subseteq \bigcup_{j=1}^{m}(X \setminus (X \setminus O_{M_j})) = \bigcup_{j=1}^{m} O_{M_j} .$$

Nun ist jedes dieser endlich vielen O_{M_j} nach Konstruktion eine endliche Vereinigung von Elementen O_i unserer anfänglichen Überdeckung – woraus wir schließen, daß wir auch eine endliche Teilüberdeckung aus den O_i, $i \in I$, für unser W haben. ∎

Korollar 8.5.3. *Sei (X, τ) ein topologischer Raum und $\mathfrak{M} \subseteq K(X)$ sei kompakt bezüglich der Vietoris Topologie. Dann ist*

$$W := \bigcup_{M\in\mathfrak{M}} M$$

kompakt bezüglich τ.

Beweis. Folgt unmittelbar aus $\tau_u \subseteq \tau_V$. ∎

Allerdings haben wir damit keine notwendige Bedingung für die Kompaktheit der Vereinigung gefunden.

Aufgabe 3 Gib ein Beispiel für eine *nicht* upper-Vietoris-kompakte Familie kompakter Teilmengen eines topologischen Raumes an, deren Vereinigung kompakt ist.

Übrigens können wir ein analoges Resultat auch für relative Kompaktheit erzielen.

Lemma 8.5.4. *Sei (X, τ) ein topologischer Raum, sei $\mathfrak{X}$ die Familie aller relativ kompakten Teilmengen von X und sei $\mathfrak{M} \subseteq \mathfrak{X}$ relativ kompakt in $\mathfrak{X}$ bezüglich der oberen Vietoris Topologie. Dann ist*

$$R := \bigcup_{M\in\mathfrak{M}} M$$

relativ kompakt in (X, τ).

Beweis. **Aufgabe** 4 ∎

Korollar 8.5.5. *Sei (X, τ) ein topologischer Raum und $\mathfrak{M} \subseteq \mathfrak{P}_0(X)$ bestehe aus relativ kompakten Teilmengen von X. Ist $\mathfrak{M}$ kompakt bezüglich der oberen Vietoris-Topologie, dann ist*

$$R := \bigcup_{M\in\mathfrak{M}} M$$

relativ kompakt in (X, τ).

Beweis. $\mathfrak{M}$ ist kompakt und darum relativ kompakt in jeder Obermenge, speziell also in der Familie *aller* relativ kompakten Teilmengen von X. Lemma 8.5.4 macht den Rest. ■

8.6 Verbindung zu Funktionenräumen: eine famose Einbettung

Es ist ja naheliegend, mit jeder Abbildung $f : X \to Y$ von einer Menge X in eine Menge Y eine Abbildung $\hat{f} : \mathfrak{P}_0(X) \to \mathfrak{P}_0(Y)$ zu assoziieren: $\hat{f}$ bildet schlicht jede Teilmenge $A \in \mathfrak{P}_0(X)$ auf die Teilmenge $f(A) \in \mathfrak{P}_0(Y)$ ab.

Dieses „Assoziieren" ist natürlich eigentlich eine Abbildung, nennen wir sie μ, von der Funktionenmenge Y^X in die Funktionenmenge $\mathfrak{P}(Y)^{\mathfrak{P}(X)}$.

Inzwischen haben wir Topologien auf Funktionenräumen kennengerlernt und auch solche auf Familien von Teilmengen. Daher können wir sowohl Y^X als auch $\mathfrak{P}(Y)^{\mathfrak{P}(X)}$ mit einer Topologie ausrüsten und z.B. überlegen, was für Eigenschaften unsere Abbildung μ diesbezüglich hat.

Wir werden die Fragestellung mal ein wenig genauer auf die uns geläufigen Strukturen zuschneiden:
- Natürlich rüsten wir unsere Mengen X, Y je mit einer Topologie aus, d.h. wir betrachten topologische Räume (X, τ) und (Y, σ).
- Statt der kompletten Potenzmengen $\mathfrak{P}(X), \mathfrak{P}(Y)$ nehmen wir die Familien $K(X)$ und $K(Y)$ der nichtleeren kompakten Teilmengen.
- Wir nehmen nicht alle Abbildungen von X nach Y, sondern wir konzentrieren uns auf die Menge $C(X, Y)$ der stetigen Abbildungen. Diese rüsten wir mit kompakt-offener Topologie τ_{co} aus.
- Jedes stetige Bild einer kompakten Teilmenge ist ja wieder kompakt, d.h. wir können sicher sein, daß unser μ die Menge $C(X, Y)$ tatsächlich nicht wild irgendwohin, sondern in $K(Y)^{K(X)}$ abbildet.
- Wir rüsten $K(Y)$ mit Vietoris-Topologie σ_V aus und betrachten auf $K(Y)^{K(X)}$ die davon induzierte punktweise Topologie.

Für die Vietoris-Topologie verwenden wir die in Proposition 8.4.1 angegebene Basis.

Wir erklären nun unsere Abbildung μ:

$$\mu : C(X, Y) \to K(Y)^{K(X)} : f \to \mu(f) : A \to f(A)\,.$$

Proposition 8.6.1. *Seien $(X, \tau), (Y, \sigma)$ topologische Räume. Ist die Funktion $f : X \to Y$ stetig, dann ist auch $\mu(f) : (K(X), \tau_V) \to (K(Y), \sigma_V)$ stetig, d.h. mit Bezug auf die zu τ bzw. σ gehörigen Vietoris-Topologien. Ist umgekehrt $\mu(f)$ stetig, so auch f.*

Beweis. Sei $\langle V_1, ..., V_n\rangle$ eine offene Basismenge für σ_V, d.h. $V_i \in \sigma$ für alle $i = 1, ..., n$. Dann haben wir $A \in \mu(f)^{-1}(\langle V_1, ..., V_n\rangle) \Leftrightarrow A \in \mathfrak{A} \wedge f(A) \in \langle V_1, ..., V_n\rangle \Leftrightarrow A \in \mathfrak{A} \wedge f(A) \subseteq \bigcup_{i=1}^n V_i \wedge \forall i : f(A) \cap V_i \neq \emptyset \Leftrightarrow A \in \mathfrak{A} \wedge A \subseteq \bigcup_{i=1}^n f^{-1}(V_i) \wedge \forall i : A \cap f^{-1}(V_i) \neq \emptyset$ $\Leftrightarrow A \in \langle f^{-1}(V_1), ..., f^{-1}(V_n)\rangle$. Also gilt $\mu(f)^{-1}(\langle V_1, ..., V_n\rangle) = \langle f^{-1}(V_1), ..., f^{-1}(V_n)\rangle$, ein offenes Basiselement von τ_V, weil wegen der Stetigkeit von f alle $f^{-1}(V_i)$ offen in X sind.

Sei $\mu(f)$ stetig und $V \in \sigma$. Dann ist $(\mu(f))^{-1}(\langle V\rangle)$ offen in τ_V, d.h. $\forall A \in (\mu(f))^{-1}(\langle V\rangle)$: $\exists U_1(A), ..., U_{k(A)}(A) \in \tau : A \in \langle U_1(A), ..., U_{k(A)}(A)\rangle \subseteq (\mu(f))^{-1}(\langle V\rangle)$.

Nun sehen wir $\forall x \in f^{-1}(V) : \{x\} \in \mu(f)^{-1}(\langle V\rangle)$. Folglich existieren für jedes $x \in f^{-1}(V)$ offene Mengen $U_1(x), ..., U_{k(x)}(x) \in \tau$ derart, daß $\{x\} \in \langle U_1(x), ..., U_{k(x)}(x)\rangle \subseteq \mu(f)^{-1}(\langle V\rangle)$ gilt.

Alle endlichen Mengen der Gestalt $\{u_1, ..., u_{k(x)}\}$ mit $u_i \in U_i(x)$ sind ja kompakt und liegen natürlich in $\langle U_1(x), ..., U_{k(x)}(x)\rangle$. Für die Familie $\mathfrak{C} := \left\{\{u_1, ..., u_{k(x)}\} \mid u_i \in U_i(x)\right\}$ erhalten wir somit $\mathfrak{C} \subseteq \langle U_1(x), ..., U_{k(x)}(x)\rangle$, d.h. $\forall C \in \mathfrak{C} : \mu(f)(C) \subseteq V$, also $f(\bigcup_{C\in\mathfrak{C}} C) = \bigcup_{C\in\mathfrak{C}} f(C) = \bigcup_{C\in\mathfrak{C}} \mu(f)(C) \subseteq V$. Folglich ist $O_x := \bigcup_{C\in\mathfrak{C}} C = \bigcup_{i=1}^{k(x)} U_i(x)$ eine offene Umgebung von x, die in $f^{-1}(V)$ enthalten ist. Da dies für alle $x \in f^{-1}(V)$ geht, ist $f^{-1}(V)$ offen. ■

Das ist schon mal gut - wir wissen jetzt immerhin, daß unser μ von $C(X, Y)$ in $C(K(X), K(Y))$ abbildet.
Jetzt interessieren wir uns dafür, ob μ selbst stetig ist.

Proposition 8.6.2. *Seien $(X, \tau), (Y, \sigma)$ topologische Räume. Es sei $C(X, Y)$ ausgestattet mit kompakt-offener Topologie τ_{co}. Ferner sei $C(K(X), K(Y))$ ausgerüstet mit der punktweisen Topologie, die von der Vietoris-Topologie σ_V auf $K(Y)$ induziert wird.*
Dann ist die Abbildung

$$\mu : C(X, Y) \to C(K(X), K(Y))$$

ein Homöomorphismus auf's Bild, d.h. sie ist stetig, injektiv und μ^{-1} ist als Abbildung von $\mu(C(X, Y))$ nach $C(X, Y)$ ebenfalls stetig.

Beweis. Da die Einpunktmengen kompakt sind, ist die Injektivität von μ unmittelbar klar: aus $\mu(f) = \mu(g)$ folgt $\forall A \in K(X) : \mu(f)(A) = \mu(g)(A)$, also speziell $\forall x \in X : \{f(x)\} = \mu(f)(\{x\}) = \mu(g)(\{x\}) = \{g(x)\}$.

Sei $\mathfrak{O} := \bigcap_{i=1}^n (A_i, O_i)$ mit $A_i \in K(X), O_i \in \sigma$ eine offene Basismenge von τ_{co}. Dann gilt $f \in \mathfrak{O} \Leftrightarrow \forall i \in \{1, ..., n\} : f(A_i) \subseteq O_i \Leftrightarrow \forall i \in \{1, ..., n\} : \mu(f)(A_i) \in \langle O_i\rangle \Leftrightarrow \mu(f) \in \bigcap_{i=1}^n (\{A_i\}, \langle O_i\rangle)$, und darum $\mu(\mathfrak{O}) = \bigcap_{i=1}^n (\{A_i\}, \langle O_i\rangle)$, was nun eine offene Basismenge der punktweisen Topologie auf $\mu(C(X, Y))$ ist. Somit ist unser injektives μ offen, die Umkehrung μ^{-1} also stetig auf $\mu(C(X, Y))$.

Sei nun $\mathcal{F}$ ein Filter auf $C(X, Y)$, der im Sinne der kompakt-offenen Topologie gegen $f \in C(X, Y)$ konvergiert.
Lemme 5.3.22 liefert nun

$$\forall A \in K(X) : \mathcal{F}(A) \supseteq [f(A)] \cap \sigma \,. \tag{8.3}$$

Sei nun $A_0 \in \mathfrak{A}$ gegeben mit $f(A_0) \in \langle V_1, ..., V_n \rangle$ für $V_1, ..., V_n \in \sigma$. Das bedeutet $f(A_0) \subseteq V_0 := \bigcup_{i=1}^n V_i$ und $\forall i \in \{1, ..., n\} : f(A_0) \cap V_i \neq \emptyset$, also $\forall i \in \{1, ..., n\} : \exists a_i \in A_0 \cap f^{-1}(V_i)$. Setze $A_i := \{a_i\}$ für $i = 1, ..., n$.

Aus (8.3) folgt $\forall j \in \{0, 1, ..., n\} : \exists F_j \in \mathcal{F} : F_j(A_j) \subseteq V_j$, d.h. $\forall g \in F_j : g(A_j) \subseteq V_j$, also wegen $A_j \subseteq A_0$ nunmehr $\forall g \in F_j : g(A_0) \cap V_j \neq \emptyset$; speziell für $j = 0$ haben wir $F_0(A_0) \subseteq V_0$. Nun ist freilich $F := \bigcap_{j=0}^n F_j$ ein Element von $\mathcal{F}$ und erfüllt $\mu(F)(A_0) \subseteq \langle V_1, ..., V_n \rangle$. Das klappt für alle offenen Basisumgebungen $\langle V_1, ..., V_n \rangle$ von $f(A_0)$, so daß $\mu(\mathcal{F})(A_0)$ gegen $f(A_0) = \mu(f)(A_0)$ konvergiert bezüglich σ_V – dies für alle $A_0 \in \mathfrak{A}$, mithin konvergiert $\mu(\mathcal{F})$ punktweise gegen $\mu(f)$. Dies wiederum für alle Filter $\mathcal{F}$ auf $C(X, Y)$, die bezüglich τ_{co} gegen ein $f \in C(X, Y)$ konvergieren, liefert die Stetigkeit von μ. ■

8.7 Ein Hütchenspiel

Realität ist das, was nicht verschwindet,
wenn man aufhört, daran zu glauben.
Philip K. Dick

Kommen wir zu einer hübschen Anwendung – *ein* Einstieg in die Welt der *Fraktale*. Als Grundraum wählen wir einen abgeschlossenen Kreis im $\mathbb{R}^2$:
$X := \{(x, y) \in \mathbb{R}^2 | \; x^2 + y^2 \leq 37\}$, mit euklidischer Topologie. Jetzt gucken wir uns mal ein Stück „Grundlinie" $\left[-\frac{3}{2}, \frac{3}{2}\right] \times \{0\}$ darin an,

nehmen das mittlere Drittel heraus und errichten darüber ein Zelt, das ein gleichseitiges Dreieck mit dem herausgenommenen Drittel bilden würde, wenn wir das eben nicht herausgenommen hätten. Wir erhalten folgendes Hütchen:

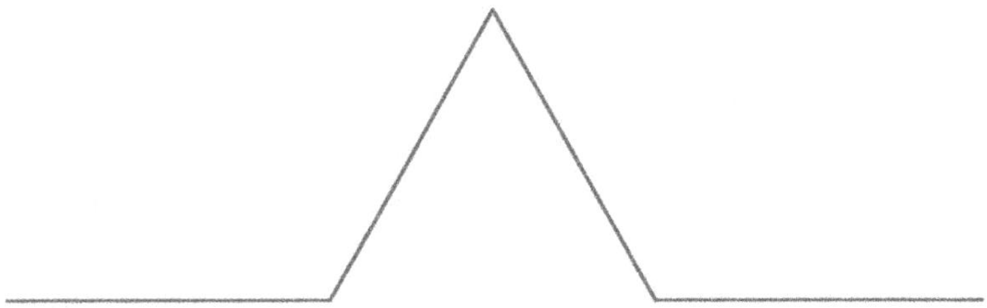

Mit jeder der Strecken, aus denen das Hütchen besteht, verfahren wir jetzt genauso wie eben mit der Grundlinie und bekommen dieses Gebilde:

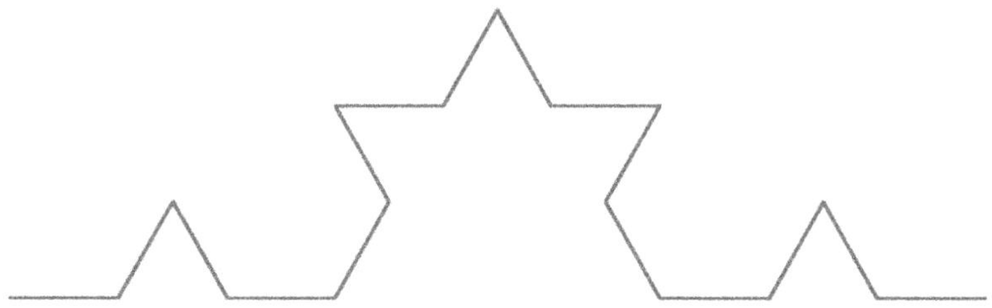

Mit jeder geraden Strecke, die unser neues Objekt enthält, verfahren wir wiederum so und bekommen sukzessive weitere beängstigende Umleitungsschilder[126]:

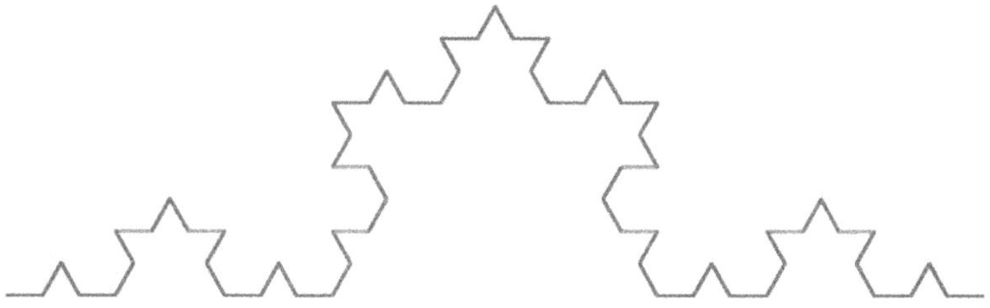

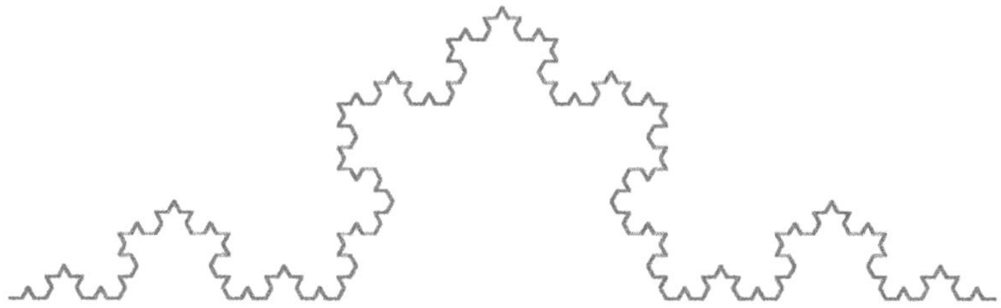

Man kann das weiter treiben:

126 Auf einer Autofahrt von Rostock nach Schwerin ist mir das tatsächlich mal passiert: wegen einer Baustelle war eine (allerdings rechteckförmige) Umleitung ausgeschildert. Auf der ersten von mir befahrenen Seite des Rechtecks wiederum eine solche Umleitung und auf deren erster Seite wieder eine - ich war zeitweilig nicht mehr recht überzeugt, jemals anzukommen.

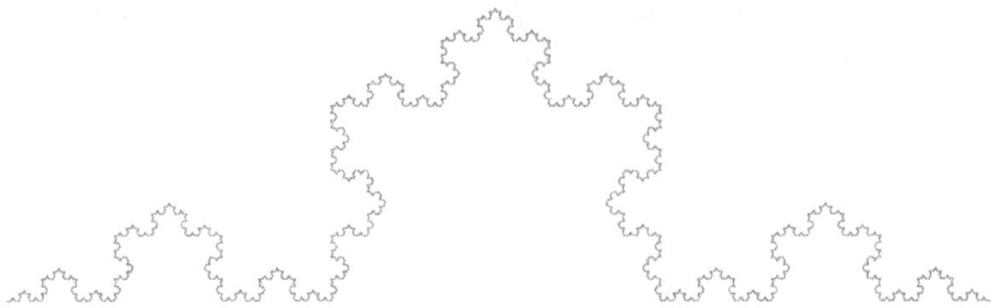

und sich spätestens nach

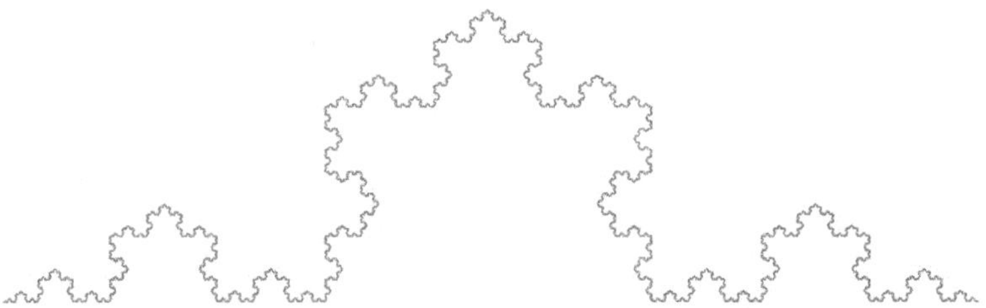

einerseits fragen, wie sich unser Vorgehen wohl mathematisch beschreiben läßt und andrerseits ins Grübeln geraten, ob unser Vorgehen wohl zu irgendeinem *Grenzobjekt* führt, oder ob nicht.

Nun, die mathematische Beschreibung ist nicht sonderlich schwierig: es ist leicht, die komplette Grundlinie auf ihr erstes Drittel zu reduzieren - eine bezüglich euklidischer Metrik kontraktive Funktion f_1 macht das. Es ist auch leicht, die Grundlinie auf die erste aufsteigende Seite des ersten „Hütchens" abzubilden - das macht wiederum eine kontraktive Funktion f_2 ... usw.

$$f_1 : X \to X : f_1(\underline{x}) := \tfrac{1}{3}\underline{x} + \begin{pmatrix} -1 \\ 0 \end{pmatrix}$$

$$f_2 : X \to X : f_2(\underline{x}) := \tfrac{1}{3}\left(\tfrac{1}{2}\begin{pmatrix} 1 & -\sqrt{3} \\ \sqrt{3} & 1 \end{pmatrix}\underline{x}\right) + \tfrac{1}{4}\begin{pmatrix} -1 \\ \sqrt{3} \end{pmatrix}$$

$$f_3 : X \to X : f_3(\underline{x}) := \tfrac{1}{3}\left(\tfrac{1}{2}\begin{pmatrix} 1 & \sqrt{3} \\ -\sqrt{3} & 1 \end{pmatrix}\underline{x}\right) + \tfrac{1}{4}\begin{pmatrix} 1 \\ -\sqrt{3} \end{pmatrix}$$

$$f_4 : X \to X : f_4(\underline{x}) := \tfrac{1}{3}\underline{x} + \begin{pmatrix} 1 \\ 0 \end{pmatrix}$$

Wir erhalten also 4 kontraktive Funktionen f_1, f_2, f_3, f_4 und können unter Zuhilfenahme dieser eine Funktion

$$F : K(X) \to K(X) : F(A) := \bigcup_{i=1}^{4} f_i(A)$$

definieren.

Lemma 8.7.1. *Sei (X, d) ein metrischer Raum. Seien $g_1, ..., g_n : X \to X$ endlich viele kontraktive Funktionen. Dann ist die Funktion*

$$G : K(X) \to K(Y) : G(A) := \bigcup_{i=1}^{n} g_i(A)$$

kontraktiv bezüglich der zu d gehörigen Hausdorff-Metrik $d_{\mathcal{H}}$ auf $K(X)$.

Beweis. Da die g_i stetig sind, ist $G(A)$ für jedes $A \in K(X)$ eine endliche Vereinigung kompakter Mengen, also wiederum kompakt, so daß G tatsächlich von $K(X)$ nach $K(X)$ abbildet.

Unsere $g_1, ..., g_n$ sind sogar Kontraktionen, also existieren $L_1, ..., L_n \in [0, 1)$ mit $\forall x, y \in X : d(g_i(x), g_i(y)) \leq L_i \cdot d(x, y)$ für $i = 1, ..., n$. Wir setzen $L := \max\{L_1, ..., L_n\}$.

Seien nun $A, B \in K(X)$ beliebig.
Wir wollen zeigen, daß $d_{\mathcal{H}}(G(A), G(B)) \leq L \cdot d_{\mathcal{H}}(A, B)$ gilt.
Sei dazu $\varepsilon > 0$ mit $U(A, \varepsilon) \supseteq B$ gegeben. Für jedes $b \in B$ existiert also ein $a_b \in A$ mit $d(a_b, b) < \varepsilon$. Für alle $i \in \{1, ..., n\}$ gilt $d(g_i(a_b), g_i(b)) \leq L \cdot d(a_b, b) < L \cdot \varepsilon$, woraus $U(G(A), L \cdot \varepsilon) \supseteq G(B)$ folgt. Da dies für alle solchen ε gilt, erhalten wir $\Delta_d(G(A), G(B)) = \inf\{v \in I\!R \mid U(G(A), v) \supseteq G(B)\} \leq \inf\{L \cdot \varepsilon \in I\!R \mid U(A, \varepsilon) \supseteq B\} = L \cdot \Delta_d(A, B)$.
Analog ergibt sich $\Delta_d(G(B), G(A)) \leq L \cdot \Delta_d(B, A)$ und somit insgesamt wie gewünscht $d_{\mathcal{H}}(G(A), G(B)) \leq L \cdot d_{\mathcal{H}}(A, B)$. ■

Da alle 4 beteiligten f's als kontraktive Funktionen stetig sind, ist das Bild einer kompakten Menge unter F als Vereinigung endlich vieler kompakter Mengen natürlich ebenfalls kompakt - so daß unser F wohldefiniert ist, falls die Bilder nicht außerhalb von X landen ... daß das nicht passiert, sieht man den f's aber ebenfalls leicht an.

Nun entspricht unser oben bebildertes Vorgehen offenkundig der sukzessiven Anwendung von F auf den Startpunkt „Grundlinie". Wir sollten uns also um die Frage kümmern, ob die Folge $\left(F^{\circ n}\left(\left[-\frac{3}{2}, \frac{3}{2}\right] \times \{0\}\right)\right)_{n \in N}$ einen Grenzwert hat ... hm ... *Grenzwert* ... in welchem Sinne? Na, wir haben einen metrischen Raum X, um dessen kompakte Teilmengen es geht, also überlegen wir uns die Sache vielleicht mal in Bezug auf die zugehörige Hausdorff-Metrik.

Wenn wir sichern können, daß $K(X)$ im Sinne der Hausdorff-Metrik *vollständig* ist, liefert der Banach'sche Fixpunktsatz 2.1.21 sogleich die Konvergenz der Folge und damit die *Existenz* eines Grenzobjektes.

Man kann hier die Vollständigkeit durchaus von Hand nachrechnen (das macht wenig Freude[127]) - aber wir haben ein paar starke Sätze im Hintergrund und brauchen uns damit nicht lange herumzuschlagen:

Unser X ist kompakt, folglich ist laut Korollar 8.5.3 auch die Familie seiner abgeschlossenen (=kompakten) Teilmengen bezüglich der Vietoris-Topologie kompakt. Die Vietoris-Topologie stimmt laut Korollar 8.3.3 auf $K(X)$ mit der von der Hausdorff-Metrik erzeugten Topologie überein - mithin ist $K(X)$ hinsichtlich der Hausdorff-Metrik kompakt, also präkompakt *und vollständig.*

Es gibt also ein Grenzobjekt - man nennt es die „von-Koch-Kurve" und es hat gar wunderliche Eigenschaften[128]. Ganz nebenbei erhalten wir auch noch die Information, daß unser Grenzobjekt kompakt ist. -

So eine Konstruktion mit einer endlichen Familie von Kontraktionen wie unser $\{f_1, f_2, f_3, f_4\}$ von eben nennt man auch ein *Iteriertes Funktionensystem (IFS).* Freilich ist es gar nicht erforderlich, sich auf eine *endliche* Familie zu beschränken, um durch die Zusammensetzung der f_i eine Kontraktion auf $K(X)$ zu erhalten.

Lemma 8.7.2. (1) *Sei (X, τ) ein topologischer Raum und $\mathcal{G} \subseteq C(X, X)$ eine Familie stetiger Funktionen, die bezüglich kompakt-offener Topologie τ_{co} kompakt ist. Sei*

$$\forall A \in K(X) : G(A) := \bigcup_{g \in \mathcal{G}} g(A)\,.$$

Dann ist für jedes $A \in K(X)$ auch $G(A)$ kompakt.

(2) *Sei (X, d) ein metrischer Raum und $\mathcal{G}$ eine Familie von Kontraktionen mit $\forall g \in \mathcal{G} : \exists L_g \in [0, 1) : \forall x, y \in X : d(g(x), g(y)) \leq L_g \cdot d(x, y)$ auf X derart, daß $\mathcal{G}$ bezüglich kompakt-offener Topologie τ_{co} kompakt ist und $\sup_{g \in \mathcal{G}} L_g < 1$ gilt. Dann ist die Abbildung*

$$G : K(X) \to K(X) : \forall A \in K(X) : G(A) := \bigcup_{g \in \mathcal{G}} g(A)$$

eine Kontraktion auf $K(X)$ bezüglich der zu d gehörigen Hausdorff-Metrik $d_{\mathcal{H}}$.

Beweis. **Aufgabe** 5 ■

Zur Überprüfung der τ_{co}-Kompaktheit von $\mathcal{G}$ kann man nun z.B. Ascoli-Sätze wie 5.3.48 oder 5.3.49 regelrecht *anwenden* ...

127 *Wie* wenig, kann man z.B. in [31] nachblättern.

128 Ein paar Erläuterungen hierzu und zu verwandten Gebilden finden sich in [60] und [58]. Seltsamerweise macht man sich dort um die *Existenz* gar keine Sorgen, falls ich nicht was übersehen habe.

Lösungsvorschläge

1 Zunächst einmal ist klar, daß unser Δ_d wohldefiniert ist, denn $\{\varepsilon \in I\!R \mid \varepsilon > 0, U(A,\varepsilon) \supseteq B\}$ ist ja durch 0 nach unten beschränkt und somit existiert ein eindeutig bestimmtes Infimum, sofern die Menge nicht leer ist - das aber ist sie nicht, weil B kompakt und daher beschränkt ist (d.h. $\exists r \in I\!R : \forall b_1, b_2 \in B : d(b_1, b_2) < r$).

Zu (1): sei $\varepsilon > 0$ gegeben. Wegen der Infimumseigenschaft finden wir dann
$U(A, \Delta_d(A,B) + \frac{\varepsilon}{2}) \supseteq B$ und $U(B, \Delta_d(B,C) + \frac{\varepsilon}{2}) \supseteq C$, also erst recht
$U(U(A, \Delta_d(A,B) + \frac{\varepsilon}{2}), \Delta_d(B,C) + \frac{\varepsilon}{2}) = U(A, \Delta_d(A,B) + \Delta_d(B,C) + \varepsilon) \supseteq C$.
Das aber bedeutet $\Delta_d(A,C) \leq \Delta_d(A,B) + \Delta_d(B,C) + \varepsilon$.
Dies für alle $\varepsilon > 0$ liefert $\Delta_d(A,C) \leq \Delta_d(A,B) + \Delta_d(B,C)$.

Zu (2): Für jede reelle Zahl r haben wir:
(i) Aus $r < \Delta_d(A,B)$ folgt $\exists b_r \in B : b_r \notin U(A,r)$ und damit $\forall a \in A : d(a,b_r) \geq r$, also auch $\inf_{a\in A} d(a,b_r) = d_A(b_r) \geq r$ und somit erst recht $\sup_{b\in B} d_A(b) \geq r$.
(ii) Umgekehrt folgt aus $r > \Delta_d(A,B)$ sogleich $\forall b \in B : \exists a_b \in A : d(a_b, b) < r$, also erst recht $\forall b \in B : \inf_{a\in A} d(a,b) = d_A(b) < r$ und daraus $\sup_{b\in B} d_A(b) \leq r$.
Wäre nun $\Delta_d(A,B) < \sup_{b\in B} d_A(b)$, existierte auch ein r mit $\Delta_d(A,B) < r < \sup_{b\in B} d_A(b)$, woraus wegen (ii) ja $\sup_{b\in B} d_A(b) \leq r$ folgen würde, was nicht geht.
Wäre andrerseits $\Delta_d(A,B) > \sup_{b\in B} d_A(b)$, hätten wir ein r mit $\Delta_d(A,B) > r > \sup_{b\in B} d_A(b)$, woraus mit (i) sogleich $\sup_{b\in B} d_A(b) \geq r$ folgte, was auch nicht geht.
Bleibt nur $\Delta_d(A,B) = \sup_{b\in B} d_A(b)$.

2 Wir prüfen zunächst die 3 numerierten Bedingungen aus Definition 7.1.1 nach: Für jedes $\mathcal{S} \in \mathcal{U}_{\mathcal{B}}$ existiert ein $R \in \mathcal{U}$ mit $\widehat{R} \subseteq \mathcal{S}$.
(1) Wegen $\Delta_X \subseteq R$ haben wir sofort $\Delta_{K(X)} = \{(B,B) \mid B \in K(X)\} \subseteq \widehat{R}$.
(2) Wir wählen als symmetrische Nachbarschaft $P := R^{-1} \cap R \in \mathcal{U}$ und finden natürlich erst recht $\widehat{P} \subseteq \mathcal{S}$ und durch Invertierung auch $\widehat{P}^{-1} \subseteq \mathcal{S}^{-1}$. Nun gilt aber wegen der Symmetrie von P und der Konstruktion von $\widehat{P}$ auch $\widehat{P} = \widehat{P}^{-1}$ - das liefert $\widehat{P} \subseteq \mathcal{S}^{-1}$ und damit $\mathcal{S}^{-1} \in \mathcal{U}_{\mathcal{B}}$.
(3) Zu R existiert $S \in \mathcal{U}$ mit $S \circ S \subseteq R$. Wir probieren natürlich $\widehat{S}$ aus und finden:

$$
\begin{aligned}
(A,B) \in \widehat{S} \circ \widehat{S} \iff\quad & \exists C \in K(X) : (A,C) \in \widehat{S} \wedge (C,B) \in \widehat{S} \\
& S(A) \supseteq C \wedge S(C) \supseteq B \\
& S(B) \supseteq C \wedge S(C) \supseteq A \\
\implies\quad & S \circ S(A) \supseteq B \wedge S \circ S(B) \supseteq A \\
\overset{R \supseteq S\circ S}{\implies}\quad & R(A) \supseteq B \wedge R(B) \supseteq A \\
\implies\quad & (A,B) \in \widehat{R}
\end{aligned}
$$

Das ergibt wie gewünscht $\widehat{S} \circ \widehat{S} \subseteq \widehat{R}$.

Zudem ist $\mathcal{U}_{\mathcal{B}}$ ein Filter auf $K(X) \times K(X)$: schon wegen (1) ist die leere Menge nicht Element von $\mathcal{U}_{\mathcal{B}}$, aus $\widehat{R_1} \subseteq \mathcal{S}_1$ und $\widehat{R_2} \subseteq \mathcal{S}_2$ folgt unmittelbar $\widehat{R_1 \cap R_2} \subseteq \widehat{R_1} \cap \widehat{R_2} \subseteq \mathcal{S}_1 \cap \mathcal{S}_2$ – und der Abschluß gegen Obermengen Bildung ist durch die Konstruktion trivialerweise garantiert.

3 Sei $X = \mathbb{R}$ mit euklidischer Topologie, gegeben und $\mathfrak{M} := \{[x, 1] \mid 0 < x < 1\} \cup \{\{0\}\}$. Dann sind alle Elemente von $\mathfrak{M}$ kompakt und ihre Vereinigung ebenfalls. Nun ist $\mathfrak{O} := \{\{y\}^{+\mathfrak{M}} \mid 0 < y \leq 1\}$ eine τ_u-offene Überdeckung von $\mathfrak{M}$, die keine endliche Überdeckung von $\mathfrak{M}$ enthält. Folglich ist $\mathfrak{M}$ nicht kompakt im Sinne der upper–Vietoris-Topologie.

4 Wir passen den Beweis von Lemma 8.5.2 einfach etwas an.
Sei $\bigcup_{i \in I} O_i \supseteq X$ mit $O_i \in \tau, i \in I$ eine offene Überdeckung von X. Wegen der relativen Kompaktheit aller $P \in \mathfrak{X}$, existieren jeweils endlich viele $O_{i_P^1}, \dots, O_{i_P^{n_P}}$ für jedes $P \in \mathfrak{X}$ mit $O_P := \bigcup_{k=1}^{n_P} O_{i_P^k} \supseteq P$. Natürlich gilt jeweils $O_P \in \tau$ und somit ist $(O_P)^c$ abgeschlossen bezüglich τ. Ferner gilt $P \cap O_P^c = \emptyset$, also $P \in (O_P^c)^{+\mathfrak{X}}$. Somit haben wir $\mathfrak{X} \subseteq \bigcup_{P \in \mathfrak{X}} (O_P^c)^{+\mathfrak{X}}$, wobei die $(O_P^c)^{+\mathfrak{X}}$ offen bezüglich der upper–Vietoris–Topologie sind. Wegen der relativen Kompaktheit von $\mathfrak{X}$ existieren also endlich viele $P_1, \dots, P_n \in \mathfrak{X}$ mit $\mathfrak{M} \subseteq \bigcup_{j=1}^{n} (O_{P_j}^c)^{+\mathfrak{X}}$. Nun liefert Proposition 8.5.1 $R = \bigcup_{M \in \mathfrak{M}} M \subseteq \bigcup_{j=1}^{n} O_{P_j}$, wobei jedes O_{P_j} eine endliche Vereinigung von Elementen der originalen Überdeckung $\{O_i | i \in I\}$ ist.

5 (1) Weil $\mathcal{G}$ bezüglich τ_{co} kompakt ist, folgt wegen der Stetigkeit der Abbildung μ aus Lemma 8.6.2 die Kompaktheit von $\mu(\mathcal{G})$ bezüglich der punktweisen Topologie auf $C(K(X), K(Y)) \subseteq K(Y)^{K(X)}$, wobei ja $K(Y)^{K(X)}$ mit punktweiser Topologie äquivalent zu $\prod_{A \in K(X)} K(Y)_A$ ist, wobei alle $K(Y)_A$ schlicht Kopien von $K(Y)$ sind. Für jedes $A \in K(X)$ ist dann auch die kanonische Projektion $\pi_A : \prod_{C \in K(X)} K(Y)_C \to K(Y)_A$ natürlich stetig, folglich ist $\pi_A \circ \mu(\mathcal{G})$ kompakt und sieht offenbar so aus: $\pi_A \circ \mu(\mathcal{G}) = \{g(A) | \; g \in \mathcal{G}\}$. Laut Korollar 8.5.3 ist dann auch $G(A) = \bigcup_{D \in \pi_A \circ \mu(\mathcal{G})} D$ kompakt.

(2) Wir müssen ja nur noch die Kontraktivität von G zeigen - und das läuft genau so, wie bei Lemma 8.7.1: Wir setzen $L := \sup_{g \in \mathcal{G}} L_g$, was laut Voraussetzung kleiner als 1 ist.

Seien nun $A, B \in K(X)$ beliebig. Wir wollen zeigen, daß $d_{\mathcal{H}}(G(A), G(B)) \leq L \cdot d_{\mathcal{H}}(A, B)$ gilt. Sei dazu $\varepsilon > 0$ mit $U(A, \varepsilon) \supseteq B$ gegeben. Für jedes $b \in B$ existiert also ein $a_b \in A$ mit $d(a_b, b) < \varepsilon$. Für alle $g \in \mathcal{G}$ gilt $d(g(a_b), g(b)) \leq L \cdot d(a_b, b) < L \cdot \varepsilon$, woraus $U(G(A), L \cdot \varepsilon) \supseteq G(B)$ folgt. Da dies für alle solchen ε gilt, erhalten wir $\Delta_d(G(A), G(B)) = \inf\{v \in \mathbb{R} \mid U(G(A), v) \supseteq G(B)\} \leq \inf\{L \cdot \varepsilon \in \mathbb{R} \mid U(A, \varepsilon) \supseteq B\} = L \cdot \Delta_d(A, B)$.

Analog ergibt sich $\Delta_d(G(B), G(A)) \leq L \cdot \Delta_d(B, A)$ und somit insgesamt wie gewünscht $d_{\mathcal{H}}(G(A), G(B)) \leq L \cdot d_{\mathcal{H}}(A, B)$.

Literatur

[1] J. Cigler and H.-C. Reichel. *Topologie. Eine Grundvorlesung. 2., überarb. Aufl. Unter Mitarb. von Gabriel Zils.* 1987.

[2] J. Dugundji. *Topology.* 1966.

[3] R. Engelking. *General topology. Rev. and compl. ed.* Berlin: Heldermann Verlag, rev. and compl. ed. edition, 1989.

[4] W. Gähler. *Grundstrukturen der Analysis. I, II.* 1978.

[5] M. Hallett. *Cantorian set theory and limitation of size. (Reprint).* 1986.

[6] F. Hausdorff. *Grundzüge der Mengenlehre. Mit 53 Figuren im Text.* 1914.

[7] F. Hausdorff. *Gesammelte Werke. Band II: Grundzüge der Mengenlehre. Herausgegeben von E. Brieskorn, S. D. Chatterji, M. Epple, U. Felgner, H. Herrlich, M. Hušek, V. Kanovei, P. Koepke, G. Preuß, W. Purkert und E. Scholz.* Berlin: Springer, 2002.

[8] H. Herrlich. *Einführung in die Topologie. Unter Mitarb. von H. Bargenda und C. Trompelt.* 1986.

[9] H. Herrlich. *Topologie I. Topologische Räume. Unter Mitarb. von H. Bargenda.* 1986.

[10] H. Herrlich. *Topologie II: Uniforme Räume. Mit zwei Zeichnungen von Volker Kühn.* Berlin (FRG): Heldermann Verlag, 1988.

[11] E. Hewitt. On two problems of Urysohn. *Ann. Math. (2)*, 47:503–509, 1946.

[12] J. G. Hocking and G. S. Young. *Topology. Repr. of the orig., publ. by Addison-Wesley, 1961.* New York: Dover Publications, Inc., repr. of the orig., publ. by addison-wesley, 1961 edition, 1988.

[13] K. Jänich. *Topologie.* Berlin: Springer, 8th ed. edition, 2005.

[14] F. Jones. Concerning normal and completely normal spaces. *Bull. Am. Math. Soc.*, 43:671–677, 1937.

[15] J. E. Joseph, M. H. Kwack, and B. M. Nayar. A characterization of metacompactness in terms of filters. *Missouri J. Math. Sci.*, 14(1):5, 2002.

[16] J. L. Kelley. *General topology. 2nd ed.* 1975.

[17] C. Kuratowski. Sur l'opération A de l'analysis situs. *Fundam. Math.*, 3:182–199, 1922.

[18] B. M. Nayar. A characterization of paracompactness in terms of filterbases. *Missouri J. Math. Sci.*, 15(3):186–188, 2003.

[19] H. Poppe. *Compactness in general function spaces.* 1974.

[20] G. Preuß. Trennung und Zusammenhang. *Monatsh. Math.*, 74:70–87, 1970.

[21] G. Preuss. *Allgemeine Topologie. 2., korrigierte Aufl.* 1975.

[22] G. Preuss. *Theory of topological structures. An approach to categorical topology. Transl. from the author's German manuscript.* Dordrecht (Netherlands) etc.: D. Reidel Publishing Company, transl. from the author's german manuscript edition, 1988.

[23] G. Preuss. *Foundations of topology. An approach to convenient topology.* Dordrecht: Kluwer Academic Publishers, 2002.

[24] W. Rinow. *Lehrbuch der Topologie.* 1975.

[25] W. Rudin. *Analysis. Transl. from the English by Martin Lorenz and Christian Euler. 3rd revised and improved ed.* München: R. Oldenbourg Verlag, 3rd revised and improved ed. edition, 2005.

[26] L. A. Steen and J. A. jun. Seebach. *Counterexamples in topology. Reprint of the 2nd edition published 1978 by Springer.* Mineola, NY: Dover Publications, reprint of the 2nd edition published 1978 by springer edition, 1995.

[27] T. tom Dieck. *Topologie.* Berlin: de Gruyter, 2., völlig neu bearb. und erw. aufl. edition, 2000.
[28] B. von Querenburg. *Mengentheoretische Topologie.* Berlin: Springer, 3., neu bearbeitete und erweiterte aufl. edition, 2001.
[29] A. Wilansky. *Topology for analysis. Repr. with corr. of the 1970 orig.* 1983.

Ergänzendes und Weiterführendes

[30] J. Adámek, H. Herrlich, and G. E. Strecker. *Abstract and concrete categories: the joy of cats.*, volume 2006. Mount Allison University, Department of Mathematics and Computer Science, Sackville, NB, 2006. Available online at http://katmat.math.uni-bremen.de/acc/acc.pdf.
[31] M. F. Barnsley. *Fractals everywhere. Revised with the assistance of Hawley Rising III. Answer key by Hawley Rising III. 2nd ed.* Boston, MA: Academic Press Professional, 2nd ed. edition, 1993.
[32] R. Bartsch. *Compactness properties for some hyperspaces and function spaces.* Aachen: Shaker Verlag; Rostock: Univ. Rostock, Mathematisch-Naturwissenschaftliche Fakultät (Diss.), 2002.
[33] R. Bartsch and H. Poppe. Compactness in function spaces with splitting topologies. *Rostocker Math. Kolloq.*, 66:69–73, 2011.
[34] G. Beer and R. K. Tamaki. On hit-and-miss hyperspace topologies. *Commentat. Math. Univ. Carol.*, 34(4):717–728, 1993.
[35] H. Bentley, H. Herrlich, and E. Lowen-Colebunders. Convergence. *J. Pure Appl. Algebra*, 68(1-2):27–45, 1990.
[36] P. Blanchard and E. Brüning. *Variational methods in mathematical physics. A unified approach. Transl. from the German by Gillian M. Hayes.* Berlin etc.: Springer-Verlag, 1992.
[37] W. Comfort and S. Negrepontis. *The theory of ultrafilters.* 1974.
[38] G. Dal Maso. *An introduction to Γ-convergence.* Basel: Birkhäuser, 1993.
[39] H. Fennel. *Nietzsche, Hilbert, Duchamp: die ästhetische Moderne im Wechselspiel von Philosophie, Mathematik und Kunst; ein metaphorisches Spiel: von selbstbezüglicher Theorie und künstlerischer Praxis; mit 32 Schach-Tableaus.* Ed. Ludus, 2013.
[40] Z. Frolík. Generalizations of compact and Lindelöf spaces. *Czech. Math. J.*, 9:172–217, 1959.
[41] M. Hušek and J. van Mill, editors. *Recent progress in general topology. Papers from the Prague Toposym 1991, held in Prague, Czechoslovakia, Aug. 19-23, 1991.* Amsterdam: North-Holland, 1992.
[42] M. Hušek and J. van Mill, editors. *Recent progress in general topology II. Based on the Prague topological symposium, Prague, Czech Republic, August 19–25, 2001.* Amsterdam: Elsevier, 2002.
[43] J. Isbell. *Uniform spaces.* 1964.
[44] E. Klein and A. C. Thompson. *Theory of correspondences. Including applications to mathematical economics.* 1984.
[45] T. Mizokami. The embedding of a mapping space with compact open topology. *Topology Appl.*, 82(1-3):355–358, 1998.
[46] M. Murdeshwar and S. Naimpally. *Quasi-uniform topological spaces.* 1966.
[47] S. Naimpally. Hyperspaces and function spaces. *Quest. Answers Gen. Topology*, 9(1):33–60, 1991.
[48] S. Naimpally. A brief survey of topologies on function spaces. In *Recent progress in function spaces*, pages 259–283. Rome: Aracne, 1998.

[49] H. Poppe. Einige Bemerkungen über den Raum der abgeschlossenen Mengen. *Fundam. Math.*, 59:159–169, 1966.
[50] H. Poppe. On locally defined topological notions. *Quest. Answers Gen. Topology*, 13(1):39–53, 1995.
[51] G. Preuß. Semiuniform convergence spaces. *Math. Jap.*, 41(3):465–491, 1995.
[52] M. Struwe. *Variational methods. Applications to nonlinear partial differential equations and Hamiltonian systems. 3rd ed.* Berlin: Springer, 3rd ed. edition, 2000.
[53] S. Willard. *General topology. Reprint of the 1970 original.* Mineola, NY: Dover Publications, reprint of the 1970 original edition, 2004.

Empfohlene Internetseiten

[54] community. *Matroids Matheplanet.* Betreiber: Martin Wohlgemuth.
http://www.matheplanet.com/
Ausgezeichnet organisierte Community, in der Fragen zur Mathematik, Physik und Informatik (vom Schul- bis zum Universitätsniveau) diskutiert werden. Insbesondere gibt es hier ein eigenes Topologie-Forum!
[55] determinacy et al. *verstecktes Auswahlaxiom.* Matroids Matheplanet.
http://www.matheplanet.com/matheplanet/nuke/html/viewtopic.php?topic=22376.
[56] European Mathematical Society, FIZ Karlsruhe, and Heidelberg Academy of Sciences and Humanities, editors. *Zentralblatt Mathematik.* FIZ Karlsruhe.
https://zbmath.org/ *Sehr* nützlich!
[57] gockel. *Der Satz von Sierpinski.* Matroids Matheplanet.
http://matheplanet.com/default3.html?article=989.
[58] huepfer. *Das Sierpinski-Dreieck und seine Verwandten.* Matroids Matheplanet.
http://www.matheplanet.com/matheplanet/nuke/html/article.php?sid=1130.
[59] Martin_Infinite. *Die Qual der Vektorauswahl.* Matroids Matheplanet.
http://matheplanet.com/default3.html?article=712.
[60] Martin_Infinite. *von-Koch'sche Flockenkurve.* Matroids Matheplanet.
http://matheplanet.com/default3.html?article=381.
[61] Martin_Infinite and marvinius. *Multiple Choice und Antiketten.* Matroids Matheplanet.
http://www.matheplanet.com/matheplanet/nuke/html/viewtopic.php?topic=23826.
[62] r.b. *Errata und Ergänzungen zu diesem Buch.*
http://topologie.marvinius.net.
[63] D. Shakhmatov and S. Watson, editors. *Topology Atlas.* York University, Toronto.
http://at.yorku.ca/topology/
Englischsprachige Topologie-Plattform mit Konferenzterminen, Artikeln und einem Frage-Antwort-Bereich.

Stichwortverzeichnis

www.ingramcontent.com/pod-product-compliance
Lightning Source LLC
Chambersburg PA
CBHW061802210326
41599CB00034B/6850